U0351228

古突厥社会的历史纪年

[法] 路易·巴赞（Louis Bazin）著

耿昇 译

LES SYSTEMES
CHRONOLOGIQUES
DANS
LE MONDE
TURC ANCIEN

中国藏学出版社

目 录

译者的话

耿 昇

法国当代著名突厥学家路易·巴赞（Louis Bazin，1920— ）先生的国家级博士论文——突厥学世界名著《突厥历法研究》（原名《古突厥社会中的历史纪年》）的汉译本在多方面的慷慨帮助下，费尽周折，终于与中国学术界见面了。欣慰之余，不禁仍想在这部本已是文字浩繁的著作之外，再赘言几句，向读者作些背景介绍。

中国学术界对于路易·巴赞先生并不陌生，他也是译者的老朋友了。1986 年，他曾以东方和亚洲研究国际联合会秘书长的身份，与该会当时的司库哈密屯（J. R. Hamilton，1921 – ）教授共同邀请译者访问法国，并联袂前往德国汉堡参加国际亚洲和北非人文科学联合会第 32 届代表大会。自此之后，译者便与巴赞先生结下了深厚的情谊，可以说是忘年之交。我们之间不断有飞鸿往来，书籍互赠。译者每赴法访问，必会应邀赴他在圣—默尔（Saint-Maur）的寓所中拜望。在多年的交往中，译者深感这位当今突厥学界的泰斗对中国人民的友好感情，也深悟法国东方学界称他为"亲华左派"的缘故了。译者过去曾陆续向中国读者介绍过他的一些突厥学论文。这次有幸将他的这部名著译为汉文并在中国学术出版机构——中华书局出版，后十余年，又于中国藏学出版社再版，这一则可飨中国学术同仁，二则也算实现了译者多年来的夙愿。

路易·巴赞先生的这部名著是他于 1972 年 12 月 2 日在巴黎第三大学通过的国家级博士论文《古代和中世纪的突厥历法》一书的修订本。此论文在通过时便获得"鼓励奖"。但当时只以打字本影印数十册供内部参考。在此后近二十年的漫长岁月中，作者锲而不舍地不断对它进行补充和修订，使之日臻完善。直到 1991 年，该书才由法国国立科学研究中心出版社与匈牙利科学院出版社联合公开出版发行。此书面世后，在西方的突厥学界乃至整个东方学界均受到很高的评价，作者本人也因此书在已退休多年后荣膺法国科学院（金石和美文学科学院）院士，从而达到了其学术和名誉的顶峰。所以，此书作为路易·巴赞先生五十年间学术成果的结晶，可以视为他在法国学术界的奠基之作。

对于古代突厥语民族的天文历法及其历史纪年制，各国学者的一些论著均有过探讨，但论述往往都较肤浅、零乱而又含糊，在许多问题上莫衷一是、各执一词，甚至是知其然而不知其所以然（如有人误认为 12 生肖历法是突厥人传入中国中原的）。除了几篇专题性论文之外，大都是反复转引常见汉文史书与出土文书的几条资料。路易·巴赞先生"小题大做"，独辟蹊径，仅就突厥人的历法纪年问题就洋洋洒洒地一气呵成五十余万言。作者从古代漠北突厥文（突厥鲁尼文）碑铭、敦煌文书、吐鲁番文书、佛教和伊斯兰教经典、汉文典籍、民俗文学一直讲到口碑文学，论述得头头是道，融自然、人文于一体。可以毫不夸张地说，作者对于古突厥民族的历法资料可谓下网无情，网罗殆尽。他对于前人有关这一题材的论述，也尽量搜集，予以评介。本书全方位地运用了历史学、语言学、文学、考古学、天文学、古文字学、人类学、民族学、民俗学等多学科资料，左右排列，纵横捭阖，科学构思，周密推理。这一切不得不令世人对于作者的渊博学识与严谨治学态度肃然起敬。读者可以从本书《参考书目》中的广泛罗列，几乎荟萃了东西方所有语言的有关著作，洞悉作者追求科学真理的倔强与韧性。当然，路易·巴赞先生专攻突厥语言学，对此类资料的运用得心应手，左右逢源，这是一般学者望尘莫及的。巴赞夫人曾在其家中的餐桌上诙谐地对译者说，当先生撰写此书时，她家中根本不能请客吃饭，本来很宽敞的寓所被图书挤占得已支不开一张饭桌了。哈密屯教授也曾多次向译者赞扬巴赞先生，认为这部书堪称"空前绝后"，前无古人开先河，后无来人继遗业，恐怕以后再也不会有人肯去写同一内容的鸿篇巨著了。当然，金无足赤，学无止境，由于巴赞先生不大精通汉文，故对最为翔实可靠的有关汉文史料的挖掘利用，显得力不从心，难以驾驭。不过，毕竟瑕不掩瑜，这一缺陷绝不影响本书的学术价值。巴赞先生留下的这一缺陷，应由中国学者来弥补了。译者翻译出版此书的意图也正是希望"抛玉引玉"，为中国学者另辟新的思路。

大约是从 19 世纪开始，在欧洲形成了一个新的历史学派——"历史语言学"。实际上，其更正确的名称应该是"语言历史学"（histoire philologique）。这一派的基本主张是从语言学入手，研究某个地区或某个民族的历史，尤其是社会文明史。这个新学派崛起之后，来势凶猛，发展很快，特别是在对那些纯历史资料较稀少的地区或民族的研究中，更为如此。国外的民族史学家，几乎首先应该是一名民族语言学家（特别是民族古文字学家）。20 世纪以来，我国也出现了一批这样的著名学者。早年的陈寅恪、向达、冯家昇、韩儒林、王森、于道泉、王静如诸先生是这样；现今驰誉史语学坛的一代名流季羡林、金启琮、耿世民、王尧、张广达、李范文等先生更是将该学派发展到了一个新高度。现在，叱咤于法国突厥学界的三位大师路易·巴赞、哈密屯和雷米·多尔（Rémi Dore）都是地道的历史语言学家。法国当代的一批著名藏学、蒙古学、佛学、西域史学家也几乎是清一色的历史语言学家。法国的"超级东方学家"伯希和曾是这一新学科的代表人物。历史语言学与中国传统意义上的历史学和语言学大相径庭，也并非这两个学科的简单结合，而是一个全新的学科。路易·巴赞先生是一位典型的历史语言学家,《突厥历法研究》也是一部历史语言学的代表作。读者只有从这个角度着眼,才能透彻地理解本书的内容及其价值。这也是译者不辞辛苦地翻译此书的初衷。

路易·巴赞先生以历史语言学为出发点,广泛涉及了历史学、考古学、金石学、民族古文字学、民俗学、天文学、地理学、气象学、星相学、人类学、民族学、动植物学等诸多领域。在时间方面,他从公元 5 世纪—6 世纪一直讲到 18 世纪—19 世纪,涉过了 13 个—14 个世纪的历史长河;在空间方面,他从漠北蒙古地区的突厥人,经中亚突厥语诸民族,一直讲到巴尔干的古不里阿耳人,横跨欧亚两大洲;在民族方面,他讲到了汉族人、突厥各部、黠戛斯人、回鹘人、蒙古人、不里阿耳人、库蛮人和土库曼等几十个民族;在语言学方面,他讲到了汉藏语系、阿尔泰语系、斯拉夫语系、芬兰—乌戈尔语系的诸多语言以及当今的主要东西方语言。作者纳百家之言,汲取诸家之说,形成了自己的科学理论。

路易·巴赞先生本人不但是造诣很深的学者,同时又是积极的学术活动组织者、社会活动家。他在法国东方学界举足轻重,称其"德高望重"也不会言过其实。他学识丰富,为人谦和,尤为可贵的是无论是在顺利还是困难的情况下,他对中国人民始终情有独钟。正是出于这一原因,译者才肯下大力气将他的这部凝结了其毕生心血的巨著译成汉文出版。

译者涉足于中国史学界的翻译已有多年,也翻译出版过几本法国学者有关突厥学和西域史的著作。巴赞先生这样重要的一部著作,不会不引起译者的注意,再加上学术界的师长同仁也不断鼓励,故译者翻译出版巴赞先生此书的心愿由来已久。1986 年,当译者应邀访法时,就向路易·巴赞先生索求此书的打字影印本(1974 年由里尔第三大学学位论文影印部影印的打字本,共 800 页)。由于他当时手中已无存书,便特去巴黎第三大学突厥学研究所图书馆取回一册赠送译者。译者将此书带回国后,同仁们辗

4

转借阅，译者于是便萌生了将来把此书译成汉文的奇想。1992年，译者再次访法时，巴赞先生又将尚飘逸着墨香的新版书题词赠送译者。归国后费了近2年的时间将此书译作汉文，并由中华书局于1998年出版。现在已有十余年了。经过与中国藏学出版社联系，得到了该社的热情支持，该社的编辑们也费了很多心血，仔细校阅全书，使原书的质量更提高了一步。译者在翻译过程中，曾先后得到过中央民族大学的耿世民教授、中国社会科学院边疆史地中心的奥琪尔先生和世界历史研究所的宋岘先生的许多帮助。值此书再版之际，特向这些先生们表示衷心的感谢。

此书是出自大学者手笔的高水平学术专著，理解和翻译的难度很大，读者群也不会很广泛。可是，此书是肯定能够填补我国突厥语言历史学空白的上乘之作，必然会对中国学术研究有所裨益。故译者才不揣简陋，义无反顾地翻译。译者学识疏浅，孤陋寡闻，翻译这样高难度的名著，实属不自量力。自知错误和不当之处，在所难免，诚心地希望各位同仁不吝指教。

2013 年 12 月 13 日于中国
社会科学院历史研究所

汉译本序

路易·巴赞

我非常高兴，由于我多年的朋友耿昇先生的汉文译本，我的《古突厥社会的历史纪年》一书最终得以为广大中国读者所了解了。

我开始撰写此书的时间，已经很久了，当时我希望具体阐述清楚在古突厥文碑铭的 12 生肖历中所表述的时间。由于对《阙特勤碑》（公元 735 年）中汉文和突厥文文献的比较，我才得以稽考清楚 8 世纪时于突厥人官方文献中沿用的历法是对于唐朝官历的一种准确改编。在研究由拉克玛蒂（G. R. Rachmati）刊布的回鹘文历法《吐鲁番突厥文书》第 7 卷（柏林 1936 年版）时，我发现突厥人也沿用（包括在他们的星相学观念中）同时代的中国中原历法。这种吻合性是本书主要章节的基础。

因此，我希望本书有助于阐述作为中国中原文化的主要内容之一的历法在突厥世界的传播史，这是以非常准确的天文观察和计算为科学基础的一种历法。我也坚信不疑，我的论述可以在某些问题上（尤其是在有关占星术观念问题上），提供有关中国中世纪历法史的一种重要资料，尤其是在这些历法与中国—佛教占星术的关系问题上更为如此。

我非常感谢耿昇先生使中国广大读者能读到我的研究成果，这是有关中世纪的中国中原与其西北近邻之间政治—文化关系史中的一个中心问题。

1994 年 12 月于巴黎

告 读 者

路易·巴赞

本书的一部分初稿完成于 1972 年，它于 1974 年由里尔第三大学负责以稿本影印本的方式刊行，以有限的印数分赠给各家图书馆以及许多专家学者。我最终应邀将此书刊印成一种广大读者均可得到的版本，于是便根据新文献的发现、已向我提出的正确意见以及本人自己的研究，全文修订并使此书面世。

与我论述的内容直接有关的数种近作已经问世。特别是克列佳斯托尔尼吉（S. Klajasštornyj）和利大西斯（V. A. Livšic）有关布谷特（Bugut）碑论文的问世，该碑系用粟特文写成，但却具有有关突厥"民族"的内容，其中提到了一个兔年（571 年），它已经揭示了对 12 支（12 生肖）纪年的使用；或者是 1986 年由哈密屯（J. R. Hamilton）杰出的刊本：《9—10 世纪的敦煌回鹘文写本汇编》，该书的前面附有一份有关历史的非常珍贵的序言，它可以使我进一步改进本论著，或者是修改我的某些假设（如对高昌庙柱文的断代，它已由哈密屯精辟地阐述清楚了）。

我的研究当然具有非常专业化的特征，故可能会使我的部分读者感到扫兴和气馁。但我衷心希望，他们能够对于我有关科学和文化史的结论部分感兴趣。

我非常感谢法国国家科学研究中心出版社和匈牙利东方科学出版社。仅由于它们的合作，我的这本大部头的著作才得以面世。

1988 年 3 月

引 言

历史纪年在史学和语言学中都具有一种极其重要的功能。数世纪以来，它一直是研究者潜心和持续研究的对象，在大家同时掌握有大量断代文献以及有关日历推算法和历书专门著作的那些得天独厚的领域中，我们已经取得了令人特别满意和高度精确的成果。特别是有关前部亚洲、欧洲、埃及和中国的情况方面，更是如此。

所以，大家非常清楚地知道，不同时代诸多民族的动荡不安所致的民族大迁移，把人们驱至欧亚大陆的诸多地区，由于文化或宗教的原因，这些外来民族的纪年体系和历法非常强有力地迫使突厥语民族接受了。在突厥东部和自他们那已知的历史初期以来，他们接受的是中国中原的纪年制与历法；在突厥西部和自公元 1000 年左右以来，他们接受的则是伊斯兰的纪年制与历法。

但直到目前为止，大家对于突厥社会中通行的日历推算法和历书中的特殊内容，始终所知甚少。然而，虽说有关这一切的文献不算太丰富，但却远不是无关紧要的。自公元 8 世纪以来的某些连续性的语言学资料，使我们清楚了所涉及的词汇，从而可以使人由此得出一种划分时间的连贯性体系。从公元 7 世纪末开始，叶尼塞河（Haut-Iénisseï）上游和蒙古的突厥碑铭文献为我们留下了大量日历推算法的素材。如对于 8 世纪的情况，鄂尔浑

（Orkhon）河流域的碑铭为我们提供了某些具体时间，完全可以通过汉文史料核实。对于丰富的回鹘文文献（首先是碑铭石刻，其后是写卷），也可以实施同样的核查。这些从 8 世纪中叶起的蒙古和从 10 世纪起的吐鲁番文献，为我们保留下了某些详细的纪年资料。吐鲁番的回鹘文文献中甚至还包括十多卷有关历法及其与天文学和星相学有关的文书，特别是 13 和 14 世纪的文书。与此形成鲜明对照的则是，我们在 10 世纪以来的中世纪伊斯兰史料遗留给我们的文献中，搜集到的有关突厥历法的稀见资料，显得既很贫乏又绝少价值。它们都是残缺不全的片断，流传的情况也很糟，经常把西方史学家和语言学家们导入歧途。只是到了 15 世纪中叶，伊斯兰世界只有通过兀鲁伯（Oulough Beg）的杰出著作，才在扎实可靠的基础上熟悉了汉族—维吾尔族的历法。但这样晚期的资料是根据天文学家的观点，而不是根据纪年学家的观点形成的，实际上未向我们提供有关突厥习惯历法之前时代的任何新资料，新资料是在这种历书大大地失去了历史价值的时候才出现的。

除了前引史料之外，尚为我们保留下了某些前斯拉夫的不里阿耳（保加尔，Bulgar）人的民族纪年的片断；到 1300 年前后，还有对已经部分地基督教化了的欧洲库蛮人（Comans）历书的一种拉丁文记音本。其他的基督徒突厥人和察合台汗国（Khanat de Tchaghataï）的景教徒突厥人，在伊塞克湖（Issiq-Koul，热海）以西和楚河（Tchou）流域，也留下了某个既具维吾尔文风格，又以按照塞琉西的年号（1201—1345 年）而断代的墓碑。最后，安纳托利亚、黠戛斯（柯尔克孜）、西伯利亚和蒙古的某些民间传说（在贝加尔湖中的一个小岛上发现的一方约 700 年的突厥文碑碑文清楚地说明了这一切）的比较，便可以使人复原高地亚洲的一种很有价值的古老历法，它无疑起源于美索不达米亚，以对月亮和昴星团七曜之合的观察为基础，可以为阴历、阳历之勘合的微妙问题提供一种经验性的解决办法。

这实质上就是本人论著的基本史料。大家看到，除了其本身就具有缺陷的回鹘文献集（如对于 12 世纪）之外，这种文献都非常散乱和残缺不全。对它们的注释不仅要求从差异很大的方向去研究，而且还要求它们在突厥语言学的统一范围内协调一致。此外，我们绝不应该忘记主宰形成整个日历推算系统和整个历法（即使是最原始的历法也罢）的天文实况。

在本书逐渐展开论述的诸章中，我将尽力复原和描述推算日历的各种方法以及在古代和中世纪操突厥语诸民族中行用的各种历法，这些民族于 6 世纪—14 世纪（包括该世纪在内）期间，散居在从中国边陲到巴尔干人居住区之间。我更加偏爱重视它们具有的特征。我将利用这些资料而对仍留作悬案的诸多年代问题提出一些解决办法来。

本书首先是要阐明纪年体系的，其中的所有内容都应得以确定并根据它们之间的密切关系而结合起来。最重要的是不要把推理和论证淹没在大量的文献堆中（这些文献往往是杂乱的，始终都是复杂的），特别是不要淹没在离题的论述之中，无论这些离题话显得多么诱人！

这就是我为什么选择了介绍多种必不可缺资料的办法，既采取了一种最轻松的形式，又不会因此而使之有失于准确性。它们在正文中都被置于小括号中（两个字母和一个数字），按照一种简单的缩写代码，下文将于《参考书目》中加以描述。

这批《参考书目》将以认真推理的形式，对我使用的方式作某些考证和适当说明。其后附有针对突厥文字母的对音转写所作的必要具体说明。我认为它对于统一我们各自的用法则是必不可缺的。

至于我在研究过程中逐渐想到的各方面的意见，我认为学术著作的特殊性质（一切均要趋向严格和清楚），使我只有在确信对自己的资料和逻辑办法有益时，才有义务吸收它们。在此情况下，这些观点就完全应该纳入我的论述中了。

这就是为什么我对参考资料的编制还要避免任何评注。大家发现本著的页下或章末都缺少注释时，就不应该感到惊讶了。

因为这类注释只会令人讨厌地打断阅读线索，而这种阅读本来就不时地会显得相当困难。

相反，大家在本著之末将会看到详细的索引，其中以参照正文的方式罗列了有助于导读的附录资料。①

————————

① 中译本将《索引》删去，只保留《译名对照表》。——译者

参考书目

　　我区别出了一方面是已经发展的有关本书内容的"论著"，另一方面是我所使用文献的"原始资料"。这后一类又分成三部分：语言资料、墓志碑铭、写本卷子。

　　按照顺序而使用的两个大写正体字母 AA，AB……或者是 BA，BB……都被置于行外，以所提到的每部著作加以对照。它们将指出我在括号内的"参考资料"中指该著作的惯用形式。在我的参考资料中，继这两个字母之后的阿拉伯数字，除了所明确指出的相反情况之外，一般均指所参阅的页数。在必要的情况下，于其前面再用罗马数字标出所提到的卷数。

第一部分　论　著

1. 天文学与星相学

　　在我的论述中，必然要提到一些宇宙论和天文学的简单概念。不熟悉它们的读者，特别请参阅一部无懈可击的撰写得既清楚又颇令人赏心悦目的学校教科书，这是一位著名天文学家的著作：AA——丹戎（A. Danjon）：《宇宙志》，这是数学班的教科书，巴黎 1948 年版。

有关与我的研究绝非毫不相关的古代天文学史，请参阅下一部著作。它虽然略显陈旧，但也提供了一种仍保持着其价值的概貌。

AB——阿贝尔·雷（Abel Rey）：《希腊人之前的东方科学》，巴黎 1942 年版。

有一部较新的集体著作，大家可以于其中看作它是由最优秀的专家撰写的，对古代和中世纪的天文学史作了精辟阐述，并且附有参考书目。此书就是下面的一部分：

AC——《古代和中世纪的科学》。

它是由勒内·塔通（René Taton）主编并由法国大学出版社出版的《科学通史》的第 1 卷。巴黎 1957 年版。

大家应该特别注意以下几章：

——《美索不达米亚》，由勒内·拉巴（René Labat）著，第 73—138 页。

——《古代的印度科学》，由菲利奥札（Jean Filliozat）著，第 152—201 页。

——《中世纪的印度科学》，由同一位作者著，第 472—476 页。

——《古代的中国科学》，由安德烈·豪德里库尔（André Haudricourt）和李约瑟（Joseph Needham）著，第 184—201 页；第 477—489 页。

对于我的论著第十一章非常重要的古代美索不达米亚天文学，我参阅了下引 3 部著作：

AD——夏尔·维鲁洛（Charles Virolleaud）：《迦勒底星相学》，巴黎 1903 年以及继此之后的几年间陆续出版。

AE——J·索姆贝热（J. Schaumberger）：《星相学和占星术》，补遗卷，1935 年版。

AF——勒内·拉巴（René Labat）：《一种有关劳作、宫带和月份的巴比伦历法》，巴黎 1965 年版。

有关古典时代，我们掌握有一部参考资料很丰富的巨著：

AG——布歇—莱克莱尔克（Bouché-Leclercq）：《希腊星相学》，巴黎 1899 年版。巴黎大学图书馆收藏有作者本人的一册，夹有空白页，增加了大量补充资料。

有关印度天文学及其与希腊、阿拉伯和中国天文学的关系，特别是在某些略显陈旧的著作中进行了研究。

AH——伯吉斯（E. Burgess）和惠特尼（W. D. Whitney）：《太阳实义本》（Sūrga siddhānta，译注本），载《美国东方学会会刊》第 6 卷，1860 年。

AI——惠特尼（W. D. Whitney）：《印度每月的 12 宫带》，载《东方语言研究》第 2 卷，纽约 1974 年版。

有关"古典"时代的印度天文学，大家还会在一部叫做《通俗星相学知识》的著作中，发现某些第二手的却又容易得到的资料，但最好是谨慎地使用它们。

AJ——吉列（P. E. A. Gillet）：《印度星相学手册》，尼斯 1955 年版。

有关印度的星相学与节日之间的关系，大家可以参阅下面这篇著作：

AJ'——嘉散·德塔西（Garcin de Tassy）：《印度人的民间节日札记》，载《亚细亚学报》，巴黎 1834 年版。

有关对我本书全部内容都非常重要的中国天文学的第一批重要西文著作，它们是由 18 世纪由赴北京的耶稣会士宋君荣（Gaubil）神父完成的（《天文观察》，巴黎 1732 年版；《耶稣会士书简集》，巴黎 1783 年和里昂 1819 年版）。它们于后来又由下述著作作了权威性重复：

AK——毕欧（J. B. Biot）：《中国古代天文学研究》，载《学者通报》，巴黎 1839—1840 年版。

我们还掌握有一位作家的下述著作：

AL——毕欧：《论印度和中国的天文学》，巴黎 1862 年版。

在有关中国人天文概念的最新著作中，最具有新论的是列奥波尔德·德·索絮尔（Léopold de Saussure）的那些著作，其汉

7

学资料很丰富，而且还是第一手的。但他根据一种残缺不全和遭到歪曲的文献（即比鲁尼的书，见 NJ 条）的间接知识，对于古代突厥事实的评价却并不是太成功。

AM——列奥波尔德·德·索絮尔（Léopold de Saussure）：《中国天文学的起源》，载《通报》，莱顿版，1907 年第 3 期，1909、1910、1911、1913、1914、1920—1921 年和 1922 年。摄影印刷新版本，巴黎（麦松奈夫兄弟书局）1930 年版。我所参阅的正是该版本。

AN——同一位作者：《中国人的天文学体系》，载《物理和自然科学档案》第 5 期，第 2 卷，日内瓦 1920 年版（我未能参阅同一位作者发表于同一杂志中的其他文章，如 1919 年号）。

AO——同一位作者：《论 12 生肖（12 属）纪年》，载《亚细亚学报》，巴黎 1920 年。

AP——马伯乐（Henri Maspéro）：《汉代之前的中国天文学》，载《通报》第 26 卷，莱顿 1929 年版。

有关天文学在中国思想和文明中的作用，大家在现已变成经典性的两部著作中可以找到一些透彻的分析：

AQ——葛兰言（Marcel Granet）：《中国人的文明》，巴黎 1948 年版。

AR——同一位作者：《中国人的思想》，巴黎 1950 年版。

AS——同一位作者：《中国人的宗教》，巴黎 1922 年版。此书已变成了一种珍贵的导读书，它具有对我的研究颇有裨益的丰富资料。

有关中国宇宙论与巫术之间的关系，我将有机会参阅一部通俗读物：

AT——路易·肖肖（Louis Chochod）：《远东的秘术与巫术》，巴黎 1949 年版。

有关天文学思想的连续性问题，大家将会在多种读物中发现某些很有意义的思想和参考资料。如在下引著作中：

AU——勒内·贝尔特罗（René Berthelot）：《亚洲的思想和

天体生物学》，巴黎 1949 年版。

最后，有关占星术与"辟邪术"之间的关系，大家在下引著作中可以发现许多资料：

AV——让·马尔盖—里维埃尔（Jean Marquès-Rivière）：《护身符、避邪物和吉祥物》，巴黎 1938 年版。

2. 历法与纪年

一种最令人情有独钟的接触历法理论和基本知识的渠道，是由一位著名天文学家所著的一本精彩小书提供的。

BA——保尔·库岱尔克（Paul Couderc）：《历法》，巴黎 1948 年版，列为《我知道什么?》丛书中的第 203 种，法国大学出版社。

虽然最大的一部纪年学不朽巨著已经年代逾远，但它始终不失为一部经典性著作：

BB——金泽尔（F. K. Ginzel）：《数学和年代推算术手册，各民族计算时代的技术》，3 卷本，分别于 1906、1911 和 1914 年在莱比锡出版。1958 年在莱比锡出版了一种凸版（即锌版印刷）重印本。

同样，尽管岁月流逝，黄伯录（Pierre Hoang）神父有关中国历法的著作始终对我都有很高的价值，我将非常频繁地参阅它。我已经核实，对于我本书有关的具体时间，其结果与更为近期的著作没有多大区别。因此，我于此引证的正是黄神父的著作。其功德就在于其中包括一种用拉丁文作的对中国人纪年体系的非常明白易懂的分析。

BC——黄伯录（Le père Pierre Hoang）：《中国与欧洲的历法》，徐家汇（Zi-ka-wei）1885 年版。

BD——同一位作者：《中西历日合璧》，上海 1910 年版。

有关对一种中国民间历书的译本，请参阅：

BD'——《1927—1928 年的历书中德文本对照》，无出版地点，巴黎东方语言学院图书馆收藏，其编号为 6230。

一名德国天文学家的建树是最早同时研究了回鹘人与汉族

历法。

BE——伊德莱（L. Ideler）：《论哈达（Khata）和易古儿（Igour）人的纪年》，载《亚细亚学报》，巴黎 1835 年 4 月。

BF——同一位作者：《中国人的计时法》，柏林 1839 年版。

他及时地补充了前人的一种阐述。

BG——克拉普洛特（J. Klaproth）：《亚洲历史年谱》，巴黎 1826 年版。

但这些著作并未为真正的突厥学提供多少内容。它们出自突厥一方的仅有史料是兀鲁伯（Uluğ Beg）的著作，其中很晚的"回鹘"史料仅仅是汉文史料的一种准确移植。

正是鄂尔浑碑铭的发现，才标志着对古突厥历史纪年的一种特殊兴趣的开始。其中就包括以下著作：

BH——马夸特（J. Marquart）：《古突厥文碑铭中的历史纪年》，莱比锡 1898 年版。

这部研究范围有限而又翔实可靠的论著，仅在细节问题上有误，它被晚期的著作作为研究基础。它也引起了学术界对突厥人使用 12 属（12 生肖）历法的注意。数年之后，又有有关同一内容的一篇出自一名大汉学家手笔的非常重要的论文问世。

BI——沙畹（Edouard Chavannes）：《突厥 12 生肖纪年》，载《通报》，莱顿 1907 年版。

作者在该问题上提供一种可靠而又价值很大的资料的同时，却从中得出了有关他认为是这种纪年之突厥起源的错误的草率结论（尽管他持有一定的保留态度）。根据印度和西藏的事实，这些结论很快就受到质疑。如：

BJ——劳佛尔（B. Laufer）：《论回鹘文佛教文献》，载《通报》，莱顿 1907 年版。

稍后不久，在对古代突厥历史纪年的注释中又取得了新的和重要发展。这是由于下述著作才得以完成的：

BK——伯希和（Paul Pelliot）：《有关中亚问题的 9 条札记》，载《通报》第 26 卷，莱顿 1929 年版。

其中对于 12 生肖纪年的突厥起源作了明确否认，正如此说后来又由下引著作所否认的那样。

BL——欣里希·吕德尔（Heinrich Lüders）：《东亚突厥史》，载《普鲁士皇家科学院会议纪要》，柏林 1939 年版。

但这种 12 生肖纪年的突厥起源论，后来又有人根据相当混乱的突厥"图腾崇拜"理论，被旧话重提地作了研究。这就是：

BM——奥斯曼·土兰（Osman Turan）：《12 生肖的突厥历法》，伊斯坦布尔 1941 年版。

尽管这部著作在具体问题上有误，犯有在对所有事实作先天推理解释时犯有的"突厥化"错误，但它所提供的文献仍有一定的价值，尤其是根据某些未刊文献而提供的资料更为如此，其"参考书目"也颇有意义。作者非常熟悉他首先作为其论著基础的伊斯兰史料。但在古代突厥人文化关系（这一点于此是至关重要的）方面，他的资料则甚为不足。

与突厥人纪年有着密切关系的蒙古人的纪年，也已由下引著作作了扎实的研究：

BN——科特维奇（W. Kotwicz）：《论蒙古人的纪年》，载《波兰东方学学报》第 2 卷，华沙 1925 年版。

BN'——同一位作者：《论蒙古纪年》，载同一刊物第 4 卷，华沙 1926 年版。

BO——福赫伯（Herbert Franke）：《在吐鲁番发现的中期蒙古语：历书残卷》，载《巴伐利亚科学院论丛》，1964 年第 2 期，慕尼黑 1964 年版。

伊朗人（尤其是粟特人）对信仰摩尼教的突厥人历法的影响问题，又导致我引证下述著作：

BP——雷弗伦·马丁·希金（Reverend Martin J. Higgins）：《莫里斯皇帝在波斯的战争》，华盛顿 1939 年版（纪年研究，附有对波斯历书的研究和对摩尼逝世时间的讨论，这是摩尼教纪年的一种出发点）。

BQ——亨宁（W. B. Henning）：《粟特历法》，载意大利

《东方学报》第 8 卷，罗马 1939 年版，第 87—95 页。

BR——同一位作者：《摩尼教中的吉祥日》，载《皇家亚洲学会会刊》，伦敦 1945 年版。

BS——塔吉札德（S. H. Taqizadeh）和亨宁：《摩尼生活的时代》，载《泰东学报》（《大亚细亚学报》）第 6 卷，第 1 期，第 106—121 页，伦敦 1957 年版。

对于有关伊斯兰历法和伊朗历法的所有问题，我参阅了下引著作中那些明确和完整的图表。

BT——《荒地与食物对照表》，由梅尔（M. von J. Mayr）主编，由施普勒（B. Spuler）修订，威斯巴登（德国东方学会）1961 年版。

BU——阿丽雅娜·麦克唐纳（Ariane Macdonald）：《〈汉藏史集〉初探》，载《亚细亚学报》第 251 卷，第 1 期，巴黎 1963 年版。

3. 语言学

数年以来，我们拥有了一部突厥语言学（广义上的）的纲要著作，附有很详细的"索引"和以内容分类的"参考书目"，对突厥语族的古今各种语言及其文献都作了一种深入描述。这部集体著作卷帙浩繁，本书的作者也曾参与其写作。它将是我的一部资料丰富的参考书。

CA——《突厥基础语言学》第 1 卷（语言学卷），威斯巴登（F. 斯泰纳主编）1959 年版。

CB——同上，第 2 卷（文献卷），威斯巴登（F. 斯泰纳主编）1964 年版。

对于"阿尔泰语"（通古斯语、蒙古语和突厥语）研究论著的一篇精辟概论，已由下引书所提供：

CC——约翰内斯·本津（Johannes Benzing）：《阿尔泰语和突厥语研究概论》，威斯巴登 1953 年版。

大家在阅读下述 3 部集体著作时，也可以颇有收获地转向这同一类论著。这 3 部集体著作系《东方语言丛书》（布里尔出版社出版，由施普勒主编）的组成部分。

CD——《突厥语研究》，莱顿—科伦 1963 年版。

CE——《蒙古语研究》，莱顿—科伦 1964 年版。

CF——《通古斯语研究》，莱顿—科伦 1968 年版。

突厥语言的比较语法问题，在上文所提到的 CA 中已作过论述。对于蒙古语和通古斯语的比较研究，大家可以参阅下述著作：

CG——尼古拉·鲍培（Nicholas Poppe）：《蒙古语言比较研究概论》，载《芬兰—乌戈尔学会论丛》第 110 卷，赫尔辛基 1955 年版。

CH——约翰内斯·本津（Johannes Benzing）：《通古斯语，语法比较研究尝试》，威斯巴登（美因茨科学院）1955 年版。

有关突厥语和"阿尔泰语"（按上文 CC 所提到的那种意义）的比较语言学研究，大家可以参阅下述著作：

CI——玛尔蒂·雷塞宁（Martti Räsänen）：《有关突厥语言学的资料》，载《东方研究》第 15 卷，赫尔辛基 1949 年版（其中具有丰富的资料，精心地分门别类并在理论方面采取谨慎的做法）。

CJ——尼古洛斯·鲍培（Nikolaus Poppe）：《阿尔泰语比较语法研究》第 1 卷《语言学研究》，威斯巴登 1960 年版（其中有被非常方便适用地安排的大量资料）。但据我看来，作者对派生问题采取了一种过分简单的观点，未能完全考虑许多词汇的对应之事实。但这一切均可以通过与本语族之外语言的互相借鉴或共同借鉴的成分来解释。

有关突厥语和"阿尔泰语"的丰富资料，已被汇辑在一部有关向萨彦岭（Monts Sayan）的萨莫耶德语（Samoyède）借鉴（主要是向这些语言借鉴）内容的著作。

CK——欧里斯·若基（Aulis J. Joki）：《萨彦岭萨莫耶德人的外来语》，载《芬兰—乌戈尔学会论丛》第 103 卷，赫尔辛基 1952 年版。

有关作为一种文明（它与"阿尔泰语族"的历史关系已成为近期猜测研究的对象）之残余的孤立语言，主要涉及了古代黠戛斯人（Kirghiz）甚至是匈奴人。大家可以参阅下引著作：

CL——奥里斯·J·若基（Aulis J. Joki）：《东部叶尼塞语的考证、资料和研究》，载《芬兰—乌戈尔学会论丛》第 108 卷，赫尔辛基 1955 年版。

有关对匈奴或匈人语言残余之复原的尝试，大家在一部上文已提到的著作（CA，第 683—687 页）中会发现经过精心选择的资料。我于此之外还可以补充下述著作：

CM——欧梅杨·普里察克（Omeljan Pritsak）：《匈奴语词汇》，载《德国东方学报》第 104 卷，第 1 期，威斯巴登 1954 年版。

有关拓跋氏或桃花石（Tabgač，这是于公元 5 世纪进入中国北方的"阿尔泰"入侵者）语的同类复原问题，大家可以阅读：

CN——路易·巴赞（Louis Bazin）：《拓跋语考》，载《通报》第 39 卷，第 4—5 期，莱顿 1950 年版。

有关契丹语的一部同类著作，系由下引作者所著：

CO——韩百诗（Louis Hambis）：《契丹语释读初探》，载《金石和美文学科学院的报告》，巴黎 1954 年版。

至于在有关前斯拉夫的不里阿耳语及其衍生语——突厥语族的楚瓦什语（tchouvache），在突厥语族中的地位方面，也提出了某些特殊问题。在这一问题上，我需要引证 3 部著作：

CP——阿斯马林（N. I. Ašmarin）：《不里阿耳语和楚瓦什语》，载《考古历史和人类学报》第 18 卷，1902 年版。

CQ——同一位作者：《试论喀山市郊古代遗址出土的穆斯林蒙古时期的墓碑》，载同一刊物，第 21 卷，喀山 1905 年版。

CR——约翰内斯·本津（Johannes Benzing）：《楚瓦什语研究》V，载《德国东方学报》第 104 卷，第 2 期，威斯巴登 1954 年版。

最后，我有时还要参考某些汉文字，为此而必须选择一部词典，像我这样的非汉学家从中便可以不会遇到太大困难地找到这些字。我个人的经验导致自己选择了两部互相有关的连续著作，其中第 2 部的优点是根据纯粹表面的特征而提供了方块字表。

CS——鄂山荫（I. M. Ošanin）：《华俄辞典》，莫斯科 1955 年版。

CT——同一位作者：《华俄辞典》修订版，1955 年莫斯科版。

4. 历史学

有些出版物一再推迟问世，如：

DA——《突厥基础语言学》Ⅲ（历史卷），请参阅上文 CA 和 CB。大家仍在等待它的问世，但我曾得以参阅作者本人的稿本。

在《东方学手册》（请参阅上文 CD、CE）丛书中，大家可以发现与我本书有关的领域中的一种历史研究的基本方向。

DB——《伊斯兰国家的历史》，莱顿—科伦 1952 年—1959 年版。

DC——《中亚史》，莱顿—科伦 1966 年版，有关伊斯兰世界的历史，大家可以参阅。

DD——《伊斯兰百科全书》第 1 版，4 卷本，另有《补编》1 卷，莱顿 1913 年—1942 年版。

大家更喜欢参阅以下著作：

DE——《伊斯兰百科全书》第 2 版，正在莱顿刊行中，布里尔出版社。

本处根本谈不到提供突厥民族历史的一份全面的书目，虽然我正在研究其纪年和历法。由于各种原因，本处的目的仅在于我将有机会引证的著作。对于中亚古代史来说，这是两部综合性著作，其中之一略显陈旧：

DF——德经（Deguignes）：《匈奴通史》，巴黎 1756 年版。

DG——格罗特（De Groot）：《公元前的匈奴人》，柏林和莱比锡 1921 年版（这部著作本身就已经过时了）。

一种基本的历史方向（连同丰富的参考资料），可以对 1940 年之前的问题作出一种精辟的概述，它是由下述著作完成的：

DH——格鲁塞（René Grousset）：《草原帝国》，巴黎 1941 年版。

这部著作在许多观点上应作修订，尤其是应该使用下述著作：

DH'——克利亚什托尔内（S. G. Kijaštornyj）：《古代突厥鲁尼文碑铭》，莫斯科 1964 年版。

古代中国与其北部"阿尔泰"近邻之间的关系，已由下述著作所提及：

DI——沃尔弗拉姆·埃布拉尔（Wolfram Eberhard）：《古代中国的地区文化》，2 卷本，莱顿—北京 1942—1943 年版。与我此处有关的是第 1 卷。

DJ——同一位作者：《古代中国的地区文化》，安卡拉（历史学会）1942 年版。这是前一部著作第 1 卷的土耳其文版，带有某些增补内容。

一部颇受尊重的著作有时也会引起我的注意：

DK——宋君荣（Gaubil）：《中国大唐简史》。载《中华帝国全志》第 15 卷和第 16 卷，巴黎 1793 年和 1814 年版。

现有 3 部补遗性的著作。第 1 部略微陈旧和粗略了一些。其中第 3 部的内容非常丰富和令人满意的简明，但却保留了其全部价值，成了我的重要而又可靠的史料来源。它们使我可以得到有关古突厥人的汉文史料。

DL——儒莲（Stanislas Julien）：《突厥历史文献》，摘录自《边裔典》和译自汉文，载《亚细亚学报》第 6 套，第 3 卷，第 4 期，巴黎 1864 年版。

DL'——刘茂才：《有关东突厥史的汉文史料》第 1—2 卷，威斯巴登（哈拉索维茨），1958 年版。这部卷帙浩繁的译注本著作恰如其分地取代了前一部著作。

DM——沙畹（Edouard Chavannes）：《西突厥史料》，圣彼

得堡（皇家科学院）1903 年版，巴黎凸版重印本（阿德里安—麦松奈夫书店），无出版时间。

有关回鹘历史纪年，我也可以利用一部编写得很详细和内容很丰富的专著：

DN——哈密屯（James R. Hamilton）：《五代回鹘史料》，巴黎 1955 年版，1989 年第 2 版。

有关突厥民族的拜占庭史料已被很出色地汇编在一部基础著作中了：

DO——居拉·莫拉夫西克（Gyula Moravcsik）：《拜占庭突厥资料集》第 1 卷，《有关突厥史的拜占庭史料》，柏林 1958 年版（第 2 版）。

DP——同上引书，第 2 卷：《有关拜占庭史的突厥语史料》，柏林 1958 年版（第 2 版）。其中之一特别重要，已由下述著作极其详细地研究过了：

DQ——豪西希（H. W. Haussig）：《泰奥菲拉克特在斯基泰人中的游记》，布鲁塞尔 1954 年版（拜占庭文本，回忆录和文献）第 23 卷，1953 年。

有关由前斯拉夫的不里阿耳人民族纪年所提出的问题，大家可以参阅下述著作：

DR——米科拉（J. Mikkola）：《论多瑙河流域的不里阿耳突厥人的历史纪年》，载《芬兰—乌戈尔学会会刊》第 30 卷，赫尔辛基 1915 年版。

DS——欧梅杨·普里察克（Omeljan Pritsak）：《所谓不里阿耳王国和古不里阿耳语》，载《乌拉尔—阿尔泰年鉴》第 26 卷，第 1—2 期，第 61—77 页；第 3—4 期，第 184—239 页，威斯巴登 1954 年版。

DS'——瓦杨（A. Vaillant）和拉斯卡里斯（M. Lascaris）：《论不里阿耳人改宗的时间》，载《斯拉夫研究》第 13 卷，第 1—2 期，第 5—15 页，巴黎 1933 年版。

有关蒙古时代，我特别掌握有如下资料：

DT——吉奥吉奥·普勒（Giorgio Pulle）：《〈蒙古史〉，柏朗嘉宾于 1245—1247 年出使鞑靼王公的旅行记》，费伦茨 1913 年版（柏朗嘉宾拉丁文著作的刊本与译本）。

DU——马可·波罗：《世界志》，由韩百诗刊布，巴黎 1955 年版，其中附有韩百诗所做的大量价值很高的注释。

有关突厥民族的古代宗教观念，大家可以参阅：

DV——让·保尔·鲁（Jean-Paul Roux）：《论阿尔泰民族中的天神腾格里》，载《宗教史杂志》第 149 卷和第 150 卷；附有注释，见同一杂志第 154 卷，巴黎 1958 年版。

DW——同一位作者：《阿尔泰社会中的神圣动物和植物》，巴黎 1966 年版。

DW'——同一位作者：《突厥和蒙古人的宗教》，巴黎 1984 年版。

在纪年问题上，我有时也会引证两部文字史著作：

DX——唐纳（O. Donner）：《论北亚突厥字母的起源》，载《芬兰—乌戈尔学会会刊》第 14 卷第 1 期，赫尔辛基 1896 年版（这是一篇精彩论文，其研究结果后来仅在一些细节问题上作过修改）。

DY——杰拉德·克洛松（Sir Gerard Clauson）《"鲁尼"突厥字母的起源》，载匈牙利《东方学报》第 31 卷，第 51—76 页，哥本哈根 1970 年版。

DZ——雅姆·费弗里埃（James Fevrier）：《文字的历史》，巴黎 1948 年版。

这是一部杰出的著作，结构严密，既立论谨慎又资料丰富，附有大量参考书目。

5. 民间传说

有关这些传说在"阿尔泰"文化背景中的宗教表象问题，有一部非常有价值的著作，但其中也有许多缺陷：

EA——乌诺·哈尔瓦（Uno Harva）：《"阿尔泰"民族的宗教观念》（《学术报告》第 125 期），赫尔辛基 1938 年版。古代回鹘人的某些信仰，在他们现今于新疆的继承者身上留下了明显痕迹，正如大家根据下引著作所看到的那样：

EB——卡塔诺夫（N. Th. Katanov）：《东突厥斯坦文献中的民俗资料》第2卷，柏林1943年版。

大家在下面一部著作中将会发现有关安纳托利亚突厥民间历法的重要资料。如该著作在表现得如同是一部我将另外提到的语言学出版物（见下文GH）的附录，而实际上却形成了一部独立的目录著作，其中在方言词汇的问题上，提到了今土耳其的大量民俗传统。

EC——《土耳其方言词汇集》第6卷《民俗词汇集》，安卡拉1952年版（土耳其集体著作，语言学会编）。

ED——勒菲克·托波干（Refik Topkan）：《历史悠久的历法》，伊斯坦布尔1946年版。

第二部分　原始资料

第一节　语言学资料

1. 语法和语言描述

本处的目的不在于提供一份全面的参考书目。我仅提到自己可以参阅的著作。

有关古代突厥语，现有一部基本著作：

FA——葛玛丽（Annemarie von Gabain）：《古代突厥语法》，1950年莱比锡第2版（其中附有重要的词汇）。

有关土耳其的当代突厥语，从时间上来说，第1部科学性的语法巨著则成了所有突厥学家们的一部必备书：

FB——让·德尼（Jean Deny）：《突厥语法词典》（奥斯曼方言），巴黎1921年版。

有关乌兹别克语，现有两部很扎实的著作，其中第2部很全面：

FC——葛玛丽（Annemarie von Gabain）：《乌兹别克语语法》，莱比锡 1945 年版（其中附有很好的词汇表）。

FD——科诺诺夫（A. N. Kononov）：《乌兹别克语口头文学中的标准语法》，莫斯科—列宁格勒 1960 年版。

有关楚瓦什语，有一部精辟的概论性著作：

FE——约翰内斯·本津（Johannes Benzing）：《楚瓦什语概论》，柏林 1943 年版。有关雅库特语，有一部已经陈旧的著作，但其中却包括与我的主题有关的一篇很有价值的文献。

FF——柏特林克（O. Böhtlingk）：《论雅库特语》第 1 卷《雅库特语概论，雅库特语语法》，圣彼得堡 1851 年版。这部书的第 2 卷是雅库特语—德语词典，同一出版地点，同一出版时间。

作为比较，我将有机会提到蒙古语法中的事实。那时我要参阅下述著作：

FG——韩百诗（Louis Hambis）：《蒙古书面语言语法》，巴黎 1946 年版。

2. 辞书

特别是在第一章中，我本应该引证属于多种突厥语词汇的文字。如果为曾遇到的所有形式都提供所参考的各种辞书，那就会大大地增加我的论著和参考书目的篇幅，而又不会有任何实际意义。大家将会在前引《纲要》（CA）中发现各种突厥语的辞书目录。

我于下文中仅保留了那些非常近期的著作，完全为了将它们列入本"参考书目"大全之中。出于特殊的原因，我也将于自己的论著中明确引证下述著作。

有关全部突厥语和方言的辞典，大家可参阅下述著作：

GA——拉德洛夫（W. Radloff）：《突厥方言辞典》，4 卷本，圣彼得堡 1893—1911 年版。

这是有关作者甚为精通的阿尔泰语言以及西伯利亚语言的一

部卓越的巨著。但其中的古突厥语和回鹘语却不大可靠。对于古代突厥语，除了前文 FA 所引的词汇之外，大家还可以利用一部新近的和完整的重要著作，其前面有很丰富的和排列很清楚的参考书目。

GB——《古突厥语大辞典》，苏联科学出版社，语言研究所编，列宁格勒 1969 年版（集体合作项目）。

有关 11 世纪喀喇汗朝突厥语，我掌握有下述著作：

GC——贝希姆·阿塔赖（Besim Atalay）：《突厥语大辞典》，安卡拉 1943 年版（下文自 NA 以后提到的喀什噶里大辞典的索引）。

对于古代奥斯曼语，我将利用下引著作：

GD——《土耳其语历史辞典》，前一套丛书的新版本，编排得更好一些。8 卷本，安卡拉 1963—1977 年版。

但最佳奥斯曼语辞书始终是：

GF——雷杜斯（Sir James W. Redhouse）：《突厥语—英语辞典》，君士坦丁堡 1921 年版（卷帙浩繁，精确而又完整的辞典）。

另一部精辟的突厥—奥斯曼辞典（单一语言的辞典）是：

GG——谢米斯丁·撒米（Šemseddin Sami）：《突厥语辞典》，伊斯坦布尔，伊斯兰历 1317 年（公元 1901 年）版。

有关土耳其的突厥方言，大家可以在下引著作中找到丰富的词汇资料：

GH——《突厥口语词汇集》，土耳其语言学会出版的集体作品，3 卷本，伊斯坦布尔 1939—1947 年版。

GH'——《土耳其语方言辞典》，土耳其语言学会编，伊斯坦布尔 1934 年版。

对于土库曼语（turkmène），它与雅库特语（yakout）的比较只能可靠地复原一种古长元音。我掌握着一部很好的单一语言词典，它绝不损害元音长度的标音：

GI——《土库曼语辞典》，苏联土库曼斯坦科学院的集体创作，由哈姆扎耶夫主编，阿什哈巴德 1962 年版。

至于雅库特语，其主要著作始终是：

GJ——佩卡尔斯基（E. K. Pekarskij）：《雅库特语辞典》，3 卷本，彼得格勒—列宁格勒 1917—1930 年版。

我掌握有这部词典的一种土耳其文译本：

GK——埃德华·列卡尔斯基（Edouard Pekarskiy）：《雅库特语辞典》第 1 卷，伊斯坦布尔 1945 年版（以后几卷尚未出版）。

在历史上与雅库特语相似的阿尔泰和叶尼塞河上游地区的语言（哈卡斯语和图瓦语），是近期一批优秀的内容：

GL——巴斯卡科夫（N. A. Baskakov）：《俄语—阿尔泰语辞典》，莫斯科 1964 年版。

GM——巴斯卡科夫和英吉泽洛娃—格雷库尔（A. I. Inkiževova）：《哈卡斯语—俄语辞典》，莫斯科 1953 年版。

GN——帕利姆巴赫（A. A. Pal'mbax）：《图瓦语辞典》，莫斯科 1955 年版。

苏联近期出版的其他辞典使我广泛地获得了有关高加索的卡拉恰伊—巴尔卡尔语（Karatchaï-balkar）、新疆的突厥口语（新维吾尔语）和柯尔克孜语的资料。

GO——苏宗切夫（X. I. Sujunčev）和乌鲁斯比杰夫（Urusbijev）：《俄语—卡拉恰伊—巴尔卡尔语辞典》，莫斯科 1965 年版。

GP——纳德济波（E. N. Nadžip）：《维吾尔语—俄语辞典》，莫斯科 1965 年版。

GP'——儒达欣（K. K. Judaxin）：《柯尔克孜语—俄语辞典》，莫斯科 1966 年版。

对于在突厥方言中占据着一种特殊地位的楚瓦什语（作为前斯拉夫语不里阿耳语的继承者），词汇量最丰富的辞典是：

GQ——阿斯玛林（N. I. Ašmarin）：《楚瓦什语宝鉴》，共 17 册，喀山—切博克萨雷 1927—1950 年版。

我还拥有一部很好的通用辞典：

GR——希罗特金（M. Ja. Sirotkin）：《楚瓦什语—俄语辞典》，莫斯科 1961 年版。

我有时将运用与蒙古语词汇的比较。对于古代（13 世纪），我还将使用《蒙古秘史》中的词汇。

GS——海涅什（Erich Haenisch）：《〈元朝秘史〉辞典》，莱比锡 1930 年版。

对于现代蒙古语，我将使用一部要远远胜过其他书的最佳和词汇最丰富的辞典，而且它也为我提供了古典语言的形态。

GT——圣母圣心会的传教士田清波（Antoine Mostaert）：《鄂尔多斯语辞典》，3 卷本，北京 1942—1944 年版。

对于喀尔喀语（Khalkha），我还将参阅下列辞典：

GT'——鲁夫桑登代夫（A. Luvsandendev）：《蒙古语—俄罗斯语词典》，莫斯科 1957 年版。

最后，当我遇到罕见的渗透到通古斯语中的比较外来词时，我还将有机会使用一部埃文语（even）辞典：

GU——辛秀斯（V. I. Cincius）和里塞斯（L. D. Rišes）：《俄语 埃文语辞典》，莫斯科 1952 年版。

有关通古斯语词汇的更为广泛的资料，我还可以参阅：

GU'——辛秀斯及其合作者：《通古斯—满语言比较辞典》，2 卷本，

列宁格勒 1975 年和 1977 年版。

第二节　碑　铭

1. 常见古突厥文碑铭

大家将会发现由本文作者于 1962 年编制的古突厥碑铭解说目录，载《突厥基础语言学》（见上文 CB 条），第 2 卷的第 192—211 页。它可以作为我的文献目录之基础。

对于由苏联学者们最近发表的碑铭（数目庞大，但碑文的篇幅有限，与我的主题没有任何关系），我可以用上文所载 GN 常用符号中提到的著作第 21 页以下，所刊登的详细资料来对此

进行补充。

现存一部卷帙浩繁的古突厥文石刻图版集，但令人遗憾的是其部分行文已由那位过分自命不凡的刊布者根据自己的猜测而作了描改。

HA——拉德洛夫（W. Radloff）：《蒙古古代文物图集》，圣彼得堡1892—1899年版（共118幅图版）。大家不要使用经描改过的那些图版，因为它们已经是造成许多严重错误的原因了。对它们进行一番仔细研究便会区别出那些经过描画者，它们都是那些最清楚者！

这些令人疑窦丛生的资料可以充做一批重要出版物的基础，但却都带有大量的错误。这种错误危害尤深，因为作者在学术界享有很高的和理所应得的权威。

HB——拉德洛夫：《蒙古的古突厥文碑铭》，圣彼得堡1895年版。

HC——同一位作者：上引书之《续编》，圣彼得堡1897年版。

HD——上引书之《三编》，彼得堡1899年版。

依然是在拉德洛夫弟子们的著作中，令人不快地感觉到了这种权威性。其弟子们的著作又大部分是重复研究同样的文献，仅仅改正了其中分量很小的错误。

HE——马洛夫（S. E. Malov）：《古代突厥文献集》，莫斯科—列宁格勒1951年版。

HF——同一位作者：《蒙古和柯尔克孜的古代碑铭集》，莫斯科—列宁格勒1959年版（其中附有过去未曾发表过的颇有价值的文献图版）。

拉德洛夫的最大反对者便是鄂尔浑碑铭的天才解读者。虽然此人也很可能会犯错误，但他的著作始终都保持着一种强大的吸引力。

HG——汤姆森（Wilhelm Thomsen）：《鄂尔浑和叶尼塞碑铭解读绪论》，载《丹麦皇家科学院学报》，哥本哈根1893年版。

HH——同一位作者:《突厥学研究,有关蒙古和西伯利亚突厥文碑铭的解读之研究》,作为《芬兰—乌戈尔学会论丛》出版,赫尔辛基 1916 年版。

另外一部有关全部古突厥文碑铭的著作,是由一位土耳其学者以极大的毅力和职业道德完成的。他在大量地抄录前人著作的同时,也对文献的释读提供了大量改进的地方。

HI——奥尔昆(Hüseyin Namik Orkun):《古代突厥碑铭集》第 1 卷,伊斯坦布尔 1936 年版。

HJ——同上,第 2 卷,伊斯坦布尔 1939 年版。

HK——同上,第 3 卷,伊斯坦布尔 1940 年版。

HL——同上,第 4 卷,伊斯坦布尔 1941 年版。

我最常引证的正是这一种仍不算完美的版本,尚有待于进一步修正。

2. 叶尼塞河上游的古突厥文碑铭

我们很早以来就掌握有叶尼塞河上游突厥碑铭最主要部分那附有照片和略图的精细录文,这是由于一个芬兰探险团非常认真的工作才完成的。该探险团的成员们具有不受任何解释理论限制的优势(这恰恰与马洛夫相反),从而可以确保其见解的客观性。

IA——《由芬兰考古学会搜集和刊布的叶尼塞河流域的碑铭》,赫尔辛基 1889 年版。

另外还有一部仍保持着其全部价值的工具书,这就是对所有这些碑铭文献中的所有符号都作了精心分类的一本耐心的解说目录。它们是由下面这部著作提供的:

IB——唐纳(O. Donner):《叶尼塞碑铭中的词汇》,载《芬兰—乌戈尔学会论丛》第 4 卷,赫尔辛基 1892 年版。

大家可以在前一专栏的著作中(HA-HL),特别是 HK 中发现对叶尼塞河上游碑铭的释读,令人非常遗憾的是,该领域中的一部最新全面著作过分忠于拉德洛夫的传统了。这部著作如下:

IC——马洛夫(S. E. Malov):《叶尼塞古突厥碑铭》,莫斯科—列宁格勒1952年版。优质图版，对解读的改进、未刊文献，对于经拉德洛夫修补过的图版之翻拍版持怀疑态度。

有关这些出版物最新状态的书目是由GB条第22—27页提供的。现已经发表了一些直接的全新和颇有价值的观点。诸如以下各书：

ID——巴特马诺夫（I. A. Batmanov）、阿拉加奇（Z. B. Aragači）和巴布斯津（G. F. Babuškin）：《叶尼塞河的现在与过去》，伏龙芝1962年版。

为了改进对这些文献（它们对于研究古代突厥文化非常重要）的解读和诠释，尚有许多事情要做。我对于其中的一种文献，便按照这种主意又做了尝试：

IE——路易·巴赞（Louis Bazin）：《乌玉克—塔利克（叶尼塞）碑铭》，载《东方学报》第22卷，哥本哈根1955年版。

有关这些文献的断代问题，我拥有以下著作：

IF——库兹拉索夫（L. R. Kyzlasov）：《叶尼塞碑铭最新断代》，载《苏联考古》第3期，1960年，第93—120页。

IG——瓦西里耶夫（D. D. Vasil'ev）：《叶尼塞突厥鲁尼文文献汇编》，列宁格勒科学出版社1983年版。大家从中可以发现145通碑文的图版和录文。

3. 突厥人的碑铭

正如对于叶尼塞河上游的碑铭一样，大家应该把蒙古最重要的"突厥文"碑铭的首次最佳录文之功劳归于一个芬兰探险团的卓越工作，这些录文附有图版、略图和精确的地理测量。

JA——《由芬兰探险团于1890年所搜集并由芬兰—乌戈尔学会刊布的鄂尔浑碑铭》，赫尔辛基1892年版。

数年之后，出版了对这些碑铭的重要而又非常翔实可靠的注释本，出自一名天才语言学家之手笔：

JB——汤姆森（Vilhelm Thomsen）：《已经释读的鄂尔浑碑铭》，载《芬兰—乌戈尔学会论丛》第5卷，赫尔辛基1896年版。

在汤姆森的首次释读（见上文 HG，1893 年）和这部出版物之间，拉德洛夫自己也独立成功地对这些文献中的"鲁尼文字母"符号作出了几乎是完全正确的解释。拉德洛夫极力从速度上战胜其竞争者和未来的对手，于是便出版了一种译注本。虽然此书带有草率仓促的痕迹，但它也于多处提供了某些翔实可靠的因素（见上文 HB，1895 年）。这两位大学者之间的论战（请参阅 HH）可能会投下几束新的光芒，但也于他们中招致了一种教条的僵化，这对于古突厥研究的发展非常有害。奥尔昆经常对他们之间的争执作出仲裁（HI），马洛夫（HE 和 HF）始终倾向于追随其师拉德洛夫。

汤姆森工作的最新状况是由下面这部著作所提供的：

JC——汤姆森（Vilhelm Thomsen）：《蒙古的古代突厥碑铭》，由谢德尔（H. H. Schaeder）译自丹麦文，载《德国东方学报》，1924—1925 年。这部著作部分地论述到了历法问题。

在解读碑文之前的阶段，已由下引书对于该问题作了非常巧妙的探讨。

JD——施古德(G. Schlegel)：《阙特勤的墓碑》，载《芬兰—乌戈尔学会会刊》，赫尔辛基 1892 年版。

在根据蒙古的各种突厥碑铭而写成的有价值的著作中，我尚需要引证以下几种：

JE——科兹维茨（W. Kotwicz）和萨莫依洛维奇（A. N. Samoilovič）：《中蒙古伊赫—霍硕士的突厥文碑铭》，载波兰《东方学报》第 4 卷，伦贝克 1928 年版。

JF——勒内·吉罗（René Giraud）：《巴颜·楚克图碑铭·校勘与注释》，巴黎 1961 年版（其中包括有关碑铭规则的精辟观点）。

JG——同一位作者：《蓝突厥汗国》，巴黎 1960 年版。其中包括对于鄂尔浑碑和暾欲谷碑（即巴颜·楚克图碑）的颇有价值的历史与语言考证。

JH——杰拉尔·克洛松（Sir Gerard Clauson）：《翁金碑考》，

载《皇家亚洲学会会刊》，伦敦1957年10月版。

一批过去从未刊布过的精美摄影文献，现已公布：

JI——本蒂·阿尔托（Pentti Aalto）：《有关蒙古的古突厥碑铭资料集》，载《芬兰—乌戈尔学会会刊》第60卷，赫尔辛基1958年版。

JJ——杰拉尔·克洛松（Sir Gerard Clauson）和爱德华·特里札尔斯基（Edward Tryjarskï）：《伊赫—霍硕士碑铭》，载波兰《东方学报》第34卷，第1期，第7—33页，华沙1971年版。

有关怛逻斯（Talas）的突厥文碑铭，我可以参阅以下著作：

JK——马洛夫（S. E. Malov）：《怛逻斯河谷的古突厥文碑铭》，载《苏联科学院学报》第10卷，1929年版。

现知的最古老突厥碑铭是粟特文的（6世纪），它已由下引著作刊布：

JL——克利亚什托尔内（S. Kljastornyj）和列夫希思（V. A. Livśic）：《布谷特粟特文碑铭校勘》，载匈牙利《东方学报》第26卷，第1期，布达佩斯1972年。

当鄂尔浑碑铭的最新和最佳译注本（现代土耳其语）出版时，我已经完成了本著作的手稿。

JM——塔拉·特勤（Talât Tekin）：《鄂尔浑碑铭集》，安卡拉1988年版。

4. 回鹘人的碑铭

有关鲁尼字母的回鹘文碑铭的主要著作是下面的这一部：

KA——蓝司铁（G. J. Ramstedt）：《北蒙古的两通鲁尼回鹘文碑铭》，载《芬兰—乌戈尔学会会刊》第30卷第3期，赫尔辛基1913年版。

有关鲁尼回鹘文碑铭的最新论著（1957年发现的碑）是：

KA'——克利亚什托尔内（S. G. Kljaštornyj）：《捷尔辛斯克碑铭》，载《苏联突厥学报》，第3卷，巴库1980年版。

此外还有一方草书回鹘文庙柱文和一方类似的汉文题记，二者均出自高昌，已由下引著作作了研究：

KB——米勒（F. W. K. Müller）:《在吐鲁番地区发现的两方庙柱文》，载《普鲁士皇家科学院论丛》，柏林 1915 年版。

其他回鹘文碑铭已被刊布在一些比较全面的著作中了。在于前文引证的 HB—HL 中，已经被提及。有关霍伊土—塔米尔（Khoïtou-Tamir）的碑铭，在上文提到的 JI 中已经发表了高质量的图版。

5. 其他碑铭史料

在有关前斯拉夫的不里阿耳人（保加尔人）的历史纪年问题上，我将提到的察塔拉尔（Čatalar）的不里阿耳—拜占庭碑铭（希腊文），它在下引著作中被编为第 11 号。

LA——贝谢夫里耶夫（V. Beševliev）:《不里阿耳碑文和注释》，索菲亚 1934 年版。

至于伏尔加河流域的那些已被伊斯兰化的不里阿耳人的碑铭（阿拉伯—不里阿耳语），已由下引著作做了介绍，并且附有图版：

LB——朱苏波夫（T. V. Jusupov）:《不里阿耳—鞑靼文碑铭概论》，苏联科学院 1960 年莫斯科—列宁格勒版。

至于中亚突厥语景教徒们的古叙利亚文碑铭，它已由下述著作刊布：

LC——奇沃尔逊（D. Chwolson）:《七河流域的古叙利亚—景教徒墓碑》，作为拉德洛夫的《论突厥语墓碑》之附录，载帝俄《皇家科学院论丛》，圣彼得堡 1890 年版。

LD——同一位作者：上引著作的《续编》，圣彼得堡 1897 年版。

这位作者为同一部著作做准备的是《七河流域的叙利亚文墓碑》，圣彼得堡 1886 年版。其中包括有作者于 1890 年才改正过的错误，大家不应该使用它！

第三节 写 本

1. 回鹘文写本

我于下文将仅引证被用作本论著之史料的回鹘文写本的刊本（对于其他写本，请参阅 GB 第 28—38 页）。其中所引文献已被以令人满意的方式刊布。这就是：

MA——勒柯克（A. von Le Coq）：《高昌突厥摩尼教文书》，载《普鲁士皇家科学家丛刊》，柏林 1911 年版。

MB——同上：《补编》Ⅰ，同一丛刊，1912 年版。

MC——同上：《补编》Ⅱ，同一丛刊，1919 年版。

MD——同上：《补编》Ⅲ，同一丛刊，1922 年版。

MD'——同上：《斯坦因敦煌写本中的突厥文忏悔书》，载《皇家亚洲学会会刊》，伦敦 1916 年版，第 8 卷，第 277—314 页。

ME——班克（W. Bang）和葛玛丽（A. von Gabain）：《吐鲁番突厥文文献汇编》第 1 卷，载《柏林普鲁士皇家科学丛刊》，柏林 1929 年版。

MF——同上，第 2 卷，同一丛刊和出版地点，1929 年版。

MG——同上，第 3 卷，同一丛刊和出版地点，1930 年版。

MH——同上，第 4 卷，同一丛刊和出版地点，1930 年版。

ML——同上，第 5 卷，同一丛刊和出版地点，1931 年版。

MJ——同上，《解说目录》卷，同一丛刊和出版地点，1931 年版。

MK——（这套出版物的续编）葛玛丽和拉克玛蒂（G. R. Rachmati）：《吐鲁番突厥文文献汇编》第 6 卷，同一丛刊和出版地点，1934 年版。

ML（前一部著作的续编）拉克玛蒂（G. R. Rachmati）：《吐鲁番突厥文献汇编》，第 7 卷：《由艾布拉尔所作的汉学注释》，同一丛刊和出版地点，1936 年版（这是有关回鹘人的历法和星相学的基本史料）。

MM（续篇）——葛玛丽（A. von Gabain）：《吐鲁番突厥文文献汇编》第 8 卷，载《普鲁士皇家科学院丛刊》，柏林 1954年版（其中有些婆罗谜文的文书，包括一份历书和一部有关佛教日历推算法的论著）。

MN——伯恩斯坦（A. N. Bernštam）：《回鹘文法律文书集》，莫斯科—列宁格勒 1940 年版（在上文提到的 HE 第 200—218 页中又重复了其中的部分内容）。

这些文献都是用"回鹘"文字（粟特文字母的一种变种）写成的，唯有 MM（用"婆罗谜"的印度文字写成）和 MA—MD（用古叙利字母的变种"摩尼"文写成）例外。有关用"鲁尼"字母草书文字写成的文献，请参阅以下著作：

MO——汤姆森（V. Thomsen）：《突厥鲁尼文写本的残叶》，载《普鲁士皇家科学院丛刊》，柏林 1910 年版。

MP——同一位作者：《斯坦因写本文书中有关在米兰和敦煌出土的突厥"鲁尼"文文书》，载《皇家亚洲学会会刊》，伦敦1912 年版。

本书所使用的最新出版物是：

MQ——哈密屯（J. R. Hamilton）：《9—10 世纪的敦煌回鹘文写本汇编》第 1—2 卷，巴黎彼特（Peeters）书店 1986 年版。

这是一部基本著作。

MR——哈密屯（J. R. Hamilton）和路易·巴赞（Louis Bazin）：《一卷敦煌汉文和鲁尼突厥文写本》，载《突厥学报》第 4 卷，巴黎 1972 年版。

MS——哈密屯（J. R. Hamilton）：《突厥文（占卜书）跋》，载《突厥学报》第 7 卷，1975 年。

2. 伊斯兰文献写本

现在，为我们保存下来的首部突厥语言学论著是一部杰出著作，其范围既广泛，内容又很丰富，为我们保留下了许多第一手资料。它出自于定居在巴格达的一名喀喇汗朝突厥人马哈穆德·喀什噶里（Maḥmūd Al-Kāšğarī）之手。此人于公元 1072—1083

年之间写成此书（请参阅路易·巴赞有关喀什噶里大辞典成书时间的著作，载《匈牙利东方学报》第7卷，第1期，布达佩斯1957年版）。此书用阿拉伯文所著，用阿拉伯文字编成一部喀喇汗王朝突厥文的词汇和语法书，附有经过精选的引文、方言的概况和民族学资料。它对于所有突厥学家来说都是一部极好的工具书。该书最方便适用的版本是贝希姆·阿塔赖的版本。

NA——《突厥语大辞典》，由贝希姆·阿塔赖行刊，第1卷，安卡拉1939年版。

NB——同上，第2卷，同一出版地点，1940年版。

NC——同上，第3卷，同一出版地点，1941年版（作为土耳其语言学会的丛刊而刊行）。

对于该版本连同其突厥语译文中的缺陷，可以由直接使用以真迹影印发表的唯一一种稿本来修订。

ND——真迹影印本《突厥语大辞典》，作为前一部著作的附录而出版，安卡拉1941年版（对于其索引，请参阅GC）。

另外一种重要的喀喇汗朝文献（11世纪）是下面这部著作，我掌握有它的一种很好的刊本。

NE——赖希德·拉赫迈蒂·阿拉特（Reşid Rahmeti Arat，刊布者）：《福乐智慧》，土耳其语言学会刊行，伊斯坦布尔1947年版（其中包括导论、正文和大量详细的注释）。

大家可以参阅3部手稿的影印件：

NF——《福乐智慧》第1种藏本，纳曼干藏本，土耳其语言学会刊行，伊斯坦布尔1942年版（用回鹘文字刊布）。

NG——同上，第2种藏本，费尔干纳藏本，同一出版单位和地点，1943年版（用阿拉伯文刊布）。

NH——同上，第3种藏本，开罗藏本，同一出版单位和地点，1943年（用阿拉伯文刊布）。

我掌握有一部有关钦察语（Kiptchak）的阿拉伯文著作（见下文OB条），于公元14世纪时成书于叙利亚，它是用真迹影印版发表的唯一一种稿本。

NI——《突厥语大辞典——无瑕的珍品》,塞文林,贝希姆·阿塔赖著,土耳其语言学会编,伊斯坦布尔1945年版。

在与纪年关系最密切的中世纪穆斯林著作中,就包括比鲁尼(Bīrūnī)的阿拉伯文著作《古代民族的历史纪年》(1030年),其中有关突厥部分的论述既很单薄,又吞吞吐吐,它以残损甚重的状态保留下来了。此书引起了严重的误解,其影响至今尚能使人感觉到。我所掌握的该书唯一版本很不完善,其英译文也太陈旧了。

NJ——爱德华·萨索(Eduard Sachau):《东方民族的历史纪年》,莱比锡1878年版(1923年重印本)。

NK——阿尔—比鲁尼:《古代民族的历史纪年》,阿拉伯文献的英译本,伦敦1879年版。

采纳了蒙古人建立的元代中国历法的波斯蒙古人之历法制度,已由与旭烈兀(Hülägü,13世纪中叶)同时代的一个人用波斯文提供了大量资料。我于此引证由奥斯曼·土兰(Osman Turan)所使用的手稿著作(请参阅BM)。

NL——纳昔尔·丁·图希(Naṣīr al-Dīn Tūsī):《伊利汗国的历法》,收藏于伊斯坦布尔的努尔—奥斯曼清真寺,第2933号稿本(未刊);另外一部稿本收藏于巴黎国立图书馆,波斯文旧特藏,第162号。

大家在奥斯曼·土兰(Osman Turan)的著作(见上引BM第10—23页中),还会发现有关突厥历法的伊斯兰参考书目中的详细情况。非常遗憾,这些著作中的许多尚未刊行,为我的题材只提供了很少一点内容。与回鹘写本提供的第一手丰富文献相比较,它们对于与我本书有关的时代实际上意义不大。唯有兀鲁伯的论著才具有很大价值,我正在等待着该书的一种现代版本。此书于15世纪中叶用波斯文写成,先在伊斯兰世界,后在欧洲广泛传播,提供了当时的最佳天文年表。但此书更应该是一位天文学家的著作,而不是历史纪年学家的著作,虽然它毕竟是一部天才著作。它与我本书内容的关系仅是次要性的,一卷由奥斯曼·

土兰使用过的质量上乘的稿本如下：

NM——兀鲁伯（Uluḡ Beg）：《朱尔章的天文历表》，收藏于伊斯坦布尔的，圣—索菲亚图书馆，第 2693 号。此书有一种欧洲版本并附有拉丁译文：

NN——兀鲁伯：《有关叙利亚—希腊、阿拉伯、波斯的历史和纪年的天文学名著》，由格拉维尤斯（J. Gravius）刊行，伦敦 1655 年版。

对于一个较晚的时代，我将有机会引证下述著作：

NO——阿布尔喀齐（Abulgazi）：《土库蛮世系谱》，由阔诺诺夫（A. N. Kononov）刊布，土库曼语—俄语，莫斯科—列宁格勒 1958 年版。

3. 其他稿本著作

作为 1240 年的一部蒙古文原著的某些汉文对音本，为我们保留下了《蒙古秘史》（《元朝秘史》），它是直到目前所知的最古老的蒙古文著作，其中的时间与我本书的内容有关。在伯希和的遗作中，有一部对此著的复原文并附有部分译文。

OA——海涅什（Erich Haenisch）：《蒙古秘史》译注本，莱比锡 1948 年版。

有关欧洲库蛮人（Comans，库曼人或钦察人）于 1300 年左右的语言和历法，我掌握有一种 14 世纪初叶的欧洲稿本著作，系于威尼斯发现，其中汇集了曾在这个突厥语民族中传播福音的德国和意大利方济各会传教士们所作的某些札记。这部著名的《库蛮语法典》于 1936 年影印发表并附有详细索引。

OB——格隆贝克（K. Grønbech）：《库蛮语法典》影印本，哥本哈根 1936 年版。

OC——同一位作者：《库蛮语法典》德译本，哥本哈根 1942 年版。

一部晚期的俄文编年史保留了著名的《不里阿耳列王表》，它对于我的著作第 10 章的文献起了一种重要作用。此表最终是由下引著作刊登的：

OD——契科米洛夫（M. N. Tichomirov）：《古代史通报》，1946 年号，第 3（17）卷，第 86—87 期，请参阅 DP 第 353 页。

最后，在泰奥菲拉克特·西莫卡泰斯特（Théophylacte Simocattès）的拜占庭希腊文（公元 7 世纪）著作中，包括有关中亚民族的珍贵资料。此文已经由下引著作刊行：

OE——德·鲍尔（C. de Boor）：《泰奥菲拉克特·西莫卡泰斯史》，莱比锡 1887 年版。请参阅本书 DQ 条。在参阅该书内容的地方，我将按章（用罗马数字）和节（用阿拉伯数字）标出。

对音转写

我的论著与描写音标没有关系，为避免出自多种突厥语言的不同记音方法的混乱，而采用了一种统一的对音转写法，以对古突厥语所普遍采纳和特别是由 FA 使用的对音方法为基础。我在本书中将参照 FA。

我将仅在一个具体问题上对这种方法加以修改，这就是在"喉"塞音的前腭音和后腭音（k/q 和 g/ḡ）之间的区别，与真正的突厥语中的一种功能性对立不相符，至少在我们使用的古文献中是这样的，在此情况下我将放弃其记音，根据我使用的语音准则而仅保留 K 和 G 的各自写法。

我对于语音的统一做法当然也扩大到了元音体系。当大家对于在本书中发现不了那些特殊的符号时，不应该惊讶。对于各种语言（尤其是乌兹别克语）来说，这些特殊符号都用来标注拼音结果的细微差别。对于这些问题感兴趣的读者可以参阅 CA，其中对于每种方言都作了大量描述。但我将被迫使用一种特殊的对音，符合 CA 第 395 页以下的标准，以转写楚瓦什语的前短元音和后短元音，分别写作 ĕ 和 ă。

我也按照对古典蒙古文所采纳的标准（请参阅 FG），将对蒙古文的记音法作一番统一。

我对通古斯语的记音是 CH 中提到的那一种；为了复原"阿

尔泰语"，我沿用了 CJ 中的语音体系。

对于阿拉伯文的拉丁文对音，我沿用了由格德弗鲁伊—德蒙比纳（Gaudefroy-Demombynes）和布拉歇尔（Blachère）于《古典阿拉伯语》（巴黎 1942 年版，请参阅第 19—20 页）中采纳的习惯用法。

对于俄语和不里阿耳语（保加尔语），我将沿用在斯拉夫语言学家中的国际通用拉丁文对音。然而，当涉及古斯拉夫语所使用的西里尔字母（cyrillique）时，仍采纳 X 的对音法，而不是德文传统中模棱两可的 ch（在常用对音中，有时也用 kh 来取代）。

至于偶尔遇到的其他各种语言，它们也将被按照在参考书目中提到的著作中的办法对音。

对于汉语，我沿用传统的法文对音（如《亚细亚学报》中的对音法）。这种对音法使人无法恢复汉文原文，我在参照这些汉文字时也指出了曾遇到过它们的那些参考书。如果我未采用现在由汉学家们普遍采纳的汉语拼音体系，那是由于我参阅的著作中未使用这种方法。因此，其用法会使那些关心这种办法的非汉学家读者们感到迷惑不解。

第一章　史前时代语言学资料

　　现在流传给我们有关突厥语诸民族的日历推算法和历书的最古老历史资料，绝不会早于公元 6 世纪中叶。我很快即将有机会论述的，正是汉文编年史中有关蒙古的古突厥人（Türk）和叶尼塞河上游的黠戛斯人（Kirghiz，柯尔克孜人，结骨人）的简单记述。

　　如果我希望上溯得更古远而又一直不断地以毋庸置疑的事实为依据，那么我除了语言资料之外就不再拥有其他资料了。非常幸运，这些语言资料既丰富又广泛，同时也很连贯，延续了 13 个世纪。正是由于这些资料，我才可以精确地确定，那些在突厥语诸民族进入真实历史阶段之前，于他们之中相当于时代基本划分的观念与词语之理论体系，到底如何呢？这就是"天"、"阴历月"、"春"、"夏"、"秋"、"冬"、"岁"（年龄年）和"民用年"。对这一套极其稳定的和至今仍在使用的词汇分类法的研究，会为我们提供有关古代突厥人以及晚期突厥人构思和表达时间流逝单位方式的许多珍贵解释。

　　毋庸置疑，大部分语言对于日子或年代的不同形态，都具有不同程度的丰富的纪年学（同时又经常是气象学）的表达方式：黎明、日出、上午、中午、下午、傍晚、日落、黄昏、夜晚或者还有初冻、大寒、末冻、雪融、初暑、盛夏、初寒等。但是，在一般情况下，这类词汇都不会向我提供任何我不知道的、与时光流逝之具体观念有关的人类初步观察的内容。

所以，我于此仅仅保留了这样一些词汇：它们已经具有了一定的可比特征，能表达对于年代感想和时间体系之开始，对于日历推算法的初步做法已取得了一种共识。

已被断代的最古老的突厥语言学资料，都是公元 700 年前后的。从这一时代起，我便拥有一整套几乎是不间断的文献。对于近代和当代，我却拥有一批非常广泛的资料。从地理上来看，它们分布在从中国西部诸省直到巴尔干，从西伯利亚大北方直到伊朗之南。为了对此之后的语言学论述更加清楚一些，我将首先提议对突厥语言和口语按年代与地域作一次实用性划分，同时又要考虑到方言的差异和亲缘关系。下面就是其简单分类。

一、古代突厥语

a. 碑铭中的突厥文，用"鲁尼"（runiformes）字母写成，发现于叶尼塞河上游，蒙古和怛逻斯河流域（7—10 世纪）。

b. 草书回鹘文（Uygur），尤其是粟特（sogdien）字母类的回鹘文，但在某些文献中也使用摩尼文（manichéen）和婆罗谜文（brāhmī）字母（10 世纪之后，"古典"时代结束于 14 世纪）。

c. 喀喇汗朝突厥文（Turc karakhanide），主要是用阿拉伯字母写成，但也有部分坚持使用回鹘—粟特文字母（11 世纪）。

d. 楚河（Tchou）地区的基督教碑铭中的突厥文，用古叙利亚文字母（syriaque）写成（13—14 世纪）。

二、中期突厥语

a. 突厥斯坦的花剌子模（khwârezmien）和察合台语（čagatay）突厥语，用阿拉伯字母书写（14世纪之后，"古典"察合台文是15世纪和16世纪的）。直到目前，人们所提到的书面语言，都因以语音法和词法的缓慢发展以及有限的差异，沿用了同一种"文字"的发展传统，它可以上溯到古代碑铭中的突厥语。但它们只使我获得了有关方言差异的很少一点知识，这些差异应该是从很古老的时代起，就已经存在了。从总体上来看，它们一直向前发展并且日益加大。下文提到的语言为我提供了有关这些差异的明确证据。

b. 东欧（包括已经基督教化的库蛮人）以及前部亚洲和埃及（包括玛木鲁克钦察人）的库蛮—钦察语（Coman-Kïpčak），用拉丁文字母和阿拉伯文字母标音（14—15世纪）。这些方言一直传播到金帐汗国（Horde d' Or）。

c. 安纳托利亚（Anatolie）的中世纪突厥语（turc médiéval）和古奥斯曼语（Vieil-Osmanlï）。它们自14世纪起便以阿拉伯文字母的写法而出现了。这是15世纪和16世纪的奥斯曼语的"古典"时代。

三、近代突厥语

我把至今仍在使用的各种突厥语方言都纳入到这一专栏标题之下，我现在掌握着有关它们的自17世纪以来的资料，但主要却是19—20世纪的资料。除了上文已经指出的特殊情况之外，我即将提到的形式都是当代形式。我不会使自己的阐述中充斥着用于对它们的记音而使用的各种书写体系（阿拉伯文、拉丁文、西里尔字母）之描写的论述，这些书写方法已在我们参阅的CA

中作了详细研究。

5 个地理区域（东北、东南、中央、西北、西南）同时也相当于由近亲遗传而产生的方言集团。

我现在将不里阿耳（保加尔）语—楚瓦什（bulgar-čuvaš）语族置于一旁不顾，只放在以后来论述（见④）。因为从语言角度来讲，它明显有别于其余全部古代、中期和现代突厥语及其方言。

a. 东北语族

雅库特语（yakut），是西伯利亚东北部属于北极圈地域内的语言，原属于阿尔泰—叶尼塞地区突厥方言族不可分割的组成部分，14 世纪之后却在蒙古人的压力下与该语族分道扬镳了。这种孤立的语言在与非突厥语的西伯利亚方言的接触中，经受了巨大变迁。

哈卡斯语（xakas），通常指叶尼塞河上游（阿巴坎地区）的方言语族，包括克孜尔语（kïzïl）、卡恰语（kača）、萨盖语（sagay）、科伊巴尔语（koybal）、别尔蒂尔语（beltir）和绍尔语（šor）等方言。请参阅 GM 中的地图插页。楚利姆（čulïm）方言与之相近。

图瓦语族（tuva），这是叶尼塞河流域最上游（古唐努—图瓦）的方言语族，旧称索荣语（soyon）或"乌梁海语"（uryanxay）。雅库特语正是该语族的最近衍生。卡拉加斯语（karagas）与之相联系。

阿尔泰语（altay），阿尔泰山地区方言语族，旧称卫拉语（oyrot），具有以下方言：真正的阿尔泰语（altay-kiži）、特伦吉特语（telengit，包括多罗斯语[tölös]）、特勒乌特语（teleut）、库曼德语（kumandï）和列别金语（lebed，即库语）。上引图瓦语与这些语言颇为近似。

b. 东南语族

乌兹别克语（özbek），它是察合台语的直接衍生语，特别是苏联乌兹别克斯坦（塔什干、撒马儿罕、布哈拉）的方言。其现今通用的书面语言以塔什干的方言为基础，具有一种严重伊朗语化的语音。我们在自己的比较中所引用的正是乡镇方言的形式，比被充作为拉丁字母记音的前引书面语言之基础更为保守（请参阅 FC）。

新维语（néo-uygur），主要是在新疆（中国突厥斯坦）所讲的一种语言，旧称"突厥语"（türkî）或"塔兰其语"（taranči）。

萨里—维吾尔语（sarï-uygur）或"黄头维吾尔语"（uygur-jaune），行用于中国甘肃省，与其地理上的近邻撒拉语（salar）同时使用。

c. 中部语族

柯尔克孜语（吉尔吉斯语，kïrgïz），主要行用于苏联吉尔吉斯境内，由叶尼塞河上游的古黠戛斯人（Kirghiz）之后裔操用，他们后来向西南方向迁移了。旧称喀喇黠戛斯语（kara-kirghiz，黑柯尔克孜语），或者是布鲁特语（burut）。

哈萨克语（kazak），主要在苏联的哈萨克斯坦境内所操，系自黠戛斯语衍生而来的一个分支，在很长时期内被人类学家和语言学家（其中就包括拉德洛夫在内）误称为柯尔克孜语。

喀喇卡尔帕克语（kara-kalpak），流通于咸海以南。从语言学角度来看，它更为接近前一种语言。

高加索的诺盖语（nogay），深受钦察方言的影响（请参阅下文）。

d. 西北语族

该语族的古代代表是库蛮—钦察语（coman-kïpčak），它包括以下语言：

喀山及其地区的鞑靼语（tatar），系金帐汗国钦察方言的衍生语。我可以从中加入更靠西部的方言米撒尔语（mišär）。

西伯利亚鞑靼语，出自金帐汗国向西伯利亚扩张时的前一种语言（喀山鞑靼语），与托博尔语（tobol）和巴拉巴语（baraba）同时存在。不要把所谓的"阿巴坎鞑靼语"（tatar d'abakan）也包括在内，因为这后者实际上仅是哈卡斯语（xakas）。

克里米亚鞑靼语，由于第二次世界大战之后流放囚徒，该语言正面临着灭绝的危险。

卡拉伊（karay）语，也就是东欧操突厥语的卡拉伊（caraïte）人的语言，使用于特罗基（Troki）、卢克（Luck）和哈利兹（Halicz）。

高加索的库穆克语（kumuk）。

高加索的喀喇盖语（karačay）和巴尔卡尔语（balkar）。

乌拉尔（乌发地区）的巴什基尔语（baškir），这是在乌拉尔的语言环境中发展起来的钦察语，带有显著的语气特征。

e. 西南语族

该语族出自西突厥古代方言乌古斯语（oguz），共包括以下语言：

土耳其的突厥语（turc de Turquie，纳托利亚和鲁迈拉），带有其巴尔干语的各种延伸。其文学语言是奥斯曼语。

加古斯语（gagauz），这是摩尔达维亚（Moldavie）、多布罗加（La Do-broudja）和保加利亚东北部操突厥语的基督们的语言。

阿塞语（azéri），这是高加索苏联阿塞拜疆（其中心是巴库）和伊朗阿塞拜疆（其中心是大不里士）的语言。

土库曼语（turkmen），主要是在苏联土库曼斯坦境内所讲。该语言对于复原突厥语的古代长元音非常重要，唯有它才似乎完整地保留下了这种长元音（雅库特语仅在非二合元音的单音节中才保留了这种长元音）。

西南伊朗的卡什凯语（kaškay）和埃纳鲁语（aynallu）。

四、不里阿耳—楚瓦什语族（bulgar-cuvaš）

它是由于向欧洲的民族大迁移而从其他全部突厥语中过早地脱离出来的，这次民族大迁移与匈奴人的民族大迁移有联系。该族的语言经受了一种很特殊的发展，它不允许将这些语言与前文提到的语族直接地联系起来。实际上，这是一种很久以来就已经灭绝的语言（前斯拉夫古不里阿耳人的语言）和在伏尔加河中游楚瓦什人中仍在使用的语言。

不里阿耳语（bulgar，保加尔语），11世纪时，由于喀什噶里的几条很孤立的注释而为人所知（请参阅 NA 以下），它仅留下了几种文字残余，主要存在于喀山地区的伊斯兰墓碑中（13—14世纪）。

当代楚瓦什语，喀山西部（其中心是切博克萨雷）地区所操的一种语言。在更靠北部的上楚瓦什的方言（它保留了一种元音）和更靠南部的下楚瓦什语（现今书面语言的基础，它普遍地将 o 变成闭口音 u）之间，存在着一些方言差异。

五、"日"与"夜"

3. 古今所有突厥方言，无论其地理分布多么广泛和具有多大差异，为了指日子，都使用唯一的一个字，可以清楚地上溯到其雏形（KÜN）。

我们现已经拥有：在古代突厥语和中期突厥中的 kün（日、太阳）；在东北部、东南部和东北部的现代突厥语（伏尔加—乌拉尔地区的语言除外，如喀山鞑靼语中米撒尔语。巴什基尔语，请参阅下文）的语族中，也作同样的形式，也具有"太阳"和"日子"两种词义。

随着语音的略加发展和将其词义仅限于"日"，我可以得到如下形式：喀山鞑靼语、米撒尔语和巴什基尔语中的 kön，西南语族中的 gün，伏尔加河流域保加尔语中的 kwän，楚瓦什语中的 kun。

雅库特语和土库曼语（它们各自都有一个短音 ü）之间的吻合性，证明了一种古老的短元音，尽管保加尔语出现了不太显眼的二合元音化，而且这也是我们在楚瓦什语中发现不了的现象。

大家都会看到，在最古老的证据以及在大部分近代语言中，

"太阳"与"日"的两种意义都同时出现过。甚至是在 kün 不再被经常指"太阳"的语言中,它也以这种意义而残存在某些词组中:

在西南语族中:gün dogdï 意为"太阳升起了",gün dönümi 指"二至点"(夏至和冬至)。在古奥斯曼语中,gün(太阳)确实到 15 世纪仍出现过,请参阅 GE 第 3 卷,第 1861—1862 页。

在喀山鞑靼语中:kön küzdïra 意为"太阳暴晒",kön tuu 意为"日出"。

在巴什基尔语中:kön kïzzïra 意为"太阳暴晒";在喀山鞑靼语和巴什基尔语中,kön bitä 意为"在烈日下"。

在楚瓦什语中:kun tavrănni 意为"太阳回归",也就是等于"二至点"。

4. 在各种突厥语中,其他那些用于指"太阳"的词(它们有时也曾与 kün 作过胜利性的竞争),都具有一种明显是次要的特征,而且都是或是自 kün 本身派生而出,或是自用于表达"热"之意义的词根衍生而来。如果大家把向阿拉伯文忠实地借鉴来的 šäms 和向波斯文借鉴的 āftāb 以及某些很孤立的方言词(如在安纳托利亚,čogaš 的第一种意义就是"炎热",派生自意为"炽热火炭"。它们可以被归结为三大类:

(1)koyaš 类:中期突厥语、库蛮语、东南语族、卡拉伊语、列别德语、绍尔语均作 kuyaš;喀山鞑靼语和巴什吉尔语作 koyaš;雅库特语作 kuyās。对于这些词,其"太阳之热"的意义也曾经出现过。这一类是保存在雅库特语中的一个动词的派生词:kuya-r-,意为"在太阳下晒"或"在太阳下烤"。

(2)küyäs 类:巴尔巴拉语作 köyös;楚瓦什语做 xevél(= küyäš),也具有"暴露在太阳下的一侧"之意义。这是前一个词的一种唇音化形式,也可能是出自与下一个词的结合。

(3)künäš 类:在西南语族中作 yünäš,请参阅回鹘文和特勒乌特文 künäš,其意为"在太阳暴晒的地方"。它明显是 kün 的一个派生词,kün 的本义为"暴露在太阳下的地方"。

5. 从前文的考察便可以看出，"太阳"和"日"（日子）的名称在一个古老的时代，于突厥语中是相同的（均作 kün）。换言之，古突厥语和原始突厥语都以与"太阳"这个名词本身来称呼"日"（日子）。这样一种事实绝非偶然，尤其是可以在匈牙利语中（nap）和汉语（日）中都能观察到（CS，第 1492 号）。

这是一种语义学上的做法，完全可以与在世界上和在突厥人本身中广泛出现过的做法相比较，其目的在于用"月亮"的名称来称呼"阴历月"。

这就说明了一种"日"的原始天文学观念，"日"被视同为早出夕落的"太阳"（日），它于第二天总要被另一轮新的太阳所取代，因而也就形成了新的一"日"（一天）。诸如 üč kün（3 日）那样的一种古突厥文短语实际上最初是指"3 个太阳"（3 个日头）。这样一种观念的必然结果就是每"天"的自然开始时间被定在太阳升起的时候（其他的定义只是在晚期才出现在以已经很发达的天文学为基础的一种科学习惯中）。它与"一昼夜"（我们所说的"24 小时的一天"）的概念完全不相干，正如大家根据突厥语方言的通常用法所作的全部观察那样，迫使大家单独考虑"夜"，并对它分别计算。

6. 为了指"夜"，突厥语中没有一种如同指"日"那样理想的统一说法。楚瓦什语确实有一个指"夜"的名词 sĕr，但我在其他地方未遇到过其相应的词（在不里阿耳语中，现在尚未有已知的证据）。但这可能是一种次要事件，所有其他突厥语族都证明，一个指"夜"的名词应归结到其雏形 TÜN。

我有例为证：在东北语族中的古代和中期突厥语（唯有雅库特语和图瓦语除外，详见下文），东南、中部和西北语族（唯有喀山鞑靼语、米撒尔语、巴什基尔语除外，详见下文）：tün，指"夜"，雅库语做 tün（夜），喀山鞑靼语、米撒尔语、巴什基尔语均做 tön（夜），图瓦语和古奥斯曼语均做 dün（夜）。

在西南语族的近代方言中，tün 已不再被用于"夜"的意义了，因为它经受了一种语义变化；在土耳其的突厥语中，dün 意为"昨天"；在阿塞语中，dünän 也具有相同的意义；在土库曼语中，düyn（dün）的意义也如此。但古奥斯语中的 dün 则意为"夜"，它在很长时间内一直保留在下面这样一个短语中了；düni güni 则意为"夜日"，它清楚地说明了"夜"的意义同样也曾是西南语族乌古斯方言中的该词之本义。同样，安纳托利亚的突厥语派生词 tün-ä-在讲到母鸡时，则意为"栖息在树枝上过夜"。

数种突厥方言都具有 tün（或者是现今西南语族）的同时，还有一个指"夜"的同类名词 kēčä，在托洛基的卡拉伊语中做käčä，在土耳其的突厥语和阿塞语中做gejä，在土库曼语中做gijä。但这种词义相对是较近期的，它派生自"晚上、晚间"的词义。该词的这种词义出现得很普遍，其中就包括出现在我刚才引证的那些语言中。请参阅维吾尔语 kečä，新维语和萨盖语中的 kejä，图瓦语中的 kejä，雅库特语中的 kiäsä（夜晚）。这些词均派自副词 kēč，意为"晚了"（奥斯曼语作 geč，土库曼语作 gīč，喀山语作 kič 等）。它们最早均意为"晚了"，后来又具有"晚间"的意义，再以后于方言中意为"夜晚"，其中的 tün 也具有了"昨天"的意义（kečä 于绍尔语中和列别金语中经过了发展，作 kejä；在喀山突厥语中则作 kičä，意为"昨天"）。

楚瓦什语 kaš（晚间和夜晚）则代表着 kēč，无派生词的无后缀形式，完全如同 tün 同时使用的诺盖语 keš（夜间）一样。

归根结底，除了缺少楚瓦什语中一个相当的音之外，其他所有事实都趋向于证明，用于指"夜间"的常用突厥文名词在古代作 tün，带有一个与雅库特语和土库曼语的比较才可以加入的长元音（tün 和 düyn）。

7. "日"和"夜"是单独被称呼和计算的，"昼夜"的概念最早为突厥语诸民族所陌生。它们表达一种相同意义的唯一方式，是根据情况而分别讲"一天和一夜"，或者是"一夜与一天"。请参阅阿尔泰语中的 pir kün pir tün（一夜或一天）。我们可以在突厥文文献和方言中成倍地增加类似表达方式的例证。

konak（绍尔语）、konok（阿尔泰语、特勒乌特语、列别金语）一词，意为"24小时的持续时间"，代表着konak一词（奥斯曼语，同上）的一种次要的语义发展，意为"阶段"，派生自副词：kon-："停留，作为一程。"它传入了蒙古语中（konok）。这就很可能是指一种要上溯到13世纪维吾儿语的习惯，也就是古典蒙古文中的主要突厥文借鉴词的起源。

另外一个大家未掌握其古代出现例证的词系指我所说的"24小时的持续时间"，出现在中部语族中的现代突厥语、西北语族的现代突厥语的北部分支（伏尔加河中游和乌拉尔山）以及楚瓦什语中。这就是哈萨克语和喀喇卡尔帕克语中的 täülik，喀山鞑靼语和巴什基尔语中的 täülek，柯尔克孜语中的 tölük，楚瓦什语中的 talāk。从各种迹象来看，楚瓦什语的这个词是从喀山鞑靼语中借鉴来的。前引其他突厥语形式在各自的语言中都是一个古词 tägülik 的正常语音发展结果。此外，拉德洛夫（CAⅢ，1013和1014）就曾针对这同一个词指出它以 täülik 的形式而出现，在西西伯利亚的一种鞑靼语方言库尔达克语（kūrdak）中，意为"一段时间"；而它在哈萨克语（拉德洛夫称之为"柯尔克孜语"，请参阅上文第2—3节）中则以 täülük 的形式出现，意为"完整的时间"，如 jïl täülügü 便译为"在整整1年间"。

"完整的时间"这最后几种意义肯定要早于"整天"、"昼夜"的意义，这后一种意义明显自前者派生而出。该词似乎的确包括具有抽象价值的名词派生词后缀-lik，从而使人猜测有一种词根 tägü，其意义似乎是"完整地"。然而，大家确实知道，自13世纪以来（GS，147），在蒙古文中，有一个词 tägüs（完整地），它至今仍活跃地存在于喀尔喀语（tögs）、鄂尔多斯语（tögös，见 GT，Ⅱ，673）等语言中，其意义是"完善的、完成的、结束了的"；现在已存在着一个蒙古文动词 tägüs（在鄂尔多斯语中作 tögüs-，其词义同上），其词义为"已完成、已结束"。我觉得似乎更应该将前引突厥文与这个名词和蒙古文动词进行比较，它们出现于其中的语言，都是那些特别是在13世纪之后与蒙古人密切地生活在一起的民族语言。

无论如何，对于 tägülik 一词就如同对于 konak、konok 等词一样，"一昼夜"的词意并不太古老。此外，大家也会徒劳无益地在早期突厥文献中寻找一个能表达这种综合概念的词汇，而近代突厥语又普遍是采用借鉴的办法来表达它的，如 sutka 和 sötkü 是在受俄语影响的范围内借鉴自俄文 sutki（昼夜）的。

8. 同样，不存在特别意指一个"时辰"的古突厥词（无论历史上采纳的时间划分法如何，如中国人、阿拉伯人或西方人的时间划分法）。至于回鹘历书（ML，112）中被用于翻译汉文"时辰"的 öd 一词，它也具有"时间"的广义。伊斯兰文化中的所有突厥语自 11 世纪以来（CB，478），都借鉴了阿拉伯文 sā'at（时辰）。

突厥语词汇清楚地区别开了白天的不同时刻，但它最早似乎并不具有指某种时间划分词汇的迹象。这种时间的划分是在数世纪期间，经过向其毗邻文明的借鉴而逐渐传入的，因为这些毗邻文明已经将测定时间的技术发展到了一种高度准确的程度。就其实质而言，中国文明和伊斯兰文明具有差异甚大的时间划分法。

9. 对突厥语言的比较考察以及对古文献的研究都清楚地说明，突厥语诸民族最早曾以非常具体的方式设想出了"日"：它是"一次太阳"，也就是在一次日出和一次日落之间所流逝的时间。太阳被比做一种活的生灵，我们称它"升起"的意义就是指其"诞生"。事实上，所有突厥语都几乎一致地以一种动词词根 tog-（诞生）来表示日出（其施动词则意为"分娩"）。古代和中期突厥语作 tog-，在东南语族的近代突厥语中也相同，在东北语族（雅库特语除外）、中部和北部语族（卡拉伊语除外）的突厥语中作 tū，在卡拉伊语中作 tuv-，在西南语族中作 dog-，楚瓦什语中则带有一个后缀 tū-x-。

唯有雅库特语例外，它带有一个意为"上升"的动词 tagïs-。这肯定是一种革新，同一语族中的其他语言则使用了 tū-（在古代雅库特人的宗教中，太阳是一尊神）。

在各种突厥语中，相当于法文"Le soleil s'est levé"（太阳升起来了）或"Le jour s'est levé"（天亮了）的词组，一般都要归结为古突厥语词组 kün togdï，意为"太阳诞生了"。

在大部分突厥语中（以及在所有古文献中），日落不被认为是一种死亡，而是如同一次翻船事故、一次"沉落"（动词 bat-）。在古突厥语中作 kün batdï，意为"太阳沉落了"。

在突厥语民族的古老观念中，人们已经看到，"夜"是被单独构想和计算的，人们可以用数词来计算日与夜。这里根本谈不到"天文日"（昼夜）的概念。大家所面对的始终是具体概念，始终面对能够充分感觉到的"太阳一日"和"夜"的概念。

六、阴历月

10. 完全如同"太阳—日"的名称一样，在所有的突厥语中，"月亮—月份"的名称也要上溯到一种唯一的雏形词 Āy。

该词具有"月亮"和"月份"的两种意义。古突厥文的写法不允许标注元音的长度，而库曼语（coman，见 OC，30）都作"aai"（月亮），用阿拉伯字母写成的中期突厥语的大部分音标都有两个词首的 alif（声母 a，阿拉伯文中的第 1 个字母），这就说明它是一个长音，库曼语 ay 就已经证明了这一点。在其他的突厥语中则作 ay。雅库特语例外，其中的二合元音一般都发展成了 ïy，不里阿耳—楚瓦什语族也不例外，它具有一批带后缀的形式，13—14 世纪的不里阿耳语（LB）作 ayïx，楚瓦什语作 oyăx、uyăx = ay-ïk，这是该单词具有一种如此延长的唯一例证。

这些资料证明（这里没有任何令人感到奇怪的地方），根据一种几乎是普遍性的定义，古代突厥人仅能设计出阴历月，并且用指"月亮"的同一个词来指它。请参阅蒙古文 sara（n）、通古斯语 bēg、匈牙利语 hó、芬兰语 kuu、汉文"月"（CS，n°3542）等。此外还用以指"月亮"和"月份"的大量印—欧语言的例证。

ay（月亮—月份）一词在突厥语中频繁出现，是为了指月份周期（在奥斯曼语中作 ay bašï，本意指"月初"；在察合台语中作 ay kör-，意为"有自己的规律"，本意指"看到月亮"等）。这就似乎说明，诸如在许多民族中一样，古代突厥人在月份的循环与月相的周期之间，确立了一种天文—生物学的时间关系。请参阅拉丁文 mēnses（每月的周期、规律），它是 mēnsis（月份）的复数形式，它自己也是派生自一个大家在日耳曼语（mond，moon）中发现的"月亮"的印—欧语古名。

11. 在绝无例外的所有突厥古今民族中，指阴历月的"月"开始于该行星的月亏之相（我们所说的"新月"月相）时，并且一直持续到下一个月亏之相为止。这种定义从欧亚大陆的一端到另一端广泛地传播。例如，这正是中国人、闪族人和古希腊人的定义。但它并不是普遍的，有些民族由满月而开始 1 个月（这是古印度部分地区的习惯）。但我要指出，曾与古突厥人保持着联系的中亚民族却如同欧洲人一样，让阴历月从月亏的新月时开始。因此，突厥人对月份的定义也纳入到了人类一大部分地区所共有的传统之广泛范畴内了。这种定义不可能与最早的汉族人，其次是与阿拉伯人的传统相冲突，因为他们是在历法问题上的启发中世纪突厥人的主要民族。

在任何地方，都未曾谈到过特有传统中的阳历月问题。这类阳历月后来才出现在已经伊斯兰化的突厥社会中，就如同是下层居民对农历（安纳托利亚乡村的叙利亚—拜占庭历法）的改编一样；或者是如同伊斯兰星相学中黄道宫带月的一种通俗化形式，而这种伊斯兰星相学又被纳入到依附于希腊化文化的星相学中了。由于缺乏另一个用来称呼它们的词，所以这些月份仍叫做 ay（月亮，阴历月）。

12. 对于星辰月亮的升落现象，在突厥语中所作的表达完全如同对于太阳的升落一样（请参阅上文第 9 节）。这样一来，在古突厥语中，ay togdï 就意为"太阳诞生了"（指"月亮升起来了"），ay batdï 意为"月亮沉没了"（"月亮落了"）。

但月相的存在导致了一整套特殊的词汇。在指满月的问题上，大家发现了最大的一致性。在古文献中就如同在近代方言中一样，这种最大的月相被民间传统一致定位于阴历月的十四或十五日，被称为"满月"（就如同在法文和其他欧洲语言中一样），由动词词根 tol-（充满、成为圆满）发展而来。

在古代和中期突厥语中，该词作 tōlun āy（另外 1 种更稀见的形式为 āy tōlunï）；在东北语族中，雅库特语作 toloru ïy，哈卡斯语作 toldïra ay 或 ay tolïzï，在图瓦语中作 dolu ay，在阿尔泰语中作 aydïŋ toluzï；在东南语族中，乌兹别克语作 tolïk ay 或 tolgan ay；新维语中作 toluk ay，黄头回鹘语中作 aynïŋ tolu；在中部语族中，柯尔克孜语作 tolgon ay，哈萨克语和喀喇—哈萨克语作 tolgan ay，诺盖语作 tolï ay 和 tolgan ay；在西北语族中，喀山鞑靼语和巴什基尔语作 tulgan ay，喀喇盖—巴尔卡尔语和库穆克语作 tolgan ay，卡拉伊语 tolï ay；在西南语族中，奥斯曼语和土耳其突厥语作 dolun ay，土库曼语作 dōlïn āy（文言阿塞语使用了一个阿拉伯词 bädr）；在不里阿耳—楚瓦什语族中，它未出现在不里阿耳语中，楚瓦什语作 tulli uyăx（楚瓦什河上游地区的语言作 tolli oyăx）。

在词组中的这样一种常数（它仅仅以语音或后缀用法中的细微差异而变化），理所当然地说明了古代的一种共同习惯。

13. 初看起来，略显混乱一些的则是我所说的"满月"的突厥语词汇表。它在所有的突厥语民族中，都无一例外也标志着阴历月的开端。

这是由于本处所涉及的天文现象与满月不同，在真正新月时，很难、甚至是根本不可进行观察的。事实上，当新月接近它与太阳之合时，月亮便不再能被肉眼观察到了（日食时很罕见的情况除外）。这种不可见现象一直持续到月亮在黄道宫带上已经绰绰有余地超过太阳时，以使在太阳落下之后不久，以一种小而明亮的新月状在西方的夜空重新出现，其隆凸状转向了落日的地方。这第一次复出只持续了很短一段时间，月亮此后很快就陨落了，对它的观察可能会受云量或地势的影响。

当然，突厥语诸民族都维持了一个"无月"时期的存在（它至少要持续 2 天，更经常是 3 天，甚至有时是 4 天）。某些人为了指这一时期，使用了一种约定俗成的表达方式，意为"月亮的间隔"。在柯尔克孜语中作 ay arasï（其意亦为"隐月期"，实指一些看不见月亮的夜晚），楚瓦什语作 uyăx xušši（它本意为"每月一次的"，亦指女性的"月经"）。

安纳托利亚的一种民间信仰（EC 26）认为，在此期间，"月亮正处于其母的怀中"（ay anasi koynunda）。它显得完全相当于对一种古老观念的固守，因为多种现代突厥方言彼此之间已相距甚远，属于多个语族，称第一次可见的新月为"新生月"。

在东北语族中，哈卡斯语作 nā törān ay；在东南语族中，乌兹别克语作 tugïlgan ay；在中部语族中，诺盖语作 yaŋï；在西北部语族中，喀山鞑靼语作 ay tū（月亮的诞生），库穆克语作 yaŋï tuvgan ay，巴什基尔语做 yaŋï tïugan ay；在西南语族中，奥斯曼语做 yäŋi togan ay，土库曼语做 tāzä dogan āy。

如果我掌握有更详细的辞书的话，那么这份统计表肯定还会更长一些。

14. 无论如何，在各种突厥语中，在把行星月亮重新出现之际的第一次新月之相称为"新月"时，都完全互相吻合。这是借助于完全可以上溯到一个古词 yaŋï āy 的表达方式，或者是使用一种不同的结构 āy yaŋïsï（月之新生）。唯有阿塞语和土库曼语不同，它们用一个具有相同意义的波斯文 tāzä 取代了 yaŋï（新生的）。

东北语族：雅库特语作 saŋa ïy 或 ïy saŋata，哈卡斯语作 nā ay，图瓦语作 ay čäzï，阿尔泰语作 yaŋï ay；东南语族：乌兹别克语作 yaŋï ay，新维语做 yeni ay；中部语族：柯尔克孜语作 ay Jaŋïsï，哈萨克语作 aydïŋ Jaŋasï，诺盖语作 yaŋï ay；西北语族：喀山鞑靼语作 yaŋa ay，卡拉伊语、库穆克语和巴什基尔语均作 yaŋï ay（在卡拉伊语中带有 yaŋïy 的缩合形式）；西南语语族：

土耳其突厥语作 yäni ay，阿塞语做 täzä ay，土库曼语作 tūzä āy；不里阿耳—楚瓦什语族：楚瓦什语作 šĕnĕ uyăx。

其他的阿尔泰语（蒙古语作 šine sara，通古斯—埃文语作 bēg anŋamtan），而且也如同印—欧语和汉语一样（CS，n° 2037），在类似的情况下也讲"新月"。我现在只能视此为一种隐喻。但人们过去都认为，一个月亮消失之后便由另一个新生的月亮取代了。突厥民间传说保留了这种信仰的大量遗迹，该信仰无疑是普遍性的。

大家将会发现，突厥语在动词 tog-（诞生、生子）的用法中存在含糊不清之处，它同时用于表示月亮每天的升起及其每月的"再生"或"新生"。

我觉得很可能是，在古突厥语中，āy togdï 这一词组更多的则是被专门用于指这种"再生"。正如奥斯曼语 ay-togdï（"新月之时"，见 CF 282b—283a），也正如流传给我们的有关月相的最古老突厥文献所证明的那样。

正是在《福乐智慧》（Kutadgu Bilig，11 世纪）中的一段文字中，有一个寓意性的人物恰恰就叫做哀—托格迪（Ay-Togdï），他在下述几行诗中用这些词语解释了其名字的象征性意义（NE 90）：

bu ay togsa ašnu idi-az togar

küniŋä bädüyür yokaru agar

tolun bolsa tolsa ažunka yarur

ažun halkï andïn yarukluk bulur

tükäl bolsa kör ay bu agsa ädiz

yana, irlü türčir kitär körk-mäŋiz

yaruklukï äksür yana yok bolur

togar kečä azïn yana-ok tolur

mäniŋ bu özüm mä bu yaŋlïg turur

ara bar bolur ma ara yok bolur

"当此月诞生，它最早生得很小，它日益增大并升向高空。

当它处在饱满的满月时，便照亮世界，世上居民从其中获得了光明。当它圆满时，看，当它升高时，它便重新开始分解，其形状亦消遁。当其光芒不足时，它便重新消逝。

我自己的性格也与此相似，时而显露，时而隐遁。"

15. 另外一种在突厥语言中广为流传的词组，也相当于我所说的"新月"，它应该上溯到一种古老的表达方式 āy bašï（带有意为"头、初期"），它更多地不是被用来指那颗重新出现的（新生的）行星，而是在年代上用于指月初，也就是一个阴历月的开始阶段。

东北语族：哈卡斯语作 ay pazï；东南语族：乌兹别克语作 ay bašï，新维语作 ay beši；中部语族：柯尔克孜语作 ay bašï，哈萨克语作 ay basï；西北语族：喀山鞑靼语作 ay bašï，库穆克语作 ay basï；西南语族：土耳其突厥语和阿塞语作 ay（ïn）bašï，但它也具有"每月的周期"之意义；土库曼语中的 āy bašï 专用于这后一种意义。

16. 根据语言资料，经民间传说的确认并由大量文献佐证，我可以确信，古突厥先民从上古时代起便把月相用于他们的日历推算法中去了。他们拥有一种"太阴月"，相当于我们今天的阴历月。它也如同阴历月一样，开始于月相亏损时期。他们就用月亮的名称本身（āy）来称呼这种月，这两种概念实际上被混淆了。因为每个月都开始于"旧月亮"消逝之后和一轮"新月"或"新生月亮"开始时，结束于该行星变昏暗和消逝之时。

这是古代和中世纪突厥人所有历法的一种基本因素，它主宰了他们的日历推算制。

在本处就如同在有关"日"子（本意为一轮"日"星）的问题上一样，人们都满怀着具体思想：每个月都是"一轮月亮"，因为大家对月亮能直接感觉到。对该行星的外貌及明显的新月和下弦月相（于他们之中用"弦"来表示，即 yarïm ay，在多种突厥语中则意为"半月"）的观察。对一个善于观察的人来说，则是指所处月份的时刻，能够很好地估计。这种估计对于满月阶段则特别令人满意，因为大家可以更容易地辨认出满月，它于太阳垂落时升起。大家还掌握有一种判断已流逝时间的最方便的方法。

语言学资料独自无法准确地断定为确定新月而使用的方法，真正的新月（月相亏损期）是无法直接观察到的。然而，我觉得很可能是在一个古老阶段，人们更使用了观察明显可见的最初新月，完全如同在古美索不达米亚那片从事天文观察的得天独厚的地方一样（AC 129）。

七、四 季

17. 据我认为，古代突厥社会高度统一的最古典的标志，在有关年代的基本划分问题上，则是在所有的古代例证中，在从雅库特语经柯尔克孜语和土库曼语而到楚瓦什语的所有近代方言中，都存在着一种也是我们的四季之命名的共同体制。这种体制的最早形式可以使人立即作出如下复原：

YĀZ（春）　　YAY（夏）

KŪZ（秋）　　KĭŠ（冬）

现已观察到的少量差异出自近期变化，从历史的角度考察，这些变异是出现在突厥化市民及其文学语言（奥斯曼语、察合台语与出自它们的书面语言）中。这些变化主要在于将 yāz 与 yay 结合起来，发生在那些"美好季节"（春夏两季）形成一个差别不大的整体气候带（安纳托利亚和河中地），同时也在于波斯词汇因素在一个很有限的地理范围内的渗透（如指春天的 bahār，指秋天的 pāiz），这种渗透出现在伊朗化影响在新近伊斯兰化的突厥人中相当强大的时代和环境中。就在这些事实发生的地区，我们在农民和游牧民中发现了顽固坚守旧制度的现象。对于与我本文有关的古代和中世纪，唯有这种现象才会引起我的注意。

我将陆续浏览本处所涉及的 4 个词，其现存形式都可以很不费力地被归结为在古代就确曾出现过的雏形。

（A）春（YĀZ）

18. Yāz 一词以此意义而被很好地保留在古、中期突厥语中了：yaz，长元音不是普遍被标出的，唯有喀什噶里辞典中的完整写法（带有 alif 字母）才作 yāz。在现代方言中，大家可以发现以下形式：

东北语族：雅库特语作 sās（它与土库曼语 yaz 的可比性，在长元音问题上不容置疑），哈卡斯语和图瓦语作 čas，阿尔泰语作 yas；东南语族：黄头回鹘语作 yaz；中部语族：柯尔克孜语作 ǰaz，西北语族：喀山鞑靼语、库穆克语和巴什基尔语作 yaz（带有巴什基尔语中的齿间音 z）；西南语族：阿塞语作 yaz，土库曼语作 yāz；不里阿耳—楚瓦什语族：楚瓦什语作 śur，楚瓦什河上游的语言中做 śor。它们在所有的地方都具有"春天"的意义。

在奥斯曼语和察合台语等文学语言中，然后是在出自这些语言或者是受到这些语言强烈影响的市民方言中，我都会发现一对对应词 yāz/yay（春天/夏天）的消逝。当 yāy 消失时，除了在派生词和一种无差异的"美好季节"之观念中以外，普遍被称为 yaz。

然而，当大家感到需要为这个"美好季节"的开始阶段（春天）命名时，便使用了一种很确切的修饰词 ilk（开始、初期），ilk yaz 意为"美好季节之初"（奥斯曼语、察合台语），或者是使用波斯文 bahār（春天，奥斯曼语、察合台语、阿塞语、乌兹别克语、新维语）。某些语言还创造了一些新词汇，如卡拉伊语的 yaz baši 就意为"美好季节之初"，诺盖语 yazlïk（带有抽象的后缀-lik，与 yaz 相反，变成了"夏季"），哈萨克语 köktäm 意为"草返青的季节"（出自 kök，意为"青色、绿色"）。

随着时间的推移，在 yāz 消失的书面语言中，"春/夏"的对立性便在文学和科学的基础上被重创了出来。上文提到的取代词便专指"春天"的意义，而 yaz 则具有指"夏天"的意义，在奥斯曼语和古典察合台语、土耳其突厥语、乌兹别克语、新维语、卡拉伊语和诺盖语中均作 yaz，在哈萨克语和喀喇卡尔帕克语的文学语言中作 jaz。

（B）夏（YĀY）

19. 该词在词义无变化的情况下出现在古代和中期突厥语中，作 yay，其长元音仅仅在完整的字体中才被标出，在阿拉伯字母的拼写中带有 alif（阿拉伯文中的第 1 个字母，见喀什噶里大词典），作 yāy。我在某些现代方言中已发现了它。在东北语族中：雅库特语作 say（其二合元音化引起了元音的缩短），哈卡斯语和图瓦语作 cay，阿尔泰语作 yay；东南语族：撒里—维吾尔语（黄头回鹘语作 yay；中部语族：柯尔克孜语作 ĵäy）；西北语族：喀山鞑靼语作 jay，库穆克语作 yäy，巴什基尔语作 yäy；西南语族：阿塞语作 yay，土库曼语作 yay（这是唯一一种保留了长元音的现代语言）；保加尔（不里阿耳）—楚瓦什语族：楚瓦什语 śu，它到处都具有"夏季"的意义。大家看到了，这份统计表完全与有关 yāz（春）之诸名称的统计表相辅相成。

在突厥语言领域中，于 yāz/yāy 这一对词的部分消失问题上，所产生的后果是将 yaz(ĵaz)用于"夏"的意义，大家可以参阅前一节。我仅补充一点，在某些乌兹别克市民方言（它们于 1927—1940 年间曾被用于以拉丁字母书写的书面语言之基础）中，两个字的混淆甚至可以导致一种用法的对换：yaz（夏）和 yay（春，见 FC 249a—250a）。

但在市民语言中的 yāz/yāy 之对立已消失的范围中，农民和游牧民的方言却孤立地保留了这个对应词组，用 yay 来指夏天。这种对应也以两个不同的词而保留在前古典时代（14—15 世纪）的奥斯曼语和察合台语中了。此外，可能是由于它也保留在转地放牧的游牧民中，所以 yay（夏）一词也始终保留在其派生词的形式 yaz-la-（意为在某处"过夏、避暑"）和第 2 个派生词 yay-lag（夏季驻牧地，夏帐）中了，甚至也保留在不再以其非派生词之形式而使用的语言中了，如在乌兹别克语、新维语、诺盖语、奥斯曼语和土耳其突厥语中均做 yayla-（避暑），在乌兹别克语中作 yay-lav，在新维语和诺盖语中作 yaylak，在奥斯曼和土耳其突厥语中作 yaylag、yaylak 和 yayla（其次要词义为"高原"），在哈萨克语和喀喇卡尔帕克语中作 žaylau（夏帐）。

20. 因此，毫无疑问，原始突厥语和古突厥语确有一个指"夏"的词 yāy，有别于 yāz（春）一词。在突厥语领域中的部分地区，近期于这两个字之间产生了混淆，从而使多名突厥学家都感到震惊。他们由于这一事实而倾向于从辞源上把这两个词等同起来，假设认为有一个从 yaz 向 yay 的演变过程，而且还极其特殊和缺乏正确例证。然而，古代的证据和方言比较都毫不含糊地证明，即使这两个字可能在辞源上具有某种亲缘关系（共有 yā-的成分），尚待证明，它们在语音学和语义学上是否从一开始起就明确有别。

（C）秋（KŪZ）

21. 该词的字形和意义都完好无损地保留在古代和中期突厥语中了。在那些不标注长元音的写法中作 küz；但在喀什噶里大词典中，却采用阿拉伯字母的完整写法（在 3 次中有 2 次带有 waw），确实标注着一种长音，kūz，这已经由土库曼语（请参阅下文）所证实。在现代口语中，我掌握有以下形式：

东北语族：küs〔大家本来预料会在雅库特语中出现的长元音，于其中却由于受 kïs（冬）的影响而被简化，只带有短音节〕；东南语族：küz；中部语族：küz；西北语族：在喀山鞑靼语和巴什基尔语中作 köz（在巴什基尔语中带有齿间音 z），在其他地方则作 küz；西南语族：在土耳其突厥语中作 güz；在土库曼语中作 güyz（＝gūz），唯有这种语言才保留了其元音量；不里阿耳—楚瓦什语族：在楚瓦什语中作 kěr，它具有"秋"的意义。

唯一的明显例外出现在阿塞语中，它为向波斯文 pāiz 借鉴的 payïz 所取代。

除了 güz 之外，奥斯曼语为了指"秋"的意义而使用了一个词组 soŋ bahār（季春），来自突厥文 soŋ，意为"末"和"最后"）和波斯文 bahār（意为"春天"）。

这些为数很少的不正常现象当然不会使之失去 küz（秋）的泛突厥文的任何特征。

（D）冬（KÏŠ）

22. 该词及其词义既出现在所有现代突厥语中，同时又出现在古今所有的突厥书面语言中。毫无例外，到处都带有一个短元音。

其形式始终作 kïš，唯有在下述语言中例外，该词于其中经受了以 kïš 为基础的一种语言发展：雅库特语、萨盖语、科伊巴尔语、黄头回鹘语、哈萨克语、喀喇—卡尔帕克语、卢卡的卡拉伊语、诺盖语均作 kïs；在哈卡斯语中作 xïs；阿塞语和土库曼语作 gïš（在安纳托利亚许多方言中的情况也如此）；楚瓦什语作 xĕl。该词到处都意为"冬"。

无论是在什么地方，甚至是在文学语言中，该词都未被用借鉴词取代过，它在任何地方也都未曾有过改变词义的现象。

因此，这里肯定是指一个原始突厥语词，它在整个突厥语的体系中是共有的。

23. 从前述所有内容中，我便可以得出结论认为，yūz（春）、yāy（夏）、kūz（秋）和 kïš（冬）这一整套词汇在原始突厥语中就已经形成了，正如突厥语族的各种历史方言在整体上保存下来的那样。其中就包括作为不里阿耳语的继承者楚瓦什语，它以其很独特的语音而明显有别于其他突厥语。它使前引用各词分别发生了演变（śur、śu、kĕr、xĕl）为此提供了某些惹人注目的例证。

然而，这种非常准确的体系，从语言学角度来讲也是很新奇的。因为众所周知，它在词源上既与蒙古文的体系不相当，又与通古斯语，芬兰—乌戈尔语以及现在所知的任何语族（无论是否与突厥语族相近似都一样）都不相符。如果大家希望进行某些孤立的比较，不作词义比定，那么事情最多也只能如此了。如突厥语 yāz（春）、匈牙利语 nyár（夏）二者都可以上溯到一种古老的雏形 ñā-f。但古代突厥语的体系连同其已被清楚地确定下来的 4 个名词，在语言学上始终是孤立的。

这就意味着，把一年划分成四季（相当于我们欧洲的四季），而每季又都具有准确而稳定的 4 个名称，这在整个突厥语范畴内都是一种前历史的语言现象，要比方言的历史分化早得多。这就必须以在某个古老时代，于最早突厥先民之中，以某种程度的文化（因而也是社会）的统一为前提。

24. 然而，完全如同"日子—太阳"或者是"月份—月亮"的情况一样，这四季既不含抽象的定义，在年代上也不具有统一性。它们是被具体构思出来的，而且是从气象和生物方面的经验，而不是作为从天象推断结果而构思出来的。

四季的持续时间是根据气候区而全凭经验变化的。在整个突厥社会中，这些气候区的共同特征就是地处欧亚大陆的边缘地带，现在是北纬 30°—70°之间，就大家可以猜测到的情况来看，这些地区过去则介于大约 40°—60°之间，无论如何也是地处亚洲大陆 50°的两侧。

这样一来，在北极地带的雅库特人中，现在的春季（sās）开始于我们的 5 月，也就是解冻之后。但对于 1300 年左右的欧洲库蛮人来说，春季的第 1 个月则是我们的 3 月（il-yāz ay, OC 119）。当突厥语民族尚不曾像今天这般分散时，其差异也不算太大，但这并不能阻止在从雅库特人到土耳其的突厥人之间，春天的定义不是从其时间上，而是于其具体表象上到处都相当近似。特别是一些民间诗歌证明，这一季节的开始（高山地区当然除外）被推迟到了解冻和雪融、季节性植物开始返青和青草重新生长时。

类似的定义都是具体观察的结果，对于其他季节，也完全可以通过欧亚两大洲的突厥民间传说的比较而获得。当树叶完全变黄时，秋季便开始了。19 世纪南西伯利亚的巴拉巴人（Baraba）称他们秋季的第 1 个月为"树叶变黄月"（sargak ay），其后的 1

个月便是"裸树月"或"秃树月"(yalaŋ agaǰ ay, CAI, 7)。冬季的开始一般是由长时间的冰冻期之初而确定的,该季节以大寒为标志。请参阅在巴拉巴人中的 ulū sūk ay 的词组,相当于12—1月间(同上),意为"大寒月"。

现在唯有春季与夏季之间具体界限往往缺少明显的标志,这种现象便可以解释在方言中出现的前引 yāz 和 yay 之间相混淆的大部分原因。相对而言,这些方言都是南方的,那里的"春季"很快就会如同夏季一样。但大家却一致都把最炎热的气候、最长的白昼和最短的夜,特别是把草长得最高(这对于游牧民来说相当重要)的现象视为夏季的标志。

25. 气候最特别的季节(冬季和夏季)要比中间的季节(秋季和春季)更具有典型特征,它们在所有的突厥方言中,都起到了一种显著作用。为概括季节性的气候对立,以至于"夏—冬"或"冬—夏"这一对对的词,就如同在法文中一样("冬如夏"),足以缩小季节的差异并使人在这种差异的范畴内联想到一个完整的年;古奥斯曼语作 yayda kïšda(夏如冬,也就是一整年。请参阅 GD I, 803),在柯尔克孜语中作 ǰayï kïšï(同上)等。

大家于许多突厥民族的传统中,观察到了将一年分成两个主要阶段(我们说的"美好季节"和"恶劣季节")的年代划分法,那个被称为"冬季"(kïš)的季节,通过外延也包括秋季;被称为"夏季"(yāy)的季节通过外延也包括春季。这样便在语言中产生了下述现象:kūz 和 yāz 至今仍始终被使用,如19世纪的楚瓦什人便于1年中区别出"6个冬季阴历月"和"7个夏季阴历月"(CQ Ⅲ,178—179),叶尼塞河上游的索荣人(Soyons, GA I,7)也如此。这种6+7的计算法可以通过下述事实来解释:阳历年共包括12个阴历月略多一些的时间;雅库特人在同一时代也把1年划分2个主要阶段:kïsïnnarï, sayïnnarï(在冬季,在夏季)。

这些事实都在突厥语言范围内非常广泛地传播,它们应该上溯到一个古老时代。从一个相当古老的时代开始,除了将1年划分成为四季之外,古突厥先民可能同时使用一种将1年一揽子划分为两大时期的分类法:被笼统称为"夏"(yäy)的春+夏和被笼统称为冬(kɨš)的秋+冬。在诸如欧洲民族那样同样也在非科学用途中使用它的人来说,这种双重分类法可能会令人感到庸俗。它远不是被普遍采用的,仅是由于气候的原因才这样做的。它成了包括欧洲、中亚和北亚的一个整体特征。

我已经强调了这些季节划分在语言学事实上的经验性和具体性特征,由于不存在任何抽象地意指"季节"的专门性突厥文词汇的事实,这种特征已得到明确证实。"季"或"四季"的概念在所有操突厥语的民族中仅用借鉴词来表达,尤其是向阿拉伯文借鉴的词(在自11世纪以来已经伊斯兰化的突厥人中,"四季"作mawsim)。

但用于指每年四季和两大时期的,经验性内容的具体突厥文词汇,仍不失要形成一种稳定的和非常明确的体系。其结构特别清楚,正如我们将有机会特别是在本书第九章和第十一章中看到的那样,它很适用于简便地形成历书,这些历书本身又都是经验性的,在实际运用中具有足够的准确性。

因此,我们绝不能低估这种历书的有效性,而且也是能被令人赞叹不绝地保护下来的根本原因。

八、岁(年龄之年)

26. 古代和中期突厥书面语言(唯有伏尔加河流域的不里阿耳语例外,13—14世纪)以及当代方言(唯有楚瓦什语、喀喇盖—巴尔卡尔语和图瓦语例外)于其词汇中,都将"岁"(年龄之年)与"历法年"明确地对立起来,用追溯到 YĀŠ 的词汇指前者,用应上溯到 YĬL 的词汇指后者。

对于YAS的情况,我掌握有如下例证:

在古代和中期突厥语中(不里阿耳语除外)作 yaš,在喀什噶里大词典中,有四分之三的情况下均作完整写法(带 alif),因而作

yāš,这是已由雅库特语和土库曼语得以证实的长元音;在东北语族的现代方言中,雅库特语作 sās,哈卡斯语和撒盖语作 čas,科伊巴尔语作 yas,绍尔语作 čaš,在阿尔泰语、特勒乌特语和列别金语中作 yaš;在整个东南语族中,全做 yaš;在中部语族中,柯尔克孜语作 Jas,哈萨克语和喀喇—卡尔帕克语中作 žas,诺盖语作 yas;在西北语族中,喀山鞑靼语、西伯利亚鞑靼语、克里米亚鞑靼语、卡拉伊语、库穆克语中均作 yaš,巴什基尔语作 yäš;在西南语族中作 yaš,唯有土库曼语中保留有长元音而作 yāš,它在所有方言中均意为"第几岁"和"岁",而不是"历法年"。

不里阿耳—楚瓦什语族确实有 yaš 的一种准确的语音代表,但却具有"岁"和"历法年"的双重意义(其雏形 yıl 于其中却根本未曾出现过),伏尔加河流域的不里阿耳语却作 Jal',上楚瓦什语作 śol,下楚瓦什语作 śul。

喀喇盖—巴尔卡尔语仅在派生词 yaš-a-(活着)中才保留了古词 yāš(增长年龄)。但它也用于与指历法年(jıl,出自 yül)相同的一个词来表示年龄。

哈喇盖—巴尔卡尔人的高加索近邻库穆兑人的语言,在其 yaš(岁)和 yıl(历法年)之间的对应并不是完全坚实可靠的。该语言也将 yıl 部分地运用于"岁"的意义。

图瓦语的词汇是相当原始的,它没有保留用于"岁"之意义上的 yaš 一词,而仅仅是用于我于下文不远处将要研究的其他意义(青年、容光焕发)。图瓦语用 xar(= kār,雪)取代了意为"几岁"的 yās 一词,这只能根据其地理背景才能理解,该地区位于高山峻岭、叶尼塞河源头及其上游。在这一气候带,每年的降雪期则是年代之交的典型特征。它曾被作为年龄计算法之正确无误的标准。"你多少岁?"一句话,在图瓦语中则作 kaš xarlïg sän(= kač kārlïg sän?),其本意为"你经过多少次降雪期了?"

此外,xar 一词也保持了其"雪"的具体意义,这是"岁"的一种抽象概念,而"岁"(年龄)的概念又很难以该词为基础而被表达出来。我认为,这就是为什么图瓦语为表达"岁"这种概念而使用了一个借鉴词,在此情况下也就是指借鉴自其近邻蒙古语。图瓦语 nazï(n)是蒙古文 nasu(n)(岁)的对音。在 xar(雪—岁)和 nazï（岁）之间,通过形成一个短语 xar-nazï（年龄,与 nazï 同义）而成为一种折中。

无论如何,图瓦语（与不里阿耳—楚瓦什语不同）通过其他的词汇组成法而继续维持"岁"与"历法年"之间的根本对立（在图瓦语中,čïl = yïl）,大家已经在突厥语族中发现了它,而且在其他地方并非绝无例证可寻（请参阅俄文 letalgod）。

喀喇盖—巴尔卡尔语本身中的 yaš-a-（活着）也保留了对 yāš（岁）的回忆,而同一语族（西北族）中的所有语言则保持了 yāš/yïl 的对应。这种语言在古代就可能曾出现过这种对应。

归根结蒂,唯有不里阿耳—楚瓦什语族完全未曾有过在其他突厥语中曾出现过的在 yāš 和 yïl 之间的对应,无论是在"岁"还是在"历法年"之意义上,都只出现过唯一一个可以从语音上追溯到 yāš 的词汇,而在楚瓦什语中很可能是导致了 šěl（请参阅 šělen,蛇,相当于 yïlan）的 yïl,却似乎未曾以任何形式出现过。

27. 在以由正常语音发展而赋予它的各种不同形式出现 yāš 一词的所有地方,包括不里阿耳—楚瓦什语族在内,如在放弃了它仅有的两种方言（图瓦语中的 xar 和喀喇盖—巴尔卡尔语中的 jïl）的近期代用词中一样,也具有一种明确和统一的意义,它不是指"40 岁",而是指"第 40 岁"。

在整个突厥语领域中,该词或其代用词到处都使用基数词以表达"第几岁",而包括法语在内的大部分欧洲语言却都是以序数词来表达的。

由此而产生了一种非常频繁出现的混淆。这种混淆被突厥学家、词典编纂者和西方史学家们,归咎于下述原因:在一种具有根本性差异的突厥背景中,各自在计算年龄方面的语言习惯不同。许多人都没有注意到,在他们自己的语言中,序数词"第几年"则相当于同一数字的突厥基数词"第几岁".(yāš)。但他们认为，基数词可以表达已度过的实足年数，而不再是指正在度过年数，相当于表示高于一个个位数的突厥文基数词。

"5 岁"的孩子正处于其"第 6 岁"（为了坚持使用法文的参照数）的一年中，而突厥语族诸语言（少数从语言学角度上看很突出的特殊情况例外）仅以"第几岁"来计算。因此，在一种突厥语言中，其"岁"（yaš）都带有"6"的基数。反之，"6 岁……"即相当于"第 6 岁"和"完整的 5 年"，或者是更应该简称为"5 周岁"。

因此，当从一种突厥语转到一种欧洲语言时，或者是在反向变化时，则必须在所需要的方向改正一个个位数。除非是欧洲语言本来就使用了一种序数词，这就是在大家希望坚持使用一种准确的、可以直接在这种或那种方向上转化的年谱的所有情况下，最方便适用的解决办法。

28. 固然，当操突厥语的人用他们自己的语言翻译一种其年龄是以一个基数词表达的西文文献时，往往也会犯一种对应的错误，他们把"5 岁"译作"5 年"（yaš），而实际上则应作"6年"。

具有欧洲文化的突厥语诸民族，也就是今土耳其和苏联的大部分突厥语知识分子们，经常把欧洲人计算年龄的习惯搬到他们的语言中去，将 yaš 用于"周岁"的意义，这与传统和民间习惯背道而驰（唯有明确记载"第几年已满"或"第几周岁"的地方例外，也就是说在指 N° +1 或"第几年加 1 年"的年谱）。

在突厥语民族的背景中，这些混乱是在近期出现的。它们应该被从对古代和中世纪时期的研究中排除出去，在这种研究中根本谈不到它们，它们最多能追溯到 19 世纪末。但大家也可以说，它们在欧洲的背景中却是传统性的了。

它们在纯文学的用途中并没有多少重要意义，甚至具有约估性或象征性的价值的整数年龄（尤其是十几岁）的情况，迫使最谨慎的翻译家也必须接受。我们西方所说的"20 岁"（在一种纪年文献中例外）可以（而且也应该）被译作"20 年"，这是其字面上的同义词。而从理论上更为准确一些的"第21年"却没有相同的追溯意义。

一旦指年谱时，特别是对于传记来说，这些混淆就充满了麻烦。它们可以在这种或那种方向上积聚一年的错误，也可能会使对历史的解释产生更重的错误，而它们在一般情况下又不大容易被人发现。大家于其一历史人物（尤其是国君，他们的年谱往往被作为诸多事件时间的参照）的传记中，零散地发现了在提到的时间问题上出现了所谓不连贯性，它们往往也没有其他原因，在很多情况下则可以根据过去的观察结果，而很容易地克服这些不连贯性。

我冒昧地于此特别强调这一点，它可能会显得有些吹毛求疵，但它事实上对于翻译家和史学家们来说却都是很重要的。

29. 为了确定有关这一问题的看法，我将列举有关 yaš（年）在各种现代突厥方言用法中的某些例证。

在今天的土耳其，人们都按照传统的和民间的习惯讲：

On yašïna bastï："他刚刚进入第10岁"（on = 10）。

On yašïna girdi："他进入了第10岁"。

On yašïnï sürüyor："他正处于第10岁中"。

On yašïndadïr："他进入了第10岁"（他9岁了）。

On yašïnï doldurdu："他刚刚过完第10岁"。

On yašïnï bitirdi："他过完了第10岁"（他已满10岁了）。

在这些具有多种细微差异的表达方式中，最常听到的是"on yašïndadïr"（他正处于第10岁中），它并未考虑到在何种程度上接近生日，而生日的具体时间却从来不为人明确所知，尤其在民间的背景中更是如此。

在属于现代口头文学的柯尔克孜的《玛纳斯》史诗中，在有关 yaš（ǰaš）概念的问题上，我们可以发现一段颇能说明问题的文字，它由于其他原因（对 müčöl 一词的研究），曾被奥斯曼·土兰引证过（BM 51）：

"J̌irmi bäštä ǰašïm, ǰïlïŋ bars, töröm!

Ušu bïyïl müčölüŋ, töröm!"

"你已经进入你的第 25 年了（原意为'你的年龄已进入了 25 岁'），你的年（暗示'诞生年'）是虎年，我的老爷！这一年是你的生年，我的老爷！"

虎年是 12 生肖（12 属，12 地支）中的一年，我将会用很长时间来论述这一切。müčöl 一词是柯尔克孜民间星相学的专门术语，本意为"周年纪念日、生日"，也就是说他又处在了与其诞生那一年相同的生肖年。为了重返 12 生肖周期中的同一年，则必须有作为 12 的倍数的周年数目（本处是 24 周年）。但是，当"12 的倍数"（12 生肖、地支、属）的概念在"周年"（müčöl）意义中非常重要时，甚至在本处的情况下，由于大家只能讲"第几岁"，所以便使用了一个高于一个个位数的数字（12 N +1），以用 yāš（ǰaš）来表示"周岁"：13、25（本处!）、37、49 等等。

其他例证：

在现行的哈卡斯语中：altï časxa kirdi 就意为"他进入了第 6 年（岁）"（GM 313a）。

在雅库特语中，于 1850 年左右，在已经俄罗斯化的雅库特人乌瓦洛沃夫斯基（Ouvarovski,）的自传（FF，文献，17）中，我可以读到"uon orduga altïs sāspar"，其意为"在我的第 16 年（岁）的时候"。其中例外地使用了序数词 uon orduga altïs（第 16），这与用基数词计算年代的泛突厥习惯是完全相反的（可能是受到俄国的影响）。但同一名雅库特人也较为正常地使用了基数词（同上）：uon orduga bīr-däx ikki-läx sāspïttan，其意为"从我的第 11 或 12 岁开始"，本意为"在我的 11—12 年（岁）时"。

在现代楚瓦什语中，vună śul ăšne kayrăm 意为："我进入了我的第 10 岁"（FF 110），带有 vună（=ōn），也就是基数词 10。

我们有意地选择了某些差异很大的突厥语，还可以成倍地增加其例证。除了很罕见的特别情况外，正如我们刚才在乌瓦洛夫斯基著作中发现的那些肯定是受欧洲雅语影响的情况一样，在计算年龄时，主要是使用基数词而不是序数词，这就清楚地说明 yās 的意义是"第几岁"。

30. 我们在整个突厥领域中发现的 yāš 一词的第 2 种很近似的词义（当它的前面未带计算数字的时候），是广义上的"年龄"。请参阅土耳其的突厥文 gänč yašïnda，其意为正处于"青壮年"；在阿尔泰语中作 orto yaštu，意为"中年"（CL 276a）；新维语作 u mäktäp yešigä käldi，其意为"他达到了上学年龄"（yeš 是一个后缀 i 之前的 yaš 之语音演变）等。

在这些用法中，没有任何令人感到惊讶的地方，在大家会大量看到的派生词 yāš-a-（被用于"度过岁月"之意义的"年龄增长"）的例证中的情况，正如此；在古代和中期突厥语、奥斯曼语、察合台语中的 yaša-（活着），柯尔克孜语中的 ǰaša-（同上）和巴什基尔语中的 yäšä-（同上）的情况也如此。

31. 初看起来，更为令人惊奇的是，yāš 一词的其他词义，也以令人注目的频繁性而出现，尽管它们在几乎所有的突厥语中都有差异性。

实际上，以上文提到的千差万别的语音表象而出现的 yāš 一词，意为"潮湿的"、"潮湿"、"眼泪"（最常见的是在词组 köz yāšï 中，意为"眼睛湿润"）。请参阅楚瓦什语 kuś-śul，意为"眼泪"、"新鲜的"、"绿色的"（植物）、"新生儿"、"嫩幼的"（动植物和人类）。其例证如下：

土耳其的突厥语：yerlär yaš（土地是湿润的），yaš čamašïr（湿衣衫），göz yašï（泪水），yaš säbzä（新鲜蔬菜），yaš odun（绿树），odun（意为"柴薪"）。

土库曼语：yāš 意为"泪水"、"大葱的茎与叶"、"土豆"、"胡萝卜"等，"尚未达到成年状态者"、"青年"、"新手"（GI 859a）。

柯尔克孜语：ǰaš 意为"泪水"，ǰaš otun 意为"幼树"，ǰaš kayïš 意为"生皮子"，ǰaš sorpo 意为"鲜肉汤"，ǰaš bala 意为

"幼童"，Jaštar 意为"青年人"。

哈卡斯语：čas pür 意为"新树叶"，čas ot 意为"幼草"，čas ipäk 意为"新鲜面包"，čas odïŋ 意为"幼树"，čas 意为"泪水"（GM 313a）。

在图瓦语中：karak čašï 意为"泪水"（karak 意为"眼睛"），čaš 意为"乳儿"，čaš nazïn 意为"儿童"（nazïn 意为"年龄"，来自蒙古文 nassun），čaš kadïŋ 意为"幼桦树"，čaš xar 意为"新降的雪"（CN500b）。

在新维语中：köz yeši 意为"眼泪"，yašlar 意为"青年人"等。

在几乎所有的突厥语中（实际上是早在古突厥语中就已经如此了），正是 yāš 的一个派生词 yāš-ïl 系指"绿色"。

在古代和中期突厥语、察合台语中的 yāšïl，土库曼语中保留了长元音的 yāšïl，奥斯曼语中的 yäšil，新维语中的 yešil，阿尔泰语中的 yažïl，喀山鞑靼语中的 yašel，巴什基尔语中的 yäšel（柯尔克孜语中 Jašïl 等，楚瓦什语中的 yešěl 系借鉴自喀山鞑靼语），所有这些词汇均意为"绿色的"（幼小的）。

大家还经常发现一个派生词 yāš-ar-，在讲到植物时意为"绿色、重新变绿"，但在讲到眼睛时又意为"充满了眼泪"。

中期突厥语中的 yašar 意为"变绿"。土库曼语中的 yāšar-意为"充满眼泪"。在喀山鞑靼语中作 yašär，意为"变绿"、"重新变绿"，但也有"重新变年轻"的意义等。

土耳其突厥语具有某些同源对似词：yašar-意为"受潮"和（眼睛中）"充满眼泪"，yäšär-则意为"变绿"、"返青"等。

32. yāš 及其派生词的这些不同词义，使许多辞书编纂者都感到茫然不知所措。虽然大家面对的都是同一个词根，但他们却按照词义（年龄、青年、湿润、绿色、眼泪）而将这些词分成不同的类别，不过人们普遍都将这些意义中的两三种合并起来了。几乎所有的突厥学家确实都看清了这些意义之间的密切语意关系。如"潮湿的"、"新鲜的"和"绿色的"（植物），"潮湿的"

和"眼泪","新鲜的"、"绿色的"和"年幼的"（动物、儿童）。某些人甚至还指出，"新生儿、年幼的"词义同时使前述意义和"年龄"的词义结合起来了。这样一来，早在1901年，著名的奥斯曼辞书编纂家萨米伯（Sami Bey CG 1529b），在为yaš（第几岁）单独写下以下条目的同时，也明确地指出，必须将该词从辞源上与前一种类别的词（yaš，意为"潮湿的"、"新鲜的"等）联系起来。至于拉德洛夫（GA Ⅲ，240—243），他将前述所有词义都汇集在唯一的一类中，同时又明确地指出了它们的划分以及它们之间的密切关系。

33. 各种不同意义的这种引人注目的活跃状态，也出现在蒙古文的词根 nïl- （来自 ñāl，而 ñāl 本身则又来自 ñāš-，这是突厥文 yaš 的"阿尔泰"语雏形）中。请参阅通古斯语、埃文语中的 ñālakča 以及与它相近的形式，也就是俄文中的 syroj，意为"潮湿的"、"新鲜的"、"幼树"等（Gu 601a）。古典蒙古文中的 nil-qa 意为"新生的儿童（或动物）"，也就是当他们（它们）处于幼年时"新生长的植物"、nil-bu-sun（眼泪）；nil-bu-（吐痰）。认为该词具有"湿润"之词义的想法，则是将这后两个词结合在一起了，而且通过"新鲜汁液"的意义而又与前一种"新生植物"的词义吻合了，由此而产生了"新生儿"等词义。蒙古学家们始终都把这些词完全正确地归类在同一词根之下。

无论大家在被称为"阿尔泰语"的诸语言之间的问题上所采纳的观点如何，人们至少可以接受的观点是，在它们之间存在着相当数量的共同词汇之财产。当然，这都是一些古词汇，我于此就掌握有它的一种例证：一种雏形 ñāš（在通古斯语和蒙古语使用地域内是 ñāl'），意为"潮湿的"、"新鲜的"、"植物的绿色"。它一方面诞生了一个突厥文 yaš 及其派生词，另一方面又产生了蒙古文的词根 nïl-及其派生词。最后它还产生了通古斯文词根 ñal-，从语音角度来讲，这是最保守者，其本意同样也得到了很好地保持。雷塞宁（Räsänen，CI 19 注释）也将匈牙利文 nyál（唾沫、痰。请参阅蒙古文 nil-bu-，意为"吐痰"）与这一组词作了比较，它确实代表着一个古词 ńal。

因此，对于突厥语中的 yaš（第几岁）的"阿尔泰语"辞源，从语音上来看则很清楚。如果大家能成功地和更确切地确定这种词义与"檀木绿色"的意义之间的关系（这两种意义都确实在突厥文中出现过），那么这一切在语意学上也是很清楚的。

然而，我认为，6 世纪时的一种有关突厥人（蒙古的突厥人）的汉文文献（它尚未被辞源学家们指出过）提供了解决这一问题的钥匙。

本处是指《周书》中的一段文字（有关 557—581 年间的事），早在 1864 年就已经由儒莲（Stanislas Julien）作了翻译（DL 335），后来又由汤姆森（Vilhelm Thomsen）引证（JB 175），最后又由伯希和（Paul Pelliot）重复（BK 207）。他们所有人都仅考虑到此文的史料价值，而没有看到它与突厥文 yaš 的关系。其中指出了突厥人"不知年历，唯以草青为记"（伯希和译文，I. C.）。

34. 由于在 6 世纪时就已经是精通突厥事务的优秀专家的汉文编年史学家们的功劳，我在这一问题上掌握有对 yaš（"草青"、"第几岁"）一词的精辟辞源解释。这就是古代突厥人最早要根据草重新变青或返绿（春天）的次数来计算已流逝的年代，而"草青"则是他们这些游牧民生活中最重要的现象。

这种在古突厥人气候带（甚至是在最辽阔的地区，但那里始终都基本上是处于边缘地区，即由从语言角度来讲是其后裔的人占据的地区）特别行之有效的习惯，可以使人立即理解突厥人把 yaš（潮湿、植物的绿色或青色）用于指"第几岁"之意义的用法。这种用法肯定可以上溯到一个早于方言集团历史性大分散的时代。因为大家到处都可以发现它，包括在不里阿耳—楚瓦什语族中，其中的 ǰal 以及后来的 šol、šul 等均意为"年"（泛指的"年"）。

在游牧文明中，由于经常性的迁移，方位天文学也因物质的原因而无法形成一种民间年历的主要基础。有一点可以肯定，对很明显的自然现象的观察，如植物的周期变化，在一种特殊的情况下（请参阅图瓦语 xar，意为"雪"和"岁"，详见上文第26节）是季节性气候现象，可以最方便地作为几乎是准确无误的辨认标志。在这一方面，草于春天重新返青是本处所涉及的地理区域中最明显的标志之一。此处对于牧民来说，也起了一种最重要的经济作用，因而这是其选择的第二个根本原因。

35. 我们于此触及了由古代和中世纪突厥民族实行的年历计算法中的主要和经常性的事实之一。对于他们来说，这种事实如此明显，以至于他们从未想到在文学著作中对它作以解释。

历史上最早期的蒙古人（对于蒙古人来说则是较晚的了，13世纪），出于相同的习俗和社会—经济（游牧民的饲养业）的原因，也从未以其他方式从事过活动。由科特维茨（BO 108）所引证的一名汉族作者孟琪（意指孟琪的《黑鞑事略》——译者）于1221年写道，蒙古人当时是根据新草返青而记年（并如同突厥人那样根据月亮而记月一般）。用于指"（历法）年"的老蒙古文——13世纪的古蒙古文是 hon，其复数形式为 hot；古典蒙古文作 on，其复数形式为 ot，我觉得它在辞源上与突厥文 ot（草）是同一个字。大家都知道，古蒙古文中的 n-代表着"阿尔泰"语的古声母 P-的一个不发音阶段，而这个"阿尔泰"语古起始声母本身从最早文献之前起就在突厥语中根本不发音。这样一来，对于蒙古文来说，则必须以一种雏形 pon（其复数形式为 pot）为前提，而这种原形似乎又被由韩百诗复原的（CO 127—128）契丹文（前蒙古语的一种方言）对"年"的称呼 bun（基本相同）所证实。

在一个于地理上与西方相毗邻的地区和一种转场放牧的类似社会背景下，芬兰—乌戈尔语中的现象也完全与突厥文和蒙古文中的现象相吻合，奥雷莲·索瓦若（Aurélien Sauvageot）在1956年元月致我的一条手记中，非常乐意地向我指出的也正是这种事实：

"与年的概念有联系的青草生长概念也出现在乌戈尔语中，

其中用于指青草的词渗透进了诸如下面这样的词组之中：

匈牙利文 másodfü ló，意为'两岁口的马匹'（即'第二个青草期的马'）；harmadfü ló，marha 等词则意为'长了 3 年角的马匹、牲畜'（也就是'第三个青草期的马匹'）"。

匈牙利文 fü（草）在鄂毕河流域的乌戈尔语中（沃古尔—曼锡语和奥斯佳克—坎底语）中的对应词是 pum。西涅伊（Szinnyei）在《马扎尔人的历法》第 7 版中指出，在沃古尔—曼锡语中也有如下例证：

kit-pum luw："两岁口的马"（kit 意为"二"）。

·xur"m-pum luw："3 岁口的马"（xur"m 意为"三"）。

奥雷莲·索瓦若在这一点上得出了结论（见前文所引札记）："因此，我对于这种假设不能提出任何反对意见。据此认为，yaš 一词在一般情况下意为'青草'，或者更确切地说应该是意为'湿草'。"

最后，我的这位通讯学者在这同一条札记中又补充道："蒙古文 on（年，在古蒙古文中作 hon 等）在萨莫耶德尤拉克语（samoyède yourak）中的对应词是 po（斯波罗古斯甚至用一个由声门发出的塞辅音的尾音来标注它，从而可以使人联想到一个由 pon-组成的词）。"

正如前引奥雷莲·索瓦若的报告所提醒大家注意的那样，我确实感到应该同时将萨莫耶德—尤拉克语 pon-（年）、前蒙古语 pon（年）、乌戈尔语 pum（匈牙利语 fü，意为"草"和"牲畜的岁口"），最后是前突厥语 pot（它完全相当于蒙古文 pon 带尾音-t 的多数形式，pot 变成了 hot，指"年"）进行一番比较，突厥文 ot（青草）似乎确实出于此。契丹文 bun（年）本也应与这一整套词相比较，其中"新草"的意义与"新年"的意义是相吻合的，正如在突厥文 ot 中那样。

36. 词干 pum（乌戈尔语）/pon、pot（萨莫耶德—尤拉克语、蒙古语、突厥语）均意为"青草"和"年"，而词干 ńāl（乌戈尔语、匈牙利语作 nyál，请参阅上文的通古斯语 ńāl-、蒙古语 nil-) /ñäš (突厥文作 yäš, 不里阿耳语作 jāl, 楚瓦语作 śol 或 śul) 意为"植物的潮湿度"或"新草的潮湿度"和"新年", 这就会使我觉得, 在连成一片的地理范围内和在转山放牧的牧民中, 它们二者都清楚地证明了一种古老的年历计算法(但却至少一直持续到 13 世纪, 如在蒙古人中), 其目的在于根据草于春天的返青经验而确定每个新年的开始(特别是为了计算牲畜的岁口以及人类的年龄), 其使用范畴最广的语言学比较于此却由 6—13 世纪的汉族史学家们的资料而得了非常肯定的证明。

对最古老突厥语民族的日子(kün, "太阳—日")和月份(āy, "月亮—月份")的历法计算, 是以一种对太阳升落和月相那直接而又具体的天文观察为基础的。他们对于每年的日历推算, 至少是对于牲畜与人类的"第几岁"(yäš)的计算是以一种"自然崇拜"的观察为基础的, 它虽然属于另一种性质, 但仍不失具体和准确无误, 这就是对"草于春天的重新返青"(早在古突厥语中就已经作 yäš ot 了, 见 GB 245b, 意为"新草")的观察。

九、历法年

37. "历法年"或者是我们西方所说的"民用年", 也就是"社会年", 不参照人的岁数。在从 7 世纪到我们今天的所有古今突厥语(唯有不里阿耳—楚瓦什语族和近代语言中的唯一一种喀喇盖—巴尔卡尔语例外)的词汇中, "历法年"都与"岁"(yäš, "年龄年", 唯有图瓦语作 xar)截然相反。它们共同的雏形是一种 YÏL 的形式, 它在突厥语的领域中到处都出现过, 唯有在不里阿耳—楚瓦什语中例外。

我掌握有这样一些例证: 在古代和中期突厥语中作 yïl; 在东北语族中, 雅库特语作 sïl(带有一个在土库曼语中出现的短元音), 哈卡斯语和图瓦语作 čïl, 阿尔泰语作 yïl; 在东南语族中, 分别作 yïl 和 jïl; 在中部语族中, 则作 jïl(诺盖语做 yïl);

在西北语族中，喀山鞑靼语做 yel（其复数形式为 yellar），西伯利亚鞑靼语（托博尔语）、克里米亚鞑靼语、卡拉伊语、库穆克语、巴什基尔语均作 yïl（卡拉伊语的方言作 il）；在西南语族中，土耳其突厥语作 yïl，阿塞语作 il，土库曼语作 yïl 并带有一个短元音。古代蒙古语作 ǰïl，古典和近代蒙古语中的 ǰïl 系借鉴自回鹘突厥语的词（13 世纪初叶）。雅库特语中的 ǰïl 与在语音方面很正常的 sïl 同时存在，借鉴自蒙古语（请参阅布里雅特语 ǰel）。该词在所有地方的词义均为"历法年"。

38. 由"年龄年"和"历法年"的不同词汇所表达的观念之间的对立，在蒙古文中具有普遍性，其中的 on（古蒙古语作 hon，历法年，它仅在特别是根据回鹘—蒙古人的 12 生肖周期中才由突厥文 ǰïl 所取代）与 nasu(n)（岁）截然不同。它相反却在通古斯语族中付阙如，在埃文语中作 aŋan(al)，指"年"和"岁"（Gu 116b 和 248b，见 god 和 leta 条目）。在此情况下，蒙古语词汇则与突厥语词汇不同。我认为，on（其复数形式为 ot）应被比作突厥文中的 ot（草）。请参阅上文第 35 节，nasun 可能为古代的 ńāsun，带有起始声母上的重音，应比定为突厥文中的 yāz（春天）。有关其词尾，请参阅蒙古文 dabusun——突厥文 tūz（盐），蒙古文 to'osun——突厥文 tōz（灰尘）。无论如何，yāš/yïl 之间的对立并非是"阿尔泰"语的，它甚至也不是泛突厥语的，因为它在不里阿耳—楚瓦什语族中付阙如。这后一语族用 yāš 来毫无区别地表达两种"年"，与高加索的喀喇盖—巴尔卡尔语族既难以分别又独立存在，而该高加索语族相反却用 yïl（ǰïl）来表示这两种不同的"年"。

虽然词汇的组成方法不同，但在基础语义上的做法于喀喇盖—巴尔卡尔语却是相同的，也就是说在"岁"和"历法年"两种概念间不存在对应，它们融合在泛指"年"的唯一一种概念中了。这一事实尤为重要的是，它与大家在突厥语领域中其他各处均可以观察到的事实背道而驰。因为甚至是在已失去了意为"岁"的 yāš 一词的图瓦语中，仍维持了这种对应，针对 yïl

（čïl，历法年）而使用了突厥文 kār（xar，本意为"雪"）来指
"年龄"，用蒙古文 nasu(n)(naẕï)来指"岁"。

39. 在一种非常明显的例外中，我认为喀喇盖—巴尔卡尔语
与不里阿耳—楚瓦什语的这种相遇，完全可以通过一种历史事实
来解释：喀喇盖—巴尔卡尔语现在趋向于统一，但喀喇盖语和巴
尔卡尔语（曼勒卡尔语）于其中却从方言的角度上作了区别。
操这种语言的人彼此之间也作了区别。这是一种钦察语（属于
突厥方言西北语族的组成部分），由喀喇盖、钦察人传到了高加
索。它又逐渐地被另一个突厥语民族所接受，该民族属于另一个
语族，也就是巴尔卡尔人（曼勒卡尔人），系高加索西北部古不
里阿耳人之后裔（DH 232），他们在 7 世纪时占据了位于库班河
（Kouban）和亚速海之间的地区。这种亲缘关系以及通过巴尔卡
尔人名称来解释 bulgar（不里阿耳人）的辞源，今天已经得到了
明确证实，特别是以语言上的考证为基础（CA 340—341），大
家从中还可以加入前文提到的考察。

我认为，正是在不里阿耳语语言基础的影响下（其中"年"
的名称是统一的），喀喇盖—巴尔卡尔语才得以放弃 yāš/yïl 这一
对词的对立。

因此，就我所知，在一个古老时代的突厥语民族中，这种对
立中的唯一例外是不里阿耳人及其语族。为了把它分离出来，这
种例外仍不失一种非常重要的历史意义。因为不里阿耳人是突厥
语民族中因西迁而最早脱离突厥整体者，拜占庭人最早从 5 世纪
末就在亚速海—库班河（Azov-Kouban）地区结识他们了
（DP98），他们的语音那极其明显的特征只能通过一种过早的分
离来解释。

不里阿耳人使用 yāš 一词来指两种年（jal）的事实，而且他
们在伏尔加河流域的后裔楚瓦什人也采用同样的做法（śol，
śul），这似乎就清楚地说明 yïl 一词（历法年）并非是"突厥—
土库曼语"，它在突厥语中是一种革新，正如它表达的概念出自
一种词汇和技术的借鉴，而这种借鉴又出自继不里阿耳人与其他

突厥语民族大分离（早于 5 世纪末）和 yïl（年）一词出现于其中的最早突厥文献（7—8 世纪）之前。

40. 我于此必须指出，yïl 的语义含义是非常引人注目的，因为它与我直到现在所发现的有关基本是突厥语的语义含义属于另一个完全不同的范畴：kün（太阳—日子）、āy（月亮—月份）、yāš（草返青—岁），这一切都是古突厥语民族凭经验而计算历法的基础。yïl 不是表达天文学或生物学之具体考察，而是表达了一种社会习俗惯例：yïl（年）把根据自然界草返青季节而计算的"岁"之人格化和明显的观念与一种集合的和已经是部分抽象的概念对立起来了，后者是一种"社会年"的概念，系按照某种历书（即使是雏形历书也罢）而根据整个社会集团的共有准则计算的。在我直到现在所知道的概念中，yïl 的概念是唯一的一种，其中大量地出现了适用于整个社会的一种客观纪年那已经很发达的观念，而不是人类逐年衰老的概念。

从 7 世纪直到今天，在除了不里阿耳—楚瓦什人之外的所有突厥语民族中，它是唯一一种共同形式的语言，它的发展和定形是以由中业突厥语民族向一种毗邻语言的共同借鉴为前提的，这种借鉴发生在一个介于不里阿耳人的外迁（完成于 5 世纪末叶）与 6 世纪之间的时期。借鉴的方法与社会意义又如此之大，以至于它在一种文化的和可能还有政治的依附之影响下（即使是偶然性的也罢）而迫使人接受了。

41. 除了上述支持一种借鉴的原因之外，我认为古突厥语中的 yïl 一词在词源上的孤立性证明，它不是一种突厥文辞源。与它联系起来的唯一一个广泛流传的单词（从 7 世纪起就已经如此了），则是一个派生词，由加入突厥文词尾 -ki（它在……之中）而形成（FA，第 74 节），就如同在 āy-kï（在阴历月的每月中）中所发现的那样。

从辞源上看，这种派生词 yïl-kï，意为"……年的"，首先系指"当年生牲畜"，后来又泛指"大牲畜"，特别是指"马群"。其词根的意义在最早文献（约为 700 年）中就已经模糊不清了，这就要以某种先前的发展（至少是一个世纪之前）为前提。

yïlkï（HC 142）在碑铭中的最古老用法，都明显意为"牲畜"（泛指），这在 11 世纪时已由喀什噶里明确证实（GC 784）。大约在公元 1300 年，在库蛮（库曼）语中就已经完成了向"马群"的专门意义之演变了（OC 133）。在现代方言中，我掌握有如下例证：

东北语族：雅库特语作 sïlgï（马），哈卡斯和图瓦语作 čïlgï（马群），阿尔泰语作 yïlkï（马）；东南语族作 yïlkï 和 yilki（马群）；中部语族人 jïlkï（马和马群），诺盖语作 yïlkï；在柯尔克孜语中又同时具有古意："在……年""……年"，我必须强调指出其保存下来的情况；西北语族中：喀山鞑靼语作 yelkï（马群中的马），库穆克语作 yïlkï（马群），巴什基尔语作 yïlkï（马）；西南语族：土耳其突厥语作 yïlkï（马群或驴群），阿塞语作 ilxï（马群），土库曼语作 yïlkï（马群、马匹）。正如大家本来会预料到的那样，不里阿耳—楚瓦什语族中不仅从未出现过 yïl，而且没有 yïl-kï 的代表词。这种现象再加上柯尔克孜语中作"在……一年中"（ötkön jïlkï 意为"去年的"等）之用法的残余，这一切都可以通过 yïl（年）来证明该词词源。

42. yïlki 指当年生的牲畜，其辞源的意义恰恰与一个完全相似的、我已经提及（见上文第 33 节）的蒙古词至今仍沿用的意义相吻合。

这里不大可能是指一次偶然的相会，我认为应该对这个词从辞源上进行比较。在这样的背景下，古突厥文（而不是不里阿耳—楚瓦什语）的借鉴词 yïl，而应该是 nïlqa 的蒙古文词根 nïl 的语音对音词，它也曾以"岁"的意义出现过，至少是以间接的方式出现过，这种特殊的用法肯定如此。突厥文 y- 是蒙古文 n- 的正常语音对应字母（CJ 36—39），而其借鉴词当时就很可能具有恰恰是大家预料中的形式了。

因此，对于"历法年"（yïl）一词，把大家导向了与"岁"（yāš）完全相同的一种"阿尔泰"语词源（请参阅上文第 33

节），这就是趋向于一种雏形 ń ǎš（在蒙古和通古斯语的范畴内是 ńāl'），大家已经看到蒙古文 nïl-为其代表形式，其第一种意义为"潮湿、绿色"，每年都是根据"草返青"而确定每年之始的。但这种带长元音的雏形，尚不能在突厥文中直接产生 yïl（雅库特语和土库曼语则一致都带有短元音，而仅仅是产生了 yǎš 等，在不里阿耳语中作 jal，在楚瓦什语中作 šol 和 šul。

我认为，突厥语（而不是不里阿耳—楚瓦什语）只能通过一种前蒙古语 nïl（或 ńïl）的媒介作用才出现（突厥语即从该词借鉴的）。其中"年"的意义在很早的时候就与 yǎš 一词共源，意为"（植物）每年的返青"。但在特别好的历史背景（这些背景从使用该词的那个从语音角度上来讲，可能是以前蒙古民族的某种支配权为标志的）中，竟然发展到了"民用年"、"社会集团的官方年"和"历法年"的意义，同时也作为这样的词义而被中亚的突厥语民族（而不是迁移至欧洲的不里阿耳人）所接受。

43. 我至少要指出这个从语言学角度来看是前蒙古人的民族到底是什么民族的问题，正是该民族对中亚突厥语民族拥有支配权，将采用"历法年"和用于表达它的准蒙古文 ńïl（在突厥文中变成了 yïl）的观念，最终传入了该民族之中，在我现有知识下，这是一个无法彻底解决的问题。但我将有保留地试图触及这个问题。

我觉得，yïl 一词在不里阿耳人中付阙如的现象似乎应该排除一个很古老的时代，它是由突厥语民族借鉴的。因为不里阿耳人于公元 5 世纪末左右在靠近库班河的拜占庭帝国边陲出现了，他们的迁移似乎与 374 年左右在伏尔加河下游出现的欧洲人的迁移有联系（DH 117）。不里阿耳人只能是于 4 世纪中叶才离开中亚突厥语民族大众的。此外，yïl（年）一词在最早的突厥碑铭文献中（我可以把它们断代于 700 年左右，但其语言则是一种与突厥人的统治有联系的共同语，koinê）的存在，应被断代于这种统治初期，也就是公元 6 世纪中叶。我认为，对于借鉴词 yïl

来说，应该排除一个晚于 6 世纪中叶的时间。

因此，正是在公元 350—550 年之间，中亚突厥人可能向一个当时占统治地位的前蒙古民族借鉴了 yïl（出自 ńïl）一词。在这样的条件下，该民族完全有可能是前蒙古的蠕蠕人（DH 104、DQ 356 和注 292）。因为恰恰是蠕蠕（茹茹）人直到 552 年的 6 世纪上半叶，始终都统治着阿尔泰和蒙古的突厥人（DM 221—222、230）。直到获得更为广泛的资料（可以由新文献为我提供这种资料）之前，我所接受的这种假设完全可以解释语言学问题，而且也完全符合我对于历史事件年谱所知道的情况。为了更加清楚，我将用下面这样一段话来表述它。

44. 在一个古老的时代，于被称为"阿尔泰"的突厥语、蒙古语和通古斯语所共有的词汇库中，有一个词干 ńaš（ńal'，潮湿、植物的绿色），它以通古斯语的写法和词义而一直保留下来了（埃文语在 ńalakča 中作 ńal-，意为"潮湿的"、"新鲜的"、"绿色的"或"青色的"）。

根据各自语音的正常规律（尤其是 CJ 97—98），前突厥语可能使这一词干产生了 yaš 的形式，而前蒙古语则产生了 ńïl 的形式。由于前突厥人和前蒙古人都习惯于以植物"返青"而计算年代，而且这个词干仍在突厥语和蒙古语中保持了"潮湿"、"新鲜"、"绿色"的意义，所以可能于他们之中产生了一个如此构思出来的"年"的名词（突厥文作 yaš，意为"第几岁"；在不里阿耳—楚瓦什语中却保留了"年"字更广泛的意义，分别作 jāl、šol 和 šul；在古典蒙古文中做 nil-qa，意为"当年生"）。

公元 6 世纪上半叶，阿尔泰和蒙古的突厥人以及与他们有联系的突厥语民族，可能向他们的前蒙古统治者蠕蠕人借鉴了其"年"（ńïl）的名词，以 yïl（带有将 ń-改为 y-的正常处理办法）。统治者的这种"官方年"的名称很可能从此之后就被称为"民用年"了，"历法年"则是在政治和社会范畴内确定的，从而导致与突厥文老词干 yaš 的一种区别，后者从此之后便专门用于指"第几岁"。由此而造成了观念和词义上的一组对应词。

不里阿耳人从公元 5 世纪末之前起，便向库班和亚速海方向迁移。由于他们最早未遭受蠕蠕人的统治，后来也未受突厥人的支配，所以他们未曾借鉴过 yïl 一词，因而也不懂这种对应关系。甚至是由于他们的后裔楚瓦什人（还有巴尔卡尔人）也如此。他们在 13—14 世纪时（伏尔加河流域的墓志铭），仍在继续用前突厥语词根 yāš（在他们之中变成了 jal）来称呼泛指的"年"、"岁"或"历法年"，这种习惯一直持续到他们的后裔楚瓦什人中（上楚瓦什文作 śol，下楚瓦什文作 śul）。高加索不里阿耳人（曼勒卡尔人）并未保留这种用作"年"之意义的词干，但他们也未因此而获得两种年的观念之对立，而是仍用同一个钦察语的词 jïl（= yïl）来表达这两者，至少是当他们在语言上已被"钦察语化"之后更是这样的。

45. 在不里阿耳—楚瓦什语之外的突厥语民族中，yāš（第几岁）一词及其语音变形在长时期内仍与植物"返青"之辞源意义相联系，维持了通过春天草返青来计算人的年龄和牲畜的岁口的习惯（请参阅法文中一种类似观念的残余："20 春"即指 20 岁）。

相反，虽然借鉴词 yïl 也具有远缘辞源上的同样意义，但它却完全未被突厥语民族感到与这种季节现象相联系，其既是很抽象又是社会性的"旧历年"之定义，使它得以相继指突厥民族在外来统治、文化影响或改变宗教的作用下而采纳的各种类型的世俗或宗教年，甚至是在涉及的"年"（就如同伊斯兰历年那样）再不会与某种季节标准有任何关系的情况下也如此。

因此，大家便会理解这种语言和观念成果的全部意义。我认为从 6 世纪起，这种成果便可以一举使诸突厥语民族采纳根据部分是抽象的惯例而确定的具有客观参照点的纪年方法。

十、计数法

46. 在浏览了指时间的基本划分（其有机的整体可以使人编

制成历书）的各不同突厥文之后，我尚需要对早期突厥人和古突厥人为推算历法而拥有的计数法作一番简单回顾（一种深入研究会导致我们离主题过远）。

突厥人的计数方法完全属于 10 进位制类，虽然也具有各种细微的差异。从 1 到 10，现知的所有突厥语言，包括不里阿耳—楚瓦什语族在内，都具有相同的计数制。对于古老形式，我可以提出下述系列：

bīr（1），ekki（2），üč（3），tört（4），bēš（5），alttï（6），yetti（7），säkkiz（8），tokkïz（9），ōn（10）。

其中当然没有 0（零），因为 0 完全是一种近代概念，它甚至在欧洲也是很近期的。

47. 从 11 到 19，便开始出现了犹豫不决。在古代和回鹘碑铭文献中，同时使用了两种做法。第一种做法显得比较古老，其目的在于将高于 10 的数字视为已经属于“20”的系列了。

在碑铭突厥文和回鹘文（8—14 世纪）中，bir gegirmi（1，20）=11。ekki yegirmi（12）等。tokkuz yegirmi（19）。yegirmi（20）。

在这些文献中，同一种观念支配了由十位数与另一个个位数组成的其他数字的形成。我们所说的 37 实际是他们的“7 40”，我们所说的 52 是他们所说的“2 60”等等，我们应该把这些数字理解作“通往 40 的系列中的 7”、“在通往 60 的系列中的 2”。无论如何，这其中有一种与我们西方计数方式完全不同的做法，却完全如同汉人的方法一样，从而揭示了一种前科学的思想状态。大家会观察到一种“未来”方法的日耳曼残余，与德国对小时的分数计算法相类似：halb zehn（1/2；10）=9 时半。

48. 从 732 和 735 年起，就在中蒙古的鄂尔浑第一和第二碑中（CB 203），出现的第二种方法（它于其中与第一种方法同时存在），与我们的计算法颇为近似（与汉人的计算法也很近似，它可能是受到了汉人计算方法的影响）。这种方法首先在于说明“10”的系列“已满”，让它们的后面紧跟着一个词 artukï（其补充数字。这是意为"外加"的 artukï 的第三人称的主要形式），最后再宣布形成这一"补充数字"的个位数：kïrk artukï yetti（40，其补充数为7），相当于47（鄂尔浑第一碑东侧第15行；HI 36）；它与 bir kïrk（1 40）并存，相当于30，也出现在同一篇文献中（鄂尔浑第一碑，北侧第二行，HI 48）732年的墓志铭。ottuz artukï 意为"30；其补充数是1"，即相当于31（鄂尔浑第二碑某侧第28—29行；HI 62），距 ekki ot-tuz（2 30，即相当于22）之后不太远，出现在同一篇碑铭中（东侧第25行，HI 60），为735年；在该文献中，以 artukü 而组成的另外4个例证是33、34、38和39（HL 73）。

artukï 的这种用法，明显也是古老用法，它在雅库特语（以 orduga 的形式出现）中也一直持续存在到19世纪：uon orduga bīr = ōn artukï bīr 意为11（FF，文献，17）。

它仅仅作为大数才出现在回鹘文写本中（其中的汉族和印度—伊朗文化影响相当强大）："beš yüz artukï ekki ottuz…"（500，其补充数为2 30）=522（FA 104，据 MA），它出现在吐鲁番附近的和卓（Xoco）出土的一篇摩尼教文献中，撰于795年（MA 39）。

对于包括在10—100之间的数字，回鹘文写本中长时期地保持了我于前一节中描述过的第一种方法：

bir yegirmi…6（11），出现在吐鲁番出土的一份1367年的历书中（ML 17）。

49. 但大家在那里的晚期文献中也发现了一种新的做法，无疑是受到了汉族的影响（又由使用汉地和印度数字的习惯而得以加强），其做法完全如同在法文中讲 dix-huit（18）一样，仅让个位数附在十位之后，而又不使用 artukï（补数）。

10 säkkiz（印度数字10 + 文字），应读做 on säkkiz，意为18（ML 11）。在1368—1370年的一部历书之末尾，根据古老的写法（吐鲁番文书），先写作 üč yegirmi，意为13（ML 10）。

根据汉族观念以及由阿拉伯人采用的印度数字的用法，一种近代计数法于更要早得多的时代（从 10 世纪起）就已经出现在伊斯兰化的喀喇汗朝突厥人中了（疏勒地区，即喀什噶尔）：

on ekki（on iki）意为 12（NE 29）。

在已经伊斯兰化的所有突厥语言和所有现代方言中，都仅出现过这后一种计数制，它既简单又符合逻辑（然而，可以参阅上文，有关雅库特语于 19 世纪作 artukï、orduga 等情况）。

奥斯曼语和察合台语作 on uč，哈卡斯语作 on üs，雅库特语作 uon üs 等，楚瓦什语作 uč niśśč = ōn üč，意为 10（+3）= 13。

对于楚瓦什语来说，这里指一种已经是很古老的习惯。伏尔加河流域的那些已经伊斯兰化的不里阿耳人的碑铭（13—14 世纪）就已经与此相吻合：van altï(š) 意为 16 等（LB 71—72）。

50. 无论这一切可能显得多么奇特，用于指高于 10 的数字的唯一的和全部的古今突厥语言所共有的一个词就是 yǖz（100）。

我从最早的文献中就已经看到，在计算 11—19 数字之间的方式中表现出来的差异。这些差异在现代方言中已经消失，但大家相反却于其中发现了十位数名词中的一些重要差异。

甘肃撒里—回鹘（黄头回鹘，裕固族）语可能也正是在汉地的影响下，以在 on（10）之前加上 2—9 的个位数名词来表达它们：

iškon(20, iške 2 = ekki)，u ǰon 30,（uč 3），türtön, 40（türt, 4 = tört）。以此类推。

所有其他突厥方言以及古今书面语言都共有一个意为"20"的名词，属于 yegürmä 和 yegirmi 一类。

对于 20 以上的 10 位数，图瓦方言（我也可以假设认为这其中有一种汉族影响）也具有与撒里—回鹘语相同的方法：个位数 + on（10，10 位数）：

üžän〔出自 üš（3）+ on〕，意为 30, törtän〔tört（4）〕意为 40, bäžän〔baš（5）〕意为 50 等。

雅库特语和阿尔泰语有一个专用名词指 30。在雅库特语中作 otus，在阿尔泰语中作 odus（＝ottïz）。但在更大一些的数字 40—90 之间，它们却如同图瓦语和撒里—回鹘语（裕固语，黄头维吾尔语）一样表达。雅库特语中的 tüört-uon 意为 40，biäs-uon 意为 50，alta-uon 意为 60，sättä-uon 意为 70，agïs-uon 意为 80，togus-uon 意为 90（uon＝ōn 意为 10）。

在阿尔泰语中，törtön 意为 40，bäžän 意为 50，altan 意为 60，yätän 意为 70，sägizän 意为 80，toguzon 意为 90。

哈卡斯方言具有一直到 50 的 10 位数专用名词：čebirgi（čegirbi 的字母换位形式为 yegirmi）意为 20，otïs 意为 30，xïrïx 意为 40，elig 意为 50。在此之上的数字中，它们也如同阿尔泰语、雅库特语、图瓦语和撒里—维吾尔语中一样：

alt-on（60），čet-on（70），segiz-on（80），togïz-on（90）。

51. 除了东北语族的语言（雅库特语、哈卡斯语、图瓦语、阿尔泰语）以及撒里—维吾尔语（裕固语）之外所有的突厥方言（包括楚瓦什语在内）。古代和中期突厥语的所有书写形式都有一些专门的数字名词，而且还是这些语言所共有的（大家在东北语族的方言中也可以部分地发现它们），以用来表达 20—50 的 10 位数。

yegürmä 意为 20，在古代和中期突厥语中作 yegirmi，在奥斯曼语中作 girmi，在柯尔克孜语中作 ǰïyïrma，在楚瓦什语中作 śirĕm 等。请参阅雅库特语中的 sürbä。

ottïz 意为 30，在古代和中期突厥语中做 ottuz 或 otuz，在奥斯曼语中做 otuz，在诺盖语中做 oltuz，在楚瓦什语中做 vǎtǎr 等。

kïrïk 意为 40，在古代和中期突厥语中作 kïrk，在奥斯曼语中作 kïrk，在喀山鞑靼语中作 kïrïk，在楚瓦什语中作 xěvěx 等。请参阅哈卡斯语中的 xïrïk。

ellig 意为 50，在古代和中期突厥语中作 ellig，在奥斯曼语中作 elli，在喀山鞑靼语中作 ille，在楚瓦什语中作 allǎ 等，请参阅哈卡斯语 elig。

拥有这些用于指 10 位数的专用名词的语言，与形成 10 的倍数的个位数没有辞源关系，它们为了指 60 和 70 而都拥有某些自相当于 alttï（6）和 yetti（7）派生而来的带有-miš 词尾的形式，或者更确切地说是拥有其词尾-tï 或-ti 已由-mïš 或-miš 等词尾所取代的形式。

altmïš 意为 60，在古代和中期突厥语以及奥斯曼语中均作 altmïš，在楚瓦什语中作 utmǎl 等。

yetmiš 意为 70，在古代和中期突厥语以及奥斯曼语中均作 yetmiš，在楚瓦什语中作 śitmǎl 等。

大家对于以-miš 结尾的古老动词形式还有印象，它们由于其意义的变化而取代了在动词词根 alt-和 yet-中以-ti 结尾的古老形式。这其中的辞源关系始终都会使人很清楚地感觉到。

最后是对于 80 和 90，任何一种古今突厥语都没有其专用数词。所有这些语言都通过"8 +10 位数"和"9 + 10 位数"来计算或曾经这样计算过，这要根据是普遍使用撒里—维吾尔语还是在不同程度上使用东北语族语言的做法。因此，对于这两个数字，有一种统一的表达方式。

säkkiz ōn 意为 80，古代和中期突厥语作 säkkiz on 或 säkiz on，古奥斯曼语作 säkiz on，后来在土耳其的突厥语中又变成了 säksän，楚瓦什语作 sakǎr-vun 等。

tokkuz ōn 意为 90，在古代和中期突厥语中作 tokkuz on 或 tokuz on，在古奥斯曼语中作 dokuz on，稍后在土耳其突厥语中又作 doksan，在楚瓦什语中作 tǎhǎr-vun 等。

这种一致性后来仅出现在有关数字 100 的情况中。

在古代和中期突厥语中作 yūz，在奥斯曼语中作 yüz，在雅库特语中作 sūs，在楚瓦什语中作 śer 等。

事实上，雅库特语没有用于指"千"的数字。它以 tïhïnča 的形式借鉴了俄文 tys'ača（1000）。从前，它应该是讲"10 个百位数"。但雅库特语 muŋ（限制、数量或极度），这在其他所有突厥语中都是指数字名称"1000"的 bïŋ（biŋ）的一种拟音。

在古突厥语中作 bïŋ、biŋ、miŋ，在奥斯曼语中作 biŋ，在阿尔泰语中作 müŋ，在楚瓦什语中作 pin 等。

突厥语本身没有任何高于 1000 的大数名词。古突厥语 tümän（1000）是一个借鉴词〔吐火罗语作 tmāṃ，龟兹语作 t(u)-mane，波斯语做 tumān〕。所有较大的数字都是过去向汉语（FA 104）和近期向欧洲语言借鉴的，如土耳其的突厥语 milyon（100万）、milyar（10亿）等。

52. 在有关基数词的问题上，它们一般都必定要在日历推算法中扮演一种重要角色。我们可以发现，任何一种稳定的计数制都不可能被重新组合，它是突厥语民族的全部方言和语言所共有的。

在古今突厥语中，组成序数词后缀的因素肯定都是可以解析的，数量相当少，后来又出现在突厥语地域内的各方言族中了。但它们的用法却具有特别大的差异，以至于在一种"原始"用法的问题上，我绝对不能肯定任何内容。

至于流传最广的序数词后缀的形式，可能是由于 6—8 世纪时突厥人的"共同语言"（koinê）的统一作用，而这种作用在文字记载的传说（古代碑铭突厥文、回鹘文、奥斯曼文、察合台文）中始终占统治地位。它是以-(i)nči 结尾的同源词（FA 104，FB 315—318，CA 802a）。

但有一些以-m（CA 695，731），-n-（CR 387—388），-ti 和-n-ti（FA104—105，CA 102）以及-š（CR 387—388）结尾的后缀，它们可能出自-č；也有一些以混合后缀结尾的形式，诸如在喀喇汗语中以-länč(i) 结尾的形式（CA 102），其中-laï-的形式几乎肯定是指示动词那已使人非常熟悉的后缀（FA 67）。

不里阿耳—楚瓦什语族对于比较语言学研究意义重大，这是由于它最早与其他突厥语族的整体相脱离了，其中的序数词从 13 世纪起便使人非常熟悉了。这些差异很大的做法往往是将多种后缀结合在一起，而又没有多大的稳定性：-(i)m、-nč、-nči、-nš、-nši、-š（DS 215，LB 71—72）、-č（LB 71）。这些形式以及楚瓦什语中的形式均已由约翰内斯·本津（Johannes

Benzing，CR 386—390）作了透彻的研究。由于-m 的后缀，他被引向了猜测有一种向以-mo-（伊朗语作-om）的形式结尾的印欧语的借鉴词，同时也会利用这一机会而确认泛突厥语的数字名称 bēš（5）可能有一种伊朗文的原形，对于其古老的序数词 bēšim（不里阿耳语作 biälim，意为"第 5"；在土库曼语中 bäšim 意为第 5，它本是用于指人的专用名词）。请参阅奥谢金语（ossète）中的 fändzäm，塔利斯语（talyš）作 penžim，波斯语作 panžom，阿富汗语作 pindzəm，均意为"第 5"。事实上，突厥文指"5"的名称在所谓"阿尔泰语"中没有任何对应词（蒙古语作 tabun，意为 5，通古斯语为 tuńga，意为 5。请参阅 CH 1049）。

我将被迫指出，古突厥语族并不具有序数词的某种稳定而又连贯的体系。

53. 这种考察再加上我于前文对于缺乏一种超过 10 的基数词记数法的泛突厥语体系（100 除外）的考察，均会激励我们联想到，突厥语（而且也诸如其他"阿尔泰"语言一样），在数字名词的领域中不具有很大的一致性，也没有其数字词汇于晚期那样发达和系统化。

我还必须指出，在正常的小级数中，突厥语族一般都厌恶使用数字名词。这样一来，我所发现的不是"第一、第二和第三"等，而更多的则是发现（尤其是在古老的时代和民间口语中）某些意为"开始、中间、结尾"（在库蛮语中作 baš、orta、soŋ，见 OC 30）。大家可以引证大量古今例证，我在后面几章中将有机会研究这类事实。

记数制的发展明显与文化水平和一种传统的持续时间有关。

对于与我本处特别有关的古代情况来说，很可能正如大家在历史的漫长发展过程中所发现的那样，在那些从语言角度来讲是古突厥先民或突厥人的民族之间，存在文化水平的重要差异。某些民族，尤其是西伯利亚和阿尔泰森林与群山中的居民，他们未曾起过明显的历史作用，长时间地停留在采摘和狩猎经济阶段，但也应该是有一种很古老的文化了。他们在亚洲史上几乎未能留下记忆，我也未能掌握有关他们的日历推算法及其历书的任何古文献，但这一切都是必然存在的。他们的数字也应该是雏形的。

54. 相反，草原上以放牧为生和崇尚战争的突厥语民族的历史影响是巨大的。他们一方面与中国中原，一方面又与印欧语系世界维持着不间断的关系，具有一种相对较高的经济和文化水平，一种可能是自 4 世纪以来就存在的文字，即将作为我本论著内容的很发达的纪年体系。他们的记数制虽然部分的仍很古老，至少对于基数词来说，却是相当完整和连贯的。我认为，既在古突厥文献又在不里阿耳—楚瓦什（这些民族早期向欧洲的迁移，最晚也是在 6 世纪）语族中的出现，证明了这种纪年体系具有一定的古老性。无论如何可以确保一种早于 5 世纪的准历史时期的存在。我们可以按照如下顺序（有关不里阿耳—楚瓦什语族的情况，请参阅 LB 71—72 和 CA 730）。

ⓐ个位数

bīr（1）：古突厥语作 bir，不里阿耳语作 bīr 或 bir，楚瓦什语作 pĕr 和 pĕrre。

ekki（2）：古突厥语作 ekki 和 iki，不里阿耳语作 eki，楚瓦什语作 ikĕ、ik 和 ikkĕ。

üč（3）：古突厥语作 üč，不里阿耳语作 üč、üš 和 vič，楚瓦什语作 viś、viśĕ 和 viśśĕ。

tört（4）：古突厥语作 tört，不里阿耳语作 tüät，楚瓦什语作 tăvat(ă) 和 tăvattă。

bēš（5）：古突厥语作 beš，不里阿耳语作 biäl 和 bel，楚瓦什语作 pilĕk 和 pellĕk，带有后缀-k。

altï（6）：古突厥语作 altï，不里阿耳语作 altï，楚瓦什语作 ult(ă) 和 ulttă。

yetti（7）：古突厥文作 yetti 和 yeti，不里阿耳语作 ǰiäti，楚瓦什语作 śič(ĕ) 和 šiččĕ。

säkkiz（8）：古突厥语作 säkkiz、säkiz，不里阿耳语作 säkir，楚瓦什语作 sakăr 和 sakkăr。

tokkïz（9）：古突厥语作 tokkuz、tokuz，不里阿耳语作 toxur，楚瓦什语作 tăxăr 和 tăxxăr。

ⓑ10 位数

ōn（10）：古突厥语作 on，不里阿耳语作 văn、van，楚瓦什语作 vun 和 vunnă。

yegürmä（20）：古突厥语作 yegirmi，不里阿耳语作 ĭiärmä、ĭiärim，楚瓦什语作 śirĕm。

ottïz（30）：古突厥语作 ottuz、otuz，不里阿耳语作 votur，楚瓦什语作 vătăr。

kïrïk（40）：古突厥语作 kïrk，不里阿耳语作 xïxïx（ĭïrïx，LB 72 可能有书写错误），楚瓦什语作 xĕrĕx。

ellig（50）：古突厥语作 ellig、elig，不里阿耳语作 älü、äl(ü)，楚瓦什语作 allă。

altmïš（60）：古突厥语作 altmïš；在不里阿耳语中未曾出现过，但通过与不里阿耳语 "6" 以及下引楚瓦什语的比较，便可以复原为 altmïl；楚什语作 utmăl。

yetmiš（70）：古突厥语作 yctmiš；在不里阿耳语中未曾出现过，但根据与上一条同样的办法进行比较，便可以使人复原为 ĭiätmil；楚瓦什语作 śitmĕl。

säkkiz ōn（8 + 10 位数 = 80）：古代突厥语为 säkkiz on 或 säkiz on，不里阿耳语作 säkir văn、säkir van，楚瓦什语作 sakăr vun(nă)。

tokkïz ōn（9 + 10 倍数 = 90）：古突厥语作 tokkuz on、tokuz on，不里阿耳语作 toxur văn、toxur van，楚瓦什语作 tăxăr vun(nă)。

ⓒ高位数

yūz（100）：古突厥语作 yüz，不里阿耳语作 ĭür、ĭür，楚瓦什语作 śĕr。

bïŋ（1000）：古突厥语作 bïŋ、biŋ、miŋ；在不里阿耳语中未出现过，但经与楚瓦什语的比较却趋于复原为 bin，楚瓦什语作 pin。

对于序数词来说，正如我已经指出的那样，根本不能复原任何真正古老的连贯计数制；不里阿耳—楚瓦什语中占突出地位的后缀-m 与后缀-nč 占突出地位的古突厥语（唯有"第二"例外，作 ekkinti、ekinti、ekindi）相对立。

十一、对研究成果的概括

55. 由于现在已从历史角度完成了对于有关日历推算法以及与历书有关的突厥语言资料的统计和比较研究，仅仅注意到了那些可以使人对史前和准历史、早已有文字记载的突厥文献（它们仅于 7 世纪末才出现）时代提出假设时，我应该试对自己取得的研究成果作一番总结，以便至少在某原理和基本结构上复原它们可以证明的纪年体系。

我需要考虑的第一个阶段是采纳 yïl 一词和"社会年"概念之前的阶段（我认为可以将此断代为 6 世纪上半叶）。在这一阶段，古突厥先民的所有纪年观念基本是具体的：太阳—日子（kün）是以该日星的升落而计算的，夜（tün）是单独计算和明显可见的；月亮—月份（äy）是根据对月相的观察而确定和计算的。"新月"开始于该行星的月亏之后，一种"满月"便明显标志着阴历的月中；四季之年的周期是相继的，可以通过气象观察的演变以及植物的生长（甚至还包括动物的生命）而明显地观察到：春（yāz），夏（yāy），秋（küz），冬（kïš）。最后，阳历年却不是通过天文观察确定的，而是根据标志着一个新年（yāš）之初的春季草返青现象来确定的。

这其中就已经具有了一种纪年体系的所有具体因素了，这种纪年法虽然是初级的，但却是行之有效的，符合一个其生活与动植物的生长密切联系的社会之需要。这些因素可以根据十进位数学的方法而计算，它对于游牧民和狩猎民社会已经足够了。真正的文字应被排除在外，但某些记号、刻痕或使用小石子作计算，再加上经常性地使用记忆（这对于文盲来说是非常必要的），从而便可以对原始日历推算的人从事所有计算并确定之。

56. 在一种纪年体系的形式之中，最重要的问题（它在古突厥社会中，当然显得如同是在实际上而不是在理论上提出来的），同时以阴历月和事实上的阳历年（春季返青与太阳周期具有生物学联系）为基础的，这就是将月份纳入到年之中的问题。这是阴—阳历法，经验性或科学性历法所共有的问题，除了少有的几种例外，它们就是整个古代社会的历法了。

事实上，一个阴历月的平均持续期（月亮的会合周）是29.53 天，一个阳历回归年（介于两个春分之间）的持续期是365.24 天，一年不可能包括阴历月的一个完整的数字，它只包括 12—13 个月之间的时间，更确切地说应为 12.368 个月。由于这一事实，12 个阴历月中的"一年"要短 10.88 天，而 13 个阴历月"一年"则要长 18.65 天，这样才能符合一个阴历回归年。

由于一部阴—阳历书的编制本身就包括必然在一年中计算出一个整数的农历月，所以唯一正确的解决办法就在于，有时是将其持续时间确定为 12 个阴历月，有时又是 13 个月，带有以 12个阴历月之年的一种明显优势（12：19 次）。这种优势是使用阴—阳历法的各民族在岁月的长河中凭经验确定的，从而导致整个人类都把 12 个阴历月的年视为"正常"现象，这一个数字被充做我使用的将一个阳历年划分为 12 个阳历月的做法之基础，而这 12 个月又完全与月相无关。

大家对于突厥语民族古今文献以及民间传说的考证，都清楚地证明，他们也将 12 个阴历月的年作为其阴—阳历法的基础。但他们同样也知道，必须不时的从中增加或闰第十三个月。

57. 这里的问题是要知道，从什么时候起才实施这种增加或闰第十三个月的做法（根据古代希腊的名词术语，则为"闰月"，即 embolismique）。我于本论著中需要经常引证它。

众所周知，在古代，由于传说中归于公元前 5 世纪的希腊天文学家默冬（Méton）的一种发现，就已经懂得了对此问题的一种巧妙的解决方法。著名的"默冬周"（Cycle de Méton）就是以百年观察后得出的结论为基础的，美索不达米亚人曾对此作出过巨大贡献。这就是 235 个阴历月恰恰就相当于 19 个阳历年。但在我们所掌握的文献中，没有任何理由使人相信，古突厥先民曾熟悉可以轻而易举地解决 "13 个阴历月" 问题的这种简单规则。

　　由于缺乏直接资料，所以大家可以试通过对突厥各民族的经验性民间历法的比较，来推论突厥语世界在古代为确定闰月的位置而沿用的准则（从历史角度来讲，突厥或回鹘人的古代历书已为人所知，本处就不再论及了。因为正如我们将要看到的那样，它们仅是对当时汉地历书的改编，而当时中国中原的历书就已经是很科学的天文历书了）。即使初步触及这一问题，也会使我确信在所使用办法之中缺乏统一性。大家从由拉德洛夫汇辑的资料（GAI，3—10）中便可以推论出来，阿尔泰人于 19 世纪时便将他们的第十三个月置于 12 月与 1 月之间，也就是说被置于冬至时期；就在同一时代，于一个毗邻地区，索荣人经过夏季的前 3 个月（baškï ay，意为 "孟月"，orta ay 意为 "仲月"，adak ay 意为 "季月"）之后，在进入秋月（küs）之前，又增加了一个 "末月"（song'ay），这样一来，便使他们的阴历月数增加到 13 个月，从而将他们的闰月置于秋至。已由阿斯马兰（Ašmarin）研究过的 19 世纪的楚瓦什人（GQ Ⅲ，178—179）就可能是这样行事的。至少在部分情况中是这样的，因为他们在经过 6 个冬月之后，又要计算到 7 个夏月，其中第七个月（总数的第十三个月）便相当于 9—10 月。

　　我被迫在已于历史上为人所知的突厥民族的民间传说中，考察出那些不可否认的差异。但为复原一种古老状态，我无法从中得出任何结论来。

　　58. 但于此却适时地出现了 yaš 的辞源意义，本指从 "春天草返青" 而开始计算的年。我似乎应该指出，现在尚缺少一种天文参考资料。此外，我认为也应该如此解释汉人的论点（BK 207）。据此认为，6 世纪中叶的突厥人 "不知年历"。据这个时代的汉人认为，一种非天文的年就无权被称为 "年"。大家还记得，同一种汉文史料还继续补充说（同上引书）："唯以草青"为记（伯希和的译文）。

无论这种日历推算方式显得多么原始，对于一个明显只具有非常初级天文学知识的民族来说，也通过一种对每年的植物现象（它对于放牧和狩猎游的牧民来说，始终是非常重要的）的明显观察，而间接地确保对太阳回归年持续时间的一种相当正确估计的有利条件。事实上，在亚洲大陆，尚未受大股海洋性气流之无常变化的支配，它还有一种在总体上很稳定的气候和与太阳周期有关的季节性现象回归的高度规律性。对于一个特定地区来说，植物于春季的返青在每年基本都是于太阳周的同一时间（我们甚至可以说是"同一日子"，因为我们有一种太阳历）出现。因此，对它的观察可以使人以一种良好的估计而确定一个回归年的结束和一个新年的开始。此外，除了在诸如雅库特（Yakoutie）那样非常靠近北极圈的地区（那里新旧年的交替至少要晚一个月）之外，这种交替几乎恰恰发生在春分时或稍后不久。

因此，最早的突厥先民丝毫都不关心天文问题，他们拥有估计太阳年之持续期并使之基本上是开始于春分时的一种方法，而且几乎是一种永远不会出错的方法。这样便使他们根据经验和生物的生长情况而为"年"下了一种定义，而且基本上与伊朗人根据天文学而下的定义相吻合，但与中国中原人的定义不相吻合，中国中原人认为民用年平均要早开始一个半月。在 11 世纪时，喀什噶里告诉我们说，游牧和非伊斯兰化的突厥人（因而也就是那些未曾使用穆斯林历法的突厥人）将一年划分成了各自有一个名称的 4 部分，每年都开始于新年（瑙鲁兹，Naw-rūz），也就是春分时（NA 347）。他的看法对于疏勒（Kašgar）和西突厥斯坦的那些既未被伊斯兰化又未被汉化的突厥人来说，应该是有效的，因为他们仍在沿用中国汉族的历法。

59. 喀什噶里的观点对于我们具有很大的意义，因为这些居民在 11 世纪时始终既与伊斯兰教又与汉地文化保持一定的距离，他们都有可能继续坚持其典型突厥的和相对古老的传统。由于这些民族当时不大可能具有准确的天文学定义，所以他们的"新年"事实上应该是遵循其先祖习惯而是草返青的春季之复归的时间。

通过喀什噶里大词典，我还获得了有关我将一年分成四季的这种已形成定制的划分法之推论的一种明确证据。由于所有的突厥民间传统都相当稳定，既未受外来影响的干扰，又未受这些靠北极圈内的民族迁移的影响（如雅库特人和西伯利亚鞑靼人，尤其是巴拉巴人的情况），他们都一致将每年划分为各为 3 个阴历月的相等的四季。此外，对于一个非常古老的时代，由埃伯哈德（Wolfram Eberhard, DJ 67）摘录的唐代汉文编年史（7 世纪）的一段文字提到，叶尼塞河上游地区的黠戛斯人"以三哀（相当于突厥文 ay 的汉文对音）为一时"。我完全有理由认为，在流传最广的古老传统中，突厥语民族的历法一般都赋予四季中每个季节 3 个阴历月的时间。

在突厥语民族的文献与口碑传说中，列举四季的正常顺序都是由春季（yāz）开始的。我掌握有一种将一年之始大致确定在春分的证据（还可以参考库蛮语 il-yaz，出自 ilk yaz ay，意为"春天的第一个月"或"孟春"，于 18 世纪末被解释为"3 月"。见 OC 119）。

60. 我们现在可以从中看得相当清楚了，足可以从突厥人的阴—阳历编制中推断出突厥先民最广泛地采纳的方法了。

每年都是随着第一次新月的出现而开始的，当时可以观察到草返青，这一时间基本上与春分相吻合。从这次春季的新月起，人们从理论上计算到每个季节的 3 个阴历月。因而也就是春季 3 个月、夏季 3 个月、秋季 3 个月和冬季 3 个月。这种历制由库蛮人完好无损地保留到了 13 世纪（OC 30）。另外，库蛮人还为我们保留下了有关这几组 3 个阴历月的命名制的一种珍贵资料（OC 30）。

il(k) yaz ay："孟春"月……soňu yaz ay（soňu = soň-ki）："仲春"月……küz ay："秋月"（指孟秋月）；orta küz ay："仲

秋"月（orta 意为"中间"）；orta kïš ay："孟冬"月……

我即将详细研究的这种历制（第 9 章）并不是孤立的，大家还可以在东北语族的突厥民族传统中找到其明确的证据。

阿尔泰语 yaydïŋ ayï："夏季月"（孟月），相当于 7 月；索荣语（图瓦语）作 küstüŋ paškï ayï："孟秋月"；küstüŋ orta ayï："仲秋月"；请参阅库蛮语（GA I, 7）。

13 世纪的库蛮语和 14 世纪的索荣语之间令人震惊的吻合性（它们本属于完全不同的方言族，其语音差异标志着一种非常古老的分化），可以使人对各季月份的这种命名方式归于一个非常古老的时代。

大家会发现在这种历制中缺少序数词（第一、第二、第三等），这也是其古老性的又一种证据。我确实已经指出了突厥语序数词形成的近期的和分散的特征（见上文第 52 和 53 节）。在以"3"所做的分类和在民间用法中，其顺序便是以一些分别意为"孟"（il-ki）或"开初"〔baš(ta-kï) 或 baš-tïn-kï，见 FA 104〕；"仲"、"中间"（orta）；"季"〔soŋ(-kï)〕的词组来表示的。

61. 我尚需要知道，突厥先民在需要时是怎样增加或者是闰一个补足性的"第十三个月"的。

在一个历史时间，我已经看到了（见上文第 57 节）某些在秋分左右或冬至前后闰月的情况。此外，由阿斯马兰（Ašmarin, CP Ⅲ, 178）搜集的资料使我觉得常有在夏至前后可能出现一个闰月的痕迹。

既然突厥先民的历书基本上是经验性的，那么大家便可以形成加入一个闰月的想法。首先，突厥先民经过长期的实践后，不可能不知道根本没有必要在连续的两年中加入一个补足性的月份，以确保月与季之间的吻合（这种吻合的主要标志应该是气候和生物学的）。因此，13 个阴历月的闰年之后应该是自动紧接着一个只有 12 个月的正常年，这一点不会引起任何问题。

问题仅仅是继一个 12 个月的正常年之后才提出来。于是有两种做法变得实际可行了：或者是一旦当在四季之一的"季月"之后发现，气象形势、植物和动物状态尚不符合对于下一个季节之初本应所期待的条件，于是便另加一个补足性月份（我不知道其古突厥文名称）；或者是在 12 月末，因而也就是在历书上的"季冬月"，当发现预料中的草返青已推迟时，便在一年中增加一个季月——第十三个月。

历史资料由于其差异本身，都倾向于支持第一种做法，而且由于赋予阴历月的季节名称，它实际上也必然会被接受，以保持其经验性的意义。

无论如何，如果在一些可疑的情况下，一种显得很有道理的闰月尚未能实施，那么这种草返青那几乎是绝无错误的原则便迫使人使用第二种做法（事实上，它仅仅是第一种做法的一种特殊情况），它无论如何都要确保新年于春分前后复现。

就我现在所知道的情况而言，我无法知道更多的情况了。但我仍然要以令人相当满意的方式而理解突厥先民历书中的阴阳年（我更应该说是月—季年）结合的全面结构，这种历书又由历史上的各突厥民族所继承，其中 13 世纪的库蛮人便是最明显的例证。

我还要指出，出于经验的作用，这种历法是很有道理的，对于那些缺乏一种科学天文学的居民来说，则更要切实可行得多，他们肯定不会正确使用它。

62. 我现在就应该思忖，在"阴历月"（āy）中，是怎样增加或闰一个"阳历日"（kün）的呢？

历史上的所有突厥民族都清楚地知道（当代传统也充分地证实了这一点），一个阴历月的持续时间介于 29—30 天之间（平均天文学数字是 29.53 天）。有一种非常简单的并在诸突厥语民族中经常发现的做法，就是在原则是交替使用一个 29 天的月（被称为"亏月"或"小月"）和一个 30 天的月（被称为"满月"或"大月"）。它形成了一种很容易作出的约估，但在33 个月左右，却导致出现了晚一天的现象。在这样的情况下，最好是增加一种矫正，普遍使用将本应该是只有 29 天的月计算为 30 天的办法。这个问题令所有使用阴—阳历的古民族都极为关注。

但没有任何因素会让人相信突厥先民能提出这样的问题。事实上，由于主要是经验性的和对他们历法的直接观察等特征，故不应该关注一种从天文学角度来讲是很准确而又是不能直接观察的新月，因为它相当于月亮的全亏现象。他们仅仅是在采纳了汉地历法之后才不考虑这一切了，汉族历书中的新月是借助于以长期观察为基础的天文历表而科学地推算出来的。

一切都会使人联想到，如同所有的古老民族（其中就包括美索不达米亚人，他们被认为是天文学大师。见 AC 129）和许多中世纪民族（其中包括穆斯林阿拉伯人）一样，突厥先民把他们新的一个月定在第一次新月出现的时候。如果气候现象和当地地势不会遮蔽月光的话，那么新月就会出现在紧接着朔日之后的夜间，或者是说出现在次夜。中亚和大山中的游牧民一般均具有观察到新月的良好条件。

事实上，这种做法确保了对阴历月的相当准确的确定，与天文学意义上的新月仅有一两日的差距（推迟）。其后果是满月一般出现在每月的十四日（请参阅奥斯曼语 ayïŋ on dördü，意为"阴历月、日"，被用于指满月），每月紧接着满月之后的部分时间（十五或十六日）要比其前一部分时间更长。

如果对新月进行观察的条件尚不充足，那么大家非常清楚地知道一个农历月不可能多于 30 天的事实，便可以使人避免犯任何多于一天的计算错误。

大家还可以将介于 29 天和 30 天之间的月份之间原理的变化（以只满足于观察第一个新月）与一些有间隔的时间（全部有 30个月左右就足够了）结合起来，以便在必需的情况下，于所预计的 29 天的月份中作出另加一天的矫正。

无论如何，完全如同对春季草返青的观察一样，实际上能确保对闰月问题的一种令人满意的解决办法；也如同对第一次新月的观察，可以使人经验性地将阴历月持续时间令人满意地定为29—30天。

对阴历月日子的计算是由我已研究过的十进位数学体系而保证的。我顺便指出，古今的论据都明显倾向于使用基数词（如同在法文中一样）来指每月的日子，唯一一个惹人注目的相反例证则是使用序数词的不里阿耳人。

这就使我觉得，至少直到5世纪末叶，古突厥先民们的古老历书大体上是适用而简单的。

其经验性做法的主要缺点是禁止了预报，尤其是远期预报。此外，我丝毫不觉得其中包括年代或年代周期的因素。它无法在客观的基础上确定年代的连续性，这也可能就是汉文编年史在我们上文（第58节）中介绍过的有关6世纪中叶突厥人的论点中所希望讲的内容。

63. 我认为，在公元6世纪的上半叶，当突厥语民族（西迁的不里阿耳—楚瓦什语族的突厥语民族除外）采用 yïl 一词以指一个具有社会特征的"年"时，就已经达到了第二个阶段，这个阶段中富有新的可能性。

同样，正如我认为的那样，当 yïl 的辞源在阿尔泰语阶段与 yaš 的辞源相同时，并且在该词出自于其中的语言（我所说的前蒙古语）之词汇（ñïl）时，参照了同一种"春季返青"的现象，尽管其形式只会有碍于与突厥文 yaš（潮湿的、绿色的植物）、yašïl（绿色的）、yašar（植物返青等）……相比较。它在渗透进突厥语民族中时，获得了一种已经是很抽象的"年"（泛指）的意义，事实上更应该是指"历法年"，我称之为"民用年"，它不会脱离"春季返青"的具体和经验性的意义。

采用 yïl 一词引起了（唯有在不里阿耳—楚瓦什语中例外，本语族中不存在该词）在古突厥文 yaš 和一种新词汇之间的区别。从此之后，yaš 被专门用于计算（但却是通过用基数词表达的"第几年"）人类的岁数和牲畜的岁口（这种计算似乎显得成了古突厥先民们的主要关心之处，甚至部分古突厥人和叶尼塞河上游碑铭的作者们也如此）。新词汇则无人称地泛指由在某个社会集团中行用的历法所限定的一年之持续期，亚洲突厥语民族从此之后便可以不受约束地使用各种异族历法，而且这种使用也是由政治形势、文化影响或某种宗教而强加给他们的，这些历法不再与春季的草返青（它可以使人作出多种定义，特别是天文学的定义）相联系。其摆脱了参照人类年龄的"年"可以从纪年角度在时代、周期或年号中协调，而且从此之后还是根据客观的标准并按照由社会、宗教、政治或民族所接受的惯例进行协调。

64. 这样一来，我们将在以下几章中看到，叶尼塞河上游的古突厥语民族（其中包括黠戛斯人和图瓦族的先祖）仍然如同在他们的墓志铭中一样，经久不衰地忠于通过指"岁"之意义的 yäš 那种以人类为参照系数的日历推算法（这是一种始终都倾向于保守主义的方法）。但他们也犹豫不决地采用了 yïl 一词，以作为一种不受年龄束缚的时间计算法。

我们接着还会看到突厥墓志铭诸作者中的最大保守者，其中就包括卒殁于 725 年左右的赫赫有名的暾欲谷（Tonyukuk）。他完全避免使用任何明确的纪年，当然也避免使用 yil 一词，甚至是在长篇历史记述中也如此，而又不厌其烦地介绍其细节（暾欲谷碑）。但其他那些基本上与他是同时代的和有时是稍早一些的人物，却都开始根据 12 生肖纪年（12 属周期）和借助于 yïl 一词而为其主人翁的逝世断代。鄂尔浑碑是两种"年"之观念并存的典型例证：它们用其可汗或其已故兄弟（特勤）的年龄（yäš）来为他们那内容广泛的历史故事断代，但却又通过逝世或葬礼的时间而引入一种明确而具体的年代，并且还带有 12 生肖纪年中的日、月和年（yïl）。

数年之后，从 8 世纪中叶起，回鹘人先于其碑铭中和稍后于其写本中，在具体时间中并根据 12 生肖纪年而经常使用 yïl 一词。

我将要指出，在突厥人中就如同在回鹘人中一样，对这些"年"（yïl）的定义正是汉地历法中的年。它与 yäš 的"草返青"

之意义已经不再有任何共同之处了，因为汉地年开始于1—2月间，正处于一个几乎整个西域都处于严寒的时候。

其次，我们将会看到，最早与伊斯兰世界建立交流的突厥人为他们的"年"采纳了伊朗人对"瑙鲁兹"（Naw-rūz，春分、新年）的天文学定义。此外，"春分"这种定义也与突厥语民族的古老经验性传统相吻合；向伊斯兰教开放的所有突厥人（以及不里阿耳人）后来都采纳了伊斯兰历法中的伊斯兰年，每年都具有固定不变的和不用阴—阳历矫正的12个阴历月，始终都以"年"之名而称呼。然而，这种伊斯兰教的宗教性"年"却是阿拉伯阴—阳历的一种"简化"形式，从一开始就酷似巴比伦和希腊人的历法。这其中出现了必不可少的矫正，其目的在于隔一段时间就加入一个额外的"闰月"。这是一种纯属阴历的观念，以不能再外加的12个阴历月为基础，以至于其开始时间使阳历年的完整一轮倒计时的方法计算是33年左右。因此，它既与"草返青"又与任何季节性因素都毫无关系。

65. 采用 yïl 一词和"历法年"那相对抽象观念的后果，便是出现了年代谱系上的阶段（如国王统治的年代）。纪年周期（如与汉地五行结合起来的12生肖纪年），由此而产生了60年的甲子。最后是各种纪年：摩尼教纪年，自摩尼逝世开始算起；被称为"亚历山大"的塞琉西纪年，在这位大征服者死后11年时的公元前312年开始实施于基督教徒突厥人或景教徒之中；穆斯林突厥语民族中的伊斯兰纪年，在突厥卡拉伊姆人（Turcs Karaïm）人中"创世"的希伯来纪年，最后是近代的基督教纪年。

仅仅是从这一阶段起，突厥文献才开始带有按我们西方的观念而标注的真实时间，也就是说由客观的、可以用其他任何断代方法（如我们西方的那种方法）来表达的年代惯例所确定的时间。

因为在"年"的早期阶段，当一名古代墓志铭作者告诉我们，死者在其一生中的何年做过某种事情并将其死亡定于某年时，我对于从历史上确定这一切并为其传记断代，也未能更前进多少。

66. 在我所掌握的相对丰富的文献的现状下，其中的资料丝毫不会使我觉得可能会被发现新墓志铭文献所打乱。此时只要它们遵循一种连贯的历史演变，现知的和带有一个可以根据我们自己的历法进行解释的时代（当然是用 yïl 来表达的）的最古老的突厥文献，便是翁金（Ongïn）突厥碑铭，我认为可以把它断代为我们西历（公元）720 年（CB 201—202）。

这个时间距我们已有 12 个半世纪的光阴了，它至今却成任何真实和明确的突厥纪年之出发点。继它之后很快便是其他几个时间，由此而形成了一个统一的整体。早在 8 世纪中叶，对由 yïl（年）形成的时间之运用，在各种完全可以解释的历法范畴内，始终是常用的并一直持续到我们今天的习惯。

使用 yāš（第几岁）的计时法未能随着 yïl 之用法的发展而从突厥人习惯中消逝，而且还一直沿用到今天。但当它们被用以历法年（yïl）的记载作为年代的标志时，它们从年代上来讲便是无法解释的了。我在有关镌刻于 732 和 735 年的鄂尔浑第 1 与第 2 碑的问题上，曾对此做了试验。

我首先坚持尽最大可能准确地确定所使用的历法体系，并由此而复原古代和中世纪突厥语民族纪年技术的历史。每当我觉得事态值得特别注意时，我同样也会将在该领域中取得的成果，运用到为文献或事件做实际断代上去。

第二章 叶尼塞河上游突厥语民族的古代日历推算法

1. 那些为我们留下包括有日历推算法和纪年内容的最古老文字文献的突厥语民族，均为叶尼塞河（Iénisséï，在突厥文中作 Yenisey，出自 yaŋï-čay，意为"新江"；叶尼塞河上游的土著名称在古突厥文中作 Käm，请参阅现行的图瓦文 Xäm，也就是剑河或谦河，元之谦谦州）上游的人。

这都是一些碑铭，几乎全部是墓碑，用所谓的"鲁尼文"字母勒石为纪，颇为接近于鄂尔浑和蒙古的碑铭，但有时也具有一些惹人注目的特征（DX，FA 9—15）。它们是用一些古老的突厥共同语写成的，这同样也是蒙古、阿尔泰和突厥斯坦的碑铭文献中的文字，它不会使方言差异表现出来。但这一切都会使人怀疑这些方言差异是存在的。大家最多只是于其中发现了词汇的某些固有要素，它们也部分地延存于哈卡斯语、图瓦语和柯尔克孜（古黠戛斯）语中了。

一部共由 145 通叶尼塞碑组成的碑铭集（IG），已作为基本文献而于 1983 年由瓦西里耶夫（D. D. Vasil'ev）主持的一个苏联专家小组刊布。其中包括图版、录文和文字释读。该碑铭集共包括 52 篇基本文献，也就是我这本论著的原始史料，它们过去曾由马洛夫（Malov）于 1952 年刊布过（IC），其中又加入了苏吉（Sūji）的黠戛斯碑文（蒙古）。全部文献的编号为 E 1—E 52）我在本书中将保留其开头字母的缩写词，但却将它们简化成顺序编号了。

2. 大家在我的论著《古代突厥碑铭文献》（CB 192—211）中，会发现有关这些碑铭地理方位的具体考证。我于此仅满足于重新提一下，这些碑铭共分布在两个具有明显区别的地区，由西萨彦岭群山分隔开。这就是哈卡斯自治区的阿巴坎—米努辛斯克（Abakan-Minusinsk）地区，更靠东部的位于叶尼塞河上游（谦河）的图瓦地区，地处今图瓦自治区（唐努—图瓦故地）。它们二者均位于苏联的南西伯利亚。

我在前文论述中所采纳的介绍顺序是按地理而编制的，首先是由北向南，其次是自西向东。我于本书中将要保留下来的地名表是以所涉及的地名的真正突厥语读音（哈卡斯语和图瓦语）为基础的，这与那些具有不同程度的连贯性或遭歪曲的以俄语而规范化的发音略有小异，后者主要是出现在传统文献中并且是某些根深蒂固混乱的原因。但我在需要的情况下，将会重新提及最通用的名称。根据马洛夫的用法，我所保留的编号，在任何情况下都会在最新出版物中找到有关内容的参考书目（HF 和 GB）。

3. 1983 年版碑铭集（IG）未收录于马洛夫版本（IC）中的 93 通碑文，当然都具有很高的语言学价值。但它们普遍都很简短，大部都残缺不全。我未能高度概括性地研究它们，但我对它们作了初步探讨，却未能为我的专题提供些能够推翻根据比本书所利用的更为人所熟悉的 52 种文献所获得成果的资料。

此外，近期在阿尔泰山发现的某些简短的"鲁尼文"碑铭（GB XXI—XXII），似乎也未能为我的课题提供真正的新鲜内容。但它们对于古突厥碑铭的整部历史却意义重大，因为它们代表着在叶尼塞河上游和蒙古与突厥斯坦的碑铭文献之间直到那时尚付阙如的环节。

4. 大家现在可以清楚地看到古突厥人的这种"鲁尼文"书

写体系从西向东的规律性发展。此种发展可能是从 6 世纪下半叶开始的，这是突厥人首次向西域大举扩张的时期。唐纳（O. Donner）从 1896 年起就已经正确地指出了这种缀字法的西方起源（DX）。从他那些后来又由佛夫里埃（J. Février, DZ 311—314）谨慎地重复过的结论来看，它出自阿拉美（aramé）字母，经过了一种可能是安息朝帕提亚文字（parthe arsacide）的中间媒介作用。无论如何，它经受了对突厥语特有语音的一次具有创新性的（部分是武断的）适应过程可能是在索格底亚纳（Sogdiane，康居，西突厥人于 565 年左右进入那里。见 DH 127），伊朗—突厥之间的一种长期接触确保了这种巧妙缀字法的发展，杰拉尔·克洛松（Gerard Clauson，见 DY）先生自认为从中发现了晚期希腊化文化的因素。

这种缀字法似乎是 6 世纪末叶形成的。它首先于 7 世纪在西突厥人的领土上产生了人们通过恒逻斯碑铭而熟悉的古老形式（CB 197, JK, HF 57—68），特别是通过竹简的文字形式（HF 63—68）。7 世纪，它传入了阿尔泰山，然后在 700 年左右又传到了蒙古。8 世纪时那里的东突厥人（当时重新变得很强大了）又获得了一种"古典的"简练形式。这一次却是从东向西地在西域的整个突厥语社会中传播。它然后又向西北传入了今图瓦和阿尔巴坎—米努辛斯克的叶尼塞河地区，在那里却以某些普遍认为是明显的古老特征而出现，这是我于下面还将有机会来讨论的内容。

5. 除了古文字和语言的考虑之外，我只掌握很少一点能为叶尼塞河上游碑铭断代的资料。

互相关联的考古资料，尚未成为能使人持久运用比较方法的详细出版物的研究内容。然而，由苏联考古学家们提供的资料（IF 93—120）可以证明，在叶尼塞河上游地区的墓葬中发掘到与这些碑铭有关的物品，它们均属于从公元 7—10 世纪之间的时代。在那些已被相当准确地断代的出土文物中，我举出 713—741 年的一枚中国钱币（GB XXV 以下；E 78）和 906 年的一面中国金属镜子（GB VI 页以下；E 84），它们二者上面都镌刻有几个"鲁尼文字母"的突厥字。

无论出自考古学家们的资料多么贫乏，它们仍不失为珍贵。我认为，特别是由于它们不仅与在前一节中简单提及的古文字资料相吻合，而且也与我希望对叶尼塞河上游的某些碑铭文献的历史内容（无论这种内容多么贫乏）的推论相吻合。

6. 唯有对阿巴坎—米努辛斯克（Abakan-Minusinsk）地区的碑铭，我才最熟悉其历史背景。我通过汉族人而获知，数世纪以来就居住在这些地区的突厥语民族就是古坚昆（Kirghiz，黠戛斯）民族。

黠戛斯民族于公元前不久的汉代（DJ 67）就由汉文史书所提及；从 618 年起，唐代有关他们的记载则特别具有雄辩力。对该民族名称的古代汉文对音是"坚昆"（DM 337b）和"结骨"（DM 337a），它们分别代表着 Kïrkun 及其以-t 结尾的古突厥文复数形式 Kïrkut。这些形式的存在要早于另一种以-z 结尾的复数后缀（FA 64，FB 318）Kïrkïz 的形式。kïrkïz 的形式也出现在古突厥文献中，其中包括在该民族自己的文献中。请参阅苏吉黠戛斯碑文（第 47 号）第 2 行中 kïrkïz oglï män，其意为"我是黠戛斯人的儿子"。

汉文断代史始终把该民族的主要栖身地确定在叶尼塞河上游，更具体地说就是现今的米努辛斯克和阿巴坎地区，它们甚至还为我们提供了唐代（7 世纪）时这条河的土著名称：剑河，即为 Käm 河之对音（DM 98 注②）。众所周知，他们一直在那里栖身，其族名略有发展，作 kïrgïz，直到 18 世纪初叶依然如此。直到此时，他们才被迫向西南迁移，迁居帕米尔北部的今柯尔克孜（吉尔吉斯）。

此外，在西突厥人中存在着黠戛斯人战俘的事实，已由拜占庭使节泽玛尔克（Zémarque）的报告所证实。此人于 568 年发现室点密汗（Khan Istämi）向他奉献了一名黠戛斯（Kïrkïz）的女婢（DP 288）。

虽然黠戛斯人的名称 Kïrkïz 似乎确为突厥文，甚至明显是根据突厥文辞根 Kïrt-（意为 40）而形成的。他们的突厥种属却由于 7 世纪的汉文史料对其身体的描述而受到了质疑（DJ 67）：人皆长大，赤发、晳面、绿瞳。这些"北欧人"的特征确实与"西域"类型的人，甚至是与"蒙古人种"（人们一般都把他们归于古突厥人）形成了鲜明对照。

7. 在这一方面，我必须指出，当涉及为这个或那个突厥部族从人类学外貌上定性时，则必须采取极大的谨慎态度。突厥婚俗的突出特征之一是地域最广泛的异族通婚。通过婚约和抢婚渠道而与异族女子通婚。这不仅被人接受，甚至还挺受欢迎。经过数代人之后，他们最终成功地以显著的方式改变了在社会集团中占突出地位的体格类型。从历史学角度来讲，最好的一个例证恰恰就是黠戛斯人。据中国中原人认为，他们过去都是："人皆长大，赤发、晳面、绿瞳"，在经过数十年与喀尔木克人（Kalmouk，西蒙古人，即卡尔梅克人）女子的抢婚婚姻后，现今则变成讲突厥语的"蒙古种"人了。

古代汉人的艺术造型，特别是在唐朝和蒙古的突厥人瓷器中，则显示出了一种伊朗人风度的基本类型，蓄须和长着高大的鼻子，却丝毫没有蒙古人的特征。

相反，伊朗人对于西域突厥人的看法，则是一种接近于蒙古人或汉族人的民族形象。

每个人都会对于与自己的标准相差很远的其他民族的体形特征很注意并以此推而广之。无论如何，在突厥语民族的现今人类学特征中，没有任何因素可以使人对他们随便确定一种什么样的共同类型。在古代也应该如此，特别是由于族外婚和经常性的迁移之原因。谈论突厥"种族"则特别没有意义。

突厥人的问题不是体质方面的，而是语言和文化方面的。大家所说的"突厥民族"，从人类学角度来讲则是一些差异很大的民族，一般均出自土著民和入侵者之间不停地反复混血之结果，但他们所有人都操一些属于这个结构很严密和特点鲜明的语族之语言，这就是突厥语族，它们共有某种文化宝库，而语言正是这种文化宝库的部分表现形式。在古代，这种文化上的共性要比在近代深刻得多，而且还一直扩大到了生活方式（草原游牧和森林狩猎）、社会组织类型（等级的和军事化的部族）、宗教（被神化的天）和巫术—宗教行为（萨满教）。

8. 我正是首先在语言，其次才是在文化这种意义上，谈论"突厥语民族"，经常是更喜欢"突厥语民族"这种更为确切一些的表达方式。任何人类学的标准都应该从我的定义中排除出去，完全如同对待任何政治标准一样。从历史上讲，就我所知的情况而言，突厥语民族从未集中于同一个政治体中，他们之间也从未停止过战斗。直到史前时代，才在他们之间得以实现一种低限度的政治统一（否则就很难奠定一种语言统一），我在这一方面也只能被迫进行猜测：他们无疑是在匈奴人统治下，于公元前3世纪末形成了一个相对统一的地区整体，从贝加尔湖地区一直到巴尔喀什湖地区，包括叶尼塞河上游和阿尔泰（DH 62 以下）。

如果说古代黠戛斯人基本上具有一种"北欧人"的体形，与其他突厥语民族的体形不同，那么他们的体形相反却酷似其北部近邻科特人（Ket 或 Kot，过去被误称为"叶尼塞奥斯加克人"），其语言（CL）既不是突厥语，又不是阿尔泰语，即非芬兰—乌戈尔语，又不是印—欧语。这可能会使人猜测在他们之间有一种科特语基础，但也丝毫不能把他们从"突厥语"整体中排除出去，也就是说不能从我们所理解的那种"突厥语"整体中排除出去。我自7世纪初叶起就掌握有他们的出自汉文的最早语言资料（DJ 67 以下），这些资料流传下来了某些典型的突厥文字，如 ay（阴历月）、tug（旗）等。这些资料也明确地指出，他们的语言及其文字与回鹘人完全相同（DJ 69）。此外，我还掌握有大量保存下来的碑铭中有关的明确例证。他们的突厥语至少在历史时期是不容置疑的。

9. 我们应该知道，阿巴坎—米努辛斯克和苏吉地区的碑铭均为黠戛斯人的作品。为了试图根据它们追述的某些事实而对这些碑铭进行断代，我掌握有一种历史基础。

第 30 号（乌巴特第 1 碑：IC 58—60、HK 141—142 和 150）和第 37 号（叶尼塞—帖斯河，所谓的图瓦第 3 碑：CB 199，IC 66—67、HK 170—172）两通碑均提到了"黑汗"或"喀喇汗"（Kara Kan）。第 1 通碑是有关一名土著人士的衣冠冢，他可能就是黠戛斯人，作为被遣往该黑汗处的使者（yalabač），但却再未返归。第 2 通碑是属于黑汗宫廷（ičrägi）的一名突骑施人（Türgeš）的墓碑，他死于黠戛斯地区。降临到这两名卒殁于出使期间的死者的灾难都被以相同的文字和语言（但却没有古旧成分）作了追述，这些灾难应该是古黠戛斯人与突骑施人（西突厥人，见 DM 370b）的一名黑汗之间外交往来的后果。突骑施Türge（Türges = Türk-eš，-eš = Türk-eš，-eš 意为"伙伴"）一名在有关 651 年的事件中首次出现，而他们在汉文史料中记载于紧靠突厥史之后（DM 33—34 和 34 页注⑥）。"黑突骑施"人是这个部族集团的"黑姓"（北部），鄂尔浑碑铭在有关 710 年的战斗中曾提到过他们（请参阅下文第 3 章第 72 节①）。但突骑施人的内讧（黄姓袭击黑姓，每个派别都拥立有汗）仅仅在薨逝于739 年的"僭越者"苏禄汗在位的最后时期才爆发（DM 83）。他本人自立为"突骑施汗国"（整个汗国的汗，DM 82），但他却未享有"黑汗"的尊号。据汉文史料记载（DM 83），第一个"黑姓汗"是某一位"尔微特勒（勤）"。此人仅出现于 739 年并且几乎立即就于怛逻斯被击败，未曾有时间与叶尼塞河上游的黠戛斯人交换使节。可能只是在此后的年代中，于执政时期较长的一名黑汗在位年间，才"数通使贡"。

在这一点上，记载得具体的汉文编年史（DM 85）告诉我们，突骑施诸部于 742 年才重新立一位黑姓首领为汗，这就是伊里底蜜施骨咄禄毗伽（El-etmiš Kutlug Bilgä）可汗。其汗号清楚地说明他"创建了汗国"（elet-），他与中原天朝保持着持久的关系。他的继承人于 753 年即位，也是一位黑姓汗，曾由天朝赐诏册以示正式承认。756 年之后，在突骑施人中出现了一场混乱，黑黄两姓相攻。在 758—759 年间，最后一位黑姓可汗还曾得以遣使入朝。继此之后，再也未提及突骑施人的任何一种势力，无论是黑姓还是黄姓都一概绝迹了。

这些珍贵的汉文史料使我联想到，这就是我掌握的两篇碑铭文献使人猜测到突骑施黑姓可汗（喀喇汗）很可能与黠戛斯人建立认真的外交交往的唯一时代，应该断代于 742—756 年之间。

阿巴坎—米努辛斯克地区黠戛斯地域的第 30 通碑文（乌伊巴特第 1 碑）和第 37 通碑（叶尼塞河—帖斯河碑）都是黠戛斯人的作品，因而其大致的时间应为 8 世纪中叶。这就与其非古老性的文字及其语言状态相吻合。在 ičrägi（古代作 ičräki。见鄂尔浑第 1 碑，南侧第 12 行，732 年；HI 28）中出现了 bäŋü（墓碑）、bäŋgü（同上，HI 28）、更古老的 baŋkü（恰霍尔第 8 碑，第 20 号，HK 122、IC 41）中腭塞音浊化了。

10. 值得注意的第二个年代里程碑是由一通碑铭为我提供的，它与前引碑之一出自同一地点和具有相同样的结构：乌伊巴特第 3 碑，第 32 号（IC 61—64，HK 143—146 和 153）。这里指一种以其范围和内容而比我才研究过的那些广泛得多的古文献。

据我认为，有一段文字始终未被该通碑铭的先后数位刊布者们所理解，它解释了其葬礼极度豪华的原因。初看起来，这种误解出自整篇碑铭（与同类其他碑铭相比较）的表象。请参阅 IA4 中的草图（左碑），后在 HK 8 中又作了重复。

据我认为，这段文字相当于全文的第 6 行（在 HK 144 中是"左侧"第 6 行，在 lC 62—63 中是第 10 行），至今对它所作的译文（IC）至少都是晦涩难懂的，甚至是不连贯的。然而，对石碑上所刻文字的表面释读（由于施密德和斯特拉伦堡先生的工作，这一切从 1721 年起就已经为大家所熟悉了，见 IA 3a）并没有出现困难，已由马洛夫（Malov，IC 62）和奥尔昆（H. N. Orkun）提供了非常正确的释读。我自己的转写文与这些作者们（他们也沿袭了拉德洛夫的传统）的转写只在一点上有差异,而且也是无关宏旨的,但它却部分地主宰了对全文的解释。我不是把尾音-alä读作如同一个所谓与格词bägimä中的ä那样,而是将此视做一个感叹格词a,附在独立格bäg-im之后,但却具有夸张的作用:"bägim a!"意为"啊!我的诸官集团(Bey)!"除了这个尾音作a而不是ä之外,我几乎是如同前引作者们一样地转写。然而,我却将自己认为是动词altï("他拿走了"),而不是指6的altï那带有a之前省略元音的副动词ödürü,在文献中写在了一起的。odür-altï分在了同一类中:

bädizin üčün, türk kan balbalï el ara, tokkuz ärig, uduš är oglïn ögürüp ödür-altï, ärdäm bägim a!

在提供我对这一段文字的译文之前,我应该重提一下其中主要的词汇。bädiz意为"装饰",特别是指"对一通墓碑的装饰";balbal意为"为代表杀死一名敌人而竖起的墓石"(杀人石,在译文中一般都保留balbal一词以作为专用名词);uduš意为"后来者",这是一个派生自动词udu-(紧接着……)而不是派生自dï-(睡觉……)的名词;ogür意为"欢欣,喜悦",其副动词ögür-üp意为"感到欢欣(喜悦)时",也就是"很高兴";ödür意为"分离"、"挑选",请参阅其被动odrül-,意为"抛在一边"(FA 322b);带有al-(取),副动词ödür-ü之词尾的元音省略词ödür-al-,实际上应为ödürü al-,意为"取走和挑选";ardäm意为"勇敢",也用做人的专用名词"勇敢的人"之意义。

11. 据我认为,这段文字的本意如下:

"有关其装饰,在突厥汗的杀人石之地,他非常高兴地抓住并选择9个人,为其侍从人员的儿子。我的诸官集团(匋),勇敢的人!"

对于"其装饰"(bädiz-in),我理解作对墓碑的装饰。至于"突厥汗的杀人石之地",这就是殡葬艺术的圣地,这些专家们就是在那里招聘的。我认为这里是指鄂尔浑地区,东突厥(Kök Türk,蓝突厥或天突厥)可汗大型墓葬区就位于那里,并且带有他们的巨大石碑以及他们那些尚保存下来的杀人石。其中最著名的杀人石是 732 年的阙特勤（Köl Tegin）碑（鄂尔浑第 1 碑，见 CB 203）和 735 年的毗伽可汗（Bilgä Kagan）碑（鄂尔浑第 2 和第 2 bis 碑。参阅上引书）。

我的理解是，为了按照艺术的所有准则而从事卫巴特第 3 碑的墓葬工程（雕碑和铭文），该碑是阿巴坎—米努辛斯基地区的一名黠戛斯人大首领（达干将军，Tarkan Saŋun），那么他所属的部族集团的匐（Bey，诸官集团，同样也是黠戛斯人），"勇敢的百官集团"（Ärdäm Bäg）在鄂尔浑地区招聘了一些专家，而且还是于其"侍从"中招聘的。大家通过鄂尔浑第 1 碑（南侧第 11—13 行，见 HI 27—28）获知，东突厥可汗毗伽可汗（Bilgä Kagan）一方，为其弟阙特勒（Köl Tegin）墓葬的"装饰"（bädïz，第 12 行），请来了依附于天朝皇帝宫中的专家匠人。这就证明了在碑铭上有一段汉文碑文的存在和内容（HI 80—84，JD 中俯拾即得），碑文是 732 年唐玄宗皇帝亲笔御制的。

这两种形势之间的差异就出现在以下事实中：毗伽可汗曾请求唐朝皇帝给他派遣这一些专家来，而黠戛斯人——勇敢的匐于鄂尔浑河畔，在其"侍从"（也就是其附庸）中选拔了他们，以将他们派遣到黠戛斯地区，也就是被派往乌巴特（Uybat）的地点。在我看来，这就意味着鄂尔浑地区当时正处于黠戛斯人的统治之下。这样的局面恰恰是自 846 年起产生的，这是叶尼塞河上游地区的黠戛斯人对回鹘人和蒙古地区发动征服的时间（DH 176）。

这种统治只持续到 924 年，前蒙古人的契丹人于这一时间把黠戛斯人从鄂尔浑河上游地区驱逐了出去，将他们驱回到了叶尼塞河上游地区（DH 181）。

因此，我认为，乌巴特第 3 碑（第 32 号）应断代为 840—924 年之间。

12. 阿巴干—米努辛斯克地区的另一通碑——阿勒坦湖

（Altïn-Köl）第 2 碑（第 29 号），其碑文中包括一种对于其断代和对于黠戛斯人的历史都具有价值很高的具体情节。它出现在我认为是全文的第 3 行中，但却被马洛夫认为是第 8 行（IC 57，HK 105："第 2 行"）：

"töpüt kanka yalabač bardïm"，其意为："我作为出使吐蕃可汗的使者而出发。"下面一个字的部分字母符号已磨损不清，过去曾被读作 kälürtim，意为"我带来了"，这没有任何意义。1983 年碑铭集的刊布者们于其录文中非常正确地读作 klmdm（IG 25b，Ⅶ），这与在图版中明显的笔画特别相符合（IG 103），它是 kälmädim 的对音。我将这个 kälmädim 译做："我未能从那里返回。"同样的表达方式也出现在乌巴特（Uybat）第 1 碑中（请参阅上文第 9 节），用于指一名使者（yalabač）于其出使期间失踪了：kälmädïŋiz，意为"您未能回来，我的匐！"（IC 59，HK 142）。这里又一次系指一名黠戛斯使节的衣冠冢。正如经常出现的那样，死者于此也被认为是以第一人称的口吻讲话的。

无论如何，所有的刊布者都一致同意，将这段文字视为向吐蕃国主（Töpüt Kan，意为"吐蕃汗"）派遣一个从叶尼塞河上游出发的黠戛斯使节的证据。但任何人都未从中得出一种将该碑铭作为历史断代的主意。

至于我自己，我认为阿巴坎—米努辛斯克地区的黠戛斯人向吐蕃方面采取这样一种外交活动只能是从 840 年起才有可能，这是黠戛斯人大举进攻蒙古地区的回鹘人的时间（DH 176）。在此后的数年中，黠戛斯人长期与大部分南迁的回鹘人处于敌对状态（DN 6—7，DH 176 和注③，DN 62 和注③）。几乎可以肯定，他们为了攻击回鹘人，于是便寻求与"吐蕃汗"结盟。在 7 世纪最后三分之一年代，迅速发展的吐蕃势力（DM 179 注释）在840—850 年间一直扩张到了今新疆东南的半数地区和几乎整个甘肃（DN 20—27，特别是 26）。大约在 850 年左右之后，受到回鹘人和唐古特人（Tangut）攻击的吐蕃人在西域迅速地失去了立足之地，他们于 10 世纪初叶似乎是彻底被从那里排挤出来了

（DN 27）。

这样一来，大家便可以相当真实地将阿勒坦湖第2碑断代为840年至9世纪末叶之间。更加具体地说，因为在蒙古的黠戛斯人与回鹘人之间爆发的冲突，由于回鹘人于848年被彻底驱逐（DN 7）和吐蕃势力于当时的衰落而告结束，所以该碑铭提到的黠戛斯人遣使一事很可能是发生于840—848年之间。阿勒坦湖第2碑（第29号）是于出使期间失踪的黠戛斯使节的衣冠冢，因而是850年之前数年间的事。

13. 最后一种文献为我提供了一种相当准确的年代标记，这就是苏吉（Sūji）碑（第47号），此地位于中蒙古（CB 205—206，HI 155—159），独乐水和鄂尔浑河的汇合处之南，因而也就是位于突厥汗大墓葬群和蒙古回鹘人都城的东北。

非常不凑巧，该碑文被其第一位刊布者（KA）定为"回鹘碑"，虽然它被明确称为一名戛斯征服者（Kïrkïz oglï，意为"黠戛斯人的儿子"）的墓碑，这种错误已为突厥学传统约定俗成。

正是这种珍贵的碑铭文献从一开始起就受害于一种误解，这种误解使它失去了任何史料价值。大家一致同意将第1行（IC 84，HI 156—157）释读如下：

"uygur yerintä yaglakar kan ata käl（tim）"，它被理解作："我，药罗葛汗阿达（老爹），我来到了回鹘人地区。"

由于大家都知道药罗葛（Yaglakar）部是回鹘的可汗王部（DN 3注释），甚至有人将此人奉为药罗葛汗，因而他也是一名回鹘人。他在享有其汗的尊号之后，又叫做"儿子"，与阿大（爸爸、老爹）具有血缘关系。这一点在回鹘人的历史上从未被确认过，拥有这种尊号的人在最小的细节问题上也为人所熟悉了。此外，被认为正在讲话的死者在第2—3行中又继续说（同上）：

"kïrkïz oglï män, boyla kutlug yargan

män, kutlug baga tarkan ögä buyrukï män."

其意为：

114

"我是黠戛斯人的儿子，我是裴罗骨咄禄雅尔汗，我是骨咄禄莫贺达干"。

大家根本看不明白，一名回鹘汗为何会成为黠戛斯的儿子和一名享有达干尊号的贵族成员。这一职官尊号虽然很高，但仍低于"汗"（Kan，Khan）的尊号。

事实上，yerintä 的后缀-tä 在古突厥文中已不再是一种纯位置格的词了，而成了一种置格——夺格词，其中夺格的意义（离去）在碑铭文献中则比位置格出现得更加频繁。至于 ata 一词，它不是指"老爹"而是以-a 结尾的副动词，与 käl-结合在一起就意为"来自，出自"，派生自动词 at-，意为"拒绝，抛弃"。我应该理解作：

"uygur yerintä yaglakar kan ata-käl(tim)"（从回鹘人地区前来，我终于拒绝药罗葛汗）。

从此之后，一切都很容易解释了：死者是"黠戛斯人的儿子"（也就是他本人就是黠戛斯人，以 oglï 组成的民族名称："……的儿子"，没有在突厥语中很通用的那种特别语义学意义）是黠戛斯征服者之一，他们于 840 年成功地从中蒙古驱逐了药罗葛部的回鹘汗。

因此苏吉碑（第 47 号）要晚于 840 年，或属于 9 世纪中叶，或属于该世纪下半叶。

14. 这样一来，我认为至少可以约估性地为由古黠戛斯人留下的"鲁尼文字母"的 19 通碑中的 5 通断代（在 CB 198—199 中，于"阿巴坎—米努辛斯克地区"的专栏共提到 18 通碑，再加上苏吉碑）：有两通碑（第 30 和 37 号）属于 8 世纪中叶，另外 3 通（第 29，32 和 47 号）为 9 世纪中叶，或者第 32 号碑也可能属于 840—924 年之间的某个时代。

无论对于已研究过的全部碑中四分之一多的碑铭所作的断代是多么不确切，它们在提供一种年代的出发点方面仍不失其珍贵价值。根据这种出发点，我便可以从事对这组黠戛斯碑中的其他碑铭作古文字学、语言学和文风方面的研究，目的只在于通过比较而对它们作出断代划分。

15. 我自己于本章一开始便将叶尼塞河上游碑铭中所包括的文献定性为具有"古老时代"风格者。

但正如我们将要看到的那样，这里是指一种思想和社会之古风，或者是某种"原始状态"，它可以通过这些远离中国和伊朗大文明潮流和不具备一种纪年之古老性的山地人那偏僻的地理方位来解释。

在被最经常遵循沿用的突厥学传统中，同样也长期维持着一种混乱，它有时候会把叶尼塞碑铭文献的年代上溯到6世纪，无论如何也要上溯到7世纪。这就会导致完全与任何表面现象相反，大家会认为在最落后的古突厥语民族中也存在着文字的早期发展。

事实上，我认为，可能是从8世纪初起，自突厥人的蒙古地区传入了这一切，"鲁尼字母"的书写体系与古突厥语中的"共同语言"，被引入叶尼塞河上游的黠戛斯人中是可以解释的。大家知道（JG 50—51），黠戛斯人反抗突厥人统治的一场反叛，于709—710年导致了他们遭到了镇压以及其可汗的死亡。我觉得很可能是从这一时代起，似乎才可以认为突厥人的碑铭技术传入了他们之中。

无论如何，我在阿巴坎—米努辛斯基地区的碑铭文献中得以发现的唯一历史参考资料，便可以使人完全根据苏联考古学家们的最新结论，而把它们从年代学上断代为8—10世纪初叶之间。

16. 至于图瓦地区的碑铭，就我现有的知识而言，我尚不能从中找到参照已知历史的地方。相当孤立的山区平民们的著作，从来都是只会提到土著部族集团：六姓昭武（Altï-Bag，马洛夫书的第1、5、24、49号，IC）、绰人（Čikšin，第13号碑铭，同上）、仲云人（Kümül，kümüš，第44和45号碑铭，同上），我对于这些民族都缺少资料。然而，其中之一（第41号碑铭，同上）提到了由"呵咥人（Ädiz，阿跌人）的部族"死者的归附（Ädiz är urugïn…altïm，HK 80—81）；另外一个（第44号，同上）于一种会引起争议的背景中包括一个字 ädiz：ak-kulam är ädiz，意为"我的白色飞地，呵咥人"，这是马洛夫的看法（IC 80）；据我认为则是 ak-kulam är ädiz，意为"我的浅栗色夹白马，呵咥人的公马"。无论如何，这里是指呵咥人（阿跌人，Ädiz）的名称，该部落曾与回鹘人属同一个部落联盟。正如既由汉文史料（阿跌，DM 317a、DN 2 注释），又由 8 世纪时蒙古地区的突厥碑铭（HI 50）所证明的那样。

这条记载特别是提供了一种发人深省的意义。其地理方位尚不为人所知的呵咥人（阿咥人），至少是其部族的一部分人，与图瓦人的今地为邻。但它又不会招致一种具体的历史解释；在同一批的另一通碑的碑铭中（第 11 号），也不会提供死者曾出使天朝皇帝的情况作出解释，也就是说当他于 15 虚岁（15 岁）时：beš yegirmi yašïmda tabgač kanga bardïm（HI 73）。

归根结蒂，正是对图瓦地区的碑铭的古文字研究，才可以使人作出极其不确的年代假定，只要是大家不特别熟悉该地区的历史，也就只好如此了。在这一方面，大部分碑铭都具有某些酷似阿巴坎—米努辛斯克那组碑铭中的特点，从而可以促使人把它们也断代于 8 世纪和 10 世纪初叶之间。然而，其中少数碑铭（第 2、15、16、41、52 号）都具有一些很特殊的字体，至少是相当少的一部分带有所使用的符号。

17. 这些使突厥学家们感到惊奇并促使他们为这些文献确定一种很早期的断代（7 世纪，甚至是 6 世纪）的文字，应该被重新纳入到其古文字和语言学的背景中去。

然而，如果前引碑铭确实具有某些明显是专门性的特征（第 49 号是带有盾形的圆 m，第 16 和 41 号具有带方形的 s）。我同样还必须严肃指出，这些文献由于其符号而有明显是"古典"的形式，与断代为 8—10 世纪的黠戛斯碑铭的形式相同。大家于其中甚至还发现了某些简化形式（没有竖画的后辅音 g，第 49 号），它们更应该是一些革新。

更进一步说，这些碑铭于其语言学内容中，没有任何特别古老的因素。相反，大家可以于其中发现，与 8 世纪蒙古的"古典"碑铭突厥文相比，在语言上有某些更发达的形式。以与格-kä/-ka 结尾的清辅音的浊化为-gä/-ga（ädgügä，第 15 号碑；agïmga 和 artïmga，第 41 号碑铭），与后缀-ki 有关的代词清音浊化为-gi/-gï（balïktagïm，第 41 号）。大家还发现在其他地方已于 9—10 世纪的写本回鹘文中出现的词法之发展：以-lär/-lar 的后缀结尾的复数形式不仅引申到了某些近似名词中（kadašlarïm，第 16 号），在古代则更多地运用于"单数"集合名称（kadašïm，俯拾即得），但也用于动物名词（atlarïm，第 41 号）。

完全如同在黠戛斯碑铭中录下来的原字一样，诸如带闭口音 e 的一类字也于其中出现了（这就标志着两种传统之间的某种亲缘关系）。在图瓦地区的某些文献中提到的少数特殊符号，则使我觉得，可能应把它们视为一些革新。碑铭中的"古风"又一次存在于有关观念的内容中了，但不应该与一种年代的古老性相混淆。它在一般情况下可以通过长期滞留在相当原始的文明阶段上的山民之相对孤立处境来解释。

18. 虽然几乎完全缺少能够断代的历史参考资料，从而使我无法于此拥有稍具某种确切程度的年代标记，我认为前文提出的古文字和语言学的考证，再加上与古黠戛斯文献的字体上的比较（它们表现出了很多相似性），从而允许我提出假设，认为图瓦地区的碑铭在总体上与阿巴坎—米努辛斯克地区的碑铭是同时代的，应该断代于 8 世纪和 9 世纪之间。无论如何，我们并不认为它们可能会早于 8 世纪前数十年，我相信它们也利用了一种出自东突厥人的缀字法和一种突厥人的"共同语言"（Koinê）。

据我所知，今蒙古地区的突厥人于 709 年（JG 50—51）首次向图瓦（都播）今地发动了进攻，此地位于叶尼塞河上游，地处曲漫山（Kögmän，即相当于唐努乌拉山）之北（JG，索引和第 3 幅地图），进攻黠戛斯人的盟友绰人（Čik，请参阅上文第 16 节的 Čikšin）并平定了该地区。这很可能就是采纳突厥语字母和碑铭突厥共同语的出发点。后来，都播人（图瓦人）的墓志铭文献部分地与他们的西北部近邻黠戛斯人的这种文献相联系而发展起来了，正如缀字和文体风格上的某些相似性似乎正确地揭示的那样。

无论如何，图瓦和阿巴坎—米努辛斯克碑铭中那些具有古老风格的内容具有一种相当大的一致性，它证明了对于出自两个地区文献的进行一种联合研究的正确性，而且这些文献都已根据科学传统而汇辑起来了，被通称为叶尼塞河上游碑铭。我将保留这种名称以指它们的整体。这批文献与蒙古的突厥碑铭形成了鲜明对照，这些突厥人的文化水平要高得多，其中汉族意识的影响当然地得到了很好的确认。

19. 在有关我本论著的中心内容问题上，叶尼塞河上游的碑铭之特征，便是完全缺少对真正历法的任何参照和年代概念上缓慢发展。

这些碑铭中的大部分（52 方碑中的 28 方，将第 47 号苏吉碑归于黠戛斯碑一类中了），都不包括任何种类的年代资料，哪怕是含糊不清的资料也罢。这就是图瓦地区 33 方碑铭中 28 方（第 2、4、7、8、9、10、12、13、14、17、18、19、20、43、46、50、51、52 号）以及阿巴坎—米努辛斯克地区的 18 方碑铭中 9 方的情况，对于苏吉碑（第 47 号）的情况也如此。这最后一通碑的情况尤为引人注目，它晚于 840 年，与黠戛斯人在蒙古地区的统治和战胜回鹘人是同时代的。我们将看到回鹘人当时已经具有了一种发达的纪年制和一种很准确的历法。这是由已经伊斯兰教化的突厥语民族入侵而造成文化蜕化的明显例证。

但我们还应该指出，在现存的 24 方碑铭中，有四方未提到死者的年龄（图瓦第 6 号碑，阿巴坎—米努辛斯克第 28、32 和 36 号碑），在图瓦一组碑铭中有 14 次出现了这样的记载，在阿巴坎—米努辛斯克一组中却只有 6 次。

在已研究过的 52 方碑文中，没有任何一方包括有任何时间（我们将会看到，第 10 号碑铭中所谓的"虎年"，事实上并未出现于其中），它所利用的唯一一种年代计算法是以个人的"第几岁"（yaš，请参阅上文第一章第 26 节以下）而记载的那一种，只有一处例外（一处用"民用年"计算，即 yïl，见图瓦地区的第 45 号碑）。这是古代思想的一种非常明显的特征，它仅出现在最古老的蒙古碑铭中，也就是出现在 8 世纪初叶的碑铭中。

20. 其年龄被用于年代的唯一参考点的人始终是亡故者，而于其墓碑碑文中又往往被认为是以第一人称表述的，但有时也用第三人称来追述。

yaš（第几岁）一词始终出现在用数字表达年龄的记载中，带有一个基数词名词，无论是单数名词还是复合名词都一样（请参阅第一章第 46 节以下），作为一个修饰词而写于该名词之前（唯有在一种例证中除外，见下文）。它很少以其独立的形式（不带后缀的形式）出现。yaš 在一般情况下都带有第一人称或第三人称的主有后缀，或者是酌情而定的后缀，也可能同时使用这两种办法。下面就是曾出现过的不同结构。

①无主有后缀的 yaš。

ⓐ在独立的情况下（不带任何后缀），唯一的一种例证：第 25 号碑铭。

上引碑铭（阿巴坎—米努辛斯克碑），第 4 行。如此一来，经过仔细研究芬兰探险团的录文（IA，图版 18）之后，我对传统的释读法（HK 168）提出了质疑。我的读法是："bēš kïrk, äryaš, ärk!" 其意为："35 岁，这是成年年龄，这是年富力强之时！"这段文字意味着死者于其 35 岁时逝世。

ⓑ以 -da 结尾的位置格词。

贝吉雷（图瓦）第 11 号碑（HK 71）："bēš yegirmi yašda alïnmïšïm kunčuyïm a!" 其意为："啊！我在 15 岁时聘娶的妻子！"这其中出现了第一人称主有后缀的消失，因为它继此之后立即被作了两次表述。

第 24 号碑,谢姆奇克—哈雅—巴济(Xemčik-Xaya-bažï,图瓦, HK 90)："kara säŋirig yerlädim, udur čigši, säkk(iz) kï(rk) (yaš)da"，其意为："我定居在黑色岬角，我是忠顺的刺史，在

我 38 岁时。"其主有代词消失了，第一人称是由动词表述的。这个"黑色岬角"是墓葬地。

第 48 号碑，阿巴坎（IC 94）："tokkuz ällig yāšda，tokkuz altmïš är...ölür(ti)。其意为："他正 49 岁，他杀死了 50 个人。"这个省略句的第 1 部分既具有史诗般的文笔又很简练，其目的在于赞扬已故骑士的荣耀，故利用了两个叠韵数字。

②带有后缀的 yaš，第一人称的主有形式为 sg。

这完全不是最常见的情况，这句话是让死者讲的。

③在独立的情况下（未带多余的后缀）：

共有 4 个例证，均属图瓦一组碑铭：

第 11 号碑，贝吉尔（Begire，IC 31，排除了在拉德洛夫那错误百出的大意解释和马洛夫那要好得多的释读之间的明显矛盾）："yāšïm yetti yetmiš āzdïm a!"其意为："我的岁数是 67 岁，我完了"（相当于"在我 67 岁时逝世了"）。这是数字之后带 yaš 词的唯一例证，它是谓语式而不是定语式的结构。

第 21 号碑，恰—霍尔（Čā-Xöl）第 1 碑（HK 122，没有必要在 yaš 之后再补一个 -da 了）："ekki ällig yāšïm bökmädim"，其意为："我 42 岁了，我没有感到厌倦"（相当于："我在 42 岁时死去，没有充分利用我的生命"）。

第 22 号碑，恰—霍尔（Čā-Xöl）第 10 碑（HK 123）："üč allig yāšïm，adrïl(dïm)"，其意为："我 43 岁时逝世了"。

第 41 号碑，谢姆奇克—奇尔加吉（Xemčik-Čïrgakï）碑（HK 80）："säkkiz yetmiš yāšïm，öltim"。其意为："我在我的第 68 岁时死去了"。

这最后 3 个例证具有一种在独立使用情况下的副词用法。在现代突厥语中，这本是大家都很熟悉的情况，但它在本处的古碑铭突厥文中却似乎成了图瓦语族的一种特征。

④以 -ta 或 -da 结尾的位置格词：共有 10 个例证（两个以 -ta 结尾，另外 8 个以 -da 结尾），唯有第 1 种才在阿巴坎—米努辛斯克一组碑铭中出现，其他 9 种则属于图瓦一组碑铭。

第 32 号碑，乌巴特第 3 碑（HK 146）："altï yāšïmta kaη adïrdim"，其意为："在我 6 岁时，我失去了父亲"。

第 45 号碑，克吉利格—霍布（Kežilig-Xobu）碑（IC 81）："bēš yāšïmta kaηsïz kalïp..."其意为："在我 5 岁时，就没有父亲了……"

第 1 号碑，乌裕克—塔尔拉格（uyuk-Tarlag）碑（IE，HK 31）："altmïš yāšïmda ātïm el togan totok bän..."其意为："我，在我 60 岁时，被任命为达干……"（bän 意为"我"，系后面两组谓语的主语）。

第 6 号碑，巴利克（Barïk）2 号碑（HK 62）："köni tiräg üč yāšïmda kaηsïz boldïm"，其意为："（我），科尼·铁列，在我第 3 岁时，我成了失去父亲的孤儿"。

第 11 号碑，贝吉尔碑（HK 73）："bēš yegirmi yāšïmda tabgač kanga bardïm a!"其意为："在我第 15 岁的时候，我出发去晋见天朝皇帝！"

第 15 号碑：恰霍尔（Čā-xör）第 3 碑（HK 117—118）："är ātïm, yaruk tegin bän, bïr ottuz-yāšïmda, ässizim a!"其意义为："我成年的名字，我是雅鲁克特勤（Yaruk Tegin），年长 21 岁，啊！我的灾难！"

第 16 号碑，恰—霍尔第 4 碑（HK 118—119）："ässizim a! kïrk yāšïmda..."其意为："啊！我的灾难，在我第 40 岁时……"（我逝世了）。

第 23 号碑，恰—霍尔第 11 碑（HK 124）："tokkuz kïrk yāšïmda...öldim"，其意为："在我第 39 岁时……我死亡了。"

第 44 号碑，克孜尔—策勒（Kïzïl-Čïra）2 碑（IC 80）："kïrk yāšïmda adrïldïm"，其意为："我于我的第 40 岁时死亡。"

第 49 号碑，图瓦第 1 碑（IC 97）："ïnal ögä bän, yetmiš yāšïmda"，其意为："我是伊难乌介（Ïnal Ögä），在我第 70 岁。"（时，我死去了。）这是一个名词分句。

ⓒ以-ka 或-ga 结尾的时间与格词共有 5 个例证（2 个以-ka

结尾，其中有 1 个是经复原的；在同一方碑文中还有 3 个以-ga 结尾的例证），全部出于图瓦地区。

第 3 号碑，乌玉克—土兰碑（Uyuk-Turan）碑（HK 40）："üč yetmiš yāšïmka adrïltïm"，其意为："在我第 63 岁时，我逝世了。"

第 5 号碑，巴利克（Barïk）第 1 碑（HK 61，IC 20—21）：在一段残损的文字中，人们猜测出了 yāšïmka 一词，但令人质疑。

第 45 碑：克孜利克—霍布（Kežilig-Xobu）碑（IC 81—83），共提出了连续的 3 个例证："tokkuz yegirmi yāšïmga ögsüz bolt(um)"，其意为："在我第 19 岁时，我成了失去母亲的孤儿"；"ottuz yāšïmg'ägä boltum"，其意为："在我 30 岁时，我成了失去母亲的孤儿"；在元音 ö 之前，删除了以-ga 为后缀的尾元音；"bïr yetmiš yāšïma…āzdïm"，其意为："在我 61 岁时，我消逝了"，相当于"我死去了"。

ⓓ在以-a 结尾的副词性情况下，共有 4 个例证，全部属于阿巴坎—米努辛斯克一组碑铭。

第 29 号碑，阿勒坦湖（Altïn-Köl）第 2 碑（HK 104）："säkkiz kïrk yāšïma…""在我第 38 岁时……"（其下文付阙如，可能是指"逝世"）。

第 27 号碑，叶尼塞—帖斯河（Yenisey-Tes）碑（所谓"图瓦第 3 碑"，见 HK 170）："alt'ottuz yāšïma ärti, bän öltim"，其意为："在我 26 岁时，我死去了。"

第 42 号碑，米努辛斯克碑（HK 96）："yetmiš yāšïma öltim"，其意为："在我 70 岁时，我死去了。"

第 48 号碑，阿巴坎（Abakan）碑（IC 95—96）："altï yegirmi yāšïma almïš kunčuy, ässiz, bök-mädim"，其意为："我第 16 岁时娶的妻子！不幸啊！我未能充分地享受你！"

这些由-m-a 组成的形式也出现在鄂尔浑河碑铭中了（如 HI 60），它们也以由-ka（-m-ka）形成的与格同时存在，但不应该将这些形式和与格相混淆。以-a 结尾的后缀需要单独编目，它们并不像大家往往是过分相信的那样，出自以-ka 结尾的语言之衰落（它连同其辅音而完整地保留在同一批文献中了）。我认为，这是一种地点（和时间）副词后缀，大家又发现它以地名后缀-t 轮流使用而重新出现在某些副词—后置词中：ār-a（进入。请参阅 ār-t，过渡）、üz（上面。请参阅 üs-t，意为"上部"，来自 üz-t）。我们甚至认为，以-t-a 形成的位置格出自两种后缀的结合；以-t-in 形成的夺格也代表着一种类似的结合，不过却是与以-in 结尾的工具格后缀结合起来了。

ⓔyāš 与第三人称的主有后缀结合为 sg。

甚为稀少，仅仅出现在阿巴坎—米努辛斯克一组碑铭中。它仅有一次被用于带一个数字，以表达逝世的年龄。

ⓐ在独立使用的情况下（未带多余的后缀）一个例证：

第 42 号碑，米努辛斯克碑（HK 97）："ärdämim yāšĭ üčün"，其意为："由于我的骁勇年龄。"（这可能是根据其上下文作出的解释："因为我在老年时尚骁勇"，死者当时正值其第 70 岁。请参阅上文）这是一种不用数字的表达方式。该例证在那些包括有真正纪年符号的记述中，不值得引起人的注意。

ⓑ以-ta 结尾的位置格

有 1 个例证：

第 26 号碑，阿楚拉（Ačura）碑（HK 134）："yetti yegirmi ärdämi yāšïnta ärdam ölti"，其意为："在他第 17 岁的骁勇的年龄。他死了，甚至还很骁勇。"

我最后应该指出派生动词 yāša-（增长年龄、活下去）的用法，出现在阿巴坎—米努辛斯克地区的一方碑中（即第 36 号碑，图瓦第 2 碑，见 HK 169—170），其中带有一个基数词（yüz yāšāyïn，其意为："啊！如果我能活到百岁！"）。

21. 如果大家对前述例证作一番总结，那么在有关"第几岁"这种纪年中使用"格"的情况就应作如下划分（仅保留"年"带数字的用法）：

独立格：5 次（阿巴坎—米努辛斯克 1 次 + 图瓦 4 次）。

位置格：15 次（阿巴坎—米努辛斯克 3 次 + 图瓦 12 次）。

与格：5 次（阿巴坎—米努辛斯克 0 次 + 图瓦 5 次）。

以-a 结尾的格：4 次（阿巴坎—米努辛斯克 4 次 + 图瓦 0 次）。

大家将会发现，图瓦一组碑铭对于位置格和阿巴坎—米努辛斯克一组碑铭对于位置格、阿巴坎—米努辛斯克一组碑铭对于以-at 结尾的格之明显偏爱。我还应该强调指出，在与格和以-a 结尾的格之间的分类应被排除：在阿巴坎—米努辛斯克一组碑文中没有与格，在图瓦一组碑文中没有以-a 结尾的格。于此除了由于使用一种突厥 "共同语" 的做法而出现了语言学上统一的表象之外，对于诸格的句法问题，这也是在阿巴坎—米努辛斯克的黠戛斯人和图瓦的其他山地游牧部族之间方言差异倾向的明显标志。

至于要讲清楚不同格的使用是否与其意义的细微差距相吻合，这是一个因只有少数证据而使人无法最终解决的问题。但在现有的这种当然是证据不充分的状况下，却允许对我们的文献作出某些考证。

首先，独立格的使用与句子结构的差异有关系，而不是与对时间性表达中的细微差别有关。因此，在黠戛斯和图瓦语族之间出现的那种 "与格和以-a 结尾的格" 之间分类的排他性特征，更显得完全与一种方言差异相吻合，但却与一种语义对立不相吻合。因此，作为可能会具有意义之细微差异的对立，仅剩下在阿巴坎—米努辛斯克语族中于位置格和以-a 结尾的格、在图瓦语族中于位置格和与格之间的那些对立了。

对于这两个语族中的每一种，我都拥有这样一种文献，其中相继使用了两种表达方式：

第 48 号碑：阿巴坎（请参阅上文）碑："tokkuz ällig yāšda tokkuz altmïš är … ölürti"；然后又是："altï yegirmi yāšïma almïš kunčuy!"大家可以严格地把第 1 条资料解释为表达一种 "积时"

或"并合时":"在他的 49 岁期间,他杀死 50 人";第 2 条资料则表达了"瞬间"的概念:"我第 16 岁时娶的妻子!"但这种解释并未迫使人接受,因为在 yāšda 中缺乏主有后缀,从而使人更倾向于理解为:"他正值第 49 岁,他杀死了 59 人。"其中就在第一个短语中使用了一个名词谓语,在第 2 个短语则使用了一个动词谓语。这样一来,"第 49 岁"就将是时间中的一瞬,一个具体"时间"。

第 45 号碑:克孜利克—霍布(请参阅上文)碑。在本处,这些不同格的用法于我将要全文发表的文献前后连贯(IC 81):"beš yāšïmta kaŋšïz kalïp, tokkuz yegirmi yāšïmga ögsüz bolt(um);katïglanïp, ottuz yāšïmg'ögä boltum"。其意义为:"我在 5 岁时始终无父亲,我在第 19 岁时又成了失去母亲的孤儿。我变得坚强了,在我 30 岁时成了于越(Öga,乌介,尊号)。"在本处的 3 种情况下,都在于指一瞬的时间,这就是一种"传记"的时间。我没有找到在位置格和与格之间揭示出任何即使是微小的意义差异的办法,因为它们二者都被相继用为类似的事件断代,这先是死者父亲的死亡,稍后又是其母亲的逝世。

因此,直到获得更广泛的资料之前,我始终认为对不同格(位置格,与格,以-a 结尾的格)的使用,在以 yāš(年)所作的年代标注法中,与叶尼塞河上游碑铭文献中的意义都对立而不相吻合。

22. 我应该指出,这些语法格的分类,在这方面于 8 世纪的两大突厥"古典"式碑铭中并不相同,这就是鄂尔浑第 1 碑和第 2 碑。奥尔昆(Hüseyin Namik Orkun,HL 135)曾针对它们而指出:有 2 个位置格(yāšda),5 个与格(1 个 yāšïmka,4 个 yāšïŋa,第三人称)、10 个以-a 结尾的格(yāšïmda);在所出现的这 17 处,没有任何独立格。我于此仍未能发现其意义的细微差异,这里始终是指传记式"时间",如同在叶尼塞文献中一样。

但经过对突厥"古典"资料与黠戛斯以及图瓦的资料相比

较，我认为可以使人确定在使用格以通过 yaš 来断代的做法中的某种历史发展。几乎可以肯定者，则是被充做叶尼塞河上游的突厥语民族碑铭语言之模式的突厥"共同语"。在以 yaš 所作的"年代标记"中，这种突厥共同语明显地更加偏爱于以-a 结尾的副词格，它显得如同是在这种用法（在时代中确定一瞬间）的"古典"突厥文的专门形式。这种以-a 结尾的格，在黠戛碑铭中始终为一种重要的用法（7 次中的 4 次），但却出现了可能更符合叶尼塞突厥语民族的方言倾向和不太专门化的位置格（7 次中出现 2 次）；相反，图瓦地区的突厥语民族（其碑铭在所有方面都与"古典"突厥语相去甚远）则完全不懂以-a 结尾的格，他们部分地将此格用以-ka 或-ga 结尾的与格所取代（在 21 次中共出现 5 次）。但他们明显更喜欢位置格（在 21 次中共出现了 12 次），这种形式后来作为"为时间定位"之格而在突厥语族的中世纪和近代语言中占据统治地位。

23. 从社会学的观点来看和对于思想意识史来说，颇有意义的是研究一下，到底是什么事件被选择出来而出现在叶尼塞河上游碑铭以年龄计算的纪年之中。

正如大家本应该在墓志铭中所期待看到的那样，最经常被提及的当然是逝世的年龄，在 51 通碑铭中共出现 20 次：在阿巴坎—米努辛斯克地区的 17 方碑文中出现了 6 次，在图瓦地区的 33 方碑文中共出现 14 次。第 51 号墓志铭被认为是蒙古地区黠戛斯人的碑铭，发掘于苏吉，其中未包括任何年代。

我于此重提一下这些逝世的年龄，在所涉及的两个地区以递增系列进行论述：

ⓐ阿巴坎—米努辛斯基地区：第 17 岁（第 26 号碑）、第 26 岁（第 37 号碑）、第 35 岁（第 25 号碑）、第 38 岁（第 29 号碑）、第 49 岁（第 48 号碑）、第 70 岁（第 42 号碑）。平均年龄为 39 岁（年）。

ⓑ图瓦地区：第 16 岁（第 5 号碑）、第 21 岁（第 15 号碑）、第 38 岁（第 24 号碑）、第 39 岁（第 23 号碑）、第 40 岁（第 21

号碑)、第 43 岁 (第 22 号碑)、第 60 岁 (第 1 号碑)。第 61 岁
(第 45 号碑)、第 63 岁 (第 3 号碑)、第 67 岁 (第 11 号碑)、
第 68 岁 (第 41 号碑)、第 70 岁 (第 49 号碑)。平均年龄 48 岁
(第 48 年)。由拉德洛夫和马洛夫对于第 5 号碑, 也就是巴利克
(所谓的 "巴尔利克") 第 5 号碑的一段残损甚重的文字 (IC
20—21), 提出的 "第 16 岁" (altï yegirmi) 而不是 "第 13 岁"
(üč yegirmi) 的读法, 也恰恰正是我的假设, 完全是以于 1961
年曾看到过该石碑的最后一位突厥学家巴特玛诺夫
(I. A. Batmanov) 的考察为基础。此人 (ID 38) 在 yegirmi 之前
根本未曾发现过 "ü + č", 而是后部辅音 L。然而, 在古突厥文
的记数制中, 大家本来于 10 位数的名词 yegirmi (20) 之前期待
着一个个位数 (1—9), 而 1—9 的数字名词中唯一一个可以与
一个后部辅音 L 写在一起的是 altï (6), 在其他地方也将 "后部
辅音 L + 前部辅音 T + i" 的同一行中写上了前边的两个字。我尚
需要提出假设, 认为在 yegirmi 和 L 之间应该存在着一个后辅音
小 t, 大家似乎可以从图 76 中猜测出拉德洛夫未描画过的地方
(IC): (a)lt(ï)y(e)girmi 意为 16 (被描过的图版 76 是无法使用
的, 拉德洛夫加入了某些武断的修改之处)。

24. 这里当然谈不到对 51 种资料编制意义不凡的统计问题
了, 但现已查明的数字却会引起人们的某些感想。

具有墓志铭的死者的最小年龄是第 16 岁, 这仅仅意味着人
们并不为儿童竖立刻有墓志铭的墓碑。此外, 我还发现没有任何
一方墓志铭是一名女子的。因此, 唯有至少达到青春年龄的男子
才有权拥有这种葬礼的殊荣。我掌握的文献非常强有力地强调了
死者那 "成年男子" 的特征, är (男人) 和 ärdäm (成年男子、
健壮者) 经常反复地出现于其中。众所周知, 男性的成年礼仪
在古突厥社会中具有很重要的意义, 已表现出某种骁健之特征的
青春期男子会获得一个 "成年的名字" (är āt, 见第 2, 15, 29,
41, 42, 48 和 50 号碑) 或 "成年期的名字" 〔ärdäm āt(ïm), 第
32 号碑〕, 甚至是 "成年男性的名字" 〔är ärdäm(i), 第 5 和 48

号碑]。此名当时取代了其"男孩"〔oglan āt(ïm)〕的名字（第45 号碑）。然而，在墓碑碑文中主要是对死者的"名字"（āt,名字或尊号，有时是复数的）的记述，它甚至还可能仅限于此（第 4 号碑），唯有成年男性的"成年名字"才有权被登录于其中。

"成年"的名字在突厥人和黠戛斯人以及图瓦突厥语民族中同样重要，正如鄂尔浑第 1 碑中的一段文字（东侧第 3 行）所证明的那样（HI 44）："umay-täg ögüm katun kutïŋa inim köl tegin är āt bultï"。其意义为："由于我那酷似乌迈女神（Umay，女神—母亲）一般的母亲可敦之荫福，我弟阙特勤获得了其成年名字。"

赋予一个"成年名字"可以与委任一种社会（军事）职务相联系，也可以同时以另一个名字相配合。鄂尔浑第 2 碑（东侧第 15 行）强调了突厥王族中由未来的毗伽可汗（Bilgä-Kagan）很早接受的这样一种尊号（HI 36）："tört yegirmi yāšïmka, tarduš bodun üzä šad olurtïm"。其意义为："在我第 14 岁的时候，我作为设（Šad，王）而统治了达头民族（Tarduš）。"这个年龄可能相当于青春期。

25. 死者的婚龄都在我的两种文献中被指出来了。婚龄明显都很早：第 15 岁（第 11 号碑）和第 16 岁（第 48 号碑）。

在图瓦的突厥语社会中，授予职务或重要使命的年龄也很早（正如大家刚才在突厥社会中所看到的那样）：在第 15 岁时，参加了一个派向天朝皇帝的使团（第 11 号碑）。

获得某一职官尊号（如于越，即谋士，Ögä，又译乌介）的年龄，第 45 号碑（图瓦）中所提供的是第 30 岁。

另外一种多次出现并在鄂尔浑碑铭（第 1 碑东侧第 30 行和第 2 碑东侧第 14 行，见 HI 36 和 44）中，具有一种对应内容的记载，则是对死者丧父年龄的记载，但这仅仅是当其年龄仍在童年时丧父才被记载下来：第 3 岁（第 6 号碑）、第 5 岁（第 45 号碑）和第 6 岁（第 32 号碑）；鄂尔浑第 1 和第 2 碑则作第 7 岁和第 8 岁。

这条记载具有一种社会意义，因为父亲的逝世导致了由一种男系亲属继承制：长兄或叔父。这两种血统关系，于古代突厥社会中被融为一体了，用一个名词 eči（叔父）来通称。巴利克（图瓦地区）第 2 碑曾暗示过这一切（HK 62）："üč yāšïmda kaŋsïz boldïm, külüg tutuk ečim kiši kïldï"，其意义为："在我第 3 岁时，我成了失去父亲的孤儿，我的男系直系亲属'荣耀的都督'（Külüg-totok）使我长大成人。"虽然这段文字不太明确，但乌巴特第 3 碑（第 32 号，阿巴坎—米努辛斯克）却在回忆其父的死亡之后，紧接着又立即提到了死者们的 eči（叔父或兄长，HK 146）。

这同一方石刻也说明，追忆父亲的死亡要遵循社会的而不是感情的理智："altï yāšïmta kaŋ adïrdïm"，其意义为："在我第 6 岁时，我丧父，当时对此尚不理解。"

在同一篇文献（第 45 号）中，也提到了年龄，这一次却是成年人的年龄。其中讲到了"死者丧母"，他正值 19 岁。但这次逝世是继作者于童年（第 5 岁）时丧父的记载之后又立即提到的，而且是通过一种很容易理解的联想而提及的，以强调已逝世的墓主于其生涯初期的艰辛，以及他为勇敢地克服这种困难而在事业上的建树。

26. 因此，大家可以看到，对于那些被认为值得以"第几岁"的形式，记载在叶尼塞河上游墓志铭中的人物纪年中的传记事件之数目，仅限于 4 种事实：主人翁的死亡、其父的逝世（其条件是发生在童年时期，附带提了一下其母亲的亡故）、婚姻、委任某种使命或授予某种职务。

我的总结极其薄弱，而且在两组主要碑铭之间也不平衡。阿巴坎—米努辛斯克的黠戛斯地区的碑铭在年代方面的资料非常贫乏。在 17 方碑文中，仅仅有 6 处提供了墓主逝世的年龄，而且只有一处（第 48 号碑）提供了其结婚的年龄，最后是唯有一处提到了死者丧父年龄（第 32 号碑），这就是其全部情况。

图瓦地区的碑铭在以 yaš（第几岁）提供年代资料方面稍为丰富一些。我已经指出，在 33 方碑文中，有 14 方提到了墓主逝世的年龄，仅有一处提到了丧父的年龄（第 6 号碑）。与上文对黠戛斯地区所作的同样考证相比较，这一事件的重要性颇为引人注目（已经有两次被认为值得提及，而且要比墓主的死亡更值得被以 yaš 的标记法提及）。一篇文献（第 11 号）于逝世的年龄之外，又增加了结婚的年龄和参加一个赴天朝使团的年龄。这样一来，该文就共包括 3 种年代标记。最后的一篇文献是克孜利克—霍布碑（第 45 号），它在准确性方面超过了叶尼塞河上游的其他所有墓志铭，因为它共包括不少于 5 种的数字纪年标记，其中的 4 种用"第几岁"（yaš）来表示（墓主及其父母的逝世，墓主获得于越的尊号）。此外，在叶尼塞河上游碑铭中，还有一种绝无仅有的现象，我于下文将强调指出其重要意义，这就是以民用年（yïl）来计算都督（totok）职务的持续时间。

27. 无论用数字表达年的数目是多么贫乏，叶尼塞河上游的碑铭都可以使人作出某些属于人口范畴的考察。

我已经发现了早婚现象（第 15—16 岁）。这种事实在古代和中世纪突厥民族中司空见惯。它明显是通过早婚对儿童的高死亡率而为社会集团性作出的一种补偿。由于那里气候的严酷性、生活的不稳定性和缺乏卫生条件，所以儿童的死亡率应该是很高的。

至于在那些享有作墓志铭之荣誉和作为勇士的人中之逝世（出现得也很频繁），这都是战斗的后果。但我的文献对于死亡原因却很少有明确记载。

以"第几岁"的数字而记载的死亡者之平均年龄，在那个时代来说已是相当高寿了：在阿巴坎—米努辛斯克一组碑铭中是 39 岁，在图瓦一组中为 48 岁。在全部资料中，平均年龄为 45 岁。这些数字在如此这般的社会中的平均寿数问题上不会给人一种假象。首先，婴儿和女子的死亡率从未被这些文献中的任何一种确定过，因为唯有青春期的男子才有权利享有墓志碑文（大家已经看到，如果大家接受我对第 5 号碑铭之假定释读的话，那么最年轻的死者则正处于其第 16 岁；否则，唯一一处有关在青年时代死亡的可靠记载就出现在第 26 号碑中，为 17 岁）。此外，这些带有墓碑的墓葬始终是相对重要人物的。然而，如果确实有时可以在很早就获得一种很高的尊号〔阿苏拉的黠戛斯碑（第 26 号）中的死者是正值第 17 岁，于越〕，那么其古老性同样也不失在晋升高级职务中起一种很重要作用。事实上，在 20 名拥有墓志铭的人中，仅有 4 名尚不满 30 岁（第 5、15、26 和 37 号碑），其他的 16 人则进入了其第 35 岁和 70 岁之间；在墓碑中记载逝世年龄并不能代表全部居民，而仅仅是代表着一个头人阶级，他们往往仅在相当晚的时候才获得其部族的权力。

28. 我现在来试确定通过 yaš（第几岁）所表达的这些年代在时间性概念方面的意义。把对时间的任何计量与每个人度过"春天"的数字（从辞源上来讲，yaš 意为"春季返青"，请参阅上文第一章第 26 节以下）联系起来，便证明了人们的思想状态（最重要的人物是已故的头人）。他们并不关心对时间作出一种客观的社会定义，就如同在历法中的定义一样。在我掌握的其他许多种叶尼塞碑文中，这是一种相当原始的和无论如何也是前科学的思想特征。

大家在第一章（第 37 节以下）已经看到，突厥民族从一个肯定是早于我本文论述的碑铭（它们均是从公元 8 世纪起开始完工的）的时代，就拥有一种社会年或一种历法年的名称 yïl，与 yaš 联用，这样的年也与 yaš 一样开始于春季草返青时。因此，初看起来，大家便会对在叶尼塞文献中几乎从来都未遇到过以"民用年"（yïl）进行计算的方法感到惊讶。事实上，如果大家也如同我所想的那样，将埃尔格斯（Eleges）第 1 碑（第 10 号碑）和乌鲁格河—喀喇河（Ulug-xem—Kara-sug）碑（第 9 号碑）排除在外（我将指出其中对 yïl 的释读都是错误的），该词仅出现在这类文献的唯一一种之中，这就是克孜利克—霍布碑（第 45 号碑）。恰如人们所看到的那样，它是年代资料最丰富的碑铭。其中第 4 行（IC 81）确实是以这样文字开始的："kïrïk yïl alp el totok bodunum bašladïm"。其意又如："40 年间，作为地方勇敢的都督，我统治了我的民族。"在 yil 之后，我不像马洛夫那样读作"LR"，因为以-lar 结尾的复数形式于此是不可能成立的，尤其是在一个数字名词之后更为如此。本处确实应该读作"LP"＝alp，意为"英雄：勇敢的人"。

这种 40 个民用年而不再是"岁"的计算法，通过推断，便可以使人得出墓主逝世于其第 61 岁的时间，将他晋升"地方都督"之行列的时间应确定在其第 22 岁（因为在古代和中世纪的突厥历法推算中，开始的一年和结束的一年都要各自计算为一年）。这就表现出了一种新的思想状态，它关注的不仅是计算头人的年龄，而且还要计算社会之年。这是向一种客观社会概念之时间发展的标志。虽然它是微不足道的，却又是不容置疑的。可是，这却是我在叶尼塞河上游碑铭中观察到的唯一一处，虽然大家曾相信会在有关埃列格斯碑铭中发现它（见下文稍远处），但这些碑铭却未包括任何历法上的时间。

29. 甚至在克孜利克—霍布的碑文（而且它共包括 4 种用"第几岁"标注年代的方法）中，于 10 世纪之前，在叶尼塞河上游突厥语民族中占突出地位的是参阅个人年龄的那种时间概念，这就是失去了为特定的参照点而确定某些客观时间的任何可能性，仅留下根据已故主要人物的年龄而为某些事件断代的可能性。

因此，我所掌握的不是逝世的时间，而是逝世的年龄，从而无法得到一种历史纪年。至于墓主的诞生时间，在这种纪年法中，根本不可能真正对此作出解释。黠戛斯地区的两方碑文的作者们也未能避开这道难题（第 28 碑和 29 号碑，阿勒坦湖第 1 碑和第 2 碑，HN 103 和 105），他们都非常天真地试图通过与逝世时年龄的对比而为其两名墓主提供一个"生年"的办法来克服这一困难。

两方碑文中的结果是相同的："ōn āy ilätdi, ögüm"。其意

133

为："她怀我 10 个阴历月，我的母亲！"大家不应该对这一持续期的意义产生误解。它与比在正常情况下稍长一些时间的孕期不相吻合，但却与我们所说的"九月怀胎"相吻合。怀孕的阴历月（ay）和分娩的阴历月彼此之间，于其日历推算法中具有一种统一性。换言之，我们所说的在正常情况下的"九月怀胎"可以被分布在 10 个"阴历月"之中。

这种观点的平庸特征可能很快就使人放弃它了。因为在我所知的文献中，这两种文献（具有相似性）是绝无仅有的提到这种观点者。

第 29 号碑文又增加了死亡的年龄（第 38 岁），但第 28 号碑文（阿勒坦湖第 1 碑）却仅满足于这种很不大真实的"年"，这对于碑文撰写者的思想状态那相当原始的特征是非常意味深长的。

30. 为了排除由其作者拉德洛夫的权威、继他之后先后的数位刊布人造成并于此后变成传统性的两种错误（HK 和 IC），我尚需要讲一下名词 yil 在图瓦第 9 号和 10 号碑中的所谓"出现"问题。

至于乌鲁格河—喇喀河（Ulug-xem—Kara-sug）第 9 号碑（HK 200，IC24）。据传统认为，它于其第 3 行中包括如下行文："bäŋüsü yok ärmiš yïlïnd(a)yüz älligd(ä)..."（接着是一段残缺）；从大家普遍接受的观点来看，字母 a 与 ä 并不存在于石碑上，它们是由刊布者补阙的。尽管这种补阙是颇有争议的，而其开头部分"baŋüsü yok ärmiš"，则意为"他没有墓碑"，这是很清楚的，从其下文中不会得到任何可以理解的意义（"在他的年龄中，在150 岁中"???）。此外，据拉德洛夫的释读来看，yïl 一词写得不代 i，这是不正常的。

据拉德洛夫认为，这些文字应该如下文，我以大写字母来译写前部音，用小写字母来译写后部音，以斜体小写字母来译写具有双重作用的音。

"b ŋ ü s ü Y Q r m š Y L *nd* y ü z l g d..."

拉德洛夫的图版本（HC，图版75）未提供本处所涉及的一行文字的图版，因而使人无法进行任何核实。已由阿斯佩林（Aspelin）于1888年提到的墓碑之损坏（IA 15b）程度更加严重了。最新文集（IG 88，东侧第9行）中的图版无法使人可靠地读出介于 m 和 Y 之间的字母。但芬兰探险团于1888年所作的录文（IA，图版4）在这一部分则非常清晰易读，它是不带任何成见地制作的，因为其作者们没有任何解读的理论。其中不是作 Š 而是一个特征非常明显的后部音 T。它同时也说明 L 后面的符号并不是一个带圆点的圆（nd），而是一个带圆点的菱形，它代表着 N（后部音 ŋ）。然而，芬兰人录下的这种文本带有 TYLŋ 而不是 šYLnd。从而可以使人读作 taylaŋ，意为"优美的"、"和蔼可亲的"。这样就会导致把下面 4 个符号不是解释为"yüz ällig"（150），这是很不正常的（大家本来期待，它在古代应作"yüz artukï ällig" 指 150），而是解释为 yüzlig，即 taylaŋ yüzlig，其意为"长有一副和蔼可亲的面庞"。

我的释读是：

"bäŋüsü yok ärim! taylaŋ yüzlig äd(gü ärim!)"，其意为"我的没有墓碑的人！我的善良的人，长有一副和蔼可亲的面庞"。

在乌鲁格河—喀喇河碑中，未涉及"民用年"的问题，而且该碑中也未含有任何一点有关年代的内容，至少于其已被保留下来的部分则如此。

31. 更为重要的则是讨论拉德洛夫对埃列格第 1 碑（第 10 号碑，图瓦）的释读，因为他希望从中揭示（这是现知的所有叶尼塞河上游碑铭中的绝无仅有的事实）对 12 生肖历法年的一种记载（请参阅 FA 108）："bars yïl"，意为"虎年"。他在这一方面的做法又由侯赛因·纳米克·奥尔昆（HK 180—181）和马洛夫（IC 25—27）所沿用。

这里是指由奥尔昆继汤姆森（Thomsen，我觉得他似乎很有道理）作为第 4 行（拉德洛夫和马洛夫作为第 9 行）而补充的一行文字，他们都以相反的方向读碑文。这段文字已严重残损，在经过一种假定式之后，便很难解读了。"adrïlayïn！"意为"我可以走了！"（？）

现已提出的释读如下：

"HK：adrïlayïn…b…s yïlta är…

IC：adrïlayïn uŋ. b…š yïlta ar…"

这些刊布者未提供任何连贯的意义，但他们都一致读作："b…s"（IC："b…š"！），就如同读作 bars 一样，因而也就是 bars yïlta，意为："在虎年"（大家对于所发生的事又一无所知）。

但 1983 年突厥碑铭汇编的刊布者们都曾勘察过石碑，从中发现了〔:〕这种断句标点，这是为了把 Y 和 iL 之间的词或词组分开，从而排除了 yïl 这种释读法（IG 18b、"IX"和 60，E—10，第 10 行）。如果这种断句法至少确实是真实的话（过去未有人指出过这一点），那就应该如此。

即使不必大大推动发展考证思想，大家便可以认为，这种释读过分不可靠了，难以支持对这一事实的假设，它在叶尼塞地区是独一无二的事实，比对于一个虎年的记载还要不可靠得多。此外，被马洛夫读作 uŋ 和确实位于以后辅音 B 开始的那个有争议的词之前的字母，不能够被忽视。大家也不明白，它们为什么也会具有"虎年"的意义。最后，bars 一词结尾处的所谓后部辅音 s（马洛夫作 š），在拉德洛夫那甚至是经过修描的图版照片（IC，图 73 和图 74）上是绝对看不到的，其中经过修描的图版中的所谓 yïlta 一词正相当于原底版（第 73 号图版）的空白处！

埃列格斯第 1 碑使用咏叹修饰法的同时，则具有一种不连贯的文笔和很原始的内容，没有任何种类的年代。无论如何，它也未包括对 12 生肖周期纪年的明显记载，而且现知的任何叶尼塞河上游碑铭均未提到过它。

在我论述的这个 8—10 世纪的时期，先是突厥人和后是回鹘人等突厥语民族，都于其碑铭中共同使用了 12 生肖纪年（FA 108）。此时叶尼塞河上游的突厥语民族于他们为我们留下的墓志铭文献中，似乎都未曾这样做过。

32. 难道这就是说他们根本不知道这种历法吗？而且这种历法当时却在西域广为流传，我也将有机会对此作出长篇研究。这种事态似乎是不大可能的。此外，唐代（公元618—906年）好的中国天朝编年史学家们，在一篇有关叶尼塞河上游黠戛斯人的传记中，对他们作了如下记载〔这篇黠戛斯传已由埃布拉尔（W. Eberhard, DJ 67—68）翻译并由普里察克（O. Pritsak）作了部分引证（DS 189）。我自己翻译了埃布拉尔的突厥文文献。〕

他们"谓岁首为茂师哀（其汉文方块字，见 DS 189），以三哀为一时，以十二物纪年，如岁在寅则曰虎年（请参阅 BC 第 7 页的统计表第 3 条）"（《唐书》77 卷 217 下）。

对这段文字的解释很容易："哀"是"月亮"的突厥文名称，系指"阴历月"，即 āy 的对音。在叶尼塞河上游的古黠戛斯人中就如同在汉人中一样，3 个"农历月"形成四季之一，这符合泛突厥语民族的习惯（请参阅本书第一章第 10 节以下，第十七章以下）。至于"茂师哀"，从各种可能的迹象来看，这就是突厥文 baš āy（第一个词 baš 意为"头"和"开头"），意指"正月"，该词完全符合"新年"之意义。它可以向我们证明，在黠戛斯人中就如同在中国中原人中一样，每年都以一种"新月"开始，因而其历法也就如同中原人的历法一样是阴—阳历。

此外，地支符号"寅"（地支中的 10 个符号的第 3 位，见 BC 第 7 页），恰恰就相当于在中国中原使用的 12 生肖纪年周期中的虎年。

我还要指出，在所有这些资料都不能适用于一个很古老时代，但却适用于唐代（618—906年）的情况下，我由此便可以看到，叶尼塞河流域的黠戛斯人于 7—10 世纪之间就懂得一种阴—阳历法，大家对此所知甚少的一些情况与中国中原人的日历推算法相吻合（新月的新年，各为 3 个月的四季），但当时天干的 10 之周期（BC VI）与地支的 12 之周期相结合，以形成一个甲子（60 年的周期）的历法尚未被使用，而仅仅是使用了 12 地支（属、生肖）的历法，其中抽象的 12 支已被在中国中原为人十分熟悉的天文周期中相对应的 12 生肖所取代。

33. 我们在下一章有关突厥人的问题上，还将会发现同样的事实。我将于其中指出，当时只是对中国中原经典历法的一种民间和"不规范"同化性的改编，并且还附有其名词术语的突厥文译文。大家还将会看到，这种改编尚未发展到改变突厥人传统四季观念的程度（请参阅本书第一章第 17 节以下），而这种观念又与标志着初春的草返青有联系。这种观念与汉人有关开始于二分点（春分和秋分）和二至点（夏至和冬至）之间的四季之定义具有深刻的差异（中国中原的立春开始于格里历的 2 月 4 日左右。见 BC 18）。突厥四季的始点无论如何也要比汉历四季的始点至少晚 1 个阴历月。在前文所引黠戛斯传中，无疑正是这一点可以解释该民族"三哀"的季节具有了一种特殊命运，它们不能准确地与古代中国中原的四季等同起来。

无论如何，黠戛斯人（很可能还包括图瓦地区的突厥语民族在内）在 7—10 世纪之间，就已经懂得了自汉地历法改编的一种形式以及 12 生肖纪年。这一事实没有任何值得大惊小怪的地方，中国中原文明的影响在当时就已经使整个中亚感觉到了，正如经常出现在叶尼塞河上游碑铭中的那些起源于汉文的名词所证明的那样，特别是在职官尊号中更为如此。kunčuy 的意义是"公主"，系指"夫人、头人的配偶"（FA 331a）；saŋun 系指"将军"（FA 333a）；totok 是"都督"，意指"军事长官"（FA 345b）等。

但汉地历法知识（及其可能的用途）可能仅限于居民中"有文化的"和贵族的一小部分人。12 生肖（属）历在当时尚不具全民族的特征。它始终使人感到如同是一种外来物。我觉得（我在有关 8 世纪初叶的某些突厥碑铭中也观察到了同样的情况），这就是为什么它不可能根据民族习惯的某种保守观念而出现在叶尼塞河上游的墓碑中的原因，而这些墓志铭的内容却与古代突厥语民族文化传统的和特殊的礼仪密切相联系。

34. 我认为，对于叶尼塞河上游突厥语民族（黠戛斯人和其他人）中的日历推算法的历史，现在有能力提出一个梗概了。

在最古老的时代和甚至是直到 7 世纪，叶尼塞河上游的突厥语民族应该就拥有这种"自然的"和不太精确的历法了，正如我于上文第一章（第 55 节以下）所描述的那样，这是根据泛突厥语言资料而得出来的结论。它就如同是操突厥语的不同民族的"原始"历书。

研究时间的这个古老阶段，是以个人的"第几岁"（yaš）那几乎具有排他性的习惯为特征的，以确定比一年更长时期的年代。它于 8—10 世纪时，几乎是完整地继续存在于叶尼塞河流域的墓碑中。

"民用年"（yïl）那最发达的观念唯有出现在一篇碑文（第 45 号）中，而且也出现过一次（与以 yaš 计算的 4 次相比较）。它可能很久以来就流传开了，但与"岁"的观念相比较却只有一种次要意义。

在中国中原的唐朝（618—906 年）统治时间，以 12 生肖天文周期的简化和突厥化形式而出现的汉地历书，已经广为人知，可能也部分地被利用于叶尼塞河上游突厥语民族（尤其是黠戛斯人）的一种较发达的社会背景中。但它的使用却始终都从墓碑中排除了保守的和民族的传统。

此外，叶尼塞河上游的居民也很少关心纪年问题，至少在他们的碑铭文献中是这样的。他们为我们留下的大部分文献都不包括任何种类的年代资料。

第三章　突厥人和 12 生肖历法

1. 叶尼塞河上游古突厥语民族（我刚刚研究过他们那些稀有的纪年残余）所处的边缘不清，它延伸到了史前时代与真正历史时期之间。所以，我在有关他们的问题上，只能以某些具有典型特征的事实为基础。

随着对严格意义上的古突厥人的研究，也就是对那些自称为 Türk 和汉文史料称之为"突厥"（见 DL' 和 DM，俯拾即得）的民族之研究，我们便专注于真实的历史研究了。从公元 6 世纪起，我不仅仅掌握有关他们的广泛而又持续的记述，特别是在汉文编年史（DL' 和 DM）以及在某些拜占庭作家们的著作（DM 233 以下；DO 和 DP，俯拾即得）中更为如此；而且还有幸掌握他们自己民族档案的主要内容，这些"档案"于 8 世纪上半叶而被勒于"永久的石碑"（bäŋü tāš，指"墓碑"）中，以悼词来提高其最高头人的地位。

然而，尽管我为研究突厥人的纪年体系和历法，可以利用的文献相对数量很丰富和品种纷繁，而且他们自己还为我们留下了以精确到"日"的可靠断代碑铭。但我认为，出自各种混乱的一种不确切性至今仍主宰着这一领域。

2. 一系列令人沮丧的情况导致了层出不穷的误解，从而导致了本处所涉及的根本问题的混乱。这就是需要知道，由鄂尔浑第1和第2碑于其突厥文部分多次提供的很确切的时间，是否与中国中原的时间相同。换言之，也就是要知道公元8世纪蒙古地区的这些突厥人是否忠实地沿用了汉地历法。

对于这个很具体的问题，我认为现在能够作出一种可靠而又肯定的回答了，主要是以汉文与突厥文碑铭文献的互相印证为基础，它们之间无懈可击的一致性至今尚不为人所知。

我为此应该不仅要使用鄂尔浑的突厥碑铭文献（我为此而确定了自己的释读），而且还要使用他们的汉文文献以及汉文编年史中的资料。由于我并非汉学家，所以无法直接研究汉文史料，我在这方面的科学导师是伯希和（BK）。

我在朝一种很简单的解决方法（也就是将突厥官方历法与中国天朝宫廷中的历法进行比较）的前进过程中，却由于长期积聚的一大堆错误而推迟了，我必须耐心地去驳倒这些错误。这些错误有许多种，特别是其中的最严重者，曾由伯希和揭示过（OC），但突厥学家们却未曾从他的深入考证中得出可供自己利用的内容。

3. 从6世纪的下半叶开始，与本书内容有关并曾由伯希和仔细研究过的两种主要汉文文献（我将引用其译文），使我获悉了突厥人在历法和日历推算法的内容中的地位（BK 206—208）。

第1种汉文文献是包括在《周书·突厥传》（卷50，第2页背）中的一段文字，相当于公元557—581年间：突厥人"不知年历，唯以草青为记"。

第2种汉文文献是《隋书》（卷1，第10页正面），可以十分确切地断代。由于各种统计表（尤其是BD），完全可以把它们移植到我自己的日历推算法中（使用儒略历的方式，因为对于这个时代就如同对于在此之后和在1582年格里改革之前的所有时代一样）：

开皇"六年春正月甲子，党项羌内附。庚午（586年2月12日），颁历于突厥"。

　　这两种资料远不是互相抵触的，而是恰如其分地相辅相成。正是由于这些资料，我才知道，在 557—581 年间，突厥人仍在使用以我于第一章中研究过的那些以语言学资料为基础的突厥民族的古老日历推算法。我重新提一下，在这种历制中，首先是个人的年龄（yaš 岁），其次是当由此而得出已经很客观的概念时，"社会年"或者是我们西方的"民用年"（yïl），则是随着春天植物返青而开始的（yàk 意为"潮湿的"和"绿色的"）。这种全凭经验而作出的定义受气候差异之偶然事件的支配，当然不能满足中国中原编年史学家们的科学思想。中原编年史学家们认为，唯有根据充分的年代日历推算法（如同月、日和时一样），才是以天文学为基础的历法。在他们的心目中，完全不使用这种办法的历法便是"不知年历"。我认为，这就是他们意见中很明确的意义。同样也不失其明确性的文献使我获知，在数年之后，也就是在 586 年之初，才向这同一批突厥人颁行中国天朝的皇历，而这些突厥人却基本上都不具有真正科学的、以严格的天文学为基础的和事先就受一种追求全面精确思想支配的历法。

　　但突厥人并非一直等到这次颁历才熟悉天朝的历书，至少对于以其"12 生肖"（12 支，12 属）的民间大文学形式出现的那种历书是这样的。出自东突厥的现知最古老的碑铭布谷特（Bugut）碑（粟特文），提到了一个"兔年"（γrywšk srδy）。从其前后文的背景来看，它应该相当于 571 年（JL 72—76）。

　　4. 此外，我还必须注意到一件重要的事实。它似乎逃脱了汉族学者们的注意，因为他们过分囿于其对待"胡"族人的那种高傲的情感中了，以至于无法客观地评价胡人的传统。虽然突厥语民族这种古历法的"自然崇拜主义"经验会导致某种不确切处，但它事实上是以与中原历法相同的原则为基础的。它们二者实际上均与巴比伦、希伯来、古希腊和早期罗马的历法一样（BA 562—62、66—73、74—77），都是建立在每年的太阳周期和每月的月亮周期的结合基础上的。这些历法的起始与月相（新月）联系起来了。其主要差异是，古突厥语民族在评价太阳周期的过程中，并非直接以天文观察或天文计算为基础，而是间接地通过它对植物的影响作用，尤其是对牧业经济所产生的最引人注目和最大的影响（春季的草返青等），来评价月相发展过程的。当中国中原人自数世纪以来，将他们天文年的开始定于冬至（BC 12）时，除了已经正确指出和根据圣谕而确定的发展之外（BC 13），都把他们的天文年之开始定于新月（通过阴历月的平均时间之方法而从天文学上作出计算），新月直接地处于太阳进入黄道宫带之前，这在西方天文学中则相当于双鱼星座宫带（黄经330°—360°）。

这样一来，在公元500—800年之间，中国民用年的正月便开始于儒略历年的1月19日至2月18日（包括该日在内）之间（BD 169—207），因而要早于春分一至两个月，当时的春分落在3月18日左右。无论如何，在我们格里历中，这些时间应介于1月21日至2月20日之间（其平均时间为2月5日），在气候上则相当于蒙古突厥人的一个冬季阶段，要比标志着其传统年开始的春季草返青早得多。

5. 在中国汉地民用年年初（在中国中原被认为是春天）和突厥人传统的年开始时间之间，存在这样一种重要差距，它形成了由突厥社会采用中国中原官方历法的主要困难。它当然会对四季的限定产生影响。事实上，当这种限定在突厥人中是以对气候和植物的观察为基础时，这样基本上就导致了如同在欧洲的习惯中那样，将四季的开始定于二分点（春分、秋分）和二至点（冬至和夏至。唯有在居住于非常靠北极的突厥语民族中例外，如同在雅库特人中的那样）。由于受对称安排之偏爱的影响，中国中原地区有关四季的定义将二分点与二至点作为每个季节的中期。因而它使这些季节的开始（和结束）都比在我们的观念中早一个半月（BC，第18页的图表）。

大家由此便可以得出结论认为，甚至是当突厥人采纳了中原汉地的历法（其中包括对民用年开始的限定）时，在有关四季始末的问题上，实际上也确实未曾沿用汉地的习惯。我将有机会在许多非常具体的例证中指出这一切。

相反，中国天朝对在阳历年中划分阴历月的根本原则，连同不时地增闰一个"第13个月"的做法（请参阅第一章，第56节以下）都是突厥人很熟悉的，中国的官方日历为第13个闰月的棘手问题，而向他们提供了一种现成的解决办法。突厥人非常乐于采纳（唯有对四季例外）这种很方便的历法推算手段，而中国天朝的"文化开拓"（如果我可以冒险使用这个具有时代错误的名词的话）政策，却强有力地趋向于迫使他们接受。

至于在通过平均阳历月而从天文学角度上计算的汉地朔日与突厥阴历新月（可能与第1次新月的观察有联系）之间可能存在的一两天的差距，它不会造成任何严重困难。无论如何，为进行阴历月的推算，采用汉地历法则使突厥人免除了往往是偶然性的天文观察，从而赋予了他们一些较长时期的预报手段，而他们的经验性传统却无法使他们确保获得一种同样的确切性。

因此，作为中原汉人直接近邻的蒙古地区之突厥人，则具有非常严肃的理由采用汉人的科学历法。

6. 至于汉人，他们不仅把自己的历法视为一种宇宙真理的表现，而且还视之为"化胡"并确保对其至高无上权力的一种主要手段。

在这一问题上，我将引证伯希和的论述（BK 208）：

中国中原的习惯是作为一种宗主权的标志，而向附近地区颁行中国历法，以至于"受历"就相当于"承认为其附庸"。

这确实是于公元586年2月12日（中国年的元月十九日），隋王朝向沙钵略（Ïšbara）可汗的东突厥人，正式颁行天朝历法的政治意义。

事实上，沙钵略致天朝皇帝的信（保存在天朝宫廷并由《隋书》刊布）表明，在584年和继此之后的几年中，出现了一种语气的变化，这是政治地位的改变和从独立向内附发展之变化的典型特征。伯希和（BK 212）这样评论了584年那封信的主人之地位：（沙钵略）当时对于其势力以及在面对已分裂成周与齐的天朝所能够扮演的角色感到很自豪，却尚未理解到隋统一全国并将加强其至高无上的权力。他先自称为"天子"和"致书"，稍后不久又自称为"臣"并"上表"。

历史背景清楚地解释了这种迅速的演变。在584年春季，沙钵略的对手西突厥可汗达头（Tarduš，在拜占庭史料中作 Táεδov，请参阅 DM 48 注①和241）内附中国皇帝，因而天朝皇帝支持他。但在585年，这同一位隋朝皇帝对于达头权力的增长感到不安，于是便决定推翻结盟，从此之后便支持沙钵略以反对达头了。他为此必须要求蒙古的东突厥可汗承认为某附庸，因而要正式接受隋朝皇帝有关未来一年（586年）的历书。这件事发生在586年2月12日（阴历正月）隆重颁历的时候。

7. 伯希和非常谨慎地（BK 208）为已经得到明确证实的这些事件的意义，提出某种保留：

"如果突厥人愿意的话，那么他们就不需要等待这次颁历才了解汉地历法；如果他们对此不予重视，那么颁历也不会使任何事情发生丝毫变化。"

更具体地说，伯希和清楚地指出（BK 204—212），汉地历法至少从584年起，就已经在沙钵略汗的宫中为人所知并被行用。因为该可汗致中国皇帝的一封国书（《隋书》卷84，第3页正面）是这样开始的："辰年九月十日，从天生大突厥天下贤圣天子，伊利俱卢设莫何始波罗可汗致书大隋皇帝。"

有关该突厥可汗的尊号，我于此仍沿用伯希和的复原，唯有一种具体细节例外，我读做 Köl 而不是 Kül（请参阅下文第23节）："El Köl Šad Baga Ïšbara Kagan"（伊利俱卢设莫何始波罗可汗）。

至于这封"书"的时间，伯希和（BK. 209）提出了一种看法，而这种看法对于本书的内容具有极高的价值：

"以唯一的一种分类符号进行断代的方式并不通用于汉文中，正如夏德（Hirth）已经指出的那样。'辰'字于此明显仅仅是12生肖中一个相对应的年的同义词，也就是'甲辰年'，这是一个虎年（584年）。"

8. 另外一种著名文献应与这种看法作一比较。它被长期征引以支持这种12生肖或12属纪年（它将引起我的注意）的西域和甚至是"突厥"起源的假设（我认为这种假设缺乏很好的支持基础）。我于此再次引证伯希和的论述（BK 204）：

"恰恰是一种译于759年和764年的具有天文学特征的佛经（其中伊朗的影响大量存在）告诉我们说：'西国以子丑十二属纪年，星曜记日。'换言之，年代是以12属的周期计算的，日子则是以星期来计算的。从全书来看，本处所指的'西国'很可能是伊朗地区，特别是康居（Sogdiane）。"

在布谷特碑（请参阅上文第3条）中，用粟特文提到一个相当于571年的兔年，它现在又提供了粟特人从6世纪起就使用12属纪年的证据。至于"星曜"，其用途则是佛教徒和摩尼教徒，在康居及在其他地方所共有的。

至于我本人，我必须强调指出，无论这种资料的意义有多么重大，它们都应该被断代为8世纪下半叶，要比我现在正研究的突厥人之事物晚一个半世纪之久。在有关突厥文文献的问题上，我掌握有不容置疑的碑铭证据（请参阅下文有关鄂尔浑第1碑和第2碑的论述），说明突厥人至少从731年起就正式使用12属纪年，它要比本处涉及的译经早20多年。大家为了确定生肖周期在8世纪中叶的传播地区，引证了这部译经可能是很有意义的，而对于明显要早得多的突厥人之事实却绝非如此。仅通过译经本身，也不会更好地证明这种纪年的一种西域起源，它无法被用于研究同样也被提及的星曜周期之起源。

此外，我们不应该忘记下述事实：本处所涉及的汉文文献，甚至未使用"生肖"或"属"一词（在上引法译文中补进了该词，译作"动物"）。为了指"西国"所使用的12属纪年周期，明显是参照了"子，丑……"并且明显指出它们都属于"12属"。

然而，这一系列"12属"明显是汉地的"12支"（BC 7），这就是在中国内地已使用了千年之久的星相学和年代学分类法。在上引东突厥可汗致隋朝皇帝的"书"中，使用了以为584年断代的"辰"字；在唐朝断代史（618—906年）中，出现了用于指叶尼塞河上游黠戛斯人中虎年的"寅"字（请参阅上文第二章第32节），它们均属12支。

9. 如果说在精确的汉地习惯用法中，这12支（地支、生肖或属）确实自非常古老的时代起，就与10干（天干）结合起来了（BC 6）。那么突厥人在他们之前为了形成一个60年的甲子（BC 8—9），以用于划分年、月、日和时，也采取了这样的表达方法。我同样也可以肯定的是，抽象分类因素的这些复杂配合（可能是由于其古意的模糊而变得更加抽象了）并不适用于被广大汉族居民原封搬用，也不会被他们周边的"胡"人利用。

但是，与12支同时存并与之完全相当的汉地民间星相学，"至少从公元初"起便使用了一种生肖的（伯希和，BK 205）、具体的、而且会使人联想到多种象征物的纪年，其成功之处在中国内地一直维持到我们今天。它在数世纪期间，已经远远地越出中国中原的地界，因为它在今天仍广泛地流传于从伊朗经突厥斯坦、蒙古、西藏和印支半岛一直到日本的广大地区。

这种生肖纪年（干支纪年，BC 5—7）以下述方式，根据一种甚至在中国之外也以一成不变的顺序出现，其开始的第1种生肖（鼠）始终相当于据中国人认为是地支周期中的第1支（子，BC，IC）：

1 鼠子　2 牛丑　3 虎寅　4 兔卯　5 龙辰　6 蛇巳

7 马午　8 羊未　9 猴申　10 鸡酉　11 狗戌　12 猪亥

10. 如果我忠于已经得到明确证实的历史事实、已被断代的文献和翔实可靠的碑铭资料，那么我就可以得出如下纪年表：

公元初期：12生肖（12属、12支、干支纪年）在中国中原是抽象的12（地）支之中国星相周期准确的民间代用法。

557—581年：据中国编年史记载，突厥人"不知年历，唯以草青为记"。

571年：在蒙古地区的东突厥可汗碑布谷特碑铭（用粟特文撰写）中，提到了一个相当于这一时间的兔年。请参阅前文第3节。

584年：东突厥可汗沙钵略（Ïšbara）的汗宫在致隋朝皇帝的一封"书"中，仅仅根据12支的汉地周期中唯一的一个分类词"辰"的办法来为年断代，而没有按照中国文人的规矩而同时使用10个天"干"周期的分类词。

586年2月12日：向东突厥人正式颁行汉地历书。

731年和此后几年：唯有12属纪年独自被经常用在蒙古的突厥碑铭中，断定年代（鄂尔浑第1碑和第2碑）。由一通突厥碑铭翁金碑，（请参阅下文不远处）按照这种周期而提供的第1个时间，很可能就相当于720年。

756—764年：有一篇受伊朗影响的汉文文献明确地指出，"西国"（在本处几乎可以肯定是指康居的伊朗）"以子丑十二属纪年"，这就是汉地的"十二支"；"星曜记日"，对于一个既是伊朗的又是佛教或摩尼教的地区来说，这就不会令人感到惊讶了。

唐代（618—906年）的一个未具体指出的时间：汉文编年史指出，叶尼塞河上游的黠戛斯人"以十二物记年"，如用"虎"来取代12支中的"寅"（应该强调这一点，它完全符合自数世纪以来就观察到的汉地民间习惯）。但8—10世纪（包括该世纪在内）的黠戛斯墓志铭却从未使用过12生肖纪年，同时也没有使用任何客观断代的体系。这后一种看法鼓动我相信，这种纪年在黠戛斯人中的使用，远没有在突厥人（他们于其8世纪的碑铭中就已经使用它了）中那样古老。

11. 我认为，从上文引证的全部事实中，可以得出相当数量的结论，它们导致我粗线条地按照下述方法，来复原在古代突厥语民族中使用12生肖（12支）纪年的历史。

直到公元6世纪中叶，这些民族都根据他们自己的"自然崇拜"传统，仍在实施完全是经验性的日历推算法。这种相当含糊不清的日历推算法没有包括周期分类法。这就使中原人声称他们"不知年历"。

经过突厥人入侵蒙古并组成与中原天朝保持直接关系的第一突厥汗国的时间——552 年之后（DH 124 以下），中原历法便开始为该汗国的某些文人所熟悉。至少是东突厥汗宫中的某些司书录事们知道这种历法，他们于 584 年的一封致隋朝皇帝的"书"中就是这样使用它的。可是，这些司书录事们当时尚不熟悉中原甲子纪年的复杂体系，其中的 10 "干"与 12 "支"要结合起来。他们仅清楚知道其中的第二个组成部分，也就是他们单独使用以为断代的 12 支。

这种知识与更为具体和更容易使人产生联想的 12 生肖纪年星相周期知识有关。自数世纪以来，这种 12 生肖纪年在中国民间习惯中，则是 12 支的科学性很高而又抽象的周期之准确替代物。但我必须承认（这一点似乎未能引起评论家的注意），沙钵略可汗的司书录事们懂得，中国中原的这种以动物为标记的星相学周期具有很通俗的特征，而且认为不宜在一封致隋朝皇帝的书中使用之。否则，没有任何理由阻止他们（即使是用汉文也罢）写作"龙年"，而是持一种不正常的写法"辰年"。我觉得他们的写法同时既暴露了他们面对汉地干支纪年的茫然不知所措，又反映了他们在使用民间生肖纪年时于礼仪方面的谨慎。他们以用其唯一一种具有准确科学性的对等方法来摆脱这种处境，这就是 12 支纪年的历法，因为这是他们有限的学识能使他们透彻理解的唯一一种历法。

但由于他们内部的习惯用法，蒙古的突厥人仅使用 12 生肖历法，正如在布谷特碑中提到了兔年 571 年（JL）的做法所证实的那样，布谷特碑是在北蒙古发现的突厥王子的一方官方墓碑。这方墓碑用粟特文写成并带有兔年的粟特文名称，这一事实也说明，粟特人懂得 12 生肖（12 属、12 支）纪年法。

从 586 年起，向突厥人正式颁行中国天朝历书一事，在原则上不应使他们对于甲子纪年的用法一无所知。但这更应该是已经不同程度汉化的文人们的知识，而不是一种潮流性学问。事实上，仅在 400 年之后，也就是大约在 10 世纪末左右，于浸透着汉族文化的西州（吐鲁番）回鹘人中，甲子（60 年周期）纪年才首次出现在突厥文文献中。

12. 相反，能够很容易地使突厥人与中国天朝维持关系的因素，正是 12 支这种简单而又具体的纪年周期，况且它也由于星相学的威望而笼罩着光环。它在这一方面扮演了一种酷似迦勒底—希腊黄道 12 宫带在今天的欧洲民众中扮演的那种角色。

在用以指纪年时，12 生肖周期对于非汉族居民来说，则要比与其相同的 12 支那学术性很强的纪年法更具有无可比拟的方便性。12 支由于其抽象的特征而适于翻译，而对于 12 生肖动物的名称却绝非如此，至少对于其中的大多数是这样的。鼠、牛、虎、兔、蛇、马、羊、狗等，它们都是中国边陲地区民族以及西域游牧民们非常熟悉的动物。公鸡（家禽）则是后者不大熟悉的，他们经常将家养公鸡与母鸡相混淆。对鸡形目禽类的饲养，在突厥和蒙古游牧民中似乎是晚期的事了。猴既存在于吐蕃，又存在于中国中原，它也绝不会使古突厥人感到是一种"外来动物"。他们应该知道猴子，因为其名 bičin/bičïn 就已经出现在鄂尔浑第 1 碑中了（733 年），似乎已被同化。在汉地民间纪年中，仅有两种动物会给突厥文翻译真正地造成困难。它们一个是汉地古老传说中的神化动物龙；另一个是驯养的猪，这是汉地饲养业的一大项，西域游民仅仅是通过其野生形态——野猪（toŋuz）而熟悉猪的。

对于这后两种动物，现知的最早突厥文文献（8 世纪时蒙古地区的碑铭）使用了这样一些词语，它们由于其开始的声母 L（在古突厥语中，应从音位学上排除）而明显为借鉴词：lü 意为龙，lakzïn/lagzïn 意为猪。仅仅这种考证意见就足可以排除 12 生肖纪年历起源于"突厥"的假设了，况且这种假设被已得到了肯定证实的事实之年谱的研究所否认了。

13. 至于 lü（其回鹘文的不同写法作 luŋ，请参阅 FA 318 b）

一词的原形，尽管大家对此坚信不疑，但却未曾出现（也可能是以 lün 的形式出现过。这仅仅是拉德洛夫的一种无根据的猜测，请参阅 JH 187 和 189—190）在碑铭文献中。它已被最有权威的回鹘语专家们承认出自汉文，而又未提供任何解释。众所周知，该词最早出现在回鹘文中（ML 110c、MM93、FA 318 b）。这也是我的看法。但我并不认为，证明在突厥文借鉴自汉文的"龙"（long、lung）的一种形式中缺少这种尾辅音（西方的对音记作 ng）是多余的。在回鹘文借鉴词时代，这个辅音的真正发音不可能与突厥文软腭化的鼻音 η 的发音相同。在向汉语借鉴的天干系列的丙、丁、庚；于 12 支中的丙、丁和辰（BCXX，47），我在回鹘语中则分别掌握有如下形式：pi（pǐ）、ti、kǐ；pi、ti、čǐ（ML 98），与以 η 结尾的晚期不同形式并列存在。情况恰恰与有关向汉文"龙"（long、lung）的借鉴词 lū（luη）一样。

藏文 klu（龙）从语言学角度来看，可能与在汉—藏民族集团范畴内的汉文"龙"相似，但于本处却未被提及。我尚且不讲由突厥文借鉴 klu 为 lü 所引起的语音难题，大家很难设想这样一种借鉴的历史背景。尤其是正如大家所看到的那样，从语音学和历史学角度来讲，再没有比认为突厥文 lū/luη 的汉文起源更具有可能性了。

至于在 8 世纪的突厥碑铭出现过的"猪"（lakzïn/lagzïn）一词，它在回鹘文中又由 toηuz（野猪）所取代。据我所知，其辞源尚未被研究过。于此却根本谈不到汉文"猪"（BC 8）的问题。我能够讲的一切，那就是本处既不是指一个突厥词，在更常见的情况下也不是指出自一个突厥—蒙古语音组的词，应将声母 L 从这一组语言的语音中排除出去。这其中有一个我应该交由语史学家们的洞察力进行研究的意义重大的问题。

14. 因此，继对纪年的事实进行仔细的研究和考证之后，对于那种认为 12 生肖纪年起源于西域或"突厥"的假设，则不再存在任何问题了。古突厥人肯定是从 6 世纪下半叶起，从中国中原借鉴了这种纪年，我觉得其历史背景很清楚。

这种假设是由沙畹（E. Chavannes）仓促地设想出来的，而且他自己也并非是无保留的（BI，1906 年）。它几乎立即就被劳佛尔（Laufer）所否认（BJ，1907 年），后来又分别遭到伯希和（BK，1929 年）和吕德尔（Lüders，BJ，1933 年）的驳斥。然而，这种假设更主要是由于感情的而不是科学的原因，却依然受到突厥史学家们的偏爱。如奥斯曼·土兰（Osman Turan，1941年），他由此而得出了某些有关突厥"图腾崇拜"的相当混乱的理论。

如果我未能通过黄伯录（Pierre Hoang）神父而获悉，这种假设直到 19 世纪仍在汉族文人的某些传说中具有生命力，那么我也不会对此给予多大注意。我将于下文引证黄神父的拉丁文著作原文（BC，X—XI）。其中第 1 部分提供了一种有关汉地 12生肖纪年（作为与 12 支纪年相同的做法）民间用法的一种直接资料（1885 年）的意义。

"当属于甲子组成部分的 12 支系由动物代表时，便会由此而出现每年都被以这些动物之一的名字相称的现象。全面来看，当父母希望告诉其孩子的生日或者是他们自己的生年时，他们便经常向孩子们重复讲述代表这一年动物的名字，而不是甲子年或帝号年，以使此能深刻地印在孩子们的脑海中。

如果相信那些学术考证家的话，那么这种以 12 种动物之一的名称轮番指年的习惯，最早则是北方民族的习惯，然后才传入中原。即在公元 48 年时，当汉朝光武帝与匈奴呼韩邪单于之间签订了一项和约时，匈奴人可能便开始杂居于山西省边陲地区的汉人中了。

当这一同一批学术批评家们发现，在将这 12 支分成单数和双数两大类并且研究这些象征性动物的本性与外貌时，他们便极力寻求某种动物相当于某一'支'而不是另一'支'的原因，他们便分裂成了持形形色色和完全是互相矛盾的观点。因此，同一批考证家们坚持认为，这些象征性的动物被武断地采纳以用来指年，它们与 12 支的意义又没有任何可比性"。

15. 黄神父有关汉族人的双亲具有让其孩子们熟知与其生年相当的甲子中的动物名字的习惯之内容，完全是为了使其孩子们更容易长命，这完全符合诸如蒙古人以及西域突厥人、黠戛斯人和土库蛮人直到 20 世纪初叶约定俗成的习惯。

黄伯录神父有关汉族学者对于 12 生肖纪年的困惑不解以及他们对此所具有的轻蔑观点（因为他们对此武断地作出判断并认为它与 12 支纪年没有逻辑上的联系。在他们眼中，唯有 12 支纪年才是最有效的）的最终看法，说明了生肖纪年具有民间的而不是科学的特征。生肖纪年显得很像是出自庸俗的巫术—星相学思辨，与汉族学者们的传统星相学的思辨相比较又是非正统的。

很可能是自一个非常古老的时代起，为了使这后一批人相信，12 生肖纪年的"胡族"起源之假设，与内附中原天朝帝国并于公元 48 年定居在山西北部边陲的匈奴人（Hunni）有关（请参阅 DH 78）。至于我本人，却看不明白这些"北胡"游牧民能够独自创造一种星相周期，其中同时出现了家养的公鸡、猪以及猴……相反，我却很容易想象出来，刚刚定居在中国边陲的匈奴人，已开始与平民界的汉人相结合了。他们怎不会向其中的某些汉人借鉴这种非正统的、简单的和能引起联想的动物纪年呢？我很容易地接受，经常入侵和甚至是统治中国中原的"北狄"和"西胡人"中的 12 生肖纪年的辉煌成绩，通过反作用而有力地促进了它在汉族民众中的传播。

16. 我应该非常明确地解释说，本人于此仅研究汉族—突厥族在历法内容的关系中的一个界限清楚的历史时期，也就是从 6 世纪中叶发展起来的关系，其中突厥一方的主角人物都是信史中最早的突厥人。我情愿将该问题的准历史方面置于一旁不谈。在这个问题上，我仅指出，蒙古的突厥之先驱匈奴人（其联盟部落中的部分人很可能是突厥语民族）和蠕蠕人（Jouan-jouan，可能是前蒙古人），在他们与中国中原的密切交往中，肯定熟悉并使用了汉地历法。对于拓跋氏（Tabgač，桃花石）族人来说，情况也一样。我已经指出（CN），其大部分部族，包括其统治氏族在内，从语言学上来讲均为突厥先民，他们于 398 年在中国北方创建了魏王朝（DK 103 以下）。该王朝很快就被汉化了，并且一直维持到 534 年，后来在内讧中崩溃。该王朝甚至还确立了它自己的汉地历法，我非常熟悉这一切（BD 393—410）；它还沿用了当时的汉地天文学准则，与中国同时代的主体王朝（BD 157—174）的历法仅有某些细节上的差异。

但从这种由已经具有不同程度汉化的突厥语民族采用汉地历法起，到此种历法从 6 世纪中叶起在西域突厥民族中广泛传播（直至今天仍保留着对它的记忆）之间，存在着一种巨大的差异。使我于本处最感兴趣的正是这种历史性的发展，我有各种理由认为，它随着蒙古的突厥民族而几乎从零重新开始。特别是由于他们的墓碑，我有幸掌握着有关这一问题的丰富资料。

无论如何，为黄神父提供资料的那些中国文人所参照的事件，要比我们本书有关的汉文—突厥文记述早 500 年左右，他们的论述证实了中国内地从公元 1 世纪起就使用生肖周期纪年。

即使是（这并非是绝无可能的）这种纪年周期在中国内地有一种外来起源的话，那么它在突厥人与中原人最早保持长期接触的时代，就已经深深地扎根并被民众完全接受了。

因此，我仍坚持自己的前述结论，拒绝将 12 生肖纪年视为突厥人的一种发明，断定它是由突厥人（可能是从公元 6 世纪中叶起）向汉地民间文化借鉴来的。

17. 我于本章的第 1 部分，已经阐明了由历史上最早的突厥人所使用的 12 生肖纪年的中国中原起源论，我现在意图证明由突厥人采用的方法（诸如在鄂尔浑第 1 和第 2 碑中所出现的那样）与中原历法之间的吻合性。

非常遗憾，我作出这样的论证时没有任何不可告人的目的，而被迫扫清尚由一大堆令人惊讶地积累起来的错误堵塞的道路，突厥学家和有时也包括汉学家于该领域中共同推出了这种不幸的事件。

　　幸好第 1 种错误之源很早就枯竭了，但其影响却依然零散地出现在第二手的科学文献中，出自于由鄂尔浑的第一批译者们对古突厥人数字体系的错误评价。我在第一章中（第 46 节以下）已对这一切作了描述。这种记数法对于高于 10 而又不是 10 的倍数的数字，首先要标出其个位数，然后是紧接高于所研究数字的 10 位数。例如，"7，30"就相当于 27。我于此无须强调根据欧洲习惯来解释其数字时得出的纪年之不连贯性了，我们欧洲的习惯是 7 紧接在 30 之后（在德文中作 sieben und dreiβig）应译为 37，而不是如同本处的情况那样为 27。在以最早译文（这是直到目前为止仅有的一种流传较广泛的译文）为基础的著作中（HB，JB），在岁数中就有 10 年的错误，但这种错误在 10 的倍数中却消失了，所有的年代推算都由此而变成荒谬的了。同样，大部分翻译的数字也都是错误的。这样一来，在格鲁塞（René Grousset）那非常严肃认真地使用资料的著作（DH 151—152）中，于其根据汤姆森而引证的内容中，为了说明突厥汗国的复兴者骨咄禄可汗（Kultlug Kagan）的所作所为，其中的"27 个人"实际上是 17 个人，"47 次战斗"事实上是 37 次。于本处看来，这都是一些无关宏旨的错误，但当它们出现在纪年中时，就会变得具有严重后果了。

　　我仅指出这一切尚不算完，汤姆森著作那理所应得的知名度，造成了许多第二手著作仍以他 1896 年出版的法文著作（JB）中的译文（当然是天才性的）为基础，从而使他有关古突厥记数法的最早误解一直持续下来了。

　　然而，汤姆森本人也几乎是立即觉察到了这一切，他晚期的那些于其中纠正这些错误的著作，则分别出版于 1916 年和 1924 年，不过其中却未达到他最初出版物那样广泛的威望。

　　18. 另一种根本性的错误也流传得极其广泛，其中包括流传于突厥学家和史学家们的最新著作中。这种错误就在于将突厥人的"年龄"作为周岁来看待，而事实上却正如我已经指出的那样（第一章，第27—29节），它是指"第几岁"，从而造成了一年的差距。我甚至可以说这是将主人翁所度过的"第几个历法年"提前了，而又未参照其生日。正如我于下文将要讲到的那样（第67—69节），甚至可以导致两年的差距。因为诞生在一个历法年末的突厥人于下一个历法年之初就已经是"第2岁"了，而他事实上尚不足我们西方算法中的1岁；一年之后，他就"第3岁"了，而我们却只能赋予它1周岁（满一岁）。在非突厥的语言学家和史学家们的计算中，这些错误可以同时兼而有之，从而导致了在这些基础上复原纪年的严重错误。这种情况经常出现，从而向学者们提出了一些无法解决的问题，有时还会迫使他们回避突厥人的年龄问题。如果这种年龄得到正确解释的话，那么它们就成了突厥纪年中最珍贵的资料之一。那些习惯于以欧洲方式计算年龄的近代突厥史学家们，不可避免地会产生这种误解。

对于我来说，根本谈不到于此纠正这些错误的问题。但我也要坚持强有力地指出这一事实，它应引起所有那些面对突厥纪年或"突厥式"纪年的学者们密切注意。

19. 第3种根深蒂固的错误不仅涉及了年代，而且还涉及了其实际后果不会那样严重的月份。因此它是由于比鲁尼（Bîrûnî）留给我们的有关这一问题的一段文字（NJ 71），而使我处于很不利的地位才造成的。

这种错误如此顽固被纳入到传统中了，以至于它至今仍出现在最新和资料丰富的著作中，如普里察克的著作（DS 186以下）。

我必须于此略微多作一些耽搁，因为它涉及了以序数词指月份的突厥文名称的原则本身，它已经是鄂尔浑碑铭中突厥月份的命名了，而这些碑铭正是我本论著的主要文献。

汉族人以基数词来指他们民用年中的月（阴历月），按照正常顺序排列：正月、二月、三月……一直到十二月或腊月（闰月则是重复前一个月的序号）。

这样一种用法并不符合突厥语的分类法。当它表达阴历月āy（哀）的时候，一般都应该于其前面加一个序数词来这样做："第1月"、"第2月"等。再没有比这一切更简单和更符合逻辑的事了。这里是指对符合突厥语言天才的汉文术语的突厥语译文。

我们将会看到，在大家可以使突厥历法和作为其起源的汉地历法之间能准确印证的所有情况下，这从732年起就是可能的了（请参阅下文第23—33节），仅根据回鹘时代的完整历史就可以核实（请参阅本书第四章以及 MM、ML，俯拾即得）。月份的突厥文编号就相当于汉文编号。正如大家在一种如此清楚的分类法中所期待的那样，每年中相继的月份都被以相继的突厥文序数词来相称：第1个月、第2个月、第3个月等，没有任何颠倒之处。

然而，当大家在历法问题上，掌握有至少是从732年起的突厥文文献，并保持了完整的回鹘历法（MM、ML）时，便希望以比鲁尼撰写于1030年的一段文字为基础，这段文字以一种很糟的状态流传下来了，并且颇为令人生疑。从而拼凑了一种在突厥月份名称之间的数目"差距"之理论，在有关这一内容的最新著作中（DS 186—187）中，导致假定了它们是以下述最奇特的顺序相称的：

"大、小、第1、第7、第6、第5、第8、第9、第10、第4、第3、第2"月。

为了得到这样的结果，则还必须将阿拉伯文写法中的词组"k + s"改为 t，以获得 yätinč（第7）；将 š 改为 l + t，以读做altïnč（第6）。对于这最后两个词来说，我可以假设性的提出两种在这个或另一个时代绝对未曾在突厥语中出现过的名词：βüčünč（第3），带有阿拉伯文的 b-词根；yäkinč（第2），而不是诸如 üčünč 和 ikinti、ikinč 等非常著名的形式。

由此可以明显地得出一种看法，这恰恰正是比鲁尼的文献流传很糟和编排不当的原因，它明显受到了相继转抄的抄写者均不懂突厥文之害。甚至出现在第 3 个词中的 birinč（第 1）也被写得带有一个多余的 s（请参阅 DS 186）。

这段残缺不全的文献之唯一意义，是它以在序数词的月之前提到"大月"（ulug āy，大尽）和"小月"（kičig āy，小尽）而开始的。普里察克正是根据这一点而作了一些颇有意义的评论（DS 187—189），我将于本书第 6 和第 10 章中再回头来论述这一问题。这一切几乎肯定是出自这样一种资料：其中对阴历月的列举开始于冬至，正如在汉地的天文历法中一样（请参阅 BC 12—13），汉地民用年的第 1 个月事实上是天文历的第 3 个月。至于继此之后的名词，大家在参照阿拉伯文的写法时（DS 188—189），便会看到，这些令人满意的纠正可以使人首先读做 birinč āy（第 1 个月），正如普里察克所做的那样，其次是在取代起始声母 alif 和删去多余的 šīn，那就可以读做 ikinč āy（第 2 个月）；再次，写做 alif、šīn、nūn 和 ǰīn 的字是完全可以读通的，元音并未被标写出来，阿拉伯文 sīn 完全可以正确地读出来，元音未被记下来。阿拉伯文 sīn 经常被用于翻译没有与阿拉伯文等同词的突厥文中的 č，用 üšünǰ 来代替 üčünč，意为"第 3"。至止为止，一切都很正常。

大家期待中的"第 4"（törtünč）被遗漏了，它曾是根据手写体的习惯而被补加进去的，最后又被错误地摒弃了。接着是"第 5"（bāšinč）及其被很好地保留下来的古长元音（请参阅土库曼语 bāš，第 5）。"第 6"和"第 8"都被漏掉了。接着很正常地出现了 säksinč（第 7）、toksunč（第 9）和 ōnunč（第 10），而这最后一个数字则保留了长元音（请参阅土库曼语 ōn，10）。本统计表应于此结束。

继此之后立即出现了"第 4"（törtünč）。带有由 waw 的形式保留下来并记音的第 1 个长元音（请参阅土库蛮语 dört，4）。这样一来，现在无论是对于考证该词，还是对于最严肃认真的学者比鲁尼最早的校订法，都不存在任何怀疑了。它向我们证明，继遭到歪曲的此文之后，便出现了某些在于补充它的增添字母。该词本应出现在"第3"和"第5"之间，而且得到了正确流传。但它却被抄写者遗漏掉了，稍后又重新补进了一份统计表之尾，该表由自冬至起的两个阴历月而开始，这两个月于汉地天文历书中在传统上都早于民用年的正月。从逻辑上讲，它应该结束于民用年的"十月"（ōnunč āy）之后，也就是天文年的十二月和最后一个月之后（精通天文学的比鲁尼以其资料为基础而将天文年作为其参照点）。

至于这一系列月的最后两个月之前的修饰词（它们也忠实地保留了古长元音。请参阅土库蛮语 āy，意为"阴历月"或"阳历月"），在现在残留给我们的文献中分别作 bjnj 和 yknj。这是另外两个移放在最后的添加月，以便达到共有 12 个阴历月的必需总数。最后一个闰月基本上很明朗了。我认为它是遗漏了声母 alif，突厥文 ikinč（第2）是我前文已经遇到过的（alif）yksnj 的一种经过修饰的不同写法。一名抄写者运用了与另一种文本的比较法或某种突厥资料，所以删去了多余的 sīn，它可能是出自把一个稍长一些的连音符与不带字母环形部分的草书 sīn 相混淆的结果。至于其倒数第2个词 bJnJ，它使我困惑不解。由普里察克想象出来的"第3个月"（βüčünč），我觉得从语言学角度来讲是根本不可能的（"第3"确实应为 üčünč，带有短元音，在已出现过的古代和中世纪所有突厥文的例证中，均未有任何声母的踪迹）。我至少必须将 b-改为字母 alif（这从古文字的观点上来看，我觉得具有很大的冒险性，正如对 b-所作的那样，alif 并不发音，而且也从未有过此般相对较大的字体）而读做 üJünč，也就是 üšünč 的异体字，用于指过去曾出现过的 üčünč（第3）。唯一的一个以 b-开始的突厥文数词是 bäš/bēš（5），这个 bJnj 也可能是抄写者根据手抄的传统做法而造成的一种错误，本应该为一个 bšnJ，也就是 bēšinč，它只能是用长元音记音（但这个长元音倾向于从一个词源 ä 而封闭为 ē，不可能被如此轻易地通过 alif—阿拉伯文或波斯文中的长 ā 来解释，它在波斯文中则呈开口和圆口音）的前一个 bāšinč（b、alif、š、n、J），意为"第

5"。这样一来，继"第 4"（tŏrtünč）之后，就完全可以很好地理解了，错误再加上由于位置错误的添加字母之偶然性于此之前就立即暴露出来了。归根结蒂，这正是我所作的假设，虽然从纯文学观点上来看，在阿拉伯文 ǰīm 和 sīn 之间的混淆，实际上应该排除。这种混淆在清辅音和浊辅音 ǰ 之间是语音性的，可能还受到了把突厥文辅音 č 经常记音为 š 的做法促成，它同样和同时也用阿拉伯文 ǰ 来翻译。这后一点无论如何是含糊不清的。

20. 无论如何，绝非是这种明显充满了错误的、对比鲁尼一部撰写于公元 1039 年的著作中已遭歪曲的传说之节录，在有关通过根据正常的算术顺序，而计数的汉文基数词的突厥原词的忠实译文的问题上，它可以驳倒所谓突厥文原形出现得要早得多的假设。我坚信，比鲁尼的著作于两个月（它原来很严肃和资料很丰富）中的见证的唯一特征在于以下事实：对突厥历法中各阴历月的列举始于天文年初（根据汉人的定义，后来又被当时的突厥文人所沿用），这同时也是民用年的最后两个月（在突厥人中就如同在汉地一样）开始，它们具有专名。我还将有机会来论述这个问题（下文第六和第十章），这是由于在古突厥文的记数法中， "第 10" 以上的序数词具有复杂的情形：bir yegirminč 意为 "第 11"；据古代记数法认为，ekki yegirminč 意为 "第 12"。这种记数法从 8 世纪起发生了变化（请参阅第一章，第 47 节以下），ōn artukï birinč 意为 "第 11"，ōn artukï ekkinč（或 ikinč）意为 "第 12"。

作为突厥学家，如果我需要复原比鲁尼的那段已经完全失去其价值的文字，那么我就要依靠突厥史料中互相吻合的佐证而这样做了：

"ulug āy, kičig āy, birinč āy ikinč āy, üčünč āy, tŏrtünč āy, bēšinč āy（altïnč āy, yetinč āy），säksinč āy, toksunč āy, ōnunč āy"。这就是说，从冬至起："大月、小月、正月、二月……"继此之后 "……十月"。按正常的数字顺序列举。

21. 普里察克在对这段文献的诠释时，将混乱归咎于不同记数法（DS 186）的交叉，从而导致他将在古突厥月份顺序中的数词的所谓差距或混合中，提供了某些实际上没有一种有充分理由的互补指数（DS 187）。我将简单地对此作陈述如下：

⒜得名于野生动物名称的黠戛斯月份之名称，出自一种狩猎历法，它形成了与作为以数字为基础的月名之源不同的另一种体系，它们在这一问题上不能证明任何问题。

⒝黠戛斯人相继的月份名称为：togustuŋ ayï、yätiniŋ ayï、beštiŋ ayï、üštüŋ、birdiŋ ayï（应将此与和它完全相当的巴拉巴鞑靼人月份的名称 birniŋ ayï 进行比较），它们并非如同普里察克所相信的那样为"九月、七月、五月、三月和正月"。它们所具有的结构，也就是基数词的属格，然后是带有主有后缀的 ay 一词。这都清楚地说明，这个基数词是名词 ay 的补语，无论是在黠戛斯语还是在突厥语中，它从未曾有过序数词的意义。所以，我不是译做"第九月、第五月"等，而是应译做"九的月"、"七的月"、"五的月"、"三的月"、"一的月"。这些名称在突厥社会的其他地区也有与之相当的词，具有很特殊的专门意义。但突厥学家们却忽略了这一点，因为他们未能理解民间天义学的内容。正如我在本书第十一章中即将指出的那样，这里是指一种昴星团（七曜?）古历法的残余，其踪迹已经出现在巴比伦的天文学文献中了（AD、AE、AF），它可能是从美索不达米亚（Mésopotamie）一直传到了西域。我稍后再对此作系统的研究，因为这值得下一番苦工夫。我现在仅限于指出，那些相继的数字"9、7、5、3、1"原来系指从新月起的日数。继此之后，便在黄道宫带中产生了月亮和昴星团之合，这一日数每个阴历月减少了两天左右，本处所涉及的"合"很容易观察到，这是一种单凭经验的最佳做法，以确定为了赶上太阳周期（由太阳和昴星团之合，也就是无法观察到的新月和昴星团之合来确定），而应在历书中增加一个阴历闰月的时间。因此，本处所涉及的数字与指连续阴历月的序数词没有任何关系。它们对于与我本处有关的问题没有任何意义。

ⓒ蒙古文（鄂尔多斯文）中的月份名称"第5、第6"等分别被用于指民用年中的"第2、第3"等月份。这仅证明在蒙古社会的部分地区，于民用年始点的问题上出现了历史性变化。同样，我所说的"9月、10月、11月、12月"已不再是第7、第8、第9和第10月了，而成了我们历法中的第9、第10、第11和第12月。自从我们的年初被定于1月而不是如同在罗马年中那样确定为3月间以来（BA 46—48和54），情况即如此。这些事实都是我现在无法论及的。

ⓓ在鄂尔浑碑铭（DS 186，第3—8行）中，突厥与汉族月份顺序号之间出现了所谓的差距，正如我于下文将要证明的那样，是以对碑铭文献和汉文编年史中大量积累（这是传统性的）起来的解读错误为基础的。

22. 我认为已经充分证明了出自一连串混淆的论据之无效性。它们都倾向于使人相信，古突厥人的月份具有极其奇异的特征，始终独立于汉地日历推算法，甚至是直到突厥人正式采纳中国天朝宫廷的历法时都始终如此，这种采纳从586年起就已经得到了确认。

我尚需要肯定地证明我自认为是历史真相的东西，也就是诸如在鄂尔浑第1和第2碑中使用的蒙古地区突厥人之官方历法（这些碑铭是用突厥文向我们提供完整时间的最早文献）是汉地历法的一种忠实译本，其中之一的月份（甚至是日子）与另一种完全相吻合。

事实上，只要尚未得出这种证明，正如伯希和于1928年所写的那样（BK 209），大家就完全有权利思考，在这些突厥文碑铭中，"以月份和日子进行断代是否符合汉地历法"。如果突厥人根本就没有这样一种特殊的日历推算法（正如伯希和曾从理论上所考虑的那样），那么在他们之中到底使用一种什么样的历法呢？它与突厥人在蒙古地区的直接先人蠕蠕部的遗产12生肖历共同存在（BK 209）。至于我自己，我认为这更可能是蠕蠕人的一种假想的影响。蠕蠕人的日历推算法至今仍是我们完全陌生的。从公元6世纪起，正是突厥人和汉人之间的直接关系，才充分解释了由突厥人使用12支纪年的情况。在我看来，12支纪年的汉地起源是显而易见的。至于突厥人以月、日断代的方法，我将会通过对很具体的一种观点的研究，而看到它与汉族人断代方式的吻合性。

23. 大家可能对于看到我称阙特勤为 Köl tegin 感到惊讶，因为自汤姆森和拉德洛夫以来的突厥学家们，传统上都称这一著名人物为 Kül tegin。那是由于这种明显是保守的倾向未曾考虑到一种很珍贵的资料，它涉及了由11世纪的著名突厥学家喀什噶里提供的古突厥文职官尊号，喀什噶里的著作仅仅自贝希姆·阿塔赖（Besim Atalay，NA、NB、NC、ND，1939—1941年）将它刊行以来，它才可以被人很好地利用了。

喀喇汗时代的突厥人喀什噶里非常精通突厥人的民族传统。他曾就 Köl Bilgä Xān（阙毗伽汗）的职官尊号问题，向我们非常清楚地解释说（ND，稿本第215—216页；GC 中的 Köl 条目），"湖"的名称（köl，该长元音已由土库蛮语 göl 和雅库特语 küöl 所证实）被象征性地运用于尊号中，以指一名其智慧如同一片湖泊一样辽阔的头人（请参阅蒙古文 Dalai Lama，即达赖喇嘛，意指"海洋喇嘛"）。肯定正是该词出现在多种作为突厥职官尊号的名词中者，其中包括"阙特勤"（Köl tegin）在内，意为"湖泊王"或"海子王"。突厥文字中的元音既可以读作 ö，又可以读做 ü（长元音或短元音）。如果不是最早译者们的权威（他们的错误也是不乏其例的），那么就没有任何充分的理由认为应于此读作 kül（它在突厥语中是一个指"灰烬"的名词），而且也不会引起有权威的反响。至于 kül（鲜花）一词，它也出现在突厥斯坦的数种近代方言中。完全如同奥斯曼语中的 gül（玫瑰花）是借鉴自波斯文 gol（玫瑰花）的一个词，它未出现在较古老的时代。我还应补充说明，没有任何带有元音发音的 kül 的名词能进入现知的突厥职官尊号中。因此，我此稍后将会讲到 Köl tegin，而不是 Kül tegin。

24. 作为当时已经内附中原的可汗（从天朝的观点来看是附庸）之弟的这位著名王子的汉文墓碑文，是直接出自唐玄宗皇帝宫中的。它是由该君主御制（BK 246），然而又由随张将军率领的官方使团前来的汉族专家们勒石为纪（鄂尔浑第 1 碑，北侧第 13 行；HI 52）：

"tabgač kagan čïkanï čaŋ säŋün" 意为"中国皇帝的堂弟张将军"（我于此纠正了传统译文，过去由于不懂 čïkan 一词的词义为"堂弟"而误译，它已由喀什噶里作了明确解释。请参阅 GC 中的 čïkan 条目）。

阙特勤墓碑的突厥文（鄂尔浑第 1 碑），明显是由其兄突厥毗伽可汗撰写的。

因此，我这里掌握的是一种价值极高的资料，而且石碑中的具体内容保存得很好。它在有关汉族和突厥族使用历法问题上的可靠性方面，超过了其他任何史料的真实度。非常遗憾，我们将会看到，直到现在为止，大家为研究纪年而仅利用了其中很少的一部分内容，而且积累起了大量错误和难题。

25. 造成错误的第 1 种原因是纯物质方面的，即出自汉文碑铭时间中的汉文月份数字之残损。加贝伦茨（Georg von der Gabe-lenz，JA 第 25—26 页）以及继他之后的施古德（Gustave Schlegel，JD 45），都根据晚期于 1891 年在北京仓促完成的一种抄本和由海克尔（Axel Heikel）所拍摄的图版而释读出了这一时间：

"大唐开元廿年岁次壬申，十二月辛丑朔，七日丁未。"

然而，这种释读法却导向了一条死胡同。事实上，如果开元皇帝年号中的第二十年（732 年）是正确的话（BD 198；请参阅 BD 第 10 页的表；或者是 BC 第 8—9 页的表。我为了考证 60 甲子的干支名称，始终都参照它们，并将仅沿用其顺序号），那么同样也可以毫不逊色地肯定，其月份占据了一个甲子周期的第39—50 号的这一年（BD 198），其中却未包括任何辛丑月（甲子中的第 38 号）。月份的干支名称至少也都参照了月亮的周期

（黄神父年表中的第 1 栏，BD 108，732 年）。此外，如果月份的干支名称也如同这个时代的习惯一样，参照了该月第一天的干支符号，那就应该是这样的情况，因为在辛丑（甲子中的第 38号）与丁未（第 44 号）之间，确实具有预料中的 6 天（7 天少 1 天）之差。它无法与第 12 个阴历月相吻合，它开始于 1 个甲子周期的第 7 日。由于它距离第 38 日太远，而无法使大家可以假设这是一种疏忽大意。

26. 这个表面上看来难以解决的问题，现已获得了一种解决问题的开端，也就是当汤姆森（JB 172—177 注㊳）根据照片进行工作时，他便以其惯用的刻薄语言而指出，虽然月份的数字已经残损，但也不能被读作 12（十二），而明显是 7（七）。现存下去的重要部分在任何方面都与数字"七"的相应部分相同，"七"这个数字在稍后于日子的时间中保存得完整无缺。

事实上，由于奥斯曼宫中的指挥官布雅纳（Bouillane）于 1909 年制作的碑铭拓片，这个问题已经得以解决。伯希和曾针对此而具体解释说（BK 254 注①），于其上面可以清楚地读到："第 7 月"。因此，现在不再有任何怀疑了，应该读作：

"大唐开元廿年岁次壬申，七月辛丑朔，七日丁未。"

但在这个肯定是很棘手的问题上，又提出了一个新的难题。因为从该时代的经典性日历推算法来看，这一难题是由平均月的一览表提出来的。该表可以用做对开元二十年（732 年）的日历复原的基础，该年的七月一日将处于一个甲子顺序中的第 39 号（BD 198，最后 1 行），而不是第 38 号（辛丑）。

对于一个历法月之初仅有一天的浮动，也并不是一件罕见的事。但当涉及在一般情况下都极其严密精确的中国皇历时，则不能轻率地对待。我们必须试图为此找到一种解释。

一种最便利的解决办法，就在于于此提出负责竖立墓碑的汉人在日历推算中犯了一大错误。在确定甲子中干支符号名称中的错误（在有关 7 日的甲子时间问题上再次重复了这种错误，它应为一个甲子的第 44 年），这当然是可能的，但却是不大容易被人接受的。如果说初看起来，甲子纪年会使那些并不像汉族文人一样熟悉它的人感到相当复杂。那么我也不应该忘记，其各项都是以天干之一而开始的，从而很便于记忆，在该内容方面的一种错误可能首先会涉及汉地历法中的一旬（用"10 干"来表示），它在某种意义上相当于我们的一星期。在一般情况下，我们更容易在有关每月中的第几日而不是第几周的日子上，更容易犯错误。在本情况下，这就更容易诱导我考虑每月日历推算中的一种错误，在本处（请参阅 BD 198）应该是 732 年 7 月 26 日（儒略历的算法），而不是 27 日。在中国中原那大月 30 天和小月 29 天的日历计算方法中，更容易犯这种错误。这是由于按照天文历表的规则，前 1 个月（六月）是 30 天。只要由于疏忽而将此月计算为 29 天，就是可以使七月早开始一天。

27. 如果这其中有误解的话，那就更应该假设认为这后一种是误解。但我不能轻率地接受它。我所面对的是一种官方的历史文献、由一名作为天子皇亲和使团长的将军负责雕刻的一篇汉文御制碑。该将军不会不在其随身行李中携带一部中国中原传统生活的常备指南书，即诸如皇历那样的著作，对于在如同该碑的立碑时间断代那样既是宗教又是外交的重要活动中，也不会忽略参阅它。然而，呈交给皇帝的一位堂兄弟的成文汉地历书，肯定是直接出自天朝宫廷（为了进行比较，请参阅由黄神父描述过的颁历礼仪，见 BC 3—5），它应该是被极为细心地抄写的。

在由 19 世纪的汉族文人以及继他们之后的黄神父（BD 第 11 页以下），对 732 年历书所作的由果溯因的复原文（无论它在理论上是多么理由充足）与最具有官方特征的碑铭文献之间，我认为最好是沿用第 2 种办法，只要能于其中发现某些可能成立的解释即可。

最重要的一种明显具有吸引力的假设在于承认，对于本处所涉及的年度历书，汉族天文学家们从不简单地和机械性地运用传统的天文历表，而是正如为了避免在天文表的理论上的新月与真正的新月之间日益扩大的差距而必须要做的那样，使用了对计算的持续观察。在此情况下，他们本来会获得一种从当时的科学角度来看是卓越的成果，因为中国的真正朔日（新月）实际上不是 732 年的 7 月 27 日，而完全应该是 26 日夜很晚的时候（中国的一昼夜是从午夜到午夜，见 BC 19）。

汤姆森于其同事丹麦天文学家悌勒（Thiele）那里学到了这一切，此人为他计算出"中国于 732 年 7 月 26 日晚 10 时半有一次新月"（JB 174）。我向巴黎的黄经局请教以便核实这件事，它通过维茨（M. Waitz）先生 1955 年 10 月 22 日的一封很客气的信而回答我说，732 年的 7 月 26 日格林威治（Greenwich）时间 16 时出现过一次新月，通过经度的时间折算，应为唐朝京师长安时间的 23 时 16 分。

这种现代科学解释以其合理的简易性，使汤姆森先生充分地感到了满足，他胸有成竹地得出结论认为，本处是指新月的"第 7 日"。

"因此，我认为汉文碑铭中的时间相当于公元 732 年 8 月 1 日的观点，已经得到了证实"（o. c. l. c.）。

28. 然而，有些强烈的异议却反对这种论述。首先，本处所涉及的新月，在 8 世纪时，不大可能由汉族天文学家们如此准确地计算出来。如果我以由黄经局公布的最新资料为基础的话，那么这次新月就应该属于 44 分数量级范围内。其次，必须注意到，对于 732 年来说，正常地使用中国古典的天文历表，就会为下一次新月提供一种令人完全满意的成果，将下次新月定于 8 月 25 日（阴历八月，BD 198）。这就与真正的新月完全相吻合了，因为一次日食必然会与真正的新月相吻合，而且汉文编年史已经记载在案了，正如汤姆森所揭示出的那样（JB 174），而且这次日食也恰恰发生在 732 年 8 月 25 日。

因此，我认为在天文之合中，根本不存在使人偶尔放弃天文历表传统用法的充足理由。此外，令人极其难以置信的是，8 世纪的中国天文学家们的观察手段和计算方法（他们就如同巴比伦人一样，从他们那千余年间的大量观察中，得出了他们杰出的天文学知识，而这些观察资料都被收藏在档案馆中并用于编制越来越精确的天文历表。但在计算月份时，却使用了平均农历月），能够得以导致他们预测到 732 年 7 月真正的阴历月，大约只有近 44 分钟之差。

29. 因此，我认为必须寻求另一种更符合中国中原传统的解释。恰恰是在大唐玄宗皇帝在位的开元二十年八月新月中，存在着一次日食，它可以将我们重新导向正路。

大家确实知道，预测被认为是可能破坏宇宙和谐的天文灾难的日食，也是皇帝必须以合适的礼仪排除的灾难。有时在失败的情况下，则会使人面临被处死的危险，这也是皇帝的天文学家们的主要任务之一。这些人精通该学科，而且在遇到怀疑的情况下更喜欢宣布一次不太可靠的日食，若日食不出现则被认为是受到了上天的一次恩宠，而不肯漏报一次可能会出现的日食。

为汤姆森提供资料的人所参阅的中国编年史提到了 732 年 8 月 25 日的日食，而又未指出这次日食不曾被预测到（当这种轰动一时的不吉事件发生时，编年史学家们都必然会提到它）。我完全有理由相信，中国宫廷中的天文学家们曾借助于它们的天文历表，而精心计算过日食出现的日子。然而，对一次日食的预测可能会通过皇帝的最高钦定而导致对其标准历法作出武断的修改，以使日食不会在一个非常不适当的日子出现，如民用年的新年。黄伯录神父指出（BD 12—13）过历史上为人所熟悉的情况。由于皇帝钦定，标准历书被在这种意义上作了修订，也就是说或者是武断地增加一个闰月，或者是于每个 29 天的小月中增加一天，或者是在一个 30 天的大月中减去一天。作为例证，上文提到的修改之一，恰恰就是玄宗皇帝在开元十二年（724 年）的所作所为。他于其中再加一个闰十二月，以避免使日食落到来年的第 1 天。

732 年，可能使玄宗感到不快，因为一次日食恰恰发生在民用年的八月初，而他 20 年前正是于阴历八月间登基称帝的（BD 512）。有一种可以避免遇到这种恶兆的很不自然的手段，那就是在该年的下半年提前一天，从而减去历书上的阴历六月的最后一天，该月本应为 30 天（BD 198）。这样一来，第 7 个阴历月就不是开始于公元 7 月 27 日而是 26 日了，也正如我那很严肃的资料之基础——碑铭文献所明确地指出的那样，这一天为辛丑日；八月间的日食日也不是 8 月 25 日，而是其前夕 24 日。因此，这次日食的可靠发生时间只能是阴历八月的第 2 天。这样就不会产生与八月一日那样的恶兆了。当然，出现在新月第 2 日的一次日食从天文学上来讲是荒谬的事，但这样的事却不会使中国皇帝感到棘手和难堪，因为大家知道历史上（BD 13 注③和④）高祖皇帝①的两项决定，从 30 天的传统性月份中减去一天，以使 937 和 938 年的日食发生在正月二日而不是正月初一（新年）。

无论如何，即使这种星相学的解释不算最佳，有一件事实也是实实在在地存在的：一方官方碑铭转载了由玄宗皇帝亲自御制的一种文献（正如伯希和据《唐书》的记载所指出的那样，见：BK 246），它是在皇帝堂兄弟指挥下由中国中原的某些专家们雕刻的。他们的"辛丑日"（甲子中的第 38 号）定于 732 年七月初。我们通过推论便会知道这同一个阴历月的七日为"丁未日"（甲子中的第 44 号）。我没有任何理由对这种资料提出质疑。因为它在权威方面超过了对历书的事后推理性的所有复原，即使它们都是符合标准规则的历书也罢。

因此，我将如同汤姆森一样，以对此作出结论而结束本论述。但出于某些与他略有小异的原因，我的结论是阙特勤汉文碑中的"大唐开元廿年岁次壬申，七月辛丑朔，七日丁未"完全相当于公元 732 年 8 月 1 日，这一天是丁未日。中国的这个农历月开始于（与惯用的准则相反）732 年的 7 月 26 日，这是一个辛丑日。

30. 这一至关紧要的观点一旦被阐明之后，我现在希望暂时将对突厥学传统（有的甚至是很近期的，如 DS 186 第 7 段）的解释搁置一旁不顾，因为其中大部分都是充满着错误的极其错综

---

① 本处是指后晋高祖石敬瑭。——译者

复杂的解释。我将直接使用阙特勤突厥文碑铭中那保存完好并被严密考证过的文献。这一通碑的碑文是由阙特勤的兄长突厥王毗伽可汗所书，并且与其汉文碑文雕刻在同一块碑中（鄂尔浑第 1 碑）。

在该碑的东北侧（HI 52—53）中，写有如下内容（经我从语言学角度上作了校正）：

"kȫl tegin koń yïlka yetti yegirmikä učdï. tokkuzunč āy yetti ottuzka yog ärtürtimiz. barkïn bädizin bitig tāšïn bičin yïlka yettinč āy yetti ottuzka kop alkdïmïz."

我从语言学角度所做的某些修改，不会对已被接受的译文造成任何改变，这种译文是正确的。我将尽量忠于原文地作如下表述：

"阙特勤辞世（之故）于羊年十七日。九月二十七日，我们举行葬礼（yog）。对于修祠庙、装饰工程与竖墓碑，我们于猴年七月二十七日全部竣工。"

这段文献非常清楚。大家在下述事实中可能会发现一种不太重要的难题，这就是第一个时间——该王子逝世的时间并未包括明确指出月份的地方。然而，正如其后面的两个时间那样，这个时间应该是完整的。事实上，指阴历月的地方不太明确："羊年十七日"，其中使用了传统性的基数词，以指"某日"（如同此后的两个时间一样）。其意为"羊年的第十七日"，也就是说，指该年的第 17 日。这种具体解释事实上是认为其中省略了提及正月的地方。

在紧接此后的时间中，未重复"年"，这就意味着本处是指同一羊年（九月二十七日）。第 3 个和最后一个时间是非常明确的：猴年七月二十七日。

在此情况下，羊年（12 支纪年中的第 8 年，相当于第 8 支），"未"字指一个"辛未"年（甲子纪年中的第 8 年），也就是开元十九年（731 年）。猴年（12 支中的第 9 年，第 9 支，申年）是紧接着羊年的下一年，壬申年（甲子中的第 9 年），也就是我们在汉文碑文中已经遇到过的开元二十年（请参阅 BD 198）。

31. 现在，这一年谱已被毫不含糊地编定了：

阙特勤的薨逝的时间：羊年（正月）十七日，开元十九年（公元731年）。

为他举行葬礼的时间：同一年九月二十七日（公元731年）。

竖碑勒石的完成时间：次年七月二十七日，猴年，相当于开元二十年（公元732年），与汉文碑文中的汉文时间是同年和同月（七月）。

所有这一切都是非常连贯的，但令人遗憾的是它们未被诠释者们透彻地理解过，他们经常将逝世的时间与葬礼的时间（王子薨世的突厥时间——"九月"，见 DS 186）相混淆，其次是将这后一个时间与突厥文和汉文碑铭的时间（被断代为731年，其中汉文碑铭的时间为公元731年七月，见 DS 186，第5—7行）相混淆。

这是由于数位西方学者都因在逝世与葬礼之间的时间差（这在我们的习惯中是不常见的）之间搞错了，因为其时间相隔长达8个阴历月零20天。他们的误解出自于这些人忽略了有关该问题的一条关键资料，它是由公元581年左右的汉文编年史提供的，已由儒莲（Stanislas Julien，DL331以下）翻译并且早在1864年就发表于《亚细亚学报》中了，后来又由汤姆森于1896年重新引用（JB 59—60），它涉及了蒙古地区突厥人的殡葬传统：

"春夏死者，候草木黄落；秋冬死者，候华叶荣茂，然始坎而瘗之。"

阙特勤之死于开元十九年初，该年开始于公元731年2月11日。从汉族人的观念来看，这就相当于"孟春"。为了举行他的葬礼（在突厥文中作 yog），则必须等待同年九月和该月的二十七日（据汉地历法来看，便是11月初，见 BD 198），以待"草木黄落"。再没有比这一切更符合突厥人的传统了。

至于由突厥文碑铭东北侧按年代顺序而记载的工程：建造祠庙、装饰祠庙以及最后雕刻碑文，则必然需要相当长时间，只能在举行葬礼之后才能开工，也只有到葬礼后的 10 个月时才完成。这就是说一直等到次年（732 年）的七月二十七日，也就是我们历法中的 8 月下旬（BD 198）。所有这一切都是极其清楚的，它与汉文碑文中时间的一致性是毋庸置疑的：开元二十年（732 年）同一个七月的七日。

32. 此外还有更多的情况，因为有一段文字被非常不合时宜地遗忘了。虽然它被完好无损地保存下来了，这就是阙特勤墓碑的突厥文碑文（鄂尔浑第 1 碑，东南侧，HI 54—55），它完全可以为我澄清有关碑文工程时间表的情况，另外还向我提供了有关突厥官方历法与中国朝廷历法之吻合性的精确证据：

"bunča bitig bitigmä köl tegin atïsï yōllïg tegin bitidim. yegirmi kün olurïp bu tāška bu tāmka kop yōllïg tegin bitidim."

其意义为："至于写下所有这些文字的人，正是（我）——他的侄子药利特勤（Yōllïg tegin）写下了这一切。我留在（这里）20 天。（我）药利特勤，就在这些石碑和墙壁上写下了一切。"

阙特勤碑汉文中的最后几个字为竖碑工程的竣工作了断代，也就是中原历法中的开元二十年（732 年）七月七日。

该突厥文墓碑的东北侧为完成书写碑文的时间作了断代，也就是突厥历法中的猴年七月二十七日，相当于同一个"开元二十年"。

书写碑文的人药利特勤于该碑东南较小的侧面中补充说，他在彻底完成文字书写（用毛笔书写，biti-）之前，一直滞留在那里工作了 20 天。

将这 3 种资料（人们过去为什么从未想到这一切呢?）可能会使人证实，两种历法中对每月日子的计算完全互相吻合。因为由继前者的初七之后的 20 天而导致了后者的二十七日，都是同一年同一个阴历七月。

这一切的前提当然是鄂尔浑第 1 碑的突厥文碑文是继汉文碑文之后才写成的。由于它在顺序上居先的原因，这一切都是很容易理解的，因为突厥人为天朝唐玄宗皇帝的附庸，而玄宗正是该汉文墓碑的撰写人。但是，在这场从一开始就大错而特错并且极度混乱的论战中，我还可以不失任何谨慎小心地运用碑铭的证据。

33. 事实上，在该通碑各侧（南侧、东侧和北侧，而南侧的碑文结束于西南角，东侧的碑文结束于东南角）的主体突厥文献之间衔接的奇特顺序，正如汤姆森曾正确地看到的那样（JB 88），它不仅仅证明南侧的突厥文碑文写于东侧与北侧的碑文之前，而且还证明（这是诸家学者忘记指出的情节）汉文碑文在突厥文碑文书写之前就已经存在于西侧了。事实确实如此，如果从南侧开始并从东南角向西南角方向书写的突厥文碑文，并未由紧接此后的西侧碑文所继续（而是由东侧所继续，它与南侧突厥文碑文的开头处而不是结尾处相衔接），那是由于西侧已无法使用了，因为它被汉文碑文所占据。

主要突厥文碑文结束于石碑那始终未被使用的最后一个大侧面，也就是其北侧。对于西侧，由于那里已经写上了毗伽可汗碑碑文最后增补部分（有关授予阙特勤一个突厥文谥号的两行文字。见鄂尔浑第 1 碑西侧第 1—2 行，HI 54—55），所以突厥文碑文抄写者只能利用其中尚留做空白的有限部分。这是由汉族抄写者所作的"排版"的一种原因。

东北、东南和西南的狭窄碑面在最后时刻被用于药利特勤（Yöllig tegin）点名式署名的三段补充内容：我刚才诠释过的两条珍贵的年代记载（东北侧和东南侧）和有关死者财富的一行文字（西南侧，见 HI 54—55）。

这样一来，一切都可以用最简单的方式解释，立碑工程的年谱就显得非常清楚了：

首先是书写汉文碑文，完成于阴历七月七日，相当于公元

732 年 8 月 1 日（请参阅上文第 29 节）。

其次是药利特勤所从事的 20 天的工作（8 月 2—21 日），先按上文提到的顺序写好了突厥文的碑文正文，然后是他亲自作的 3 段补充。全部工程完成于七月二十七日，相当于公元 732 年 8 月 21 日。

34. 以鄂尔浑第 1 碑的碑文（它被明确地提及是为了确认相反的情况）为基础，我认为已经证明，在 731—732 年间，于蒙古地区突厥人的官方历法和中国朝廷的历法之间有一种完全的吻合性，本处仅仅是一种经简化的译文。

这种吻合性尤为引人注目，正如人们已经看到的那样，那是由于开元二十年（公元 732 年）是一种减损的对象，它只能出自历法的最高主宰者玄宗皇帝，它从汉族天文学家们那经典式的日历推算法中减损一日。这种公开的减损做法又由突厥人所沿用，况且突厥人也没有任何理由另外行事。因为完全可以肯定，他们当时没有自己的历法计算家，故只能满足于翻译（带有 12 生肖纪年周期之简单译文）天朝向他们隆重颁发的历书，至少在突厥人与天朝保持和平时期是这样的。从 586 年起，要由天朝最高行政当局向突厥人颁历。

35. 我仍需要回头来论述某些根深蒂固的错误，它们都是在突厥人中使用 12 生肖汉族—突厥族历法的诠释中产生的（这是为了最终根除这些错误），因为这些错误又由于对突厥纪年传统的错误评价而变得广泛流传开了。

我不能适度地评论暴露出了这些错误的所有出版物，我仅满足于驳斥普里察克一部近作中的一段文字，因为它概括了所有这些错误。但这部著作也很珍贵，资料丰富并受到了高度评价。

这位学者（DS 186，1954 年）写下了下面这样一段文字：

"突厥历史上有两种不解之谜。不仅在古突厥文（鄂尔浑碑铭）中如此，如在阙特勤的墓碑中，而且还在 731 年的登柯玛尔碑和 734 年的毗伽可汗碑中也如此。其时间中有 9 个为七月（第 1 碑南侧），10 个时间为八月（第 2 碑南侧第 10 行）。"

这些断言主要是以两种很古老的参考资料为基础的。对于第1批事件，普里察克主要是参照了庄延龄（Parker，1896年，JB 215—216）的著作；对于第2批事件，他主要是参照了宋君荣（Gaubil，著名的中国纪年学家，耶稣会士，于1759年卒于北京，见DK第16卷第26页）的著作，此著后来又由晚期的评论家们引用。

我在前几页文字中就已经指出，在有关阙特勤的问题上，"九月"是指羊年，也就是大唐开元十九年（公元731年），况且它已出现在举行葬礼（yog）的时间中了，而同时出现在汉文碑文（它明显属于开元二十年）和突厥文碑文（也被断代为同一猴年，即公元732年）中的"七月"，则是完成碑文的时间，全部工程完成于葬礼之后的1年间。不管情况如何，为汉文墓碑断代的"731年"这个时间是错误的，正如汤姆森已经看到的那样。汤姆森于刊登庄延龄著作的同一种刊物中，根据某种错误百出的抄件，就已经断言汉文碑系732年8月1日的（JB 174）。事实上，开元二十年开始于公元732年（1月1日，BD 198），结束于733年1月，这是不容置疑的事实。

36. 为了消除至今仍妨碍我们充分利用古突厥碑铭中年代数据的所有这些混乱，我尚有待于驳斥有关阙特勤的突厥王兄毗伽可汗薨逝时间上错误传统。

在该汗国国主的碑文中，这个时间已用突厥文作了清楚交代（鄂尔浑第2碑，南侧第10行，见HI 70—71），该墓志铭系由其子——新执政的可汗所作：

"bunča kazganïp(kaŋïm kagan ï)t yïl ōnunč āy altï ottuzka uča bardï. lagzïn yïl bēšinč āy yetti ottuzka yog ärtürtim."

其意为："继所有这些成功之后，我父可汗于狗年十月二十六日升天而去（本意为'飞翔而去'。——译者）。猪年五月二十七日，我办完了葬礼。"

在有关汉文资料的问题上，伯希和于1929年（BK 229以下，尤其是229注②）就已经作了非常仔细的研究。他毫不犹豫地从中得出结论认为，汉文史料可以使人将毗伽可汗（Bilgä kagan）薨逝的时间定于开元二十二年（734 年），而且使人更偏重于断代为该年末。汉文编年史中确实记载说，这一薨逝的消息传到洛阳时，玄宗皇帝正在那里，时值"开元二十二年"的"庚戌"（甲子中的第 47 天）日（公元 735 年 1 月 21 日，BD 199）。因此，天子于甲寅日（1 个甲子中的第 51 天，相当于公元 735 年 1 月 25 日）在该城的南门做礼仪性哭吊。此外，毗伽可汗的汉文碑文第 15 行提到了"开元二十二年"，"正如德微利亚（Devéria）所指出的那样，它完全可能是指毗伽可汗的薨逝"（伯希和，BK 233 下部）。伯希和另外还说明（BK 234），汉文碑文的第 23 行应读作"开元二十三年"（公元 735 年），"因而该碑文完全是于此年雕刻的"。正如大家在有关阙特勤墓碑的问题上所看到的那样，立碑要明显远远晚于可汗的薨逝时间，可能更晚于其葬礼的时间。

由于开元二十二年（甲戌年，甲子中的第 11 年）是一个狗年（12 支纪年中的第 11 年）；开元二十三年（乙亥年，甲子中的第 12 年）是一个猪年（12 支纪年中的第 12 年）。这与毗伽可汗突厥文墓碑中的数据之间具有显而易见的吻合性。大家可以把可汗的薨逝定于狗年（734 年），将葬礼定于猪年（735 年），而汉文和突厥文碑文似乎是在同年稍晚的时候完成的。

37. 至于可汗薨逝的阴历月，据突厥文碑记载为狗年十月；至于宋君荣于 18 世纪提到的"八月"，却由于缺乏具体参考资料而无价值。伯希和（BK 229—230 注释以下）则在毗伽可汗薨逝的问题上指出，汉文文献中有讹，该可汗的薨逝时间可能被某些作家与阙特勤的逝世时间相混淆了。"八月"的记载未出现在他曾参阅过的任何唐代汉文史籍中。伯希和所参阅过的主要编年史（o. c., l. c.）仅仅指出，在开元二十二年（公元 734 年 2 月 9 日至 735 年 1 月 28 日，BD 199）以下记载说，毗伽可汗卒于"此年"，确实为一狗年。

宋君荣所说的"八月"应该是出自汉族文人晚期和错误的

复原，汉文编年史未确切地提供可汗薨逝的时间，而仅仅是提到该消息传到中国朝廷的具体日子。人们在有关阙特勤薨逝的问题上，发现了同样的现象，其时间仅在突厥碑文中才被准确地提供（羊年十七日，开元十九年，即公元731年2月27日。见BD 198）。有关这个问题的汉文编年史，仅指出（BK 246）其消息具体是哪一天传入朝廷的，也就是731年5月13日，这就是以档案抄件而保存在档案馆中的一封玄宗皇帝致毗伽可汗的吊丧信中记载的时间。

大家通过这后一个例证便可以看到，突厥王子薨逝的消息是于该年2月末—5月间，共用75天才传到中国皇帝那里。如果毗伽可汗的薨逝发生在开元二十二年"八月"间（公元734年9月2日—10月1日），由于这一事件仅到735年1月21日才为玄宗所知，所以其消息在用了112—114天才传至洛阳，这相对而言似乎太长了。然而，如果大家合乎情理地沿用有关毗伽可汗薨逝时间的唯一一种突厥文资料（狗年十月二十六日，即开元二十二年），并且根据汉文历书（BD 199）而对它进行解释（由于阙特勤的先例而必须这样做）时，那就会获得从734年11月25日的时间，甚至是直到735年1月21日的时间，从而产生了57天的间隔，这对于传递如此重要的消息来说，则似乎是令人难以置信的。

但我认为这后一种论据几乎是多余的，因为宋君荣提到的"八月"，不仅以编年史为基础，而且也仅仅是一种不同程度的晚期中原传说中多种互相矛盾的说法之一，伯希和（BK 219—220注释）指出了这些文献资料那遭歪曲、混淆（在特勤与可汗之间）和贫乏的特征。

38. 数年之前，由于在有关鄂尔浑第1碑的问题上，发现了东突厥汗国准确地奉行汉地官方历法，所以人们没有任何理由认为在毗伽可汗死后又中断了奉行这种历法，因为其继承人在735年仍归附天朝皇帝（以汉人的观点来看，则是附庸），他完全如同其弟一样获得了玄宗皇帝赐御制汉文碑文和由宗正卿李俭率领的一个使团吊祭的荣誉（BK 236—239）。我认为由鄂尔浑第 2 碑提供的突厥时间是可靠的，应该如同对待第 1 碑一样，按照汉地历法进行解释。这样便可以使我按儒略历作出如下换算：

毗伽可汗的薨逝：狗年十月二十六日，相当于公元 734 年 11 月 25 日。

毗伽可汗的葬礼：猪年五月二十七日，相当于公元 735 年 6 月 22 日。

完全同阙特勤的情况一样，大家看到又一次证实了仍遵循由 6 世纪的汉文编年史所指出的突厥古老殡葬传统，这种传统要求葬礼在一个与死亡时相反的季节，也就是说在逝世之后数月时才举行（DL 331 以下，JB 59—60）。这里又是汉人的第 2 部分观察对此作出了解释："春夏死者，候草木黄落；秋冬死者，候华叶荣茂，然始坎而瘞之。"

从大家仅发现（就如同鄂尔浑第 1 碑和第 2 碑中的汉文与突厥文碑铭所允许的那样）突厥官方历法与中国朝廷中的历法完全一致的时候起，所有这些事实都清楚地和毫无困难地协调一致起来了。

39. 我现在终于要结束对有关古突厥人历法那有时是很艰难的问题的讨论，最终要作出一些非常简单的结论了。如果人们不是过分仓促地陷入对出自第二手的、断章取义的或错误百出的资料进行思考之中，如果大家都如同我被迫所做的那样，坚持仔细研究唯一有价值的资料，在本处的情况下也就是研究汉文、突厥文碑铭和当时的汉文编年史资料，那么我们早就会得出这样的结论来了。

（1）从公元最初几个世纪起，便用在中国中原行用的 12 属（12 生肖）纪年。在突厥人从公元 6 世纪中叶起最早与中原天朝保持直接和持续的接触时，这种历法便传到了突厥人中。对于突厥人就如同对于当时的汉人一样，它仅仅是以汉地精确历法中的甲子纪年 12 支为基础的一种简化的普及形式，它与 12 支具有完全一致的对应关系（请参阅第一章的第 1 部分，特别是第 11—

15 节)。

（2）在与中原天朝结盟或内附的突厥人的官方文书中，特别是在他们的可汗或特勤的碑文中，表达了与相对应的汉地民用年定义相同的年（每年的始与末）之12生肖周期，与这些年的阴历月划分结合起来了，这些阴历月的时间（29天或30天）、其连接顺序和以简单算术级数排列的月份顺序（1—12月），都根据汉地官方历法而作了准确计算，甚至是当它包括有与汉族天文学家们的经典性准则相抵触的内容也罢。

（3）以简单算术级数而对阴历月的日子——二十九日或三十日的计数法，事实上是准确地沿用了汉地官方历法的计算法。

（4）在突厥官方历法与中国朝廷中的历法（突厥官方历法仅仅是中国朝廷历法的一种忠实翻译，尽管有所简化）之间，这种完全的吻合性不是通过具有独创性和神奇般的计算来解释的，因为游牧突厥民当时根本无法来这样做，而实际上仅仅是通过每年向中华帝国的盟友（它认为是内附者）正式颁汉历来解释。从时间角度来讲，首次向突厥人颁历一事已由汉文编年史作了记载，发生于586年2月12日。

（5）甚至是在这次正式颁历之前，汉历就已经在东突厥可汗沙钵略（Išbara）可汗宫中使用了。该可汗曾致书于隋朝皇帝，此书已被断代为"辰年"九月十日（请参阅本章第7节以下）。这是汉地式的一种不完善的断代，因为它在年（甲辰）中缺少10干（天干）中的"甲"符号。它应该是沿用汉地历法，因而便相当于（BD 180）公元584年10月19日。因此，可汗宫通过非官方渠道而得到了汉地历书；或者更应该是这种历书的一种简本，仅仅包括该年的12支符号，也就是与12生肖相对应的动物，在本处也就是指龙（BC 7）。

（6）拥有中国汉历或者是其突厥文简本（其中包括12支之一的动物、相继的12个各为29天或30天的阴历月）的结果，却无法在突厥的广大游牧民中广泛流传，它始终是少数头人和录事们的一种特权，广大民众则必须坚持使用仅以经验为基础的

"民族"古历法，即我于本书第一章所复原的那种历法。

(7) 突厥人与天朝之间可能爆发的政治危机和军事冲突，会中断正式颁发汉地历书，甚至还会中断对汉地历书的占有或运用。因此，如果认为汉地历书自586年以来就被突厥人不间断地使用，那将是错误的。这种历法的使用形成了内附中原王朝的标志。大家将会看到，诸如暾欲谷（Tonyukuk）那样的一名"突厥民族主义者"，则完全拒绝使用它，即使是以12支历的同化形式出现的日历也罢。

40. 现在，为了更详细地研究突厥人的日历推算法和年代概念，尤其是研究他们的古代历制之残余，即使是他们正式使用了汉地历书也罢。我们掌握有一种很珍贵的、内容相当丰富和具有令人满意的真实性的资料。它是由突厥人留给我们的，或者至少是由至今所发现和刊布的碑铭文献提供的。

对于东突厥人(蒙古地区)来说，翁金（Ongīn）碑、依赫—和硕土（IKhe-Khušotu）碑、依赫—阿什赫特（IKhe-Askhete）碑、暾欲谷（Tonyukuk）碑或巴彦—楚克图（Baïn Tsokto）碑、鄂尔浑第1碑和鄂尔浑第2碑等；对于西突厥人（突厥斯坦的突厥人）来说，则是怛逻斯（Talas）碑。

我故意从这份统计表中排除了回鹘时代的和出自回鹘人的古突厥碑铭，我将在本书第四章中研究它们。

本处研究过的每种文献都要求从语言学上作出一种相当严密的考证，我将试图对它们作最起码的必要诠释（由于对它们所作的刊布和翻译往往都处于一种很不完善的状态，所以这样的注释就是必不可缺的了）。其中的每种文献都揭示了突厥人在日历推算法和纪年方面，于思想和习俗发展中的一个特殊阶段。它们之中的每一种在分别对待突厥旧历制和汉地历法（或者是12生肖历法）方面，都表现了某些相差甚殊的态度，与错综复杂的历史和政治形势有着密切的关系，我将针对每种情况都试作一番分析。

我曾认为，在这样的背景下，最合适的陈述方法就在于逐一研究碑铭（全都是墓碑），它们可以为我的研究提供一些原始资料内容（具有不同程度的重要性），在相对比较具体的范围（我可以为之断代）内，根据年代承袭顺序而介绍这一切。

41.（A）东突厥碑铭

（1）翁金碑

该碑是于 1891 年由雅德林采夫（Yadrintseff）于翁金河畔发现的，此地位于中蒙古的鄂尔浑地区之南。它由拉德洛夫先于 1892 年和后于 1896 年刊布（HA，图版 26—83），他于 1895 年首次翻译（HB 243 以下）并于 1899 年再次对图版作了描改（HD 8—10）。这些著作在当时都是功德无量的，突厥学家们的惯例是一直以这些著作为基础，甚至是某些近期的做法依然如此（HI 127—132）。它们包含有重大错误，特别是在纪年方面更为严重，已经由伯希和部分地指出过（BK 205 以下）。

非常幸运，杰拉尔·克洛松（Gerard Clauson）爵士于 1957 年刊行了一种新的版本和译本（JH），它在编排和诠释文献中形成了一次重大发展，天才地和可靠地纠正了拉德洛夫及其过分忠实的继承者们的主要错误。我正是以这部著作为基础，尽管其中的某些观点尚有待于商榷。

颉跌利施可汗（El-teriš kagan，在汉文史料中叫作骨咄禄可汗，即 Kutlug 之对音）的名称出现在墓碑中。拉德洛夫最早曾仓促地推论说这就是可汗的墓碑，他认为该可汗薨逝于一个龙年（692 年）。因此，他希望将相继以 lüi 和 lü 出现的名词都视为"龙"（在回鹘文中作 lū）的名称，它们分别出现在一段残损甚重的文字中，也就是说出现于该可汗碑文正文的第 12 行和附属碑文的第 4 行中。一方面，颉跌利施（骨咄禄）可汗并非薨逝于一个龙年，而是卒殁于一个兔年（691 年），正如伯希和根据汉文史料而不容置疑地证明的那样（BK 205—207 注释）；另一方面，所谓的 lüi 和 lü 这些怪异的不同形式从未出现过。其中的第 1 种形式从音位学的角度来讲，在古突厥文中是根本不可能存在的；该词中的两个元音不可能在同一个词中紧相接，事实上也未出现在碑铭中。正如杰拉尔·克洛松爵士已经证明的那样（JH 187 和 190），此人理由充分地在第 1 个元音处读到了 Koò（绵羊），在第 2 个元音处揭示了拉德洛夫在一段残损甚重的文字中所作的毫无根据的猜测，拉德洛夫的目的在于证实他早先的释读，而他本人也感到了这种释读的缺陷。

42. 杰拉尔·克洛松公爵指出（JH 179），拉德洛夫错误假设的一种有害后果，便是让人把翁金碑视为现在已能断代的最古老突厥碑文了，因为大家相信它是 692 年的。他根据碑文正文末尾的第 12 行中对毗伽可汗的记载，而非常明确地指出，此方碑文应被断代为该可汗执政年间（其执政期持续于 716—735 年间。见 JH 191），而且还多次指出了该文与 732 年的鄂尔浑第 1 碑之间在文风上具有一种明显的相似性。我完全同意他的这部分结论。

在我不能再完全苟同杰拉尔·克洛松的地方，也就是当我发现在毗伽可汗执政期间有两个羊年（719 和 731 年），从而认为在写作上的明显相似性中发现了鄂尔浑第 1 碑——阙特勤碑文对翁金碑文作者的影响，该作者可能是在为特勤举行葬礼时得以熟悉了此碑文（JH 192）。杰拉尔·克洛松提议将翁金碑纪念的墓主之逝世断代为 731 年（因此，如果考虑到为举行我提到的葬礼所必需的时间间隔，那就应该将该碑铭的时间断代为 732 年，完全如同鄂尔浑第 1 碑一样）。

43. 如果我知道翁金碑纪念的墓主是谁，那么我明显就会对许多事情更加清楚了。

根据广为流传的习惯，人们普遍认为此人是在自说自话，在碑文正文的第 1—11 行中是以第一人称讲话的。他于其中自称是一位汗的后裔（第 1 行）和一名"设"（Šad）之子：kaṇïm šad，意为"我父设"（第 8 行）。在当时的突厥人中，这是一种很高的职官尊号，系由尚未即位为突厥可汗的毗伽本人所享有（鄂尔浑第 2 碑，东侧第 15 行，见 HI 36—37），而且仅供汗王家族所专有。非常遗憾，他个人的名字本应该出现在第 4 行中，但该行已残损，从而使其身份失去了任何可靠性。我仅仅坚信，这里是指一名高级官吏，系可汗之亲属。

除了其名字付阙如之外，我至少还知道他在流血的汗位之争中属于哪一派，这次汗位之争发生在卡波干可汗（Kapgan kagan）薨逝之后，卡波干可汗即汉文史料中的默啜可汗，系颉跌利施（骨咄禄）可汗之弟和毗伽可汗之叔，而毗伽可汗本人却是骨咄禄可汗之子，当默啜于 716 年 7 月 22 日被杀时，便在可汗的儿子匐俱（Bugü）的支持者和毗伽的支持者之间爆发了汗位之争（DH 158—159），毗伽受到了其弟阙特勤（Köl tegin）的支持。在这后一个派别中，便有我本处所涉及的人物，他声称（第 2 行，见 JH 182）：

"inim a! oglïm a! anča ötlädim：kaŋ yorïp, el-teriš kaganka adrïlmaduk, yaŋïlmaduk, täŋri bilgä kaganda adrïlmalïm, azmalïm, teyin, anča ötlädim."

我的解读与杰拉尔·克洛松公爵略有小异，但其意义却几乎是相同的：

"啊！吾弟！啊！吾子！这就是我提出的建议：'我们在汗父健在时，从未离开过和从未冒犯过颉跌利施可汗；不要离开，不要抛弃毗伽神可汗。'我这样讲了。这就是我提出的建议。"

44. 这段文字的政治意义很清楚。在大约于 716 年 7 月末开始的动乱中，以颉跌利施可汗的儿子为首的一派获胜，匐俱和默啜可汗（卡波干可汗）全部亲信的被杀（唯有暾欲谷例外，因为他是毗伽的岳父）而告结束。翁金碑中的死者属于胜利者一派，而且他也以此为荣（从促使他所大讲特讲的虚构故事来看），这也可能是使他获得一通漂亮的墓碑的原因……

在可以为其逝世断代的两个羊年（719 年和 731 年）中，719 年这个羊年则更接近于争夺汗位战争的时间，它能更好地证明已经做过的这种提醒。但这不是一种有分量的论据，我不准备依靠它。

相反，杰拉尔·克洛松爵士更加偏爱 731 年这个时间的主要论据，也就是模拟阙特勤碑的撰写方法，我也觉得并非是完全可信的。

如果大家同意他的假设，那么撰写翁金墓碑所纪念的墓主就应该是死于羊年（731年）阴历七月（yettinč āy，第12行，见JH），它就相当于（请参阅上文第30节末）汉地历法中的开元十九年。这个时间相当于包括731年8月7日至9月5日之间的时期（BD 198）。如果我认为已经证明了这一点，那么在毗伽可汗统治时代的突厥官方历法就是仍在忠实地沿用唐朝的历法。我认为翁金碑中提到的死者是毗伽的亲属和其国的高级官吏，所以他只能遵循当时已作为天朝盟友——附庸者的突厥汗国的官方历法。

此外，我已经证明，阙特勤的突厥碑文（请参阅上文第33节末）仅于732年8月21日才完成，于同年8月2日就开始书写碑文了。

大家看不明白，为什么于731年8—9月逝世的一名高级官吏的墓碑，会被732年8月撰写的一篇文献所模仿。大家更看不明白，为什么这种模仿能够出自一个曾参加过阙特勤葬礼的人之手，这次葬礼是于（请参阅上文第30和31节）羊年（731年）九月二十七日（开元十九年）举行，也就是说举行于公元731年的阴历十一月一日（BD 198），因为这次葬礼的时间要早于鄂尔浑第1碑10个阴历月的时间。

45. 另外，在鄂尔浑第1碑和翁金碑之间，于写作方面的那些无可争议的相似性问题上，如果确实如同我所认为的那样，翁金碑要早12年的话，那么这些相似性也完全可以按照相反的意义进行解释。在大家可以辨认出一种惹人注目的相似性的段落中，翁金碑的碑文比鄂尔浑第1碑和第2碑的篇幅更为简短，撰写得更不精心，文笔也更为粗糙。在翁金碑、依赫—和硕土碑和暾欲谷碑之间，又发现在许多具体细节问题上的相似性。大家一致认为（这也是杰拉尔·克洛松的观点，见JJ 28），应将它们断代为早于鄂尔浑碑。

无论如何，继克洛松发表精彩论著之后，在为翁金碑中墓主的死亡断代问题上，这场辩论仅限于只相距 12 年的两个时间（719 年或 731 年）中。人们为支持其中的这个或那个时间，可以提出的文献或历史角度的论据始终都可能会有矛盾。

我们必须利用其他客观标准，但这不是为了最终快刀斩乱麻地解决问题（在此情况下，那将会表现出一种有限度的武断），而是为了得出一种准确程度大小不定的可能性。据我认为，这些客观标准是：①古文字资料；②纪年技术的进化程度。

在先进的定居文明范围内，对于悠久的传统和始终不渝地掌握历法技术等问题，如果一名考释者（正如我们在这些 8 世纪时的突厥碑铭问题上有意所做的那样），企图从碑铭文字的形状及其准确程度不同的纪年中，得出某些严肃的论据，从而为一方墓碑作出相差近 12 年的断代，那么大家都会有充分的理由感到惊讶。

46. 但是，大家有关能够可靠地断定其不同古老程度的突厥碑铭文献的研究，都已经非常明显地证实，在有关意义重大的这两点（古文字和纪年）上，十公元 8 世纪前三分之年代，蒙古地区的突厥人在这方面的进化很快。因为当时的突厥人一方面受他们那悠久"民族"传统，另一方面又受一种大家可以称之为汉族"同化"（我使用一个由于滥用而被相当严重地歪曲的"新词"）的双重互相矛盾的影响。在中原王朝经常从事政治干预的时代，这后一种影响则颇有活力和非常明显易见。无论在鄂尔浑第 1 和第 2 碑中怎样讲（其中反对和公开赞扬中原人的段落并存，而且其汉文碑文是出自唐玄宗皇帝之手），其中对于毗伽可汗所执行的"合作"政策明显支持之处绝对不乏其例。

突厥"守旧派"忠于土著传统，表面通过一种最初级的谨慎而泰然地表现出了无动于衷，事实上却是那些懂得解释其沉默的人都会强烈地感到他们对中原唐朝之政治—文化影响的敌视。该派思想的最真实和最具有代表性的文献，肯定就是暾欲谷那已被充做其墓碑铭文的自传（JF）。大家现在一致（CB 202—203，

JJ 28）把它断代为 725 年、726 年，或者是稍晚一些的时间。大家始终都正确地认为它早于鄂尔浑第 1 碑和第 2 碑，暾欲谷碑在某种意义上形成了鄂尔浑碑在古文字、纪年和尤其是政治上的反证。

在这方肯定是保守性的碑文（无疑是由暾欲谷本人撰写）中，它不想随着袭位的情况而让其继承人来撰写自己的墓铭，他在毗伽可汗（汉文编年史中的默棘连，DH 159）即位时已高龄 7 旬有余。毗伽为暾欲谷的女婿，于 716 年即位。因此，暾欲谷可能是诞生于 645 年左右。碑铭中的某些字形与人们在鄂尔浑第 1 和第 2 碑的碑文（它们形成突厥古文字的"经典"）中观察到的字形相比较，则具有古老的特征。然而，这些特征中的大部分又都出现在翁金碑中了：环形的前辅音 b 于顶部不带棱角，音节符号 ük/kü 呈拉丁文 B 的形状，写成封闭圆圈的符号 nt，写得宽而弯曲的后辅音 S，写成上面带有一个人字条纹的半圆状的后辅音 T 等（请参阅由葛玛丽女士编制的统计表，见 FA 12）。

更有甚者，翁金碑在某些方面则具有比暾欲谷碑更古老的特征：右部已变成圆形的 m，它仅出现在暾欲谷碑的前几行文字中；在 nt 符号上的 3 个圆点而不是暾欲谷碑中唯一的点；尤为引人注目的古老风格是，前辅音 g 带有 3 横画，而不是在其他地方的两画（FA 12）。

47. 最后，在纪年法方面，翁金碑碑文标志着一种明显落后于鄂尔浑碑铭的发展阶段，其中的逝世、葬礼以及雕碑的时间都是以精确到具体日子的方式提供的。鄂尔浑碑铭中的时间却仅具体指出了逝世的月份。

"koń yïlka yettinč āy"（第 12 行，JH 183），意为"在羊年七月"。

这个不完整的时间颇为令人费解。如果说翁金碑模拟了对阙特勤的逝世作了精确断代的鄂尔浑第 1 碑，那么本处就是指高级官吏——突厥可汗的一名宗室成员。我认为，这是对从汉人那里继承而来的天文历法的一种不完善的和粗略的用法之标志，死者的心腹亲信们在该历书中未能准确地断定逝世的时间。因为他们未完整地掌握这种历法，所以在怀疑中极力避免具体指出是哪一个月。

许多相互吻合的标志都一致倾向于支持翁金碑较鄂尔浑第1碑（732年）相对古老的特征，而且翁金碑在许多方面都与暾欲谷碑（725或726年）具有相似性，并在多处还于字形的古老程度方面超过了暾欲谷碑。这一切都促使我更加主张将碑中纪念的人物的逝世断代为719年，而不是731年这一时间。

因此，我认为此人很可能是逝世于羊年七月（719年，开元七年）。为了现在就对他的死亡断代，这一点又为我提出一个问题。

事实上，在开元七年（719年，BD 197）中，有一个闰七月。大家在要知道发生死亡的时间究竟是正常七月还是其后的闰七月这一点上，则犹豫不决。我甚至还可以思考，由于增加一个闰月而在该年的汉文历书中引起的复杂问题，突厥撰碑人提到的时间之相对不完整程度是否与此具有某种关系。

48. 我们非常惊奇地注意到，直到目前为止，大家尚未掌握包括明确记载闰月的古突厥文献（古突厥文碑铭或回鹘文写本）。一次不幸的偶然，使我所掌握的仅有的完整突厥文历书（高昌回鹘人的历书）恰恰是落到了一些无闰月的年份中。然而，由于一部相对晚期的回鹘文—汉文词典（ML 59 注㊽、㊿），大家才知道了闰月在高昌回鹘文中叫做 šün āy，借鉴于一个纯粹是汉文专门术语"闰"（黄神父拼作 jen，见 BC 15）的大致突厥文对音是 šün，意指"闰月"（CS 第 3442 条）。

719年的正常七月相当于公元7月22日—8月19日，而闰七月则相当于公历8月20日—9月17日（BD 197）。因此，我应该将翁金碑中人物的死亡断代于719年7月22日—9月17日之间。

然而，在碑文之中，由于缺少强调这是指一个闰月的任何记载，所以我更主张选择正常七月这个时期，即719年7月22

日—8 月 19 日之间。

考虑到为举行葬礼而必须遵守的仪轨细节，以及此后为竖碑和镌刻碑文所必需的时间，所以我将把 720 年作为翁金碑最可能的时间。

出于与最早诠释者们完全不同的原因和在从其古老时间中再减少一代人，我感到必须认为"翁金碑的碑文是已被断代的最古老的突厥文献"，这样一来就与其文字的古老性相吻合了。

49. 在颉跌利施可汗的逝世与翁金碑的墓主死亡之间的这一代人之差距，已由碑文第 4 行所明确证实（JH 182）：

"kapgan ēl-teriš kagan ēliŋä kïlïntïm."

我认为，杰拉尔·克洛松爵士的译文（JH 188）在这一点上更接近于真实，但却未能完全达到真实：

"在卡波干（默啜）和颉跌利施（骨咄禄）可汗的汗国之间，有一代人的差距。"

在暾欲谷的自传性墓志铭的第 1 行中，有一个与这句话明显相似的句子（它也与我前文提到的句子具有一种相似性。见 HI 100—101，JF 和 JI 30—31）：

"bilgä toñukuk, bän özüm, tabgač eliŋä kïlïntïm."

诠释这句话的关键在于大家于此赋予 kïlïntïm 一词的意义，它是 kïlïn 一词的完成过去时单数的第一人称，而且又是 kïl-（作、造成）的被动自反动词。它于此的本意为"我被造就了"。杰拉尔·克洛松爵士又一次译作"成长"（JH 184—185）：

"我，暾欲谷，在中国国土上成长。"

然而，kilin-的"成长"之意又却未在其他地方出现过，它在我们的碑铭文献中确实意为"被造就"、"受培养"。

在埃尔格斯（Eleges）第 1 碑（HK 180—181，lC 25—27）上据拉德洛夫认为是第 4 行（我们认为是第 9 行）中，大家可以读到："beriyäki är kïlïnu, adrïlayïn oŋ"，意为"由于被造成了下界的人，所以我当然应该辞世了"。

同样，毗伽可汗抱怨，在突厥人中于一时间内形成了一种颓废,其中的一段文字如下(鄂尔浑第1碑东侧第4—5行,HI 30—31):"anta kisrä, inisi ečisintäg kïlïnmaduk ärinč, oglïtï kaŋïnträg kïlïnmaduk ärinč"。

其意为:"继此之后,现在是弟弟不再如同其长兄、儿子不再如同其父亲那样受培养了!"(我们更应该说是"他们不再具有同样的素质了")

因此,没有任何能够成立的理由用"成长"的意义来取代"被造就"或"受培养"的意义。对于一个人来说,这就是更接近于"生于人世间"的意义。

50. 因此,本处所指的不是死者人数的"增长",而是暗示他们的"诞生"时间。这一事实尚未被人很好地理解,因为大家在翻译 ēliŋä(被诠释成一个目的性与格词,意为"为谁……")时,忘记了与格词在古突厥文(FA 177—178)中是指时间、"日子"的正常用法(请参阅 yïlka,在指年的时间中到处可见)。

在这里所研究的两种情况(暾欲谷碑和翁金碑)中,事实上是指大致估计的诞生时间,用年号的时间来表达(ēl 本意为"国",既指"汗国"又是"年号")。

对于暾欲谷的情况,我们可以从事其年代考证。tabgač ēliŋä kïlïntïm 意为"我在天朝帝国统治时降临人世间",这就是说诞生在于630—682年左右统治突厥人的唐都护府的执政时代。然而,我们已经看到(上文第46节),暾欲谷诞生于645年左右。

在有关翁金碑中的墓主的问题上,出现了一种小小的困难,它无疑是对词组 ēliŋä kïlïntïm 之意义的所有误解之源。碑文中确实指出:

"kapgan ēl-teriš kagan éliŋä kïlïntïm."

诠释者们清楚地知道,颉跌利施(骨咄禄)可汗之弟和汗位继承人的汗号名称是卡波干可汗(Kapgan kagan,默啜可汗),所以他们都曾认为这两位突厥可汗都于此被提到了,这就应该排除通过一个"诞生时间"而作出的很自然的解释,因为同一个人不可能诞生于相继的两位可汗统治期间。

这是忘记了派生自 kap-（突然抓住、抢夺）的 kapgan（卡波干可汗，默啜可汗）不仅仅是一个政权年号，而且也是一个意为"抢劫者、征服者"的褒义形容词。如果在翁金碑中是指两位可汗，那么可汗的尊号就应该再重复一次，并且在"卡波干可汗"（默啜可汗）之后就应该首次出现。此外，根据这些碑铭的撰写习惯，必须遵循年代顺序，应在卡波干可汗之前提到颉跌利施。但事实上丝毫未出现这样的情况，这个突厥文句子的意义仅为：

"我在征服者颉跌利施可汗统治时代降临人世间。"

51. 我们通过其他地方已经获知，颉跌利施（骨咄禄）部和卡波干（默啜）可汗部之间的流血冲突，爆发于后者逝世时。我们也已经知道，翁金碑中的死者属于颉跌利施儿子一派；我甚至可以认为，该碑文的撰写者是有意地把颉跌利施称为"抢劫者和征服者"卡波干可汗，以表示突厥汗国的这名复兴者要比其弟和继承人更有资格享受此种称呼。

此外，这件事情值得被提及。这就是鄂尔浑第 1 碑和第 2 碑的主要作者毗伽可汗，从未称其伯父和前任为"卡波干可汗"。他仅称之为（HI 36—37 和 44—45）"吾伯可汗"，小心翼翼地避免赋予他"卡波干"这种尊号，因为它可能会给真正的征服者颉跌利施的荣耀带来阴影。仅有的几句能够以"卡波干可汗"之尊号来称呼颉跌利施之弟的作者是暾欲谷（第 51、60、61 行，HI 116—121）。他恰恰属于该可汗部族，此人仅是由于他是毗伽可汗的岳父和依赫—和硕土碑的作者，所以才幸免被杀（请参阅下文不远处第 56 节）。

因此，我觉得翁金碑保持着对 716 年汗位之争的一种甚具活力的反响。这是将我们本处讲到的人物之逝世断代为 719 年而不是 731 年（正如大家从在这一问题上非常谨慎的鄂尔浑第 1 碑和第 2 碑中所看到的那样，在 731 年这个时代，对于他的怀念已经大大减弱了）的又一种原因。

由此可见，这个人物是在颉跌利施时代，也就是在 682—691 年之间诞生的（DH 154—155），并属于明显比暾欲谷更晚的一个时代。他于 716 年在争夺汗位的战争期间，按照我们的计算法是介于 34—25 岁之间。由于他当时为了给其儿子提一些政治建议而与之交谈过（见上文第 43 节），所以其儿子当时至少也是青少年时代了。因此，我为了断定其诞生时间更应该接受颉跌利施执政初年的一个时间，也就是 682 年或者略晚几年。在他于719 年逝世时，应该是有 35 岁左右了。在这种年谱中，一切都能站得住脚。当然，大家应该将第 11 行（请参阅上文第 43 节）中的"我们"解释为"我们……从未离开过和冒犯过颉跌利施可汗"，也就如同"我们家"一样，并非是指死者本人，他在颉跌利施逝世时还仅仅是个孩子。

52. 在翁金碑（当然，我可以非常肯定地把它断代为 720年）中，我掌握有一种颇能说明突厥人纪年术的某种发展阶段的文献，这就是死者的诞生时间，即使是指年代的地方不是非常明确地为人所知，但这毕竟也解释了未曾指出过其逝世的原因。人们仅知道他是在哪位可汗执政年间诞生的，或者至少可以说这是人皆认为应该提到的唯一之处。

这种通过年号时代（ēliŋä kīlïntïm）而为生年大致断代的做法，也是暾欲谷碑中采用的那种方法。暾欲谷是属于更早一代的人物，其墓碑仅晚五六年。因此，我们应该接受，在 7—8 世纪的突厥人中，这种以可汗年号而作出粗略断代则是常用的纪年法之一。

此外，我应该指出，在这篇出自当时与中国中原王朝保持着良好关系的毗伽可汗支持者之手的文献中，12 生肖历法是汉地历法的一种通俗化形式。据我所知，它首次被用于突厥文碑铭中，以将一个人的死亡断代为羊年（719 年），并且还指出了其月份——阴历七月（据汉人对阴历月的断代，似乎应介于公元719 年 7 月 22 日—8 月 19 日之间），但未指出该月的日子。这就说明突厥人对唐朝官方历法的使用尚相当不熟练，732 年的阙特勤碑文于此却非常准确地遵循了这种方法。

（2）依赫—和硕土碑

53. 依赫—和硕土的这通重要墓碑发现于中蒙古的土拉河（土剌河，Tola）河套以南，由符拉季斯拉夫·科特维茨（Wladislaw Kotwicz）发掘，由亚历山大·萨莫依洛维奇（Alexandre Samoïlovitch）作了研究，由这两位学者共同于1927年刊布并附有质量很高的图版（JE）。它不久之前（1971年）又由杰拉尔·克洛松爵士和爱德华·特里札尔斯基（Edward Tryjarski）以最新的拓片为基础，刊行了一种非常精辟的版本（JJ）。

我所参阅的这部作了深入研究的著作，以一种对文献的内部考释和准确的历史印证的方法，非常有把握地证明，这方著名的碑文至少是相继为两个人纪功的。但事实上，几乎可以肯定是3个人，他们属于同一个家庭的不同几代人（很可能是祖父、父亲和儿子，后者是本墓碑的墓主），可能是通过世代相袭地享有一个人们在传统上读做"阙利啜"（Küli-čor）的尊号（JJ）。

最近的刊布者们（JJ 23）都讨论了这一尊号。他们首先是根据该名词的前两个音节的汉文对音而从事研究的，在我们看来是略显仓促地从中得出结论认为，更应该读做küli而不是köli。对于这些习惯于谨慎行事的人来说，这些讨论甚至成了他们的一次机缘，鲁莽地抛弃了喀什噶里有关葛罗禄（Karluk）文的尊号köl irkin中köl的组成因素问题上所作的解释（NA 108），完全与他在"阙·毗伽汗"（Köl Bilgä Xān）的尊号问题上所提出的解释相同（ND215—216）。我过去也曾使用过该尊号（请参阅上文第23节）。在无其他论据的情况下，便称之为"明显是十分荒谬可笑的"。

然而，当时的汉文对音无法使人非常可靠地将ü和ö区别开来，而且本人就是突厥人的喀什噶里是不会将ö（尤其是意为"湖"的köl中的长元音）与一个所谓kül中的ü相混淆。喀什噶里是一名既认真严肃而又对情况了如指掌的学者，他于11世纪所作的解释（当时 Köl 的组成部分仍出现在某些人所共知的尊号中）是不能被轻率地处理的，而我自己则对此给予了高度注意。

54. 相反，我完全同意最近两名刊布者的观点，他们在对 čor（啜）一词释读时常用 o 而不是 u。正是由于这种原因，他们引证的藏文词 čor（啜，JJ 23）则具有决定性意义。

如果我承认，该尊号的第 1 部分包括褒扬性的成分 köl（湖、海子，这是广阔胸怀的象征），那么尚有待于解释这最后一部分，čor 的尊号在其他地方也曾出现过，而且其地位也很高，由卡波干可汗（Kapgan kagan。汉人称之为"默啜"可汗，其第 2 个音节"啜"系 čor 的对音。见 DH 155）本人在即位之前享有。在 köl 与 čor 之间，代表字母 i 的符号在我的文献中写得很清楚。

这类完整的写法排除了一个介于两个辅音之间的过渡性不稳定元音。此外，词组 lč 确实已出现在古突厥文中（如 ēlči，意为"使节"等），而且它于其中并未由一个元音而被分开。

我提出了这样一种解释，充分考虑到了一种经常被人遗忘的事实，这就是古突厥文并不对重复的辅音记音；该尊号的写法完全可以读作带两个连续的 č，而且第 2 个 č 又未被写出，故而写作 köl-ič-čor（阙利啜，内啜）。这样一来，其中间成分就是 ič 一词，意为"内部"。它属于各种古突厥文尊号的构成部分，以指某些"内"官，也就是说属于我称之为可汗家族的官吏。请参阅"内梅录"（ič buyruk，内官）一词，鄂尔浑第 2 碑南侧第 14 行（HI 72—73）。

这就是我为什么将依赫—和硕土碑中的墓主那复合性和明显是很受尊重的尊号读作 Köl-ič-čor（阙利啜），它应该与突厥汗家庭具有很密切的联系（可能是血统关系）。

55. 此外，如若接受克洛松和特里扎尔斯基那令人信服的推论：首先尊重"汗国"的最年长者，称之为"嗢禄"（ulug），意为"大人"、"年长者、老者"（JJ 22 以下），那么我们将保留碑文第 3 行针对这位官吏的问题而提供的年代内容（JJ 21）。

"kapgan kagan ēlintä karïp, ädgü bäŋi körti. ulug kȫl-ič-čor säkkiz-ōn yāšāp yōk boltï. "

其意为："他在卡波干（默啜）可汗执政期间衰老了，曾经历过美好的欢乐。老者阙利啜享年80岁时辞世"。

第 1 种资料可以与我先前有关在古突厥纪年中使用 ēl（汗国、年号）问题上的观点相比较。我于此还掌握有以可汗统治时期纪年的一种含糊的年代资料。这一次却使用了一个位置格的词（-tä），而不是如同在前两种已经研究过的情况中那样使用与格词，因为这里已不再是指一段有限的时间，而是指一段持续时间了（请参阅 FA 210，第 6—8 行）。其中主要人物的老迈，可能是通过暗示忽略之手法而提到，此人的死亡已被断代为默啜可汗的执政年间（691—716 年）。

我还必须回头来论述这些时间，因为我上文已经指出（第41 节），在有关颉跌利施（骨咄禄）可汗逝世的时间问题上，存在着一种老生常谈的错误。在刘茂才的一部著作中，这种错误却又被出乎预料地发挥和加剧了，近期的刊布者们正是以这部著作为基础，而将颉跌利施逝世的时间断代为 693 年（JJ 24 下部），而拉德洛夫在提议将此断代为 692 年的时间有 1 年之误。伯希和（BK 205—207 注释）当时就已经正确地指出，颉跌利施（骨咄禄）逝世于"天授二年秋"，根据中原人的推定，这就是公元691 年 11 月 13 日。我在鄂尔浑第 1 和第 2 碑中也找到了对 691年这一时间的一种确认。

"kaŋïm kagan učdukda inim kȫl tegin yet(ti yāšda kaltï). "

其意为"当吾父可汗辞世时，吾弟阙特勤于其 8 岁时成为（孤儿）"（第 1 碑东侧第 30 行，HI 44—45）。

"(kaŋïm) kagan učdukda özim säkkiz yāšda kaltïm. "

其意为"当吾父可汗辞世时，吾本人于 8 岁时成为（孤儿）"（第 2 碑东侧第 14 行，HI 36—37）。

众所周知，在两种文献的相应段落中，根据以年龄而提供的大量时间，大家知道了毗伽可汗长阙特勤一岁。

"kŏl tegin öl(ip) kïrk artukï(y)etti yāš(ka)bol(tï)."

其意为"阙特勤在他辞世时刚刚进入其 47 岁"(第 1 碑东北侧，HI 52—53)。通过紧靠我已经研究过（参阅上文第 30 节）的相同文献之段落，大家便会非常清楚地知道本处所指的逝世发生于一个羊年（731 年）。

如果阙特勤于其父颉跌利施可汗逝世时只处于其第 7 岁时，在他自己于 731 年逝世时则只有 47 岁。这样一来，在上述两种事件之间就恰恰相差 40 年。正如伯希和在其他地方已经指出的那样，颉跌利施（骨咄禄）可汗的逝世时间就是 731 − 40 = 691 年。

56. 因此，老阙利啜的年迈和逝世都发生在卡波干（默啜）可汗执政年间（691—716 年）。由于他逝世于 80 岁时，所以他诞生于 612—637 年之间，即诞生于唐朝都护府和暾欲谷时代，但暾欲谷却早于他 10—35 年而逝世。

完全如同暾欲谷（直到现在为止，在所知的突厥墓志铭的作者中，唯有暾欲谷一人如此）与依赫—和硕土碑的作者一样，完全正确地以"卡波干可汗"（默啜可汗）之尊号而称颉跌利施之弟，毗伽可汗及其支持者们却避免提及这件事（请参阅上文第 51 节）。完全如同暾欲谷一样，他忌讳使用起源于中原汉地的 12 生肖历，而这却是毗伽可汗的官方历法。

因此，我有理由假定，阙利啜的部族也如同暾欲谷的部族一样，均属于"老突厥"一派，在不同程度上与对于毗伽可汗及其政策的怀念有联系，对汉化现象有抵触。

这种保守倾向排斥了对 12 生肖纪年的使用。作为纪年方法，它仅保留了"年号"来进行含糊断代的做法，或者是以年龄（yas）进行断代的相对具体的方法。这都是突厥人的古老日历推算法，我们已经看到，这也是叶尼塞河上游古代突厥语民族所使用的唯一一种方法。

恰恰是在我刚刚诠释过的一段文字中，我发现了这两种用法中的此种或彼种：提到卡波干可汗（默啜可汗）执政期和那名老英雄 80 岁的地方。

57. 对于其继承者（明显是其儿子），则未提到任何一种纪年法。请参阅该碑第 4—17 行（JJ 29）。

对于该"汗国"的第 3 位人物，也就是阙利啜部族中的最年轻者（我的文献正是他的墓志铭），我仅仅掌握着某些年代资料。

在第 23 行（JJ 22 和 29）中指出，他在战斗中早逝了：

"kirip özi kïsga kärgäk bultï."

其意为"由于介入了（混战），他过早地阵亡了。"

为我们提供的仅有的其他年代资料，则涉及了他早年在狩猎中的勇敢精神（第 18 行，JJ 22—29）。

"köl-ič-čor yetti yāšïŋa yägär ölürti, tokkuz yāšïŋa azïglïg toŋuz ölürti."

其意为："当阙利啜 7 岁时，曾杀死一只母野羊；当他 9 岁时，曾杀死过一头巨齿（azïg，獠牙。请参阅 FA 297 b）的野猪。"

这可能是对少年时代逝世的一名墓主的仅有"断代"传记事实。大家理解了作为该文特点的一种对年代相对漠不关心的情况，其中的思想状态与叶尼塞河上游碑文作者们的思想很相似。

然而，此碑文要比翁金碑稍晚一些，我已将它断代为 720 年。事实上，最近的两名刊布者都明确地指出（JJ 28），碑文中提到的最后几次军事征战（其年代已由鄂尔浑第 1 和第 2 碑所明确提供）都介于 722—723 年间。从而使他们对该碑铭作出了这样的断代："不会比 722 年更早或更晚多久。"

我完全接受这种结论。我本人过去曾以古文字资料为基础而将该碑铭断代为 720—725 年间（CB 202），而这些古文字资料可以使人将该碑铭置于翁金碑和暾欲谷碑的时间之间。大家现在可以把它断代于 723—725 年之间，只有一至两年的差异。

在我对于蒙古的古突厥文碑铭中的纪年所作的比较研究中，这是一个极其珍贵的里程碑。

（3）依赫—阿斯赫特碑

58. 这方很短的墓碑于 1893 年由克莱门茨（Klementz）作了录文，先由拉德洛夫于 1895 年刊布（HB 256—258），后又由奥尔昆于其 1938 年的文本中重新作了研究（HI 121—127）。此地位于距中蒙古的鄂尔浑碑铭地点很近，地处和硕—柴达木（Košo-Tsaïdam）附近。这是一名达干（tarkan，免交税和服役的官吏）的墓志铭，此人名叫阿勒坛·丹巴达干（Altun Tamgan Tarkan），他未在其他地方出现过。

阿勒坛·丹巴达干应该是一位中等级别的头人。该碑在体积方面与前两通碑和后三通碑相比，却显得要小巧得多。但如同叶尼塞河上游的墓碑一样，它确实具有很常见的漂亮动物雕像，一只飞鸟和一头雄鹿。

这方碑文未记载我可以用于考证年代的任何历史事件。其字形（也可能是出自多人之手）表现出了在古老字体（酷似翁金碑的字形，前辅音 g 系由 3 条横线组成）与基本接近于"古典"字体（与鄂尔浑碑中的字体近似，与在暾欲谷碑中占绝对优势的那种字体很近似）之间犹豫不决。大家开始于其中发现了简单地将前辅音 s（只有简单的一竖笔）用于 s 的做法，这在 732 年和 735 年的鄂尔浑碑铭中已经几乎是固定的用法了。但翁金碑中的古字 s 于其中也沿存下来了。

59. 出于万幸，在依赫—阿斯赫特碑中出现了唯一的一种年代资料，这就是本处提到的干达死亡的时间，它是按照 12 生肖历而提供的（HI 122）。

我应指出，碑文的撰写者既未明确指出月份，又未指出日子。这就是代表着一种不及翁金碑先进的纪年制，因为翁金碑至少还指出了阴历月。

拉德洛夫曾认为，在读做"yükünir kün"的时候，发现了对一天的记载（a, 2）。这种解读是无法成立的，因为其中根本未写有任何一个 ü。此外，第 2 个辅音仅在由拉德洛夫重新修描过的图版中才写作 k。未经重描过的图版（HI 125）可以使人不费多大困难地读出下述文字来：ygnirkn，它代表着 yegän irkin，这是刻碑人或雕碑人之一的一种非常著名的尊号〔yegän irkin bädzämiš，乙干（侄、甥）俟斤别德札迷失（庄严者）〕。

至于阿勒坛·丹巴达干去世的猪年，鉴于碑中古文字的字形，它应该属于 8 世纪前几十年，即 711、723 或 735 年。但毗伽可汗碑的时代 735 年，对于一方仍带有从暾欲谷碑（请参阅下文不远处，它应被断代为 726 年左右）中消失的字形之古老风格标记的碑文来说，则显得太晚了。至于 711 年，对于一通已开始出现鄂尔浑碑中那种"古典"字母之字体革新的碑来说，则又显得太古老了。

因此，我认为依赫—阿斯赫特碑是逝世于 723 年这个猪年的一名达干的墓碑。据汉地历法标准推算（BD 197），这一年应该是从 723 年 2 月 10 日至 724 年 1 月 30 日。

根据殡葬的间隔时间，该碑应被断代于 724 年。

它代表着一个不及在翁金碑中那样发达的日历推算法的阶段。翁金碑应被断代为 720 年左右，其中明确地指出了月份；但它又比依赫—和硕土碑（约为 723 年）中的日历推算法更为发达一些。碑文撰写者们并未怀有反对 12 生肖历法的偏见，而是对这种历法仅有一种相当粗浅的习惯用法，似乎是仅限于知道年。大家看到了，不同的态度和发展阶段同时存在于 8 世纪初叶的突厥人中。这些人的社会环境、"政治"倾向、年龄和文化程度可能会影响对日历推算法的掌握，或者是影响在墓志铭中使用日历推算法的问题。

（4）暾欲谷碑铭

60. 暾欲谷碑竖于中蒙古，距乌兰巴托（Ulān-Bātor，即库伦）东南约 50 公里的纳赖哈（Nalaïkha）附近，地处土拉河（Tola）流域，较鄂尔浑碑更偏东 350 公里的地方。当地蒙古人很熟悉该碑，但其碑铭仅于 1899 年才首次由拉德洛夫刊布（HD 2—27）。不过其结果却不太令人满意，这位大突厥学家又一次很不谨慎地对图版作了修描。

稍后不久，汤姆森（Vilhelm Thomsen）利用由蓝司铁（Ramstedt）携归的优质照片，又重新对该碑文作了研究（HH l—107，1916 年），提出了许多修改意见，奥尔昆的版本 HI 99—124）曾利用过此书。

一种再版本基本上遵循了汤姆森的异文，以极好的状态发表了蓝司铁的漂亮图版，它是于 1958 年由庞蒂·阿尔托（Pentti Aalto）完成的（JI）。这是一部很珍贵的工具书。

勒内·吉罗（René Giraud）为其 1961 年的版本（JF）而从事其研究中，未曾得以利用这部工具书。他是在其著作的手稿完成之后很久才得刊行其书的，同样也为其释读（可以由 JI 来校勘）和诠释（他于 JG 中重新作了注释），提供了大量和重要的改进之处。

我于此仅研究该碑文中的纪年法，其中的一大部分都未能引起诠释者们的注意。

61. 对于我的研究内容本身来说，最有意义的是确定暾欲谷的个人身份。正如勒内·吉罗所认为的那样，暾欲谷肯定是其个人碑文的作者。碑文的全文以第一人称写成，带有一些直言不讳的话，并使用了一种坦诚的口吻。从而使人不至于产生误解，并且具有一种非常典型的语调和文笔。

在全部古突厥碑铭文献中，这是一种独一无二的事实。它甚至未提到墓葬主人翁的死亡，而考古发掘却清楚地证明这里是指一个墓葬。这就简单地证明，碑文是由暾欲谷本人完成的，在他逝世后也未作任何补充。

我在很长时间曾相信（在最早开始撰写本书的时候），暾欲谷是原来为中原王朝效力的一位旧官吏。这种信念始于 1899 年，夏德（Hirth）当时就曾想把暾欲谷考证为另一个重要人物，也就是一个从为天朝效力转而为骨咄禄（未来的颉跌利施可汗）效劳的突厥人，在汉史文书中曾以阿史德元珍之名被提到过。有关这一问题的所有参考资料，都是由刘茂才提供的（DL' 772，有关"阿史德元珍"的条目）。刘茂才继盐佐圣一郎和数名日本学者之后，便毫不困难地考证明了（DL' 594—597）这种假设的无益特征，而这一点在大部分西方史学家中（包括直到近期之前的我本人）始终为一种信条。仅使用一种论据就足够了：汉文史书清楚地记载说，骨咄禄的元帅——这位阿史德元珍在率其军队进攻突骑施人的战斗中，于 691 年之前不久被杀，而 691 年正是骨咄禄可汗逝世的时间（DL' 158—160）。

62. 真正的 Tonyukuk 在汉文编年史中是以暾欲谷之名而提到的，其中也提供了其传记中的主要事实（DL' 170—179）。他是毗伽可汗的岳父。当毗伽可汗于 716 年即位时，即召他为其主要谋士；在默啜可汗在位年间，他占据过其相对失色的职务（汉文中叫做"衙官"）。针对他的情况所写的将他考证为元珍的一切著作，都需要作出修正。然而，由其碑铭形成的自传证明，他作为毗伽可汗的父亲骨咄禄的拥护者和支柱，而有着一种重要的政治经历。他曾帮助拥立以颉跌利施（骨咄禄）之名而成为可汗的人，这可能解释了其子女们的婚姻状况。他曾是骨咄禄为使突厥人摆脱中原王朝的"独立战争"的老谋臣，于其墓志铭中表现出了一种真正的突厥"民族主义"。汉文编年史记载说，他成功地向刚刚即位的毗伽可汗作了大获全胜的干预，劝谏他以汉人方式建造了一座以城墙环绕的城市，并在那里建造佛寺和道观（DL' 172—173）。

暾欲谷在颉跌利施统治时代参加了多次军事征战。但汉文编年史所保留下来的主要是他作为其婿毗伽可汗主要政治和军事谋士而扮演的角色。汉文编年史中对其活动的最后一次记载出现在 725 年的时间以下（DL' 175—176）。

据汉文史料记载，暾欲谷在 716 年已经有 70 多岁了（DL' 171）。他似乎确实是卒殁于 725 年之后不久，因为在这个时间之后不再提到他了；同时也不再提到其女的世系了，该女是毗伽可汗的可敦并自 734 年起又成为毗伽的遗孀，当时由于成为一次私通事件中的女主角而于一时间形成一大丑闻（DL' 179）。因此，暾欲谷可能诞生于 646 年之前不久，卒于 726 年之后，享年 80

多岁。这样一来，其碑铭应被断代为726年之后不久的一年。

非常引人注目的是，暾欲谷肯定懂得12生肖纪年，但却未于碑文的撰写中使用它。

在我已知的6通东突厥墓碑中，它们都分散于中蒙古的空间和720—735年的时间之中了。其中仅有的两通未使用这种12生肖纪年的碑铭便是暾欲谷碑和阙利啜碑。正如我已经假定的那样，在这两通碑中的这一种或那一种的情况下，为此而都有一些意识形态方面的原因，出自一种"老突厥"人的民族主义和"排汉"的思想。

这其中肯定还有（在这方面，一切问题都是互相联系的）某些宗教原因：具有12种动物象征符号（12支）的星相学使这种纪年获得了成功，它与古突厥人有关腾格里（Tängri，天神）的古老宗教完全没有关系，正处在向独神论的抽象概念发展之中。

63. 这种合乎道德的态度之不可避免的结果，便是暾欲谷处于失去了使用具体年代的任何手段。然而，他对其公职生活及其征战的叙述，在时间上是完全井然有序的，从而揭示了其真实的和颇有逻辑的思想。

暾欲谷仅仅使用了一种以年号（ēl）分类的民族纪年，我在翁金碑（请参阅前文第49节和第50节）和依赫—和硕土碑（请参阅第55节）中已经遇到过这种做法了。他正是以他个人的方法，于其自传的一开始就指出了其诞生时间："bilgä toñukuk, bän özüm, tabgač ēliŋä kïlïntïm"。其意为："我，英明的暾欲谷，我在天朝皇帝统治期间降临人世间。"

这里是指630—680年的唐朝西域都护府（大家已经看到，暾欲谷应该是诞生于647年左右）。大家还将会发现，"民族主义者"暾欲谷为了确定其出生的时间，而拒绝指出某位突厥头人的年号，因为该头人是汉人的亲信并公开享有由天朝作为恩赐而册封的"可汗"尊号。他更喜欢声称自己诞生于中原"天朝统治时期"，他当然未提到当时的天朝皇帝，此人拥有统治突厥人的权力。他作为具体解释而补充说："türk bodun tabgačka körür ärti"。

其意为："突厥人民内附于汉人。"（第 1 行）

经过简单地追述（第 2—4 行）一次流产的排汉叛乱之后，又转而长篇大论地叙述了由颉跌利施可汗自 681—682 年起领导的一次民族起义（DH 154—155）、颉跌利施作为可汗而即位（第 4—7 行）以及暾欲谷对他的具有决定性意义的帮助。

碑铭的主体部分涉及了在颉跌利施在位年间所发生的事件，主要是军事事件，一直到第 15 行（包括此行在内）为止。

第 51 行是由宣布一个新的统治年号而开始的："在卡波干可汗执政年间。"（kapgan kagan ēliṇä，691—716 年）

正确地复原这种释读法的功劳应归于庞蒂·阿尔托书的最新版本（JI 46—47）。如果大家正确地审视蓝司铁的图版（JI 26），那就会发现这种释读法是不容置疑的。拉德洛夫在一种成见思想的驱动下，曾自信于此可以读作："kapga kagan yeti otuz yaška"（请参阅 HI 116—117）。其意为"当默啜可汗 27 岁时……"这就是一种珍贵的年代资料，于此系指其执政的初期。大家这样就得以将其诞生断定于 665 年。但这纯粹是拉德洛夫的一种猜测。其依靠的根据却相当糟，肯定是错误的。令人遗憾的是，他依照自己武断释读的意义而修改了他发表的图版。我于此所面对的是诸多"不谨慎"的做法，它们在很大程度上使古突厥碑铭的年代问题更加错上加错和更加混乱不堪。

该碑铭的下文（第 51—54 行）用很笼统的术语记载下了暾欲谷对默啜可汗死心塌地的忠诚；接着是（第 54—57 行）对颉跌利施可汗及其忠实谋士暾欲谷的荣耀在政治—伦理方面表示的尊重。

第 58 行为我提供了以可汗统治期所表达的一个新的和最后的大致时间。但这个时间却未能被翻译者和诠释者们所理解，因为他们都把 ēliṇä 理解为一个利益与格词（"为了帝国……"），而事实上正如我掌握的多种互相吻合的证据那样，这其中却有一个时间与格词（见上文第 49、50 和 55 节）。

"türük bilgä kagan ēliŋä bititdim, bän bilgä toñukuk."

其意义为："我在突厥毗伽可汗统治时期，令人写下了这一切。我，英明的暾欲谷。"

这就意味着，暾欲谷因此而命令（命笔，biti + 施动词-t-）在毗伽可汗统治时代（716—734 年）写下了此文。当然，刻碑要晚于这次撰写碑文的时间，正如我已经指出的那样（见上文第 61 节末），应断代为 726 年左右。

碑文是以全面考察而结束的，其中提到了暾欲谷所知道的历任可汗：颉跌利施（骨咄禄）可汗、卡波干汗（默啜）可汗和毗伽可汗。其中最后一句话告诉我们说，他"统治"乌鲁呼尔（乌古斯，olurur）人民。

64. 因此，暾欲谷完全是以可汗统治"年号"而为其准备作为碑文的自传断代的。他在任何地方都未曾提到过一个年龄，更未曾提到过（我已知道为什么了）12 支纪年中的一年。

这种在具体纪年数据方面的极端贫乏性，也未能妨碍本碑文在对民族重大事件和军事征战的记述中，严格地遵循时间的流逝顺序。

但是，就在暾欲谷的记述充满着一些数字细节的时候，当涉及亡者和双方对峙战争的数目那样的事情时，在有关时间和持续期方面，却非常含糊不清。大家于其中特别是感到（在一个具有逻辑性很强和很明确思想的人中，尤为害怕这一点），古老的突厥记数法对于表达历史时间却显得令人可怕得无能为力。

在这一方面，大家从中只会遇到一些"略显确切"的表达方式。诸如"其后"（anta kisrä，第 6 行）、"此后"（anta otürü，第 12—13 行）、"10 夜之末"（ōn tünkä，未确定其始点。第 26 行）、"昼夜"（kün yemä, tün yemä，第 27 行）、"我们星夜继续前进并于曦光初现时到达了保勒楚（Bolču）"（但我既不知道日子，又不知道年。"tün katdïmïz bolčuka taŋ öntürü tägdimiz"第 35 行）；"第 2 天"（一个未知日子的翌日，ekkinti，第 39 行）；

"就在这一夜"（未更多的限定，ol-ok tün，第 46 行）、"本日"（再未作其他具体说明，ol küntä）。

甚至是当涉及他自己的年龄时，暾欲谷也不使用以 yas（第几年）记年的这种纪年法，它在古突厥人中显得是基本做法了，即使从科学角度来讲，他们要比叶尼塞河上游的古突厥人更为发达一些。暾欲谷仅满足于使用这样一些含糊的术语：

"özüm karï boltïm，ulug boltïm"。其意为"我，我已变衰老，我已变年迈"（第 56 行）。

在这后一段文字中，也就是在碑文接近其结论处和真正历史的记述刚刚结束的地方，大家会理解暾欲谷未提供其年龄的数字，在这篇准备作为其未来墓碑铭文的文献中，其中所提供的年龄可能会被人当做他逝世的年龄。这是一种符合逻辑的谨慎行为，可能还是一种迷信呢？以避免招致"厄运"、"死亡的命运"（kärgäk），他从来不讲这一切（这种做法与毗伽可汗在鄂尔浑第 1 和第 2 碑中的做法完全相反），也不讲他可能的死亡。这到底是哪一种情况呢？我更倾向于第 2 种假设。

无论如何，暾欲谷的长篇历史记述同时表达了一种很强烈的相对年代的意识，其中的部分事实及其时间在其他地方也曾出现过，它们持续于明确的时代顺序中，对于客观的和以数字表达的年代则表现出了一种极端的漠不关心（各位可汗的统治期除外）。暾欲谷在这一问题上同样也与非常注重历法的汉族思想完全决裂了。

（5）、（6）鄂尔浑第 1 和第 2 碑

65. 大家无法将这两大碑铭文献的研究断然分隔开来，它们是古突厥文献中的"经典"，其很大一部分内容是相同的。它们既有同一位主要作者——毗伽可汗，又有相同的抄写者和辅助撰稿人——该可汗的侄子药利特勤（Yollïg tegin）。

它们中第 1 方碑文被断代为公元 732 年，第 2 方应为公元 735 年。首先是由 1890 年的芬兰探险团录下了这些碑文并于 1892 年刊布（JA）。从次年开始，由汤姆森对它们所做的权威性

解读（HG）为突厥学开辟了广阔的和全新的前景。

继拉德洛夫的一种虽不无功德却又过分草率的译文（HB 1894 年）之后不久，紧接着便是汤姆森译制的一种更为深思熟虑的和更为可取的译本（JB 1896 年），而且还附有在当时看来实为了不起的历史注释。在这两位大学者之间，爆发了一场令人相当难受的论战。汤姆森于 1924 年发表了其著作的一种修订本（JC），但却往往不为史学家们所知，它被用做奥尔昆版本的基础（HI）。然而，俄国刊布者们（特别是 HE）在许多观点上都依然沿用拉德洛夫之所说。

大家甚至可以说，在有关这些非常重要的碑铭问题上，学术界基本上还是依靠汤姆森和拉德洛夫的著作。但这些著作却陈旧了，对于由于 11 世纪的大突厥学家喀什噶里那天才而又内容极其丰富的著作的刊行，所提供的重要的语言学新发现（NA、NB、NC、ND），却未能利用。

此外，正如我为了自己使用而针对于所有古突厥文献所作的那样，我于下文将提供我自己对鄂尔浑碑铭的解读与诠释，而且将已被人接受的"异文"之偶然的讨论，仅局限在必要的范围内。

66. 我于此非常重视尽最大可能地具体解释这两大碑铭中的日历推算法和年代数据，它们曾受到过汤姆森的高度重视（JB、HH、JC），马夸特（Marquart）早在 1898 年就作了认真的研究（BH）。但它们现在尚不大为人所熟悉，这是由于缺乏对突厥人（或者更笼统地说是对于古突厥民族）的日历推算法和历法所从事的宏观研究。

汤姆森于 1924 年曾清楚地理解到（JC），突厥碑铭中的历法是向中原王朝借鉴的。但正如我现在的处境一样，由于他也无法肯定突厥人和汉人的这两种历法之间的基本一致性，故未敢将鄂尔浑第 1 碑和第 2 碑这两方碑文中的 5 个具体时间译作西历时间。

此外，马夸特和汤姆森本人，均未以必要的严格精神来考虑用 yaš 一词所表达的"第几岁"的数值，该字至少共使用过 24 次，以便为某些具体事件断代。有关这种数值，请参阅我本书第 1 章第 26 节以下。

最后，他们根本不了解汉地历法和以"第几岁"来推算日历的方法之严格特征，它们可以使人自动翻译成汉历中的年。这是因为他们未看到（而且就我所知，任何诠释者都未曾注意到这一点），"第几岁"（yaš，第几年）并非是如同在西方那样以生日的周岁来计算，而是以"日历年"（yïl）的数量来计算的，无论是否为完整的年，主人翁的生命就是沿着这样的年序而延伸的。

我必须强调指出这一点，它对于以"第几岁"而表达的突厥文数据的任何年代解释都具有决定性意义。由于对它的误解会导致史学家们的大量失误，即使那些最了解情况的史学家们也如此。

67. 我在本书第一章（第 26—45 节）已经证明，在 yaš（第几年）和 yïl（民用年）两个词在辞源上具有统一性，它们二者均出自一个名词 ñal（绿色）。这样在原则上就意味着，人们最早是根据"春季草返青"而计算这两种年的（以草青为记）。由此而产生了两种观念在年代意义上的等同。

所有民族学家们的经验都有助于证明，在突厥民族中就如同在其他诸多民族中一样，在时间早晚不等地引入某种"户籍"制之前，人的诞生时间都无法被准确地记录下来。

无论如何，在古突厥人中，即使是对于最高统治者也罢，没有任何文献曾提到过带有月和日的一个完整诞生时间。直到 20 世纪的前数十年，突厥语民族中的文盲大众都不知道其诞生的日子。在突厥语民族的农村，人们今天还可以发现这种事态的大量残余，广泛地流传到诸多民族之中。

但是，每个突厥人的家人几乎始终都能牢记下来的，只有其生年，从这年开始计算年龄（第几岁，yaš）。这种计算法对于青年人来说很准确。但对于那些尚未使用记忆术之方法（如参照一种重要的历史事件等）的高龄人来说，随着时间的流逝，这种计算法往往都会最终变得混乱起来了。在缺乏对诞生周年作任何计算的情况下，"第几岁"是根据主人翁所经历过的完整或不完整的民用年（yïl）来计算的。

68. 除了对年龄本身的计算之处，突厥人的这种以民用年而推算日历的方法也并非必须用于完整的年，而是要考虑历法年的数量，大家所研究的时期就是分散在这种年中的，即使是只有数月和甚至只有数日也罢。

我在鄂尔浑第 2 碑的一段文字（南侧第 9 行，HI 70）中发现了这种做法的一种证据，它使毗伽可汗（我通过其他地方也获知了这一切）声称，他于 697 年被任命为"设"或"杀"（šad，见下文第 72 节 b），自 716 年 7 月 22 日（这是默啜可汗薨世的时间，见 DH 158，DL 188，下文第 72 节 n）之后成为可汗。他逝世于 734 年 11 月 25 日（见下文第 77 节）。

"män tokkuz yegirmi yïl šad olurtïm, tokk（uz yegir）mi yïl（kagan olur）tïm."

其意为："我作为设而统治了 19 年，我作为可汗而执政了 19 年。"

根据我们现代的算术计算法，在 716 年 7 月和 734 年 11 月之间，只有 18 年零 4 个月的时光。但这段持续时间共占据了 19 个不同的历法年（汉地式的历法年），碑文的撰写者仅仅考虑到了这一点。

此外，我应该指出，作为"设"而统治的"19 年"并不像我们可能会认为的那样，介于 697—716 年之间（按照古突厥人和汉人的计算法，这将相当于 20 年）；而是 697—715 年，这是根据古代近东和希腊—罗马世界一种很著名的观念计算出来的，它既要计算开始的一年，又要计算结束的一年。716 年是任"可汗的一年"而不是任"设的一年。"

根据突厥人的传统日历推算法，我们可以把每年（yïl）之初作为一个新的"第几年"（yāš）或历法年。这种简单的方法拥有它自己的逻辑，它直到近期始终在突厥和蒙古民族中普遍流行。这也是传统中国中原的计算法，其影响在此方面只会加强突厥—蒙古的古老习惯，也可能会有助于使之更加明确而具体。我在这一问题上应读引证黄伯录神父的一段文字（BC 11 注①）：

"汉人不是根据生日，而是根据年来计算年龄的。由此出现了这样一种情况：如果某人诞生于腊月最后一天，人们于翌日（因而也就是次年的正月初一）便说他'两岁'了，事实上他的降世还不及一整天。这并不是意味着他已有了两周岁，而是他生活在第 2 年。人们会发现于年历未记载的这种计算方法。"

我无法说明，古突厥人是否将这种日历推算法深入发展到了由黄神父提到的那些极端的后果，但这种方法的原则在他们之中是相同的。这种方法一直持续到近代，因为奥斯曼·土兰（Osman Turan，BM 51）毫无惊奇地引证了柯尔克孜族的口头史诗《玛纳斯》（Manas）中的这些诗句，它们是于 19 世纪记录下来的：

"Ĵirmi bešte yašïŋ, yïlïŋ bars, töröm.

Ošu bïyïl müčölüŋ, töröm. "

我逐字地翻译出来便是："你的年龄是 25 岁，你的生肖年是虎，老爷！今年是你的本命年，老爷！"

在柯尔克孜语中就如同在古突厥语中一样，yāš 系指年龄"第几年"或"第几岁"，而 yïl 却指民用年（本处是指生日的民用年）。至于 müčöl 一词（BM 51，请参阅柯尔克孜语辞典，特别是儒达欣辞典中 müčöl 条目），它在某种意义上就相当于在 12 生肖纪年法中的"周年"：当重新进入 12 生肖周期处于与生年相同的动物之标记中的一年时所产生的周年。很明显，根据我的计算方式，当一个诞生于虎年的人处于他诞生后的第 2 个虎年之初时，尚不满 24 岁。然而，他的年龄于此却带有 25 的数字（请参阅上文第一章第 29 节）。

69. 此外，鄂尔浑第 1 和第 2 碑包括这样几段文字，人们感到惊奇的是任何人都未曾录下过，它们都暗示在官方的突厥纪年体系中，yāš 和 yïl 之间完全相对应。

第 2 碑东侧第 26—27 行："yetti o (ttuz yāšïm) a"之意义为："在我第 27 岁时……"接着是叙述一种事件；其次是"ol yïlka"，意为"本民用年……"（对另外事件的记载，请参阅 HI 60—63）。本处所指的民用年恰恰是仅仅和完全由毗伽可汗的"第 27 岁"所限定。如欲使"第几年"和"民用年"同时开始和结束，那就肯定如同在本情况中一样是不可能的。

第 1 碑第 34—36 行：与上引段落的行文相同，但却是指比毗伽可汗更年轻 1 岁的幼弟阙特勤之生平的："köl tegin（altï ottuz）yāšïŋa…ol yïlka…"其意为"在阙特勤第 26 岁时……这个民用年……"；接着叙述了与上文相同的事实。对"第 26"的复原是可靠的，因为紧接着对这一年代的阐述之后，我便看到了被很好地保留下来的"27"（请参阅 HI 44—47）。同样的事实都或被断代为阙特勤"26 岁"时，或者是被断代为长他一岁的兄长毗伽可汗"27 岁"时，这样就可以准确地限定这同一个历法年，ol yïl 意为"这个民用年"。

第 1 碑北侧第 2—4 行："köl tegin bir kïrk yāšayur ärti…bir yïlka beš yōlï süŋüšdimiz."其意为"阙特勤活了 31 岁。仅仅在这个民用年，我们便短兵相接地交战 5 次"。本处所指的民用年只能根据其前文而断代，也就是阙特勤的"31 岁"。请参阅 HI 48—49。

第 2 碑东侧第 29—30 行："(ottuz artukï ekki yāšï) ma…bir yïlka tört yōlï süŋüšdim."人们正是认为毗伽可汗发表了下述讲话："当我（32）岁时……仅在这一民用年中，我们短兵相接地交战 4 次。"两方碑文的写法于此又是相似的，其中提到了同样的事实，唯有毗伽可汗少参加了一次战斗（他仅与阙特勤同时参加了 4 次战斗）。在已得到明确证实的"第 31 岁"之后，便可以非常可靠地复原为"第 32 岁"。同一历法年（bir yïl）又一次完全是或根据阙特勤的"31 岁"，或根据其兄毗伽可汗的"32 岁"而被作了限定。

如果同样的民用年两次被两兄弟中此人或彼人（在他们之中，经常有一个个位数的差异）的"第几岁"而无分别地限定，那么这种日历推算法就与他们诞生的月和日独立无关，在"民用年"与"第几年"之间具有一种年代上的等同。正如大家所期望的那样，我们这里所面对的是突厥—蒙古和汉族的用法，通过已度过的民用年而计算年龄的办法来确定其特征，即使这些民用年是片断性的和未参照周年日也罢。

70. 在这样的背景下，我们完全可以想到，突厥人使以"第几年"和民用年而推算日历的办法互相吻合起来了，即使是在采用了汉地历法之后也依然如此。这样就提出了一个问题：既然古突厥人最早以"草青"（春季草返青）而计算其"第几年"和"历法年"的，那么他们是否能将这种年和那种年的开始移到汉地新年时呢？汉地新年的平均时间是处于我们阳历（格里历）的2月6日，西域草原上的新草在这个时代尚远未重新长出来。

yïl 的辞源意义于突厥文中不再会被感觉到了，将民用年之始提前1—2个阴历月也不会和语言学家们的观点相抵触了。yaš 的情况却绝不能如此处理，它过去肯定曾保留了，而且现在仍保留着（请参阅土库曼语中的 yaš ot、土耳其突厥语中是 yaš ot，均指"新草"）指植物是"新鲜的、绿色的、新的"等意义。

这后一种障碍无论是在平民阶层还是在"老突厥"的保守阶层中，都无法得以排除。但在可汗府的官方环境（它在某种程度上与中原文明相联系）中，这种障碍却被克服了（很可能是晚期的事）。阙特勤的墓碑为我们提供了有关该问题的一种明确例证。

我于前文（请参阅上文第30—31和55节）根据鄂尔浑第1碑东北侧（HI 52—53）及其东侧第30行（HI 44—45）的碑文，已经证明了纪年的3个基本点：

①当其父颉跌利施逝世时，阙特勤正处于其"第7岁"。其父的逝世发生在"天授二年"秋（汉地的季节），也就是介于

691 年 8 月 18 日和 11 月 13 日之间。

②阙特勤逝世于羊年的第 17 日，即相当于开元十九年（公元 731 年 2 月 27 日。请参阅上文第 37 节）。

③当他刚进入其"第 47 岁"（yāš）时，便死去了。请参阅鄂尔浑第 1 碑，东北侧（HI 52—53）：

"kŏl tegin öl(ip)kïrk artukï(y)etti yāš(ka)bol(tï)."

ka 和 tï 这两个音节都被写得字母颠倒了，在这一面的碑文中包含有其他书写错误，但由各位刊布者们所接受的对这些单词的复原不会有争议（ak 和 ït 于此没有任何意义）。在这段文字中，最重要的是使用了动词 bol-（变成），而不是 är-（是），唯有在这方碑铭文献中记载年龄的地方除外。它清楚地说明了一种状态的变化，在本情况下则是指年龄的变化。其逐字的意义是："阙特勤于其 47 岁时，变成了快死的人。"

我认为，该文的意义非常清楚：阙特勤在以汉人的方式计算的民用年第 17 日逝世时，刚刚"改变其正式的年龄"，从 46 岁长到了 47 岁，而丝毫未提及他的生辰日。这仅是由于在当时与汉族习惯相吻合的突厥官方习惯中，每个新的 yāš（第几岁）都开始于汉族—突厥族历法中的新年那一天。阙特勤于 731 年（开元十九年的第一天，羊年）2 月 11 日时，进入了其"第 47 岁"。

我可以用数学方法来核实以下事实：阙特勤那以官方计算法中的新的 1 岁，事实上在任何方面都与辞源学意义上的春季"草返青"没有关系，因为在 691 年 8—11 月间，正值他的"第 7 岁"时，在 39 年之后与 730 年相当的时代，才是其"第 46 岁"。由于他逝世于 731 年 2 月 27 日，所以他仅仅于 730 年 8 月至 731 年 2 月间才会增加其正式的新的 1 岁，而在蒙古的气候中，这一时期绝对不可能与植物的春季返青相吻合。

71. 为从事"第几岁"的计算，有关正式放弃突厥人那传统性以植物返青为参照的做法，是由鄂尔浑第 2 碑（东侧第 31—32 行，HI 64—65）向我提供的。人们都认为本处是毗伽可汗在讲话：

"(ottuz artukï üč yāšï) ma amga kurgan kïšladukda yūt boltï; yāzïŋa oguz tapa sülädlm."

其意为： "在我 (33 岁) 时，在安哈—库尔干 (Amga-Kurgan) 窝冬时，发生了一场牲畜疫情。春天，我对乌古斯人发动了一次远征。"从年代背景来看， "33 岁"的复原是可靠的，法译文不能准确地表示 yāzïŋa (于其春天) 之意义上的细微差异。它带有一个主有后缀，这就说明是指本处所说的一年之春，也就是由毗伽 "33 岁"所限定的那一年。在碑文记载中的这一详细部分，每次指出毗伽可汗岁数都标志着一个新的历法年。然而，我们发现毗伽可汗新的一岁出现在一个于突厥游牧民中仍是窝冬的时期。这里实际上是指 716 年。根据汉地历法计算，这一年开始于 1 月 29 日，在西域尚属一个严寒时期。因此，这次牲畜的疫情发生在我们和古代突厥人自己 (而不包括汉人，他们使"春季"开始于新年) 所说的该年冬季 (kïš)；对于乌古斯人的远征，其目的可能在于通过抢劫而补偿所受到的牲畜之损失，据我们以突厥人的季节定义推算，这次征服应该是于稍后不久而发生在 716 年的"春夏"。

一方面，该文向我们证明，突厥人官方的习惯 (在这一点上与汉人的标准相吻合) 确实是使每年都开始于汉族—突厥族民用年之初，因而也就是在突厥人的冬季和蒙古地区的严寒时期，不再受于碑文中出现的在春季"草返青" (yāš) 和"窝冬" (kïš-la-) 之间于辞源学上的矛盾之约束了；另一方面，在有关季节的问题上，即使是在官方的和部分汉化的环境中，突厥人也保留了他们那"自然的"和气候的定义，而且这些定义又都符合其先祖传统及其地理环境的实情，但却未考虑完全不同的汉族定义。我于本书下文还将有机会发现这一点 (请参阅下文第 72 和 73 节)。

现在，特别引起我注意的问题，也就是对于从年代学上解释鄂尔浑第 1 和第 2 碑具有根本意义的问题，则是在 8 世纪的这个时代，在突厥人通过春季"草返青"和"历法年"而推算日历的突厥官方习惯之间完全吻合，"年岁"从汉族—突厥族历法的新年（与汉地新年相同）而开始计算。

这样一来，为了给这两种文献记载的事件断代，我拥有一种既简单又准确的办法。这两种文献或者涉及了阙特勤的年龄，或者是毗伽可汗的年龄。通过这些碑铭中的年龄考证出的年谱并不是一种不可靠的个人年谱，而是一种具体和客观的年谱，以汉地的官方历法为基础，与通过 12 生肖纪年的民用年而编制的一种年谱严格地相吻合。

因此，我从此之后便可以通过"岁"而对这一年谱作出一种具体解释（由于汉文史料，我才得以对此进行核实）。对于各种时间的所有对应关系，我将永远参照黄神父的著作（BD 192—199）。

72. 通过"岁"来解释时间

（a）鄂尔浑第 1 碑东侧第 30 行，HI 44—45："kaŋïm kagan učdukda inim köl tegin ye(tti yāšda kaltï)"，其意为："当我父可汗去世时，我弟阙特勤 7 岁。"鄂尔浑第 2 碑东侧第 14 行，HI 36—37："(kaŋïm)kagan učdukda özüm säkkiz yāšda kaltïm"，其意为："当我父可汗去世时，我自己 8 岁。"因此，当颉跌利施可汗（骨咄禄）薨逝时，阙特勤和毗伽可汗分别正值 7 岁和 8 岁，也就是说正处于他们一生中的第 7 和第 8 个汉族—突厥族的民用年。我通过其他地方（请参阅上文第 55 节，BK 205—207 和注释）又获知，颉跌利施逝世于"天授二年"（兔年，691 年）。我可以由此而推论出来，阙特勤诞生于 685 年这个鸡年，也就是公元 685 年 2 月 9 日至 686 年 2 月 29 日之间；毗伽可汗可能是诞生于猴年（684 年），相当于公元 684 年 2 月 23 日至 685 年 2 月 8 日之间。为了对于两方墓志铭中完全一致的事实断代，在两兄弟之间始终有"一岁"的差距。

（b）鄂尔浑第 2 碑东侧第 15 行（HI 36—37）作："tört yegirmi yāšïmka tarduš bodun üzä šad olurtïm"。其意为："在我 14 岁时，我作为设（šad）而统治了达头（tarduš）人民。"在颉跌

利施薨逝6年之后，本处是指一个鸡年（697年），根据汉人的正统计算法应相当于公元697年1月28日至698年2月15日。我于此没有理由考虑由女篡权者武后（东突厥人不承认她的权力，见DH 155—156）在历法中导入的短暂混乱（BC 18和BD 7—8）。对于本处由其伯父卡波干可汗（默啜可汗）任命未来的毗伽可汗为达头设（Tarduš šad）一事，只能根据我们的碑铭文献才可以被正确地断代。我们不应该把这次任命与由一种汉文文献提到的任命相混淆，沙畹（Chavannes）翻译过这种汉文文献（DM 282注⑤），其中提到了"骨咄禄的儿子匐俱"（Bügü fils de Kutlug）于699年被任命为"右厢设"。至于汤姆森（JB 14注㉑）为这一事件所确定的时间706年，它只能出自对于儒莲（Stanislas Julien，DL 177）译本的草率阅读。其中有一段无时间的文字（"按《唐书·中宗本纪》云……"）；但它却被编纂者根据紧接着前文所记载的最后事件（706年）而武断地断代，实际上是引自另一种文献："按突厥本传云……"（DL 173）。此外，汤姆森当时在古突厥文数字的数值问题上误解了，他理解作"第24"而不是"第14"。非常不幸的是史学家们继续使用汤姆森那非常著名的首版著作（JB），忽略了他纠正过大量错误的该书第2版（JC），第2版要比他最初的解读容易理解得多。无论其原因何在，对于未来的毗伽（而不是匐俱）晋升到达头设之级别一事，应该被断代为697年这个鸡年。

为鄂尔浑第1和第2碑中所记载的事实断代的唯一正确方法，也是最简单的方法，那就是使用以年龄断代的、明确的、严密的和第一手的本质性纪年。这是我要着手写成的本部著作的原因之一。

（c）鄂尔浑第2碑东侧第24行，HI 60—61："yetti yegirmi yāšïma taŋut tapa sülädim"。其意为："在我第17岁时，我向唐古特（Tanŋut）人发动了远征。"这些唐古特人（西夏人）是西番人（吐蕃西部的人），他们居住在青海湖（Koukou-nōr）以北以及陕西的西部和西北部（JB 178注㊏，DN 103—114）。然而，有一种汉文文献（DL 176）告诉我们说，在久视元年十二月（公元700—701年），突厥人入寇并蹂躏了陇右（位于陕西和甘肃的边境，因而也就是处于唐古特人地区）。这里应该是指同一次征战的继续。毗伽可汗"第17岁"就相当于一个鼠年——公元700年（700年1月26日—701年2月12日），这是根据标准式的汉地历法所作出的推算，由于在上文（b）中阐述过的原因，它未考虑武后那反复无常的做法。本处所提到的"十二月"应从701年元月14日开始至2月12日为止。

（d）鄂尔浑第1碑东侧第31行，HI 44—45："altï yegirmi yāšïŋa ečim kagan ēlin törüsin anča kazgantï: altï čob sogdïk tapa sülädimiz…"其意为："当他（阙特勤）16岁时，他为汗国和吾叔可汗的国家获得了这样的成功：我们出征粟特六州。"（昭武六姓?）接着便是对青年王子在这次征争中的赫赫战功的叙述："他以其用完全护甲的手抓住了王都督（唐朝王刺史）那年轻的内弟"，"浑身披甲地把他奉献给可汗"。阙特勤的"第16岁"相当于公元700年这个鼠年（公元700年2月26日至701年2月12日），与刚才提到的那年仍为同一年，未来的毗伽可汗于该年间曾对另一个完全不同地区的唐古特部发动了征战。

克勒札斯托尔尼（S. G. Kljaštornyj, DH' 78—98）指出，这次征战与大家在开始时曾想象的那样完全相反，并未涉及到索格狄亚那（Sogdiane，康居），而是由唐朝当局为整编包括部分粟特人在内的移民而于黄河河套设置的六州。在毗伽可汗墓碑（第2碑东侧24—25，HI 60—61）中，这次征战也是用几乎完全相同的词句写成的，唯有毗伽可汗个人的战功部分例外，但此次征战于该碑中却被断代为该可汗"第18岁"的时候（säkkiz yegirmi yāšïma）。他于其中单独出现，未曾提及阙特勤（sülädim，"我发动征战"；而不是 sülädimiz，"我们发动征战"）。

毗伽可汗的"18岁"相当于公元701这个牛年（701年2月13日至702年2月1日），因而也就相当于阙特勤墓碑中在有关同一次征战时提到的鼠年之后的一年。我于此所遇到的是绝无仅有的情况，其中以毗伽可汗和阙特勤的年龄来断代的年谱，对于同一次军事征战却有一年之差：在其他所有地方，它们都全面系统地相吻合。以毗伽可汗年龄断代的时间，都完全比长他一岁的兄长的时间少一个个位数，而本处的年龄差距（16—18岁）却是两岁。

难道这其中有撰写碑文者的错误吗？我认为并非如此。因为很明显，鄂尔浑第2碑的碑文经常参照第1碑的碑文（书写碑文者始终是同一位药利特勤），两种年谱被颇费心机地作了协调。据我认为，唯一的一种解释如下：这次征战持续了700—702年间的一年之久（DL' 164、218—219、225、438）。它应该是开始于阙特勤的参战，而不是以其长兄——未来的毗伽可汗和当时的达头设的参战才开始的。正如大家刚才看到的那样（见上文c），未来的毗伽可汗当时正陷入了攻击吐蕃唐古特人的一场战斗。仅仅是到了701年（继2月13日的汉族—突厥族新年之后），未来的可汗才率领其军队前去参加另一次征战。阙特勤个人的功劳是在701年2月13日之前的这次征战的第一阶段中获得的，因而应被断代于其"第16岁"时，相当于一个鼠年。他以挫败天朝张都督所率领的军队为标志而获得了最终胜利，但这在阙特勤墓碑中未作明确断代，它可能产生于701年2月13日之后，相当于一个牛年。不过这一次却出现了毗伽可汗的有效参加，他当时应该是正处于其"第18岁"。

因此，尽管初看来如此，但在两方碑铭中，根据其中所提供的年龄，而对这次战争作的断代之间，没有任何矛盾。

（e）鄂尔浑第1碑东侧第25行，HI 60—61："yegirmi yāšïma basmïl ïduk-kut ogušïm bodun ärti; arkïš ïdmaz tegin, sülädim"。其意为"在我20岁时，拔悉密（Basmïl）人的亦都护（首领，Ïduk-kut）属于我部的人民。由于他不派骆驼队来，我发动了远征"（暗示反对他）。本处所指的期待中的骆驼队明显是指该附庸的入贡队伍。本处所说的毗伽可汗（当时的达头设，并以此名义而统治拔悉密人的地盘）的"第20岁"则相当于703年这个狗年（公元703年1月22日至704年2月9日）。这次惩罚性的远征（我尚未找到有关它的汉文史料）的战场应是别失八里（Bes-balik，北庭，位于今乌鲁木齐地区的古城以西），拔悉密人于8世纪初叶到达了那里（DM 305）。

（f）鄂尔浑第1碑东侧第32行，HI 44—45："bir ottuz yāšїma čača säηünkä süηüšdimiz"。其意为："当地（毗伽可汗）21岁时，我们与沙吒（Čača）将军发生了交手战。"第2碑东侧第25—26行，HI44—45："ekki ottuz yāšїma tabgač tapa sülädim. čača säηün säkkiz tümän（sü）birlä süηüšdim. süsin anta ölürtim"。其意为："在我22岁时，我发动了对中原人的一次征战，与沙吒将军和一支8万人的大军发生了交手战，我于是便消灭了其大军。"这里明显是指同样的事件，被归于了阙特勤的"21岁"和毗伽可汗的"22岁"的一年，二者均相当于一个蛇年705年（705年1月30日至706年1月18日）。第1碑还补充了对阙特勤在这次远征中建树的3大战功的记载。

本处所提到的沙吒忠义将军，在汉文史书中很著名（DL 168—180）。大家都知道（DL 168），他从圣历元年八月庚子日（也就是公元698年9月22日）奉命率兵攻打突厥人。在706年之前，曾多次委任他承担各种军任务，而且始终都以进攻突厥人为使命。事实上，突厥当时"每年"都寇犯唐帝国边陲（DL 177）。与我本处有关的征战肯定与由儒莲翻译的《突厥传》中的下述一段汉文文献有关（DL 179）：

"中宗始即位，（默啜，卡波干可汗）入攻鸣沙，于是灵武军大总管沙吒忠义与战，不胜，死者几万人，虏逐入原、会，多取牧马……"该文献接着提到了突厥人的抢劫以及中宗皇帝的龙颜大怒。他购斩默啜王首。该文献的记载接着又转向707年。

我还应该补充说明，中宗皇帝于705年登基（BD 512），这恰恰正相当于由两方突厥碑铭提供的时间。因此，蛇年（705年）肯定是本处所提到的攻击鸣沙（介于安西和敦煌之间）的征战之初的那一年。

但是，我们完全觉得沙吒（沙吒忠义，Čača säŋün）那最终的和致命的失败发生在次年期间。事实上，由斯塔尼斯拉斯·儒莲指出的另一种汉文文献（DL 176—177）记载说：

神龙二年（706年）"默啜又寇灵州鸣沙县，灵武军大总管沙吒忠义拒战久之，官军败绩"。

沙畹甚至还具体解释说（DM 180—181），这件事发生在该年的"十二月"，也就是介于707年1月9日至2月6日之间。因此，包围鸣沙持续了一年多，或者至少是发生在横跨两个民用年之间。正如过去一样（请参阅上文d），以年龄断代的突厥时间正是这次征战开始的时间。

（g）鄂尔浑第2碑东侧第26行，HI 60—61："altï ottuz yāšïma čik bodun kïrkïz birlä yagï boltï"。其意为："在我26岁时，奇克（Čik）民族与黠戛斯人变成了敌人……"接着是对叶尼塞河上游（剑河，Käm）地区一次胜利军事行动的记载。此处提到的毗伽可汗的"26岁"就相当于709年这个鸡年（709年2月15日—710年2月3日）。我在这一问题上未掌握汉文史料。下面就是继此之后的事：

（h）鄂尔浑第1碑东侧第34—35行，HI 44—47："köl tegin（altï ottuz）yāšïŋa kïrkïz tapa sülädimiz"。其意为："在阙特勤26岁时，我们发动了对（叶尼塞河上游）黠戛斯人的征战。"第2碑东侧第26行，HI 60—61："yetti o（ttuz yāšïm）a kïrkïz tapa sülädim"，其意为："在我27岁时，我（毗伽可汗）发动了对黠戛斯人的征战。"

对于第1碑东侧第34行行末的"26岁"的复原是可靠的，因为这首先是由于它是通过对两种年龄的比较得出的，其次是由于本处所出现的阙特勤的第1个年龄是其第27岁（第1碑北侧第1行，HI 48—49；请参阅下文j）。阙特勤的"第26岁"和毗伽可汗的"第27岁"都相当于710年这个狗年（公元710年2月4日至711年1月23日）。

两方碑铭的记载强调了穿越"深达1寸的大雪"的雪地。

这一具体情节再加上文中稍后又于同一年（请参阅下文 i）提到了对突骑施人（Türgeš）的一次大规模远征，都使人将这次征战断代于该年的最初几个月中，而这一年开始于 2 月 4 日。在这些高山地区，大雪要持续存到 3—4 月间。由于其地理方位的原因，这里明显是指文中紧接此前（请参阅 g）提到的那次征战的继续。我在此问题上未掌握汉文史料。但带有准确时间的突厥文献当然是再珍贵不过了，而且它还具有另外一种意义：本处所提到的"第几岁"之年和民用年（它们非常准确地互相吻合）明显是开始于冬雪的气候下，由此便证明（如果尚需要证明的话），在 8 世纪的突厥人中年龄之年和民用年的开始时间，已不再是被定于春天草返青之时，而是被定于大约早两个月时的中原历法的新年。

（i）鄂尔浑第 1 碑东侧第 36 行和第 2 碑东侧第 27 行，HI 46—47 和 62—63："ol yïlka…"其意为："今年……"从其上下文来看，本处与上文指的是同一年，即 710 年这个狗年（公元 710 年 2 月 4 日至 711 年 1 月 23 日）。由于我刚才提到的那场袭击黠戛斯人的征战应该是占用了该年度中的最早几个月，两方碑文于此描述的对突骑施人（Türgeš，西突厥人）的大规模征战，以突骑施人的失败与他们可汗的逝世而告结束（第 1 碑东侧第 38 行和第 2 碑东侧第 28 行，HI 46—47 和 62—68）。所以它应该是爆发于该年中期前后，但主要是于其下半年展开的。这场战争可能一直持续到该年之末，因为第 1 碑有关这次征战的记载要比第 2 碑冗长（这很可能是由于阙特勤介入这场征战的程度比其兄要深得多），第 1 碑在有关西部可汗逝世的记述之后，又强调了一场对索格狄亚那（粟特人地区）的入侵，这场征战一直打到"铁门"（撒马尔罕以南直线 200 公里左右的地方）；然后又是有关突骑施反叛的一种新的插曲，这就是喀喇突骑施（黑突骑施）人的反叛，在一场"大战斗"中被挫败了；最后是在转向对下一年（阙特勤的 27 岁，见下文 j）的记述之前，又提到了战胜某一位哥舒都督（Košu totok）的一场战斗。

这位"哥舒都督"是哥舒部的都督，哥舒是汉人熟悉的一个突骑施部族（DM 34—35）。尽管这些战斗涉及的地域很广并且反复爆发，但第 1 碑中仅在阙特勤"27 岁"之后才提到的事件，似乎说明它们在 711 年 1 月 30 日之前已告结束，至少是已经基本结束。然而，据汉人一方认为，被称为娑葛可汗的失败与死亡（DM 283 注②）被断代于景云年间，即公元 710 年 8 月 19 日至 712 年 2 月 29 日（请参阅 BD 512）。我们在由儒莲翻译的汉文史料（DL 185）的译文中也可以发现同样的内容。

景云中，当皇帝尚未有时间回答时，"默啜（卡波干可汗）西灭娑葛"。此文强调了该事件的突然性，它似乎将这些事实断代为景云初年，完全符合突厥文文献中的记述。

这样一来，以年龄所作的突厥式纪年和汉文纪年的比较，便会使人对娑葛及其部族的毁灭作出比至今所知的一切都更加准确的断代，这就是介于公元 710 年 8 月 19 日—711 年 1 月 23 日之间。

（j）鄂尔浑第 1 碑北侧第 1 行，HI 48—49："köl tegin yetti ottuz yāšïŋa karluk bodun ärür barur ärkäli yagï boltï"。其意义为："在阙特勤 27 岁时，葛罗禄人（Karluk）希望变为独立者，却变成了敌对者。"阙特勤于此的"第 27 岁"相当于 711 年这个猪年（公元 711 年 1 月 24 日至 712 年 2 月 11 日）。汉文史料未记载这一事实，它们仅仅指出，默啜（卡波干）可汗在 704 年之后不久，曾侵犯并抢劫了葛罗禄人。在葛罗禄人内附唐朝之后（DM 77—78），"默啜屡击葛罗禄等"（DL 186，见下文 1）。

（k）鄂尔浑第 2 碑东侧第 28 行，HI 62—63："ottuz yāšïma bēš balïk tapa sülädim. altï yōlï süŋüšdim"。其意为："在我 30 岁时，我远征五城，共进行了 6 次近搏战。"毗伽可汗的这个"第 30 岁"相当于 713 年这个牛年（公元 713 年 1 月 31 日至 714 年 1 月 24 日）。"五城"即别失八里（Bēš-Balïk），这是汉族人称之为"北庭"的大型聚落（DM 11 注释），位于今乌鲁木齐地区，大约介于北纬 44°和东经 89°之间，地处古城以西。

在汉人一方，这一时间已由《新唐书·突厥传》（DL 183—184）所证实，其中在提到玄宗皇帝登基（712 年，登基大典完成于 713 年 1 月 30 日），此后又记载了下述内容：

"玄宗立……明年（这正是我们的牛年，713 年），（默啜）使子移涅可汗引同俄特勒……（和另外两个人）精骑攻北庭。"有关"同俄"，请参阅下文（m）。

但对北庭的包围肯定一直持续到下一年期间。事实上，该汉文文献的下文未注明任何时间，但提到了这次包围战的最终失败以及多种与此有关的事实，然后便立即转向了开元三年（兔年，715 年）。此外，被收入由儒莲翻译的文集中的另一种文献（DL 183）则将突厥人包围北庭及其最终失败的重要情节都置于 714 年了。

"开元二年二月（公元 714 年 2 月 19 日至 3 月 20 日），突厥寇北庭，都护郭虔瓘败之"。

然而，突厥文献似乎说明（因为它在叙述了这次围攻北庭之后便讲到了毗伽可汗的下一岁），未来的毗伽可汗在 714 年这个虎年（公元 714 年 1 月 21 日至 715 年 2 月 8 日）再未参加对别失八里的攻击。碑文中追述了他继收到一封信之后的突然离去，婉转地将军事行动的致命失败归咎于这种仓促的出发（第 2 碑东侧第 28 行末，HI 62—63）："（maη）a okïglï kältï. beš balïk anï üčün ozdï"。其意义为："（一名使者）携带一封（致我的）信前来。正是此事才使五城得救。"

很明显，未来的毗伽可汗及其军队，是被调遣到另一条战线去了，可能是为了反击已重新变得具有威胁性的葛罗禄人（请参阅下文）。毗伽可汗碑铭文中的年谱于此可能又一次是很正确的。

（1）鄂尔浑第 1 碑北侧第 1—2 行，HI 48—49："tamïg ïduk bašda süηüšdimiz,（köl）tegin ol süηüšdä ottuz yāšayur ärti"。其意为："我们在塔米格（Tamïg）圣泉交战，阙特勤在这次战斗中正值其第 30 岁。"接着是对其战功的描述。第 2 碑东侧第 28—29 行，

HI 62—63："ottuz artukï bir yāšïma karluk bodun buŋsïz ärür barur ärkäli yagï boltï. tamïg ïduk bašda süŋüšdim. karluk bodunïg ölürtim. anta altïm"。其意为："在我 31 岁时，葛罗禄人民欲不受约束地独立，变成了敌人。我于塔米格圣泉作战，我杀葛罗禄人，于是便抓获了他们。"

鄂尔浑第 2 碑具有一种缩写形式，它已经接近不准确的边缘了。大家确实是通过第 1 碑（请参阅上文 j）而获知，自 711 年（阙特勤 27 岁时）起，也就是在毗伽可汗"31 岁"之前，葛罗禄人开始叛乱。但两通碑铭于此准确断代的事件，就是塔米格的决定性胜利，它发生于阙特勤的"30 岁"和毗伽可汗"31 岁"之间，而这两个年代都相当于 714 年这一虎年（公元 714 年 1 月 21 日至 715 年 2 月 8 日）。

汉文史料中未曾提到过这次战斗，但其后果之影响却于次年初显示出来了（DL 184—185）："开元三年四月（公元 716 年 5 月 8 日至 6 月 5 日），突厥部三姓葛罗禄来附。"这些葛罗禄人被迫放弃了全面的独立，因而便前往置身于中国天朝的保护之下，以便能抗击卡波干（默啜）可汗及其两名侄子时代的东突厥人而自卫。

（m）鄂尔浑第 1 碑北侧第 2 行，HI 48—49："az bodun yagï boltï. kara költä süŋüšdimiz. köl tegin bir bïrk yāšayur ärti"。其意为："阿热（Az，诃咥）民族变成了敌人，我们在黑湖交战。阙特勤正值其第 31 岁。"接着是对同一年的诸多事件的叙述：在卡波干可汗汗国中发生的动乱、思结人或颉质略人（Izgil）和其后的九姓乌古斯（Oguz）人的叛乱，阙特勤为抵抗他们而在"一年间"（bir yïlka）坚持进行了 5 次战斗（第 1 碑北侧第 4 行，HI 48—49），情况始终如此。

第 2 碑在同一个相对应的段落中，于损坏的一处具有空缺，其中本应该提到毗伽可汗的某一"岁"（第 2 碑东侧第 29 行，HI 62—63）。这里肯定是指"32 岁"〔（ottuz artukï ekki yāšï）ma〕，带有最后两个尚完全可读的字母。这不仅是由于本处所罗列的事

222

实与阙特勤"31岁"时的事件基本吻合，而且还是由于这段文字占据了毗伽可汗"31岁"和"33岁"之间段落的位置（第2碑东侧第28—29行以及第34行），已于上文（i）作了研究并将于下文（n）再作研究。

第2碑东侧第29行，这一行的最后一部分（我认为应于此对恰恰位于继第一个空缺处 HI 62—63 之后的字母"m, a"之前的原文进行复原）重新提到了葛罗禄人；在一段残损甚重而不仅无法为我的年谱提供任何标志，而且还始终是处在同一"岁"的年中的文字中；其中提到了九姓乌古斯的反叛，而且对这次反叛的描述所使用的词语几乎都与第1碑中（北侧第4—8行，HI 48—51）中，于阙特勤的"31岁"（请参阅上文 m 的开头处）之下的记载完全相同，这一时间完全与毗伽可汗的"32岁"相吻合。

但是，毗伽可汗的碑铭在"这一年"（bir yïlka，第2碑东侧第30行，HI 62—63）就如同在另一方碑铭中一样，仅提到了进攻乌古斯人（Oguz）的4次战斗，而不是第1碑中提到的5次战斗。这正是阙特勤于其中获得显赫名声的战斗。唯有爆发在乌镞曷昌（Kušlagak）的那场反击阿跌人（Ädiz，跌人）的第2次战斗例外（第1碑北侧第5—6行，HI 48—51）。这就意味着未来的毗伽可汗本人未在那里战斗。

无论如何，我认为有关全部这些事件的突厥时间都是无可非议的：阙特勤的"31岁"（可复原为毗伽可汗的"32岁"）相当于715年这个兔年（公元715年2月9日至716年1月27日）。

汉文史料未曾对这几次不同的战斗明确地作出过断代，但它们对于默啜（阿波干可汗）权力的削弱及其臣民（包括他的女婿和阿跌人的首领）的反叛所作的记载（DL 186—187）都互相吻合，这些事件均早于被断代为716年的事件。所以，大家可以根据我刚才分析过的突厥文资料，毫不犹豫地把这些事件归于开元三年，也就是公元715年这个兔年。

突厥纪年又一次在某些事实上比在汉文史料中的残存纪年更

要具体得多，这没有任何值得惊讶的地方，因为本处是指东突厥人的内部历史。由几乎是全部学者们至今所遵循的方法在于仅根据汉文史料而准确地为突厥的问题断代，这种方法明显需要修改。在我能够掌握土著纪年的情况下，则必须首先考虑它们，因为它们不但是连贯和准确的，而且事实上还是以同一种历法为基础的。

最佳例证是我可以于其中对汉文和突厥文史料进行比较的那种。这往往可以使人更精确地对它们进行断代并避免解释的错误。

这样一来，被汉人称为"同俄"（请参阅上文 k）的突厥首领，也就是默啜于 713 年将围攻北庭或别失八里的重要指挥权交给他的那个人，却被唐朝都护郭虔瓘的军队击败并斩首，由儒莲引证的文献（DL 184）未具体指出其时间，迅速地浏览一番文献便会趋向于将它断代于这同一个 713 年。但另外一种文献（请参阅上文 k）指出，郭虔瓘于次年二月（汉历，公元 714 年 2 月 19 日至 3 月 20 日）将在北庭统治下的突厥人分割开了。然而，我本书中所研究的突厥碑铭可以使人断定，"同俄"在突厥文中作 Toŋa tegin（同俄特勤）。他确实是由唐朝军队杀死的，但不是在 713 年，而是在 714 年。事实上，他的葬礼（yog，在突厥人中，葬礼在死后许多月时才举行，往往要到下一年了）已于第 1 碑北侧第 7 行和第 2 碑东侧第 31 行（HI 50—51 和 62—65）被准确地提到了，也就是第 1 碑在提到阙特勤的"第 31 岁"（bir kïrk，第 1 碑北侧第 3 行，HI 48—49）之后；第 2 碑在我上文已经指出（见上文 m）应复原为对毗伽可汗"第 32 岁"的一段文字之后，才被提及的。这就相当于我刚才提到的 715 年，从而将同俄特勤的葬礼定为 715 年的 2 月 9 日之后（可能是此后不久）。尽管初看起来，其表象不同，但本处在汉文与突厥文史料之间，一切都是相当吻合的。

（n）鄂尔浑第 2 碑东侧第 31 行末，HI 64—65：对于继石碑遭严重残损处一段文字之后仍保留下来的字母"m, a"，肯定应如同汤姆森最早曾指出的那样（JB 125），这些字母应为（yāšǐ）ma 一词的末尾，该词经常出现在这一部分碑文之中。因此，这里是指毗伽可汗的一岁，可以为继此之后的事件断代。尽管存在着我已经指出的空缺（见上文 m 的开头处），前文提到的年龄可以被非常可靠地复原为"第 32 岁"，正如我已经指出的那样。对于同一些事件，则相当于已经得到明确证实的阙特勤的"第 31 岁"。所以，人们于此一般都会得出如下年龄：（ottuz artukï üč yāšï）ma 系指"33 岁"，这种复原法完全与空缺所占位置相吻合。

　　一种明显的困难出自毗伽可汗的这同一个"33 岁"，它于我的文献稍后不远处又被提到了：第 2 碑东侧第 34 行和 HI 64—65 均作 ottuz artukï ü(č, yāšïma)。将仅仅保留下来的 ü……复原为 ü(č) 的做法是无可非议的，因为这里肯定是指一个个位数，唯有以 ü（或者更多见的则是 ö，这是该字母的另一种含义）开始的突厥文数词是 üč (3)。至于对 yāšïma 的复原，它是由于其前后文才迫使人接受的。此外，汤姆森的这些复原（JB 126）从未受到过争议。

　　在我的两方碑文中，甚为不符合习惯的是重复了对同一年龄的记载，因为这种记载的功能是为其后的一切作全面的断代，直到出现一个更高数字的年龄为止。尽管出现了影响第 34 行结尾和第 35 行开头处的空缺，但其前后文仍说明本处是指毗伽可汗即位问题的：

　　鄂尔浑第 2 碑东侧第 36 行，HI 66—67："män özüm kagan olurtukïm üčün…"其意为："因为我自己作为可汗而行使职政。"

　　如果对毗伽可汗"33 岁"的记载是非常特殊地被重复了一次（确实是"33 岁"，因为在此之后不远又提到"34 岁"，请参阅下文 o）。这是由于本处是指一种具有特殊重要意义的事件，它可以被非常肯定地断代，这就是本墓碑的墓主作为突厥可汗而即位之事。在第 34—35 行之间的空缺处，本应是记载这种即位的地方。根据已被保留下来的字母来看（JB 126，HI 64—65），这一空缺很可能是部分地以下述方式填补了：

"（täŋri）yarlïkkaduk ü čün ö（züm）ottuz artukï ü（č yāšïma）（？türk bodun üzä?）（kagan olurtïm）"其意为："由于上天意志的决定，我本人于33岁时作为可汗而统治（突厥人民???）。"

毗伽可汗的"第33岁"相当于716年这个龙年（公元716年1月29日至717年2月15日），也就是大唐开元四年。这与汉族纪年令人满意地相吻合。汉族纪年告诉我说（DL 188），毗伽可汗的叔父和前任默啜（卡波干）可汗被杀于"开元四年元月癸酉日"（相当于公元716年7月22日）。毗伽可汗可能正是于此后不久被其支持者们拥立为可汗。

我的突厥文献在有关持续不断的内战问题上，明显表现得很谨慎，对于卡波干可汗家族的屠杀则保持沉默。鄂尔浑第2碑（东侧第35行，HI 64—65）仅满足于一种宗教的暗示："（ü）zä täŋri ïduk yer sub（ečim ka）gan kutï taplamadï ärinč"。其意为："由于上天、神圣的大地和圣水未批准我叔可汗的委任。"由于在中国中原，王朝秩序的变化可以通过未赋予复兴旧王朝天命来解释。

紧接着的几行文字（第35—38行，HI 64—67），于毗伽可汗的"34岁"之前，提到了首先是与乌古斯人和特别是其后与回鹘人的斗争，最后是一场饥荒（第38行：türk bodun āč ärti，意为："突厥人民遭受饥荒……"）。这场饥荒由于抓获了一大群牲畜（第38行，yïlkï）而得以缓解。从其残损甚重的上下文来看，很可能是从回鹘人那里夺取畜群。这些事件以及这场可能是出现在冬季（请参阅第37行，kïšlata）的饥荒，始终被置于毗伽可汗的"33岁"之下，这就是716年这个龙年（它结束于717年2月15日）的下半年。

（o）鄂尔浑第2碑东侧第38行，HI 66—67："ottuz artukï tört yāšïma..."其意为："在我34岁时……"接着是有关对"逃离中国中原"的乌古斯人的一次惩罚性征讨的叙述。此外，毗伽可汗的"34岁"就相当于公元717年这个蛇年（717年2月

16 日至 718 年 2 月 4 日）。

以年龄（第几岁，yaš）而断代的纪年在以下的几行文字中仍在继续。但这几行文字残损甚重，以至于我无法将它们复原（东侧第 39—40 行，东南侧小侧面和南侧的开头处）。其中涉及了毗伽可汗的 35、36 和 37 岁（718—720 年，直到 721 年 1 月末）。

（p）鄂尔浑第 2 碑南侧第 2 行，HI 68—69："ottuz artukï säkkiz yāšïma kišïn kïtań tapa sülädim"，其意义为："当我 38 岁时，我出征契丹人。"本处毗伽可汗的 "38 岁" 相当于 721 年这个鸡年（公元 721 年 2 月 1 日至 722 年 1 月 22 日），也就是开元九年。

然而，我们通过汉文史料（DL 191）而获知：开元 "八年秋"（按照汉人的季节观念，这就是介于 720 年 8 月 9 日至 11 月 4 日之间，阴历七—九月间），唐朝组织了一次反击毗伽可汗统治下的突厥人的大规模军事行动，并且为反击他们而招致了与拔悉密人（Basmïl）、奚人（Tatabï？；请参阅 JB 第 61 页注⑦和第 141 页上部）和契丹人（Kitay，即突厥义 Kïtań，后来又作 Kïtay）人的联盟，他们 "分道掩其牙，捕默棘连"。毗伽可汗听从暾欲谷（Tonyukuk）的建议，首先派军队去打击拔悉密人（向北庭或别失八里方向），以便消灭他们和挫败这次军事行动。对这次征战的记述很可能载第 2 碑中残损严重的部分，它位于我这一段有关毗伽可汗 "38 岁" 却又包括了 720 年的文字之前。

汉文编年史当时并未记载突厥人攻击契丹人的这场战争，但经过对事实和时间的比较便会使人联想到，毗伽可汗后来于冬季（kišïn）进攻他们，这是根据突厥人而不是汉人的季节概念，它很接近于我们的季节概念，也就是处于次年之初（从 721 年 2 月 1 日起）。我在一种具体情节中，又一次发现了突厥人和汉人四季概念的不吻合特征。

（q）鄂尔浑第 2 碑南侧第 2 行，HI 68—69：现保存下来的字母 "m，a"，应该是继一片空缺之后的 yāšïma 一词的残余。由于这一段文字出现在距前段文字（38 岁）很近的地方，所以完全有可能是应该复原为："（ottuz artukï tokkuz yāšï）ma yāzïn tatabï tapa sü（lädim）"，其意义为："在我（39 岁）时的春天，我发动了对奚人的征战。"

如果大家有某些正确的理由认为（见上文 p），契丹人的长期盟友 Tatabï 人，确实是汉文史书中的奚人，那么这次征战就是前两次分别是先攻击拔悉密人（720 年 8 月 9 日至 11 月 4 日之间）和后攻击契丹人（冬季，按照突厥人的习惯应为 721 年之初，由 1 月 1 日起）征战的很符合逻辑的继续，契丹人和奚人形成了由汉人组织起来的反突厥三家联盟，那么毗伽可汗的"39 岁"（于此是假定的），实际上就相当于 722 年这一狗年（公元 722 年 1 月 22 日至 723 年 2 月 9 日），攻击奚人的征战就是发生在 722 年之春（yāzïn，这是突厥人的计算方式，大约相当于该年的 3 月末至 6 月末）。

继这段文字之后，残损严重的鄂尔浑第 2 碑的碑文，使人无法在毗伽可汗那假定的 39—50 岁之间，复原根据年龄而确定的年谱，我将于下文再来提到它（见下文 s）。

（r）鄂尔浑第 1 碑东北侧，HI 52—53：我于本章前文（见前文第 55 和 70 节）已经研究了由该碑文的这一面所提供的最重要资料：

"kōl tegin öl（ip）kïrk artukï（y）etti yāš（ka）bol（tï）"，其意义为："阙特勤逝世时，刚进入其第 47 岁。"

大家已经看到，阙特勤的"47 岁"相当于 731 年这个羊年（公元 731 年 2 月 11 日至 732 年 1 月 31 日），即唐开元十九年。至于那位于羊年第十七日（也就是公元 731 年 2 月 27 日）逝世的王公（koń yïlka yetti yegirmikä，位于同一东北小侧面），按照将"岁"与已度过的历法年等同起来的汉族—突厥族的计算法，他确实刚刚进入其"第 47 岁"。

（s）鄂尔浑第 2 碑南侧第 7 行，HI 68—71："āllig yāšïma…"其意为："在我 50 岁时……"其后紧接着是对奚人（Tatabï）的一次新征战，奚人当时刚与契丹人分裂，而契丹人当时又可能已成了突厥人的附庸。碑文中接着又追述了毗伽可汗长子（ulug oglum，第9行）的患病和死亡，毗伽可汗作为他的杀人石（balbal，以被战胜的、杀死的和立像的敌人作为死者在彼世服役的仆人）而斩奚人的顾（Ku）将军。从各种迹象来看，该将军是在本处提到的那次征战中被俘的。

因此，这些被断代为毗伽可汗"50岁"时的事件，应该相当于733年这一鸡年（公元733年1月21日至734年2月8日），即唐开元二十一年。

在鄂尔浑第2碑中，东突厥墓碑重要文献中的最后一个时间到此为止。这就是按"岁"（yaš）而确定的年谱。毗伽可汗应该是逝世于次年，也就是734年这个鸡年（公元734年2月9日至734年1月28日），即唐开元二十二年。因此，他逝世于"51岁"时，但碑铭中却并未提到这一切。

只要大家知道鄂尔浑第1碑和第2碑中以"年龄"（第几岁）而计算的纪年与唐朝宫廷中的官方民用年的纪年相吻合，便会看到可以从这种纪年中得出的全部结论，这种纪年是非常连续的和特别详细的。由于我首先关心的是证明这种纪年的真实特征并确定为利用之而应遵循的方法，所以我就不再详细论述它被用于断代的那些历史事实了。我为了求证，故希望坚持已得到清楚证明的那些碑铭资料，或者是在某些孤立的情况下，也偶尔利用最可靠的复原。我从未借助于这种作为最珍贵指南的纪年，从历史和语言学角度上利用两通碑中残损最严重的段落，因为这些段落肯定未能最终提供其全部资料，对它们的研究可能会导致我作出过分广泛和超越了自己主题范畴的发挥。

73. 通过阙特勤和毗伽可汗的"岁"（我刚作过研究）而确定的年谱，有时又由某些有关季节的资料而更加具体明确了。

我已经遇到了某些例证：

鄂尔浑第2碑东侧第31—32行：kišladukta，意为"窝冬"；接着是yazïŋa，意为"在春天"。这里是指716年（请参阅上文

第 71 节)。我还应该指出第 1 碑中的某些类似迹象（北侧第 8 行，HI50—51）：kišlap，意为"窝冬"；然后是 yāziŋa，意为"在春天"。它们均指同一批事件，而这些事件又都出现在同一个 716 年，该词在汉族—突厥族的历法体系中则相当于阙特勤的"第 32 岁"。然而，这个"第 32 岁"却未在该段文字中被提及（在它前面的是第 31 岁，见上文第 72 节 m）。恰恰是在继阙特勤的许多丰功伟业（715 年）之后而提到了一次"窝冬"和一个"春天"，这就足以说明向下一年过渡了。此外，颇有意义的第 1 碑的记载止于 716 年的时间（这也是毗伽可汗即位的时间）和对于其弟业绩的记述。同在第 2 碑中提到的此后之事件则完全是颂扬可汗的，他绝不会较其弟的业绩逊色，无论其功德有多大也罢（第 2 碑南侧第 2 行）：kišïn 意为"在冬季"（721 年初），请参阅上文第 72 节（p）。

鄂尔浑第 2 碑南侧第 2 行：yāzïn 意为"在春天"（722 年的春天），请参阅上文第 72 节（q）。

我最后要应补充以下事实。第 2 碑东侧第 39 行和 HI 66—67 中：yāyïn 意为"在夏季"，它出现在残损甚重的一段文字中，其中以年龄而记载的时间已不堪卒读。从前后文来看它应该相当于一个包括在 718—720 年间的年度。这里是指对奚人（Tatabï）的一次征战。

我们将会发现，通过季节而作的这些具体解释未出现在指早于 716 年的时间，一切发生得就如同纪年从毗伽可汗登汗位起才变得精确起来了，他可能拥有他自己的"史官"，至少是有一些负责以一种在年代上相对准确的方法来记载重要事件的官吏。

在鄂尔浑第 1 和第 2 碑中，我就这样发现了 3—4 个突厥人传统的季节（请参阅第一章第 17 节以下）：yāz（春季）、yāy（夏季）和 kïš（冬季）。由于偶然的情况，küz（秋季，请参阅西耐—乌苏碑东侧第 8 行，HI 170—171）和 küzin（在秋季）未出现在这两方碑文中。

74. 按季节而作的纪年记载，在汉文历书中相当常见，毗伽可汗的心腹们很可能受到了这种做法的启发。例如，大家可以参阅本章的第55节和第72节（p）。但大家绝不能忘记这样一种事实：在突厥碑铭中，对四季的限定始终符合突厥语民族的先祖传统（请参阅本书第一章第17—25节），这酷似我们欧洲有关季节的定义。唯有在边陲地区和与汉族观念明显不同的地区除外（请参阅本章第4—5节），这后一些地区不是把每个季节的开始定于二至点（冬至、夏至）和二分点（春分和秋分），而是定于二至点和二分点之间等距的日子，或者是定于下一个二至点和二分点之间，这样就为汉地的每一个季节造成了一个与突厥人的以及我们西方的界定相比，早1—2个农历月的起点。

当汉地的民用年相继地包括"春季"的3个阴历月（一至三月）、"夏季"的3个阴历月（四至六月）、"秋季"的3个阴历月（七至九月）和"冬季"的3个阴历月（十至十二月），闰月却可能会被加入到包括紧接着的前一个月的季节中（又重复了同一个月的月份序号）。在突厥时代和至少是在有关本处提到的8世纪的时间（我对于这个时代拥有坚实可靠和相对详细的文献），在以汉地民用年的开始和结束并重复一个阴历月的编号时，12生肖历的汉族—突厥族之年是根据突厥传统而开始于至少是一个阴历月的冬季时期（我认为更多的则是两个月，由于西域和蒙古的气候非常严酷），接着便分别是春季的3个月、夏季的3个月、秋季的3个月（还可以从中加入一个闰月），最后结束于一个月或者可能是很少见的两个月的一个冬季的新时期。

在这一点上，汉族的影响未能改变突厥语民族的传统，这些传统与西域的气候条件和由此而造成的生活条件有着密切的联系。

75. 我在鄂尔浑第2碑的两段文字（令人遗憾的是它们残损严重，但其中的年谱却应该是根据年龄而编定的，如同在所有文献中一样）中，发现了有关特殊日历推算法的资料，它们丝毫不会组成时间，却可以被认为是一些叙述的内容：

鄂尔浑第2碑东南侧，HI 68—69："tünli künli yetti ödüškä

subsïz kečdim"。其意义为："经过日夜兼程的 7 程之后，我穿越了无水地区。"我应该指出 tün/kün 的传统性对立（请参阅第一章的第 3—7 节）。

第 2 碑南侧第 1 行，HI 68—69："(tab) gač atlïg süsi bir tümän artukï yetti biŋ süg ilki kün ölürtim. yadag süsin ekkinti kün ko (p öl) ürtim"。其意为："唐朝骑兵 17000 人，我于第 1 天消灭了他们；第 2 天，我又消灭了他们的全部步兵。"我们将会发现用 elki kün/ekkinti kün（第 1 日/第 2 日）这对词组，以表示某一天及其翌日。请参阅暾欲谷碑第 39 行（HI 114—115）：ekkinti 意为"第 2"（暗示"第 2 天"），用于指"翌日"。

但本处涉及的两天（尚且不包括在我的文献中提到的日夜 7 程）并未被断定具体时间。我已经指出（见上文第 64 节），暾欲谷碑中有对这种方法的具体解释，但却未提供其他的年代限定。它们对我的论述主题没有特殊意义，唯有在有关时间及其划分的词汇史上才有意义。

76. 在这一方面，如果我指出在鄂尔浑第 1 碑和第 2 碑中已经出现了一个广义名词"时间"（öd），而且还具有"时代"和"时刻"的词义，那也绝非是毫无意义的。在 6 段文字中，有两段均被其先后的刊布者们误解了。

第 1 碑南侧第 1 行，HI 22—23："täŋritäg täŋridä bolmïš türük bilgä kagan bu ödkä olurtïm"。在第 2 碑的对应段落中（北侧第 1 行，同上）作："täŋritäg täŋridä bolmïš türük bilgä kagan b'ödkä olurtïm"。其意为："我，贤明的突厥可汗，如同天神一般和来自天。此时，是我执政。"奇怪的是，虽然这两段文献具有明显的相似性，但其刊布者们却未能洞悉第 2 段碑文中的 b'ödkä 应为 bu ödkä，在 ö 之前省略了元音字母 u。刊布者们都希望将此视为 öl（王位）的一种只见过一例的词。这种释读是根本不可能成立的，因为 b 是后元音的 b。古突厥文词汇就这样又充实了一个"幽灵般的词"（而且它也不是绝无仅有的……）。这个所谓"汗位"的名称是根据 olurtïm（我坐着）的第一种意义而想象出来的，它从未存在过。刊布者们都非常清楚地知道，动词 olur-也象征性地意味着"统治"（本意为"坐在人民之上"）。但他于此却由于该动词的完成式形式而茫然不知所措，把它当做是一个过去时动词了。"我曾统治"不会赋予它任何一种令人满意的意义，至少对于竖于毗伽可汗执政时期和他生前的第 1 碑的情况才如此，他们被迫转向了这样的词义："我坐在了"（汗位上）。这是误解了突厥文完成式的含义，它并不一定要表达一种过去时，而且也表达已完成的过程中所获得的成果（往往是现在时），完全如同在希腊文和拉丁文中的许多情况下的完成式一样。事实上，olurtïm 后面附有 bu ödkä（或者是 b'ödkä，意为"在此时"），它于此只能意为"由于我即汗位，所以我执政"。

鄂尔浑第 1 碑东侧第 21 行和第 2 碑南侧第 18 行，这是两个相似的段落；HI 38—39："ol ödkä kul kullïg（第 2 碑又补充了'küɳ küɳlig'）bolmïš ärti"。其意义为："在此时，奴隶们变成了奴隶主（第 2 碑：'农奴们拥有农奴了'）"。这段文字赞扬了突厥汗国在 700 年左右的阿波干可汗大治年代时的强盛与繁荣。

第 1 碑东侧第 40 行，IH 46—47："alp är biziɳä tägmiš ärti. antag ödkä öküinip kõl teginig āz ärin ertürü ïttïmiz"。其意义为："一些勇敢的人袭击了我们。在这样的时刻，经过仔细地斟酌，我们派遣阙特勤率几个人去与他们联系。"这里是指 710 年攻击黑突骑施人（Kara Türgeš）的一次战斗。

在于此之前的 5 种例证中，öd 一词具有"时候"、"时代"的具体词义，有时甚至还带有一个形容词 antag（这样的，适时的），但尚未达到使之指作为概念的自然"时"的抽象程度。

但在第 1 碑（北侧第 11 行，HI 52—53）中，有一个短句子，它对于 8 世纪时突厥人很发达的"哲学"和宗教观念史极其重要，但它却在某种程度上未能引起人们的注意，而且还被前后的刊布者们以一种明显的误解作了翻译：

"öd täɳri yasar"（在毗伽可汗由于其弟的死亡，而对人类生命的短暂性发表感叹的段落中："kiši oglï kop ölügli törümiš"其意为"人类由于本性都是要死亡的")。碑文的刊布者们都理解作:"天(天神、腾格里)主宰时间生命"(汤姆森: JB 113 作"天神支配时间")。这是误解了在该方碑文的全文中,文字顺序很严格的特征,其中的主语必须位于及物动词补语之前,而补语又都位于谓语之前。这样一种解释仅对"tänri öd yasar"才适宜。

事实上,tänri 不仅具有"天"和"天神"(突厥人和蒙古人的大神)之意义,而且还具有泛指"天神、神祇"的广义,大量地出现在古突厥文(回鹘文)文献中,包括佛教、道教、摩尼教或基督教的文献在内。在此情况下,"腾格里"一词就要紧接着神灵的专用名称: āy tänri 意为"月神"(HJ 176)、yōl tänri 意为"旅行之神"、äzrua tänri 意为"梵天王神"(FA 259)、tïntura tänri 意为"微风神"、yel tänri 意为"风神"、yaruk tänri 意为"光神"、suv tänri 意为"水神"、öt tänri 意为"火神"。请参阅 FA 268 等处。

这里很明显,öd tänri 系指"时神",可能继承自伊朗文 Zervän(时间之神)。因此,öd tänri yasar 就意为"主宰一切的时间之神"。这是通过宗教观念的一种迂回道路而向"时间"的抽象思想迈出了踏实的一大步。

77. 完整的时间

我在本章的第 1 部分(主要请参阅第 9、22—39 节和特别是第 30—34 节)已经阐明,鄂尔浑第 1 和第 2 碑中的历法完全与中国天朝的官方历法相吻合,鄂尔浑突厥历法实际上仅是汉地历法的一种简译本。12 生肖纪年周期系自汉地民间星相学借鉴而来,相当于 12 支(地支)的抽象纪年,于其中取代了汉地传统分类法的 60 甲子体系,10 "干"(天干)却被忽略了。在突厥文译本中,阴历月份保留了它们一至十二月的汉族式编号,用于指"第几月"的数字于其中也完全与中原一样,系用一个突厥基数词来翻译,而月份的编号在突厥语中却以一个序数词来表达。突厥的年都开始于汉地新年时,相当于罗马历法中的 1—

234

2 月。

　　这种历法中的唯一障碍，便是我在不知道其历史背景的情况下，就无法知道突厥文献中仅以其天文学象征物——动物的名称所指的年，到底相当于汉历的第 12、24、36 等近似年代（12 的公倍数）中的哪一年。

　　然而，一旦当我通过其他地方而掌握了能使人对不足 12 年左右的事件断代的文献时，这种缺陷就没有多大关系了。这恰恰就是保存在鄂尔浑第 1 碑和第 2 碑中的 5 个完整时间（3 + 2）的情况。我不再重复对这一内容所作的论证了（尤其是请参阅第 30、31 和 36 节），而于此仅满足于重新提一下含有这些时间的两段文字，并附有用儒略历对它们的翻译和解释。

　　鄂尔浑第 1 碑东北侧，HI 52—53：

　　"köl tegin koń yilka yetti yegirmikä učdï. tokkuzunč āy yetti ottuzka yog ärtürtimiz. barkïn bädizin bitig tāšïn bičin yïlka yettinč āy yetti ottuzka kop alkdïmïz"。其意为："阙特勤于羊年十七日辞世而去，我们于九月二十七日办完了葬礼。对于为其祠装饰和竖碑，我们丁猴年七月二十七日就已经彻底完成了。"

　　鄂尔浑第 2 碑南侧第 10 行，HI 70—71：

　　"bunča kazganïp（kaŋŋïm kagan ï）t yïl ōnunč āy altï ottuzka uča bardï. lagzïn yïl bēšinč āy yetti ottuzka yog ärtürtim"（毗伽可汗儿子语）。

　　其意为："继所有这些成功之后，我父可汗于狗年十二月二十六日辞世而去。猪年五月二十七日，我办完了丧葬。"

　　儒略历的对应时间如下：

　　阙特勤逝世的时间：731 年 2 月 27 日。

　　举行其葬礼的时间：731 年 11 月 1 日。

　　竖石碑与雕碑文完工的时间：732 年 8 月 21 日。

　　毗伽可汗薨逝的时间：734 年 11 月 25 日。

　　其葬礼的时间：735 年 6 月 22 日。

　　78. 除了在考证这些时间时，应该提醒谨慎对待之外，这些时间还要求作某些说明。

两位墓主的葬礼以及为第 1 碑和阙特勤碑铭的完工而确定的时间，始终都落在阴历月的二十七日（yetti ottuzka，共 3 次）。据我认为，这其中不只是一种巧合。这样的时间是不会被偶然地保留下来的。在由斯塔尼斯拉斯·儒莲翻译并由汤姆森部分地重复过的 6 世纪时的汉文《突厥传》中，清楚地指出火葬马以及处理死者之事，均应"择日"（JB 59—60）；葬礼应该是于其后举行，即"待时而葬"（JB 60）。

我坚信，为了举行殡葬仪轨，对每个阴历月的二十七日的刻板选择，则符合在天文学和宇宙论方面那非常具体而准确的考虑，我们可以作出尝试，即使是不能详细了解，至少也能大致地猜测到这一切。

在最常见的情况下，每个阴历日的二十七日，于月亮最后的下弦消失时，便是月星于数日后再出现的前奏。大家可以认为它是死者消失的象征，也是在彼世复活的前奏。

此外，"二十七"于其个位数中包括数字"七"，该数字在欧亚大陆的大多数文明中，都具有一种神圣的特征。它在突厥人的殡葬礼仪中扮演了一种突出的作用，正如我在由儒莲翻译并由汤姆森部分地重复过的汉文文献中所看到的那样（JB 59）：

"死者，停尸于帐，子孙及诸亲属男女，各杀羊马，陈于帐前，祭之。绕帐走马七匝……如此者七度，乃止。"

我无须再强调数字"七"的重要意义了，它在古代近东和传统古典文化地区、可能还有在美索不达米亚的影响下也与伊朗世界之"七曜"（我们西方的星期）有关，古突厥人曾向古伊朗世界借鉴了许多东西。

至于在 8 世纪时对突厥人产生过重要影响的汉族观念，它们也同样也包括特别看重于这一数字的思辨。因为正如葛兰言（Marcel Granet）所指出的那样（AR 159），据这些汉族观念认为，"阳数在七上达到了至善至美"。

我由于熟悉星相学和数术理论（它们之间密切相关）在中

国传统中所占的重要地位（AQ、AR、AU，俯拾即得），故而倾向于认为，如果由玄宗皇帝亲手御制的阙特勤汉文碑文（请参阅第 26 节，BK 246），由天子堂弟张将军率领的官方使团负责"刻辞于碑"（请参阅第 24 节），那也没有什么奇怪的。正是由于这个使团，才使该项工程正好于"七月七日"（公元 732 年，开元二十年）竣工。请参阅上文第 26 节。

79. 由于我有充分可靠的理由认为，为东突厥王公和可汗举行殡葬仪轨的时间是根据星相学理论选择的，所以我指出下述事实也绝非毫无意义：除了其中的两个时间与数字"七"及其派生词"二十七"之间的显著关系之外，它们与两种非常惹人注目的天文形势完全吻合。阙特勤的葬礼（yog）于 731 年 11 月 1日举行，也就很接近于昴星团于日没而出（与太阳相对）的时间，它由于二分点之岁差的原因而在当时应开始于 10 月 28 日，在数日之后方可以直接观察到。大家在本书的第十一章中将会看到这种星宿时（在奥斯曼人中作 Qāsïm，十一月）在古代和中世纪突厥民族中至关重要的地位。此外，毗伽可汗于 735 年 6 月 22日的葬礼也几乎是在夏至时举行的，当时夏至的具体时间应为 6月 20 日。这两个时间的确定似乎是汉人最擅长的星相学和数术学之结果，它在突厥统治层中也深受欢迎，突厥王公们当时无疑都有他们宠信的和在不同程度上都迷恋汉族科学的天文学家。

汉地历法与汉族的星相学和巫术，也都逐渐地渗透进发达的突厥民族中了。我并不因此而认为，在接受汉族的文化影响之前，突厥语民族没有任何自己的天文学，这是极其不可能的。但他们的星相学就如同他们最初的历法一样，而且是由于同样的原因，最早应该是相当简单的和经验性的，不可能包括长期的预报内容。因为这些内容是由自许多世纪以来的固定观察向定居的汉人提供的，定居汉人的天文学知识很发达，无论如何也要较西域游牧民先进得多。

鄂尔浑第 1 碑和第 2 碑的碑铭本身就各自包括一方汉文的官制碑文，汉族编年史学家们的记载（请参阅 BK 229—248）都既明确地证实，为了阙特勤和毗伽可汗举行的葬礼，又证明了天朝朝廷与突厥汗宫两宫之间的一种密切合作。在这样的条件下，举行葬礼以及立碑时间，很可能是在唐朝皇帝（他在该时代是东突厥人的君主）的星相学家们的决定性影响之下，在唐朝宫廷和突厥族汗宫之间作了协商。

80. 这些想法可能会使我（但却带有某种保留）具体确定纪念毗伽可汗的第 2 碑中的汉文和突厥文碑铭的时间。

我们已经看到（请参阅第 36 节），在汉文碑铭接近末尾的第 23 行，载有"开元二十三年"（735 年，猪年）的时间，它应该是此碑完成的时间，也是为突厥可汗举行葬礼的时间（五月二十七日）。完全如同在鄂尔浑第 1 碑中一样，而且也是出于同样的尊卑秩序，作为玄宗皇帝御制御书的作品，它应该是先于突厥文文献而镌刻成碑的。第 1 碑的先例也向我们指出，这些碑文仅仅是在举行葬礼之后才雕刻成的。

一次粗略的估计，也会使我将碑文的时间定于 735 年 6 月 22 日的葬礼与本处所提到的猪年末（736 年 2 月 15 日）之间。

此外，在第 2 碑的西南小侧面上（HI 72—73），我掌握有由突厥抄写者对时间所作的具体计算，这就是药利特勤（Yōllig tegin）用毛笔（biti-）书写的毗伽可汗的突厥文碑铭："āy artukï tört kün olurïp bitidim"。其意为："我为了写下它，共在这里滞留 4 天零 1 个月。"

这种计算意为一个整阴历月另加 4 天（也可以说是"33 天"或"34 天"）。如果"4 天"之后紧接着 1 个整月，那么这就是使开工的时间定为 1 个"初一"日和竣工于一个"4 日"，这些时间明显没有星相学意义。但如果它们早于这一时间，那么这项工程就应该是开工于一个只有 29 天的小月之 26 日，或者是一个 30 天的大月的 27 日。在葬礼问题上，我已经发现了对于"7"和特别是对于"27"等数字的偏爱，这里支持后一种假设的推断。

经过五月的殡葬仪轨之后，在本处所讲到的汉族年历中，仅有 30 天的 4 个阴历大月，这就是七月、九月、十一月和闰十一月。对于数字"七"的特殊意义，我们知道的一切都趋向于使人相信对于七月（735 年 7 月 24 日—8 月 22 日）的选择。此外，如果大家认为这里是指九月（公元 9 月 21 日—10 月 20 日），那么开始于二十七日（10 月 17 日）的突厥雕碑匠的工作只能于十月末（11 月 18 日）才能竣工。这对于中蒙古的季节来说已经很晚了，因为节令已经相当于严寒季节了。游牧人不会等到这个季节，才会从诸如鄂尔浑河上部河谷那样的高山地区，向海拔较低的窝冬地区转移了。作为比较，我发现继 731 年 11 月 1 日阙特勤的葬礼之后，只会等待下一个好季节（732 年 8 月）才书写其碑铭。

更不必说，十一月和闰十一月都应该排除在外，因为突厥文碑铭当时已经完成。况且这两个月分别应为公元 736 年 1 月 17 日，或为 2 月 15 日，这在鄂尔浑河上游地区已是非常严寒的季节了，当时从事这类工作再困难不过了。

因此，如果认为鄂尔浑第 2 碑中的汉文碑铭是于 735 年这个猪年的七月二十七日（公元 735 年 8 月 19 日，与第 1 碑完成于同一年中的同一时代。这是一个具有双重吉利的时间，请参阅第 1 碑突厥文碑铭完成的同一时间），那么猜测性的成分就太大了。突厥碑文也可能开始于这同一个吉利的日子，因而是完成于下一个月（八月）末。也就是三十日，相当于公元 735 年 9 月 20 日。然而，这一时间基本上就是秋分的时间（在 8 世纪时为 9 月 19 日），这是在星相学上的一个重要时刻。一些值得注意的时刻之巧合不可能不引起汉族—突厥族星相学家们的注意，我情不自禁地会想到他们曾利用了这一切。

无论如何，鄂尔浑第 2 碑的汉文和突厥文碑铭都是在葬礼之后于同一年完成的，也就是说介于 735 年 7 月和高地蒙古早寒开始之间。

（B）西突厥碑铭

怛逻斯碑

81. 我所掌握的西突厥土著文献，与东突厥文献相比，则是无可比拟地贫乏。西突厥十部（Ōn-ok，10 箭或 10 姓）只留传下了很少的碑铭文献，或者至少是只为我们留下了极少数，其中未包括任何长篇文献。

非常幸运，由于沙畹（Chavannes）的一部杰出著作（DM），我掌握了有关这些突厥人的丰富的汉文资料，他们游牧于今蒙古以西、突厥斯坦和直至索格狄亚那（Sogdiane，康居）地区。但我不能将这些资料作为自己研究的基础，因为它们之中所包含的纪年完全是中原式的，它们不会使我得到有关突厥人日历推算法的知识。

在考古发现和出版著作的现有情况下，就西突厥碑铭问题而言，我仅知道石碑上的 5 方简短碑铭和刻于一根木棒上的庙柱文残片，它们全都是在怛逻斯河（Talas，今苏联吉尔吉斯境内的塔拉斯河）河谷中发现的。

该木棍上刻有明显的古文字，1932 年在阿奇克—塔什（Ačik-taš，阿奇克山）地区进行地质勘探时，于 5 米深的地下发掘到的（HK 207—214）。它残损严重，勉强能够释读出来。但无论如何，它似乎未带有任何种类的年代资料。如果它可能是 7 世纪的，那样它就会是用突厥语所写的最古老的文书遗迹。

至于 1886 和 1888 年在阿依塔木岛（Ayïrtam-oy，那里距阿克奇木以东 8 公里，地处塔拉斯古城附近，该地区变成了埃夫利亚岛，后来又叫做伏龙芝）地面上发现的 5 通墓碑中的碑文（HJ 131—141），唯有第 2 碑（塔拉斯第 2 碑，HJ 134—135）包含有一个我试图进行解释的时间。另外 4 通碑的碑铭未含任何纪年内容，它们都具有一种酷似不太发达的叶尼塞河上游的那些碑铭的风格。它们都只有 20 多个字，仅限于提及死者、其亲近者以及那些举行仪轨性哭泣的人。

82. 怛逻斯第 2 碑是我所掌握的唯一可以被利用的文献，它以其简单的笔风和古老的字母而与另外 4 方碑文颇为近似。它仅仅是比较长一些（共有 50 多个字），以一些更可能是晦涩难懂的术语而包含对 12 生肖纪年的一种参照。下面就看一下我是怎样释读前两行文字的，唯有它们才对我的研究有意义：

（1）"(o)ttuz oglan a! sagdïčlar a! pičin a! yettigirmi a!"

（2）"ātïm kara čor a! yagïttï: kara yazïmïz…"

其意为：

（1）"30 个孩子！诸官集团！猴年！十七！"

（2）"喀喇啜——是我的尊号的悲歌！这是我们的厄运！"

我应该证实自己的诠释，它与许多致力于研究这篇被认为是含糊不清的文献的突厥学家们的诠释（它们本身也互不吻合，见 HJ 134 和第 138—139 页的注释）差异很大。

我首先应该指出，其中已被我译做一个简单感叹号的感叹词"a!"（它们从语言学角度来讲是相同的），也出现在叶尼塞河上游的碑铭中了，充做一种相同的用法（例如，可以参阅 IE）。它们促使赋予碑文一种由痛苦的感叹打断的相当原始的语调。我们在 sagdïčlar 之后而读到了这种"a!"之一，而且这也是大家意料之中的。因为我认为可以将该字母读做 ï（一个其写法很近似的字母），无论从意义上还是文笔卜（第 1 行中由感叹来形成节律）都不适宜。现在笔录下来和已被刊布的碑铭录文并不能排除细微错误。

但这种使用感叹号的手法在第 2 行末却以 ātïm kara čor a!（喀喇啜的悲歌）而告结束了。我希望解释为一个感叹词的 a 位于 yazïmïz 之前，仅仅是 kara 的尾元音，该词已经两次出现在这一行中（出于诗韵的目的）。大家想象出来的那些使人感到失望的释读和诠释（yagïttï kar a yazïmïz 意为"在我的夏帐下雪了"）都是不能成立的，其原因如下：1. 因为"下雪"在古突厥文中应作 kar yagtï（动词 yag-）而不是 yagïttï（实际上写有两个 i）；2. 因为当时的 yazïmïz 只能译为"我们的春天"，而不是"我的夏帐"；3. 因为可能会下雪的牙帐之名，不可能这样在无独立格和无后置词的情况下组成；4. 因为词序和"a!"的位置完全是错误的，甚至对于一种特别不连贯的文献也如此。

至于在 yagïtï 意义的问题上所提出的奇怪假设，它们均出自大家未从中辨认出一个在墓志铭文献中恰得其位的突厥文词之半元音化（带有开头的声母 y-）的原因，ayït（请参阅其写法完全相同的奥斯曼语）意为"悲歌！悲伤的哀叹"。请参阅其同源对似词：奥斯曼语作 ağač，察合台语作 yagač（乌兹别克语作 agas 和 yagas），意为"树"；古突厥文作 amrak/yamrak，意为"敬爱的、可爱的"等等。

继 yagït（哀歌）之后，接着便是一个主有后缀 ï，系指喀喇啜。但人们都不知道 kara yazï 一词（其字面意义应为"黑色碑文"）是指"厄运"、"严酷的命运"（相当于"死亡"），它确实还曾出现在安纳托利亚的突厥语中。

被认为是死者与之交谈的"30 童"更应该是指他自己的儿子，也就是应该参加哭丧的 30 个童子（请参阅怛逻斯第 4 碑中的一个相同的词，载 HJ 136，它同样是一名重要首领啜的墓碑）。从辞源上来看，sagdïč 系指那些在某种仪式（本处系指殡葬仪轨）期间站在某人"右边（sag）的人"。这些人很可能就是"30 童"，他们在殡葬仪轨中为死者守灵。该词至今仍活跃在于安纳托利亚，系指一种更为愉快的仪式。它在奥斯曼语中作 sağdïč，意指"傧相"，也就是在婚礼中站在夫妻二人各自右侧的人。

文中接着是以一种始终都令人感动和悲壮的文笔，很简单地叙述了我认为可能是其最后时间的情况（请参阅 kara yazïmïz），也就是喀喇啜逝世的时间："pičin a! yettigirmi a!" 意为"啊！猴年，十七!"这里应该是指猴年的十七日。由于其中未是到农历月，所以应该理解做如同在鄂尔浑第 1 碑中那样（请参阅上文第 30 节）。出于偶然，其中也出现了同样的形势："猴年十七日。"我们还将会发现以更加简短的词汇针对"一月"的某个日子而省略提及"一月"的用法，"一月的日子"又成了一年的日子，这可能是东西突厥人所共有的一种习惯用法。

83. pičin（猴）一字非常有趣，因为它从语音上与东突厥语中的 bičin（词义相同）一词不同（请参阅上文第30节），而是既与出现在阔图——塔米尔十世（Khoytu-Tamïr X）的回鹘时代碑铭中的形式相同（请参阅下文第四章第6节），我认为可以将此断代为756年；同时又与12支历法残存中的猴年名字的近代西突厥文的形式相同（在奥斯曼语和阿塞拜疆语中）。大家还可以参阅奥斯曼语 pičin（小猴）和 pič（杂种猴）。

yetti yegirmi 的缩合词 yettigirmi（17）也值得注意。当然，我应该如同刊布者们所做的那样（HJ 134），必须读做前部音 y，在词末带有一个封闭的环形符号，而不是前部音 L（如同我们语言中的 Y 一样），它不产生任何意义。这样的缩合词在西突厥语中司空见惯。请参阅奥斯曼语 bïldïr（去年、一年前）、出自 bir yïl-dïr 等。

这样一来，与由突厥人的东部集团遗留在蒙古的碑铭相比较，我的这方碑铭不仅是其地域，而且其语言和词汇都是靠西的。如西突厥语中的 yazï（文字）派生自 yaz-（书写），其相对应的东突厥文 biti（词义相同）之本意为"用毛笔书写"，派生自 bit，借鉴自汉文名词"笔"；yagït 即相当于安纳托利亚突厥文 gït 和至今仍活跃于安纳托利亚的 sagdïč，但它却未出现在东突厥语中；kara yazï 意为"不可避免的命运"，同样仍存在于安纳托利亚，取代了碑铭突厥文中具有同一意义的 kärgäk（本意为"必然性"）。我已经可以在东突厥和西突厥人中发现一种方言的差异。这种差异也未逃脱精明的汉族史学家们的注意，他们于7世纪初叶（DM 21 和 47）在有关西突厥人以及与之相对应的通称突厥人（蒙古的突厥人）问题上写道：

"其风俗大类突厥也，言语少异。"

84. 初看起来，则很难为怛逻斯碑铭断代。对于每12年重复一次的猴年的记载并未向我们说明，这是否是为了证明12生肖纪年的用法。这种纪年最早在碑铭中的出现（蒙古地区）属于8世纪。由于在同一地域中的古文字资料都缺乏比较和参照点，所以很难诠释。这些文字笔画的弯曲外形都是"早期的"，许多字形都属古老风格：圆形的字母 m 无论是否拥有外延线，都接近于安息文字的某些原形（请参阅 DX，文末所附图表）；后部音 g 似乎同样也拥有一种古形。但其他的文字则具有一种比较发达的字形：前部音 g 仅有两侧画，而在 720 年的翁金碑（请参阅第 46 节）中却具有 3 画，在此后的蒙古碑铭中则只有两画。大部分文字都具有明显"古典"式的字形。请参阅 HJ 134 中的笔录文的图版。

归根结蒂，这种字母的古老特征是既有数目上的限制，又颇为引人注目。与安息（parthes）国（古突厥文的书写规则主要出自那里）相毗邻，便得以促进了对某些古字体的保留，有关这种字形的直接知识，可能是由钱币保留下来的。但其制造术中那孤立的古老风格和原始特征，丝毫不能证明碑铭的真正古老程度，如同我在有关叶尼塞河上游的碑铭中所看到的那样，而怛逻斯碑铭既由于其内容又由于其形式，在多方面都很接近叶尼塞碑铭。

从语言学角度来看，无论如何，诸如在 pičin（猴）中的起始声母的浊辅音清化那样的某些事实（古突厥文最早时没有起始声母 p-，而仅有 b-，在鄂尔浑碑和回鹘文中则作 bičin），或者是更为清楚的例证是将 yetti yegirmi 缩写成 yettigirmi，这都是一些明显都晚于东部突厥文学语言定形的现象，而这种东部突厥文学语言却是蒙古的突厥人以及叶尼塞河上游黠戛斯人和其他突厥语民族的共同语言，它似乎是 8 世纪初叶定形的，即经过自 6 世纪中叶起随着第一突厥大汗国的创建才得以明确形成之后。

在怛逻斯碑铭的地点与蒙古的"经典"突厥碑铭地之间，有大约 2500 公里左右的直线距离。仅以这种距离本身就可以解释当地的某些具有保守性的文字特征，同时也解释了我所发现的语言革新。

这一些语言革新似乎排除了一个真正古老时间的可能性，如东西突厥短暂政治统一时期的 6 世纪。最早从 7 世纪起，或者是我更主张是从 8 世纪初叶开始（特别是由于在一方墓碑中使用了 12 生肖纪年周期)，怛逻斯碑铭（其中包括与我本书有关的塔拉斯第 2 碑）才得以完成。

85. 古文字和语言学上的斟酌仅仅能为我在这些文献的可能时间问题上的研究，提供一个很笼统的范畴。归根结蒂，唯有历史背景才可以在这方面为我提供某些更准确的澄清。

出于幸运，怛逻斯第 2 碑在为我们保留了已故者的职官尊号"喀喇啜"（Kara čor）的时候，也为我提供了一个非常珍贵的标志点。

对于其余的一切，我仅在由沙畹精心搜集和翻译的西突厥汉文史料（DM）中，发现了某些幸好是很连贯而详细的资料。我将研究它们向我提供的有关怛逻斯及其附近地区在与涉及我所研究的时代之资料。

由沙畹汇编的汉文文献有助于向我证明，怛逻斯（塔拉斯河，请参阅 DM 索引中的该词，插图）地区在公元 7—8 世纪系突厥弩失毕五姓的领地，他们与准噶尔的咄陆五姓（同样也是突厥人，位于东部）形成了西突厥 10 姓或 10 箭（突厥文作 Ōn-ok）的部落联盟，由突骑施部统率。请参阅沙畹对这一问题所作的令人赞不绝口综述（DM 299—303）。

因此，我们的文献完全有可能属于"弩失毕五姓"之一的墓碑，他们与东部咄陆五姓的领地之疆围要经过楚河（Tchou）流域的托克玛克（碎叶城，Tokmak）城的附近。

从 7 世纪中叶起，汉文编年史便向我们具体地解释了弩失毕人的组织和职官尊号。当时五咄陆部各自的首领均享有"啜"（čor）的尊号；而五弩失毕各部酋首都拥有一个"俟斤"（沙畹拼做 se-kin，更应该是 sseu-kin）的尊号，其最佳写法应为"乙斤"（伯希和的拼写法，见 BK 225 以下)，即 irkin（它是可以与汉文对音相吻合的唯一已知突厥文尊号）的考证，应归于米勒（F. W. K. Müller）。但伯希和却对此提出了质疑（BK 226），因为他在此问题上表现得犹豫不决，请参阅由哈密屯（J. R. Hamilton）对这一问题所作的总结（DN 98 注①）。我们通过喀什噶里（ND 67）而获知，葛罗禄人的首领于 11 世纪时占据了弩失毕人的故地，仍享有屈俟斤（Köl irkin）的尊号。据 F. W. K. 米勒先生的假设，它完全相当由沙畹指出的（DM 60）"阙俟斤"的尊号，也就是由主要部族弩失毕首领所享有的"俟斤"之尊号。喀什噶里使我们获知，irkin 本意为"水滩"或"碱水泡子"（突厥文 irk 意为"聚"水）；Köl irkin 本意为"一片湖水"，本处是指"高级俟斤"。伯希和针对米勒的论点而提出的略有不同的异议没有必要予以重视，因为在古汉语的第 1 个音节中，缺乏可以记-r 之音的一个尾辅音，这也绝非是无先例可循，正如伯希和本人所指出的那样（BK 216 注释，对于拔野古的名称 Bayïrku 所作的考释；DK 229 有关突厥文 Bilgä 的考释，l 被汉人如同对待 r 一样地处理了，因为汉人无法区别两个流音辅音字母）。至于由一种汉文文献在"俟斤"（奇斤）和"乙斤"（后者肯定相当于 irkin）之间所作的区别（正如伯希和认为是很可能的那样），则是出自于汉族修史者们的一种混淆，他们将同一尊号的两种不同对音作为两个不同的尊号了（BK 227）。伯希和作为结论而认为在"俟斤"和"奇斤"（irkin）之间的等同的"可能"问题，在我看来则是肯定无疑的。这不仅是由于喀什噶里的证据，而且还是由于现知的任何古突厥尊号，都不会再有与这个汉文对音的古音值更为吻合的了（DN 98 注①）。

86. "啜"（čor）这个职官尊号在原则上要高于"俟斤"的尊号，在回鹘人的尊号中（DN 96—98），屈律啜（Köl čor）要高于"奇斤"（irkin）。这种现象与弩失毕较"咄陆"低级的地位相吻合。突骑施的统治部族，也就是西突厥可汗们的部族是一个咄陆部（DM 34，对突骑施名称的首次记载是 651 年，出现在咄陆的第 4 位啜的尊号之中）。

我们的悒逻斯第 2 碑中的"黑啜"（喀喇啜，Kara čor）生活在弩失毕领土上，那里在古代并不封赐"啜"的尊号。这对于我来说是一次很好的机会，因为对汉文史料的研究可以使我探讨，它是从什么时代起才得以出现在悒逻斯（塔拉斯，多罗斯）

地区的突厥人中的。

在西突厥人中，"俟斤"尊号与另一个尊号"啜"相比则显得卑微，对于657年这个时间来说（DM 65注释），则出自于这样一种事实：处木昆1万帐的首领（咄陆部）曾是一名俟斤，而该部的主要首领则是一名啜（DM 60）。

在714—715年间，咄陆部的首领们始终为啜，而弩失毕部的首领们则始终为俟斤（DM 283注⑤）。

716年，继阿波干（默啜）可汗逝世后，突骑施部的一名啜苏禄自立为可汗。他直到738年都维持了对怛逻斯和碎叶城的统治权。除了在他统治的最后几年中出现过某些混乱之外，他始终是西突厥最强大的首领。他与唐朝宫廷和毗伽可汗的汗廷都维持着密切的关系，而且他还成了毗伽可汗的女婿。但鄂尔浑第2碑中的这位突骑施可汗（北侧第9行，HI 56—57）则是一名"篡权者"，原为娑葛汗的将领（请参阅DM 49和本章第72节①），正与"合法"可汗（室点蜜的后裔）处于对立之中，但他于722年以娶该可汗之女为可敦而与可汗和解。

可汗于716年之后的这种双重身份，在西突厥那直到此时都相当稳定的职官尊号中，以一种尊号的"膨胀"而造成了重大变化。此时已不再仅是咄陆五啜（以及他们的下属俟斤）和弩失毕的五俟斤了，而且还有了苏禄（突骑施可汗）的突骑施新汗国的所有官吏，该汗国包括与我本处有关的怛逻斯地区。非常注意尊号的汉人记载过苏禄封赏于其诸妻与子的那些前所未闻的高级尊号：3名可敦（Katun）和数名叶护（Yabgu，DM 83）。据汉人一种记载（DM 45—46）的顺序来看，这次大加封赏尊号的做法是从730年出现的（附加以不计其数的开销，DM 83）。

在弩失毕过去仅有些俟斤为其最高首领的怛逻斯地区，出现了一种啜。这使我觉得它与730年左右苏禄汗国的尊号大加泛滥有关。

87. 我所指的这位人物的尊号喀喇啜（黑啜，Kara čor），可能与由突骑施汗国的"黑姓"集团形成的组织之名有关，这些

"黑姓" 突骑施在突厥碑铭中（请参阅第72①）已经于710年提及。在于苏禄执政后半期开始的西突厥内战中，这些"黑姓"形成了苏禄及其家族的支持者一方；另一方则是"黄姓"，他们支持原娑葛汗的后裔（DM 83—86）。

我所讲的这位黑啜很可能就是这些"黑姓"之一的首领，他们支持苏禄并在怛逻斯地区维持着他的政权。

在"黑姓"与"黄姓"之间爆发了大规模冲突和战斗，它们突出了于739年被杀的苏禄统治最后几年间的特征。稍后，我们在汉文编年史中则只能发现对于"黑姓"于怛逻斯地区存在的一次记载，也就是739年末前后。在苏禄死后，有一位"黑姓可汗……保怛逻斯（塔拉斯）城"。他在该城中受到了与拔汗那（Fergana）王军队联合起来的唐军突然袭击，于是便被斩，同时被斩的还有其弟（DM 84 和 294）。怛逻斯及其地区于是便被纳入到唐朝碛西（西域）节度使的辖地范围中了，一直到大食人于751年夏在该城附近获胜为止。大食人的这场胜利标志着突厥人伊斯兰化的开始。此外,从此之后已不再是黑突骑施人而是葛逻禄人占据了怛逻斯地区。他们以在自己一侧攻击唐朝军队(由拔汗那国王军队支援)而促成了大食人的胜利(DM 297—298)。

因此，我有理由认为，怛逻斯碑中存在一位"黑啜"的事实，只能是在接近730年的一个时间与739年之后不久的另一个时间之间，方为预料之中的事。

88. 然而，我们碑中的黑啜逝世于一个猴年的十七日，在这样的时代只能有一个这样的时间，也就是始于732年2月1日和终于733年1月20日（开元二十年）的时间。因此，该黑啜的逝世应被断代于732年2月17日。考虑到举行葬礼的期限，怛逻斯第2碑无疑应属于732年的下半年。它几乎与阙特勤碑是同时代的。从汉地历法来看，阙特勤恰恰比该黑啜早死一年（731年这个羊年的十七日）。

当然，这仅是一种假设。但我们觉得它与历史事实相当吻合，由于汉族编年史学家们，这个时代和这些地区的历史事实已被人非常详细地知道了。因为这些汉族编年史学家们非常注意在亚洲的该地区可能发生的一切，中原王朝政治在那里于传统上都扮演着最重要的角色。

这种假设与突厥碑铭中的古文字和语言学资料没有更多的矛盾，而且突厥碑铭中对 12 生肖纪年的使用也是通过与东突厥碑铭的比较，明显倾向于支持一个不会早于 8 世纪前数十年的时间（突厥墓碑中最早使用这种纪年的断代在蒙古是 720 年，我认为这就是翁金碑。请参阅第 47 节）。

89. 作为结束，我现在再回到第 1 行文字的措辞问题上来："pičin a! yettigirmi a!" 它为我提供了黑姓啜逝世的时间。

这是在墓碑上以感叹和简练的方式提出 12 生肖纪年中的一个时间的唯一例证。这种特殊的表达方式当然符合整个碑文开头处的感叹特征，但这也使我觉得它与其后的某些词所提及的"厄运"思想具有感情上的关系：kara yazïmïz，而且于第 4 行末又以感叹的形式作了重复（HJ 134, kara yazïmïz a!）。

"猴"和"十七"就这样作为黑姓啜的"厄运"之主要因素而出现了。这种生肖和这个数字也为他"带来了灾难"。我顺便还从中发现，突厥人存在着与 12 生肖纪年这种汉地历法的民间形式的使用有关系的巫术—星相信仰的影响。吐鲁番的回鹘文写本（ML，俯拾即得）又在这一问题上重复了汉人的预言，从而进一步增加了那些具有迷信特征的警告。

同一时代的蒙古东突厥碑铭未包括任何对这类信仰的暗示。这是属于汗国最上层贵族的突厥人的作品，它们仅仅是作为断代的科学工具才使用 12 生肖周期纪年的。当然，我已经看到，星相学上的计算并不缺少为与殡葬仪轨有关的时间断代的因素。但它们涉及的是数字和天文学事实，而不是象征性的动物。它们出自汗国和汗宫中的一种星相学，如同中原王朝的皇家星相学一样，而不是民间星相学，诸如我们在怛逻斯的黑姓啜那更应该是雏形的墓志铭中发现其反响的那种天文学一样。

第四章 蒙古地区回鹘人的 12 生肖历法

1. 回鹘人（Ouïghours, Uygur）肯定是为我们留下有关纪年和历法的数目最多、最有意义的土著文献的古突厥民族。由于各种各样的文献，我也正是于他们之中，才最透彻地理解了在历法与星相信仰之间存在的密切关系。

虽然这些信仰值得作一种特殊研究，但它们却不是我研究内容的中心。它们与日历推算法具有特别直接的关系，以至于我无法于此对它们保持沉默。故而，我们不能全部论述它们，那样将会导致我离题过远，而只论述它们与历法的关系，况且这种关系又是很明显的。

众所周知，两个差别很大的时代将回鹘的民族和文明史分割开了。从回鹘人战胜突厥人的时间 744 年起，到他们被叶尼塞河上游的黠戛斯人驱散的时间 840 年，回鹘人统治了一个作为东突厥汗国之继承者的庞大游牧汗国，该汗国包括整个蒙古地区，其统治阶级与中原唐王朝生活在密切而又稳定的关系之中。

840 年之后，回鹘人被从蒙古驱逐出去，他们向东突厥斯坦的绿洲或甘州地区退却。他们在那里逐渐变成定居农民，并且创建了一些相对稳定的汗国，与印欧居民和中国的一些重要少数民族相依为命地生活在一起，他们皈依了摩尼教和佛教，浸透了中国—印度文明并达到了很高的文化水平，无论如何也远远高于草原游牧民族的文化水平。

特别是高昌回鹘人（Uygur de Khočo），直到蒙古人鼎盛的时代之前，都扮演着一种重要角色。他们在蒙古盛世期形成了一个附属于成吉思汗王朝的汗国，丰富了蒙古人的文化生活，蒙古人的文字就借鉴自回鹘人并于他们之中选拔了许多官吏。大约在1260年，他们事实上从中国蒙古人的宗主权之下转向了察合台汗国蒙古人的宗主权之下，却又未因此而放弃维持效忠北京宫廷的一种原则。

直到1400年左右，"回鹘斯坦"（Ouïghouristan）基本上抵制了伊斯兰教并拥有它独自的文化，这是一种佛教于其中占统治地位的突厥—汉族综合文化。

2. 向回鹘文明的两大时代提出的历史和文化问题完全不同，我在自己有关日历推算法和历法的调查中，必须以非常明确的方式在它们之中作出区别。我在本章中将仅仅论述744—840年间蒙古的回鹘人时期。

作为蒙古地区主人的回鹘人是多次统治过他们的突厥人的继承者，他们与中原唐王朝的联系更加密切并承认唐朝的宗主权。他们只能坚持使用以12生肖的"突厥化"形式出现的中国中原历法。他们计算日历和计算日子的方式，在他们遗留在中蒙古和北蒙古的某些用"鄂尔浑"文字写成的碑铭文献中，显得如同与东突厥人的那些碑铭几乎完全相同，甚至在它们的语言表达方式上也如此。因为回鹘人的碑铭突厥语，就如同稍后的手写体文字语言（türk tili 或 türk uygur tili，见 FA 259）一样，以几乎是一成不变的方式继续使用鄂尔浑碑铭中的"古典"突厥语，但却使用了另一种文字。

如果我排除了未包括纪年（或者是由于损坏而可能未更多地出现）的文献，因为它们对于我的研究无直接意义，那么在发掘的现状下，我只拥有两类可用于研究蒙古地区回鹘人历法史的文献了，它们二者均属于8世纪下半叶，这就是霍伊土—塔米尔（Khoytu-Tamïr）的所有很小的发愿碑铭和一位回鹘可汗的大墓碑。

＊霍伊土—塔米尔碑文。

3. 这些碑于 1893 年由克莱门茨（Klementz）发现于鄂尔浑河左岸（西部）的分支霍伊土—塔米尔河畔。它们均是由为旅行者们赎罪的短小碑文组成的，用毛笔写于一大块岩石侧翼的石壁上。这块岩石高 15 米，孤立地屹立于一个海拔 1715 米的山口，而该山口形成了一条经过高地蒙古的重要交通要道（请参阅 JI 62—76，图版见 JI 66）。它们所使用的优质中国黑墨，在红色（和绿色？HJ 107）线条之处而烘托得更加突出，它们虽已很模糊，但却以令人惊奇的良好状态保存了下来。

这些碑文以其制作方法（用笔书写而不是雕刻）和尤其是以其非墓碑的内容而具有双重的新奇特征。早在 1895 年，它们就在由拉德洛夫制作的最早刊本（HB 206 以下）以及一种草率而仓促的译本中发表，现已显得陈旧，必须彻底重做。它是以克莱门茨非常精心的录文为基础的，我觉得其中那些不可避免的错误是瑕不掩瑜。这些录文抄件也被 H. N 奥尔昆（HJ 107—117）仔细地以图版发表，但却附有一种仍然很不完善的诠释（HJ 107—117），它基本上仍是拉德洛夫的那一套。它们被充做我在 1956—1957 年于高等实验研究学院所作报告中对这些文献的详细研究（未刊）之基础，我于此将重新利用这些成果。1958 年，彭蒂·阿尔托（Penti Aalto，JI 62—76）非常适时地发表了由地理学家和考古学家格拉诺（J. G. Granoï）1908 年完成的录文原件，并且还附有质量上乘的图版。它们基本上与由克莱门茨的录文相吻合，不仅可以使人对后者进行校勘并作具体解释，而且还可以为它们提供珍贵的补充资料。所以，由格拉诺笔录的第一种文本 AI（JI 67 和 76）未曾引起过克莱门茨的注意。但格拉诺仅在继克莱门茨 16 年之后才看到这些碑文，而可能又是由于由此人所作的在任何阅读时都必不可缺的清水冲洗石碑，故它在很短的时间内便可能会严重残损。虽然格拉诺的抄本在某些地方的内容稍多一些，但由两名学者同样录下的那些段落的细节，一般都远不如克莱门茨的录文那样令人满意，这后一种录文始终是我利用的最佳文献。

4. 尽管霍伊土—塔米尔的短碑文彼此之间是互相独立的，其数目可能会多达30余方（将克莱门茨与格拉诺的录文加在一起），而且我也总觉得它们是出自不同的两个人之手（一种大字和一种要细小得多的文字），但既由于其语言、文笔、文字特征及用途，又由于为了完成这些碑文而使用的材料，它们形成了一个统一整体，应该集中于一个连续数年的有限时间内。

这些碑文都与那些假道霍伊土—塔米尔河谷，由东至西或反向由西至东跋涉的旅行家们的过境礼仪和祈求巫术的保护有关。在数世纪期间，又从中增加了许多汉文、蒙古文和藏文的游人题记，甚至还有一些梵文字母（JI 62—63），它们尚未被公之于世。

从古文字的角度来看，霍伊土—塔米尔突厥碑文中的文字，仍具有鄂尔浑第1碑和第2碑（732—735年）中的"古典"形状，没有在翁金碑（据我认为是720年）中尚残存的古老风格的任何特征（请参阅第三章第46—52节）。因此，几乎可以肯定，它们都晚于公元720年。尽管这些碑文都是用毛笔写成的，但它们尚不具有于10世纪时出现在突厥文《占卜书》（Irk Bitig）中的"鲁尼"字母写本中出现的那种草书形状（请参阅第五章第2节以下，FA 11—15，DY 74第3行b）。由此，仅对古文字作一番研究，便可以使人初步将它们断代为720年左右和10世纪末之间。

从语言学角度来看，霍伊土—塔米尔碑文与蒙古的突厥碑铭（其中的最晚者是鄂尔浑第2碑，被断为735年）相比较，则具有某些典型的创新：把 ïnančü（心腹之人，本为一种称号，见鄂尔浑第1碑北侧第13行和西侧第2行，HI 52—54）一词腭化而读作 inänčü，（HJ 108 和 112）；将 tabgač（桃花石，中国，鄂尔浑第1碑和第2碑，俯拾即得）换位成 tabčag（HJ 115）；对某

些字的读音和写法犹豫不决，例如将 tokkïzïnč（HJ 109）、
toguzïnč（HJ 111，带有一个 ü 而不是 u，这是书写的错误）、
toksunč（HJ 115，本意为"第9"）、鄂尔浑第 1 碑中的 tokkuzunč
（东北侧，HI 52—53）等处。其中有许多"书写错误"：第 1 个
音节中的圆元音未被拼写出来、在前辅音和后辅音之间出现混淆
等。通过与蒙古"古典"碑铭相比较，所有这一切都证明了某
些传统的破败。所有这些迹象都支持一个晚于鄂尔浑和第 1 碑和
第 2 碑（也就是 735 年）的时间。

　　5. 从这个时间（其下限时间）起，特别是其历史背景为确
定这些文献的年代而最终使我茅塞顿开。事实上，由至少是一时
驻足于那里的"文书"们，以获得报偿为先决条件，而在岩石
上写下了这些赎罪性的愿文，它们共有 3 次（HJ 108、109、
112）是为那些赴别失八里（Beš-Balïk，北庭，请参阅第三章第
72 节中的 e、k 和 p）或者是从那里返回的旅行家们祝愿的。然
而，我们都知道，北庭从 760 年起被吐蕃人的一次入侵所包围
（DM 114 注释），而且还延续了很多年。此外，这些碑文中有两
通是为确保突骑施的一支重要军队行军顺利（也可能是往返）
的：HJ 100 作 yüz alp Türgeš el，意为"突骑施部（的人），100
名勇士"；HJ 111 作 türgeš sü，意为"突骑施的军人"。我们知
道（DM 85），西突厥的统治部族突骑施人的政权，在 760 年前
后相差不大的时期彻底解体了。突骑施部派出的最后一个人朝使
于 758—759 年到达唐王朝境内。本处涉及的一支 100 人的队伍
代表着一个使节护送军队的正常人数。其具体情况应该如下：在
纪念他们的碑文中，没有任何地方提及突骑施部的一次军事远
征，也未提到他们在距其居住地很远的霍伊土—塔米尔山口的出
现。我们对此只能以这种方式自圆其说。最后，在非常接近于
744 年之后便成为蒙古的回鹘汗国政治中心的鄂尔浑地区，在巫
术—宗教性的文献中，完全不存在对于从 763 年之后变成回鹘人
国教的摩尼教的任何暗示，这就无助于将该碑断代为一个更晚的
时间。

6. 所有这些古文字学、语言学和历史学的原因，都被巧妙地融合在一起，从而导致我有很大把握地提出假设，认为霍伊土—塔米尔的全部古突厥文碑铭应被断代为735—760年之间，或者最晚是763年。然而，我们的文献作为还愿物的时间而有一次提起蛇年（HJ 112，yïlan yïl），两次提到猴年（HJ 109和115，bičin yïlka和pičin yïl）。在这后一种证据中，我又发现了已经在西突厥文（据我的猜测应为732年）中出现的浊辅音起始声母的清化现象（见第三章第88节，怛逻斯第2碑）。

在735—763年（更确切地说应为730—764年）之间所包括的蛇年，是741年和753年这两年。在同一时期（更具体地说是在733—767年间）所包括的猴年，是744年和756年这两年。但741—744年（该年包括在内）之间的这几年，则以鄂尔浑地区的不停动乱为特征，而鄂尔浑地区又非常接近于霍伊土—塔米尔地区。这就是先有突厥派别之间的内战，后有突厥人、拔悉蜜人、葛罗禄人和回鹘人之间的激烈战斗（DH 162）。这一切都成了回鹘汗国创建的序幕。

因此，我觉得需要注意的时间，应是753和756这两年。为证实我们碑文在年代上持续性的表现形式，它们已经足够接近了；为解释与鄂尔浑的"古典"碑铭语言在语言学上的差距，735年又相距太远了。在741—744年的大动乱时代之后，便是一段很适合解释"鲁尼文"书写方法的拼写传统的一种明显衰退。这是一种暂时的衰退，因为西耐—乌苏（Šine-usu）的回鹘文碑铭（759年末或760年，请参阅下文第12节以下），甚至是苏吉（sū ji）的黠戛斯文碑（840年之后不久，请参阅第二章第13节），它们都证明了鄂尔浑碑中"古典"语言和字形的复兴。霍伊土—塔米尔的位置过分接近鄂尔浑的遗址了，以至于使已发现的语言和尤其是文字写法上的讹变无法以方言的差异来解释，我认为这些讹变应该是一种与传统的暂时决裂，正如在741年和744年间，于蒙古导致的突厥人被回鹘人排斥的大动乱中，不可避免地要产生的那种断裂一样。

如果大家接受我的假设，那就可以非常准确地对 3 方带有 12 生肖历法的完整时间的霍伊土—塔米尔碑文作出断代了，分别断代为 753 年这个蛇年（753 年 2 月 8 日至 754 年 1 月 27 日）和 756 年这个猴年（756 年 2 月 5 日至 757 年 1 月 24 日）。

7. 拉德洛夫的第 7 方碑文（HJ 112，在 JI 中付阙如）。

这是一方以一个人物的名义发表的愿文，而且此人在其他地方也出现过，如在 R 的第一种文献中是作为达头设（Tarduš）而出现的（HJ 108 = JI 74：G），而且还享有 in' öz inänču（我认为应该是 ini öz inänču，带有元音省略符号，请参阅 b'ödkä，见第三章第 76 节）的尊号，意为"最亲密的心腹人之弟"。其中的 Tarduš（达头）设一词并非真正指一个民族，而是指相当于突厥汗国西部的一个很大的地区（右厢察），与东部地区的突利（Töliš，左厢察）设相对应（JJ 24）。达头设的地区主要是包括别失八里（北庭，请参阅第三章第 72 节 e）。本碑文应该被断代为蒙古地区的回鹘汗国初期。我应该提出假设而认为，本文未曾（或者是尚未）打破自突厥继承下来的领土划分规则。

碑文中的人物前往（或者是返归）北庭（第 2 行，Beš-Balïkka）。文中首先提到了旅行的年和月。我可以理解作他是从霍伊土—塔米尔山口出发的："yïlan yïl önunč āyuk（a）"。其意为："蛇年，十月。"如果确如我想象的那样，这里果真是指 753 年的这个蛇年，那么据汉族—突厥族的历法推算（回鹘汗国应该始终是沿用汉族历法，该汗国深受中原天朝的政治和文化影响），这个阴历月就该是公元 753 年的 10 月 31 日至 11 月 29 日。

再向下方，于第 3 行的下半行，我认为已经明确提到了举行还愿活动的日子。这一行文字（请参阅克莱门茨的精确录文，见 HJ 112）写于 barïr-man（后辅音 n，这是一种元音的和谐，意为"我前往"别失八里）之后，带有如下的一些字母：后辅音 n、前辅音 y、前辅音 t、一个已经残损的字母（主要是由一竖笔写成，它应为 i）、前辅音 g、a/ä、前辅音 l、p。由拉德洛夫和奥尔昆提供的读法使译文最后成了删节号。从这方面讲，我却将此读作："an(ï)yettigä(i)lip"（这后一个字出自 il-，意为"抓住"）。

对于第 4 行文字，我的读法也如同拉德洛夫和奥尔昆一样。我得出了一种令自己感到满意的译文。因为考虑到碑文的还愿特征，故它可能是被奉献给地神的：

(1) yïlan yïl ōnunč āyk(a)

(2) in(i)ŏz inänču bēš balïkka

(3) barïr-man an(ï)yettigä(i)lip

(4) kut bolzun! alï bar!

其意义为："蛇年，十月，我，İni Ŏz İnänču，我前往别失八里（北庭）。由于我于（本月）七日获得了它，这该给我带来多大幸运啊！带走它吧!"

在日子中，"7"这个数字的吉祥特征（在突厥文中），已于本书第三章第 78 节中指出。我于此又得到了有关它的一种确认。该碑文于其第 2 部分中，肯定是暗示了供奉某尊神的一种还愿物，这尊神是行人的保护神，居住在孤立的岩石堆中。

本处所指阴历月的七日系公元 753 年 11 月 6 日。我认为这就是碑文的时间。

8. 拉德洛夫的第 2 通碑文（HJ 109、JI 72、东侧第 3 行）：

非常明显，格拉诺（Granö）的录文（JI）是继由克莱门茨洗刷石碑的 16 年之后才制成的（请参阅上文第 3 节），碑文于此间已严遭残损。这几行文字之末已经被摩擦得模糊不清，即使是对于某些尚堪卒读的地方，其文字也相当模糊，从而使格拉诺在对它们的考证中多次搞错。他认为可以读出的句子几乎不具任何意义，而由克莱门茨用笔抄下的录文（请参阅 HJ 109）则可以使人作出一种尚令人满意的释读。因此，我仅是根据克莱门茨的录文而研究本方碑文的。

我仅就很少的几点而讨论克莱门茨的录文。

——第 2 行：在明显是一个日子的段落中，继 āy（阴历月，月）的后部辅音 y 之后，在行末的后缀-ka（时间与格词）之前，也就是恰恰于一个仅是分音符号的一小竖笔之前，我们本来期待着一个后元音级（后缀-ka 即属于这一级）和文字简短（2 个字）的数字名词。据 ōn（10）和 altï（6，lt 只能组成一个字，起始字母 a 未被写出来）均属于这种情况。由克莱门茨抄录的两个字中的第 1 个，是向下的一斜笔，仅存在于 lt 之中（而未存在于 ōn 的 u/o 之中）；第 2 个字则是很大的一竖笔，它只能是 ōn 中的圆后辅音 n。但仅仅是上部的一小斜笔已被磨损，本为 altï 中的尾音 i/ï 的竖笔长矛形写法，因而便是 lt + i = altï（6）。

——第 3 行：在克莱门茨的录文中，再无任何补充了。虽然结尾之前的第 5 个字已经模糊不清，但显得很可能是相当于前部音 y。拉德洛夫的直觉是从中再加上一个后辅音 k，然后是一个被认为已遭损坏的 a，从而便可以复原 Bēš-Balïk（北庭）的与格词 bēš balïkka，这种直觉并不坏。但都结束于同一行间的前 3 行文字那很有规律的排列，以及克莱门茨丝毫没有看到这类内容的事实，从而使这种增加变得更加令人疑窦丛生了。事实上，这里确实是指别失八里，但该词的尾后辅音-k 被移置于下一行的开头之处，根据不重复同一个书写符号的倾向，它也被用于紧接此后的 Kutlug（骨咄禄）一词的起始声母。我丝毫不用怀疑一个尾音-ka，这在该行那完全有限的空间中绝没有它的位置（请参阅前两行文字），它可能是被认为附属于动词 bardïmïz 的一种很不规范的后置与格词。事实上，Bēš-Balïk 于此则是属于独立格，而且还涉及了下面的情况。

——第 4 行：yü…之后的最后一个模糊不清的字母……应为 z，yüz 意为"100"，请参阅拉德洛夫的第 3 方碑文（HJ 110）。

——第 5 行：第 1 个字 sü 非常正确地写作带有两个连续的 ü，正如克莱门茨所正确地指出的那样。这可能将这个回鹘文草体字的常用写法移植于碑体文中了（请参阅 FA 335b，写做 süü）。录文在句子的中间，于前部辅音 l 和后部辅音 k 之间，有一片空白，我们认为它正好相当于一个由于时代遥远而被磨损的字母。由于这个句子的句法结构，所以我认为该字母与第 7 篇碑文中的字母相似（请参阅上文第7节）：（i）lip…bolzun，我提议应该复原副动词中的p，也就是(i)lip，以下的字母前部辅音k和l等似乎完全是代表（这也与其意义相符）动词词根käl-（到达），我提议将此后的两个字母分别读做前部辅音g和前部辅音l，而保存良好的尾音字母则应为前部辅音k。这样一来，在认为圆元音ü与古典写法相反而未被写下来的情况下，那就应该把该词读做kälgülük。这样的一种讹误在第2行中的tokkïzïnč中就已经是确实无疑的了，其中的o未被记下来。

——第6行：最后一个书写符号不应该读做anta（其尾音-a是必须写出来的）中的nt，它仅是句尾的一种简单的作为断句的强装饰音，我们于第1方碑文（HJ 108）中也可以发现它。

第7行：我们不应该忽视作为前部音的s/š的末尾一竖笔。

为了更加清楚一些，我将对该碑的文字作一番扼要说明，正如同我对克莱门茨录文的考证，或者是我在文字已被磨损或模糊不清时（将这些字放在括号中）而用其他字来取代它们一样。我采用了如下通用惯例：后部音级的词采用大写字母，前部音级的字则用小写字母，中间音级则用斜体字：

(1) b i č i n y i L K a
(2) T K i z nč Y (lt) i K a (:)
(3) B R D m z :p (y) b s B L
(4) K U T L U G L p y ü (z)
(5) s ü ü；R z U l (p) k l (g) (l) k
(6) B U L z U N.
(7) K U T L G i r s

我读做：

bičin yïlka t(o)kkïzïnč āy altïka, bardïmïz, pey bēš balï(k) kutlug alp yüz sü arïzu(i)lip, kälg(ü)l(ü)k bolzun! kutlug eriš!

其意为："猴年，九月六日，我们出发了，一支100人的北别失八里队伍，运气很好而勇敢。经过净身和悬挂（还愿物），我们得以到达。祝圆满成功！"

完成式动词 bardïmïz（我们出发了）并不是指一个真正的过去时，而是一种既得成果（请参阅第三章第 76 节，olurtïm 意为"这是我的执政期"），它并非指一次过去的动身，而是一次正在完成的出发。从语法角度来讲，"这是我们的出发"则是一种比较正确的译法。"别失八里"之前的词 pey 只不过是汉文词"北"的对音而已，也就是该聚落的汉文名称"北庭"的第 1 个成分。arï-z-u 一词是 arï-（被净身）那以-z-的形式出现的施动词之副动词（FA83），主要用于宗教意义。对于 ilip 一词，请参阅上文第 7 节。eriš 一词的本意为"达到（目的）之事"，出自 er-（达到）。

在我的假设范围内，猴年（756 年）九月六日这个时间便相当于公元 756 年 10 月 4 日，这也应该是完成碑文的日子。

拉德洛夫的第 10 方碑铭（HJ 115、JI 68 和 76：A 3）：

由于上文已经阐述过的原因（第 3 节），可能还由于它有些过分仓促，所以格拉诺的录文（JI）普遍的不及克莱门茨的录文准确，而克莱门茨的录文肯定应作为我的基本文献（HJ 115）。但格拉诺的功绩在于（我认为是正确地）释读出了某些由克莱门茨遗漏或者是未加考证出的几个字，他的贡献于此是颇有裨益的。

我下文将要讨论对于那些不是出于克莱门茨录文者或者于其中颇难稽考的书写符号的考证。

——第 1 行：在前部辅音 y 和 t 之间，格拉诺清楚地解读出了一个 i；最后，继 r 之后则是一个 m。这两种读法都值得考虑，以补充克莱门茨的录文，nč 之后的那个略有残损的字母确为后部音 Y。

——第 2 行：介于……ikä 和 tabčagka 之间的字都很清楚：前部音 g 和前部音 s、后部音 K。这一切都不应受到忽略。

——第 3 行：在开头部，于前部音 y 和后部音 L 之间，第 3 个字并不像人们曾猜测的那样是后部音 K，也完全是放在括号中的前部音 n；对于位于此后的那个已被磨损的字母，我用 t 取代了它，可能应为后辅音 T（在这些碑铭中，出现了两个音级的辅音之混合，这是"拼写错误"），下一个字母是 a，正如拉德洛夫曾猜想的那样。经过一小片空白之后和在后部音 Š、U、Y 之前，有一个字母酷似指向上方的一支箭，与碑文中的第 1 个字母颇为相似，它在两处是字母 p 的一种花体形式，而不是在这些碑文中都写得如同其尖端指向下方的一支短箭的文字 KU/UK（请参阅 HJ 112 下部），这也是写本的"鲁尼文"草书中的标准（请参阅 FA 12）。继作为断句的第 1 个书写符号（:）之后，大约在该行的中间前后，所写出的并非是只有一个后部音 Y，而是有两个连续的 Y，已由格拉诺正确地录了下来，且与其意义也甚为相宜。对于趋向句末的 č 之后相当于 3 个字母的空白处，我认为应该复原为后部音 G、后部音 T 和 a。以 TBč 而开始的字只能是 tabčag（桃花石、拓跋氏，中国），它在第 2 行中就已经出现了。其后缀由于它所依靠的动词之结构，应该是位置格—夺格词-ta。如果我仅承认第一个前部音 t 的右部已残损（空缺处之末），那么对于这个 töηtim（我自……返回）一词，在克莱门茨的录文中，立即就会读出来。继 ü 之后，该词中的第 3 个字母确实是 η 而不是 l。此外，拉德洛夫于此所作的释读是 öltim ädgü anča，其意为"我死了，确实如此"最终导致了一种无意义的废话。

——第 4 行：第 4 个字母后部音 N 与下面的字母 nč 连在一起充做双重用途。这仍是我们的抄写者在该词中所犯的一种"拼写错误"，该词一般应作 anča（如此）。

我对碑文的详细研究就到 anča 一词为止吧！此外，它的后面留有一片空白，与我本书的内容直接有关的问题于此结束。因此，我将维持对字母的下述考证，并且根据与上文第 8 节相同的惯例而音译：

"（1）p i č n YL：y i t（i?）nč Y y i g r m

（2）i k a g s K T Bč G K a：B R T G

（3）y Ln（T）a T U K s nč Y p Š U Y K R a BŠ G：Y Y L

Tm：k ü z t a T B č（G T a）t ü η t m

(4) d g ü N *nč* a⋯".

我们读做:

"pičin yïl yettïnč āy yegirmikä gä-sïka tabčagka bartïg. yïlïnta toksunč āy pe-šuy kara bašïg yāylatïm. küztä tabčagta töŋtim. ädgü anča."

其意义为:

—— "猴年,七月二十日,你出发赴河西,去中国中原。"

—— "同年九月,我在白水的黑泉避暑。秋季,我从中原返回。如此很好!"……

这方还愿碑文是为向神祇致谢的 (而且在文末的未译部分中,又提出了一些祝愿),以对话的形式写成,往往都与叶尼塞河上游的碑铭相同。碑文首先是以书写符号的第二人称而致旅行者的,此人稍后在简单述说其旅行及其年谱的同时,又以祝愿其平安进展而作出了答复。

我于此提供了对某些汉文地名的突厥文大致对音,而过去的刊本都对此 (如第 7 篇碑文中的 pey) 一无所知。我认为,gä-sï 系指"河西"地区,位于黄河以西。白水 (pe-šuy) 河确实流经蒙古西部的此地,其源头是黑水。有一点值得于此指出,那就是黑水河系黄河的支流,位于黄河第一大河套以西,靠近于北纬35°和东经 109°—110°之间。

我们的这位行人自霍伊土—塔米尔山口出发赴中原河西的时间是猴年 (据我推算,应为 756 年) 的阴历七月二十日,这一时间应该相当于公元 756 年 8 月 20 日。他赴位于霍伊土—塔米尔山口西南直线距离 1500 公里左右的白水河之源头避暑 (yāy-la-tïm) 的时间,应为 756 年 9 月 29 日至 10 月 27 日。

yāy-la- (避暑) 一词在转场放牧的突厥牧民中,与 kïš-la- (过冬、窝冬) 相对,以指每年春秋的两次转场 (köč) 之间的主要驻牧地。但这并不意味着本碑文的作者认为,这个晚于 9 月29 日 (因而也就是秋分) 的时期属于真正的夏季 (yāy),突厥游牧民的"避暑"基本包括其全部"美好季节"。如果那里的天气非常好的话，那也应该包括初秋，这就是相对偏南的白水地区的情况。

在季节的概念问题上，较为明确的地方是碑文对于从白水到霍伊土—塔米尔山口的回程之行的记载，认为成行于"秋季"（kǖztä）。在他从霍伊土—塔米尔出发的时间（8 月 20 日）和到达白水的时间（大约为 9 月 29 日）之间，间隔近 40 日。这对于大约 1500 公里的直线距离来说，则代表着每日要平均翻越近 37.5 公里的直线距离，连同必不可缺的绕行在内，也就是说，每日都要跋涉近 50 公里的路程。对于一名个骑马的人来说，这是一个很好的平均数，况且它也符合在这些地区旅行的正常状态（在未出现任何事故的情况下）。ädgü anča 意为"这样、很好"，我们的旅行者正确地看到了这一点，他对其返程的旅行同样也感到满意。返程之行开始于 10 月末左右，这是个不太美好的季节，似乎比前去的路程并不短多少，所需时间也不少于 40—50 天。因此，在 756 年 12 月中旬才开始返回霍伊土—塔米尔的旅行，并且已经具体指出此行完成于"秋季"。

我于此清楚地看到（也正如我在有关蒙古的突厥人问题上已经指出的那样），虽然鄂尔浑和霍伊土—塔米尔地区的突厥人在回鹘时代仍通用汉地历法，但我的碑文所说明的情况却是，他们不以"汉地方式"计算季节（汉地的"冬季"开始于 11 月），而是以更符合一种如同我们西方那种季节之定义的突厥习惯而计算季节的。

10. 霍伊土—塔米尔的碑铭，应该是继鄂尔浑碑铭之后约 20 年的文献了。我看到，它们使用了相同的断代方式：12 生肖周期纪年、以序数词来指月（其后附有一个 äy 的词），最后是仅用基数词以与格的形式记载第 12 月。yɪl（年）和 äy（阴历月）等词可以始终保持独立夺格（第 10 方碑文）。只有出于对称或写作的原因，它们才不接受时间与格的后缀。这个时间被提到两次：第 2 方碑文第 1 行：年 + -ka，下一行是月和日 + -ka；第 7 方碑文：第 1 行是年 + 月 + -ka，然后在下一个句子的第 3 行中：

第几月＋-gä。否则，唯有最后一种表达方式才符合突厥语句法的习惯。当不害怕有任何词义之含糊性的时候，它今天仍在避免重复相同的后缀，带有与格的标记，这就足以说明所有这一切都形成了一个时间。

由格拉诺所作的碑文录文之一（JI68 上部，位于第 76 行的 A-2 和 A-3 之间，它于其中并未出现在由庞蒂·阿尔托提出的释读之中）是用大字写成的。在残留给我们的现有内容中，明显有不完整的地方。但它可能会以一种特殊的方式向我们提供第一种突厥证据，为了指阴历的第几日而以这种方法表达了前 10 日的时间。出于偶然，使得由突厥碑铭留给我们的任何完整时间（见第三章第 77 节和 82 节），都未涉及这些日子之一。然而，回鹘文献中的一种经常的现象（FA 107）就是：继月份的序号（序数词）之后，它们是由带有 yaŋï（新月）üč yaŋïka（FA 107，新月 3 日；系指阴历月的初三日）的与格词来表述的。

我觉得，格拉诺对于本处涉及的碑铭片断所作的录文第 2 行是："……Y l i K a"，其中的前部音 L 出现在两个后部音 Y 和 K（i/ï 是中性的）之间是不正常的，应该略作修改，将前部音 L 用中性音 ŋ 所取代，因为其写法很近似（这是在阅读中经常出现的混淆）。

…Y ŋ i K a ＝ …yaŋïKa

如果大家承认（这是在"鲁尼文"碑铭录文中经常要指出的另外一种修正），两种文字的主要笔画都如同"前部音 r"应该读作 l 一样，那么第 1 行文字本身可能就是一个时间的开始。这样一来，我们便会得到如下的读法："……? nzY. LKa ＝ toŋuz yïlka"，意为："在猪年。"yïl 中的前部音 L 是一种"拼写错误"，它与第 2 方碑文（HJ 109）中的拼写错误一样是同时发生的现象，其中的 yïl 被写成带有一个前部音 y（ï 的发音及其被用做一种元音级的做法，很早就使人犹豫不决，正如它们现在依然如此一般）。如果在我所作假设的范畴内，也就是将这一批碑文的可能时间限度定于 735 年和 760 年，那么这个猪年就是 747 年或 759 年。我觉得这后一个时间最合适，因为录文的表象促使人想到它是在第 10 方碑文之后才写成的（JI：A3）。我认为是 756 年，它歪斜着被写于一片无法攀登上去的山岩之巅。

11. 无论这后一种假设如何，我仍有所保留地介绍的本处涉及的碑铭片断确实残损甚重，未带有任何可靠的基准点。我从对这些霍伊土—塔米尔碑文的研究注意到，与 720—735 年蒙古地区的突厥碑铭相比较，在对 12 生肖的汉族—突厥族历法的日常使用方面，它们标志着一种相当大的进步，这种纪年的使用不再仅限于记载极其重要的时间，如汗国政要人物的逝世、葬礼和建墓碑的时间。在被用于为"旅行记"或为还愿物断代时，这种历法的使用也变得习以为常了。

在 20 多年间，可能是利用了在 744 年之后回鹘汗国时代的汉族—突厥族关系的恢复，12 生肖的汉族—突厥族历法在民间也广泛传播开了，至少社会中文化修养程度不同的阶级也是这样的。

此外，正如我们的发愿碑铭所证实的那样，这种历法一般也出现在属于突厥文人之"学者"范畴的巫术—宗教活动中。但在霍伊土—塔米尔碑文中，它主要仍保留了一种"客观的"（为了断代）的功能，其星相潜能似乎于其中尚未被开发利用。最多是在一方碑文中（请参阅上文第 7 节）中暗示了每月七日的吉祥特征，但这种信仰更应该是属于对数字（"七"在一般情况下都是吉祥数字）的思辨，而不属于真正的星相学。

本处的历法技术始终与在鄂尔浑碑铭中一样，仅限于使用 12 生肖纪年、以汉文标明数字的阴历月和第几月，这一切都以一种完全突厥化的形式出现在其语言表达方式中，即使所沿用的是汉文历书中的模式也罢（其标记法连同其干支纪年更要复杂得多，并非始终都被采纳）。

*西耐—乌苏碑

两通稍早一些的碑都发现于北蒙古，其一发掘于 1957 年（特尔沁—塔里亚），另一通则发掘于 1976 年（帖斯河畔）。仅有第 1 通（大约为 754 年）才是一种内容翔实可靠的出版物之内容（KA'），而第 2 通（750—751 年）则是残缺不全的。它们都应被断代于毗伽可汗执政时期，其中的西耐—乌苏碑内容较充分，即为该可汗的墓志铭，它重新叙述了该可汗的主要生平，唯有它才为我提供了当时官方历法的一种全面的观点。我仅限于对该碑的研究。

12. 西耐—乌苏碑位于北蒙古的莫戈依图（Moğoytu）河附近，位于西耐—乌苏湖和鄂尔戈图（Örgötü）山附近，它于 1909 年被一个芬兰探险团发现，由蓝司铁（Ramstedt）于 1913 年刊布（KA）。奥尔昆的刊本（HI 163—186）转引了蓝司铁的著作（我即将以此作为自己的研究基础）那非常令人尊敬的成果中的主要内容。令人遗憾的是，该碑残损甚重，大大地妨碍了对文献的诠释。

这正是雕刻于四面的一通回鹘可汗的碑铭，该可汗的尊号为："自天而降的开国英明可汗"（täŋridä bolmïš el etmiš bilgä kagan，见 HI 164—165 上部），他是蒙古地区回鹘征服者的直接继承人，在喀喇巴勒哈逊（Kara-Balgasun）碑中也曾记载此人，他以"磨延啜"（Bayan Čor）之名而为中原人所熟知，曾于 747—759 年（759 年是他薨逝的时间）执政（DN 139：2）。

因此，该碑铭是 759 年末或 760 年的。其末尾部分本应该提供该碑的时间，但却不堪卒读了。考虑到举行殡葬仪礼的通常间隔，760 年这个时间最为真实。

这实质上是一篇历史文献。其中第 1 部分（北侧第 1—4 行）相当短小，它使人联想到回鹘统治家族的血统。它未含有时间，但却包括有某些似乎确为约估的短期霸权的征象，用"整数"来表达（HI 164—165，北侧第 3 行）："anta kalmïšï bodun ōn uygur tokkuz oguz üzä yüz yïl olurup"。其意为："后来，由于对该民族的残部实施统治百年，十姓回鹘和九姓乌古斯……"（其后空缺）。回鹘人被分成了十姓，组成九姓乌古斯之一，这是一个统治部族，其中的统治家族是药罗葛（Yaglakar，DN 1—3 和注释）。稍后不远,北侧第 4 行是:"ellig yïl olurmïš",其意为 "统治了 50 年"（在此之前有一段空缺）。顺便指出,在上引的两个段落中,独立格具有副词之意义,以指出其持续时间（正常的用法）。

13. 后来,该碑文以相当充分的具体细节而提到了死者曾参与的事件（这是从他的 "第 26 岁" 开始的）。首先是在死者先父阙毗伽可汗（Köl Bilgä kagan,逝世于 747 年,也就是在他征服蒙古地区的突厥人的 3 年之后）的统治期间（DN 139,1,947 年是一种印刷错误）,接着是他自己统治期间（自北侧第 12 行开始）的事件。

有一件事很引人注目,对与死者同时代的这些事件的描述 "未包括 743 年之前发生的一切事件的任何历法时间"（自北侧第 4 行到北侧第 9 行开头处）。在这个时间之前,碑文中可读部分仅有的年代资料,是人们很熟悉的两种古老突厥断代法（即通过其中人物的执政期和年龄来断代的办法）之结合（HI 164—165,北侧第 4 行）:"türük eliŋä altï ottuz yāšïma"。其意义为:"在突厥人的统治下,第 26 年……"（下缺）

除了这一根本无法翻译成时间的例证之外,如果大家不了解其中人物的诞生年代（我本处的情况即如此）,那么 743 年之前的年就只能出自于某些历史事实,如北侧第 9 行（HI 166—167）:"ozmïš tegin kagan bolmïš",其意为:"乌苏米施特勤变成可汗"。我们通过汉文编年史可知,这件事发生在 741 年（DH 162）。

但从 743 年这个羊年（公元 743 年 1 月 30 日至 744 年 1 月 19 日）的年初起,发生了突然和彻底的变化,不仅仅其中相继的年代都根据 12 生肖纪年而被提及,而且其中的月份（有时是季节）和往往也有日子本身都是以非常稳定的准确性被提及了,732 年和 735 年鄂尔浑的突厥碑铭第 1—2 碑未曾达到过这种准确程度。

这一切的发生,就如同直到那时仍顽固地拒绝汉族历法及其突厥化后的通俗形式 12 生肖纪年的回鹘王族（如同暾欲谷那样的人），却于743年初突然间采纳了它们一样。此后，一直严格地和连续地使用这种纪年，以记载所有值得纪念的事件之时间。

然而，743年这一年在回纥历史上并非是一个平凡的年代。众所周知（DL 203），回纥人、葛罗禄人（Karluk）和拔悉蜜（Basmïl）人都利用突厥人的衰落及其王族的内讧，共同反叛，杀死了突厥可汗乌苏米施（Ozmïš）。"于是回纥、葛罗禄自为左右叶护，亦遣使者来告"（唐朝）。

14. 这次遣使的政治意义是很清楚的：回纥人（和葛罗禄人）刚刚动摇了突厥人的统治并决定组建他们自己的汗国，他们首先希望通过一种直接的联盟行动而确保天朝朝廷的支持。此外，汗国的首领们也正是为此而自号叶护（yabgu），而不是可汗（在当时的政治背景下，可汗为了获得一种真实和稳定的权力，而必须与天朝皇帝结盟）。然而，根据中国中原文明的精神来看，这样一种联盟的因素之一便是"尊重汉地历法"，这种历法是维系世界之和谐所必不可缺的。此外，事实上，使用一种准确的和预前制订好的历书（在这个时代和这些地区，这样的历书只能是中原汉历），它几乎是行使一个组织严密的国家之权力所必不可缺的。

出于这些原因，考虑到在西耐—乌苏碑中观察到的743年年初前后时期之引人注目的差异，我认为回鹘人的统治部族断然决定采用汉地历法的正规用法，也就是以其12生肖的突厥化形式出现的历法，它应被断代为一个从公元743年1月30日开始的羊年（koń yïl）。

对于亚洲的历法史来说，586年2月12日，向突厥人颁行汉地历书具有重大的历史意义（请参阅第三章第3节）。事实上，回鹘人后来将这种以12支的形式出现的历法发展到了极高的程度并传授给蒙古人，他们从成吉思汗征服各部落起就成了蒙古人的特权官吏。元帝国及其支系于13世纪及其后的一个世纪中那前所未有的远征开拓，使12生肖历法在整个亚洲传播，从日本经印度支那、莫卧儿印度、吐蕃、西域和伊朗而传到了安纳托利亚。

15. 下面就看一下，第 1 个为人所知的按照 12 生肖纪年而计算的回鹘时间是怎样出现的：

"koń yïlka yorïdïm. ekkinti süŋüš (aŋ-il) ki ay altï yaŋïka..."
其意为："我于羊年启程上路，于第 1 个月的新月六日（相当于公元 743 年 2 月 4 日）发动了第 2 次战斗。"接着是一片空缺之处。

蓝司铁的复原字（aŋ-il）ki 是使人必须接受的，aŋ-ilki 意为"最向前者"，即相当于"第一"。它后来确实已经在吐鲁番的回鹘文中出现过（ML 23，第 14 篇文书，第 4 行），作为 bir- 的不完善序数词之取代词，它是以 -ki（前部音级）结尾的唯一一个序数词（用于指月份），此词尾是该词中可能清楚地释读的部分。其同义词 baštïnkï（FA 104）应结束于一个 -kï，系后部音级。另外一种拼写法，而且一个 ki 之前的空缺处（相当于两个字母）完全适宜相当于 (a)ŋ-(i)l（元音字母未被写出来），而不是相当于 4 个字母位置的 b(a)št(ï)n。

共有 3 种看法供人提出来，涉及与出现在鄂尔浑突厥碑铭中的时间表达方式相比较的回鹘文时间表达方式上的革新：

（1）在鄂尔浑第 1 碑（东北侧，HI 52—53）中未曾明确记载过"正月"，尚无专用名词，仅仅称之为"一年"的"第十七日"（事实上是正月十七日），而大家却于此看到出现了正月的专用名词 aŋ-ilki āy，它是由一个突厥文序数词标注连续各阴历月之原则的合乎逻辑的发展。

（2）在鄂尔浑第 1 和第 2 碑中，仅仅针对绝对重要的事件并与殡葬仪礼有关时，才会按照 12 生肖纪年记载具体时间：墓主的死亡、殡葬仪轨（yog）、立碑（bitig tāš）等。我于此开始发现它们被用于指某些当然是重要而又相对常见的事情，诸如战斗之类。我可以把这种用法扩大到同时归于一种更为强烈的历史纪年意识的产生，又归于汉地官方传统的一种影响，也就是记载所有突出事件的时间之传统，诸如战斗、遣使等。

（3）在 760（759）年的这通回鹘文碑铭中，我发现了 yaŋï（作时间与格，-ka）一词之用法的第一个可靠例证，用于指处于每个阴历月上旬或前 10 天时间的措辞。我们已经看到（见上文第 10 节），在霍伊土—塔米尔的一通碑的碑铭中，就可能已经出现了这种用法。该碑仅仅是通过格拉诺的一种录文（JI 68，上部）才为人所知，我更愿意把它断代为 759 年，从而促使人将 yaŋïka（新月）一词在突厥（回鹘）碑铭中的出现，断代于 759—760 年左右。这仅是一种外延，可以通过中原文化和汉族传统的时间表达方式之影响的日益增大来解释，汉人用方块字"朔"（新月，与"月"有别）来称呼每个阴历月的第 1 天。回鹘人（畏吾儿人）从 13 世纪起便将这种计算日子的特殊方法传给了蒙古人（蒙古文 šine 意为"新的"，相当于突厥文 yaŋï）。我们可以发现，这种习惯用法在霍伊土—塔米尔的第 7 方碑文（见上文第 7 节）中得到遵循：其中用 yettigä 指每月的"七日"，而不是 yet-ti yaŋïka，我认为应该将这方碑文断代为 753 年；在同一组碑的第 2 方碑铭中未采用这种写法（见上文第 8 节），其中用 tokkïzïnč äy altïka 来指"九月六日"，而不是 …… altï yaŋïka。在这方面，我无法判断 8 世纪时突厥人的用法，他们所表达的罕见的几个完整时间中的任何一种，都未曾落到每个阴历月的前 10 天。大家刚才已经看到，他们标注时间的做法极端简单，甚至不屑提及"正月"，认为这是多余的，从而可以使人猜想到他们省略了 yaŋïka（新月）这个词，因为他们认为它是多余的。我所观察到的这一系列事实，都促使我联想到，这种革新绝不会早于 759 年。

16. 继 743 年这个羊年（北侧第 9 行，HI 166—167，koń yïlka）之后，西耐—乌苏碑在这一残损甚重的碑文尚可卒读的残部，相继提到了鸡年 745 年（北侧第 10 行，HI 166—167）："takïgu yïlka"；747 年这个猪年（北侧第 11 行，同上）："lagzïn yïlka"（这是最后一次将 lagzïn 用以指"猪"的明确断代。在霍伊土—塔米尔的一方碑文中，人们可能已经用 toŋuz 来称呼真正的"野猪",即759年这个猪年,见上文第10条);750年这个虎年(东侧第7行,HI 170—171):"bars yïlka";751年这个兔年(东侧第8行,同上):"tabïšgan yïl";755年这个羊年(西侧第2行,HI 180—181):"koń yïlka";756年这个鸡年(西侧第4行,同上):"takïgu yïlka"。完整的碑文应该提到从743—759年或760年间这个周期中几乎所有的年份。

我们可以根据墓碑中残损最少的部分来判断,应该会很频繁地提到带有月和日的具体时间。所以,对于一个其名字已遭损坏的年代,由于紧接着其后一年(750年这个虎年)的情况来看,该年应为749年这个牛年。在有关各次战斗的问题上,我掌握有不少于6个完整的时间(HI 168—171)。

东侧第1行:"ekki yaŋïka kün toguru süŋüšdim"。其意为:"二日,拂晓,我作战。"指月份的地方已经残损,每天的时间本身却记载得很详细。

东侧第3行:"törtünč āy tokkuz yaŋïka süŋüšdim"。其意为:"我于四月九日(相当于公元749年4月30日)战斗。"

东侧第4行:"bēšinč āy tokkuz ottuzka süŋüšdim"。其意为:"我于五月二十九日(相当于公元749年6月18日)战斗。"

东侧第5行:"säkkizinč āy bir yaŋïka sü yorïyïn tedim"。其意为:"八月一日(相当于公元749年9月16日),我说:'我要调动军队!'。"我顺便指出,8世纪中叶的回鹘人并未沿用由汉人有关6世纪突厥传中提到的习惯(JB 59):"候月将满,辄为寇抄。"

东侧第6行:"säkkizinč āy ekki yaŋïka…süŋüšdim"。其意为:"八月二日(相当于公元749年9月17日),我战斗。"

东侧第6行:"ol āy bēš yegirmikä…tatar birlä katï tokïdïm"。其意为:"本月(始终为八月)十五日(公元749年9月30日),与鞑靼人发生了冲突……"

对于同一年来说,我也掌握有第7个日子,其中仅指出月份的数字,这可能是由于这些事件持续了数日。

东侧第 3 行："bēšinč āy udu kälti"。其意为："五月（公元 749 年 5 月 21 日—6 月 19 日），他们前来归附。"

17. 因此，西耐—乌苏碑中指年代的地方，既具有密集性，又很准确，如同在同代的一种汉文史料记载的（甚至是一种近代的叙述）那样。例如，当其精确度不超过季节的确切程度时（东侧第 8 行："ol yïl kūzin ilgärü yorïdïm"），意为"这年秋，我向东进军"（大致相当于公元 750 年秋）。这种情况当然很罕见，明显是由于事件持续了数月。

我在这些真正的日子之外，还发现了某些有关时间的具体资料。例如：东侧第 1 行："kün…tūn…"，其意为："白天……夜间……"；或者是东侧第 1 行的上部："kün toguru"，其意为"太阳升起时"。

某些时间的持续期也用独立格（副词性的）来表述。东侧第 5 行："ekki āy kütdim. kälmädi"，其意为"我等待了两个月，他们未来"（其上下文清楚地说明，这里是指牛年的六—七月间，即相当于公元 749 年 7 月 19 日—9 月 15 日之间）。

最后，我还将提到对日子的具体计算，诸如南侧第 7 行（HI 176—177）："ōn kün öŋrä"，意为"10 天前"。

18. 共持续了 16 年的各种事件（其最古老者可以上溯到竖碑时期，即 759—760 年）的时间之丰富性和准确性，似乎完全可以证明，蒙古的回鹘可汗们自 743 年起，就完全如同天朝皇帝一样（他们可能也是模拟了中原皇帝们）具有一种准确而又持续的史书，其中以文字记载了某些意义重大的时间，这项任务可能是被委托给了某些专门的录事，也就是中原王朝中"史官"们的对等者。

从此之后，东突厥民族的统治集团便充分地发展到了具有编年史学意识的阶段。

因此，我在公元 720—760 年之间蒙古地区的突厥语民族中，看到了一场日历推算法的迅速发展、与汉地的政治和文化影响发展密切相关的 12 生肖历法得以逐渐地在那里扎根。在以翻译和简化的形式而采纳汉地历法的这第一个很著名的历史阶段中，事实上掌握着这种历法取决于与中国中原的关系。所以，不能确保所有人都同时掌握这种历法。

掌握这种历法，首先是占统治地位的部落联盟中上层贵族们的特权，突厥人似乎确实是从 6 世纪最后数十年间起最早获得这种历法的民族。

但仅从 720 年左右起，我才于他们的墓碑中得以发现对 12 生肖历法的运用，开始时是迟疑不决的，接着自 730 年之后则明显是肯定地而又仍然是非常有限地接受了这种历法。至于回鹘人，他们仅从 743 年起才普遍使用这种历法。正是从这一时间起，他们才发展其霸权并最终与中国朝廷建立了联系。但从此之后，他们便系统地使用了这种历法。他们之中的那些作为定居民而居住在高昌地区的高昌回鹘人，于此后的几个世纪中变成了汉地历法的熟练专家，而且还精通这种历法的所有细微之处及其星相学的运用（请参阅第五章）。

但黠戛斯人和叶尼塞河上游的其他突厥语部族，他们距中国中原的影响稍微远一些，而且在长时间内被迫在高地亚洲扮演一种很小的政治角色，所以他们在撰写其墓碑时，始终顽固地拒绝提及 12 生肖纪年历法或其他某种历法。甚至在 840 年之后也如此，这是他们征服蒙古地区的时间，正如他们的苏吉（Sūji）碑所证明的那样（请参阅第二章第 13 节）。这通 9 世纪中期的碑和位于蒙古一遗址中的碑铭未含任何纪年。

第五章　晚期回鹘人的历法科学

1. 当蒙古地区的回鹘人于 840 年被叶尼塞河上游的黠戛斯人的入侵所吞没时，他们便分裂成了两个主要的集团。这两支回鹘人分别向西南部的今新疆（或东突厥斯坦）方向和向南于中国甘肃西部地区迁移。

他们大举外迁的前 20 年动荡不安。黠戛斯人、吐蕃人和汉人争相袭击逃亡中的部族。命运很快转而有利于向新疆北部退却的部族了，那里的回鹘人自公元 8 世纪末以来已经牢固地立足。众所周知，在 865 年，这些印度—佛教文化渗透进去的印欧语系民族故地上的吐蕃人已被彻底征服，从而使人数最多的这一支回鹘人最终定居于高昌、吐鲁番、别失八里（北庭）、龟兹和哈密诸绿洲，并且得以建立了一个强盛而又稳定的汗国（DN 15—6）。向中国中原南迁的回鹘诸部最初遭到惨重伤亡，并在长时间内始终都很衰弱。但他们成功地在甘肃安身（DN 16），并于 9 世纪末叶前后在那里取得了重大进展。后梁时代（907—923 年）的中原王朝严重衰败，从而在该王朝崩溃之后，一个新回鹘汗国在甘州（被中原人正式承认的甘州）建立，其可汗从 924 年起便被后唐正式承认了（DN 68—69）。该汗国一直持续到 11 世纪的前数十年。它于 1009 年遭操蒙古语的契丹人入侵，于 1028 年被与吐蕃人具有族缘关系的唐古特人（西夏人）所灭（DH 187—188）。

其至在高昌（吐鲁番附近）和甘州这两个回鹘汗国之外，还有一些回鹘人从9世纪末起定居在过去由汉族居民占据的绿洲，从事农业和贸易，如沙州（敦煌）；或者是定居在已经部分地被汉化的印—欧语言居民故地，如于阗（Khotan）。

2. 从公元763年起，蒙古地区的回鹘人正式改宗信仰摩尼教（DH 173）。这种宗教在甘州、沙州和高昌回鹘人中拥有许多信徒，一直维持到11世纪的前数十年。但这种宗教受到日益壮大的佛教之竞争，佛教很长时期以来就扎根在这些地区，尤其在高昌和沙州的势力非常强大。景教（基督教的聂斯托利派）也渗透进回鹘人中，特别是在吐鲁番地区。该宗教在那里始终只有少数人的支持，但却具有很强的生命力。汉地文化及其博大精深的宇宙论和巫术性的用途，对于高昌回鹘汗国的回鹘文明那特别辉煌的发展具有一种占绝对优势的影响，而这种回鹘文明又是在作为突厥传统的古老遗产中和部分是在印—欧文明的基础上，引入了汉人、伊朗人（特别是粟特人）和印度人之因素的令人赞叹不已的综合文明。后来，这种综合性和开放性的文明，可能在西域扮演了一种突出的角色，因为它从13世纪起又渗透进幅员辽阔的蒙古帝国中了。

回鹘文化的主要贡献之一是以粟特文字母（这是将闪语字母移植于一种伊朗语的结果）为基础，普及推广了一种带有完整元音体系的草书文字。它在9—10世纪期间，取代了古突厥碑铭中和某些稍晚写本中的那种带有部分缺陷的元音体系的古"鲁尼文"字母。这种字母后来又经过对某些具体细节的修改，而被蒙古人采纳了，蒙古人又将之传给了满族人。

这种文字并不是后来回鹘人为书写其自古碑铭语言中直接继承来的突厥语所使用的唯一文字，某些人还把古"鲁尼"文字体系一直保持到10世纪中；有的摩尼教徒后来还使用一种颇为接近古叙利亚—福音书语言（它本身是由景教徒们使用的）的特殊文字，有的佛教徒则更喜欢印度的婆罗谜文字（Brāhmī）。

在与我本处有关的领域（也就是历法和历书的领域）中，回鹘人（特别是吐鲁番地区的高昌回鹘人）获得了一种很发达的科学，有大量写本文书可以为此提供佐证。

3. 为了再现自从回鹘人被从蒙古排挤出去之后的历法史，我所掌握的资料主要有两种来源：高昌（所谓的"吐鲁番文书"）和沙州（敦煌文书）。我的所有土著资料实际上均出自于此。其他则主要是汉文史料和由诸回鹘汗国的同时代文献所提供的资料。

自然，这些文献只能根据大家从其他地方所获知的日历推算体系、各种历书（汉文、印度文、粟特—摩尼文等）以及与之有关的星相学观念来解释。这些内容差异很大，往往又都非常复杂，由不同信仰和文化程度参差不齐的回鹘神职人员或学者们汇集，被纳入到具有不同严密结构程度的整体中了。他们几乎所有人都具有一种明显倾向于汉族编年学技术的突出的主导思想，蒙古地区的回鹘人于 8 世纪就已经很好地掌握了这些汉族纪年术。

当然，我们的资料中尚有许多空白，尤其是对于 9 世纪（可能唯有其最末期除外）和对于 12 世纪更为如此。这些不足之处可以部分地通过回鹘部族从蒙古被驱逐初期之混乱外逃来解释。因为对于他们来说，保存写本著作和编制年代账绝非其主要关心处。对于 12 世纪来说，在发掘物的现有状况中，已被断代文献之匮缺可能是事出偶然。但我们也应该考虑到，这与该时代的动乱有关：喀喇契丹（黑契丹，Kara-Kitay，突厥文作 Kïtań，阿拉伯文作 Khitay，汉文称之为"契丹"。以-n 结尾的形式是蒙古文复数的写法）对东突厥斯坦部分地区的侵占，他们在一段时间内强行统治了高昌回鹘人（DH 220）；西夏唐古特人对甘肃、河西和黄河大河套地区的征服；通古斯族的女真人（J̌ürčät，金王朝）对中国北方的侵占（DH 188—189 和 243）。回鹘人于当时在不同程度上被与已经退却到南方的宋朝之传统中国隔绝了。

但是，从 9 世纪中叶起，直到 14 世纪末（12 世纪的中断例外），我掌握有一批丰富的回鹘文献，有的甚至是很详细和相对较连贯的文献，它可以为我提供越来越完整的、可以核实的、有关被突厥语学者所吸收的复杂纪年术的资料。

敦煌（沙州）那非常珍贵却又具有局限性的特藏，为我提供了某些局部的、残缺不全的、有时又是很难准确断代的有关10世纪期间使用汉族—突厥族12生肖纪年的资料，也就是说，是有关从沙州直到于阗的整个回鹘人世界中的资料。这些资料最近已由哈密屯刊布（MQ）。

高昌（Khočo，火州，和卓）及其附近地区（所谓的"吐鲁番"）的特藏，几乎是连续不断地为我提供了988—1398年间的资料（我仅仅考虑大家可以断代的文献）。其中往往是带有极其详细的情节，不仅涉及汉族—突厥族历法及其向汉族人那越来越复杂的纪年术借鉴的所有精湛技艺，而且还涉及与摩尼教徒中的粟特历法以及佛教徒中的印度天文学传统资料之结合。

对于这两类好坏不等的文献进行一番研究，便可以使我描述回鹘人制订历法的技术，既涉及其原理，又涉及其实施的具体细节。

（A）敦煌（沙州）写本

4. 其中没有任何一卷不包括对回鹘历法的描述，而且还有许多卷敦煌写本涉及以12生肖周期记载的突厥文时间，由此说明了这种历法的使用与碑铭时代相比较已取得巨大进展。

沙州（现在的敦煌）的突厥文写本属于一个数目巨大的多种语言文字的文书之组成部分。在这批敦煌写本中，汉文和藏文写本占绝对优势。它们于1907年由斯坦因（Aurel Stein）在距敦煌今城（西南）14公里处的千佛洞之一中发现，其中有数万卷已经使用过的写本，于11世纪初年被封闭起来。它们均是当地一座佛寺的收集品。

由斯坦因携归的文书被收藏于伦敦的大英博物馆。后来由伯希和从同一出处携归的大量获得品入藏于巴黎国立图书馆的伯希和特藏中了。这些写本中的大部分尚未被刊布。对于用"古典回鹘文"写成的突厥回鹘文写本部分，哈密屯（J. Hamilton）于1986年发表了一种非常全面的刊本（MQ），他在此之前还于1971年刊布了敦煌本《回鹘文〈善恶两王子的佛教故事〉》（请参阅 MQ V – XXI）。我的这位博学的同事和朋友在本论著的初稿时就非常乐意地向我通报了其研究的最新成果，从而使我得以得出大家于下文将会看到的结论（11—20）。至于这些文献的历史背景，大家可以参照他那篇甚为精辟的概论（MQ IX-XXIII）。

5. 至于沙州突厥文写本的外来或当地制作问题，从历史观点来讲，唯有在晚期回鹘人时代方可理解。在某些写本中，仍坚持使用古突厥碑铭字母中的手写体"鲁尼文"，但并不因此而如同人们在它们被发现初期所认为的那样，将这些写本上溯到漠北突厥时代。

大家确实可以于下文（第9节）看到，这些写本中的最重要者无论如何也要晚于925年，几乎可以肯定的是要晚于936年，回鹘文草书的书写体系对所有敦煌"鲁尼文"文书具有明显的影响，而且敦煌文书也似乎排除了任何早于9世纪末叶的古老程度（请参阅下文第7—9节）。

至于草书回鹘文敦煌文书，我掌握有可靠断代内容的文书中的任何一种，都不会早于948年（请参阅下文第11—14节）。

据我所知，非常罕见的几卷敦煌摩尼文—突厥文写本，却令人遗憾地未能提供任何可以把它们划归某个时间的纪年佐证。它们明显都晚于回鹘人于763年的改宗，而且可能还要晚很多。

6. 为敦煌突厥文特藏的形成确定一个上限时间，在目前的情况下，仍是极端困难的。然而，没有任何因素可以使人认为，在沙州这座自创建以来便主要是汉人的城市，会存在一个突厥文化中心，也就是说在从它于787年左右（DN 26 注释末）到848年之间遭吐蕃人占据期间，848年是由汉人张议潮解放该城的一年（DN 12）。然而，848年恰恰又是曾试图向中原迁移的回鹘13部在黠戛斯人和汉人的打击下消失的时间。

在沙州回鹘人和汉人之间持续而又和平的关系确立之前，可能有某段时限。但是，人们于 872 年之前不久确实看到（DN 16），回鹘人大批地返归并定居在毗邻地区——甘州一带。正如哈密屯先生所指出的那样，摩尼教于 9 世纪末叶和 10 世纪初叶在沙州的兴盛，则是回鹘人—汉族人之间文化关系的一种标志。

据利用出使于阗的机会而往返经由沙州（938—943 年）的宋朝使者高居诲认为，该城的居民在当时尚完全是汉人（DN 134—135）。但由附近的甘州汗国的回鹘人开始向敦煌地区和敦煌城本地的渗透，在下一个时代期间可能是规模相当大，因为《宋史》早从 977 年起就讲到了"甘沙州回鹘可汗"（DN 53）。这就是借一种已被中断的汉族政权的掩饰，实际上似乎是甘州回鹘可汗们对整个地区实施一种事实上的支配权之标志。

回鹘族—汉族的地域关系可能会解释在敦煌特藏中存在有突厥文写本的原因了，其数量虽然很少，却也是不可忽略的。这些关系都使我觉得对这些写本的时代最早也只能上溯到 9 世纪中叶，仅从该世纪末才加大了这些回鹘文写本的数量，在整个 10 世纪期间仍在继续发展。

事实上，对于敦煌突厥文写本，我未掌握其任何更早于 10 世纪的证据，虽然其中的某些未被断代的宗教（摩尼教或佛教）文书，可能是自 9 世纪末保存下来的。我下文将要研究的所有文献，因为它们都包含有纪年内容，所以它们都使我觉得应该是毫无例外地均属于 10 世纪，而且还更应该是属于该世纪的后三分之二年代。

敦煌写本（无论是什么文字）的下限却非常幸运地由一个具体事实所断代：收藏它们的石窟是于 11 世纪初年被封闭的，现已发现的最晚汉文文献为 1002 年的。

我现在需要逐一研究用多种文字字母书写的敦煌突厥文献，其内容足可以为我们澄清 10 世纪回鹘人中的历法及其使用的历史。

* "鲁尼文"字母的写本

7. 这类文字在敦煌特藏中很特殊。它被用于 3 种文献，汤姆森（Vilhelm Thomsen）已于 1912 年发表了一种在当时令人非常满意的刊本，早在 1912 年就进行了必须的校阅（MP，第Ⅱ、Ⅲ和Ⅳ号写本）；奥尔昆（H. N. Orkun）经过对某些具体细节的改进之后，再次作了研究（HJ 71—100）。

汤姆森的第Ⅲ号写本（大英博物馆藏 Ch. 0014 号；见 MP 215—217 和 HJ 94—95）未载有任何突厥文的时间，但其背面却写有一份汉文档案，哈密屯作了考证和断代：这是一份用汉文行政文书的工整文字极其用心地缮写的抄件，原系郭忠涛将军致后唐王朝中原皇帝的一份有关 925 年年末事件的上表。它是阴历十一月十五日（公元 925 年 12 月 3 日）的一封御表，已被断代为"本月九日"。由于该将军于次年元月七日（926 年 2 月 21 日）在西川被杀，所以"本月"只能是 925—928 年间的十二月，更可能是继这个十二月之后的闰腊月，从而使这封信的时间分别为 925 年 12 月 27 日，或者更可能是 926 年 1 月 25 日（MR 27—28）。

由于正面的突厥文书写于由该抄件那符合书信标准的汉文署名留下的空白处，所以其实际布局便会使人对于它那晚期被再利用的特征不会有丝毫怀疑了。我可以如同哈密屯所做的那样，由此而得出可靠的结论，认为它不会早于 925 年的最末期。大家甚至可以不冒多大犯错误之危险地联想到，由于其纸张的价值，对于后唐政权官方和涉及最重要国务活动的文书，被转卖而作为一名回鹘录事的习字纸，并多少有些不连贯地抄写了一组颇有意义的突厥文谚语。这唯有在该王朝于 936 年崩溃并被后晋所取代时，方为可以设想的事。因此，我的文献完全有可能是写于 936 年之后。有关其刊本情况，见 MR。

8. 这一具体历史基点对于评价"鲁尼文"草体字的古老历史极其重要，因为大家一般都倾向于认为，该文字在年代上必然很接近于其 8 世纪时的碑铭雏形时代，现在我被迫承认事情绝非如此。事实上，它千真万确地于 10 世纪一直在延续，与回鹘文草书（以及所谓的"摩尼文"）并列存在。这种看法可以指导我至少是大致地对另外两种敦煌"鲁尼文"文书作出断代的尝试。

汤姆森的第 4 号写本（大英博物馆 Ch. 00183 号，MP 218—220 和 HJ 96—100）与另外两卷不同，是一名叫做巴哈图尔·炽俟（Bagatur Čigši）的军人之作品，而并非出自一名专业录事之手。其效果因此而受影响："鲁尼文"字母被写得很拙劣，既不苍劲饱满又不秀丽，系用临时制造的很粗糙的芦苇笔所写。正如汤姆森所引用的一句丹麦俗语所说的那样，它是"用火柴秆"写成的（MP 218）。这种呆板的字体最后形成了那些会使人联想到碑铭文原形的文字那过分简单的模式，会给人一种古老风格的印象，而我却认为这是很迷惑人的。非常真实可靠和连贯的书写法会证明，书写者受过良好教育。从某些角度来看，这正属于 8 世纪"经典"碑铭文字的传统。但我们也可以从中观察到元音饱满字体的发展，尤其是对于字母 a 和 ä（在碑铭文字始终有不足之处的地方）更为如此，这就标志着回鹘文草书规则的明显影响。

这就是我为什么会想到，该文书在可能会早于上引第 3 号写本（它具有某些明显是较发达的形式，正如前辅音 ḅ 的封口朝下一样），但它也属于 10 世纪（很可能是该世纪的上半叶）。

对于我来说，它的重大意义就在于其中含有一个突厥文时间：běšinč ay säkkiz yegirmikä，其意为阴历"五月十八日"（未指出是哪一年，应属于该 12 生肖周期中的一年），其中明确地指出了日子和作为军旅戎马生涯中的一种常见事实：抄写者作为其成员的一支特遣部队的到达。由于沙州的这段时间确实只能与汉地官历相符，所以它具有一种实际意义：它标志着由当地"供应"部门负责承担军需物资的开端。据文献记载，该部门应该每天都提供一只绵羊和两罐用粮食酿制的酒（bir kün bir koń, ekki küp begni）。

这篇短文的意义，就在于使我获得了当时在突厥民族（或突厥语民族）的社会环境中使用由汉地编订的历书之习惯。无论如何，其措辞在各方面都酷似要早得多的西耐—乌苏回鹘文碑

（请参阅第四章，第 16 节），尤其是对属于日常生活中的琐事，无论如何在军队的籍账制度方面更为如此。请参阅在吐鲁番以南约 400 公里处的米兰（Miran）发掘到的汤姆森第 I 号写本（MP 182—189），它确实包括一种已被准确断代的对辎重和兵械的分配账目（请参阅下文第 25 节）。

9. 汤姆森的第 2 号写本（大英博物馆 Ch. 00331 号，MP 190—214 和 HJ 71—93）是一长篇突厥文《占卜书》。它也是用"鲁尼文"字母写成的，具有巫术特征（无宗教教义），出自敦煌（沙州）藏经洞。这是一部原来就装订成册的《占卜书》（Ïik Bitig），也就是说 65 个简短的象征性卦签，通过抽签可以使求卜者获知其命运的"吉"、"上上吉"和"凶"、"下下凶"卦。它以一篇很详细并做了精心断代的跋尾而告结束。此《占卜书》是哈密屯 1975 年发表的一篇全新而又深刻的研究论文的内容（MS），我为了获得一种更为完整的资料而参阅了它，从此之后我在自己对该文书的释读和翻译中，均以哈密屯文为基础："bars yïl ekkinti āy bēš yegirmikä, tay-gün-tan manïstandakï kičig di（n）tar, burua guru ešid（ip）, ečimiz isig saŋun it ačuk üčün bitidim." 其意为："虎年二月十五日，我，大云堂寺的小沙弥，听到了上师之预言，我为我的长兄'热情'的将军写下了这一切。"（MS 12—13）

哈密屯将占卜书中的 tay-gün-tang 考证成了汉文"大云堂"的突厥文对音（MS 13—14），进而又将此名比定为佛寺"大云寺"的名称，它在沙州的存在已由至少是从 694 年起和至少到 959 年止之间的诸多题跋所证实，佛教僧人和摩尼教信徒可能共居于堂中。manïstan（寺院，中期波斯文作 m'nyst'n）和 burua（征兆，中期波斯文作 mwrw'）两个词更应该是属于摩尼教的词汇，但该文却无法使我具体知道抄写者所属的宗教。《占卜书》的内容是非宗教性的，而且显得似乎是早期藏文占卜的一种"经简化的和晚期的一种反映"（哈密屯，MS 9—10）。从字体（字形和字母使用规则）来看，它极其接近前引（第 7 节）汤姆森的第 3 号写本，晚于 925 年，甚至可以肯定晚于 936 年。它在这方面仅由于一种更小和更细的字体，写得更用心一些，一种更准确的拼写方式（没有如同在第 3 号写本中那样的元音级的混淆）以及某些更为保守的稀见特征（于下面未封口的前辅音 b）而与第 3 号写本有别。从语言学角度来讲，它恰恰与第 3 号写本处于同一发展阶段，也可能稍早一些，但绝不会早很多年。

《占卜书》中原来留作空白的几页后来被用来书写一篇非《大藏经》的佛教汉文文献，其中一部分覆盖了突厥文的跋。它未载有时间，但哈密屯在请教了专家之后，认为这是 10 世纪时的一种相当低劣的文字。

至于我本人，我认为《占卜书》的原文属于 10 世纪，而且更为主张把它断代为该世纪的第二个四分之一年代。我觉得它确实比第 3 号写本的时间更为古老一些，而第 3 号写本本身可能晚于 936 年。

10 世纪时，虎年分别如下：906、918、930、942、954、966、978 和 990 年。虽然我过去曾想到一个更晚的时间，但现在根据前述考察而认为，《占卜书》的这份抄件最可能的年代应是 930 年或 942 年。在作为 12 生肖的汉族—突厥族历法之参照物的汉地历法中，这两年的阴历二月十五日分别落在西历 930 年 3 月 17 日和 942 年的 3 月 4 日。

然而，由于在汉族—回鹘族文明中，星相学中的思辨起了很大作用，所以在一部诸如我们的《占卜书》那样的巫术文集的编制中，必然会考虑这一切。从这种观点来看，930 年 3 月 17 日这个时间则具有非常显著的特征：它既是一个满月日，又是一个春分日（10 世纪时的春分落在 3 月 17 日）。大家都知道，春季满月日（望月日）在犹太教、基督教（它于其中要确定复活节的时间）以及在摩尼教中都具有极其重要的意义。此外，我在高昌还发现了春分在佛教中之吉祥特征的显著证据（1019 年 3 月 12 日，请参阅下文第 40 节），佛教选择这个时间以从事巫术—宗教活动。

由于上述原因，我更倾向于认为，930 年 3 月 17 日这个春季之满月的时间，应为这部具有巫术性著作《占卜书》之抄件完成的时间，这同样也是哈密屯确定的时间（MS 13）。

*摩尼文字母写本

10. 用这种摩尼文字母所写的突厥文献在敦煌很稀少。仅有 1 卷，于 1911 年刊布（MD'）。这是 1 卷摩尼教徒声闻者的忏悔祈愿文，即《忏悔辞》（Khastuanift，斯坦因藏敦煌写本），它以一篇按照汉族—回鹘族的历法而记载的跋文，但却未提到年（MD' 299）。"bir yegirminč āy bēš ottuzda"，其意为："十一月二十五日。"其中继 bēš ottuz"（二十五日）之后，是一个以 -da 结尾的时间位置格词，而不是一个常见的与格词。大家在出自于圜的一篇文献中也可以观察到同样的特征，可能是方言性的，我把它断代为 948 年年末（请参阅下文第 11—14 节）。

我极难为该文献指定一个时间（无论如何也要早于公元 1000 年），因为在该教派的宗教文书中，使用摩尼字母的做法，肯定要上溯到回鹘人于 763 年改宗之后的数年间，并且一直持续到 11 世纪的初年（请参阅下文第 55 节）。

然而，该文献属于被称为带"n"（其中的 n 就相当于碑铭突厥文中的 ń 和另外一种较晚回鹘方言中的 y，见 FA 53）的一种回鹘方言。其中的 anïg 就相当于碑铭中的 añïg（坏的，见 MD' 285 第 50 行等处，请参阅 MD' 308）。这种类型似乎不可能在相对较近期的摩尼教文献中出现。

虽然其他的敦煌突厥文文献主要是 10 世纪的，而本文献却可能更为古老〔9 世纪（?），但并不太可靠〕，一部这类宗教经书可以被保存很长时间。

大家将会发现，十一月二十五日这个时间的可能性很大，这是由于宗教（和巫术）行为对于星相的重视，以使之与冬至相吻合，而冬至于当时颇为接近 12 月 18 日。汉地历书（因而也就是汉族—回鹘族历书）中的许多十一月二十五日，于 8 世纪末在不同程度上都相当于 10 世纪时的冬至。因此，这种观点本身并不适宜为于本处所涉及的年作出准确断代。

　　* 回鹘文写本

　　11. 在敦煌发现的突厥文写本中，回鹘文写本的数量遥遥领先。其内容相当丰富多彩，从摩尼教或佛教等宗教文献直到商业信函，尚且不讲习字著作或个人笔记。其中有多种写本都根据 12 生肖纪年而作了断代，我自信对于其中的两卷，可以非常准确地解释其时间。

　　伯希和回鹘文特藏第 2 号正面写本是一封自于阗发出（可能是寄往沙州）的信函，涉及一桩遗产纠纷案。我于全文的一开始便遇到了一个时间（MQ 103）："ït yïlïn yettinč āyda yetti yegirmidä ogšagu ātlïg sart kälti ärti. munta odonta ölti"，其意为："狗年，七月十七日，一名叫做奥格萨古（Ogšagu）的官吏前来。他卒殁于此处——于阗（odon）。"

　　这种标注时间的句法明显与碑铭和回鹘文献中的"经典"传统相去甚远，它使用了以-ïn 结尾的工具格（副词性时间工具格，请参阅 kïš-ïn，在古代和当代突厥文中均意为"在冬季"），而不是继 yïl（年）之后的独立格；使用了时间位置格而不是继 āy（年、月）之后的独立格；在日子的数字（始终是基数词）之后同样也使用了位置格而不是时间与格 "yetti yegirmi"（17日）。这很可能是在地理上偏远的于阗回鹘文的一种方言。

　　在下文稍远处即将出现的一个时间中，大家将会发现一种非常新奇的表达方式，它对于我非常珍贵。这个时间的出现，是为了确定一个呈递有关由奥格萨苏遗留在于阗遗产诉状之人物到达的日期，因为这些财产已被一个第三者掠走了（MQ 103、4—5）："to bičin yïlïn, tunčor āyïn…"，其意为："猴土年，秋季第一个月（Tuṃjāra）月……"

　　这个时间是于阗回鹘人文化之多元性的一个绝妙例证，其中将"猴"、"年"和"阴历月"的突厥文名称结合在一起了（这后两个名词被用做时间工具格），汉文五行分类词"土"（BC 6—9）在突厥文中被转写做 to（其古代的二合元音发音为 t'ou），

"秋季第一个月"（tuṃjāra）的印欧于阗方言，在突厥文中转写做 tunčor。

对于我来说，这一断代的最大意义就在于在以动物命名的 12 生肖分类（猴，bičin，相当于汉地抽象的 12 支分类周期中的第 9 位"申"，见 BC 7）中，又加入了一个汉地的五行之一的辅助分类词"土"。这种五行分类法以 5 来为年代具体断代，不仅可以在 12 年的周期中来确定它，还可以在 60 甲子纪年中来确定它。

12. 在甲子或干支纪年中，将"生肖 + 五行"（12 × 5 = 60 种不同的结合）之结合借鉴自汉族星相学。我发现它作为历法的复杂分类因素而出现在回鹘文献中了。从开始研究起，对它的解释就被西方学者们严重地误解了，他们曾认为可以把中国传统自然科学中的 10"干"（天干分类）和"五行"（木、火、土、金和水）两两相对的结合机械地运用于其对应关系中。然而，在与我本书有关的时代，这种对应关系（BC 6）仅对于哲学—巫术思辨才有效，而绝非是对历法有效，在历法中却运用了另一种更要复杂得多和更要"博学"得多的方法，而且直到 19 世纪时依然行之有效，黄伯录神父对此作了全面描述（BC 8—9）。

我自己在着手研究的最初几年内，也曾陷入到对该词的一种误解之中（这在原则上是很符合逻辑的），仅是在发现自己导致了某些无法解决的矛盾时，才从这种错误中幡然醒悟。

我于下文将简单地阐述一番两种对音体系之间的差异，对于其中的汉文方块字，则要参阅前引黄神父书中的几段文字。

第 1 种对应方法：五气（五行）+ 10 干（天干）分类法。

天干（10）自行连续地分配在五"气"之间，其具体情况如下：1 + 2，木；3 + 4，火；5 + 6，土；7 + 8，金；9 + 10，水。

以前引数字（以 0 代替 10）而结束的 60 甲子编号，就相当于上文列举的继它们之后的五行之一。例如，34 为火，28 为金，等等。

第 2 种对应方法：五气（五行）+ 60 甲子纪年对于五气

（五行）不再是在天干的周期中，而是在 60 甲子的周期中划分
（天干中的每一种都要相继与五气中的 3 种相联系）：

十二属	+ 木 =	+ 火 =	+ 土 =	+ 金 =	+ 水 =
鼠	n°49	n°25	n°37	n°1	n°13
牛	n°50	n°26	n°38	n°2	n°14
虎	n°27	n°3	n°15	n°39	n°51
兔	n°28	n°4	n°16	n°40	n°52
龙	n°5	n°41	n°53	n°17	n°29
蛇	n°6	n°42	n°54	n°18	n°30
马	n°19	n°55	n°7	n°31	n°43
羊	n°20	n°56	n°8	n°32	n°44
猴	n°57	n°33	n°45	n°9	n°21
鸡	n°58	n°34	n°46	n°10	n°22
狗	n°35	n°11	n°23	n°47	n°59
猪	n°36	n°12	n°24	n°48	n°60

这第 2 种复杂而又"科学"的分类体系，才是中世纪回鹘人
"官方"习惯中用于历法的唯一方法。另外一种方法更为简单和通
俗一些，稍后随着历书传到了吐蕃、印度支那等地。这两种方法
仅仅在 60 年的 16 年中才会偶然地相吻合，永远不会融合在一起。

13. 在解释于我的敦煌文书中出现的"土 + 猴"（to bičin）的
这种结合时，由于巧合，在我的敦煌文书中也出现了这两种方法
各自都提供了 60 甲子年中的第 45 年之结果。但这种结合肯定是
根据第 2 种办法完成的。必须指出，在这卷于阗回鹘文文献中出
现的"土 + 猴"（to bičin）属于一种全新的类型。在出自其他地
方的回鹘文献中，为了表达五行之一的"土"，我仅是遇到过用突
厥文译文 toprak 来译"土"，而不是对这一汉文名词的简单转写文
to（土）。我于此掌握有一种有关于阗文人熟悉历法和星相学的汉

文术语之迹象，这种情况与中原使者高居诲于 940 年左右对于阗王之汉化习惯的描述完全吻合（DN 135—136）。

14. 将我本处文献中提到的第 2 个时间的年份定为一个甲子 60 年中的第 45 年的考证，对于进行文献断代是极其珍贵的。事实上，文献的字体和语言表象（与前文深入论述过的有关敦煌石窟中突厥文献特藏形成的可能时间的全面考察有关）将它定为 10 世纪。但在 10 世纪时，仅有一个相当于一个甲子中第 45 年的年份，也就是 948 年。继此之后，就只能等到 1008 年才会遇到另一个甲子的第 45 年，但这一时间太晚了，因为敦煌藏经洞可能是在此之前封闭的，洞中收藏的最晚文献已被断代为 1002 年。我假定的 948 年之前的一个甲子的第 45 年是 888 年，它会使该写本成为最古老的写本，要远远早于大家可以断代的敦煌特藏中的突厥文写本。无论是该写本的外表还是内容，都不能证实这一点。在 888 年或者是稍后不久，于阗和沙州之间存在一个驿使之事是不大可能的，因为这两个地区之间的正常交通在整个 9 世纪都中断了。事实上，仅仅是在 938 年，自 8 世纪以来的第一个赴天朝宫廷的于阗入朝使才得以经由绿洲之路。沙州（敦煌）为这条路上的重要驿站，它也是自西向东行程中的第一座汉族城市（请参阅 DN 134）。

15. 如果正像我所想到的那样，写本中记载的第 2 个时间确实相当于 948 年这个猴年，那么写本中包含的第 1 个时间，也就是商人（cujus）奥格撒胡（Ogšagu）逝世的时间，便是一个狗年（ït yil），即地支周期中的第 11 年（其中的"猴"年占据第 9 位），它完全有可能就是 948 年之前的那一年，即 938 年。

然而，938 年恰恰正是于阗、沙州和中国中原之间恢复持续关系的时间。自唐代以来，天朝接待的第 1 个于阗入朝使是 938 年 10 月 11 日到达京师的。该使团由甘州的一个回鹘使团陪同（DN 82 注①）。天朝赴于阗的大型使团（高居诲即为该使团的成员）于 938 年 12 月离开中原并于 943 年 2 月返归（DN 134 以下），该使团回程时由于阗、东回鹘、沙州和瓜州的使者陪同（DN 84 注④）。有回鹘人参加的一些于阗使团后来又被遣往中原，直至 11

世纪（包括该世纪在内）。一名将军（Sagun，突厥文尊号）——
于阗的使节于 1069 年受到了朝廷的召对（DN 155）。

16. 因此，938 年这个时间非常适于一名被称为奥格撒古的商人到达（及逝世）于阗的时间，他很可能是沙州的回鹘人。沙州那颇有争议的王位继承问题导致在两个绿洲之间的信函来往推迟了 10 年。我甚至还可以将其年代推论得更加准确一些，根据肯定是被用做参照点的汉地历法来解释本文书的最早时间：938 年这个狗年的七月十七日相当于公元 938 年 8 月 15 日。

至于其中的于阗文月份"孟秋"月，即猴年的 tuṃjāra（tunčor，孟秋月），五行为"土"，即 948 年，它基本上相当于西历 9 月（？）。

因此，我的这本文献应该是写于 948 年 9 月左右，或者是稍晚一些时间。

17. 另外一卷回鹘文草书文献写于一份汉文卷子的背面（伯希和敦煌汉文特藏 P. 2998 号），其中包含的某些拼写错误已由哈密屯先生指出来了。它是金国（Altun El，也就是于阗）赴沙州的使节之一所写。此文将该使节到达沙州（Šačiu）的时间作了如下断代：他前往那里谈判于阗和沙州之间缔结的一项婚约，其使命是从沙州迎娶回一位少女（MQ 93—96）：

"ädgü ödkä，kutlug kut（admïš）yunt yïl bēšinč āy（MQ 93）"。其意为"在吉祥时代，于幸运而神圣的马年五月"（哈密屯的译文）。

为了填补一处空白，对于已有人提议（MQ 95）对后缀-admïš进行复原，我觉得理由充分，于是放弃了自己过去的假设〔kut（lug koluka）〕。

这句话的意义在于它提及了（很可能是受星相学的影响）"吉祥时代"、"幸运之时"（ädgü ödkä），我在 1008 年的一篇回鹘文庙柱文中又发现了它（请参阅下文第 34 节以下和第 40 节）。

至于这个马年的吉祥（kutlug…）特征，在那位使节的思想中，完全可以通过在其他地方提到的其使命的成功来正确解释：kïz bultumuz，其意为："我们找到了姑娘。"（MQ 94，4）

哈密屯（MQ 95）认为，本处提到的"马年"应为下述几年之一：922、923、934、970、982 或 994 年。

汉族—回鹘族历法中的五月应为夏至月，很可能正是由于时值日居中天，因而成为为使节到达沙州而有意选择的一个天文学上的"吉祥时间"。

至于该文书中的拼写错误，它们可能是由于下述事实造成的：该文书原来是用于阗文而不是用突厥文写成，仅仅作为外交语言才使用回鹘语，这是由于回鹘语直到蒙古帝国时代（甚至包括这一时代在内）所保持的地位。

18. 我于其可与《占卜书》（见上文第 9 节）和《忏悔辞》（见上文第 10 节）的跋相比的题跋中，再次发现了对 Kutlug（吉祥的）一词的赎罪性用法，而这一次却仅仅是作为一种程式化的口头禅，这也是在不同时代的佛教著作中所共有的口头禅（如 KB 22，ML 48）。后一种文献系伯希和敦煌回鹘文写本特藏第 1 号，即一种佛本传那使用回鹘文草书字母的突厥文翻译的译本（MQ 6，1—2）："yemä kutlug tavïšgan yïl tōrtünč äy yetti yegirmikä…"。其意义为："啊！吉祥的兔年，四月十七日……"

除了在自动过渡性小品词 yema（那么……）的开头处加入 kutlug（这是回鹘文献中常见的段落开头做法）之外，这种表达时间的固定程式完全是"古典"式的，继承了由 8 世纪时的碑铭文献所开先河的传统。形容词 kutlug（吉祥的）被回鹘佛教徒和文人们毫无分别地运用于 12 支的 12 年中的每一年。我可以认为，它于本处不具任何使我们更加清楚地了解所涉及的年之可能意义。

由于文献的内容中缺乏其他明确资料和历史标记点，因而使我在究竟应将该文献断代于 10 世纪诸多兔年之中的哪一年时，犹豫不决。该文献具有以"y"（代替古老的 n）结尾的方言特征，这与以-n 结尾的方言相反（见上文第 10 节和 FA 53），而且也稍晚于这后一种方言（ayag 意为"不祥的"或"凶兆的"，相当于古突厥文 anïg，也就是《忏悔辞》中的 anïg）。

该文献更应该属于 10 世纪下半叶，其中的兔年分别为 955、967、979 和 991 年，汉族—回鹘族历书中的"四月十七日"可能分别为955年5月11日、967年5月28日、979年5月15日，或者是991年6月2日。有关阴历月十七日的吉祥特征，请参阅第三章第78节。

19. 在敦煌突厥文特藏中，有一种颇能说明问题的标志即在回鹘人和该时代的其他突厥语民族中特别通用12生肖（12支或12属）的汉族—突厥族历法，这就是在商客们从一个绿洲到另一个绿洲之间交换的书信中提到了这种历法。这些商客们从于阗经沙州而赴肃州，在今新疆与甘肃之间从事商队贸易。

沙州（敦煌）是中国中原与新疆（东突厥斯坦）之间的重要中转站，也是一个交易中心。在那里保存了许多封商业书信，从与其他可以被断代的文献比较来看，它们很可能都应该被断代为10世纪的最后三分之二年代或者是该世纪的下半叶。其中对于12生肖（12支）历法的使用可能已经是一种司空见惯的做法。如果它们不是在绝大多数情况下均为残卷的话，那么我还可以作出更好的判断。我将仅仅从中列举两个最有意义的例证。

伯希和汉文特藏中的P. 3046号写本背面是回鹘文文献，即写于1卷汉文文献的背面。它是提醒所欠的一项债务，其中记载了一个时间（MQ166，10）：it yïlïn，其意为"在狗年"。其中再无其他具体说明了，同样是使用了与我在一篇来自于阗的948年年末的文献中（见上文第11节以下）所发现的那种时间工具格。

伯希和敦煌回鹘文特藏第12号写本（旧编伯希和敦煌汉文特藏P. 4637号）是一封保存完好的信件，它提到了一封商业信件的丢失，是用下述形式表达的（MQ 138，6—7）："bu bitig säkkizinč äy ekki yaŋïka bitimiš bitig ol"。其意为"这封信正是曾于八月新月二日写的那封"（大家将会发现，这里有与760年的西耐—乌苏回鹘文碑铭中对于yaŋka的相同用法，请参阅第四章第15节）。这句话向我们表明，回鹘族（或者是其他突厥语民族）商人当时是按照汉族—突厥族12生肖历法的时间而对其信件归档的。

20. 这样一来，尽管其数目有限，且其保存状态往往都残缺不全，在敦煌发现的突厥文文献仍对我具有巨大意义。它们证明，带有汉族定义特征的12生肖或12支的突厥化历法，在10世纪时就已经在回鹘人世界的所有突厥语文人中通用了，包括神职人员、录事、军人、使节和商人，从于阗经高昌而到沙州均如此。

这种历法一般均出现在摩尼教的和佛教的巫术或宗教性写本的题跋、军需供应账目、旅行记和商业通信中。它并不再像在突厥和回鹘可汗们的碑铭中那样，仅限于用来编修当朝的史书了，也不再是游牧的突厥人汗国上层官吏们独享的特权了。它已进入了那些因受过充分教育而足以利用它的所有人的日常生活中，从此之后为这些人提供必不可缺的服务。

除了其明显的实用意义（以及它所享有的星相学威望）之外，这种汉族—突厥族的12生肖（12支）历法成了所有回鹘人的一种维护其社会—文化统一的因素。这种历法自743年起被蒙古的回鹘可汗们正式采纳（请参阅第四章，第13节），继黠戛斯人840年入侵而使回鹘人西迁之后，它依然是具有各种宗教信仰的回鹘人的民用历法，在其辽阔的居住区东部和西部均如此。这种历法又被原封不动地既强加给了摩尼教徒，又强加给了佛教徒（可能还包括景教徒，该历法在景教徒中的用法稍后不久即得到了明确证实）。甚至在我本来预料会使用某种宗教信仰的特殊历法（如摩尼教派的粟特历法）的宗教论著中，也都参照了这种历法。此外，当时在从太平洋的中国海岸到伊斯兰世界的伊朗边界，于所有外交、宗教或商业交流中，它都是国际通用的"近代"和科学历法。

（B）高昌（吐鲁番）写本

21. 如果说中国天朝在甘肃"回鹘化"部分地区的前哨阵地敦煌，在10世纪时与回鹘人保持着密切的关系，那也不应该忘记，回鹘文明的主要中心从9世纪最后几十年起始终为高昌地区，高昌是西回鹘大汗国的都城。

大家正是在吐鲁番的最深洼地及其附近地区的高昌（今喀喇和卓），发掘到了大批回鹘文写本，特别是有关日历计算法及历书的写本。现在这一地点仅为一个普通小镇，位于距现今规模很大的吐鲁番东南42公里处。但无论是根据回鹘文文献还是汉文文献来看，我们完全可以肯定回鹘大汗国的都城是高昌（Khočo，在突厥文中作 Koču，汉人称之为高昌和西州），而绝不是吐鲁番。

因此，用"吐鲁番回鹘人"来指高昌大汗国的回鹘人，把在回鹘可汗故都地区发现的文书称为"吐鲁番文书"都具有一定程度的不确切性。至于我个人，则更主张恢复高昌的最高历史地位，于这些称呼中以高昌之名取代吐鲁番的名字。

在高昌及其附属地亦都护（Ïdlïk-kut）、吐欲沟（Toyok）和吐鲁番（Turfan），所发现的用不同字母写成的突厥回鹘文写本的数量极大，目前尚未全部发表，但基本已被人清楚地知道了。对于我来说，根本谈不到去搜罗它们应该包含的有关可以解释的时间或者是使用历书之遗迹的全部资料。我仅限于分析与我的研究有直接关系的、能为 14 世纪末之前西回鹘人历法与历书那相当复杂的历史提供真实原始资料的文献，也就是说直到大约是这种历法被强行纳入到伊斯兰世界的时代之前为止。

22. 我将尽最大可能按年代顺序研究这些文献，并将尽力为那些尚未被断代，或者是那些我认为是被以错误的方式作了断代的文献作出断代。

首先是在回鹘汗国的"蒙古时代"与"突厥斯坦时代"之间的过渡期间，某些摩尼文写本都参照了 8 世纪下半叶的时间（MF，MA）。

其次是某些"鲁尼文"写本，可能属于 9 世纪（MP，MO）。

继此之后，我将研究保存在庙柱上的 3 条佛教题识（KB），我分别将它们断代为 1008、1019 和 983 年，并将它们与抄于 1022 年的一部佛经的序言（ML 80—81）进行一番比较。

我接着将涉及一批极为出色的有关历法和星相学的回鹘文文书。这批文书是我本章的主要资料来源，它们于 1996 年由拉克玛蒂（G. R. Rachmati），也就是拉赫麦蒂·阿拉特（Rahmeti Arat）连同汉学家埃布拉尔（W. Eberhard）那珍贵的注释（ML）一并发表。我将针对 13 世纪的情况从中增补两篇用婆罗谜文（brāhmī）写成的文献，1954 年葛玛丽（Annemarie von Gabain）予以刊布（MM）。

在这批内容丰富的文献中，我将研究 13 世纪的历书，它们分

别为 1202 年和 1277—1278 年的；另外还有同一时代的一批以
"印度"方法推算阴历历法的写本残卷；最后是 14 世纪的历书，
分别为 1348、1367—1368、1368—1370、1391 和 1398 年的历书。

大家将会发现，除了两种特殊情况（983 年和 1391 年，它们
可以通过历史的偶然性来解释）之外，高昌回鹘人的历书非常忠
实地沿用了北宋（960—1127 年）、南宋（1127—1279 年）、元朝
（1280—1368 年）和 1368 年之后中原明王朝的汉地官方历书。

有关汉地历法与儒略历时间的对照问题，我将始终参照黄伯
录神父那以年代分类的著作（BD）。

*有关 8 世纪的摩尼教写本

23. 属于班克（W. Bang）和葛玛丽（von Gabain）发表过的
摩尼文字写本（MF 17—18）之残卷，本身并未被断代，但显得较
古老（9 世纪?），其中包含有以下一段文字：

"ulug bašlag ātlïg yïl-nïŋ ekkinti yïlïnta nomï dini yadïlmïšta ·
tavkač elintin · yana…"（残缺）…其意为："当在被称为'上元'
的第 2 年中，其教理及其宗教流传开了。自中华帝国中原
返归……"

正如拉克玛蒂所指出的那样（ML 54），与班克最早和过分仓
促的猜测（MF 18）相反，ulug bašlag 是汉文"上元"的相当自由
的突厥文译文，这是 760—761 年唐肃宗皇帝的年号。

因此，本处所涉及的年代是上元二年。这一年由于皇帝临时
决定于冬至前后开始下一年而变短了一些，仅仅从 761 年 2 月 10
日持续到同年 12 月 1 日（请参阅 BC 13）。

虽然该文献的下文已残损，但我仍明白它讲的是什么。在中
国中原，761 年是传播摩尼教的一年。摩尼教的传播紧接着取得了
巨大成功，从而使一段时间之后，也就是 762—763 年间导致蒙古
地区的回鹘登里可汗（Täŋri Kagan）于他在唐朝京都洛阳居住期
间，改宗信仰了摩尼教，因为他自称是"摩尼的化身"（zahag i
manī，DH 173，DN 139—140）。

这个残缺不全句子的主语，应为这次神奇的上天选定的缔造
者之一，其结果对于回鹘社会非常重要。

我颇有兴趣地指出，高昌回鹘人可能是在 1 个世纪之后，仍保持了对于这次布道的记忆及其准确的年代传说，他们以当时唐朝皇帝的年号而按照汉族方式使用时间。这明显是一种文化传统，它应是以一部汉文著作或者是译自汉文的著作为基础。

24. 更为重要的是在高昌发掘到的一部摩尼文著作的一页下部残存的题跋部分，它是非常精心地用回鹘文草书写成的。其残留部分已被勒柯克（A. von Le Coq）发表（MA 12，写本 T. Ⅱ. D. 173 a + 2 号写本背面，请参阅 ML 82）：

"yemä täŋri mānǐ burxan täŋri yeri-ŋärü bardukïnta kïn bēš yüz artukï ekki ottuzunč lagzïn yïlka, ötükäntäki nom ulugï tükäl ärdämlig yarlagkančučï bilgä bäg täŋri mar niv-mānǐ maxïstaka aygïn bu ekki… (下缺)"。其意义为："因此，在猪年 522 年，当出发前往其摩尼佛的天堂之后，摩尼佛是该教理的最高教长，居住在于都斤（Ötükän），他成了具有一切道德的讲道者、圣明之主和神师新摩西，马希斯塔卡·埃斤（Maxïstaka Aygïn）（写下了?）这两行文字……"

基本上可以肯定，这里是指所提到的摩尼文写本的最早写作者，稍后（9 世纪?）又由一位似乎名叫齐姆图（Zimtu）的录事（4 行文字之前曾提到过他）重抄了一次。这名作者是于都斤地区的摩尼教教长，也就是说那里是高地蒙古地区，颇为接近鄂尔浑碑铭之遗址。回鹘可汗的都城于 744—840 年间就设于那里。其著作明显要晚于回鹘人于 763 年的改宗。

该题跋的主要意义是它保留了一篇《自摩尼逝世起的回鹘摩尼教纪年》。在亨宁（W. B. Henning）1957 年的一篇论证严密的文章（BC）中，这正是使他得以彻底阐明争论了如此之久的有关摩尼遇难之时间的主要资料之一。他将摩尼遇难的时间定于 274 年 3 月 2 日星期一，也就是巴比伦年阿达鲁月（Addaru）4 日。

事实上，摩尼教纪年不能（基督教纪年同样也不能）从零年算起，所以我必须认为，摩尼复活的 522 年应该比他遇难的时间晚 521 年（而不是 522 年）。然而，在基督教纪年中，274 + 521 = 795 年，这一年恰恰是个猪年（lagzïn yïl）。由西金

（M. J. Higgins，BP 16—17）根据回鹘文献于 1939 年提出了 273 年
这一时间，即从基督教的年代 795 年这个猪年减去 522 年（而并
非如同大家所认为的那样应为 522 - 1 = 521 年），那样肯定就要早
一年。

因此，我的这篇高昌摩尼文回鹘文献，最早写成的时间应为
795 年的那个狗年（795 年 1 月 26 日至 796 年 2 月 13 日）。高昌写
本的传统应该上溯到蒙古的回鹘汗国时代，即在他们于 763 年改
宗之后，当回鹘人的摩尼教教团之教主如同回鹘可汗一样居住在
于都斤山时。

最为引人注目的事实是，该文献包括在汉族—突厥族历法中
的猪年与自摩尼于 274 年 3 月 2 日逝世算起的摩尼纪元之 522 年之
间，包括一种非常正确的共时性，我正是在摩尼教徒回鹘人的纪
年中获知了这种摩尼纪元的存在。这便是 8 世纪末回鹘摩尼教教
徒们纪年传统之严肃性的一种明确证据，这些传统经过半个千年
纪之多的摩尼教之扩展后，仍非常准确地保存下来。但在有关摩
尼逝世的时间问题上，在欧洲、伊斯兰世界或者甚至是汉文的写
本资料中，这些传统都遭到了歪曲。

这种纪年的可靠性之价值，在很大程度上当然应归功于那些
将摩尼教传入中国中原和回鹘民族中的人，他们大都是粟特人。

回鹘社会具有宗教多元性，摩尼教徒、佛教徒，甚至是基督
徒们都同时生活在那里，在他们之中促进了一种比较历法科学的
发展（所有历法都参照了汉族—突厥族历法），从而确保了他们就
这一内容所写的著作之价值。

此外，宗教信仰的这种差异性向诸说混合论的方向发展了，
特别是在佛教和摩尼教（摩尼教从一开始就吸收了许多佛教因素）
之间更为如此。我们由此可以看到，摩尼曾被奉为佛陀（摩尼佛
或摩尼不崛罕，Mānī Burxan），这在全部摩尼文回鹘文献中都是一
种司空见惯的同化，而这种文献初看起来却被视为佛教文献的一
个变种。

　　＊ "鲁尼文" 写本

　　25. 在高昌地区曾发现过少量的 "鲁尼文" 写本，我很难估

计其时代，因为这种文字原则上是出自 8 世纪时的碑铭字母，相当古老。此外，我在一卷敦煌写本（见上文第 7 节）中已经找到了有关证据，说明它直到 10 世纪上半叶仍在使用当中，并且与回鹘文草书和摩尼文同时被竞相使用。

鲁尼文字在某一时代与摩尼文字母同时存在的证据，是一部残卷的发现，它是在吐鲁番盆地距高昌以东十多公里和位于故亦都城的镇子以东 15 公里处的吐欲沟发现的，该残卷以摩尼文提供了"鲁尼文"字母的含义，它已由勒柯克于 1909 年刊布（SBAW 41）并由奥尔昆（H. N. Orkun）再次发表（HJ 24）。它写于一卷唐代（618—907 年）汉文卷子的背面，很可能是 10 世纪末的作品，其中的"鲁尼文"字母的外形颇为接近它们在蒙古碑铭中所代表的那种字母。

在距吐鲁番以南 400 多公里处，于从于阗经敦煌方向到且末（车尔成，Čerčen）的塔里木盆地诸绿洲南路上的米兰（Miran）古堡遗址中，发掘了另外一份残卷，它在多方面可以与敦煌文书相比较（请参阅上文第 8 节）。它用一些不是发展到很高阶段的、更接近于碑铭文字模式的和一种更为古老写法的字体（元音写得不太正确，尤其是对于字母 a 更为如此）的"鲁尼文"字母（这一切都使人把该写本断代为 8 世纪末或 9 世纪），为我提供了分配兵械和装备的一份详细账目。账单的前面带有如下一种时间："törtinč äy tokkuz ottuzka…"，其意为"四月，二十九日"（MP 186；HJ 64；影印版，MP 图版 1，182—183 页；JH 98）。

文中的年代未作具体说明。本文书应该是指一份有关兵械账目的片断，它揭示了在诸如沙州（见上文第 8 节）留后那样的军事机构中，也流行使用汉族—突厥族历法，而且至少从 9 世纪起就已经如此了。

26. 一卷吐欲沟文书（请参阅上文第 25 节）如同前一卷文书一样，也由汤姆森刊布（MO 296—306，HJ 57—59 和 97），它同样也是用古老的"鲁尼"文字写成的，虽然其中也出现了字母 a 粗笔画的写法，可能应归于 9 世纪。该文献间接地涉及了突厥人的历法史。在这一意义上，它也包括某些星相学内容：星辰以及与它们相对应的宝石名表，它们对于携带这些宝石者所起的护身符作用。

它首先讲到了"七曜"（yetti pagarla，它们之所以被如此称呼，是由于它们出自一个意为"星曜"的粟特文名词 paxar 的突厥文派生词），带有由名词派生的形容词后缀-la/-lä。它相当罕见，但却在古突厥文中出现了。请参阅古突厥文 körk（美）和 körklä（美的，FA 65）。我摒弃了汤姆森的释读"pagarlï"。这一方面是由于在本文献中经常将 a 只写作 i/ï 的误写（本处正属于这样的情况）；另一方面尤其是由于后缀-li 在突厥文中仅用于一种双音节或系列音节的短语中（FA 159），本处却与此没有任何关系。

pagar-la 一词应为一个粟特语词组的仿造词，它在更多的情况下不是指确切意义上的"星曜"，而是指"行星体"，由此而产生了其突厥文的形容词派生词。事实上，传统上所说的"七曜"（7个星体）除了包括五曜（火星、水星、木星、金星和土星）之外，还应该包括日和月。

这种对于"七曜"的记载表明它是一种出自伊朗—粟特文的文献（可能应属于摩尼教文化背景，虽然它本身没有任何纯宗教特征），而不是起源于印度—佛教文化。因为印度共有"九曜"，除了传统的七曜之外，还有一些造成日月食原因的"覆障星"，分别叫做罗睺（Rāhu，本意为"龙头"，系月星的升交点）和彗星（Ketu，计都星，本意为"龙尾"，月星的降交点）。

但这"七曜"（行星体）于此仅仅是凭记忆，根据一种约定俗成的表达方式被提及的。文中仅提供了七曜中五曜的资料，而且在声称即将阐述"5 种护身符和宝石的功能"时，明确地称之为 5 个"türlüg mončukuŋ tašlarïŋ ärdämi"，其中的"五"则使用了一个粟特文数字！

事实上，对于相当于太阳和火星的宝石护身符并未被作过描述，这两个"行星体"甚至未被提及。由于无论是在闪族人以及后来欧洲人的天文学传统中，还是在中国中原的传统中，它们二者均以火为其五行之一，所以它们很可能是故意于此被遗漏的，与在宗教—巫术方面的考虑相吻合。它们肯定未被认为是可以与人们随身携带的一种使徒的护身符相联系的。

本处所论述的"五曜"是按照下述顺序提到的：水星（tir）、木星（ormïzt）、火星（nagïd）、土星（kiwan，用 w 来标注 u！）和月星（mag）。所有这些名称均为伊朗—粟特文的突厥文对音，完全如同 pagar（曜）一词一样。大家发现其中缺少有关星辰的任何突厥文名称，甚至对于月亮（突厥文中作 āy）的情况也如此。我们于此所面对的明显是指一篇"科学性"的星相学巫术文献，抄袭自一种伊朗—粟特语（这种语言被视为一种很好的科学语言）范本。它可能是在摩尼教的环境中制作的。因为在佛教的背景中，用于指"行星"（garx，来自梵文 graha）和"九曜"的名字均借鉴自梵文（ML 106 及其附注）。

五曜于我们的文书中出现的顺序绝非与历法史毫无关系，因为它沿用了我们的七曜日（一星期）的顺序：星期三（水曜日）、星期四（木曜日）、星期五（金曜日）、星期六（土曜日）、星期一（月曜日）。当然，七曜的正常顺序应为：日（星期日，Sonntag）、月（星期一）、火（星期二）、水（星期三）、木（星期四）、金（星期五）、土（星期六）。但本文中所发生的一切，就如同是写作者清楚地知道，既不应该讲太阳又不应该讲月亮和火曜一样，从"火曜"之后开始其名表：水曜、木曜、金曜、土曜（跳跃了日曜）、月曜。

因此，我认为在这篇相当古老的"鲁尼文"（可能是 9 世纪的）中，至少是间接地有七曜日（一星期）在西域传播的反响，yetti pagarla（七曜）一词（而实际上仅仅讲到了"五曜"）支持了这种解释。

27. 众所周知，星期（七曜日周期）起源于迦勒底人，或者至少是出自诞生于古代美索不达米亚（Mésopotamie）的星相学之思辨。它首先在闪族人（Sémites）中传播，尤其是传到了犹太人中（它从该民族中又先传到了基督教社会，后传到了伊斯兰社会中），并且从古波斯人时代起就传到了伊朗人中。星期似乎在相当晚的时候又从伊朗传到了印度，然后再从印度随着佛教而传到了中国。然而，在中国，以旬（10 天）计日的传统是相当远古的。

星期在中国始终与民间的习惯法格格不入，至少直到 20 世纪采用欧洲历法之前始终如此。

在伊朗语和印—欧语"吐火罗语"的西域，肯定是很早就使用了七曜日，佛教和摩尼教（它在那里起过很重要的作用）传播也仅仅是促进了它的使用。无论如何，这种七曜日的历法很早就从 8 世纪中叶传到了中亚西部地区的习惯中了，因为它当时与起源于中国汉地的 12 支纪年历法相结合而被用于编制历书。正如据伯希和认为（请参阅本书第三章第 8 节）由一种已提及的汉文史料所证实的那样。

我的这份突厥文文献的原文可能出自索格底亚纳（Sogdiane，康居），其编写顺序应该与对七曜日（星期）的了解和使用有关。我于本处所掌握的文献是这种历法的已知第 1 种突厥文资料，当然是间接的资料。

* 佛教庙柱文

28. 人们于高昌共发现了 3 条庙柱文，两条用回鹘文写成，同一类的另一条系汉文所写。它们于 1915 年已由米勒（F. W. K. Müller）发表（KB），其中一条是以附录的形式，另外两条是用译文的形式发表的。

这些庙柱在佛教中具有一种巫术和宗教的功能。它们是经过精心制作和非常科学地选择星相时刻之后，而被插入到准备为一处慈善设施开光地的地下，如一处僧舍（梵文作 vihāra，由此而派生出了粟特文 vaxār，原封不动地传入了我们文书的回鹘文中了），或者是一处阿兰若（举行宗教仪轨的地方），以便驱逐地下的魔鬼（KB 2）。所有这 3 条庙柱文都恰恰是以指出一种经过选择的星相时刻而开始的。这对于为它们断代以及从中得出有关高昌的天文学和历法之历史的意义是很宝贵的。

米勒的最大功绩是使人了解到这些庙柱文的行文并且发表了一种很精彩的刊本，从而成为一部很好的工具书。但非常令人遗憾，他为了对它们断代而作出的尝试（虽然是很谨慎地带有保留）却未能那样幸运。首先，他提议为用回鹘文所写的庙柱文之一断代为 768 年（KB 4），该文献所载的时间是一位叫做"阙毗伽登里君主"（köl bilgä täŋri ellig，"具有如同海子一样广阔智慧的天君主"）在位的第 2 年（请参阅第三章第 23 节），他罗列了一些不大可靠的猜测，正如哈密屯已经指出的那样（DN 142—143）。

事实上，回鹘可汗于 768 年并不在高昌，而是仍然建都于蒙古的鄂尔浑河流域。即使据汉文史料记载，768 年时在位的回鹘可汗之前任确实于一段时间内被称为"毗伽阙可汗"（Bilgä Köl Kagan，DN 139），他与"阙毗伽登里"（Köl Bilgä Täŋri）也不一样，只能是联想到他而已。"毗伽阙可汗"的继承人因于 763 年传入摩尼教而非常著名，不过他从未享有过前述尊号。此外，我还非常清楚地知道（DN 139），他是 759 年于其父薨逝之后即位的，760 年（见上文第 12 节以下）的西耐—乌苏碑正是其父可汗的墓志铭。因此，768 年并非其执政的第 2 年，而应该是第 10 年。

29. 为了对另一条突厥文庙柱文断代，米勒以对于复合词"火—羊"与一个甲子的年序（KB 25—26）的对应关系之误解为出发点，确实使用了在当时尚未应用（请参阅上文第 12 节）的于 10 干分类内容之间自动划分五行的方法，从而使他得出了某一个甲子中第 44 年的结论，而并未使用我于第 12 节表中提供的当时正行用的更要复杂得多的配合方法（以此法推算应为某一甲子中的第 56 年）。他由此而得出了公元 767 年的结论。这是不恰当的，因为当时的回鹘汗国都城并不在高昌。

米勒自己也提出（KB 28）了疑问，同样是从 60 甲子纪年中第 44 年的错误假设中推断出的 827 年这个同样是错误的时间，肯定是不能成立的。827 年在位的回鹘可汗（在蒙古而不是高昌），也正如米勒本人曾经指出的那样，从未享有过在庙柱文中出现的那种尊号（KB 22），我将于下文对此加以研究。

对于"五行 + 生肖"结合法的错误解释至今仍流行于学术界，从而将对这些高昌庙柱文年代的研究导向了死胡同。

30. 对于这一难题作过首次阐述的是伯希和，他于 1929 年得以证明（BK 254），米勒未能提出时间的高昌汉文庙柱文应断代为 983 年。

我于下文不远处将再回头来更为详细地研究由这一断代提出

的问题，我认为这个断代是很可靠的。我现在仅指出，汉文庙柱文已被断代为一个癸未年（一个甲子中的第 20 年）和一个辛巳日（一个甲子中的第 18 日），这里所指的时间应为阴历五月二十五日（KB 18—19）。但在公元 500—1600 年之间，中国中原官方历法中的任何一年都无法与这样一种限定完全相吻合。人们肯定是过分地玩弄在对这些庙柱文断代问题上出现的灾难了，目前肯定尚未驱逐所有魔鬼！

在此类虽属罕见却又绝非无先例可循的情况下，则必须承认，或者是庙柱文的作者于其历法计算中搞错了，或者是他利用的官方历书并不是人们现在所复原的那一种。无论如何，在有关阙特勤墓碑中的汉文时间问题上（请参阅第三章第 25 节以下），我掌握有这样的一个例证。为了更为可信一些，其差距总不会多于一二日。然而，在公元 500—1600 年（在此情况中，这一时限只能是最大限度之间），在癸未年（每 60 年一次）中，于标准的历法数据与我们的汉文庙柱文碑铭数据之间发现的时间差距太大，无法适应于我的断代。唯有在 983 年才例外，这一年仅有一日之差，其官方历书中的辛巳日不是落在五月二十五日，而是五月二十六日。我们于下文将会看到应该怎样解释这种细微的差异，我认为它本身可能就会对我们具有充分的教益（见下文第 41 节以下）。

因此，我应该认为，伯希和得以为高昌汉文庙柱文所作的断代 983 年，这一时间是确实无疑的。从考古学角度来看，它颇为接近在西回鹘汗国故都的同一地点所发现的两条性质相同的回鹘文题记。

31. 因此，我现在有了一个标记点，那就是这组 3 条庙柱文之一是 10 世纪的，它确实是高昌（而不再是蒙古）回鹘可汗时代的，大家可以确信当时佛教于其都城很兴盛。另外一个标记点是语言学和古文字学方面的。这就是根据米勒先生刊本的插图（BK，第 38 页之下）来判断，其中发表的这些庙柱文的回鹘文字体酷似 10 世纪敦煌回鹘文草书文献中的文字，其语言阶段是相同的（带 y 的方言，如 kayu，见 BK 6，即相当于更为古老的 kańu；请参阅 FA 3—5 和 326b）。

但我无法满足于这种过分笼统的估计，而是应该研究断代的技术数据。

我将通过在米勒刊本附录（第 1 行，KB 22 以下）中提供的回鹘文题记而开始。经过充分论证的时间从一开始就出现了（KB 22）：

"kutlug ki ōt kutlug koyn yïl. ekkinti āy. üč yaŋïka. kün āy täŋridä kut bulmïš ulug kut ornanmïš. alpïn ärdämin ēl tutmïš alp arslan kutlug kȫi bilgä täŋri xan（ïmïz）(?)…（空缺）…xan olurmïš. öŋtün šačiu kidin nuč barsxanka-tägi ēllänü ärksinü yarlïkkayur ogurda…xan …täŋrikän … ēl ögäsi alp tutuk ögä. kutlug kočo ulušug bašlayur ärkan…"其意为："在吉祥年己火羊年，二月，新月三日；当此人获得了日月之神的福祉并处于大福之中时，当此人以其英雄行为和道德将汗国夺到了手中时，英雄—狮子和具有如同海子般辽阔智慧的列入真福品者，我的天可汗作为可汗而即位……他于其汗位上发布命令，将其汗国和势力向东一直扩大到沙州，向西一直拓展到努斯（Nuč）和巴赫汗（Barsxan，虎汗），汗国的军师——英雄的都督—军师统治了享真福的高昌城……"

尽管由于木柱的恶劣保存状态而造成了某些空缺，但我仍可以清楚地阅读其历法时间，其次是在位可汗的完整尊号。

某些字的残损使人无法肯定孤立残存的"xan"（汗）和"täŋrikän"（天可汗）的作用。他们在高昌都督的尊号之前的地位使人联想到，这些指可汗的名词均为一种补语的成分，它具体说明该总督的权力出自可汗（继"täŋrikan"之后的一个已遭残损的字可能应为"根据……的命令"，这在一位可汗权力授权术语中是很正常的做法）。

副动词 ärkän（相当于奥斯曼语中的 ikän，其作用相同）结束了基本上是时间从句的时序，该时序本来是用于具体说明时间的，它是用一种双标点而结束的。其中接着又讲到了汗国缔造者的名表，其后是公主和王公名表，再其次是高级和中级官吏们的名表，他们都参加了立魔柱的佛教仪轨，庙柱的作用在于驱逐即将建起僧舍（varxār）地方的魔鬼。

这一切都很清楚，史学家的注意力可能被对高昌可汗的权力范围的揭示吸引住了。该汗的权力向东一直到达沙州（敦煌地区），向西一直到达努什（Nuč，Nūǰ-kath，塔什干的西南）和巴赫汗（Barsxan，很可能位于塔拉兹附近）。请参阅 MQ 18 和注㉟。

大家还会发现其名号之前的星相学参照内容（日月之神），这种尊号已在有关805—839 年蒙古的摩尼教徒回鹘可汗的论述中出现了（DN 140—141，8—12），该尊号在这些可汗之前未曾出现过，而仅仅是提到了更为古老的突厥和回鹘可汗的"天"（täηri，登里）之称呼。

32. 根据我在本章第 12 节的统计表中所总结的资料来看，"羊 + 火"之结合结果即相当于一个 60 甲子中的第 56 年，也就是汉地那科学干支纪年中的己未年。然而，在我的文献中，确实是"己未"年的"己"（10 干中的第 6 位，在突厥文中作 šip-kan，见 FA 336 b）出现于其正常位置中了（开头的一个字），而不是如同米勒曾认为的那样是指汉字"气"（KB 25）。汉字"气"于此处没有位置，而且也没有必要于此用对音标写出来，因为指"气"的突厥文名词已经在正常的位置上出现，也就是说位于"火"（ōt）字之后，即 kut 字及其派生词 kut-lug（其"气"是……）。它在回鹘历书中具有这种意义是人所共知的（ML，索引，115 a），应与 kutlug（幸运的、吉祥的，这是该词突厥文中的第一种意义）区别开。

如果大家过去希望证实用 ki 来对音干支中的第 6 个字"己"并在回鹘文中于同一位置上的用法，那么大家恰恰在被米勒作为例证的柏林藏《金光明经》（Suvarnaprabbhāsa-sūtra）中找到了这种用法（KB 24，下部 3）："ki šipkanlïg ōt kutlug ud yïl"，其意为："牛年，五气之火，10 干（šip-kan，见下文）分类的'己'。"

这一时间又被拉克玛蒂作为例证并且作出了正确的翻译（ML 80）。为了对此作出考证，他正确地提出了天干分类中的己（第 6 位）和地支分类中相当于"牛"的"丑"（第 2 位）：己丑年（60 甲子中的第 26 年）分别为 1169、1229、1289 等年。奇怪的是，虽然拉克玛蒂于本处作出了一种很正确的推断，而且也是以一种无可指责的语言学分析为基础的，但他却未能发现他的正确结果与五行（气）及天干中的自动划分法相矛盾，这种划分法是由米勒首倡并由突厥学家们普遍沿用。在这种体系中，当然不涉及中世纪的回鹘人。"羊＋火"这种结合只能产生一个甲子中的第 14 年（火，第 3 和 4）而不是第 26 年。此外，谨慎的汉学家埃布拉尔（Eberhard）却未曾于 ML 98 的表中指出"气—干"的对应关系。至于将这种方法运用于回鹘历法的问题，他可能有些犹豫不决。无论如何，他作为比较例证而引用的 1933—1935 年的历书节录片断（ML 95），也否认了由米勒接受的历法体系之真实性。如 1933 年是"鸡＋金"年，也就是癸酉年（60 甲子中的第 10 年）；1934 年，"狗＋火"年，也就是"甲—戌"年（60 甲子中的第 11 年），1935 年是"猪＋火"年，也就是"乙亥年"（60 甲子中的第 12 年）。但米勒的纪年体系（木＝天干第 1 和 2，火＝天干第 3 和 4，土＝天干第 5 和 6，金＝天干第 7 和 8，水＝天干第 9 和 10），因而就会使 1933—1935 年成为一个甲子中的第 58、23 和 24 年，这是无稽之谈。

直到今天为止，当涉及历法时，汉人的习惯仍不是自动地两两将"干"分在五行或五气之中。大家可以根据我的上述表格来验证以下事实：在 1933—1935 年间发现的"气＋生肖"之结合仍然与由黄神父描述过的那种复杂办法（BC Ⅷ 和 9）非常吻合，它后来肯定又被回鹘人模拟汉人而沿用了。

因此，我认为应该结束这场讨论了，但它仍有利用各种机会而重新爆发的危险。此后在有关这类对照问题上，将永远参照我本章第 12 节表中列出的复杂办法。

33. 因此，我从现在起就可以论述另一条回鹘文庙柱文的时间了（KB 6），以确定其年的干支周期数字：toprak…bičin＝土＋猴，也就是 1 个甲子中的第 45 年（本处由于偶然情况，其结合与那种错误体系中得出的时间完全相同）。

文书中说，这一年是可汗在位的第 2 年，因而该可汗是于某个甲子的第 44 年即位的。

34. 我现在来研究一下两种互相联系的断代、在庙柱文中于可汗尊号之前出现的年代学和天文学资料的具体细节。该庙柱文的刊本和译文均出现在米勒先生那部除了年代之外实为精彩的著作的卷首（KB 6—7）。下面就是该文的开头部分：

"yemä kutadmïš kutlug toprak kutlug bičin yïl-ka, ödrülmïš ädgü ödkä kutlug koluka, tokkuzunč äy tört ottuz-ka, purva pulguni yultuz-ka, kün äy täŋritäg kösänčig körtlä yaruk täŋri bügü täŋrikänimiz köl bilgä täŋri ēllig-niŋ orunka olurmïš ekkinti yïlïŋa…"

其意为："因此，在受祝福的和吉祥的土猴年，在经过选择的良辰和吉时，九月二十四日的张宿（pūrva-phalgunī）星座下，即天王前来执政的第 2 年。天王具有如同海子一样广阔的智慧，是我们如同日月神一样的神灵，他众望所归，体美、精明、天降的和贤明的……"接着是对为准备建僧舍（varxār）而净化土地时立庙柱仪轨的叙述，同时还提到了为造庙而布施的人，包括公主、高级官吏、司祭及其助手们，其中就包括高昌都督在内："xočo balïk bägi alp tukuk ögä"，其意为："高昌城之王，英雄的都督—军师。"他享有与另一篇庙柱文中几乎是相同的尊号（见上文第 31 节），他于后一篇庙柱文中被称为"ēl ögäsi alp tutuk ögä"（英雄的和贤明的都督—军师）。但一种无疑是颇有意义的差异〔在 xočo balïk bägi（高昌城王）和 ēl ögäsi（国之贤明者）之间，这后一个尊号使人联想到了一种更广泛因而也是更高的权限〕却出现在其尊号的第 1 部分中了。

35. 对于这长段其目的在于确定巫术—宗教仪轨之时刻的序言，从年代学与天文学角度上的解释，相对是比较容易的。

本处是指汉族—突厥族历法中的九月二十四日，是一个土（toprak）猴（bičin）年，这就相当于一个甲子中的第 45 年。但除了另一篇庙柱文中完全相似的资料之外，我于此看到了"星座"（yultuz）一词，这是对于梵文 nakṣatra 及其印度文名称 purva-pulguni（梵文作 pūrva phalgunī）的相当自由的突厥文译法（字面意义为"星辰"）。

"星座"（nakṣatra）在印度和佛教的宗教星相学中扮演过一种非常重要的角色，它是"月亮的视静止"或"月宫"，完全可以与阿拉伯星相学中的 manāzil（星辰）或中国中原的"宿"相比较（特别请参阅 AH 和 AI、AK 和 AL、AM 45—152 和 AN；这后一种资料中充满颇有意义的思想和资料，但需要谨慎使用，其作者具有一些纯属个人的理论，无论如何也是误解了突厥人的事物；AP，这最后一种是有关汉代之前中国中原的资料）。这就是 27（根据不同理论，或者为 28）种划分，无论它们相等与否（也是根据不同的理论），都是由可以确定其起源的标志星辰而形成的，均是在黄道附近的星辰区而实施的，可以被用于测量月亮于其恒星周持续的大约 27 $\frac{1}{3}$ 日左右的时间内（而不是其会合周所持续的大约 29 $\frac{1}{2}$ 日期间。请参阅 AA 210—213）在星辰中的"递增级数"（明显与昼夜运行的方向相反）。

回鹘人佛教徒使用了一种不规则的印度星座体系。某些高昌写本（ML 12—14）对此作了描述（请参阅 ML 5、6—8），它属一个非常著名的类别（即《婆罗门悉坛》，Brāhmasiddhānta），这是有关这一内容的专家比雅尔（R. Billard）先生告诉我的。我无法于此对这种理论及其在回鹘人中的运用作一番研究，那样就会导致我作过分冗长的发挥。我仅限于指出，本文中所涉及的被称为张宿（Pūrva-phalgūnī）的星座或星宿（nakṣatra）就相当于狮子星座的中间部分，其主要标志星辰为狮座流星群中的 δ 和 θ 星，基本上是开始于黄经 146°附近，也就是我们西方天文学中的狮子星座 26°处。

我们文书中有关张宿星座的论述意味着，月亮于本处涉及的日子中经过该星座，在特别选定的天文时刻（ödrülmiš）以作为吉祥时辰（ädgü, kutlug），以举行对巫术性柱子的立柱仪式。

36. 我于此掌握有一种验证时间的卓越办法：事实上可以不费很大困难地计算出月亮过渡到某一星座中的时间，或者是以真正的天文学办法（这肯定不是我们高昌僧侣们的办法），或者是通过星辰的"中距离"方法（这非常接近本处所涉及的星相技术），或者是通过非常著名的印度天文历表的方法（这肯定就是高昌僧侣们的做法）。我们必须考虑到计算者们可能会出现的错误（有时也发现过这种错误）。为了尽可能地合情合理，这种错误不应该超过数小时。在此情况下，最初步的观察就能否认其计算并揭示错误。

37. 在本书的最初版本中（里尔 1974 年版），我曾认为由米勒于其书的附录（KB 22 以下）中发表的庙柱文是利用可汗即位的机会而写于庙柱上的。我也确实赋予了 ogur 一词一种它在某些文献中所具有的"时机、机会"的意义。这种假设导致我把该庙柱文断代为 899 年，也就是一个甲子中的第 56 年（火羊年）。在此情况下，另外一条庙柱文的时间就应该相当于某个甲子的第 45 年（土猴年）。这种假定较晚了，可能应该相当于 948 年，更确切地说应该相当于 948 年 10 月 28 日这一日期，由于我曾觉得它已得到了事实上的确认。正如印度传统天文学专家罗杰·比雅尔（Roger Billard）先生在回答我的问题时，非常盛情地写信告诉我的那样，月亮在这时确实正经过本文献中提到的狮子星座的中间部分。

这是一连串的错误，是由于我未考虑 ogur 一词的另一种意义的事实造成的，而这种意义在 11 世纪时确实就已经出现，是由喀什噶里于该时代所提出的（GC 427），这就是其"时间、时刻"的意义。如果大家记住了这种意义，就不应该再认为米勒书"附录"中的庙柱文是提到了最新一次可汗的即位仪式，仅是为了给本处所提到的可汗的在位期断代的（以在位期间而断代）。在此情况下，就不宜再假设这条庙柱文早于另一条了。因为考虑到它们各自的年代在一个甲子纪年中的顺序号（第 56 和第 45 年），所以应该非常合乎逻辑地认为"附录庙柱文"要比另一条庙柱文（该可汗在位的第 2 年）晚 11 年。这两条庙柱文所记载的为同一位可汗，正如其尊号的极大相似性所允许我猜测的那样。这后一种假设是由森安孝夫（T. Moriyasu）和哈密屯向我提示的。它已由这两位中的后一位以坚实可信的历史事实为根据而作了考证，并为人接受（MQ XVII—XVIII），他将相应庙柱文的时间定于一个甲子的第 45 年，也就是公元 1008 年 10 月 25 日。这样一来，那条"附录庙柱文"就应该被断代为一个甲子的第 56 年，也就是公元 1019年 3 月 12 日。

38. 我毫无选择地同意了这些结论，这特别是由于经哈密屯先生请教过的罗杰·比雅尔先生，此人于 1981 年 11 月 27 日回答他说（MQ XⅦ注㉛）："……如果这里是指公元 948 年 10 月 28 日星期六……（这也是我的最初假设），那么本处涉及的时间（即月亮转入张宿星座时）就只能是中国人的一天之最末，也就是当地民用日时间的 24 时之前甚至是很少一点时间之前。但如果是指公元1008 年 10 月 25 日星期一，那么这一时间就可以从下午之初开始了……"根据比雅尔先生附于其信中的历表，我便可以看出（当地时间），在 948 年，月亮通过狮子星座的过程开始于 10 月 28 日23 时 30 分左右，结束于 10 月 29 日 21 时 50 分左右；在 1008 年，这一过程开始于 10 月 25 日 13 时 20 分左右，结束于 10 月 26 日 12时 55 分左右。在这样的背景下，我可以肯定 1008 年的时间要比948 年更为适合庙柱文中所指出的情况。

39. 因此，哈密屯（MQ XⅧ）完全正确地将阙毗伽登里(Köl Bilgä Tänri) 回鹘可汗开始执政的时间定于 1007 年。这样一来，1019 年的庙柱文就相当于该可汗在位的第 13 年。大家甚至还可以从其尊号中观察到一种颇有意义的细节，说明该可汗的威望于其执政的第 2 和 13 年之间有了迅速增长。在 1008 年的庙柱文中，他享有的尊号是"王"（见上文第 34 节，ēllig），而在 1019年的庙柱文中，他则自封以"汗"（xan, khan）的尊号（上文第31 节），这种尊号在古突厥社会中是最高者。

40. 由米勒作为其书的附录（KB 22—24）而发表的高昌庙柱文被断代为羊牛二月三日。据汉族—回鹘族的历法计算，应该是公元 1019 年 3 月 12 日。这里是指一种巫术—宗教行为，人们知道它在何种程度上属于星相学，大家可以观察到这一时间恰恰正是耶兹德吉德（Yezdegerd）时代的伊朗历法中新年（Nawrūz，瑙鲁兹）的时间（BT 38），信仰摩尼教的回鹘人也沿用了这种新年，这是吉祥而又隆重的一天，而且认为它是春分日。但在天文学的实际中，这一天当时正逢 3 月 17 日。这其中可能具有作为回鹘国主之宗教政治特征的摩尼教—佛教综合论的痕迹。

另外一条回鹘文庙柱文要早 11 年，其有关汉族—回鹘族的历法和天文学参考资料，发挥得更要详细得多，已被断代为猴年九月二十四日，也就是公元 1008 年 10 月 25 日。这正是月亮经过张宿星座的一天，其情节已根据天文学的理由而作出了准确计算：

"ödrülmiš ädgü ödkä kutlug koluka"，其意义为："在选择的良时，在吉辰。"

大家将会发现，与我已经遇到的 öd（时间、时刻，也被译做汉文历书中的"时辰"，见 ML，索引和 112b）存在的同时，kolu（时刻、瞬时，在某些文献中同样也用来做约 10 秒钟的时间量词，见 ML 索引 114 c）也出现了。它如同前一个词一样，也是突厥文基本词汇中的一个词，而不是借鉴词。öd 和 kolu 这两个词本身并没有固定的专门意义，但它们通过采用中国中原或印度时间分类时的习惯做法，便可以获得一种定义明确的专门意义。我于此根本不可能对此作出判断，因为其背景始终都很笼统。

41. 与同类突厥文庙柱文相比较，由米勒刊布的汉文庙柱文（KB 17—21）则属于另一类型。它在表达时间时要朴素得多，而且也都是以这样的时间短语开始的：

"癸未年（一个甲子中的第 20 年）五月二十五日辛巳（一个甲子中的第 18 位）。"

我们已经看到（上文第 30 节），能够适合这一时间的唯一一年（其中在一个月的天数中出现了一天的错误）应为 983 年，正如伯希和所证明的那样。其中的五月辛巳日应为 983 年 7 月 9 日，这应该是一个正确的日子，因为在干支符号（其中的第 1 个符号应为天干的名称，这是很容易记住的）问题上的错误要比在一个月的日子数问题上出现的错误少得多。但这一辛巳日在中国中原的正常历书中，应为一个阴历月的二十六日，而不是二十五日。

因此，这就意味着，作为庙柱文作者的高昌信仰佛教的汉人所使用的历书，让 983 年的五月开始的时间（公元 6 月 15 日）比正常的汉地历法（6 月 14 日）晚一天。对于具有如此重要意义的一种礼拜仪式，其中所有的详细情节，尤其是与星相学有关的情节，当然都是大家大加关注的对象，我仅仅是作为最后一种假设才指出文书作者的一种疏忽，神职人员的出席说明了这种漫不经心。我更愿意认为，本处有一种使用不符合法规之历书的迹象，这种历书与中国的传统历书相比不大正规，因为我在高昌本地就已经掌握了一种确凿的证据，它载于 14 世纪的一卷写本中（ML 18—19，6；请参阅下文第 126 节以下）。

我的假设并不是以简单的猜测为基础的。这种假设是受到了中国朝廷于 981—984 年出使高昌回鹘人的使节王延德提供的证据为基础的，因为这一时代恰恰包括了我们此篇雕刻在庙柱上的汉文题记之时间 983 年。它对于回鹘人中的历法史是首屈一指的重要资料。但初看起来，它却显得有些奇怪，以至于尚未被充分利用。

宋朝的使者（他所观察到的情况是有关他在高昌度过的 982 年的情形）指出，回鹘人和当地居民都沿用"开元七年（公元 719 年）历"。伯希和在检出这条资料的同时又作了解释（BK 254）：

"我们于此未曾充分地注意到，这次提到 719 年的历法有些出乎意料。大家会理解，回鹘人在继续根据一种旧历书而推算其日历时，与由中原天朝每年审订的历书相比较，回鹘人可能会导致一两天之差。"

42. 至于我个人却对这种记载给予了充分的注意，特别值得思考的地方，正是由于它是出乎意料的。回鹘人沿用"开元七年历"，而这一年却是一个闰年，闰七月，全年共 383 天。因此，这肯定不是一种对所有年份都适用的历法。如果我们寻求一种与汉族—突厥族历法的基本原则可以相比的解释，那么这种说法就只能以如下一种形式来解释：在王延德出使高昌时，当地从某个新年起便放弃了汉地那符合法规的历法（可能仅仅是因为由中国朝廷星相学家们每年修订的历书，再也无法颁行到他们那里了，请参阅 BC Ⅲ—Ⅴ），便仍沿用他们所拥有的连续多年的唐朝旧历书的基本模式（将每个阴历月分为 29—30 天），连同闰月在内，包括干支名称分类的其余内容是自动出自于此，而他们所拥有的正是包括开元七年（719 年）在内的一组年历。

　　这后一年（719 年）是一个闰月年，全年共 13 个月。因而其模式只能适用于一个增加阴历月的基本原则迫使闰一个月的年份（在高昌，人们肯定知道这一特征）。然而，这恰恰正是 982 年的情况，王延德于该年正在出使高昌，这一年共有 384 天（而不是开元七年的 383 天）。因此，中国天朝遣使所提供的这一证据已开始得以证实，982 年/开元七年之间的对应关系形成了我进行计算的一种翔实可靠的出发点，而这种计算的目的却在于确定开始使用此种应急方法的新年。

　　这个时间不可能就是 982 年的新年这一天，在相对应的两年的长时间之间所出现的差异，使高昌 983 年的开始时间比中国中原早一天。但这种差距却由于标准历法中的 983 年的前 4 个阴历月为 118 天（30＋29＋29＋30）而被抵消了，在当地所使用的历法中开元八年（720 年）应该相当于 983 年，因为这一年的前 4 个阴历月为 119 天（30＋20＋30＋30）。这样一来，提前开始过新年的一天就这样被阴历五月的开始时间晚一天而抵消了，从而使在 983 年庙柱文中所指出的干支时间中就不再有任何错误了。

　　但如果我以 981 年的新年作为出发点，那么其结果就会这样得出来：标准的 981 年共有 354 天，与此相对应的开元六年则共有 355 天，因而高昌的 982 年就应该比标准年份的开始时间稍晚一天。但具有 383 天的开元七年却比标准的 982 年（它具有 384 天）短一天。这样一来，高昌 982 年所推迟的一天就得到了补偿，两种 983 年便同时开始了（2 月 16 日），标准年的前 4 个月则完全如同大家所看到的那样，共有 118 天，而不是被高昌人作为 983 年之模式的开元八年的 119 天。因此，高昌此年的阴历五月开始于比标准年之五月（6 月 14 日）晚一天（983 年 6 月 15 日）。

　　在这样的背景下，高昌非标准年的阴历五月二十五日确为公元 983 年的 7 月 9 日，也就是一个辛巳日（60 甲子中的第 18 年）。这就完全与这一时间的汉文庙柱文中的数据相吻合了，而这个 7 月 9 日的辛巳日正是 983 年中国中原法定历书中的阴历五月二十六日。

为了使之适用"开元"年间的纪年制，我不能把它上溯得比981年的新年更加古老了。为了使阴历年与阳历年统一起来，闰月的基本规则要求必须另外增加一个阴历月，980年正是一个闰月年。它在合乎法定的历书中共有384天，而与之相当的开元五年却是一个常年，只有354天，两种历书之间的30天之差距不会使高昌文人们觉察不到。此外，我也进行了计算，即使大家是在猜测，早于981年的开元元年（直到唐代这个年号的第1年，即713年），以及与高昌使用"开元"年号的这几年相当的汉地合乎规定的年代之比较模式的差异如此之大，以至于使人于983年7月9日这一天根本不能填补在汉文庙柱文中发现的差距。

43. 因此，我掌握了有关王延德资料之价值的一种非常明确的证据，我由他而获知了一种对于高昌回鹘人中的汉族—突厥族历法史的极有意义的事实。这是因为当高昌回鹘人迫于形势（当时前往中国中原的骆驼队之路上的形势是经常动乱）而不再能得到中国朝廷每年都颁布的官方汉地年历了。但他们拥有足够的历书档案（至少可以追溯到8世纪的唐开元年间），以在此时利用过去的那些汉文历书，而且它们也会不冒多大歪曲之危险地将此运用于当时天文学的基本形势。

他们在此问题上的知识相当深奥，以至于他们能够成功地为这一难题找到某些非常正确的解决办法，正如大家通过下文有关983年的正规历书与高昌历书（开元八年）的比较表，得以判断的那样：

阴历月初	高昌历书	汉地历书
一月	983 年 2 月 16 日	983 年 2 月 16 日
二月	983 年 3 月 18 日	983 年 3 月 18 日
三月	983 年 4 月 16 日	983 年 4 月 16 日
四月	983 年 5 月 16 日	983 年 5 月 15 日
五月	983 年 6 月 15 日	983 年 6 月 14 日

续表

阴历月初	高昌历书	汉地历书
六月	983 年 7 月 14 日	983 年 7 月 13 日
七月	983 年 8 月 13 日	983 年 8 月 11 日
八月	983 年 9 月 11 日	983 年 9 月 10 日
九月	983 年 10 月 10 日	983 年 10 月 9 日
十月	983 年 11 月 9 日	983 年 11 月 8 日
十一月	983 年 12 月 8 日	983 年 12 月 7 日
十二月	984 年 1 月 7 日	984 年 1 月 6 日
年末	984 年 2 月 4 日	984 年 2 月 4 日

我们看到，两种历书中每月的日子在 2 月 16 日—5 月 15 日之间根本不存在任何差异，在 5 月 15 日—8 月 12 日之间只有一日之差，在 8 月 13 日—9 月 10 日之间的一个阴历月中只有两天之差，从 9 月 11 日到年末仅有一日之差（唯有高昌的阴历三月至五月和七月至十一月的最后几天例外，它们分别落到了汉地下一月的初一日；高昌六月的最后两日也不例外，它们分别落到了汉地传统法定月份的七月一日和二日）。

44. 大家还可以看到，两年的末期完全相吻合，这样就使 984 年的新年在两种历书中都一样了，也就是 984 年 2 月 5 日。因此，在这一时间，重新采用汉地符合法规的历书的机会终于出现了。高昌回鹘人肯定应该拥有 984 年的这种历书，因为汉族—回鹘族的外交交往在王延德出使期间很频繁（请参阅 DN 148—149 和 155，第 38 段：麦索温，即 Bäg Sagun，高昌于 981 年派往天朝的使节；尤其是 DN 158—159，第 52 段末：安鹘卢，也就是 Ulug 的对音，这是高昌于 983 年派往天朝的使节）。

因此，高昌汉文庙柱文以及王延德的资料都使我得以肯定，回鹘人和高昌居民（甚至包括汉人在内）在 981—983 年间沿用了一种很不正规的历书，以开元六年、七年和八年（公元 718、719

和 720 年）的历书为范本。

　　但在王延德出使高昌期间（981—984 年），由于与中国中原天朝恢复了直接的和持续的关系，从而使回鹘人迅速地结束了在历法方面的这种"异端"行为。这种"异端"使伯希和感到迷惑不解，这是完全有道理的。

　　无论如何，这条有关唐代历书的简短参考资料，清楚地说明了回鹘人对于汉地历法的忠诚程度，唐代历书成了他们长期使用的历书模式。

　　45. 因此，我在高昌掌握有一种汉文和两种回鹘文资料，是有关当地佛教徒所使用的计算时间之方式的证据，它们分别为 983、1008 和 1019 年的，均写于他们有关驱邪的庙柱文的开头处。

　　作为比较，我将引证一卷佛教写本的题跋，其时间稍晚一些，但也出自高昌（柏林吐鲁番特藏 T. Ⅱ Y. 37 号），系《金光明经》（Suvarṇaprabhāsasūtra）的突厥文译本（ML 54，注释和 80—81），更喜欢按下述方式作出转写：

　　"alkatmïs āy-ka, kösänčig kün-kä ödrülmiš ägdü öd-kä, kutlug kolu-ka, äŋäräk gräx ellänür bēšinč ordulug, ortun bašlag, suv kutlug žim it yïl, üčünč āy, bēš yegirmi-kä, kap suv kutlug bičin kün-kä, bräxsivädi gräx-kä, anurat yultuz-ka…" 其意为："在功德月的意中之日，于经过选择的良时和吉辰，壬（žim）水狗年，从火星支配的第 5 宫带的中始起，三月十五日，甲申水日，于房宿（Anurādhā）之下的水星下……"

　　一个狗年（其五行或五气为水）就相当于一个甲子中的第 59 年。一个申（猴，其五行或五气为水）日相当于一个甲子周期中的第 21 天（请参阅上文第 12 节）。这样一来，第 59 和第 21 天就分别如同汉历中的"壬戌"日和"甲申"日。其中的 kap 一词（其经过突厥化的古代发音为 kia），žim（壬的古音）都是两个天干（10 种分类符号）字的突厥文对音，系两个汉文天干周期名称的开头一个字。我于此看到出现了将 60 甲子名称本身用于指日子的做法，而不仅限于年，而且这也符合中国中原的使用习惯。

　　由于 60 甲子中的这个第 21 天是阴历三月十五日，所以该月初一日就应该是一个甲子中的第 7 日。为了考证时间，在参阅汉文年历表（BD）时，只要探索一个甲子第 59 年中的哪一年具有一个以甲子第 7 年开始其日子的月即可以了。自公元初年至今为止，这种情况仅仅碰到过一次，也就是在 1022 年。这就是为什么拉赫玛蒂和埃布拉尔（ML，同上）都非常正确地将题跋归于了这个 1022 年。

46. 正如 983 年的汉文庙柱文一样，其断代中保持了一种非常传统的朴素性，完全符合汉地的文学传统，如每年的甲子纪年分类名称、月份的排列次序、月份和日子的甲子分类法（分类名词始终是抽象的 10 干 + 12 支）。1008 年和 1019 年的突厥文庙柱文则具有更加典型的发展。

1019 年的庙柱文于其历法的记述中很朴实，如干支、气（五行）、每年的生肖（天干与五行均有双重用法，但前者却是一个制约名词）、月份的次序和每月的日子。但它在其"政治"断代中却很啰唆，带有其汗的冗长名号，提到了其汗国的幅员辽阔和高昌都督的尊号。在 983 年的汉文庙柱文中，这一切却均付阙如。

1008 年的庙柱文在赎罪术语方面则更为丰富一些，如"kutadmïš kutulug···ödrülmiš ädgü···kutlug···"（生有福禄的、有福者······特选的优秀者······有福吉祥者等）。它也发展了对历法和星相学的注释。当然，它未提到"干"，况且这也是没有必要的。它在每年的五行（五气）和生肖、月份的次序及每个月的日子之外，又增加了一种新的内容，而且还是印度—佛教的，这就是每天的星座（nakṣatra）。另一方面，它在作"政治"断代方面却并不啰唆，其中只是简单地提到了各位君主的尊号，不过却具体解释其在位的年份。

1022 年的题跋在将"政治"断代弃置一旁不顾的同时，却颇有意义地发挥了历法和星相学方面的斟酌，其中也包括所必需的最低限度的年代解释。它在于 1008 年已经提到的星座中，又增加了有关印度—佛教之上天九宫体系的参考资料：bašlag（本义为"上元"，该词系指 180 年周期中每年的 60 甲子之次序 1、2 或 3），而这种 180 年的周期则是通过 60 年的系列和上天九宫之系列的结合（我于下文将对此进行描述）而获得的（其最小公倍数为180），这就足以增强时间的准确性了。但抄写者又从中增补了每年之宫的顺序号，支配它的行星和每天的行星。正如在1019年的庙柱文中一样，该题跋用突厥文对音提供了该年（壬，žim）的"干"（天干，汉地的10种分类符号），然后又补充了日子的天干符号 kap（甲）。导致断代具有相当大幅度的所有这些具体阐述，都流露出一种星相学家的学究气，并未伴以深刻的学问。因为我们将要看到，我们的这名抄写者于其计算中混乱不堪，在不是从汉文历书（唯有这种历书才为人所熟悉并被吸收）中移植的一切问题上，都犯有许多明显的错误。

47. 印度—佛教的上天九宫体系相当于对天体的理想划分〔（请参阅中国人的上天五宫，AM 153 以下，其中第182页以下针对"突厥月"所讲的一切，都是完全错误的，是以对比鲁尼（Bîrûnî）著作的一种遭到严重歪曲的传播为基础的（请参阅本书第三章第19节以下）〕。

其中的每个天宫都受印度宇宙论中的九曜〔我们西方一星期的七曜，再加上"罗睺"（Rāhu）和计都星（Ketu，彗星），请参阅上文第26节〕所"支配"，这九曜被编成了1—9号。现存有关它们的回鹘文记述（ML 21—22）。"宫"一词被译成了突厥文中的 ordu。支配这些"宫"的行星的突厥文名称均借鉴自梵文，正如其通用词 gräx（行星，梵文作 graha）一样。

麦克唐纳（Ariane Macdonald，BU 71—78）夫人针对这种理论于11世纪在吐蕃的出现，曾作过一种颇有意义的描述，它与在宇宙之龟的龟甲上出现的"魔方"（藏文作 sme-ba dgu）有关并被运用于历书之中。吐蕃的传说将它的传入确定在唐代（BU 73—74，Spor-thaṅ）。我们将会看到，这样就完全与某种现实相吻合了，至少是在有关创造此种180年日历周期的时间问题上是这样的。

由麦克唐纳夫人编制的那幅非常清楚的统计表（BU 78）与13（ML 14—15）和14世纪（ML 9—11）的畏吾儿文历法资料非常吻合。这就表明位于魔方中央的与每年相当的数字（这也是每年天宫的数字）是每年减少一个个位数。因此，天宫的周期是沿这样一种顺序而发展的：9、8、7、6、5、4、3、2、1、9、8、7 等。

我们知道（ML 84），在汉族人对于九宫体系的运用中，于 180 年的大时代中包括的 3 个连续的甲子周期（在这个大时代之末，甲子纪年的顺序号又重新相当于与九宫相同的顺序号）被分别称为："上元"、"中元" 和 "下元"。我知道前两个词组的突厥文译文：baš bašlag（头、开始，相当于初始，见 ML 9—11），它是为指包括 1368—1370 年间的年代而出现的；ortun bašlag 意为"中元"，出现在我们的这篇 1022 年的题跋中（我们将会从中看到，近两年，有一种明显的错误）；最后一个时期在逻辑上应被称为 soŋ bašlag（下元），soŋ 在突厥文中一般均与 bas（头、开始）相对立。但就我所知，这个词并未在回鹘语中出现过。

48. 这是一篇适用于 1368—1370 年间的很连贯的天文学文献，应被断代为一个"上元"时期，它可以使我将这一"上元"的开始阶段上溯到前一个 60 甲子周期的第 1 年，也就是公元 1324 年。因此，先前的 180 年大时代应该是开始于 1144 年和 964 年（我们这篇题跋即属于该时代），而吐蕃的传说却将这种体系上溯到唐代（唐朝到 964 年已有很长时间无实权了）。最好还是应该将这一制度的可能始点后移 180 年，从而就导致了 784 年的时间，这才真正是一个唐代的时间。

对这种假设的一种珍贵认可，是由一种七曜周期的存在而提供的。七曜周期也就是我们西方的星期，而且也具有同样的顺序（日星、月星、火星、水星、金星、木星），与由娄宿（Aśvini，请参阅回鹘文名表，ML 12—14）开始的印度 28 宿（《日天悉坛》，即 Sūrya-siddhānta，AH 468）有联系，它们形成了一个月（nakṣatras）的 4 个"星期"。人们还将这种周期用于回鹘人（正如大家将要看到的那样，肯定也包括汉人）的佛教星相学中，以根据为这些星宿的 1—28 的顺序划分月份。

49. 这种 28 宿划分的系列（4×7）引入了第 1 个"七"的数字，它既未出现在 60 年的甲子周期中，又未出现在"九宫"的体系中，利用一个大周期（180 年）乘以"七"便会得到一个更大的周期（1260 年），于其中又同时出现了 60 甲子、九宫和印度星座的相同序列号。对于年代学来说，这已经是一种进步了。这种有利条件并不是由 27 宿的印度体系提出来的，因为它本来就存在着（请参阅下文第 100 节）。这就是为什么我选择了 28 宿体系（ML 第 3 号），同时又将娄宿（白羊星座，Aśvinī，黄道宫带之始）作为始点。

一种回鹘历书（ML 14，第 4 号）就这样将 28 宿印度名表中的第 27 位壁宿（Uttarabhadrapadā）用于了 1202 年（60 甲子中的第 59 年）。因此，第 1 宿是娄宿或白羊星座（相当于太阳，一星期中的第 1 颗星曜）并用于了两年之后的 1204 年，也就是一个 60 甲子中的第 1 年。然而，由于 28（宿）和 60（甲子）的最小公倍数为 420，而这样一种局面仅仅是每 420 年才出现一次，所以它在此之前则应该出现在 784 年。

作为"60 甲子中的第 1 年和 28 宿中的第 1 星"之间相吻合的出发点，我们还再次发现，唐代的这同一年——公元 784 年是将 60 甲子与上天九宫结合起来的 180 年周期中的"上元"（baš bašlag）。然而，这种在一个 420 年的周期始点与一个 180 年的周期始点之间，这种吻合性只能在每 1260 年才能出现一次，因为 1260 是这两个数字（420 与 180）间的最小公倍数。由于在 784 年的 1260 年之前（也就是公元前 477 年，这是历史上的佛陀圆寂的数年之后），根本谈不到在中国会知道一种 28 宿的印度佛教天文体系，而当时的这种体系（以娄宿，即白羊星座之始为第 1 号并与太阳相吻合）要晚于亚历山大天文学在印度的影响。我认为以下情况是确实无疑的：在汉地的佛教历法中，这种与 60 甲子、九宫和印度 28 宿的巧妙结合的出发点是 784 年 1 月 27 日，这是唐代宗兴元元年之初。

当然，对于在回鹘人以及在吐蕃人的历书中，将九宫体系运用到天文学中的起源问题也如此。对于它传入突厥人和吐蕃人中的真实时间问题，我无法作任何预断。

因此，784 年 1 月 27 日，开始了 1 个 60 甲子的第 1 年，它被置于了第 1 宫带和印度的第 1 星宿的黄道宫带之下，一年的第 1 个天文学月（民用年 783 年的第 11 个月）本身就受到 60 甲子中第 1 年的影响。

但年代诸宫带中逐年的系列顺序是递减式的，这似乎标志着与下述事实在天文学方面的吻合：每年著名的星座太阳在宫带中与一昼夜的运动反向运行。继 1260 年的大周期（以及 180 年的周期）第 1 年的第 1 宫之后，紧接着便是一个第 9 宫。我们于此后便可以依次得到：8、7、6、5、4、3、2、1、9、8 等。因此，180 年的系列（上元）中的第 1 个 60 年的周期，能看到第 1 宫带每 9 年再复归一次，也就是说在每个甲子中的第 10、19、28、37、46 和 55 年，其中的最后 5 年可能被纳入到了第 9、8、7、6 和 5 宫。

这样一来，第 2 个 60 甲子（中元，ortun bašlag）就应该开始于这个甲子周期中的第 1 年，被归于第 4 宫。因此，正是 60 甲子中的第 4 年相当于 3 年之后的第 1 宫，该宫因而就会于第 13、22、31、40、49 和 58 年再出现一次，整个周期以第 9 和第 8 宫而结束。

因此，180 年时期的第 3 和最后 1 个甲子周期，应该结束于被归于第 7 宫的该甲子的第 1 年，第 1 宫应该于 6 年之后的该甲子的第 7 年再度出现，也就是出现于第 16、25、34、43 和 52 年中。所以，180 年时期的最后 8 年应被归于第 9、8、7、6、5、4、3 和 2 宫。

这样一来，经过 180 年之后，第 1 宫还会随着一个 60 甲子的第 1 年而出现，并在同样的背景下重新开始另外 1 个 180 年的时代，如此类推……

50. 这一切似乎完全是（或者至少是）该体系的最初结构，它证实了中国人在"上元"、"中元"和"下元"之间的区别。当然，对于 784—963 年的第 1 个阶段内，它完全可以如此运行。

但在 964—1143 年的第 2 个阶段（也就是与我现在的论述有关的阶段）内，既在回鹘人又在吐蕃人中，发生了对这种虽符合逻辑却又复杂的体系的某些歪曲。

我的这篇高昌回鹘文佛教题跋的时间是 1022 年（60 甲子中的

第 59 年），它在开始于 964 年的 180 年的大时代中占据了前 60 年的位置，因而是沿用了一种"上元"（请参阅上文第 49 节）的规则，我刚才描述过的那种最早体系必然会将这一年归于第 6 宫。

然而，该文献却将其时间归于第 5 宫（bešinč ordu）。它将作为这第 5 宫的主宰行星归于火星（aŋarak），这与汉族—佛教和"正统"回鹘的传统是背道而驰的，因为在这种传统中，要于 9 颗印度行星之间分配九宫。这九宫已被很好地保存在 1202 年的 1 种文献（ML 14—16，第 4 号；21—23，第 13 号）和 1368 年的另一种回鹘文献中（ML 9—11 第 1 号文书）划分情况如下：

第 1 宫　罗睺（Rāhu）　　　第 6 宫　火星（Mars）
第 2 宫　土星（Saturne）　　第 7 宫　木星（Jupiter）
第 3 宫　水星（Mercure）　　第 8 宫　月曜（Lune）
第 4 宫　金星（Vénus）　　　第 9 宫　计都星（彗星 Ketu）
第 5 宫　日曜（Soleil）

如果大家仅仅考虑到昴星团中的主星（它在回鹘星相学家们的记忆术中起过重大作用），那么 1022 年（最初体系中的第 6 宫）就确实应该是在这一体系中以火星为主星，回鹘录事恰恰正是参照了这一点。

如果实际上是从行星而不是从诸宫来考虑（但这在早期传统中是非常正确的），那么一切发生得就如同是这篇跋文的作者确实将火星（这是为了更好地主宰其宫而应该做的）归于了 1022 年，但在为该宫编号时却搞错了。因为据他认为，宫是一个比行星火星更加抽象的概念。他可能是于其数字计算中错了一个个位数（其正确的计算法应为 5 而不是 6）。我除了将此视为一种此类错误之外，再无其他可以成立的解释了。因为无论是使用"上元"、"中元"还是"下元"的计算法中的哪一种，都绝不会有某个甲子中的第 59 年相当于一个第 5 宫（请参阅上文第 49 节，这个 60 甲子中的倒数第 2 年只能适用于第 6、9 和 3 宫）。

我们的这位抄写者（录事）搞错了宫的顺序号，而不是主星号。他按照规则很好地计算了其处于"上元"范围内的行星。但在此问题上，也有些混乱，因为他称这一年的时代为"中元"，而

"中元"时代仅在两年之后才开始,也就是 964 + 60 = 1024 年,所以这里实际上是指一个"上元"时代。这一切都似乎向我们表明,在对这些"元"的命名中似乎出现了某种混乱(或者是我们的这位抄写人于其以"元"而计算年代时搞错了两年)。

51. 但这尚不算完。文书的抄写者于其有关星期的计算中又错了一天,他本来是希望以推论的方法在星宿上准确地使用这一切的。根据明显是他最熟悉的汉地历法(或者是汉族—回鹘族历法),以一种非常准确的周期顺序(第 21 号)而将这一天定为阴历三月十五日(满月之时,出于星相学的意图),相当于公元 1022 年 4 月 18 日。但他认为这一天的行星是木星(bräxsivädi,相当于梵文 bṛhaspati,即大木曜),它应该是一个星期四,因为这一天的星宿是房宿(Anurādhā, anurat)。然而,4 月 19 日才是一个星期四。正如罗杰·毕雅尔在 1959 年 1 月 9 日的一封信中已向我证实的那样,正是在这同一个 4 月 19 日,太阳处于房宿(Anurādhānakṣatra)。罗杰·毕雅尔解释道:"……我应该提出假设,该星相学家确实是于此使用了一种印度数术学的经典准则。这样做时,他便在时间的范围内错了一天。在日子的问题上,一昼夜(ahargaṇa)既主宰着对月亮经度(也就是星宿)之计算,又支配着每星期的日子。为了使这种错误被掩饰起来(对月亮方位的观察已被排除),则必须使星期的系列不成为一种常用习惯(而且仅仅这样做就足够了),这种情况于此则似乎是不大可能的。"

我只能遵循一位专家的这种解释。因此,我接受在 11 世纪初叶的高昌,行星的星期始终是"科学"(或者如同本处一样是半科学)星相学的特权领域,尚未被通俗化,汉地"旬"的用法应该是回鹘人比较熟悉的。

52. 我们的这名抄写者是漫不经心的或不太称职的星相学家,他的疏忽大意对我在某些方面却是颇有教益的,它使我觉得如同是一次个人造成的偶然事故,不能从中得出过分广泛的结论。

相反,我们在于此不远的下文,在吐蕃出现的每年九宫这种最早理论却是由一次集体失误造成的,我于下文即将对麦克唐娜夫人的年代观点作非常精辟的分析（BU 76 以下，第 78 页的统计表）。已经作过描述的藏族方法使九宫扮演了一种稳定的角色，而西藏的九宫却是与生肖和五行结合在一起的，对于吐蕃人就如同对于回鹘人一样，它与汉地 60 甲子纪年是相同的。我甚至觉得（BU 76），吐蕃人自公元 1027 年（它在汉地的 60 甲子纪年中是第 4 年）才由第 1 宫而开始计算其 60 甲子的纪年周期。然而，如果我沿用上文描述过的最早体系（第 49 节），那就会发现 1027 年属于"中元"时期。在非常正统的观念中，"中元"时期应该开始于 1024 年，将第 1 宫归于一个汉地甲子的第 4 年完全符合于 784 年开始的早期模式。因此，直到那时，也就是说直到 1083 年的"中元"时期之末（吐蕃纪年非常正确地将 1083 年归于第 8 宫，见 BU 78，数字 8 位于"魔方"的中央），完全如同于 180 年的大阶段的第 2 个甲子周期之末应该是这样一般，这也如同我在前文复原的最早模式中沿用的一种持续的分类法那样。

但从 1084 年起，发生了与旧方法的决裂。人们不再是按照逻辑而继续沿用这一系列（1084 年，第 7 宫；1085 年，第 6 宫……依此类推）并始终在宫的序列中每年降低一个个位数，而是在 1083 年（第 8 宫）和 1084 年之间降低了 4 个个位数，将第 4 宫归于了 1084 年（汉地 60 甲子中的第 1 年），然后又以 1085 年为第 3 宫等。这样一来，便使于 1027 年观察到的一个 60 年的吐蕃甲子周期开始之后，到 1087 年，一个新的吐蕃甲子中的第一年（但却是汉地 60 甲子中的第 4 年）又如同 1027 年一样被归于了第 1 宫。这肯定是一种有意与旧方法的决裂，一个吐蕃 60 甲子的新时代应以一个新的第 1 宫而开始的思想为出发点。可能是某些我无法知道的神秘想法，促使他们作出了这种选择。

但由已故的菲利奥扎（Jean Filliozat）于 1975 年所作的一次报告，为我提供了一种更为令人信服的解释。他向我们指出，在印度的星相学中，1027 年木星的一个 60 甲子的初年，用木星作为年的分类名称开始于 907 年（请参阅《亚细亚学报》，1975 年，第 477—478 页）。

我现在征引麦克唐纳夫人的一段话（BU 77）："正如大家所

看到的那样，在一个60甲子中，要重复6×9年；在每个9年的周期中，中间的数字（魔方中的数字，它与宫的序号相吻合）由9开始，逐渐递减到1。由于最后一个周期只剩下6年了，所以共跳过了3个宫（sme-ba）的位置，以至于大家可以从白八居中央的1083年过渡到绿四居中的1084年，以便随着第2个周期地位的火兔年（me-yos，1087年）再恢复到其最初的局面（也就是白色居中央）。"换言之，所有的60甲子周期都是重复的，所有的木虎年（cin-stag都有白八居魔方的中央），以至于使对师利菩提拔陀罗（Çri-bhūtibhadra）的具体解释也无法帮助我为该文献断代。

这种将所有的60甲子都作为"中元"而处理的方式，实际上使这种甲子纪年法失去了其任何年代的用途，除非是我能够重新引入最初180年周期的3个60甲子中各自的某种特殊概念。

53. 恰恰正是高昌回鹘文天文学文书中的做法，帮助我确定了这种纪年制的历史古起点（ML 9—11）。这是一位清醒地知道自己所讲的一切的科学家的作品，而不是一名对于星相学多少略有所知的佛教僧侣的著作。它对于1368—1370年间是完全正确的。

他所沿用的诸天宫的理论则完全是由麦克唐纳夫人（BU）所描述的那种，即自1027年起（直到近代）的吐蕃那一种，也就是相当于已扩大成汉地60甲子纪年的原"中元"的那种体系。按照这种体系得以存在的原因——古老的日历推算法。应该被分为"上元"（开始阶段，分别为784、964、1144和1324年。请参阅第48节以下）。但作者从该文的一开始就具体解释说，他所论述的时代属于"上元"，而且还用汉文原文"上元"的突厥文转写文 šögün 来表达这个短语（ML 9）。这样一来，我便可以非常方便地将其年代断定在一个180年的周期之中。

在唐代的古老传统（而且也由被断代为1202年的一卷高昌回鹘文文献所沿用，请参阅第76节以下）与它那种于11世纪时在吐蕃发现的变种之间，存在着一种折中。它在吐蕃的变种则根据古中时代之模式而将所有的甲子周期都统一起来的办法，简化了日历的计算法，从而排除了对诸宫的记载中的任何合乎情理的意义，至少对于年代学上来讲是这样的，使这种记载仅有一种平庸的天文学意义了。

54. 大家将会发现，在中国中原唐王朝编制的天文和历法著作，对于突厥或吐蕃统治下的西域具有重要意义。在推算年代时引入的九宫和 28 宿理论体系都应该上溯到唐代。如果它被正确地遵循的话，就会得出一种非常清楚的纪年以及 180 年的周期（甚至是 28 宿的 1260 年的周期）。高昌回鹘人（甚至包括当地的汉人）于 981—983 年（该年包括在内）间所使用的也是唐朝的历书，当他们失去了汉地官方历书时，便以开元六、七和八年（公元 718—720 年）的历书来暂充之。

如果大家尚记得中国中原人于唐王朝期间（618—907 年）在西域的大规模活动，那么这一事实就没有任何令人诧异的地方了。唐朝于西域直到索格狄亚那（康居，Sogdiane）建立了其都护府（DH 149—171 和第 168—169 页的地图），特别是统治了今新疆（包括高昌）和吐蕃的北部边缘。

始终是在唐代，蒙古的突厥（后来是回鹘）文碑铭中便出现了使用 12 生肖历法的情况，它是汉地历法的突厥化形式。

所以，我认为，突厥语诸民族（以及西域的其他民族）中汉族文明中的最深刻渗透，也应该追溯到唐代，中原历书便是这种渗透中的最重要成分。从与我本处有关的观点来看，系统地研究这个时代有关历法计算、历书和星相学，尤其是汉族—佛教星相学，则是非常有意义的。这是一项我个人无法胜任的任务，但它可以非常逼真地说明历法和星相学在西域和高地亚洲文明中的全部历史。此外，这些地区的文献可能会有益地补充汉文史料中的内容，即使是只提供某些比较数据，或者是指出由输出的汉地纪年术所遭受的讹变也罢。特别是我将继续研究的回鹘文文献，使我觉得它们在有关汉地历法与亚洲其他历法（特别是伊朗历法）的全部或局部关系和同时性方面，更富有教益。

在这一方面，高昌保留下来了回鹘文摩尼教日历推算法的某些残片，粟特文资料可以非常准确地与充做其参考数据的汉文资料相印证。我希望它们至少能够为对西回鹘汗国的摩尼教徒、粟特人或突厥人的天文学知识的研究作出贡献。

*摩尼教日历推算法的残卷

55. 在我的著作（博士论文复印本）《古代和中世纪的突厥历法》（里尔 1974 年版）中，我曾试图（第 351—407 页）诠释由拉克玛蒂刊布的两种摩尼文历书残卷（《吐鲁番突厥文献》第 7 卷，1936 年，相当于 ML 第 8 和 9 号文书），也就是说要根据这一刊本的保存状态而进行诠释。我当时就这一问题作了长篇发挥，它反映了我面对这些残片文献而表现出的犹豫不决。

然而，哈密屯于 1987 年向我指出，在黄文弼于 1954 年以《吐鲁番考古记》为名书而影印的文献中，存在着摩尼教回鹘历书的一大残卷（共 52 行），几乎完全是涉及了同一年，他得以考证出是 1003 年。我们二人曾为诠释该文书而共同工作过，逐渐地发现了许多过去不知道的资料，它们可以澄清由拉克玛蒂刊布的两种残卷所提出的许多问题，最终可以使人更好地理解摩尼教历法的计算原理及其与所研究时代的汉地历法的关系。

至于哈密屯，他此后又对该历书作了重要研究（由于我过分地忙于其他工作，我们对此只进行过少许合作），从而导致了对我于自己 1974 年复印本论文中提出的结论作出重大修正。例如，布克拉蒂刊本中的第 9 号文书仅仅涉及了 988 年（而不是横跨 988—990 年间），而该刊本的第 8 篇文书则涉及了 989 年（而不是 1025 年）。

我们共同准备了一篇有关 988、989 和 1003 年的回鹘摩尼教历法的论文，打算一旦完成必要的整理之后就发表它。

*13 世纪的文献

（a）1202 年的混合式年历

56. 在我刚才提到的 1003 年的摩尼教日历推算法残卷与同样也出自高昌的这卷非常详细的 1202 年的文献之间，我发现在自己所掌握的摩尼教日历推算法和西回鹘人的历书资料之间，共有两个世纪的空缺。

我们文献中的这种中断，可能是由于保存或毁坏写本的偶然事件造成的，也可能是由于发现的偶然情况所致。但这也有可能和甚至很有可能是由于它与当时的历史背景有关，这个时代在西域是以一系列"前蒙古人"为主导的新入侵为标志的：先是契丹人（Kitay）对华北的入侵，接着是"黑契丹"（喀喇契丹，Kara-Kitay）从南蒙古向锡尔河（Sir-darya）流域的入侵（DH 180—188和219—226）。高昌回鹘汗国于12世纪前四分之一年代已落入喀喇契丹人的统治之下（DH 220和注①）。该汗国仍保持了某种权威并且在很大程度上保持了其突厥特色，但制约它使用汉族（或者是汉族—回鹘族）历法的与中原之关系，肯定在长期内受到了干扰。

喀喇契丹人自己也逐渐地被纳入到了汉族文化的轨道，所以并未因此而全面中断与出自中国中原的科学技术传统决裂。无论如何，13世纪初叶（在成吉思汗的蒙古人大举推进的数年之前），这种传统已经完全恢复了。在高昌回鹘人有关历法以及与此相联系的星相信仰的问题上，我现在即将研究的1202年的文献提供了有关这方面的最明确的例证。就我现在所知的现状下，该文献在时间上甚至是完整地和明显地以简单译文形式，传播了有关这一内容的中国中原（汉族—回鹘族）理论的突厥文献中的第1种。

57. 这卷内容极其丰富的文献，在由拉克玛蒂刊布（ML 58，3）时，被编为普鲁士皇家科学院"吐鲁番"（本处是指高昌）文书特藏中的T. Ⅱ. Y. 29号。它是以被粘贴在一起的5幅纸组成的卷子形状出现的，5幅纸的宽度各有不同（4—6厘米）。于其现有的保存状态中，其总长度可达128厘米。它被写于纸卷的正面和背面。

尽管其实物制作上显得是拼凑成的，但其内容却形成了一个整体，甚至其文字也很统一，大家从中只能区别出两种风格来，其一应该是正楷，其二则更像是草书，但它们可能都属于同一位抄写者之作。这里不是指一些随意拼凑起来的零碎著作和片段，而是当时有关历书以及与之相联系的占星术的各种资料之系统而又连贯的一种编纂性著作。

总而言之，这是一部真正的汉族—回鹘族历书，它以一种1202（—1203）年的详细日历而结束，完全符合汉地历法中1202（—1203）年的标准，从而可以使人对它作出十分准确的断代。

该卷子的开头处已被撕掉，某些不太经心的使用者把它撕成了与其不同部分相对应的碎片（这就证明它曾被使用过）。但原文遭到的损坏以及由此而产生的空缺处，从全面来考虑，均无大碍。被撕下的残片可能仅仅相当于标题中的几行文字。我了解到这一点颇有意义，但这种损失对于释读该文集却无任何影响，它仍是中世纪回鹘文文献中绝无仅有的这类体裁的文书。

58. 该卷子的第 1 篇文献（ML 44—45，第 35 号）包括我们可以从打喷嚏（asur-，相当于奥斯曼语中的 aksïr-）中得到的预兆表，也就是说根据喷嚏是出现在连续 12 天各自上午（taη，指"清早"）、中午（kün-ortu，"日中"）或者是晚上（kečä），这 12 天相当于汉地 12 支的 12 生肖周期的支配（BC，Ⅶ），12 支按照传统而带有其突厥文名字。

这 36 种预兆极端不详细和笼统，我就不再逐一地评论它们了，而仅满足于参阅拉克玛蒂的精辟译文（ML 44—45）。下面的摘录文便可以提供一种概念："在羊日，如果上午打喷嚏，那就即将听到一种好消息；如果中午打喷嚏，那么运气就会增加；如果晚上打喷嚏，那就会有欢乐。"

埃布拉尔（W. Eberhard）指出（ML 96），对于汉地 12 支或对应的生肖 12 日周期的这些预兆，也以非常相似的方式出现在汉地的民间历书中了，一直到现代为止均如此。但在近代的文献中，却未将一天划分成 3 部分。这些征兆逐年变化不定。

我们于此清楚地理解 12 生肖周期那主要是星相学的意义。我觉得回鹘人中的这些信仰（与汉地 12 支具有密切的关系）的汉地起源，似乎是毫无疑问的。

根据打喷嚏而得出的这些预兆具有年度特征的事实，可以使人联想到，在我们的文献中，对于 1202（—1203）年是经过特别计算的，该年的历书出现在卷末。

59. 该混杂文集中继此之后的下文（ML 21—23，第 13 号文书），提供"9 种凶吉门槛表"（门槛即突厥文 ešik）。这里是指每年九宫各自的门槛，各自拥有其颜色，各自处于一尊印度—佛教神灵和印度星相学体系中的九曜之一的控制之下，印度九曜也就是我们的一星期（七曜）再加上罗睺星和彗星（Ketu，计都星）。我已经勾勒出了（请参阅上文第 47 节以下）大家已经非常熟悉的（大家已经看到了这一点）1022 年回鹘佛教徒们的这些九宫理论。

W. 埃布拉尔（我参照了他的论述，ML 88—94）详细地研究了这种理论在中国的应用；他还具体解释说，自公元 600 年左右的隋王朝以来，便以同样的方式在汉文文献中出现了。至于我自己，我已经指出（请参阅本章第 48 节和 49 节），与这九宫有联系的 180 年的大周期，是 784 年于唐代的汉文历书中开始的。

我于此遇到了回鹘人向汉族—佛教传统的一种明显借鉴，它将汉地的 60 甲子与印度的九宫星相体系结合起来了。因此，我认为，我们的回鹘文历书是在佛教环境中编纂而成的。此外，佛教徒们当时在高昌明显占据多数。

我将于下表中对于回鹘文文献中的资料作一番总结。

在九宫中分配颜色的做法，与由麦克唐纳夫人描述过的和同样也起源于汉族—佛教的吐蕃传统（BU 72—73）相同，唯有一种细微的色调差异除外，也就是说突厥文中的"七红"和"九紫"相当于"七淡红"和"九红"。这种现象可以非常简单地通过颜色词汇中的方言差异来解释：

宫号	神祇	性质	本色	曜
1	夜叉（yäk = Yakṣa）	凶	白色	罗睺
2	精灵（ičkäk = Bhūta）（鬼类）	凶	黑色	土星
3	财神（basaman = Vaiśravaṇa）（毗沙门）	吉	蓝色	水星
4	大自在（magišvari = Maheśvara）	吉	绿色	金星
5	梵天（äzrua täŋri = Brahma）	吉	黄色	日曜
6	善导（vinayaki = Vināyaka）	凶	白色	火星
7	阎王（ärklig kan = Yama）	凶	红色	木星
8	虎狼（alp süŋüš = Vyāghra）	吉	白色	月星
9	吉祥相（uz täŋri = Lakṣma）	凶	紫色	彗星

这种对应体系是印度式的。从星相学观点来看，它与迦勒底——希腊的传统具有重大差异（例如，后者中的火星为红色，木星为吉祥）。

60. 正在度过的一年"处于"某一宫中的事实，对于预料中的事件之预兆肯定具有普遍意义。但九宫的主要意义又是它们可用于按年龄而分别为男子和女子编制一份每年的占星表。该文书的最后几行文字明显是暗示这件事的，它告诉我们说（ML 23）：

"är-ig yäkdin sanagu ol. kïz-ïg basaman-dïn sanagu ol"。其意义为："应该从'夜叉'宫（第1宫）起计算男孩，从财神宫（第3宫）起计算女孩。"

对于男性成员来说，其解释是清楚的，尤其是通过参照1348年的一卷文书（ML 28—31，第18号文书）。该文中就包括有这样的占星表：他们在1岁期间均处于"夜叉宫"（第1宫），在两岁期间均处于精灵宫（第2宫）等等，依此类推，一直到19岁时处于吉祥相宫（第9宫）为止。继此之后，其周期再重复第10、19、28等年，第1宫，依此类推。

对于女性成员来说，已经残损的1348年的文书中的数据不完整，尤其是刊布者为了填补一处空缺（我认为应复原为 üčünč，相当于第3宫）而作了一种无根据和运气不佳的假设（bišinč = 第5宫，见第5行第3栏），从而将其研究引向了歧途。现在保留下来的该文书中仅有的确实资料如下：对于17岁的女性成员的第4宫，对于32岁的女性成员的第7宫。

由于这里是指一种以"九"为基础的持续周期顺序，所以大家对于年龄问题也可以认为，将被"九"除后的余数归于同样的宫，从而给我造成了如下结果：第4宫为女性的8岁，第7宫为女性的5岁。这样一种对应关系便可以使人认为，根据性别的差异，对于少女则沿用了一种与少男（正序）相反的顺序，即根据年龄的增长而使其宫数递减。例如，5岁，第7宫；6岁，第6宫；7岁，第5宫；8岁，第4宫。

鉴于在这一相反的顺序中，第2宫相当于第10岁，因而也就是相当于第（10–9＝）1岁。这就意味着人们是根据精灵宫（第

2宫）而不是根据财神宫（第3宫）来计算女性成员的1岁。这正是我们1202年的文书所指出的内容，而且又由另一卷很可能是同一时代（未被断代）和同样是由拉克玛蒂刊布的（ML 21，第12号文书）的文书所证实：

"tiši kiši-niŋ yïl-ïn sanagu ärsär, bïsamïn-nï bašlap sanagu ol"。其意义为："如果需要计算一名女性成员的年龄，则必须从财神宫（Bïsamïn = Basaman）开始计算。"

在这后一种文书中，没有任何比1202年的文书中更多的内容会明确地讲到，对于少女，则必须按照反向的毗沙门宫来计算。

这就是为什么我认为，在有关九宫的星相学理论中，于13世纪初叶和14世纪中叶（请参阅前引1348年的文献）之间出现了重大变化。1348年的理论连同其系统的安排（对于少女的反向安排），男性以第1宫（1是单数，阳是男性）为出发点和女性以第2宫（2是双数，阴是女性）为出发点则完全符合汉人的思想。1202年的文献可能是反映了一种早期的理论，更为符合这种体系的印度原形。于该文书之末，这种原形又突出强调了诸宫之主神（我们表中的"神祇"一栏，靠右边的部分）名称的梵文名表。

有关诸宫的近代汉文资料，根据星相学派别而差异很大和变化不定。请参阅由埃布拉尔（ML 95）介绍的1935年的一种汉文民间历书中的例证，这是承蒙石泰安（Rolf Stein）先生的美意而向我通报的。

拉克玛蒂的第12号文书（ML 21），使我获知了大家针对这一内容，而可以从年龄与某一宫相对应关系的事实中，得出征兆内容。

"当某人经过夜叉的门槛时，他在1年内便属于夜叉。无论他可能会做什么事，这一切都会向坏的方面而不是向好的方面转化。他不会受到作为其师的那些人的赏识，他们都会仇视他，他本人也获得坏名声，其后裔不会有任何出息，面临着死亡的危险"。

但该文书立即补充了某些宗教（佛教）的禁忌，遵守这些禁忌便可以使人排除那些恶兆："应该委托僧众诵读祈愿经文，多行善事，祈祷毗沙门大王（Mahāradja Vaiśravaṇa）。"

令人遗憾的是该残卷到此为止，从而使我失去了有关其他 8 宫的资料。然而，我们可以很好地理解印度—中国—佛教的星相学与佛教本身（至少是回鹘人和汉人所设想的那种佛教）之间关系的性质。对于出自前一种（印度—中国—佛教之星相学）的预兆，如果它们为凶兆，那就应该驱除之；如果它们是吉兆，那就应该以由后一种（佛教）所规定的可能是最有效的仪轨而给予肯定。星相学和宗教就这样密切地合作而造福于人类……

61. 1202 年卷子中的第 3 篇文献（ML 43，第 33 号）涉及了与剪发有关的预兆，系按剪发的 12 生肖周期而记载的：

"如果于鼠日剪发，就会变富；如果于牛日剪发，就会赢得外块；虎日，寿命会缩短；兔日，头发将变白；龙日，将会有羞辱；蛇日，有疾病；马日，将失明；羊日，将会有许多男童和女孩；猴日，结束工作；鸡日，有口舌之争；狗日，将会变富；猪日，大小牲畜都会死亡。"

W. 埃布拉尔（ML 96）未能找到严格意义上的相同的汉文文献，而仅仅是找到了有关洗发的同类各种预兆，但它们彼此之间相差甚殊。

在现今新疆的穆斯林突厥人中，大家会遇到某些类似的信仰，但均与每星期的日子有关（EB 97）。

62. 1202 年卷子中的第 4 篇文献（ML 43，第 23 号文书），论述的是一种近似的内容，这就是根据 12 生肖周期的日子而剪指甲的预兆：

"如果于鼠日剪指甲，就会有令人担忧的危险；在牛日剪指甲，有欢乐；在虎日……（空缺）；兔日，凶兆；龙日，与人为敌；蛇日，同上；马日，有利；羊日，遇友；猴日，破财；鸡日，遇义士；狗日，危险；猪日，诸愿皆成。"

W. 埃布拉尔（ML 96）不了解类似的汉文文献。但他却指出，在中国中原历法和在民间历书中，都指出了剪指甲的吉日或凶日。

在当代，新疆的穆斯林突厥人也清楚地知道每星期内剪指甲的吉日或凶日，而且他们还将指明这种日子的功德归于一位哈里斯（ḥadīth），也就是说要上溯到先知本人（EB 95）。

63. 1202 年卷子中的第 5 篇文献（ML 32，第 10 号文献），根据地支（12 生肖或 12 属）周期的日子，列举了"生命之神经"（öz konuk，本意为"深密之主"）在人身各部分的位置：

"鼠日，它处于眼中；牛日，处于耳中；虎日，处于胸中；兔日，处于鼻中；龙日，处于腰部；蛇日，处于臂部；马日，处于……（空缺）；羊日，处于大腿的上部；猴日，处于额部；鸡日，处于两肋；狗日，处于颈部；猪日，处于枕骨部。"

W. 埃布拉尔先生未能找到确切的对应汉文文献（ML 95），但他熟悉汉文民间历书，其中的"神经"是被按照阴历月的小月（29 天）或大月（30 天）而定位的。在由拉克玛蒂刊布的两种未被断代的回鹘文残卷中，其情况即如此（ML 32—33，第 20 和 21 号文书）。

第 2 种文书（第 21 号）的价值，就在于它向我们提供了有关"生命之气"的这种定位，可以使我们得到的预兆内容。它具体解释说，如果于某一日受伤或被烧伤，或者是在"生命之气"所在的身体之部位出血，那就将死亡。因此，这里是指医用星相学，其目的是在遇到事故或创伤出血时，得以作出一种情况轻重不等的预兆来。1202 年的文书，本身在有关预言的问题上，保持缄默，这似乎暗示着，它们已经被人非常熟悉了。我无法知道其作者是否也使其悲观心情发展到了必死无疑的预兆程度，还是他仅仅认为具有死亡的危险。

如果对 1202 年卷子与似乎晚于它的第 20 和 21 号残卷进行一番比较，就会发现星相学理论的一种双重性。一部分人认为，占卜仅仅是以比较简单的方式，并以 12 支周期为基础；其他人则认为，占卜仅依赖于月亮会合周的这种更为复杂的因素。更为精心地设想的第 2 种理论应该是或者是学术性更强一些，或者是更晚一些。也可能是这两种理论均如此。

64. 这种对于生命之气在人体内移动的信仰，与一种在突厥人中得到了明确证实的理论之间，具有千丝万缕的联系。这种理论自 11 世纪起就确确实实地出现在突厥人中，至今仍存在于土耳其，系指肌肉的不由自主的跳动（在土耳其的突厥文中作 se-ğirme），它会出乎预料地出现在肌肉和眼睫中。

早在 11 世纪时，由拉克玛蒂引证（见 ML 70）的喀什噶里（Kāšgarī）就已经提到了"深密之主"（öz konukï），他是这样下定义的：

"身体中发生跳动部分的名称，人称此处为心神（出自阿拉伯文 al-rūḥ）。"

这是一种很拙劣的定义，因为"主"即为"神"之本身，而不是它所占据身体的某部位。这些肌肉跳动与任何医用星相学均独立无关，过去曾有过和现在仍具有预兆之意义（以肌肉跳动而预测之法）。一篇未被断代的回鹘文书（ML 44，第 34 号）似乎应属于 14 世纪，它强调了这一点却又丝毫未参照历书。"……头部右侧发生跳动（täbrä-sär）的任何人，都将会前往一个遥远的城市……"

W. 埃布拉尔所熟悉的汉族民间历书（ML 96）从这些跳动中得出了某些笼统和缺乏医学价值的预兆，又未明确指出这些惊跳所产生的身体部位，而是根据 12 支（12 生肖）周期的日子或时辰而确定的。

此外，肌跳预兆也是一种确实出现在奥斯曼文学中的内容。

从理论上来讲，这种占卜术与星相学既有联系又无关系。基本上是属于星相学内容的 1202 年的回鹘文卷子，对于惊跳只字未提，但该卷子却提到了"深密之主"（öz konuk），它被普遍认为是引起惊跳的原因。1202 年文书的作者自己却似乎认为，肌跳预兆并不直接依赖其主人，他认为唯有"生命之气"的所在部位（无论是否有惊跳）才与此有关。因此，我认为该文献也如同在第 21 号文书一样，被用于了医学占星术。

65. 无论是指打喷嚏、剪（或者是洗）头发、修剪指甲、神经在身体中的移动、肌肉跳动、耳鸣（EB 94），或者是当发生同类内容的事情时，在中国中原就如同在其他地方（尤其是如同在突厥人中）一样，大家所面对的都是未被统一和正处于经常演变之中的民间信仰，它们仅仅是由于侥幸才被纳入到了多少更具有一些科学特征的星相学理论中了。

1202 年的回鹘文卷子代表着中国文化水平，也就是说介于支配着中华帝国官方历书制订工作的数术和哲学的星相学水平、与解释可以直接感受到的身体现象的占卜之民间传统的水平之间。它仅仅注意与人体有关的事实，这是由于这些事实能够在 12 支的范畴内作出星相学解释（虽然仍是非常初步的解释）。它以无论是在突厥人还是在汉人中，都是最通俗的形式出现的，这就是说是 12 支的形式。

在这一方面，该回鹘文卷子与汉地民间历书是相同的，它直接受到汉地历法的影响和启发。这是一种日历，完全如同在我们西方乡村中非常受崇拜的那些历书一样。但它具有在当时是较高水平的科学追求，正如我现在将要研究的该文集中第 2 部分所证明的那样。大家于其中可以相继发现印度—佛教的 28 宿名表以及星辰和月亮天文学的概念，七曜名表，汉地 10 干名表，汉地宇宙论中的五行（五气）名表，属于"建"、"除"、"满"等系列的汉地 12 星相预兆表及其突厥文的转写文和译文，最后作为结束的是一部 1202（—1203）年的汉族—回鹘族详细的历书。

66. 28 宿（梵文作 nakṣatras，突厥文作 yultuz-lar）的名表，在拉克玛蒂的版本（ML）于插页第 3 页（书末）发表的写本照片中，非常及时地得以刊布了。它相当于该版本中的第 3 篇文献，我于下文将要参照它（ML 12—14）。大家于此书中还可以找到另外一种同类文献（ML 12，第 2 号文献，27 宿名表，未被断代），同时还附有拉克玛蒂（ML 56—58）和埃布拉尔（ML 84—87）的精彩注释，这一切便使我免除了在已经是《吠陀》性的印度星宿和同样相当古老的中国星宿问题上大加铺展地论述了。这两种星宿体系互为对应，但也具有某些基本差异。大家还可以参阅本书第五章第 35 节。

一幅有关印度星座、中国星宿以及阿拉伯 28 星宿、希伯来星光（manāzil，希伯来文作 mazzalōt）的比较表，已经由金泽尔（F. K. Ginzel）于 1960 年发表（BB，Ⅰ，72—73）。他提供了有关这一内容的参考书目（BB 102，《月宿》）。在与我本书有关的领域内，我还可以在此参考书目中再补充马伯乐（Henri Maspéro）有关中国汉代之前天文学（AP）、列奥波尔德·德索絮尔（Léopold de Saussure）有关中国天文学之起源（AM、AN，应该谨慎小心地使用）的著作。尽管步济时（Burgess）和怀特尼（Whitney）的著作（AH）相当古老，但它仍属最佳著作之列；我还可以颇有所得地参照由怀特尼于1874年绘制的天象图，此图作为一篇有关他称之为印度"月宫带"的重要文章（AI）的插页而发表。这最后几种著作都很难觅得，已被巴黎的亚细亚学会图书馆辑成一册并被编号为405，但却非常武断地称之为《吠陀文集》。

67. 高昌回鹘人对于中国中原的星宿就如同对于印度的星座一样非常熟悉，正如由拉克玛蒂所引证的回鹘文写本残卷所证明的那样（ML 57）。然而，在佛教文化的影响下，他们于其年代的参照物及其星相学中，实际上仅仅使用印度的星座，以被突厥语音略有讹变的印度星座名称而称呼它们。

月亮的恒星周（比其会合周稍短一些，它使受与地球和太阳相对地位支配的月相重新出现）平均为27天7时43分（AA 210），因而处于27—28天之间。这就是为什么在基本相当于以昼夜决定的月亮处在星辰中的"停留处"的星宿体系中，大家有时共计算到27宿，有时却又是28宿。如在拉克玛蒂的第2号文书中是27宿，在第3号文书中则是28宿（ML 12—14）。在星相学派之间，于这一问题上存在着分歧，正如对于位于名表中第一位的星座一样。一种古印度文字（吠陀传统）使诸星座从昴宿（Kṛttikā，第3篇文书）开始；另外一种较近期的传统晚于希腊天文学传入印度的时间，它却使诸星座又从娄宿（白羊星座，Aśvini，第2篇文献）开始。我们的这份1202年卷子中的文书（第3篇文献）是从昴宿（Kirdik = Kṛttikā）星开始计算星宿的。该文书启发了罗杰·比雅尔，他于1959年致我的一封信中提出了如下看法：

"这是一幅变化无常的星宿体系表，也就是《课伽论》（Garga）或《梵天悉坛》体系的模式……"

……如果说牛宿（Abhijit, abiči）的变化情况迫使人接受

《梵天悉坛》体系（公元 7 世纪），那么由昴宿（Kṛttikā）而开始名表的事实则属于一种早于印度数术天文学（无论大家怎样讲，我未掌握这种天文学早于 6 世纪的任何资料），况且这两种资料于此得以结合在一起了。星座之三维时间的"日"与"夜"的标记符号明显均相当于《课伽论》的 6°40′、13°20′，和 20°（1/2、1 $\frac{1}{2}$ 寺昼夜），或者是相当于"时轮"的整数值。此外，仅仅是除了斗宿（Uttarāṣāḍhā，1 $\frac{1}{2}$ 昼夜而不是 1 昼夜）、壁宿（Uttarabhadrapadā，1 $\frac{1}{2}$ 昼夜而不是一昼夜）和胃宿（Bharaṅī，1 $\frac{1}{2}$ 昼夜而不是 1 昼夜，之外，它们的分类均为一致，对于翼宿（Uttaraphalguni，1 $\frac{1}{2}$ 昼夜）的错误是显而易见的。

68. 我的这卷 1202 年的文书（ML，第 3 号文书）由于无法用突厥语来表达"昼夜"或"半昼夜"的概念，于是为表达这后一种概念而使用了"日"（kün）或"夜"（tün）的名称，在此问题上又重新使用了由拉克玛蒂描述过的印度体系（ML 58，第 3 条注释第 1 段）。这样做的后果是使行文显得相当累赘而臃肿。例如，在第 14 行中，我们有关"36 小时"的概念被译作 bir kün，bir tün，yana bir kün，意为："一天，一夜，再加一天。"由此而产生了一种"日"（kün）与"夜"（tün）的积累，两个借用词 kün 和 tün 的相似性使我们的录事最终搞混乱了。

对于上文已经提到的由罗杰·比雅尔指出的与不规则星座的印度数值不相吻合的地方，我觉得它们似乎出自抄写者传统中的如下混乱：我们文书中提及的"半昼夜"之总数明显是不足的，"日、夜、日"等的顺序并未始终受到遵循。因此，这里并非指一种新的和连贯的计时制。对于脱离正规的（错误的）维（三维是空间，四维是时间。——译者）之星辰来说，在恢复由罗杰·比雅尔和拉玛克蒂的注释所指出的在印度计时制中的数值、在根据由这条注释而整理日夜前后交错的顺序时，我认为大家将重新获得该文书正确的固有形式，其中无意识的歪曲变化都是很容易解释的。

为了了解在月宫运行各站的梵名名称之突厥文借鉴词中存在的不同形式，我可以与拉克玛蒂刊本中的第 2 号文书（ML 12）相比较，其中的星座是以相同的承启序列而出现的，但却是以白羊星座中的类宿（Aśinī）而开始的并仅有 27 宿，因为牛宿于其中付阙如，这在印度传统的类似情况下则是正常的做法。此外，第 3 篇文献未提供与此有关的任何维（dimension，指三维或四维。——译者）。它在 28 宿的体系中，事实上则相当于月亮平均恒星周（révolution sidérale）中超过 27 昼夜的一昼夜之部分时间（7 时 43 分）。第 2 号文书具有一种特征，就如同从白羊星座起的开始部分一样，表现出了迦勒底—希腊星相学对于将月相纳入到 12 宫带（并附有它们的梵文名称）中的一种影响。

在第 3 号文书中，我们将会看到相当于逐一出现的诸月宫星辰中的非常笼统的形象，它们强烈地使人联想到了中国的那种模式化形象。

69. 继这份星宿表之后，1202 年的回鹘文卷子还包括以下文献（ML 20，第 10 号文书），我将提供自己的释读文，它与拉克玛蒂的释读（括号中的 4 个字是根据其他文献而复原的）略有小异：

aditya（Āditya）　　　　soma（Soma）

　日曜　　　　　　　　　月曜

angäräk（Aṅgāraka）　　bud（Budha）

　火曜　　　　　　　　　水曜

braxsvadi（Bṛhaspati）　šükür（Śukra）

　木曜　　　　　　　　　金曜

šaničar（Śanaiścara）　　yetti gräx-lär（Śanaiścara）

　土曜　　　　　　　　　七曜

bun、ki、kï、sin、äžim（küi、kap、ir、pi）、ti、šipkan

戊　己　庚　辛　壬　（癸　甲　乙　丙）丁 10 干

（中国的天干分类符号）

āltun ïgač suv toprak ōt bēš kut-lar ol

金　木　水　火　土 五　行

其译文为：“日、月、火、水、木、土、金是七曜。戊、己、庚、辛、壬（癸、甲、乙、丙）、丁是十干（中国的天干分类符号）。金、木、水、土、火是五行（五气）。”

因此，我们这里相继掌握了每星期七曜的梵文名称（按传统的星期的顺序：星期日、星期一等等）；汉文天干名称的突厥文对音（BC 第Ⅵ页；FA 107），虽然按照天干周期顺序，但却是从其第 5 位“戊”（它在中国中原仅以其居“十”系列中的“中心”地位而被认为是最重要者，但却并未因此而在中国中原传统中首先被提及）而开始的；中国宇宙论中的五行（五气）名表，是按照一种与在中国通常使用的任何方法都不同的顺序而引证的。

70. 于此提出的问题最少的名表是星期表，它在各方面均符合由迦勒底—希腊星相学接受的和我自己所沿用的顺序（请参阅前文第 26 和 27 节）。它与九曜的印度体系是明显相矛盾的，而且还支配着上文提到的九宫理论（请参阅前文第 47 和 92 节）。但它在汉族—回鹘族的历法中的作用，却并非是宇宙论方面的，而是在分类方面的。完全如同我们西方每星期的日子一样，年代也被以“7”为周期相继置于了这些行星的宫带之下，而且也是按照与我们本回鹘义名表中的同样次序排列的。

这种做法提供了在周期分类中引入第 1 个数字“7”的益处，由此而以“7”来增加了其复杂性，也就是增加其各自的意义。它与中国中原的 60 甲子纪年组合，便产生了 420 个个位数的一个周期（请参阅上文第 48 节），而且也是按更为简单的方式以 28 宿（7×4）为分类符号，28 和 60 的最小公倍数同样也为 420。

此外，这种 420 个个位数的周期与九曜的周期之组合，便产生了 1260 个个位数的一个周期（请参阅上文第 48 和 49 节）。对于其中的年代，我得以确定它们开始于唐代的 784 年 1 月 27 日（同上）。如果大家继续使用它的话，那么它可能仍不算完……

71. 汉地分类符号天干（BC 第 6 页）的名表明显是历法数据的一种基本因素，它们与 12 支（在突厥人中，以相应的 12 生肖所取代）相组合确实会产生 60 甲子，它是汉族和汉族—回鹘族传统中的任何年代分类的基础。

用于指它们的汉文"天干"（BC 第Ⅵ页）在突厥文中被对音作 šipkan（10 干），该词自 8 世纪起在回鹘文纪年文献中变成最频繁使用的词了（ML 117，索引）。所以，以标准系列中的第 5 位"戊"（bun）而开始其名表，却完全是不正常的现象。我觉得在我们的回鹘族录事中具有某种"不规范"行为，而且我们在中国内地五行那脱离常规的顺序中也可以发现之，它可能是凭记忆而写成的，毫不关注分类次序问题。

在将一个"5"字引入复合分类体系中时，这五行以其极其简单的方式起了与"天干"（10 干）相同的分类作用，它们与 12 生肖（12 支的代替因素）的组合同样也产生了一种甲子纪年（BC 第Ⅷ—Ⅸ页，请参阅前文第 12 节）。因此，我们在原则上可以于汉族—回鹘族历书中省略"天干"，但这可能与中国的任何传统相悖，而这种中国传统于其思辨中起了重要作用。他们尤其是利用这些名称而称呼相当于我们西方一星期之角色的一句的日子（但却是 10 天）。甚至还很有可能的是，这种"旬"在高昌回鹘人中，比星期的用途更为常见（请参阅第 51 节）。

中国中原五行（五气）名称的突厥文译名提出了某些问题：suv（水）、öt（火）、toprak（土，取其"腐殖土"的意义）均为直接的对等词，但"木"和"金"这两个汉文中的概念在突厥文中却没有确切的对应词。对于"五行"之一的"木"，传统的汉地宇宙论不仅仅是意味着木质原料，而且也指任何一种植物。因此，突厥文的 ïgač（树、木，派生自指植物的 i，该古词出自 8 世纪之后的习惯用法）的用法一直没有多大困难地作为译名而维持至今。但对于"金"，汉人使用了指黄金的同一个词，这是一种贵重的金属，可能也是由他们开采的第一种金属，由此而产生了突厥文的译名 altun（金）一词。对于突厥语感来说，这是对汉文的一种很不正常的模仿。

由于某些回鹘人认为，典型金属是铁而不是金。所以他们用突厥文 tämir（铁）来翻译汉文的"金"（ML 27，第 17 号文书第 17 行），但这是一种晚期的创新（14 世纪？），完全如同在同一段文字中将"气"译作突厥文 töz 一样。

用于指"气"的古典回鹘文词汇是 kut，它在突厥文中是指超验性的力量，也就是"神意"（请参阅"气"的意义）；其次是指神的降福，也就是权力和幸运之源；由此而出现了派生词 kutlug（享受神之恩惠者、幸运者），它与我们的文书中具有新义的派生词 kut-lug（拥有气……者）互相影响。请参阅上文第 32 节。

72. 1202 年的回鹘文卷子于其后（ML 21，第 11 号文书）又提供了汉人的 12 种征兆表（BC 第 XX 页，上文第 47 节），它除了用作 60 甲子的符号之外，还被指日子。这些征兆或预兆（ML 98，表3）除了具有其星相学价值之外，还为确定日子所属的阳历年之时代起着一种决定性作用（请参阅下文第 73 节）。

拉克玛蒂（Rachmati，ML 63，注 11）将本文书与大致也是同一时代在高昌译制的一种佛经的回鹘文译本（MK 36，第 256—260 行）作了一番比较，从而得以填补我们卷子中的某些空白，提供了这些汉地预兆的突厥译名的异文。他仅仅在一个具体问题上搞错了，也就是颠倒了突厥文对音 pii（平，第 4 位）和 pi（闭，第 12 位）的汉文含义，正如我将要指出的那样（见下文第 76 节）。

我将于此提供汉地的 12 征兆表。其后紧接着是它们于 1202 年卷子中的对音，其次是在偶然情况下也沿用在其他回鹘文书中的对音（始终置于括号内）。我还将提供出现在卷子中的突厥文译名。在出现异名时，我将提供在其他写本中出现的译名（始终放在括号内）。这些译名中的差异一般都微不足道（在主动式和被动式动词之间，特别是在施动词之间徘徊），唯有第 10 号例外，其中卷子中的 koygu（留下）与其汉文的意义"收"相比则是错误的，它可能是由抄写者造成的一种错误（如果在这一点上没有印制者的错误的话，那就完全如同第 4 号中的 pi 应作 pii 一样）。

完全如同汉文中的分类符号"天干"一样，这 12 种征兆始终都以汉文词的对音而出现在回鹘文历书中，从不用汉文方块字书写，甚至是在其他地方经常出现汉文方块字的文书中（ML 16—18，第 5 和 19、7 号文书）也如此。因此，这些对音字具有通用特征：

1	建	kin	turmak
2	除	(čun)	(kitärmäk)
3	满	man	tolmark (tolu)
4	平	pii	tüz
5	定	(ti)	ornanmak
6	执	čip	tutmak
7	破	pa	buzulmak (sïmak, sïnmak)
8	危	küü	alp yol (alp)
9	成	(či)	(bütmäk, bürütmak = bütürmäk)
10	收	šiu (šiv)	koygu (termäk)
11	开	kay	ačïlmak
12	闭	pi	(turgurmak)

73. 注疏者们未能很好地理解这些符号的用法，回鹘人用前 3 种预兆的名称来称之为 kinčuman（ML 14，第 4 号文书，第 7 行）。它们在我们的文书中与中国中原将阳历年分成 24 节气的划分法有联系，这 24 节气各自相当于太阳运行的黄道 15°。这 24 节气各自的开始时刻（在开始时的黄道 12 宫带各自为 0°，中间为 15°）被称为"气"，与指"五气"者为同一个字（BC 第 XVIII 页）。

中国的阳历年（天文年）开始于冬至，以第一气为标志。这 24 气的两种中便有一种与太阳进入一种新宫带为标志，被称为"中气"。该术语以 kunči 的形式传入回鹘文中（ML 115a，FA 331a），带有字母换位的写法（出自 čunki）。其余 12 气均位于各自前一个气的发展过程中，处于太阳到达 15°宫带的地方，被称为"节气"，由此而出现了回鹘文 tsirki 或 sirki 的对音（ML 116 b 和 119b，FA 344 a）。中国人对于宫带的划分与西方一样，唯有中国的划分法是从冬至开始的，中国的第一个天文月的初一即于此而开始。与西方的数据相比，人们只能由此而得出 1°或 2°（因而也是 1—2 天）的差异。请参阅 AB 372—373。

"气"的功能是用于确保阴历月与阳历月的和谐，特别是用于根据最简单的程式来确定闰月的时间：

"闰月没有中气"（AB 372）。

此外，"气"在将预兆标志（kinčuman）运用于每年的日子中时，有意地引入了时差。对于无"气"的日子，日子的命名则仅沿用 12 预兆的系列；而"气"所产生的那些日子都具有与前一天相同的预兆：

"然而，在'节气'之间加入一个'中气'，使用与前一天相同的称呼"（BC 第 **XX**：47 页）。

然而，在与我们本处有关的时代（13—14 世纪），我发现预兆的这种重复仅仅适用于节气（也就是突厥文中的 sirki）的日子。

74. 现在就看一下在我们的文书（ML 第 4—7 号文书，MM 73—75）中，这种历制是怎样运行的：在天文阳历年之初，也就是在冬至日（中气，突厥文作 kunči），其征兆标志在 12 预兆系列中与 12 支系列中的 12 种分类词汇处于相同的级别，因而也就是 12 支周期中相对应的动物；预兆中的 N 号就相当于 12 生肖中的 N 号，N 被包括在 1—12 之间：

1. kin 建	1. 鼠
2. čuu 除	2. 牛
3. man 满	3. 虎
4. pii 平	4. 兔
5. ti 定	5. 龙
6. čip 执	6. 蛇
7. pa 破	7. 马
8. küü 危	8. 羊
9. či 成	9. 猴
10. šiu 收	10. 鸡
11. kay 开	11. 狗
12. pi 避	12. 猪

但是，15 天之后，便出现了第 1 个"节气"（突厥文 sirki），

它所占据的日子仍保留了与前一个日子相同的征兆，从而将预兆的次序与生肖相比推迟了一个个位数：第 1 个节气便是 N—1 之预兆和 N 号之生肖（动物，属）。

这样一来，暂举龙日为例，它将具有第 4 号预兆"平"。

然而，这一过程连同此后的每个"节气"（每个阳历月一个节气，即当太阳达到黄道宫带 15°时）而持续整整一年，每次的时差都会增加一个个位数。我可以这样总结其结果：第 P 号节气，预兆第 N-P 号和第 N 号生肖。

（自冬至起计算的节气之次序）。

当于冬至之前 15 日时达到第 12 个节气时，就会得出 P = 12 的结果。因此，其时差便达到了完整的 12 这个周期。这就相当于说它被抵消了。这样一来，于冬至前 15 日便会复归于其各自周期中的预兆和生肖的编号。大家又回归到了出发点，这种体系在下一个阳历年中以同样的方式运行，等等。

毋庸置疑，为了运用前述公式，则必须从 N + 12（如果 P > N）来取代 N。

这样一来，在对大都是残损不全的汉族—回鹘族历书的研究中，我便拥有了一种简单而有效的手段，以通过阳历年的"节气"，来确定人们既知道其预兆又知道其生肖的某某日。如果 N' 是预兆的编号和 N 是生肖的编号，那么紧接着前一个节气的编号 P 就将以下列公式获得：

$P = N - N'$，如果 $N > N'$；

$P = (N + 12) - N'$，如果 $N < N'$。

这样一来，其预兆为"定"（第 5 号）的某个狗日（第 11 号）就将会位于阳历年的第 6 个节气之后，也就是紧傍夏至之前的节气。其预兆为"成"（第 9 号）的某个牛日（第 2 号）就应位于 $(2 + 12) - 9 =$ 阳历年的第 5 个节气，它距太阳进入双子宫之前 15 天，等等。

这项公式极其简便，以致回鹘文历书的刊布者和诠释者（ML，MM）由于误解了预兆的真实功能，而统统对它一无所知（因为人们所拥有的 19 世纪的有关记述），如同在上引黄神父书的一段文字中那样，都参阅了一种不同的体系，其中的"中气"可能是（?）vel，它可以被视为"节气"，与13—14世纪的事实并不相吻合。它对于在阳历年中确定某一个人们知道其预兆和属的日子之位置（因而也就是这个日子所属的月份次序）相当重要。如果这种位置与写本中的一处空缺相吻合的话，那就应该如此（因为阳历月份恰恰是以它与"节气"和"中气"的关系而排定顺序的，"中气"和"节气"之间是彼此之间相互推断出来的）。

我们还将发现，或通过从预兆中得出的推论，或者是通过文献的明确记载，对于与一个甲子符号的日子有关的唯一节气的时间以及对已知月份的了解，便可以使人复原本处所涉及的一年之阴—阳历历法的完整面貌。

因此，我不会过分强调预兆的重要性，而且回鹘族的历书编制者们（他们至少从13世纪起就仔细地记载了这些预兆），在对于鉴定那些我们尚仅仅掌握有某些片断资料的年代的汉族—回鹘族历书、在详细复原那些仅以残片为我们保留下来的历书问题上，均受到了这些重要性的影响。

75. 至于1202年的回鹘文卷子中的最后一篇文书（ML 14—16，第4篇文书），它是汉族—回鹘族历法中的一年的一种几乎是保存完整的历书。对于这一年的考证已由埃布拉尔非常正确地完成了（ML 87）。唯有涉及正常的阴历十二月和闰十二月（事实上是该年另增加的第13个月）的段落付阙如，或者是已遭残损（请参阅ML 59，注释4和80）。

该主体文书中的真正历书资料，在任何方面都符合中国的法定性历书（皇历）中的资料。在这个时代，中国存在着双重政权，中国北方正处于通古斯族（女真人）金朝的统治之下，南方则被置于了南宋的汉民族王朝统治之下（DH 188—194）。因此，共存在着两种官方历书，而所有这二者均是由于黄伯录神父的研究（BD 257和467）才为人所熟知的。但它们都在同样的基础上作了准确计算，仅仅以对那些互相敌对的皇帝们的在位年号的记载而有区别。我们的回鹘文书却根本不知道这种记载。究其原因，大致如下：高昌回鹘汗国当时并不依附于中国的这两大帝国中的任何一个，而是完全依附于由喀喇契丹（Kara-Kitay，黑契丹）人统治的中亚部落联盟（DH 219—222）。该部落联盟当时虽然是独立的，但中国中原文化于其中占有突出的地位。

因此，我们的回鹘文历书完全有可能是根本不是直接出自中国中原的汉文史料，而可能是根据非常珍贵的资料在高昌本地计算出来的。这些资料于该时代以非常明确的方式支配汉地（因而也就是汉族—回鹘族）阴—阳历书的布局。我于此肯定是遇到了这样一个时代，正如与我本处有关的卷子所证实的那样，当时的高昌回鹘人拥有有关法定汉文历书的所有理论资料，不会如同981—984年那样（请参阅前文第41节以下）被迫使用一些应急手段，诸如当他们与中国中原的联系断绝时，便权宜沿用唐代的老历书（请参阅上文第42节）那样的办法。

76. 对于我来说，根本谈不到重新提供有关这部1202年历书的一种完整译文的问题，该历书已由拉克玛蒂非常精心地刊布了（ML 14—16）。我仅满足于对它加以分析并提供一种颇具意义的客观概貌。我将参阅拉克玛蒂的释读，并于其中提供某些语音方面的修改。唯一的例外是我将指出，我本人在下述一点上，针对其译文和诠释而与他有严重分歧。这就是（请参阅上文第72节），拉克玛蒂不太了解预兆的运转机能，搞乱了pii（平）和pi（闭）等突厥文对音的汉文对应值，它们分别代表着汉文"平"（pii，第4号预兆）和"闭"（pi，第12预兆），而不是他所认为的那种相反情况。

我可以利用上文（第74节）所确定的公式来证明这一点。在第29行中，根据历书中的资料来看，"闭日"（pi kün）是1202年5月23日星期四，它也是一个"龙日"（luu，12生肖周期中的第5位）。然而，5月23日，自冬至以来共有过5个节气（太阳分别处于摩羯星座、宝瓶星座、双鱼星座、白羊星座和金牛星座的15°处）。众所周知，我们必须从生肖编号（偶尔也要增加12）减去节气的数目方可得出预兆的数目。在本处即为：

$$(5+12)\ -5=12。$$

因此，这里确实是指第12号预兆pi（闭），而不是如同拉克玛蒂于其译文中所写的那样系指"平"。同一类型的计算可以被运用于文书中的所有"闭"和"平"处,始终都会得出同样的结果:pii=平(第4号预兆)和 pi=闭(第12号预兆)。所以,我必须将拉克玛蒂文中的所有"平"都改为"闭",将其中的所有"闭"均改为"平"。此外,在 ML 所有出现这些预兆的段落中,也必须作出同样的对应改正。

在第70行中,对于(pi)-i 的复原是一个明显的错误。它应该为(t)i(定)。

77. 历书以提供了一年基本特征的段落(在转而论述阴历月的具体细节之前)而开始:

"it yïlkï ordu ol. yïl yultuz-ï udarabatiravat. gräx-i saničar ol kutï suv. ordu-šï altï"。

其意为:"这是狗年之宫。该年的星宿(nakṣatra)是壁宿(Uttarabhādrapadā)。其行星是土星,其宫为第6宫。"

第1个句分的写法显得相当拙劣,这就等于说将提到的年份为一个狗年(这确实为1202年的情况),在指出其宫的时候,却仅于该"段落"的最后才提及(第6宫)。撰写者似乎是首先想到了宫,然后才觉察到应该适时地提及在此之前引证星宿和"主宰"一年的行星。

对星宿的记载与任何天文学的实际情况都不相符合,但却符合年代的另一种星相学分类,也就是说根据相当于1幅以娄宿(Aśvinī,请参阅前文第48节)开始的名表中28宿的28年之周期。这份名表可能就是由拉克玛蒂针对其第2号文书(ML 12)而提供的那一份。但如果再于斗宿(Uttarāṣāḍhā)与汝宿(Śravaṇa)之间加入牛宿(Abhijit)或者是其第3号文书中的名表(ML 12—14)。如果将第1号和第2号(而不是第27和28号)归于牛宿和胃宿(Bharaṇī),然后再将第3号归于昂宿(Kṛttikā)等,那就应该如此。

壁宿于该名表中占第27位。我们文书中对它的记述已被我用于了计算(上文第48节)汉文历书中的这28年周期的最早始点(公元748年)。1202年这个狗年是自784年以来的第15周期中的第 27 年，也就是 1176 年开始的那个周期。其第 16 个周期开始于 1204 年。

78. 把土星记载成一年的行星之做法，与任何分类都不相吻合。它既不与一年之宫的"主宰"行星（本处指第 6 宫，由火星"主宰"，请参阅上文第 50 节）相吻合，又不与把一星期的七曜共同分布在 28 宿的"4 星期"之范畴内的星宿相吻合（请参阅上文第 48 节）。本处所指的第 27 宿（倒数第 2 位）是这后一种布局中的行星，即传统星期中的倒数第 2 颗行星，也就是金星（请参阅星期五的情况）。

如果这卷文书把土星指为"本年之行星"，那仅仅是因为这一年开始于 1202 年 1 月 26 日，这是一个星期六，为一土星日（Saturday）。它同样还为每个阴历月指出一个"本月之行星"，"星期"中的行星就相当于阴历月中的第 1 天（新月）。

这其中有一种迦勒底—希腊星相学所熟悉的观念（后又由印度佛教所吸收）。这种观念认为，这就是某个时代或某一持续时间的"初期"，它在这一时期或这一持续时间的预兆意义被认为是："主宰"者的行星就是每年或每月中第 1 天的行星。请参阅 AG，该书中有关这一问题的资料俯拾即得。

79. 至于"年宫"或"第 6 宫"，它是用基数词（altï）而不是用序数词（altïnč）所指，这就是九宫的印度系列中的第 6 宫，它是不吉祥的、白色的、由行星火星所主宰，其神为在我们的回鹘文卷子的诸宫名表中提到的频那夜迦（善导，Vināyaka，请参阅第 59 节）。

我应该指出，将第六宫归于 1202 年这个狗年（壬戌年，汉地甲子中的第 59 年）的做法符合自 784 年开始的唐朝古老传统（请参阅上文第 47 节和 48 节）。据这种传统认为，这个 1202 年是一个 180 年大周期中第 1 个 60 年时代、（上元，baš bašlag）中的倒数第 2 年。这种 180 年的大周期是由九宫与 60 甲子相结合的结果，它在这一时代应开始于 1144 年（3 个大周期，自 784 年之后的 360 年），这一年被与第六宫联系起来了（请参阅第 49 节）。

因此，我们 1202 年的文书并未沿用九宫的简化体系（仅仅如同在"中元"中那样计算,请参阅上文第52节),它自1027年便被用于吐蕃,有一篇回鹘文文献(ML 9—11,第1号)证明它于1368年就行用于高昌了(请参阅第53节)。

由于8世纪末中国—佛教有关九宫星相学的"古旧派"之正统做法,于13世纪初叶仍由高昌回鹘族佛教徒们忠实地维持着,所以高昌对这种正统性做法的放弃应该是发生在元朝,似乎在明朝元年1368年时得到了证实。

80. 在我们的文书中,对于"狗年"和五气(行)之一的"火"之组合用法的记载,立即便会使人知道(请参阅上文第12节的表格),本处所涉及的一年为汉地甲子中的第59年。

此外,该年的第1天(第6—7行)被定为丁(天干中的第4位)日,未(羊,12支中的第8位)即为突厥文中的 ti koyn(丁未,丁羊)。大家由此便可以得出结论:这一年为60甲子中的第44年。

举出这两种标志本身,就足以确定其可能成立的年代,也就是某个甲子年中的一年——第59年和60日中的一天——第44天。对于某个甲子年的第59年和60甲子日中的第44天来说,其可能性为 $1/(60 \times 60) = 1/3600$。这就意味着,如此的一种吻合平均每3600年才会出现一次。

事实上,于现在已知的、被复原的(自公元前841年起,见BD),或者是对于未来所作出计算的(直到公元2020年,见BD)所有汉文历书中,1202年是唯一具有这种双重重合的年代,对于它的比定是不容置疑的。

81. 文书中逐月(阴历月)地提供了下述资料:阴历月份的名称或序列;其小月(kičig, 29天)或大月(ulug, 30天)的特征,这些品质形容词的前面有时又附有一个空洞无意义的术语 bir yaŋïsï(请参阅上文第四章,第15节);天干(šipkan, 10干,请参阅第71节)和新月日(bir yaŋïsï)之属(动物,生肖)及其预兆(请参阅第72节以下);产生了节气(sirki 或 tsirki)的每月之日子;太阳经过黄道宫带中间(15°)处的情况(请参阅第73节以下)。其行文如此:

"aram āy kičig. bir yaŋï-sï ti koyn. kinčumanï pa. tõrt yaŋï-ka sirki. "

其意为："正月（Aram，阿拉姆月）是小月，其第 1 日为丁未（羊）日，其预兆为'破'，农阴新月四日，节气。"

我于此发现了正月的一个特殊名称，即不是使用序数词 aram-āy（有时也作 ram āy）。它可能是由佛教传入的，我认为可以将此与伊朗文：rām（波斯文 rām 意为"欢乐的"和"高兴的"）相比较。所以，这是一个"欢乐月"，也就是新年节庆之日。

另外一个字借鉴自粟特文，而该粟特文又来自梵文 śik-ṣāpada，系指汉族—回鹘族年中的十二月，当然是出自佛教文化了。这就是 čakšapat āy（第 74 行，自 č-而复原）或 čaxšapat、čaxšaput āy，意为"法定月"。

从农历二月至十一月（ekkinč，…bir yegirminč āy）的其他农历月始终都用突厥文序数词来称呼。

82. 在我们的文书中，"月行星"（gräx）被经常提及，唯有正月（因为它与这一年的"年行星"相同，即土星，请参阅第 78 节）和二月（被遗漏了，可能是由于机械地重复了为前 1 个月而使用的写法）除外。这仅仅是由于（请参阅第 78 节）同一星期中的行星"主宰"了该月的第 1 天。这样一来，大家便可以得出如下结果：

三月，火星	1202 年	3 月 26 日	星期二
四月，水星		4 月 24 日	星期三
五月，木星		5 月 23 日	星期四
六月，土星		6 月 22 日	星期六
七月，日星		7 月 21 日	星期日
八月，月星		8 月 19 日	星期一
九月，水星		9 月 18 日	星期三
十月，金星		10 月 18 日	星期五
十一月，日星		11 月 17 日	星期日

十二月以及紧接其后的闰十二月的数据资料部分残损或被遗

漏了。

与大家在 1022 年的一卷高昌文书（请参阅第 51 节）中曾经观察到的情况相反，在对每星期日子的这些计算中，根本不存在任何错误。大家可以由此而得出结论认为，在 11—13 世纪初叶之间，至少对于星相学来说，星期的习惯用法在高昌佛教徒中变得非常令人熟悉了。

本处所赋予七曜的名称均为梵文名称，在我的回鹘文的卷子的一段文字中，已经遇到过它了（请参阅第 69 节）。

83. 对于汉族—回鹘族天文学史来说，非常有意义的是检出赋予节气的时间，正如出自于我们文书的那些时间一样（我感谢本书的审读者对于这些细节的计算，这是从所赋予这些节气的月份之日子中自动推算出来的）。

1202 年 1 月 29 日	（太阳位于宝瓶星座 15°处）。
3 月 1 日	（双鱼星座 15°）
3 月 31 日	（白羊星座 15°）
4 月 30 日	（金牛宫 15°）
5 月 31 日	（双子宫 15°）
6 月 30 日	（巨蟹星座 15°）
7 月 31 日	（狮子星座 15°）
8 月 30 日	（室女星座 15°）
9 月 30 日	（天秤星座 15°）
10 月 30 日	（天蝎星座 15°）
11 月 30 日	（人马星座 15°）

农历十二月和闰十二月的数据付阙如。但我可以通过推论而对此进行复原，从而以此结束节气的周期：12 月 30 日（摩羯星座 15°）。最后，1203 年 1 月 29 日（太阳又重新出现在宝瓶星座 15°处）。

除了节气之外，我的文书还指出了两个"中气"（kunči，请参阅第 73 节）。第 1 个"中气"写于第 33—34 行中，在有关农历五月的问题上提及的：tört ottuzka kunči ol，意为"二十四日，这是一个中气"。本处是指开始于 5 月 23 日的农历月之二十四日，因而就是 1202 年 6 月 15 日的中气（太阳进入了巨蟹星座），这就是夏至的时间，它相当于格里历 6 月 22 日（于 13 世纪时则有 7 日的时差）。

对"中气"的第 2 次记载出现在第 52—53 行，在有关八月的问题上和经确定了其节气之后提到的，以至于初看起来使人迷惑不解：altï yegirmikä kunči ärdäm，其意为："十六日，ärdäm 月的中气。"紧接着此前的节气是同一个阴历月的十二日（ekki yegirmikä，第 51 行），一个中气不可能出现在 4 天之后。因此，这一次不是指一个阴历月的时间（十六日），而是例外地指由节气开始的日子。事实上，一个中气一般均落到某个节气之后 15 天时，因而也就是"节气后的第 16 日"。所以，本处是指 8 月 30 日节气后的"16 日"，也就是 1202 年 9 月 14 日（太阳进入天秤星座）；这是一个秋分日，它相当于格里历的一个 9 月 21 日。我们已经看到，根据对于假设的太阳（等速的）运行的（错误）推算，而得出的汉族—回鹘族之"气"的定义，可能会与天文学的实际情况有 1° 或 2° 的误差（因而也是一天或两天的差别）。但这种约估始终甚佳。

我承认在秋分的这个"中气"的名称 Ärdäm 的确切意义问题上没有任何可靠感。突厥文中 ärdäm 一词意为"勇敢"，在佛教中则意为"功德"。这种"功德的中气"（kunči Ärdäm）被如此称呼，可能是由于当时太阳进入的天秤星座，在迦勒底—希腊天文学（包括后来的印度天文学）中象征着平衡、公平等。

此外还有另一种"中气"，了解它可能对我具有重大意义，这就是"春分"的中气，文书对此未曾提及。但是，由于我知道"中气"出现于"节气"之后的第 15 日和处于两个节日中间，所以我便会很容易地计算其时间。现已被清楚地记载到的该时间前后的两个"节气"，是 3 月 1 日和 31 日的节气。因此，春分的"中气"应被置于 1202 年 3 月 16 日，这一时间相当于格里历中的 3 月 23 日。1202 年的真正春分（与格里历的时间相差 7 日）是 3

月 14 日（格里历中的 3 月 21 日）。

因此，在 13 世纪初叶，对于汉族—回鹘族历法中的真正春分的计算要晚两天，而我们刚才看到的秋分则同样也要早两日：真正的秋分日是 9 月 16 日（格里历的 9 月 23 日），而不是 9 月 14 日。这些歪曲（在两分点时达到了顶峰）出自认为太阳在宫带中的运动明显等速的错误。这些歪曲在两至点（冬至和夏至）中消失了，夏至的时间被定于 6 月 15 日（格里历 6 月 22 日）的中气；其中冬至的时间也未被提及，但在该体系中应被置于 11 月 30 日的节气之后的 15 天，已被定于 12 月 15 日（相当于格里历的 12 月 22 日）。然而，6 月 15 日和 12 月 15 日这些时间在儒略历中确实为 1202 年的真正两至点的时间，而这种儒略历始终为我们的基本参照点。

由于汉族—回鹘族历书是根据中国科学的规则而准确地计算出来的，它使整个天文历法的推算都是从冬至开始的，因而非常成功地执著于准确地确定其时间。相反，错误假定的两至点的时间恰恰与两分点的时间等距，它们遇到了两天的差异，在春季更多一些，而秋季则稍少一些，我们刚才已经指出了这一切。

84. 由我们的文献提供的另一种资料已遭残损。在有关农历二月的问题上，经过将"节气"确定在该农历月的六日（阳历 3 月 1 日）之后，文书继续记载说（第 14 行）：

"ōn yaŋïka t⋯（空缺）"，其意为："在十日⋯⋯"

这个农历月的初十（阳历 3 月 5 日）与我所知道的任何引人注目的天文学时间都不相吻合，从而导致我认为，正如大家在上文有关文书中第 52—53 行（见上文第 83 节）的问题上已经看到的那样，这里是指由"节气"（也就是 3 月 10 日）开始的 10 日，阴历十五日，它正是春分之前的满月日。我觉得残存的"七⋯⋯"似乎是"tōlun āy"（满月）的开头部分。

这是文书中唯一有关满月的资料。更可能是出于宗教而不是天文学的原因，它才被保留下来了（在一部这类的历书中，对于满月的计算很简单，并不要求特殊记载）。无论如何，我没有见到过对这段残缺不全文字的其他解释。

在我的文书中，印度影响是显而易见的，它似乎是于佛教环境中写成的。我认为这种记载与一种相当于霍梨节（Holī）的仪轨或节日具有密切的关系，霍梨节是印度的一种"联欢节"，其主要时刻恰恰就是春分之前的满月。请参阅 AJ'，有关"孟春"（phâgoun）的一节。

85. 在1202年的这部回鹘文历书中，有关每个新月之月宫（行星，yultuz）的系统资料，仍与印度传统相联系。这种月宫就是星座，用与其名称相近的突厥文对音来称呼（请参阅上文第66节以下）。

根据文书的日历推算法，我很容易计算与这些星宿相当的黄道经度，因为新月于同一日子与太阳所在处相吻合，从已为节气提供的时间则很容易推算出这后一点来，当时的太阳已经到达了每个黄道宫带的15°处。为此目的，只要把太阳在黄道上的每日"运行"估计为1°就足矣，正如中世纪西方和东方星相学家们通常所做的那样。

我将举出在新年的时间（汉族—回鹘族年的第1个新月，1202年1月26日）问题上所提到的第1个星宿危宿（Śatabhiṣaj）为例。下一个节气（太阳位于宝瓶星座15°之处）出现在1月29日。因此，太阳的黄道经度于1月26日约估为312°（宫瓶星座12°处）。

我发现，唯有按照希腊类型的数术天文学体系计算危宿时，这种经度方可以被纳入到28宿的危宿之中，从而使得第1个星宿（娄宿）不是从白羊星座之头（白羊星座的子星），而是从白羊宫之头（也就是从春分点）开始。

在全等星宿（27×13°20'＝360°）的体系中，如同在非全等的星宿体系中一样（请参阅第67节）。在这后一些基础上对危宿进行计算，便会将其头部定于306°40'的黄道经度处。在此情况下，该宿的尾部于第1种体系中应在320°处，在第2种体系下则处于313°20'处。无论是在第1种还是第2种情况下，处于312°处的新月确实包括在其中了，正如我们的文书所预言的那样。

但是，由于两分点之岁差，白羊星座的子星于 1202 年时所拥有的经度不再如同公元前 4 世纪那样为 0°，而是处于 21°多一些的地方。这样一来，对于自该星辰开始的星座（也就是白羊星座而不是其宫带）的计算，便使危宿开始于黄道经度的 328°左右的地方。1 月 26 日的新月（312°）在任何情况下都不会包括在内，甚至是认为星相学家们所熟悉的"月亮每天的 13°的运行"可以补入其中，其条件是新月完全是发生在星宿最开头的地方。

对于由我们的文书所确定的其他星宿，也需要作出同样的考虑。唯有由春分点开始、根据与黄道宫带而不再是根据黄道星座的关系而确定的一种方法，才会与该文书中的数据相吻合。

除了两种特殊情况之外，这种吻合性甚至是全面的。这两种特殊例外可以通过一种移位来解释（请参阅下文第 87 节）。如果我认为，在某些情况下〔对于第 2 和第 3 个新月的星宿奎宿（Revatī）和胃宿（Bharaṇi）〕，则必须考虑月亮"日行"13°之事，它可以在新月的星宿中使月亮进入高于严格意义上的新月之黄道的经度。这确实使我觉得，应该考虑我们文书中的那种星宿。这就是紧接着日月之合时间之后的阴历月的夜间星宿。由此而有时在宿头和新月点（周日）之间会出现数度的差距（至少是 7°，如同本处一样）。

86. 我们文书中的数据，确实符合以春分为起点、根据宫带而不是根据星辰来对星宿（梵文作 nakṣatras，突厥文作 yultuz）定位的做法。此外，它们既可能出自通过全等星宿又通过非全等星宿的计算。该文书属于描述了一种非全等星辰体系的 1202 年的同一份回鹘文卷子。几乎可以肯定，这后者事实上是前者的延续（请参阅第 67 节）。

我可以把它复原为下述形式（请参阅 ML 58 注③第 1 段，大家可以于其中发现基本数据）：

星宿的编号与名称	开始	星宿的编号与名称	开始
①娄宿（Aśvinī）	0°	⑮亢宿（Svātī）	180°40′
②胃宿（Bharani）	13°20′	⑯氐宿（Viśākhā）	193°20′
③昴宿（Kṛttikā）	20°	⑰房宿（Anurādhā）	213°20′
④毕宿（Rohiṇī）	33°20′	⑱心宿（Jyeṣṭhā）	226°40′
⑤觜宿（Mṛgaśiras）	53°20′	⑲尾宿（Mūla）	233°20′
⑥参宿（Ārdrā）	66°40′	⑳箕宿（Pūrvāṣāḍhā）	246°40′
⑦井宿（Punarvasu）	73°20′	㉑斗宿（Uttarāṣāḍhā）	260。
⑧鬼宿（Puṣya）	93°20′	㉒牛宿（Abhijit）（为记忆）	
⑨柳宿（Āśleṣā）	106°40′	㉓汝（牛）宿（Śravana）	280°
⑩星宿（Maghā）	113°20′	㉔虚宿（Dhaniṣṭā）	293°20′
⑪张宿（Pūrvaphalgunī）	126°40′	㉕危宿（Śalabhiṣaj）	306°40′
⑫翼宿（Uttaraphalgunī）	140°	㉖室宿（Pūrvabhadrapadā）	313°20′
⑬轸宿（Hasta）	160°	㉗壁宿（Uttarabhadrapadā）	326°40′
⑭角宿（Citrā）	173°20′	㉘奎宿（Revatī）	346°40′

牛宿（Abhijit）于各种印度古典体系中均没有独自的持续期，它主要是由于对称的原因才出现于其中的。

另外一种体系——全等星宿体系也具有同样的起点和顺序。但它却为每个星宿确定了一种13°20′的范围，对它的计算很简单。然而，在我们1202年的文书中，所使用的却根本不是这种体系。

87. 通过对上文（第118节）阐述的非常简单的方法（以节气为基础）与我刚刚编制的表格相比较，而对于新月黄道位置的计算，则可以使我们非常准确地核实对于7世纪（包括该世纪在内）之前的每个农历月第一星宿月宿（一昼夜）数据的校正（偶尔也要考虑在星宿期间增加的"月阴之末"）。我们的文书中的明确记载或推论出的数据确实如下：

新月（NL）Ⅰ：312°，危宿（306°40′—313°20′）。

新月Ⅱ：340°，奎宿（开始：346°40′，月阴之长度：+6°40′）。

新月Ⅲ：10°，胃宿（开始：13°20′，月阴之长度：+3°20′）。

新月Ⅳ：39°，毕宿（33°20′—53°20′）。

新月Ⅴ：67°，参宿（66°40′—73°20′）。

新月Ⅵ：97°，鬼宿（93°20′—106°40′）。

新月Ⅶ，125°，张宿（开始：126°40′；月阴之长度：+1°40′），

对于新月Ⅷ和Ⅸ，在我们的文书中有一处明显的错误。新月Ⅷ：154°，角宿（开始：173°20′）和新月Ⅸ：183°，轸宿（160°—173°20′）。仅仅在这个新月的问题上，星宿号的发展顺序的中断（13位于14之后）就足以暴露出一种粗心大意。撰写者出于疏忽而仅仅是颠倒了这两个星宿。我应该改正为下列顺序：

新月Ⅷ：154°，轸宿（开始：160°；月阴之长度：+6°）。

新月Ⅸ：183°，角宿（173°20′—186°40′）。

对于以下新月，文中是正确的：

新月Ⅹ：213°，房宿（开始：213°20′；月阴之长度：+20′）。

对于农历十一月来说，由于仅仅残存字母L的一种残损文献的存在，所以刊布者作了一种拙劣的复原："（aš）l（iš）" = Āśleṣā（柳宿）。星宿的顺序号应该从一个新月到下一个月循序渐进，从第9号柳宿到第17号房宿（anurad = Anurādhā）的这种承续系统是不可能的。妥善的办法就在于从"房宿"之后寻找一个相当接近的星宿，其名称中包括字母L，这就是尾宿（Mūla，突厥文为mul），即第19号星宿。因此，我应该作如下复原：

新月Ⅺ：第242号，尾宿（233°20′—246°40′），这是非常恰当的。

88. 有关阴历十二月的段落残损甚重。初看起来，由拉克玛蒂所作的复原文的开头部分（第74—75行）是正确的：č（akšapat）āy ulu(g)为："法定月是满月"（30天）。有关"法定月"（čakšapat的问题，请参阅上文第81节），其中保存良好的č证明了对该词的复原。

但难题是随着在第78行提到虚宿（daniš，第24号星宿，293°20′—306°10′）而出现的。但在1202年的汉文历书中，从12月16日星期一开始的新月Ⅻ落到了11月30日（十一月十四日，公历11月17日是星期日，第67—73行）的"节气"之后的16日，这一天正处于人马宫15°（黄道经度255°）处。因此，该新

月处于一个持续的体系中，具有 271°的经度，这与虚宿是不相容的。

然而，在1202（—1203）年的汉历年中，有一个闰十二月，从1203 年 1 月 15 日星期三到 2 月 13 日，它也是一个 30 天的满月（ulug）。1 月 15 日新月的黄道经度（与这个时间的太阳宫带相同），也就是本身为黄道经度 271°的 12 月 16 日的之后 30 天了，它应为 301°，这与危宿非常吻合。

因此，我认为，该宿的资料事实上与闰十二月（腊月）而不是与在它之前的正常十二月相吻合，至于我们这卷写本中的错误，则很容易通过重抄该历书的一份草稿或另一种稿本"由一个到另一个相同字之间"遗漏（也就是说遗漏了两个相同字之间的字）来解释。事实上，虽然该词未曾于此出现，写本于其末尾部分已残损，但大家通过其他地方（ML 59，注释④和⑧）还知道，闰月的回鹘文名称是 šün（出自汉文"闰"）āy（月）。但为了指该月，人们又重复使用了前一个月的名称。

因此，对于有关正常十二月的一段文字的开头，应该有这样的文字：čakšapat āy ulug（法定十二月，大月）；有关闰十二月开始处的一段文字应为：čakšapat šün āy ulug（闰十二月，大月）。这种相似性可能在我们的那位多少有些心不在焉的录事（请参阅他有关新月Ⅷ和Ⅸ中对诸宿造成的移位，第120页）导致了这种"由一个到另一相同字间的遗漏"，也是古文学家们的一种颇为熟悉的现象。他由于一时疏忽而遗漏了有关正常十二月的段落，而这一段文字中本应该具有 12 月 16 日星期一之新月（Soma，阴历月）的资料、其分类符号和预兆，同时还有其宿（可能是斗宿，260°—280°。正如我们于上文所看到的那样，这是 271°的新月），最后是 1202 年 12 月 30 日的"节气"（请参阅第 83 节）。

由此而得出的结论便是：对拉克玛蒂的复原应该略作修改，如下文所示（第74—75 行）：

"č(akšapat šün)āy ulu(g),(bir yaŋ)ï-s(ï)"。

其意为："闰十二月，大月，新月……"

正如他对于该月的"行星"所提出的建议那样（新月之日的

行星），该行星应为水星（1203 年 1 月 15 日星期三）。这句话应该作如下改变（第 78 行）：

（bud gär）x · （不是 soma = 阴历月）。

本处所指出的最后一个"节气"（第 79—80 行）应出现在阳历 1 月 29 日（请参阅第 83 节，也就是阴历本月十五日）。因此，我们对于第 79 行应提出如下复原：

"（bēš）yegirmi-"。

至于在第 76—77 行中的 kün 字之前的空缺（"是……日"），我认为它应该相当于闰十二月新月日（1203 年 1 月 15 日）的分类符号和预兆的记载。这一年为汉地 60 甲子中的第 38 年。这就是：（sin ud ·）／（kin）kün （·），意为"辛丑（牛）日，建日"。经天文阳历年的第 1 个节气——1202 年的 12 月 30 日之后，于属（生肖）的编号（"牛"，第 2 号）与预兆（"建"，第 1 号）之间，有一天的间隔（请参阅第 74 节）。

我们可以假设认为，抄写者出于疏忽而遗漏的一段文字，是有关从 1202 年 12 月 16 日起的法定十二月，它本应该指出这种引人注目的事实，这就是说新月日于其中也是冬至日（kunči，太阳进入摩羯星座的时间）。

无论如何，即使是具有某些空缺处和疏忽大意处，这份 1202（—1203）年的历书文书，也恰当地结束了这卷意义重大的回鹘文写本，它为我提供了非常连贯的一组详细资料，从而使我准确地核实其整个体系的运行功能。

（b）1277 年的婆罗谜文历书

89. 该卷文书是收藏于柏林德国科学院的所谓"吐鲁番"（高昌）特藏中的 T. Ⅲ. M. 140 号写本。它已于 1954 年由葛玛丽（Annemarie von Gabain）刊布（MM 73—76）。它提供了用婆罗谜文字（印度字母）书写的特征。因此，该文书是在佛教的环境中形成的。婆罗谜文（FA 32—41）极其错综复杂，它通过某些字母大量堆砌的习惯用法而记载突厥语。我认为，这些字母并没有严格的语音意义。这就是为什么我于下文中将采取以"标准回鹘文"来转写该文献的主意，以求清楚易懂和能够避免对这些字体特征作语音方面的诠释（具有争议性），我根本无法相信它们在语言学方面是确实可靠的。由此而产生了我自己与 MM 的作者之间于释读问题上产生的差异。

有关年代的干支纪年符号均付阙如，从而导致了刊布者未能为该历书残卷作出断代。然而，如果大家能够对它作出断代的话，那将会格外有意义。因为那样一来，我们便会得到一种有关这样一个时代的资料：在当时高昌的佛教徒回鹘人中（几乎可以肯定，它是在寺院环境中写成的），为了记载突厥语而使用了婆罗谜字母，我现在掌握有 100 多份这类回鹘文文献（FA 33）。

根据前文证明的事实，我认为能够妥善地完成这项从表面上而不是事实上来看是很困难的任务。对于我来说，这将是一次为了所有公益的目的，来证明我可以根据片断内容而为一部回鹘历书断代的机会。只要我掌握有某些汇集起来的可以揭示所研究年代的某些特征，以至于使它们那些本为同时发生的情况，也只能在很远的距离内和相差很远的时间内产生，这是由于在其他地方为人熟悉的历史背景也只能使其中的一种情况变得有可能了。

90. 该文书的第 1 行是这样措辞的："I yani sin tavïšgan ču"，其意为"新月一日是辛卯（兔）日，除"。

汉文的分类符号"辛"是天干系列中的第 8 位。它与 12 支的第 4 种动物兔相结合，就相当于中国中原 60 甲子中的第 28 年辛卯年。其预兆标志"除"（突厥文作 ču）系所谓回鹘文预兆系列中的第 2 位。在预兆的序列与属（生肖、动物）的序列之间的两个个位数的差距说明，到了这一天，自冬至以来已经过了两个节气（请参阅上文第 74 节）。由于太阳于这一天处于人马星座 15°多一些和双鱼星座不足 15°的地方，所以这里是指正月一日，也就是说是汉族—回鹘族新年的日子。

该文书的下文直到第 5 行（包括该行在内，正月五日）的地方都很完整。由此到第 27 行（包括此行在内，正月二十七日）却严重残损，但其发展几乎完全是自动的。葛玛丽借助于零散的残存文字碎片，以令人非常满意的方式，复原了其中付阙如的部分（使用粗体字，MM 74）。大家甚至可以绝对相信其直到第 21 行

（包括此行在内，二十一日）的复原之真实程度。这一行第 10 项预兆(ši)u（汉文为"收"，请参阅上文第 72 节）中的字母 u 被保存下来，这就清楚地说明整个一组预兆绝无间断地一直持续到新年一天的第 2 号预兆，也就是正月初一的第 2 号预兆。同样也为第 2 号预兆的是该月的十三日（1＋12）；8 天之后的同月二十一日，即第 10 号（2＋8）。因此，在该年的年初尚未曾有过"节气"，据汉族—回鹘族的日历推算法来看，太阳于正月二十一日仍处于双鱼星座不足 15°的地方。

第 22—24 行（包括此行在内）未能残存下任何干支分类符号。所以，大家在原则上可以对于它们的复原提出怀疑（事实上，我们将会看到 MM 的复原是绝妙的）。但在第 25 行中（正月二十五日），相当于回鹘文 k 的辅音被保存下来了，这就充分证明了由葛玛丽所编制的预兆表中第 1 号 k(in)的复原。

如果说从该月的二十一日起（第 10 号预兆），预兆标志系统一直不停地持续向前发展，那么二十五日的预兆就不再是第 1 号，而是第 2 号（两天之后的二十三日，其预兆为该周期中的最后一个，即第 12 号）。所以，在预兆的序列上，又有了相差一个单位的新差距。这就说明在这个正月的二十二日和二十五日之间，曾有过一个节气。换言之，在这同一个阴历月的二十二、二十三、二十四或二十五日，据汉族—回鹘族的日历推算法，太阳到达了双鱼星座 15°的地方。

在 13 世纪时，正如大家通过前文业已研究过的文献所知道的那样，太阳在黄道宫带上的这种方位相当于儒略历的 3 月 1 日（等于格里历的 3 月 8 日，请参阅上文第 83 节）。始终是根据 13 世纪的一种文献的假设，这可能是最大限度的时间（3 月 1 日，同一个阴历月的二十二或二十五日）。对于新年一天，则相当于以下的最大限度的时间：3 月 1 日之前的 21 天或 24 天，也就是一个非闰年的儒略历 2 月 8 日或 5 日、一个闰年的 2 月 9 日或 6 日。对于其他世纪来说，这些数字应该根据在每一个世纪于儒略年或真正的阳历年之间有一天左右的差距（通过格里历则可以更好地表达，1582 年之后）。如果需要的话，那么我将在以后所涉及的情况中从事这些改正。

文书在第 26—32 行之间又变得几乎是完整的了，第 29 行（二十九日）结束了正月的时间。这就向我们证明它是小月（kičig），虽然文书开头部分失去了对此的记载。从第 30 行起，它便出现了这种对于我来说是非常珍贵的资料：

"2—nti ulug"，意为"二月是大月"（30 天）。

91. 我现在掌握了所研究的历书中一年的几乎所有的主要资料，从而可以使我对之进行考证。

在汉文历书表（BD）中，我们会发现一个以 60 甲子中的第 28 日开始的年，其正月为小月和二月为大月。如果是指 13 世纪，那么其新年就应该包括在非闰年的儒略年的 2 月 5—8 日之间，或者是闰年的 6—9 日之间。如果是指其他世纪，那就应该是介于在这些从每前一个世纪的时间中再增加一天或从每后一个世纪的时间中再减少一天的日子之间（以便维持在阳历年的同一个时期，也就是格里历的 2 月 12—16 日。请参阅 BA 31 以下）。

在公元 700—1600 年（对于高昌的一种用婆罗谜字母写成的回鹘佛教文献来说，这是远远超过了其可能性的极限时间）之间，于汉文历书（因而也就是汉族—回鹘族历书）中，仅有 10 年是以某个甲子的第 28 天开始并拥有一个"小月"和两个"大月"，这就是 719、936、1029、1060、1153、1184、1277、1730、1403 和 1494 年。

我现在就来研究一下这些年代的新年时间是否符合上文确定的条件。这就是：

719 年 1 月 26 日（太早了）。

936 年 1 月 27 日（同上）。

1029 年 1 月 18 日（同上）。

1060 年 2 月 5 日（对于 11 世纪来说，依然太早了一些）。

1153 年 1 月 27 日（太早了）。

1184 年 2 月 14 日（明显太晚了）。

1277 年 2 月 5 日（恰恰合适）。

1370 年 1 月 28 日（太早了）。

1463 年 1 月 20 日（同上）。

1494 年 2 月 6 日（对于 15 世纪来说，可能是适宜的）。

大家已经发现，唯有 1277 和 1494 年才与所要求的条件相吻合，1060 年颇为接近于这些条件。其他年份则与此相去甚远，以至于以后就应该排除它们，即使是大家考虑到，在中国汉地的天文历年（阳历年）和儒略历年的对应中，始终可能存在的一定浮动（一天或两天的差距）也一样。

92. 我从现在起就开始考虑，1277 年几乎可以肯定是唯一应该接受的年份。对于 1060 年（闰年）来说，则具有 3 天的差异，这似乎显得太多了。从历史的角度来看，对于 14 世纪末被迫伊斯兰化之后的高昌和吐鲁番佛教来说，1494 年则是一个太晚的时间（请参阅 DH 502）。但我最好是倍加小心，在文书的下文中寻找更多的标记。

该文书（MM 74—75）原为一小本装订成册的小书（经折叠并写于正面和背面，各自有 4 叶），经过一处相当于散落了一两叶的空缺之处，则包括此后一个阴历月从十日到十八日（包括该日在内）的时间。这新的一部分的开头处（刊本中的第 33 行）是这样措辞的：

"10 yaŋï kap sïčgan pi"。其意为："新月十日是甲子日，闭。"

汉文的甲子符号"甲"是天干中的第 1 号，"鼠"（子）是地支中的第 1 号（甲 + 鼠即相当于汉文"甲子"，这是 60 甲子中的第 1 年），"闭"是预兆表中的第 12 号。

地支之序列（1，可以解释为继 12 之后的"第 13"位）和预兆之间的差距为一个个位数，这就说明本处所涉及的日子（某个阴历月的十日）之前，只有自紧接此前的冬至以来的一个节气（请参阅第 74 节）。同样的差距也一直持续到该文献残留部分的末尾（第 41 行）：

"18 žim bičin küü"。其意为："18 日是壬申日，危"（"申"是生肖中的第 9 位，"危"是预兆表中的第 8 位）。

由于该阴历月的十八日要早于冬至后的第 2 个节气，同一个月的十日要晚于第一个节气。所以该月的十日被计算成了这样一个时间：据汉地的天文日历推算法，当时的太阳处于摩羯星座15°和宝瓶星座6°（14°—8°）的地方。9日之前的新月则相当于太阳位于摩羯星座6°和27°之间的地方。因此，冬至（摩羯星座0°）无论如何也是处于前一个阴历月之中。

根据汉地历书的规则，包括有冬至的那个阴历月必然为一个民用年的十一月（BC 第Ⅻ—ⅩⅢ页）。因此，本处于残存文书之末所涉及的阴历月，必为汉地民用历法的十一月（它不可能为一个闰十一月，由于其介于摩羯星座6°—27°之间的开始部分使它必然会包括宝瓶宫的开头部分，因而也就是一个"中气"。然而。一个闰月是没有"中气"的。请参阅第73节）。

93. 所以，我们历书的年份是这样的：其十二月所具有的初十日是一个甲子序列中第1号中的一天。换言之，它的初一就是60甲子序列中第52号的一天。

然而，至于本处所涉及的3年，其60甲子的序号，对于十二月一日，则分别为：1060年，第53号；1277年，第52号；1494年，第53号。

因此，唯有1277年才合适。即使是大家谨慎到提出设想，认为文献中由于散叶而具有超过一年的空缺之处，因而大家才在所研究年代之后的1年或数年中，寻找第52号的十二月初一。我们将会发现，这样的事实在1060年之后只能于1091年才出现，在1494年之后只能于1587年才出现。然而，在必为一种小开本装订历书的薄本子中，在为每天写一行文字的行文中，分别占有31年和93年的空缺之处是根本无法想象的。

因此，毫无疑问，葛玛丽刊布的用婆罗谜字母写成的回鹘历书残卷（MM 73—76），完全适用于汉族—回鹘族历书中的1277（—1278）年。

94. 为了考证我们文书中的数据，只要参照这一年的汉文历书就足够了（BD 267）。

新年（第1行）是1277年2月5日。对于第8—25行中已经被毁或者是严重残损文献的复原，是由葛玛丽精妙绝伦地完成的。60甲子符号和预兆名称的逐一升级直到第24行（阴历月的二十四日）都是很稳定的。节气确实是在二十五日（阳历 3 月 1 日，如同在 1202 年一样。请参阅第 83 节），并且还重复了 24 日预兆表中的第 1 号"建"（婆罗谜文的写法作 khem），从而导致了在保存得很好的第 26—32 行中，出现了在属与预兆的序列之间产生一种新差距的情况，已经不再是相差两个数而是 3 个数了。

阴历二月（开始于西历 3 月 6 日）仅仅于其中出现了其前两天（第 30—32 行），继此之后则出现了一长段空缺（近每片 4 叶的 5 片）。大家接着会重新发现十二月十日，也就是 1278 年 1 月 4 日（年末，该阴历月的三十日相当于 1278 年的 1 月 24 日）。在属与预兆序列之间的差距仅为一个数，它于此是由于继 12 月 15 日冬至之后的第 1 个"节气"（1277 年 12 月 30 日，请参阅第 83 节）而造成的。所有的周期数据都与正常的汉地历书相吻合。本处是指元朝（蒙古）的官历，元王朝自 50 多年来就已经主宰着原回鹘人（元代叫做畏兀儿人或畏吾儿人。——译者）地区。

我们所面对的是现知的蒙古时代（忽必烈统治时期）的第 1 种畏吾儿文历书。

95. 与提供了每个阴历月日子、天干、地支和每天预兆的非常简短的文献相比较，该文书中却出现了某些有关的记载。

第 2 行（正月二日，相当于西历 1277 年 2 月 6 日）：7-nč（初七日），接近于 8-nč（初八日），第 11 行（该阴历月的十一日，相当于 2 月 15 日）。在两个时间之间共有 9 天之隔，这就使人联想到了一种通过"9"的特殊日历推算法。2 月 6 日可能是第 7 个"9 日"中的第 1 天，而 15 日则是第 8 个"9 日"中的第 1 天。因此，第 1 个"9 日"开始于 1276 年 12 月 14 日，$9 \times 6 = 54$ 日（1277 年 2 月 6 日之前）。在一个儒略历的闰年中，恰恰是 1276 年的冬至日为一个汉地天文年的开始。因此，我觉得这其中有一种自冬至开始的以"9"为单位的计算法（可能与"九宫"相联系，请参阅第 59 节），从而成为一种新的事实。

因此，对于 13 世纪时在儒略历的日子和自冬至开始的中国算法之间的对应关系，我于此则掌握了一种非常准确的计算（间接的）。冬至被确定在一个相当于儒略历闰月年的 12 月 14 日和儒略年的 12 月 5 日（请参阅第 83 节末）。

第 3 行（初三日）相当于公元 1277 年 2 月 7 日，其中包括一条相当长的附注，从而提出了一个复杂问题，而葛玛丽的刊本也仅仅是解决了其中的部分问题。

葛玛丽非常正确地考证出了这段谜一般文字的前两个字：širyu 意为"星辰"，这是一个借鉴自吐火罗语的字（吐火罗语 B 作 ścirye，请参阅 MM 98）；突厥文 balïk 意为"鱼"；同时还有最后一个字突厥文 kälir，意为"来自"。但是，对于位于 kälir 之前的由婆罗谜字母组成的词组 pusyusyā，她认为应将此视为（MM 76，P3）1 个星宿的名称 Puśya（鬼宿，请参阅第 86 节）。这也曾是我最早的假设。

但这种诠释则遇到了双重的不可行性。第 1 种不可能性是属于语音方面的，在恰恰是用来拼写梵文的印度字母婆罗谜文中，puśya 确实被写成了如同在其原形梵文字中一样，带有 ś 而不是 s，并且随有一个短尾音 a 而不是长尾音，也没有词组 yus，该字那漫不经心的写法被认为是出自抄写者的一种令人惊讶的疏忽。第 2 种不可能性在汉族—回鹘族日历推算体系中则属于天文学范畴：这种记载对于 1277 年 2 月 7 日是行得通的，即指一个阴历月的初三，其新月为五日。为 1 月 29 日（请参阅第 83 节）的节气（太阳处于宝瓶星座 15°处，即相当于 315°）之后 7 日而计算出的这个新月。在本方法中，则相当于 315°＋7°＝322°的黄道经度（太阳与月亮之合）。始终是在这种计算法中，太阳于两天之后处于 324°，月亮则处于约为 322°＋26°＝348°处（黄道经度）。这种方位当然与鬼宿的方位（93°20′—106°40′，请参阅第 86 节）没有任何关系。因此，我必须放弃以"鬼宿"所作的这种诠释。况且该文书也未提及任何星宿。

因此，我们必须以另外的方式来释读神秘的 pusyusyā 一词。在婆罗谜文中，起始声母 p 应为畏兀儿文中的 b-，(u) yu 应为 ü 和 (a) ya、(a) yā 应为 ä，尾音或两个元音间的 s 可以记音为回畏兀儿文 z。我的释读将是 buz-üzä，意为"冰面之上"。我的释读和翻译将遵照本处的段落，考虑到了古突厥文的"单数"也是一个集合名词（法文中的复数形式）之事实：

"širyu：balïk；buz üzä kälir"。其意为："星辰：双鱼星座，它们出现在冰面之上。"

96. 文书的全文正如这一部残卷一样，它更应该是一种备忘手册而不是编成的历书。全文于此分解成了两个分句。第 1 个是名词分句："širyu，balïk"，其意为"星辰是双鱼"；第 2 个是动词分句，其不太明确的主语系前一个分句（balïk）的表语，但由于撰写得极其简单而未重复该表语："balïk buz üzä kälir"。其意为："双鱼到达冰面之上"。在第 1 种情况下，它是指双鱼星座；在第 2 种情况下，则指动物本身（双鱼），而且明显与"它们"的星座之间具有密切的天文学关系。

1277 年 2 月 7 日，太阳处于黄道经度大约 324°（宝瓶星座 24°）左右处。由于二分点（春分和秋分）的岁差（它于这个时间与公元前 4 世纪的宫—星座之间的旧有对应关系相差约 $22\frac{1}{2}°$），所以太阳当时处于双鱼星座（而不是双鱼宫）28°稍多一些的地方，它紧接此后不久便沿宫带的方向出现。

所以，在我所研究的时间内，双鱼星座处于"偕日落"（coucher héliaque）的方位。它于西方地平线上出现，正处于继太阳垂落之后和当夜幕完全降临（这对于用肉眼观察这个没有明亮的星座是必不可缺的）时的陨落之中，它接着于未来的白天里将逐渐消失，稍后仅在清晨以"偕日出"（lever héliaque）的方位出现。

我们的文书中简单提到的"širyu，balïk"很可能就是这种颇为引人注目的天文方位，其意义应诠释为："星辰，双鱼"（暗示"偕日落"）。据星相学传说认为，人们在这个时间可以看到双鱼星座"沉"到了地平线之下。

至于附带提到的"双鱼到达冰面之上"，它纯粹是汉文民间历书中一种传统观点的突厥文译文，它一直沿袭到当代。例如，1927 年的《汉文—德文历书》（BD'），就于其正月的第一栏中保存了有关这种观点的反响，我将自德文把它翻译如下：

"本月间，东风融冰。冬蛰动物开始活动，鱼穿过冰层……"

97. 相反，在第9行（正月九日，相当于西历2月13日）提到的是一种纯天文学事实。其中记载道："balïk"（其前面带有一处空缺和一个未能考证出的文字），其写法如下： "n，w？a，dh？"

这里始终是指鱼，但已不再是指双鱼星座了。于此所提到的是双鱼宫，因为在从2月29日"节气"起的第16日（请参阅第83节），有一个"中气"（突厥文作 kunči），太阳于当时进入了双鱼宫。根据前文所研究的数据，太阳的方位当时确实在黄道经度330°的地方，即双鱼星座0°的地方，或者是如同中世纪的天文学家们所讲的那样，系"双鱼星座1°的地方"。

非常遗憾，对于释读和考证 n、w？ a、dh？，我无法提出任何建议，它可能是指进入一个宫带，并且还可能不是一个突厥文（吐火罗文？）。我觉得这种看法的基本意义是清楚的。大家应该接受，回鹘人在星座（本处作 širyu）和宫带（在其他地方作 rāši，出自梵文。请参阅 MM 97）。

针对这第2个"双鱼"（balïk），我应该指出，葛玛丽用于指这个正月九日和二十一日的属（动物）名的复原 balïk（MM 73—74），可能是出自对于这次提及"双鱼"（宫，非动物）的一种误解，系由这位作者为复原文书中付阙如的部分（她在其他地方都作出了精辟的复原）时的唯一有讹误的假设。事实上，应该于此出现的地支之属肯定是猪（戊，第12号），申（猴）日三天之后的九日（第6行），它在当时应被称为 toŋuz（请参阅 ML 119a）。

98. 我绝对需要放弃这种将"balïk"复原为该历书中的地支第12位（取代了真正的猪，toŋuz）的做法，而且就如同在中世纪的整个历法中一样（因而应取消 MM 75 b 表中的"12 balïk"的记载）。

这种错误的假设可能成了导致诠释12生肖的突厥历书中之严重混乱的机会。由于某些突厥民族（阿泽里人、土库曼人）有时将"龙"（12支中的第5位）解释为"鱼"（balïk，请参阅 GI 864 b，最后一幅表 V），所以他们当时可能将12支周期中的第5

位和第 12 位相混淆了。

无论如何，在突厥历书中，猪从来也未被鱼取代过。

99. 在与 1277 年历书的这份残卷的某些日子有关的其他记载中，我仅解释其解读或复原都很可靠的记载。但它们已足以向我提供一种对于我们文献之最初内容的一种较为准确的观点。

在第 11 行（正月十一日，公元 2 月 15 日）中有这样一段记载："köč kan karšïlar"，其意为："对于旅行的君主不吉祥。"这是一种常见类型的星相预兆（对于旅行不吉利的日子），于第 24 行中又以简化形式作了重复（二十四日，公元 2 月 28 日）："köč karšï"，其意为"不宜出行"。

在第 29 行（二十九日，公元 3 月 5 日）中，我自己却读到了："törä etär kan karšï"，其意为："为所欲为的君主不吉祥。"我由此而看到了与当局不和的预兆。

第 33 行（十二月十日, 1278 年 1 月 4 日）："köč kan karšïlar"，与第 11 行的相同短语具有相同的星相意义。

第 35 和 39 行的记载（十二月十二日和十六日，相当于公元 1278 年 1 月 6 日和 10 日）分别为："karkatmïš kün kirür"，其意为"一轮令人讨厌的太阳垂落"，"karkatmïš kün ünär"，其意为："一轮令人讨厌的太阳升起"。我觉得这一方面是指 1 月 6 日—7 日夜间在星相学上不吉祥的特征，另一方面又是指 1278 年 1 月 10 日这一天（白天）的不吉祥之特征。

这其中当然也有第 23 行（正月二十三日，1277 年 2 月 27 日）的一种在星相学上不吉祥的预兆，但仅仅保留下了最后一个字："…karšïlar…"，意为"……不吉利。"

100. 相反，与第 3 行中有关冬季冰封之后"出冰面"的鱼之可比性资料，则是记载于第 24 行（2 月 28 日）的有关自然界季节历书的一种观点：

"tülüg yerük čäčäklänür"，其意为："杏树开花。"

至少这就是我认为应该对 tülüg yerük（带绒毛的李子，来自 tü，意为"绒毛、羽毛、短毛"）和（y）erük（它是指李子的 erük 的半元音 j 化的形式）的理解。正如波斯文 ālu 一样，突厥文（y） erük 的基本意义为"李子",但附上各种修饰词之后也用于指近似的水果（以及结这种果实的果树），特别是杏和桃。yerük 的直接派生词是 ürük，它在当今的新维文中意为"杏子"，尤其是在吐鲁番（以及高昌故城，见 GP 122 c）和突厥斯坦的各不同地区（俄文的 ur'uk 即出于此，意为"杏干"）。我认为必须这样来理解我们文书中的 tülüg yerük 的词组：其形容词"多绒的"或"多细毛的"，系指一些其果皮上略带有绒毛的水果品种，它们与真正李子的那光亮表皮形成了鲜明对照。大家还可以联想到桃子，它在一般情况下的绒毛更多。但桃子还有另外一个名字，在新维文中作 šaptul(a)（来自波斯文 šaftālu，见 GP 540 b）。由于杏树的开花期比桃树要早，所以更适合 2 月末和 3 月初（1277 年 2 月 27 日相当于格里历 3 月 7 日）这个时期。

然而，于 1927 年由《汉文—德文历书》译作德文（BD）的汉文民间历书在"二月"份（1927 年 3 月 4 日—4 月 1 日）中，所注意的仍是桃树："在本月，桃树开始开花……"

无论是指桃树，还是如同我更倾向于相信的那样指杏树，我于此无论如何也是掌握了中国皇历那具有典型传统类型的自然和农业历法中的一种资料。

101. 正如我相继分析过的每一种历书一样，1277—1278 年的历书残卷为我提供了丰富的新资料，或者是值得注意的具体解释。

我们可以由此而核实"节气"体系的功能，以确定每个朔望月在阳历天文年中的位置，以及 12 预兆系列在这方面所扮演的标志性角色。

通过由文书中残存的资料有力支持的推论，我从中发现了 13 世纪在汉文（因而也是畏兀儿文）历书中对冬至所作的非常正确的计算，冬至相当于儒略历闰年的 12 月 14 日和其他年份的 12 月 15 日（分别为今之格里历的 12 月 21 日和 22 日）。

根据对冬至的这种计算，我严格地遵循一年的"节气"之划分，这种划分完全符合于 1202 年就已经观察到的划分法（请参阅第 83 节）。

我获悉了以"9"为单位的日历推算法的存在（九日组历），

它是从冬至开始的。但我却未能揭示其原因何在，究竟是天文学的还是星相学的。

我还会从中首次遇到对（双鱼星座）偕日落的记载。由于太阳进入双鱼星座的现象在其他地方也曾被提到，所以这种记载可以使我发现，在该历书的编制者中，于"星座"（širyu）和宫（在该文书的其他地方用婆罗谜文写作 rāši）之间未呈现出任何混淆。

针对这一问题，我们还将发现有关"双鱼"这一天文学名称的突厥文译名，而不是使用更具学术特征的文献中的梵文 Mīna（ML 12）。这就已经标志着黄道宫带之突厥文名称的某种通俗化倾向。

最后，我发现在我们现在已知的元代这第 1 部畏兀儿文历书中，也正如在汉文民间历书中一样，某些有关天然生命（动物和植物）以及在凶日方面的星相学资料都显得很清楚。

（c）用婆罗谜文写成和无时间的阴历历书残卷

102. 这一稿本文献是柏林科学院吐鲁番特藏中的第 T. M. 310 号，它就是由葛玛丽刊布的第 L 号文书，但未作翻译（MM 63—68）。虽然其中未载有时间，其对于阴历月推算法之用法的基本特征，无法使人把它归于某某年，但我却不会轻率冒失地把它断代于 13 世纪，因为它具有颇为接近我刚刚研究过的 1277 年历书残卷的古文字和语言特征。它对于历书的解释与我前文曾提及（请参阅第 55 节）的摩尼教历书残卷具有关系，它同样也要求对我 1974 年（请参阅上文第 55 节）论著之结论（第 457—472 页）作出一种深刻的修订。因此，我应该暂缓这样做。

该文书的意义和困难在于，我们从中发现了在印度—佛教、粟特—摩尼教和中国中原历法推算体系之间的混合使用。正如所有用婆罗谜文字写成的回鹘文写本在原则上都呈现出的那样，该文书几乎完全可以肯定是在佛教僧侣界中写成的。大家对于从中所观察到的摩尼教历书推算法内容的顽固坚持而感到惊奇。摩尼教自 763 年起便是蒙古地区回鹘人的官方宗教，回鹘人自 840 年之后被黠戛斯人从蒙古地区驱逐出去，便迁都于高昌—吐鲁番地区，摩尼教在该地区始终都很活跃。因而于 13 世纪的蒙古称霸时代，在佛教仍居统治地位的突厥语社会中，保留了一种至少是文化上的影响。

(b) 14 世纪的文献

103. (a) 1348 年的九宫占星表

我已经有机会论述该文献了（ML 28—31，第 18 号文书）。对于在中国—佛教的九宫占星术范畴内诠释它，我将参照自己著作的第 60 节（还请参阅第 47 节以下和第 59 节以下）。

大家将会特别注意到，对于拉克玛蒂刊本中右行第 2 格，被复原为 bēšinč，意为第 5 宫，这是错误的，应该改正为 üčünč，意为第 3 宫。

对于 1348 年这个时间，已由埃布拉尔正确地作了考证（ML 95，中间）。事实上，文中将诞生于汉族—回鹘族历法中某一年中的男女臣民（第 1 行）均在九宫之间划分（有关他们的占星术，请参阅第 60 节）；把那些具有其一年龄的人（第 2 行）分布在这种以宫而划分的能成立的年代中。

对于高昌回鹘人中的历法史问题，最为引人注目的事实是，国民们的生年都首先是以中国元朝皇帝们的年号之年代而记载的，因为元朝是这个时代的畏兀儿地区之主；仅仅在此之后，才通过汉族—畏兀儿族历书中的传统做法进行记载，即使用汉地的天干和 12 支周期符号，因为它们是本处所涉及的年代的分类因素。例如，下面就是已保存下来的文书的开头部分：

"či šün üčünč yïl togmïš kiši · šim bičin yïl-lïg · /ōn yetti(yāš-)lïg ärür · kutï āltun(·) / ogul säkkiz-inč ordu-lug · kïz törtü(nč) ordu-lug(bolur)。"其意为："一个诞生于至顺三年的人即为壬申（猴）年生人。当他 17 岁时，其五行（气）为金。男童属于第 8 宫，女童则属于第 4 宫"（我应该指出其"近代"计算法：10 + 7 = 17）。

至顺三年是开始于 1332 年的年代（60 甲子中的第 9 号，即壬申年）。无论是按照突厥习惯还是汉族习惯，年龄（yāš）均不像在我们那样以周岁表达，而仅仅是用虚岁来表述的。更具体地说，他们是用已度过的历法年的序号来表达的，即使是只生活了某一年的很少一部分时间也罢（请参阅第一章第27节以下，第三章第67节以下）。这种习惯用法在古代和中世纪的突厥文书中是司空见惯的，于此则以如同算术般的严格方式作了阐述。其年龄为"17岁"（使用了基数词而不是序数词！）的人诞生于1332年，因而在进入将是1348年（1332+16）的这个第17岁之前，共经历了16个历法年。

我饶有兴味地指出，在有关星相学的理论中，其主人翁被认为具有他诞生那一年的五行（五气）之一。事实上，根据我前文（第12节及表）业已描述过的办法（相当复杂）来看，60甲子中的第9年（壬申年，即壬+猴）的五行确为金。

至于根据其诞生的时间，以宫为单位对人进行年代划分的解释，请参阅前文第60节。

104. 残卷中记载的元代皇帝年号的年代如下：

——仁宗皇帝（伯颜图，忽必烈曾孙）延祐四—七年（公元1317—1320年）。

——英宗皇帝（硕德八剌，Souddhipâla，前者之子）至治元年—三年（公元1321—1323年）。

——泰定皇帝（也孙帖木儿，Yésün Témür，前者的堂弟）泰定三年和四年（元年和二年付阙如），相当于公元1326和1327年，1324和1325年则相当于文书中已残损的部分。

——明宗皇帝（和世㻋，Kousala，伯颜图之侄）天历元年和二年（1328—1329年）。

——文宗皇帝（图帖睦尔，Togh Témür，前者之弟）至顺元年和三年（1330—1332年）。

在所有这些情况下，年号中的年代都符合由成吉思汗后裔之元朝汉族—蒙古族官方史书中所保留的年代，这部官修历书是继多次宫廷事变或短暂的统治期之后，才被"整理"而成的。

105. （b）1367年和1368年的历书

对于这卷内容相当广泛的文书断代的考证（ML 16—18，第5号文书），系由埃布拉尔非常可靠地完成的（ML 87，下部）。为了支持这一点，只要引证记载了某个羊年（koyn yïl）的前两行文字就足够了，这一年的新年是一个戊寅（虎）日（bun bars，60甲子中的第 15 日）。事实上，从公元初直到我们今天，恰巧有唯一的 1 个"羊年"（汉文的天干分类为"未"），它是从一个甲子中的第 15 天开始的，这一年就是 1367 年。此外，文书中的所有其他资料都符合 1367 年和 1368 年汉文标准历书中的数据了。

虽然文书中包括 1367 年这个羊年的阴历八月底与九月间的一处空缺，但这一非常重要的残卷则可以使人完全复原这两年的汉族—畏兀儿族历书，不会提出任何问题。

这个时代，在畏兀儿知识分子中有一种汉化发展的典型标志，这就是说在用古典畏兀儿文撰写的文献中，出现了相当数量的汉文记载，而且是出现在以古典回鹘文所写成的句子中，如指月份的词就意为"月亮"、"小月"和"大月"等。

该历书被认为是为 1367 年和 1368 年计算的（其计算明显要早，如 1366 年或者更早），这两年是中国元朝的最后两年。元朝末帝元顺帝（妥欢帖睦尔 = Toghan Témür，明宗和世瓎之子）仅仅是于名义上自 1333 年起执政，他逃到了蒙古并放弃了北京，从而使他仅保有中国北方了。中国中原汉民族王朝明王朝由其开国皇帝太祖（原为和尚，后成为将军，名叫朱元璋），他应该是一直执政到 1398 年，该王朝从此统治了整个中国（DH 395—397）。

大家将会发现，与前引资料（1348 年）相反，本资料没有记载在北京的蒙古皇帝们的年号。然而，这个年号自 1341 年以来始终原封不动地保持着。那一年是至正元年（1367 年和 1368 年分别为其第 27 年和 28 年）。它于此付阙如，这可以用两种方式来解释：简化写作（文献的文笔风格是简练的），或者至少是出于恶意，因为元政权正处于全面的崩溃之中。

106. 至少是为两年而计算出来的这部历书中的所有数据，均与元代皇历中的资料（BD 278）相吻合。但它可以在高昌本地由精通中原文化的畏兀儿文人编制而成，他们非常精通那些很具体和很著名的准则，正是这些准则主宰符合法规的汉文日历推算法。文书中存在着汉文方块字，这就确实说明他们对于汉族语言和思想具有一定的熟悉程度。

对于每个阴历月，文书中所提供的资料如下：

——月份的名称：aram āy 用于指正月，čakšaput āy 用于指腊月，从二月（ekkinti）到十一月（bir yegirminč）的其他月均以序数词来表示（请参阅第114节）；

——这个月是"小月"（29天）还是"大月"（30天）；

——用突厥文转写的汉文10干分类符号（请参阅第69节）、12支的突厥文名称以及对于每月初一的预兆（请参阅第74节）。

——每个月的第1个星期天的时间，在梵文中作 aditya，意为"日曜日"。

文献中的这最后一种资料很系统，其意义非常大，它证明星期在14世纪的高昌正倾向于变成一种普遍的用法，当时在畏兀儿和蒙古人中数量很大的基督徒（景教徒）的影响可能起了某种作用。

此外，从1367年的羊年三月起，该文书中经常提及"节气"（太阳经由黄道宫带15°处，请参阅上文第73节），或是非常明确的，或者是为同一个阴历月内连续两天提供其预兆，大家将会看到这些预兆都相同。这就意味着第2天是节气日。

107. 我于此将不再转载由拉克玛蒂以令人相当满意的方式刊布的这一长残卷了（MM 16—18）。我将仅简单地引证其中某些最典型的段落，首先是前两行文字：

"koyn yïl, aram āy kičig, bir yaηï buu-bars, kin, aditya"，其意义为："羊年，正月（Ram）小，初一是戊寅（虎）日，建（征兆），星期日。"由我拟定了如此发音的：kičig 和 bir yaηï 等词，均用汉文方块字所写，而汉文字"戊"（天干分类词中的第5位，与12支中的第3位一起连用，便形成了60甲子中的第15位）和"建"（预兆表中的第1号）均以突厥文对音写成。本处所提到的新年即为1367年1月31日的星期日。

下面就是第17—19行的内容：

"altïnč āy kičig, bir yaηï pii-yunt, kin；ekki yaηï ti-koyn, kin"。其意为："六月小，初一是丙午（马）日，建；初二是丁未（羊）日，建。"kičig、bir yaηï、ekki yaηï 等词均以汉文表意文字

所写，其余者则用畏兀儿文草书书写。干支分类词丙午（马）和丁未（羊）分别相当于 60 甲子中的第 43 和 44 位，也就是 1367 年的 6 月 28 日和 29 日。对于预兆表中第 1 号"建"的重复说明，据汉文—回鹘族日历推算法认为，6 月 29 日有一个节气（经计算，太阳当时位于巨蟹星座 15°的地方），这一时间在阳历年中则相当于格里历的 7 月 7 日。在 14 世纪时，于儒略历和后来的格里历数据之间，共有 8 日的时差。因此，经计算而将夏至定于 15 或 16 日之前，也就是儒略历 6 月 13 日或 14 日（格里历 21 日或 22 日）。从天文学观点来看，这是正确的。于另外的地方，在经过对全部文献研究之后，我还可以具体解释这一点。

紧接着的下一行——第 20 行补充道："yetti yaŋï aditya"，其意为："七日是一个星期日"（于此仅写有 yetti，意为"七"，它是用汉文写成的）。这就是说该月的第一个星期日是阳历 1367 年 7 月 4 日。

在该文献的多处（第 24、29、37—38、42—43、52—53、56—57、66—76 行），sirki（节气）一词，或者是在它出现的日子之后，或者是在同一预兆的连续两天中，以行间字的形式而用畏兀儿文书写。这就意味着节气都被置于这些日子中的第 2 个。

108. 对于干支符号和预兆的年代递增之研究，将会导致我在两个具体问题上，对拉克玛蒂的释读提出质疑。

①第 9 行："tört otuz čuu, sirki"（三月二十四日，除，节气）。在开始于 3 月 31 日的阴历三月间，于该月二十四日（因而也就是西历 1367 年 4 月 23 日）有一个节气，其预兆为第 2 号"除"。这是不可能的。事实上，于第 19 行中（请参阅上文第 107 节），有一个限定明确的节日被定于 6 月 29 日，这是正确的。每 30 天或 31 天都有一个"节气"，但绝不会有其间隔不足 30 天或超过 31 天的节气。然而，在 4 月 23 日—6 月 29 日，应该共有（节气间的两个间隔，即 4—5 月和 5—6 月）67 天的差距，这至少要多 5 天。

此外，阴历四月一日（第 10—11 行）相当于阳历 4 月 29 日，它也具有第 2 号预兆"除"。紧接着有关一个"除"日的资料

（第9行）之后，很可能是一个"节气"。这就是其时间完全可以证实的情况，因为这一时间恰恰处于6月29日这个经过明确考证的节气之前的1个阴历月。

事实上，刊本（或者是一名录事的抄本）中包括一种双重错误。第9行开头处不应该读作 tört（3），而是 tokkuz（9）。完全如同在第37和38、42和43行之间等处一样，sirki 一词也应该被置于行间，这就表明"节气"应为第2个"除"日，应该是阴历四月一日，即紧接小月三月的二十九日和最后一天之后的四月一日。

正确的行文应为：

（第9行）tokkuz ottuz, čuu

（第10行）törtünč āy ulug ⟩ sirki

（第11行）bir yaŋï pii-yunt, čuu

其意为：二十九日（三月，相当于公元4月28日）是除，四月，大月；初一（阴历4月29日）是丙午（马）日，除（第2号预兆）。在同一预兆的两天之间提到了"节气"（就如同在第37和38行之间以及其他地方一样），它事实上说明节气的日子是第2个，即1367年4月29日，这与两个月之后的下一个节气的时间（6月29日）非常吻合。

②第16行的最后一个字："……q(a)i"，有关阴历五月三日（西历5月31日）的预兆，而这同一个阴历月（西历5月29日）的预兆是第7号"破"。这是根本不可能的。至于我自己，我则将 q(a)i 对音作 kay（汉文作"开"），这是第11号预兆，它无论如何也不能使第7号预兆之后再有两天的时间。此外，kay 中的字母 a 是必须记音的，那种认为是写做两个字母 q 和 i 的不完整写法的假设则是极有争议的。事实上，两个字母中的第一个不应该是 q，而应该是 č，这里应该是指 či（汉文作"成"），预兆表中的第9号，它在正常情况下均于第7号预兆之后的两天出现。因此，我认为应该读作：

（第16行）"üč yaŋï buu-bars, či"。其意为"三日为戊寅日，成"（相当于公历5月31日，预兆为"成"）。

抄写者于第12行和14行之间遗漏了对一个节气的记载。事实上，在我已经提到的（见上文）4 月 29 日和 6 月 29 日的两个节气之间，大家本来预料还会有 5 月 29 日的一个节气，它应该出现在阴历五月初一日。这后一种情形打乱了行文。但提及这初一日的预兆"破"则完全可以使人从中再发现一个节气。事实上，大家刚才看到阴历的四月初一日（阳历 4 月 29 日）是一个节气，其预兆为第 2 号"除"（请参阅上文）。这个大月的三十日（也就是最后一天）相当于西历 5 月 28 日。稍后的 29 日则是一个节气，其次序相当于两个完整的 12 天周期，再加上 15 天也就是 2 + 5 = 7。因而，这就是第 7 号预兆"破"。

完全如同稍早些的一个阴历月一样，该阴历月的最后一天与下个阴历月的初一具有同样的预兆（在此之前为"除"。于此则为"破"）。因此，在我的 1367 年的历书中，四、五月的节气则相当于阴历月的初一。

109. 除了其对于汉族—畏兀儿族阴历月最早几个星期日的系统记载之外，该文书的主要意义在于其中包括相当多的"节气"资料（尽管其中有空缺和抄写者遗忘的地方），而且已由有关预兆的资料所证实，以致使大家可以复原 1367 年和 1368 年有关太阳在黄道宫带（每个黄道宫带的开头和中间）中的方位之全部计算。除此之外，还应再加上根据平均阴历月那计算准确的昼夜之新月的确定，它主宰了根据天文学而对汉族和汉族—回鹘族历书的编制。

我将首先编制在文书中直接出现或者是从前面几段文字推断出来的（这后者带有星号 *）节气一览表。我一共掌握了下列节气的时间：

* (9—11) :1—Ⅳ　4 月 29 日　1367 年　（金牛星座 15°）。

* (13—14) :1—Ⅴ　5 月 29 日　1367 年　（双子星座 15°）。

(18—19) :2—Ⅵ　6 月 29 日　1367 年　（巨蟹星座 15°）。

(23—24) :4—Ⅶ　7 月 30 日　1367 年　（狮子星座 15°）。

(28—29) :5—Ⅷ　8 月 30 日　1367 年　（室女星座 15°）。

（有关 9 月的节气均付阙如下）

(33—34) :6—Ⅹ　10 月 29 日、1367 年　（天蝎星座 15°）。

（37—38）：7—Ⅺ　11 月 28 日　1367 年　（人马星座 15°）。

（42—43）：8—Ⅻ　12 月 29 日　1367 年　（摩羯星座 15°）。

（有关 1368 年 1 月的节气付阙如，有关 1368 年 2 月的节气亦付阙如）。

（52—53）：10—Ⅲ　3 月 28 日　1368 年　（白羊星座 15°）。

我可以很容易地复原其空缺处。由于 9 月份的节气处于 8 月 30 日和 10 月 29 日之间等距的时间，所以它应是 1367 年 9 月 29 日（天秤星座 15°）。由于 1368 年是一个闰年（因而 2 月为 29 天），所以在 1367 年 12 月 29 日的节气与 1368 年 3 月 28 日的节气之间，便有整整 90 天的差距。由于两个节气之间的间隔不可能少于 30 天，所以为了填补其中两个节气间付阙如之处，则必须为两个节气之间预先规定 30 天的一个常数，从而使我从 1367 年 12 月 29 日这个已知节气起，提出下述时间的节气。

1368 年 1 月 28 日；1368 年 2 月 27 日。

这样一来，经过 30 天之后，便确实又落到了已得到证实的 3 月 28 日这个节气上了。

110. 将这些节气的时间与前文（请参阅第 83 节）为 1202 年的汉族—畏兀儿族历书而确定的时间进行一番比较是很有意义的。为了使这种比较一目了然，则必须填补在儒略历与真正的阳历年（我们西方自 1582 年以来就使用的格里历更恰当地表达了这种阳历年）时间之间，百年以来形成的一天左右的"滞后"。我将于下文列出格里历普通年（非闰年）的对应年代表，以便为一方面是 1202 年与另一方面是 1367 年和 1368 年中已统计到的节气时间之比较提供一种更具普遍性的数值。因此，我将在非闰年的 1202—1203 年的时间中增加 7 天（这里 13 世纪时儒略历与格里历之间的平均差距），在 1367 年（非闰年）和 1368 年的时间中增加 8 天（这是 14 世纪的平均差距）。然而，由于这后一年（闰年）的时间共增加了 8 天，从而超过了 2 月 28 日，只增加一天便相当于 2 月 29 日了，所以它不会出现在一个格里历的普通年中。此外，我在字里行间还将指出在两个节气之间的日子数。这样一来，我便会得到如下数据：

1202—1203 年 日子的对应关系		1367—1368 年 日子的对应关系	
2 月 5 日		2 月 5 日	
3 月 8 日	31 天	3 月 7 日	30 天
4 月 7 日	30 天	4 月 6 日	30 天
5 月 7 日	30 天	5 月 7 日	31 天
6 月 7 日	31 天	6 月 6 日	30 天
7 月 7 日	30 天	7 月 7 日	31 天
8 月 7 日	31 天	8 月 7 日	31 天
9 月 6 日	30 天	9 月 7 日	31 天
10 月 7 日	31 天	10 月 7 日	30 天
11 月 6 日	30 天	11 月 6 日	30 天
12 月 7 日	31 天	12 月 6 日	30 天
1 月 6 日	30 天	1 月 6 日	31 天
2 月 5 日	30 天	2 月 5 日	30 大

  大家将发现，两幅表之间的唯一差异出自于对 31 天较长间隔的划分（介于以太阳经由黄道宫带 15°处而计算出的时间之间）的一种细微而又意义重大的差异。在 1202—1203 年间，这 31 天几乎是在每年四季之间等分的，但我在 1367—1368 年间却发现，它们又全部（唯有一处例外）集中在从 4 月到 9 月之间的这段时期。

  我认为，这是在 14 世纪中叶前后，对于太阳在黄道宫带上的视运动（天运动体的一种表面现象。——译者）的一种比较准确估计的标志。在 13 世纪初叶，人们还认为这种运动是等速的，或者基本上是等速的。到了 14 世纪中叶，汉族和畏兀儿族的天文学家（以及历法学家）就已经清楚地知道，这种运动一年中的时期是不等速的，在 4—9 月间要比 10—3 月间稍慢一些。近代天文学是通过中心差来表达这种不等速的（AA 129—131）；而希腊人，特别是托勒密（Claude Ptolémée）已经相当清楚地了解这一切了（AA 151）。

汉族与畏兀儿族的天文学家和历法学家的科学在这一点上出现了进步，这可能是欧亚大陆的东西两方在蒙元帝国时代大规模交流的结果。这其中很可能有作为希腊天文学继承者的伊斯兰世界对于中亚和东亚科学文化的一种贡献。

大约到了 17 世纪中叶，发生了对于"节气"和"中气"的一种更为彻底的改革，当时就尽最大可能准确地考虑到了太阳之视运动的不等速特征。这是由大清皇帝朝中的天文学家——欧洲耶稣会士们对于中国历法所作的一次改革。它导致了由黄伯录神父于其 1885 年的论著（BC. XVIII）中提供的那幅表，它将格里历的下述时间定为"节气"。在这些时间中，我将指出它们之间相隔的天数：

2 月 4 日（30）、3 月 6 日（30）、4 月 5 日（31）、5 月 6 日（31）、6 月 6 日（31）、7 月 7 日（32）、8 月 8 日（31）、9 月 8 日（30）、10 月 8 日（30）、11 月 7 日（29）、12 月 6 日（30）、1 月 5 日（30）、2 月 4 日。

111. 我觉得，对于天文学史来说，确定这部 1367 年的汉族—回鹘族历书得出的"中气"的时间，特别是确定相当于二分点（春分和秋分）和二至点（冬至和夏至）的时间，则有很大意义。这种计算很简单：在这个时代，"中气"都出现在某个中国传统历书的"节气"之后的 15 天（请参阅第 83 节）。我由此便会得出下述儒略历的时间，并且用括号把它们置于已知格里历年（非闰年）的对应日子之后。

5 月 14 日	1367 年	（5 月 22 日）。
6 月 13 日	1367 年	（6 月 21 日）。
7 月 14 日	1367 年	（7 月 22 日）。
8 月 14 日	1367 年	（8 月 22 日）。
9 月 14 日	1367 年	（9 月 22 日）。
10 月 14 日	1367 年	（10 月 22 日）。

11 月 13 日	1367 年	（11 月 21 日）。
12 月 13 日	1367 年	（12 月 21 日）。
1 月 13 日	1368 年	（1 月 21 日）。
2 月 12 日	1368 年	（2 月 20 日）。
3 月 13 日	1368 年	（3 月 22 日）。
4 月 12 日	1368 年	（4 月 21 日）。

我发现，对于相当于 3 月 22 日和 9 月 22 日的格里历时间的两分点之计算，对于春分（其规范时间为 3 月 21 日）倾向于变得稍"长"一些，对于秋分（其规范时间为 9 月 23 日）则倾向于变得稍"短"一些；但冬至的 12 月 21 日（其规范时间就是 12 月 21 日）和夏至 6 月 21 日（其规范时间就是 6 月 21 日）都是以令人非常满意的方式计算出来的。全面来看，其效果甚佳。

112. 然而，从 1368 这个猴年的阴历四月起（MM 18，第 54—67 行），我们的这位畏兀儿族历书编制者（直到此时都非常准确），即使未在日子的干支（属）分类中搞错的话，那么经过我可以很容易地通过一种错误的机械重复来解释的一种笔误之后，在节气的计算中便混乱不堪了。

在相当于阴历三月九日的第 52 行中，抄写者在记载日子的属（生肖）之名称时可能就已经搞错了，据拉克玛蒂那明显是犹豫不决的释读法，应作 yïlan（?）。这一天并非是"蛇日"（巳日），而是"兔日"（卯日，即 1368 年 3 月 27 日），其正确的记音应为 tavïšgan。但由于缺少写本的影印件，所以我无法决定这一错误的责任是应落在畏兀儿族抄写者还是刊布者的身上。

无论如何，在第 56 和 57 行中，提到了一个"节气"（被记于行间），它应出现在阴历四月三日，前一个节气则被正确地定于阴历三月十日。但前一个时间是一种明显的错误，因为在两个节气之间必须间隔 30 或 31 天的准则未受到尊重。

本处肯定是指在一种被机械地完成抄写，却又未作严格核对的稿本中产生的混乱。事实上，前一个节气（三月）是继一个"建"（预兆表中的第 1 位）日之后出现的。被误记为四月的节气同样也被置于了一个"建"日的第 2 天（四月四日，相当于 1368

年4月21日;所谓4月22日的节气,其前一个节气落到了3月28日)。在三月和四月间,有一次对"建日节气"的错误重复,未作理论上的思索。因为从技术上来讲,相距30或31天的两个连续的节气不可能落到同一个预兆上(12的周期)。

但经过这种疏忽之后,畏兀儿族撰写者似乎又重新以正常时间间隔而确定后两个节气了(文中继此之后于一空缺处结束)。我应该分别将(第62和67行)阴历"五月六日"(西历1368年5月22日)和"六月七日"(1368年6月22日)的两个时间归于这些节气,它们之间分别先相差30天和后又相差31天。然而,由于其起点(4月22日)是错误的,所以这些节气的时间也是错误的,有6天过早的时间。请参阅上文第109节有关1367年的情况。其正确的时间(4月29日、5月29日、6月29日,1368年在儒略历中为闰年)应该相当于经过一个"普通的"中国阳历年(只有365天,而不是366天)之后的1368年的4月28日、5月28日和6月28日。我掌握的一种证据表明,本处所研究的中国阳历年确为365日。因为,假若如同儒略历1368年一样,计算为366天,那么四月间的节气就有可能如同1367年那样相当于1368年的4月29日,那将是不可能的,前一个节气(已被正确地记载下来了)就会落在1368年的3月28日,也就是32天之前。然而,在这个时代,两个节气之间的间隔只能是30或31天,绝不会有32天。

113. 畏兀儿文文书中的这些错误都颇有意义,尤其是在它们向我们指出一部地方著作的成果时更是如此,虽然这种著作的大部分内容都是成功的,但其末尾却由于一种轻率之举而误入歧途。事实上,这里根本不可能是指自一部汉文官历直接翻译出来的历书,因为在汉文官历中根本不会存在这样的疏忽大意。我们所面对的肯定是一部简化本历书,系指羊年(1367年)和猴年(1368年)。它作为预测而在汉族—畏兀儿族社会背景中,很可能是在高昌本地根据元代的中国官方法规而计算出来的。在写本的残存部分,唯有有关从猴年四月起的最后3个节气的数据是错误的,这是由于一种具体错误造成的。所有其他数据都与1367年1月31日至 1368 年 4 月 21 日的时间相吻合，它们均是正确的，而且已由中国中原的官历所证实（BD 278）。

但我们必须指出，从阴历四月起，将"节气"定得 6 日过早，则会由于一种自动的反馈，而导致将为计算此后的中气（节气之后的 15 天）时产生了同一方向和同样数目日子的错误。因此，对于闰月位置的估计是错误的，因为这些闰月按照法规性定义均为不包括中气的月份（请参阅第 73 节）。然而，根据此项准则，1368 年这一猴年应该包括一个闰七月（BD 278），本处所涉及的错误之后果就是使这个闰月消失了。这种隐没似乎又由我于下文即将研究的同时代的另一种文献所证实。

114.（c）对 1368—1370 年间星辰方位的具体说明

该文书具有重大意义，它是一整套高昌畏兀儿文写本中的唯一一种此类文书，被拉克玛蒂刊布于其文集之首（ML 9—11，第 1 号文书）。它所预测的年代已被埃布拉尔作了精确的考证（ML 84），此人将对干支纪年符号的诠释与诺尔—胡森（H. Noll-Husun）从天文学角度所作的一种结论性验证结合起来了。

此外，如果需要的话，一种相当简单的计算就可以核实这种考证。其中提到的第 1 年（第 1—5 行）是猴年（bičin），其天干符号第 5 位戊（buu），就相当于 60 甲子中的第 45 年。此外，它在与 28 宿有关的七曜周期（即我们西方的星期）中被分为水曜宫带之下。已经得以证实（请参阅上文第 48 和 49 节），在汉族—畏兀儿族的传说中，其起点是被分在日曜宫带之下的一年——787年。水曜（Mercure，请参阅"星期三"）继日曜之后占据第 3 位，而 787 年在这一体系中才是一个"水曜年"。在这一年和 1368 年之间，共度过 581 年。由于 581 年正是 7 的倍数之年（83 × 7 = 581），所以在 1368 年又会重新落入一个"水曜年"。然而，将"七曜"之中的一年与 60 甲子中的一个特定编号结合起来的现象，只能每 420 年才会再现一次（60 无法被 7 除，而 7 又是一个质数或素数）。因此，对于突厥—回鹘字母的使用已经得到证实的时期，唯有 948、1368 和 1788 年才能予以考虑。1788 年是中国新疆被彻底伊斯兰化的时代，它与这卷有关印度—佛教天文学的文书根本无关，而且该文书的语言也明显比 18 世纪的语言更为古老（即使是指晚期维吾尔语也罢）。同样也是由于很明确的古文字和语言学原因，948 年的时间也应被排除。大家从图版中（KB 书末的图版 I，ML 书末的图版 I）清楚地看到，这种外貌也只能出自元代。此外，写本中也具有某些证明了自 10 世纪回鹘人以来的一种明显发展的语言特征（尤其是在 t 和 d 的搭配使用中更为如此）。大家还可以发现，文书中为 1368—1370 年而预测的星辰方位已由赫尔—胡森作了某些修正（当然是约估，见 ML 84），它们不可能更早于同样的 420 年，也就是说不可能是 948—950 年间的。

因此，毫无疑问，我们的文书所预测到了其行星方位的年代确实为 1368—1370 年。

115. 对这些预测的研究、对其资料及其使用的"星期"的考证、对它们从天文学方面进行的验证、将它们与印度—佛教和中国的数据进行比较，所有这一切都要求作出重大发展。这些发展对于元代末年的西域天文学史具有非常重要的意义，但它们却超越了本处所研究的范畴。

我于此仅限于从文书中摘录与历法史直接有关的资料。这些资料主要是由所使用的公式组成，以将两年定位于所使用的各种不同周期及其所有的干支分类符号中，对这两年的介绍已保存在文书中在尚为我所残留下来的残部中了，也就是 1368 年这个猴年和 1370 年这个狗年。1369 年这个鸡年恰巧由于一处空缺或者是畏兀儿族编写者有意无意的遗漏，而在我所拥有的唯一残卷中未被提及。况且这种付阙如的状况对于我们并无太大妨害。有关 1369 年的数据可以很容易的和以自动的方式从几乎是过分丰富的资料中推断出来，这些资料都出现在此前和此后多年的写本中。

116. 下面就是与我本处特别有关的两段文字（第 1—5 行和 71—76 行）：

"yemä šögün tegmä baš bašlag ičindäki, 4-ünč bag-dakï, kï küskü-gä sanlïg, buu šipkan-lïg, tag-dakï toprak kutlug, bud gräx ellänür sadabiš yulduz-lug, bešinč sarïg ordu-lug, bičin yïl-kï ördünmiš beš gräx-lär yorïg-ï saŋiš ol."

其意为："在此情况下，下面就是对于五尊曜于狗年运行的计算，该年的天干分类符号为戊，其五行（五气）为山岳之土，其星宿为危宿（Śatab-hisaj），由水曜主宰，居第 5 宫，黄色，此年处于'上元'，第 4 组，其干支为庚子（鼠）。"

"yemä šögün tegmä baš bašlag ičindäki, 4-ünč bag-takï, buu küskü-gä sanlïg, kï šipkan-lïg, suprak aldun kutlug, šükür gräx ellänür udrabatrb(a)t yulduz-lug, it yïl-kï ördünmiš beš gräx-lär yorïg-ï saŋiš ol."

其意为："在此情况下，下面就是有关狗年五尊曜运行的计算，其天干分类符号为庚，五行（五气）为矿中之金，星宿为壁宿（Uttarabhadrapadā），由金曜主宰，该年处于上元，第 4 组，其干支为戊子（鼠）。"

这两段文字具有全面的相似性。唯有在第 2 段中，该年之宫及其序号和颜色被遗漏了。此外，我们也很容易弥补这种遗漏：宫号是由 9—1 而递减性地发展的。第 2 段提到了一个位于所描述的第 1 年的两年之后，本处当然是第 3 宫了，蓝色（请参阅第 59 节）。

本处所提到的第 1 年是一个猴年，从公元 1368 年 1 月 20 日至 1369 年 2 月 6 日；第 2 年为狗年，从公元 1370 年 1 月 28 日至 1371 年 1 月 16 日（BD 278）。它们在 60 甲子中的序号分别为第 45（天干符号为戊，第 5 号）和第 47（天干符号为庚，第 7 号）年。在这一方面，文书中所指出的内容都很清楚。

在将这两年分为"第 4 组"中，也不存在任何奥秘。突厥文 bag（包、类）于此系指形成 12 生肖的一个完整周期的 12 年之系列。在一个 60 甲子中，共有这样的 5 个系列，本处所涉及的年代（60 甲子中的第 45 和 47 年）确实为第 4 组，它共包括第 37—48 年。

将五行之一的土归于第 45 年（土 + 猴）和将金行归于第 47 年（金 + 狗）都符合"第 2 个体系"，唯有它才被运用于我于前文第 12 节中描述过的历书中。

117. 但还存在着一个本文书的刊布者们未能解决的问题。该问题是由在此处位于五行名称之前的形容词提出来的："tag-dakï toprak"意为"山岳之土";"suprak aldun"意为"矿之金"。这后一个词只出现过一例,它至今尚未被人翻译过。我将于下文不远处提供我的译文("矿藏的"＝金属矿)。拉克玛蒂并未提供suprak 的词义,他认为 tag-dakï 一词没有任何特殊意义,只是一种文体修饰技巧(ML 54,注①和③)。可是,他非常及时地将类似的词组"otčuk-takï ōt kutlug"(所拥有的五行为灶中之火)与这些词组相比较,这后一个词组出现在一卷很晚的维吾尔佛经(1687年的《金光明经》,Suvarṇaprabhāsa-Sūtra)。这是为确定一个兔年(火＋兔＝60 甲子中的第 4 年),它相当于公元 1687 年,也就是清康熙二十六年(ML 81)。

对于这些术语的解释是由于偶然情况而提醒我的,也就是当我向这样一部不大具有科学性的通俗著作瞥去一眼时发现的,书中在借鉴自中国中原的越南数据之基础上,记载着在历书中的天干(10 种分类符号)之间对五行(五气)的划分(AT 299),我于下文将以常用法文转写文而复原这些天干的名称。这种划分与黄神父所提供的那种划分(BC,VI)不同,因为他的划分可能是出自另外一个道教派别,并且还在五行之一中各引入一种对立面。下面就是其内容:

1	甲	咸水	?水
2	乙	淡水	
3	丙	天火	?火
4	丁	隐火	
5	戊	活体植物	?木
6	己	死体植物	
7	庚	矿石	?金
8	辛	经加工的金属	
9	壬	荒地	?土
10	癸	耕地	

不一定必须十分精通中国的阴阳理论(AB 115—148),便可以立即于此辨认出其用法:所有的双数均受到了"阴"(负极,

阴性）的影响，而所有的单数均受到了"阳"（正极、阳性）的影响。在被利用的五行之中，都具有阴的特征，它们被认为是被动的：被灌渠引入或排出来的淡水、灶中保存的火种（畏兀儿文作 otčuk-takï ōt）、经加工的木材和金属、耕田。仍保持"野生状"的五行则具有一种"阳"的特征，它们被认为是活跃的：海中的咸水、霹雳中的火、活树、未经开发的矿藏（畏兀儿文作 suprak aldun）、未耕耘的土地（畏兀儿文作 tag-dakï）。

虽然对于在汉族—畏兀儿族 60 甲子中的"天干"10 项分类之间划分五行（请参阅第 12 节）与前一幅表中总结的划分不同，但在我们的文书时代（14 世纪下半叶），它仍不失具有一种非常重要的理论上的共同点。这就是该周期中的一个双数就相当于与用于分类的五行相联系的一种"阴"的原理、一个单数则与标志着一个"阳"之原理分类因素相联系。tag-dakï toprak（山中之土）相当于一个甲子中的第 45 年（1368 年），suprak aldun（矿中之金）则相当于一个甲子中的第 47 年（1370 年）。相反，经文中的 1687 年则占据双数的第 4 号，由此而出现了有关其五行的一种"阴"的标志，即使是指火也罢：otčuk-takï ōt 意为"灶中之火"。

有关 suprak（aldun）所具有的"矿藏"（矿中之金）之词义，是由我将要发挥论述的某些考证揭示的，但我在这一问题上的假设是以一种似乎是令人满意的辞源为基础的。事实上，我可以与 suprak 相比较的唯一一个已得到证实的词（即由喀什噶里所记载的那个词），贝希姆·阿塔赖（Besim Atalay）将该词读做 suburgan（MJ 537）。古突厥文中的一个字母 b 在喀什噶里辞典中一般均要变成 v，其中的 b 于习惯上则相当于一个古 p，我可以将该词解析为 supur-gan，系指"埋死人的地方"。我可以从中得到一个词根 supur-（埋），它的名词派生词是 supur-ak，其意为"被埋之物"，用于指金属，即"埋在地下之金"、"矿中之金"、"金矿"。

118. 双数周期序列年代中的"阴"（特别是指女性）字与单数周期序列年代中的"阳"（特别是指男性）字相对立，这一点已由葛兰言（M. Granet，AR 188 注释）指出，而且在 1 卷高昌回鹘文中得到了明确证实。这卷文书尚未被作出具体断代，已由拉克玛蒂刊布（ML 26—27，第17号文书）。60甲子中的第23年本是"狗土"年（it，toprak töz-lüg），但于拉克玛蒂书中却被刊布为 erkäk yïl（阳年，第3—4行）。可是，60甲子中的另外一年第10年为"金鸡年"（takïgu tämir töz-lüg。它带有一个词 tämir，意为"铁"；而不是常用的 altun，意为"金"，以指金属。这很可能是晚期的一种创新!）于其中被称为 tišiyïl，意为"阴年"（第17—18行）。

这种为指甲子年中的序列而将"双数、阴"和"单数、阳"结合起来的做法，可能从13世纪起也实用于每月的日子序列。因为在我前文已经研究过（请参阅上文第89节以下）的一卷用婆罗谜文字拼写成的1277年高昌回鹘文历书中，在有关元月十九日的问题上读到了如下记载："…erkäklänür"，意为"变成阳性"（MM 74）。非常遗憾，该词前面空缺，无法使人非常可靠地判断"变成阳性"者的主语，它也可能具有"所指的日子"之外的意义。

119. 将1368年这个猴年归于第5宫（黄色，请参阅第59节），而且还如同对于1370年的狗年那样，将它分类于"上元"（šögün，译成突厥文作 baš bašlag）引起了某些观感。

我于前文已经研究（第47—53节）了与此有关的九宫体系。我还应重新提一下，九宫体系在历书中与干支纪年结合起来后，其最早的结果是出现了一个180年的周期，共包括3个60年的周期。根据中国中原的习惯，这3个周期分别被称为"上元"、"中元"（突厥文作 ortun bašlag）和"下元"。这种新的分类法（明显是具有星相学的蕴涵）的始点可以被很具体地定在唐代，即公元784年1月27日。

因此，某些180年的纪年周期分别开始于784、964、1144、1324等年代。这样一来，1368年和1370年均属于开始于1324年的一个180年周期的前三分之一年代的组成部分，被称为"上元"（1324—1383年），正如我的文献所正确地指出的那样。

但作为这一体制之源，即一个60甲子第45年的一年，就如同处于"上元"中的1368年这个猴年一样，其中的第1宫就相当于60甲子中的第1年，第9宫相当于第2年，第8宫相当于第3年，按逆宫顺序而依此类推。这一年应被归于第2宫，而不是如同本处那样被归于第5宫。

正如我于前文（第52—53节）已经解释过的那样，我本处所面对的不是对使用旧体系（在1202年的高昌回鹘人中仍会出现，请参阅第77—79节）的问题，而是使用一种可以简化的革新。这种革新从1084年起就已经出现在吐蕃的习惯中了。其目的就在于，将原来仅仅用于"中元"的诸宫对应关系于所有的60甲子中推广，其中的第4宫（而不再是第1宫）相当于一个60甲子的第1年。

120. 我可以在下表中表达这些对应关系：

宫带序号	60甲子纪年序号
第4宫	1、10、19、28、37、46、55
第3宫	2、11、20、29、38、47、56
第2宫	3、12、21、30、39、48、57
第1宫	4、13、22、31、40、49、58
第9宫	5、14、23、32、41、50、59
第8宫	6、15、24、33、42、51、60
第7宫	7、16、25、34、43、52、—
第6宫	8、17、26、35、44、53、—
第5宫	9、18、27、36、45、54、—

大家将会发现，这种经推广的"中元"体系迫使于60甲子之末跳跃过第7、6和5宫，而从第8宫直接过渡到第4宫。对这种弊端的补救办法，则是一种明显的简化，宫带与60甲子纪年序号之间仅有唯一一种对应体系，而不是3种，回鹘纪年周期有时会于其中变得模糊起来（请参阅1022年的题跋，前文第45节以下，尤其是第50节）。

但这种新体系将会破坏非常适宜确定时间的 180 年周期，将组成它的 3 个 60 甲子的计算法统一起来。其条件是如若人们未使用这样一种对策的话，即以如同过去那样将 180 年的周期分成 3 个相继的周期，分别称之为"上元"、"中元"和"下元"，那恰恰就是我的文献所采用的做法，记载作 šögün、tegmä、baš bašlag（上元、中元、下元）。

在这卷高昌写本中，为 1368 年而使用的按年分宫的新鲜而简单的做法，于此是首次出现在一种回鹘文献中，与大家在吐蕃发现的情况相反，不应该把它强加给蒙元时代（最早为 13 世纪的中叶）之前的高昌。

121. 初看起来，文献中的资料非常奇怪，完全有理由使埃布拉尔感到茫然不知所措（ML 84），他承认不能彻底理解这一切。正是这些资料赋予了所提到的两年（除了 60 甲子中特有的分类因素之外，这都是汉地的天干分类符号、五气、生肖），一种"标志"（至少这就是我建议对 san-lïg 中的 san 一词的译法，san 这个词汇的习惯用法是"数字"），它虽然表面上与这些资料相矛盾，因为它是由另一种天干和另一种地支分类符号组成的。

1370 年是一个戊（buu）申年（60 甲子中的第 45 年），它也被称为 kï küskü-gä sanlïg，其字面意义为"拥有一个庚子（鼠）的数字"，这是第 7 位天干与第 1 位地支之分类符号的结合，相当于 60 甲子中的第 37 年。

1368 年是一个庚（kï）戌年（60 甲子中的第 47 年），也被称为 buu küskü-gä sanlïg，意为"拥有一个戊子（鼠）的数字"，带有天干中的第 5 位和地支中的第 1 位分类符号，这种结合相当于 60 甲子的第 25 年。

总而言之，如果我仍保持突厥文术语 san，那么对于 1368 年和 1370 年，我就会得出下述两种对应关系：

第 45 年，数字 37；第 47 年，数字 25。

正如表面上看来很有可能的那样，san 一词表达了一种纪年顺序（在 60 甲子纪年的范畴内）。它只能是指一种年代承袭顺序，因为位于前一年的 2 年之后的那年带有一个低于开始一年 12 个单位的数字。因此，我们应该研究一下，除了这些数字可能相对应的年之外，其历法或天文单位是什么。

初看起来，大家可能会想到一种递减的分类符号体系（由各为2年的12个单位开始，因而是每年递减6，从而涉及了"双月"的问题）。但这样一种假设遇到了严重的障碍。一方面，正如我们所知道的那样，"双月"并非是汉族和突厥族传统中的一种历法单位；另一方面，为了确定这些数字（由于它们通常是指年、月和时辰）而使用的干支分类系统，仅仅为了表示60甲子纪年（这在突厥社会背景中很著名）。因此，它的所有已知用法从年代上讲都是递增的，而不是递减的。

122. 在汉族—畏兀儿族历书和星相学中出现的、带有递减编号的唯一一种体系，则是印度—佛教的九宫体系（请参阅第47节以下），它从未被与中国中原的60甲子纪年联系起来。

因此，这种纪年的用法更会使我们联想到一种递增的年代体系，尽管由间隔为两年的37—25之间的系列造成了一种错觉。实际上，我们不应该忘记，经过1个第60年之后，又要重新从第1年开始，这种系列作为一种计算单位，则相当于由60到$(60+1=)$ 61年。因此，很可能是自1368年的第37年起，就在这个猴年或者是在下一年期间，其计算到达了第60年，然后又重新从1开始，于1370年的狗年达到第25年，这样又相当于$25+60=85$年。

在此情况下，我们所掌握的就不是每次都以两年为单位的37—25之间的那种表面上的递减，而是一种相当于从37到85 $(=37+48)$ 的递增，也就是每年以$48 \div 2 = 24$的单位速度递增。

然而，我在汉族和汉族—畏兀儿族的历法中，可以非常清楚地辨认出一种将阳历年划分成24个单位的做法，也就是"气"的单位（请参阅第106节和BC第XVIII页），各自相当于太阳在黄道宫带15°处的"运行"，以此而支配季节的规律性和对闰月的确定。

因此，我倾向于认为，在我的文献中是指将60甲子的分类法运用到了每年的24"气"中了，从而导致了一个5年周期的出现，其中60系列中的"气"之顺序号如下：

第 1 年：1—24；

第 2 年：25—48；

第 3 年：49—12；

第 4 年：13—36；

第 5 年：37—60。

汉地的纪年分类竭力使不同的历法周期之起点在很有规律性的间隔中互相吻合。大家可能会期待 60 甲子顺序中的一年——第 1 年就相当于每年的第 1 "气"的序号，即按照如下划分：

第 1 气（1 个数）的第 1 号，年代号分别为：1、6、11、16、21、26、31、36、41、46、51、56；

第 1 气（25 个数）的第 25 号，其年代号分别为：2、7、12、17、22、27、32、37、42、47、52、57；

第 1 气（49 个数）的第 49 号，其年代号分别为：3、8、13、18、23、28、33、38、43、48、53、58；

第 1 气（13 个数）的第 13 号，其年代号分别为 4、9、14、19、24、29、34、39、44、49、54、59；

第 1 气（37 个数）的第 37 号，其年代号分别为：5、10、15、20、25、30、35、40、45、50、55、60。

我们文献中的资料都支持这种假设，因为其中的一年——第 45 年完全相当于第 37 号，第 47 年相当于第 25 号。

123. 现在，我尚需知道，如果大家接受我的解释的话，那么 "每年的第 1 气"又是什么呢？这个问题的答案并不显而易懂。事实上，"气"是分布在天文阳历年中的，天文阳历年始于冬至，历法阴—阳历年则始于阴历月的新月，太阳在此期间进入了双鱼星座，这种现象在每两个阴历月（30 或 31 天的月）之后出现一次。这样一来，民间历法中的年便开始于天文阳历年和第 1 "气"的 31—61 天之后，其出现则产生于天文阳历年的 4 月（太阳处于宝瓶宫 15°处）或 5 月（太阳处于双鱼宫 1°处）。

因此，将 60 甲子纪年的分类符号归于 "气"的做法各有所异，这要根据人们是将第 1 气作为天文年的 "气"还是民用年的 "气"而定。但在这后一种情况下，每年的 "气"数并不是固定不变的，根据年代（与阳历年相比较，其年之开始多少总要早一些，共为12或13个月）不同，而应该分别为23、24和25日。这样一种浮动（24±1天）便会破坏人们所想象的这种体制的规律性（每年增加一个24个单位的系数）相当于每年的24"气"，而不是23或25。

因此，归根结蒂，我被迫承认，如果人们注意我的假设，那么"第1气"就只能是相当于一个天文阳历年冬至的那种气。被归于每个民用年的数字（"第1气"的甲子序列的标志），在此情况下，实际上都是指紧接着本处所提到的冬至之气的60甲子序列。人们所掌握这种差距的另一种例证，也确实出现在"12征兆"（在突厥文中作kinčuman，请参阅第72—74节）中了。从令人大惑不解而又是绝对不可避免的初次观察来看，这是阴—阳历民用年与阳历年不相符合的一种后果。这样一来，根据我的假设来看，在导致民用年的数字与60甲子序列之间相同的吻合性之5年周期初，被归于一个其60甲子序列号为1、6、11、16等的民用年的编号，则相当于前一个民用年（其序列为60、5、10、15等）冬至之"气"（中气，突厥文作kunči）的60甲子分类。

我于此提出的解释仅仅以唯一的一种文献的两条资料为基础，我无法将这种解释视为确信无疑的事。然而，我却未能找到其他任何能经得起考证性研究的证据。此外，我现在已知的任何事实都不会明显与此相悖。因此，直到获得更为广泛的资料之前，我始终相信它相当可能是真实的。这仅仅是在汉族—畏兀儿族传统中，将60甲子分类法大量运用到时间划分中的又一例。

124. 至于在我们文献中所包括的1368年和1370年（对于这后一年，仅仅保留下了某些开头的资料）的天文预测，它们逐月地涉及了被以其梵文名字称呼的星宿（28宿体系，请参阅第86节，牛宿已得到证实）：水曜、火曜、木曜、金曜、土曜，ördünmiš beš gräx-lär，其意为"五大尊曜"。针对这后一个词组，我必须指出，拉克玛蒂未能理解它，他将此译做（ML 9和11）："……五颗被遮住的星曜"，同时也暴露了他对于ordünmiš的意义束手无策，他解释做（ML 55注①和注⑤）："其意义不太明确"。

我认为，不应该将 ördünmiš（带有一个写得非常清楚的字母 d）作为 örtünmiš，后者是 ört-（重新覆盖的，带-n 的自反分词）。本处根本不是讲"被遮住的星曜"（严格地讲，它可能是指"昏暗的星曜"，即天龙星座的首尾罗睺星和计都星或彗星，其中根本没有提到这一切）。相反，该文献的主要目的是预测这些星曜在何处与何时才能明显可见。事实上，ördünmiš（带有字母 d 而不是 t）是 ördünmiš 的一种字母换位形式，后者是在其他地方已为人所知的动词 ödür-（分开，选择）的带-n 的自反分词，其以-l-结尾的被动分词 ördrülmiš（经选择出来的，经仔细选择出来的）已经出现在高昌的一方佛教庙柱文中了（请参阅第 34 节以下）："ödrülmiš ädgüödkä"意为"在经过选择的吉时"（具有星相的背景）。大家还可以参阅 FA 322b。

　　五曜被认为是根据"尊贵的"之意义而"仔细选择出来的"。这是一个褒扬性的形容词，其目的可能在于取得这些天体的宠爱与保佑。众所周知，完全如同印度人和汉人一样，无论高昌回鹘人是佛教徒还是摩尼教徒，他们对星辰都有一种特殊的尊崇。

　　这五大曜即我们一星期中的五曜，日月二星（kün täŋri 和 āy täŋri，意指"日月二神"）除外的星辰，其方位是很容易从带有节气（sïrki，太阳经过黄道宫带 15°处）时间的民用阴—阳历历书中推算出来的。我必须指出，本文中所沿用的顺序（对于 1368 年的详细预测，尤其是对于 1370 年开始时的记载）恰恰就是一星期的顺序，这是当时回鹘人中的通用习惯，正如至少是自 9 世纪起的回鹘人就已经知道它的那样（请参阅第 26 节）：

ōt（yultuz）：火星 = Mars　　　　　　（星期二）
suv（yultuz）：水星 = Mercure　　　　（星期三）
yïgač（yultuz）：木星 = Jupiter　　　　（星期四）
aldun（yultuz）：金星 = Vénus　　　　（星期五）
toprak（yultuz）：土星 = Saturne　　　（星期六）

　　这样赋予"五曜"的名称，仅仅是其汉名的突厥文译名，它们各自相当于汉族宇宙论中的五行之一。

　　星曜的梵文名称仅出现过两次。第 3 行中的 bud（Budha，水星）和第 74 行中的 šükür（Śukra，金星），以在印度—佛教体系中指星宿中的主星，而它们本身却又以其梵文名字相称（指行星的 gräx 一词也出自梵文 graha）。大家于此便可以非常清楚地洞察到畏兀儿人"学术"语言的世界性特征，它在早期由摩尼教占支配地位的时代，同样也使用了星曜的伊朗—粟特文名称（请参阅第 26 节）。

现在留传给我们的畏兀儿文文献均具有学术传统，我实际上丝毫不知道星曜的畏兀儿文民间名称。

125. 为了结束对这卷高昌天文学文献的研究，对于已经逐月地指出星曜之方位的 1368 年来说，根本谈不到这个猴年的闰七月，但这个闰月却出现在汉文的法定历书中了（BD 278）。令人尤感到棘手的是，由于技术上的明显错误（请参阅第 112—113 节），这个闰月不可能被计算进我上文已经研究过的 1368 年的畏兀儿文历书中去（请参阅第 105 节以下）。在我们的文书中，对闰月的遗漏则几乎是受到了另一卷写本之最初错误的影响。

（d）1391 年的一卷不规范历书的残卷

126. 该残卷已由拉克玛蒂刊布，但却未指出其时间（ML 18—19，第 6 号文献）。正如埃布拉尔所正确地发现的那样（ML 88），其中的数据与回鹘时代的，甚至是很晚期的（介于 900—1700 年之间……）的任何汉文法定历书中的资料均不相吻合。

正如我们将要看到的那样，其中确实涉及了一个农历腊月的小月（29 天），紧接其后便是次年元月的大月（30 天），这一年的新年为一个星期五，它是亥土日（60 干支中的第 24 天）。

这些不同情节的重合，从统计学角度来讲，是很罕见的。在 60 甲子中确定其序号的一个新年日只能平均每 60 年重现一次，这样的新年平均 7 次才有一个星期四，而且阴历月中的"小月"和"大月"基本上是一半对一半地划分的。这种"大月＋小月"的继承顺序又平均只能每 4 次中才出现一次。因此，对于一个汉地民用年来说，使它同时与所有这些数据都相符只能是

$\dfrac{1}{(60 \times 7 \times 4)} = 1680°$。所以，这样的一种背景只能于平均大约为

16 个世纪才能重现一次。

事实上，我自己已经核实，从公元 500 年到 19 世纪末，在合乎法典的汉文历法中，这样一整套背景从未出现过。

因此，我被迫得出这样一种结论，认为大家所面对的是一部在当地编制的不规范历书，它并未照抄汉地的官方历书模式，因而是在对某一点上的计算未非常准确地运用历书准则的后果，这种准则既严格又复杂，通行于中国天朝的皇宫中。

127. 下面就是该文献逐月的记载（ML 18—19）："č(a)kšap (a)t āy, bir yaŋïsï kičig(.) bēšinč bag-takï yunt, ōt kutlug, yunt kün ol (.) gräx-i braxsivadi ol. čip kün ol. ekki ottuz-ga aram āy küni kirür"。其意为："具有时效规定的农历月"（十二月，请参阅第 81 节）。"这是一个小月，其朔望日在第 5 组中为马，这是一个火马日。其星座为木星。这是一个'执'日"（征兆表中的第 6 号，请参阅第 74 节）。其他资料则相当于星期四和 60 甲子中的第 55 号（请参阅上文第 12 节）；有关 bag（盒、包）的问题，请参阅第 116 节。"二十二日，出现了欢乐月"（aram āy，元月，请参阅第 81 节）之日。

"aram āy, bir yaŋïsï ulug(.) ekkinti bag-takï ti, toprak kutlug, toŋuz kün ol(.) gräx-i šükür ol(.) šiu kün ol(.) yïlan, toŋuz koygu ol. üč ottuz-ga ekkinti āy küni kirür. yetti yaŋï-ga sinčau kirür."

其意义为："欢乐月"（元月，请参阅第 81 节），"它是满月，其朔日为丁"（干支中的第 4 号），"处于第 2 组中，亥土日。其星曜为金星。这是一个'收'日"（征兆表中的第 10 号，其他的征兆则相当于星期五和 60 甲子中的第 24 号）。"这是应避蛇和猪的一天。二十三日是第 2 个月的一天。朔日的初七出现在'新朝日'"（请参阅下文不远处）。

该卷写本的下文遭受了一处空缺的损失，空缺处相当于星期五和 60 甲子中的第 24 号。我们从前后文便可以推断出来，这是一个小月（29 天）。写本接着又提道：

"üčünč āy, bir yaŋïsï ulug(.) pi, toprak kutlug, it kün(.) gräx-i soma(.) pa kün ol(.) ud, koyn koygu(.) bēš ottuz-ga tȫrtünč āy küni kirür（.）tört ottuz. bēš ottuz."

其意义为："三月，它是大月，其朔日为丙"（天干中的第 3
位）。"戌土日，其曜为月。这是一个'破'日"（预兆表中的第
7 位，其他资料则相当于星期一和 60 甲子中的第 23 号）。"这是
一个应避牛羊的日子。二十五日，出现了第 4 个月的日子。二十
四和二十五日……"（最后的空缺处）。

128. 该残卷出自一部文集，其中论述了相继的数年。我看到
其中未经任何过渡地从一个民用年的十二月讲到了次年的元月。
我感到非常遗憾，其中未提供这一年的干支分类符号（但可以很
容易地从前几年的分类符号中推断出来）。

我们可以从中发现几处孤立的星相学规则：于元月一日（新
年）要避蛇和猪（或山猪），新年这一天本身就是一个亥日；三
月一日要避牛羊，这一天是一个戌日。正如黄神父所指出的那样
（BC 第Ⅱ—Ⅳ页）这都是一些"迷信附注"，它们自元代（蒙古）
起，便开始被纳入到汉地官方历书中了。黄神父将元王朝开国时
间定为 1280 年年初。但这一时间是蒙古人（成吉思汗后裔们）在
灭掉宋朝末帝之后而统治整个中国的时间。事实上，成吉思汗的
后裔对于中国北方和西域（其中包括高昌的前回鹘汗国）的霸权
早于 1280 年（请参阅元代的情况），人们一般都追溯既往地将元
朝上溯到成吉思汗时代的蒙古人从 1215 年征服北京的时间（BD
473—485）。我恰恰是在前文已经研究过的（第 89 节以下）的
1277 年（请参阅第 99 节）的一卷高昌汉族—畏兀儿族历书中，
首次发现了星相学家们的这些"迷信附注"。

因此，我们的这一残卷实际上很有可能晚于蒙古人的入侵，
这样便从语言学方面证实了我发现出现过两次的 koygu（避忌）一
词词根 koy-（古典回鹘文作 kod-）的语音发展（明显"较晚"，
请参阅 FA 330 b）。

但是，大家可以从中检出那些相对意义不大的星相规则，它
并非是我们文书的主要目的，这种目的主要是以甲子分类符号和
天文学资料为基础，从而计算出一种历书来。

129. 正如 W. 埃布拉尔（ML 88）非常正确地看到的那样，

那些将"元月日"（aram āy küni，欢乐月日）确定在十二月二十二日、将"2月日"确定在下一个月的 23 日、经过一段空缺之后将"4月日"确定在三月二十五日等，这些资料是对模式化的阳历月的参照。它们从一个"节气"（太阳经过黄道宫带 15°处，请参阅第 73 节以下）到下一个"节气"，都代替了在参照阳历的历书（从 1202 年起，直到 1368 年，ML 第 4—5 篇文书），都明确地是指 sirki（节气）。

此外，我在 1202 年的历书中已经发现了"某日"的记载，就如同对于"某月"的介绍一样，它们并非是指新月，而完全是指作为日历计算出发点的"节气"（请参阅第 83—84 节）。

本处的典型短语"某月日"，意为"（阳历）节气日，充做用于确定某一阴历月份之始的基准点"，这个阴历月份的新月也就是距所研究的节气最近的新月（此前或此后）。在我们的文献中，新月被计算为节气之后的 8—6 日。

因此，我们掌握有珍贵的资料，可以以相对准确的估计来确定该历书中提到的时间在阳历年中的位置。因为正如我已经指出（上文第 74 节）的那样，对于某个时间的生肖序列和征兆表中序号的比较，便可以使人知道自冬至以来共有多少节气流逝而去。

我们残卷开始的十二月的新月日是一个午日（12 地支中的第 7 位），这是一个"执"日（征兆表中的第 6 位）。7 − 6 = 1 这种差异可以使人知道，这个新月之前的节气是冬至后的初一，该节气就相当于太阳经过摩羯星座 15°处。由于阴历十二月二十二日是下一个节气（太阳经过宝瓶宫 15°处），所以下一个元月二十三日的节气将会相当于太阳经过双鱼星座 15°处，三月二十五日的节气则相当于太阳经过金牛星座 15°处。

我们可以核实，每个节气（其中包括二月间的节气，它本应该出现在已受损的段落中）的出现，都会使生肖和征兆表的序号之间的差距增加一个单位。正月的新月是一个亥日（地支中的第 12 号），其征兆是一个"收"日（征兆表中的第 10 号），12 − 10 = 2；阴历三月间的新月是一个戌日（第 11 号），其征兆是一个"破"日（征兆表中的第 7 位），11 − 7 = 4。这种体系非常清楚并且受到了良好的遵守。

130. W. 埃布拉尔理由充足地认为（ML 88），元月七日的"新潮"（sin čau）正处于十二月和元月的节气之中间，它应为一个"中气"（突厥文作 kunči），标志着太阳经由黄道宫带 0°之处。

由于这一"中气"紧接元月的节气（宝瓶宫 15°处）之后，所以这个谜一般（sinčau）的就毫无疑问地是一个汉文对音词，相当于（恰恰是 16 日之后）太阳处于双鱼星座 0°时。然而，正是太阳进入双鱼星座决定了对民用年元月的确定，这种现象必定会在此时产生。因此，我便会理解为什么这一"中气"（文书中提到的唯一一次"中气"）具有一种特殊的意义，这是历法计算的一个主要基点。

W. 埃布拉尔探询畏兀儿文书中的 sinčau 可能代表的汉文术语，曾怀着极端怀疑的心情考证了一个包括汉文词 sin（新，请参阅 CS 366 第 3557 条文）的短语。但"新朝"一词于此似乎没有任何意义，而另一个汉文同音字"潮"（CS 366，第 3559，如同前一个字一样，只多了一个氵的偏旁）则完全适宜。事实上，太阳经由双鱼星座 0°处（格里历阳历年的 2 月 19 日），这在汉文历书中于传统上被认为是确保春季解冻（至少在中国北方如此）的海洋性降雨回归的时间。在 19 世纪时，依然如此。在黄神父的"气"表中（BC，第 XVIII 页），1885 年 2 月 19 日的这个"中气"叫做"雨水"。

131. 如果我现在试着考证我们这一历书残卷中的时间，那么我一方面就可以使用基本的语言资料，从而可以使我全面地确定这个时代的特征；另一方面，其中包含的各种技术性资料中，最珍贵和可以最直接诠释者，恰恰正是有关"节气"的资料。

在语言方面，于纳入到历书中的天文规则中，出现了"晚期"形式 koygu（koy-，古文作 kod-，请参阅第 128 节）。这种习惯应上溯到蒙古统治时代（于 1277 年首次在畏兀儿文中出现，请参阅第 128 节）。对于"节气"的系统记载和从节气到节气的参照模式性"月份"（于 1202 年首次在回鹘文中出现，请参阅第 129 节）等，它们都是倾向于一个不可能早于 13 世纪和更应该被断代于该世纪末叶或 14 世纪的时间。

在日历计算技术方面，宝瓶星座的节气（十二月二十二日）和双鱼星座的节气（一月二十三日）之间，共有 30 天的间隔，因为十二月是一个小月。这就是我于 1367—1368 年间（格里历时间的 2 月 5 日至 3 月 7 日之间）所观察到的情况，其中的差距为 31 天（请参阅第 110 节）。

在双鱼星座的节气（元月二十三日）和金牛星座的节气（三月二十五日）之间，其间隔为 61 天。元月是一个大月，二月则为小月（大月元月开始于一个 60 甲子中第 24 位的日子），而三月则开始于一个第 23 位的日子，也就是说继 59 日之后。这样一来，对于二月就只剩下（59 – 30 = ）29 天了。这同样也是我在 1367—1368 年间（3 月 7 日—5 月 7 日）之间发现的情况，而不是在 1202—1203 年间（3 月 8 日—5 月 7 日）的 60 天之差距（30 + 30，请参阅上文第 100 节的表格）。

因此，我们本文书中的资料，都符合从天文学角度作了较大改进的新节气体系中的数据。这种新体系于 13 世纪初叶尚未被使用。我确实觉得这完全是在元帝国取得的成果（请参阅第 110 节）。

132. 由于与有关太阳在黄道宫带上的均匀运转的中国古老理论决裂，而提出的阳历日历计算术之语言和技术资料，都明显倾向于支持下述看法：我们的文书属于一个晚于 1200 年的时代，更应该是处于 13 世纪末叶或 14 世纪。

在对这一非正规历书残卷的可能时间进行探讨时，我首先是从最有可能的假设开始，也就是认为它是一篇 14 世纪的文书。对于该世纪和已经得到证实的节气体系，由于 1367—1368 年间的历书（请参阅第 109 节），我得以掌握了某些有关节气的具体时间：宝瓶星座之节气（十二月二十二日）是儒略历的 1 月 28 日（格里历的 2 月 5 日），这在原则上就相当于十二月新月的 1 月 7 日；双鱼星座的节气（一月二十三日）是儒略历的 2 月 27 日（格里历的 3 月 7 日），这就相当于新年时新月的儒略历 2 月 5 日；金牛星座的节气（三月二十五日）是儒略历的 4 月 29 日（格里历的 5 月 7

日），这样从原则上就使阴历三月从 4 月 5 日开始了。

但必须考虑到，在所计算的节气时间中，始终都会有轻微的浮动。但无论是向哪个方向浮动，都不会超过一两天的幅度。同样，这其中（这里是指在某处包括一种不太规范内容的历书）在计算新月时可能会有某种错误的系数，大家最多可以将这种误差确定为略多或略少于一两天。因此，对于 14 世纪来说，如果我们从 2 月 5 日这个理论上的最佳时间开始计算新年（请参阅上文），那么我们很可能就应该将本文献中元月之初确定于 2 月 3 日—7 日之间。

此外，我们不应该忘记，我所研究的这一年的开初应为一个 60 甲子的第 24 天和一个星期五。

133. 因此，对于我来说，此处的问题在于从汉文历书中探寻这样一个年，其符合法规的数据与我们文书中的资料相吻合（只会有或多或少二天的误差），更具体地说，这就是一个开始于儒略历 2 月 3 日—7 日之间的年（根据汉人的官方标准），也就是说从理论上可能成立的 5 天之一应为一个星期五，系 60 甲子中的第 24 年（这种情况只能每 420 年才能出现一次）。

对黄神父有关 14 世纪的所有统计表（BD 269—282）浏览一番之后，再反复进行必要的核实，我发现了正常汉文历书中的一年只有两天符合这些条件：

——1345 年 2 月 3 日，某个甲子中的第 23 天：2 月 4 日，星期五，第 24 天；

——1391 年 2 月 5 日，某个甲子中的第 26 天：2 月 3 日，星期五，第 24 天。

在第一种情况下，我们的历书把新年的日子定得晚一天；在第一种情况下，则晚了两天。这一种和那一种错误在原则上都是可以想象的，不会超出人们在一种当地制作的非官方历书中本来所预料的限度。

134. 对于 13 世纪，我作了某些同类的计算和研究，充分考虑到了 1202 年历书中的"节气"资料（请参阅第 83 节）：1 月 29 日的节气（而不是如同 14 世纪那样为 28 日，由于在儒略历与真正的阳历时间相比较具有很大的差距)。因此,我找到了一个处于2月4日—8日之间的汉族官方新年,这是儒略历式的历书,其可能存在的5天之一是一个星期五,即一个甲子的第24天。

这种情况只出现过唯一的一次。

我继续研究,始终采用同样的方法,完成为使儒略历与真正的阳历年之吻合所需要的长时间之修正,这一方面是公元900—1200年,另一方面则是1400—1800年(对于过早或过迟的时间,这都是一种真正过分的谨慎行为),却未遇到符合条件的汉文历书中的一个正常年。

在这一方面,我应该指出 W. 埃布拉尔那表述得很细腻的论点。据此认为,1380—1381年间的汉文数据最接近我们这卷14世纪文书中的资料(ML 88),他仅考虑到了元月和三月之新月的甲子周期序号(正如在我们的文书中一样,为第24和23号),但却遇到了两种具有决定性的反对意见:1381年1月26日是新年,但这并不是星期五,而是星期六。为使这个元月26日的时间与已指出的元月中的节气(该月二十三日,相当于2月17日,而节气的正常时间应该是很接近于2月27日了)的资料相吻合,则至少早8日之多。

135. 继成倍地增加考证核实(我使读者免除了阅读那些非常枯燥无味的细节之苦)以后,我认为可以得出结论了:即使大家不予考虑倾向于将该历书残卷断代于14世纪的那些非常强有力的语言学理由,考虑到节气历制和在新月计算中不大可能出现一两日误差的情况,仅有的两个作为60甲子中第24位的星期五,也可以在原则上被保留下来,作为可能相当于在我们文书中记载的那个新年的日子,这就是1345年的2月4日或1391年的2月3日。

现在尚需要在这两个时间之间进行选择。在这一方面,可以引用某些语言学或历史学标准,但没有任何一种会使我觉得心悦诚服。由于我坚信所掌握的是一种在当地编制的"非正统"历书,系模仿983年历书而编制(请参阅第41节以下,尤其是第43节),所以我更主张根据编制历书时所沿用的方法而编出符合法规的汉文历书，来深究其错误之源；其次，一旦当这种方法复原之后，则必须验证是否能将之运用于1344—1345年或1390—1391年，是否会完全导致所观察到的差距，尤其是在有关确定新年的问题上更为如此。如果是指1345年，那么这个新年就晚了一天（是2月4日而不是3日）；如果是指1391年，那就提前了两天（是2月3日而不是5日）。

136. 该文书中所保留下来的部分可以证明，阳历十二月和二月都被算作了小月，而元月和三月则被计算成了大月。这样便会使我联想到，这里是指使用一种在大月与小月之间经常反复交替的办法。

这种办法将会导致将阴历月的时间计算成平均29.5天。然而，每个阴历月的真正平均持续期应该略多于29天12时44分。因此，我们的日历计算于每个农历月都少44分钟，经过33个阴历月之后便少一天了，经过66个阴历月（也就是5.5年）之后则要少两天。

如果这就是所使用的办法，那就是充分考虑到了1390—1391年间的事实（只需假设认为其行用大约开始于6年之前），因为对于新月的一种过分短暂的计算，时间一长便会导致新年提前一天。相反，在我们的残卷中，根本不可能是指1344—1345年，因为1345年的新年被晚算了一天。

然而，一种如此简单粗糙的方法不大可能在高昌文人中被一直运用到14世纪。我发现，他们具有非常广泛的天文学知识（即使是第二手的）。在这一时代和自数世纪以来，汉文历书的复杂规则排除了全年中一个稳定的大小月承袭关系的可能性。回鹘日历计算家们应该对此很熟悉。

137. 983年那颇有意义的前一年导致我们作出了一种完全不同和更为合乎情理的假设。由于一条庙柱文和天朝使臣王延德的见证，我当时就已经指出（第41—44节），高昌人在数年间失去了汉文皇历的知识，必须使用前代汉历取而代之，旧历书的选择是根据它从一开始就符合所涉及的时代之所有已知基本天文数据。

1368—1370年的回鹘文天文学写卷（ML 9—11）清楚地证

明，14世纪时在高昌已经具有了一种准确的星曜周期知识，更有可能的是那里的人已经非常清楚地知道了19年的阴—阳历周，一般称之为默冬章（Méton）或太阳周，汉族的天文学家和日历编制专家们很早以来就使用它（AC 193），它具有令人赞叹不绝的简便性。事实上，每过19年，新月在阳历年中的划分就非常相似地重复一次。其差距从一个周期到前一个周期之间，不会超过一天，以致大家可以以非常准确的估计，用搬用前19年的数据而预报编制一年阴—阳历的历书。

如果大家认为将这种方法用于预报1344—1345年或1390—1391年的历书，而这些历书均是根据1325—1326和1371—1372年旧历书编定的，大家可以理解由我们的残卷提供的阴历月的这种和那种模式。在1325—1326年间就如同在1371—1372年间一样，我在法定的汉文历书（BD 273和278）中发现了一个阴历十二月的小月，接着是元月的大月、二月的小月和三月的大月，完全如同在我们的文书中一样。我于此确实掌握有一种诠释的开始部分。

138. 对于在新年的时间上所观察到的差距问题上，完全如同在我们文献中一样，于1345年推迟了一天，1391年则提前了两天。

为了连续数年的预测而使用19年的周期，由于阳历"闰年"的不吻合性（19不是4的最小公倍数），必然会在19年的间隔中，导致在新年的阳历时间上于上下轮番出现一天之差。这种方向轮番变化的差异必定会每两次要抵消一个方向，以至于为在一个有限时期（如20多年）使用一种纪年。出自如此复原的历书和根据所有的天文规则，而计算出来的合乎法典的历书之间的差异，始终是沿同一方向变化的。这就是从上溯时间的方向中，所发现的第一种差距。

这样一来，在为1344—1345年间的历书而使用19年周期（从1325—1326年的历书开始），以及自数年来对这一时代的使用之假设中，这样一种差距可能会出现在1340和1321年的历书中。事实上，下面就是在上溯时间时，正常的汉文历书（从1345和

1326 年的对应时间开始）中，相应周期（相当于 19 年的间隔）的年份中分别持续的时间：

1326 和 1345 年：355 和 354 天；

1325 和 1344 年：这两年均为 384 天；

1324 和 1343 年：这两年均为 354 天；

1323 和 1341 年：这两年均为 384 天；

1321 和 1340 年：354 和 355 天。

我们都清楚地看到，在该表首末所出现的差距是互补性的（因而是在诸如 1327 和 1346 年等之间……那样互相抵消了）。

但是，在 1326 和 1345 年间出现的差异，只能从 1346 年的历书起才会产生作用，只能对于根据 1344—1345 年的假设来解释我的文书时才能考虑进去。

但 1321 和 1340 年之间的差距，仅仅对于 1344—1345 年才会产生作用。事实上，如果纪年周期的用法开始于 1340 年或稍早一些，在合乎法典的历书中将 1340 年计算为 354 天（如同 1321 年一般）而不是 355 天，就会使这一年提前一天结束，使下一个新年便会根据正规历法而提前一天，并一直保持到一种相反方向差距的出现（因而是一直持续到 1345 年年末）。

但根据 1344—1345 年间的假设，我们的非正规历书中的新年（2 月 4 日，而不是 3 日）并非是提前了，而是推迟了 1 天。因此，在 1344—1345 年间与使用 19 年周期方法的假设之间，存在着矛盾：

1391 和 1372 年：两年均为 354 天；

1390 和 1371 年：两年均为 384 天；

1389 和 1370 年：两年均为 354 天；

1388 和 1369 年：两年均为 355 天；

1387 和 1368 年：两年均为 384 天；

1386 和 1367 年：两年均为 354 天；

1385 和 1366 年：两年均为 355 天；

1384 和 1365 年：分别为 384 和 383 天。

如果这种纪年制是从 1384 年或稍早一些时候起被使用的，那么这后一种差距就必然会引起 1384 (—1385) 年的过早结束（早1 天），1385 年的新年便会提前 1 天。这种差距一直持续到 1391年（含该年在内，继此之后将由相反方向的一种差距所平衡）。这样一来，1391 年的新年就应该被定于 2 月 4 日，而不是在正规历法中的 5 日。

根据对 1391 年的假设，我们文书中的新年将被计算为 2 月 3日。在所预料方向上的差距确实如此，但它要比引起自 1384 年或稍早一些的时候起仅仅使用周期纪年的方法早 1 天。

因此，我必须或者是放弃这种解释方式，或者是以另一种方式对此进行补充，以便理解这种附加一日的差别。

140. 与出自使用 19 年周期的方式独立无关的这后一种方式，可能是由在高昌—吐鲁番地区与天朝京师所在地之间的时差引起的，其条件是如果这里确实是指由当地制订的一种历书的话。

事实上，自其朝廷设在北京的元朝于 1368 年崩溃之后，汉族的新王朝——明王朝便将帝国京师迁到了南京（直到 1409 年为止）。在与我们有关晚于 1380 年的时间中，中国天朝皇历（BD 279 以下）肯定是根据南京的经度计算的。那里的经度几乎恰恰处于东经 119°处，而高昌和吐鲁番却位于东经 89°处。

经度之间的这种 30°的差异，在我们的历制中，则相当于 2 小时的时差。换言之，汉族—畏兀儿族之"日"（昼夜）的历法定义，也如同我们的历法一样，是从子夜到子夜而计算的。任何天象，尤其是任何新月朔日，都是于南京某一日的子夜与清晨 2 小时之间测定的。这在高昌和吐鲁番的地方时间中，就应该被断代为前一天（按照我们的时制，应为 22 时和子夜之间）。

因此，如果说在元王朝崩溃之后和其君主在效忠于明王朝之前，他们的权力仅仅是缓慢而又困难地在西域扩张，那么高昌—吐鲁番的畏兀儿人（元代畏兀儿人，即宋代之前的回鹘人。——译者）在一段时间内，于历法领域中也与在其他领域中一样（本处似乎是指所涉及的畏兀儿历书之"非正规"特征）恢复了其独立性，以在南京的子夜与 2 时（这是平均为 12 小时之一的情况）之间的一个新月为其朔日表的出发点，这个新月发生在当地时间

22 时和子夜之间，比南京早一天。仅仅由于这一事实，他们的历书就应该比南京的中原历书早一天。这种同样也是一天的差距，在与上述原因无关的情况下，则很可能是由于暂时缓和直接出自中国中原的资料之匮缺，才使用了 19 年的周期，从而得以合并了。最终导致我在该文书残卷中发现的这种总共为两天的差距（提前两天），其条件是如果这里确实是涉及了它的话。

我还应该补充一下，这种时差本身与我必须承认的 1344—1345 年的反向（推迟）差距截然不同。

141. 我觉得最为合乎情理的假设，无论如何也是我为同时解释在我的回鹘文书和中国官历中的新年日子之间的差距、每个阴历月份之大小月的差异等，而提出的仅有假设，它们都将 1344—1345 年排除在外了，但却完全适用于 1390—1391 年。

此外，历史背景也都清楚地较为支持这后一个时间。在 1344—1345 年间，北京的元顺帝（蒙古人妥欢帖睦尔）将其统治扩大到了突厥—蒙古的西域，中国官方历书也定期传到了高昌，就如同它后来直到 1367 年左右仍传往那里一样。我们已经看到（上文第 105 节以下），这一年的畏兀儿文历书是严格地符合法规，由于技术错误而造成的"非正统"处仅仅出现在 1368 年（请参阅上文第 112、113 和 124 节）。相反，自中国元朝的崩溃和明朝开国的时间 1368 年之后，南京中国朝廷与蒙古和突厥的西域之间的关系在长时间内受到了干扰。

这样一来，在正常情况下，高昌的地方历书始终是于此时根据汉族历法的基本模式，又在与明朝宫廷中的决定无关的情况下，编制而成的。

我们可以认为，在持续了数年的第一个阶段中（含 1372 年在内，因为正是这一年的法定汉文历书通过使用周期的方法，而充当了 1391 年历书的范本）。由于高昌的历书推算者们非常熟悉汉地的规则，所以他们成功地推算出了"正统的"的历书。然而，经过一段时间之后，高昌及其经度从此之后便被作为（这是由于未归附南京，南京当时取代北京成了中国明朝的首都）时间的参照系数，从而在前文（第 140 节）已经提到的背景中，导致了与大明历相比较首次出现一天之差（提前）。最后，在此后的一个时代，高昌文人科学的某种衰落导致他们不再使用真实的计算，而是采用了一种经验性和机械性的计算，这就是使用周期的方法。未来一年的历书是根据早于它 19 年那一年的历书而抄袭的。这样一来，便再次产生了一日之差（提前，请参阅第 139 节），它加入进了由时差造成的差距，最终导致这部不规则的历书把新年定于比大明历提前两天的时间。

142. 此外，这种提前有时由于阴历大小月之间的不吻合性的作用，而减少至在数朔日中只有一日之差。事实上，下面就是根据对 1390—1391 年间的谨慎假设，而编制的 1391 年两种历书中的新月时间比较表：

月份	高昌历	大明历
十二月	1 月 5 日	1 月 6 日
一月	2 月 3 日	2 月 5 日
二月	3 月 5 日	3 月 6 日
三月	4 月 3 日	4 月 5 日
四月	5 月 3 日	5 月 5 日

因此，其差异始终相当微小。实施 19 年的周期产生了甚佳效果。在 1344—1345 年的假设之中，其差异仅有 1 日；但对于一月、二月、三月和四月，其差距的方向却相反。十二月间的差异仅有两日，其朔日在畏兀儿历书中为 1345 年 1 月 6 日，在元朝历书中为 1 月 4 日。

必须指出，如果我接受（因为我认为有坚实可靠的理由来这样做）1390—1391 年的假设，那么周期方法的行用就不可能开始于 1381 年之前。事实上，从 1380 年（这一年在大明历中拥有 354 天，而 1361 年在元历中却只有 355 天）起实施这种方法，那就会使高昌 1380 年的新年推迟一天，从而将其日差减少到只有一天（或者是不再有任何日差了），这与我所研究的文书中的资料相悖。

143. 如果大家接受我的假设，那就可以得出结论认为，蒙古人和信奉佛教的元王朝（突厥和佛教徒的畏兀儿人与之具有特别密切的联系）的崩溃，既具有政治方面又具有技术方面的后果。这就是继 1368 年之后，在高昌根本不知道或者不承认大明新王朝的汉文官方历法。

这样一来，高昌的汉族—畏兀儿族历法在数年中就变成了一种地方性历法，只参照高昌的经度（而不是直到 1409 年的中国新都南京的经度）。除此之外，这种历法直到 1380 年左右，还沿用中国元代历书中的历法规则（除了时差之外，大元历产生了某些酷似大明历的效果，而且也是根据同样的理论原则制订的）。其后，在 1381 年和 1383 年间（自 1384 年起实施这种历制对于解释第 2 种日差则是必不可缺的），高昌历书的编制者们再无法"以汉地模式"直接计算此后的历法了，但他们清楚地知道 19 年周期的理论。他们可能将此后几年（直到 1391 年，包含此年在内）与元代历书中的前 19 年（直到 1368 年），或者是其理论上的持续（至少是直到 1372 年，再加 19 年，则相当于 1391 年）结合起来的办法而使用了这种周期。

高昌畏兀儿文历书与中国天朝皇历相比较的"不正规"性的政治和技术背景，与在 983 年（请参阅第 41 节以下）引起了日历计算法中同类日差的背景之间，具有很大的可比性。完全如同在 981—983 年（请参阅第 42 节）间，尚未内附宋朝的回鹘人，仍以其旧主唐朝的皇历为模式来制订其历书一样，1368—1391 年的畏兀儿人（古回鹘人）尚未内附明朝，故仍据大元历为模式来制订其历书。

正如我们将要看到的那样，仅仅在 1398 年，才于高昌出现了一部明代的汉族—畏兀儿族历书。

（e）1398 年的一部常规历书残卷

144. 该文书由很短的 12 行（ML 19，第 7 号文书）组成，未被拉克玛蒂和埃布拉尔断代。事实上，它未包括有关年代的标志，而仅仅是提到了一个四月"大月"（ulug）以及该月前 11 天的甲子分类符号：汉文天干符号、突厥文生肖符号、征兆表和朔日的日期。其每日星曜的名称是 bud（梵文作 Budha，即水曜），这在本处所涉及的星期中便相当于星期三。

作为例证，现在就看一下前 3 行是怎样出现的：

（四月）ulug（大月），

①ti ud šiu bud（丁、牛、收、水曜），

②buu bars kay（戊、虎、开）。

其意为："四月，大月；初一，丁、牛、收、水曜；二日，戊、虎、开"等。

在写本卷子中，"四月"等字以及数字等均用汉文方块字拼写，但汉文的天干分类符号和征兆则都用突厥文对音所写。在这方面，该文书是以与前文研究过的（第 105 节以下）1367—1368年（ML 16—18，第 5 号文书）汉族—畏兀儿族历书相似的方式写成的，其中的数字、"月"、"小月"、"大月"、"朔日"等用汉文书写，而汉文的干支分类符号（天干和征兆）都非常奇怪地用突厥文对音书写。

无论如何，这后一种细节对于畏兀儿文人通过早在回鹘文书中就出现的语言转写文，而深刻理解突厥化的汉文干支纪年与征兆表颇有意义：1019 年，它们出现在以干支纪年符号而记载的一方高昌庙柱文（请参阅第 31 节以下）中；1202 年，同样也由于预兆表而出现在高昌，使预兆表在畏兀儿人中的使用明显要晚（两个世纪左右）。

145. 如同对于 1367—1368 年那样，对于我们的文献来说，掺和有汉文的写法以及使用征兆等，都倾向于把它断代为一个相当晚的时间（13 世纪，更可能是 14 世纪，或者甚至是 15 世纪初叶）。但是，为了考证清楚其参考年代，我掌握有一种更加可靠和更为精确的办法。

拥有 30 天的大月（ulug）四月开始于一个其天干为第 4 位的"丁"（突厥文作 ti）和地支第 2 位的"牛"（丑，突厥文作 ud）日。因此，这一天就相当于 60 甲子中的第 14 位（丁丑日）。此外，这是一个星期三，为水曜（突厥文作 bud）日。然而，对于一个特定序号（本处是第 4 号）的新月来说，60 甲子纪年中的一个特定序号的状况平均只能每 60 年重现一次。对于本处所研究的

阴历月初一日，则只能平均每7次才能出现一个星期三。"60甲子中的第24位，星期三"这种双重时限形势只能平均每420年间才重现一次。此外，29天的小月和30天的大月的统计率基本上是一半对一半，一个60甲子中的第24年的星期三开始于一个具有30天（非29天）的大月的四月，这种现象事实上平均每840年左右才能重现一次。

参阅一下黄伯录神父的日历表（BD），便会证明，自公元500年到19世纪，仅有几个占据了60甲子第14年的"大月"四月，在相继的汉文历书中，都相当于以下时间（在1582年前的儒略历和此后的格里历中）：

504年4月30日（星期五）；

597年4月22日（星期一）；

721年5月1日（星期四）；

845年5月10日（星期日）；

1155年5月3日（星期二）；

1279年5月12日（星期五）；

1341年4月16日（星期一）；

1398年4月17日（星期三）；

1465年4月25日（星期四）；

1589年5月14日（星期日）；

1832年4月30日（星期一）。

唯有1398年4月17日星期三才与我们文书中的技术数据完全吻合，这一时间特别符合其语言。

146. 因此，我可以认为，在我们文书中提到的大月四月之新月——1398年4月17日这个时间是可靠的。它占据了从1398年1月19日至1399年2月5日的虎年之位置，这一年是明太祖洪武三十一年（太帝晏驾于该年，见BD 282）。

出于更多的小心谨慎，我可以核实，本残卷中出现的预兆记载是否与指四月朔日（1398年4月17日）的时间相吻合。

在这一相当于格里历4月25日的时间，日曜大致应位于金牛宫4°处。因此，在相当于太阳经由白羊星座15°处的节气（请参阅第 110 节），就应该出现在大约 19 天之前（格里历的 4 月 6 日 = 儒略历的 3 月 29 日）。这个节气是汉族——畏兀儿族天文年中的第 4 个，开始于冬至（继摩羯星座、宝瓶星座和双鱼星座的节气之后）。因此，用于指四月一日的征兆顺序应该是较这同一日的生肖顺序"晚" 4 个个位数。这种生肖是牛（丑），其征兆是"收"（预兆表中的第 10 位）。牛在 12 生肖中占据第 2 位，从而就相当于从前一个 12 地支开始后的第 14 位。这样一来，我们便确实可以得出：14 - 10 = 4，这恰恰是代表本预料中的差距。同样，如四月十日的地支为亥（猪，it，第 11 号），其预兆为第 7 号"破"（突厥文作 pa），这样一来，我确实还可以得出下述结果：11 - 7 = 4。

因此，1398 年的该残卷中的数据，在任何方面都与法定汉文历书（因而也就是大明历）中的资料相吻合。

此外，我还观察到，在该文书已被保存下来的部分中，也就是指出了其前 10 天的生肖与预兆（第 11 天中的这一切均系由拉克玛蒂复原的，ML 19）的部分，于生肖和预兆的序列号之间，其差距经常为 4 个个位数，而这后一些预兆中没有任何一种会重复前一天的征兆。这就意味着，任何节气都不会在阴历月的这前 10 日（从 1398 年 4 月 17 日—26 日，儒略历特征）中占据位置。这恰恰是我有理由期待的情况：太阳于儒略历 4 月 17 日（格里历 4 月 25 日）位于金牛星座 4°左右的地方。它仅仅在 9 日之后，即儒略历 4 月 26 日（格里历 5 月 4 日），才处于金牛星座 13°（4 + 9）处，故而它尚不能达到决定节气的 15°处。

147. 该汉族——畏兀儿族历书残卷与大明历相比较是非常"正统的"，因而不会提出任何技术问题，通过一整套很少会重复出现的周期形势而对其时间（1398 年）的考证，便被预兆体系的运行功能所证实了。

有关这些预兆的问题，在拉克玛蒂的诠释中出现了两次误解（ML 19，第 7 号文书，第 4 和 8 行）：继第 3 行中的"开"（突厥文作 kay，预兆表中的第 11 位）之后的预兆不可能是"平"（第 4 位）而完全应该是"闭"（pi，第 12 位）。因此，第 4 行中的突厥文 pi 应该用汉文 pi（闭）来翻译，而不应该如同本文书的刊布者所做的那样作"平"。从对称的关系而讲,继第7行的"满"(突厥文作 man,预兆表中的第3位)之后的预兆不可能是"闭"(预兆表中的第12位),而确实应为"平"(预兆表中的第4号)。因此,第8行中的突厥文 pii(带有两个字母 i,以使之与 pi = 汉文"闭"相区别)应为汉文"平"(而并非如同拉克玛蒂所写的那样作"闭"的对音。对于前文第72节中所提到的预兆系列,大家还可以参阅 BC XX;ML 98,埃布拉尔的正确统计表)。

我必须全面地修正拉克玛蒂将 pi 作为汉文"平"(第4位预兆)和 pii 为汉文"闭"(第12位预兆)之对音的所有段落,因为事实恰恰相反。刊布者的错误是显而易见的,已由第4号(ML 14—16)、第5号(ML 16—18)和第7号(ML 19)文献的历书之上下文所证实。第11号文献的情况(ML 21)不太明显,用 pi 来表示汉文"平"的说法可能是一种误读,我们本来期待着 pii)。但无论如何,pii 代表汉文"闭"(第13行)是一种具有很大任意性的复原(这是对空缺之处的补阙)。

148. 拉克玛蒂的困惑不解于此则与畏兀儿人自己的举棋不定产生了共鸣,他们并未感受到汉文的尾鼻塞音(法国的汉学家们拼写作 ng)就如同他们自己的-ŋ 那样(这就证明了一种重要的发音差异),在用突厥文音标来表示它的方式上犹豫不决。他们有时就干脆拒绝标注此音,有时又在字母 i 之后再另加一个-i,有时又对音作-ŋ(n + g)。

不完善的记音例证:

pi = 天干分类中的第3位"丙"(ML 19,第6号文书,第11行);也可以被注音为 pi,请参阅下文的例证。

ti = 天干分类中的第4位"丁"(ML 14—19,第4、5、6、7号文书;ML20,第10号文书)。大家也可以注音为 ti,请参阅前一个和尤其是下一个例证。

kï = 天干分类中的第7位"庚"(ML 9,第1号文书;ML 18,第5号文书;ML 19,第7号文书;ML 20,第10号文书),ï(而不是 i)的后元音化发音似乎显得是一种将该汉文词与干支第6号分类词相区别的办法。其汉文作 ki,突厥文也作 ki。这是西方汉学家们用来表达尾音 ng 之前的汉文元音字母之音调的一种"验方"，它与突厥文中的任何发音都不相符。这种畏兀儿文记音对于汉语语言文学也可能具有某种意义。

ti = 预兆表中的第 5 号"定"，请注意不要把它与干支分类词第 4 号"丁"（ML 14—19，第 4、5、7 号）相混淆。它也可以记音为 ti（请参阅上文）。

ĉi（?）= 预兆表中的第 9 号"成"（ML 21，第 11 号），也可以记音做 ĉi（?）。但我于此掌握有拉克玛蒂的一种复原，它很可能是正确的，但却并非是一种真正的证明。

由-i 记音的例证：

pii（应读做 piy）= 天干分类词的第 3 号"丙"（ML 16—18，第 5 号；ML 19，第 7 号；ML 36，第 25 号）。

pii（piy?）= 预兆表中的第 4 号"平"（ML 14—17，第 4 号和 5 号；ML 19，第 7 号），请注意不要把它与前一个词相混淆。

以-η（n + g）记音的例证：

piη = 干支分类中的第 3 号（ML 28—29，第 18 号），其中将该词通过与以下两个词的类比而以基本上是可靠的方式作了复原：

tiη = 十支分类词中的第 4 号"丁"（ML 28—31，第 18 号；ML36，第 25 号）。

kiη = 天干分类中的第 7 号"庚"（ML 28—31，第 18 号）。

这后一种记音方式标志着与先前传统的一次决裂，于 14 世纪之前从未得到过可靠的证实（ML 第 18 号文书，1348 年；第 25 号文书的时间尚不为人所知，但它显得并不会更早多少）。

149. 预兆名称的常用突厥文对音已经都被归纳到一幅表中了（第 72 节）。我认为于下文列出已得到证实的，或者在特殊情况下是已得到可靠复原的汉文天干（突厥文作 šipkan，"10 干"之对音，请参阅第 32 节）分类符号的高昌突厥文和（粟特—）回鹘字母的对音并非无益：

1.	kia	甲	kap
2.	yi	乙	ïr
3.	ping	丙	pi、pii、piη
4.	ting	丁	ti, tiη
5.	wou	戊	bu, buu, uu
6.	ki	己	ki
7.	keng	庚	kï, kiη
8.	sin	辛	sin
9.	jen	壬	äžim, žim, šim
10.	kouei	癸	küi

对于天干和预兆的突厥文对音之婆罗谜字母拼写法，我觉得其语言解释尚未最终得到确认。请参阅 MM 73—76。对于第 9 号预兆的复原 čiη（汉文作"成"），它与那些在已得到清楚证明的婆罗谜文对音中出现的汉文用-e 来代替-ing 或-eng 的做法背道而驰。我认为更应采纳一种 če 的复原法。

150. 在我刚研究过的 1398 年的历书残卷问题上，我再次发现，畏兀儿人的历法和历书史明显是由政治和宗教历史决定的。

只要信奉佛教的中国唐王朝在继续，他们就仍具有无可争辩的和具有崇高威望的宗主权，因而信奉佛教的回鹘人都会在所有具体问题上都一丝不苟地沿用中央帝国的汉族—佛教历法，这种历法是中国传统和印度星相学的综合产物，信奉摩尼教的回鹘人自己在拥有他们独自的起源于粟特的宗教历法的同时，肯定也是以其中原历法为自己的民用历法，他们同样参照了中原历法。

自唐王朝（后唐）于 936 年在五代的动乱时期最终崩溃之后，回鹘人却继续使用他们在很大程度上接受了的唐朝曾行用的汉族历法准则，而且这种历法当时仍由中国各对立王朝继续使用。所以，高昌的汉文—回鹘族历书直到 10 世纪中叶始终都符合中国汉地的历书。然而，在 981—983 年间，由于回鹘人尚未内附中原的汉族新的王朝——宋朝，可能不再拥有根据汉地历书法典的所有细节而计算未来几年历书的技术手段了，所以他们使用了一种经验性的方法，其具体做法是重复使用在完全相符的天文背景下的唐代旧历书中的数据。

从 984 年起，王延德出使高昌致回鹘人承认了宋朝，回鹘人于是便开始完全遵循中原天朝官历，似乎是一直不间断地坚持沿用到下一个王朝——信奉佛教的元朝的崩溃，他们与该王朝保持着密切的关系。甚至在 10 世纪末叶和 11 世纪最早几十年间，信奉摩尼教的回鹘人仍保持了他们自己的宗教历法，基本上是参照了"正统的"中原历法。

继元代于 1368 年崩溃之后，尚未承认中原汉族的王朝明朝的畏兀儿人，似乎直到 1380 年，仍在根据元代的历书而计算其历书。但他们似乎是从某个时间（在现有资料的状况下，根本无法明确断代）起，又以高昌故址而不再是北京为其天文参照点。在 1384 年之前不久和直到 1391 年（含该年在内），他们可能是失去了独自继续这种计算的技术手段，于是便似乎是用 19 年周期而取代了它。

但在 1398 年，正如我最后研究的残卷所表明的那样，新王朝自 1385 年（DH 533—534）于西域方向所作的外交努力，以产生重大效果而告结束。高昌畏兀儿人（可能是佛教徒）又重新沿用汉地的皇历——大明历。

151. 1398 年的这份历书残卷是我所掌握的高昌—吐鲁番的最后一种畏兀儿文文献，它明显是对中国皇历的一种移植。

从 15 世纪初叶起，狂热的穆斯林——成吉思汗后裔黑的儿火者（Khizr Khōǰa，克孜尔—和卓）汗（DH 502—503）政权强迫高昌—吐鲁番接受了伊斯兰教，使那里突然间中断了中国中原—佛教的传统。从此之后，便由伊斯兰历（回历）支配当地操突厥语居民的生活了，至少在官方和宗教的领域中是这样的。

就日常生活而言，这一切并不意味着汉族—畏兀儿族历书已遭人遗忘。其最通俗的形式，至少是自 6 世纪末被传进突厥人中的 12 属（12 生肖）历的形式，直到今日为止，始终存在于吐鲁番地区和整个东突厥斯坦（新疆），特别是如同由卡塔诺夫（Katanov）于 1890—1892 年间搜集到的有关 12 生肖信仰的文献（EB 84—89）所证明的那样。

此外，带有突厥文译文以及各种编译改写文的 12 生肖周期，几乎在各地都一直延存至我们今天（唯有奥斯曼帝国的领土例外，它在那里很快就被废弃不用了），行用于已经伊斯兰化的突厥语诸民族的私人用途和民间星相学方面。

但畏兀儿历书的汉族—佛教传统似乎于 15 世纪初叶左右，在高昌和吐鲁番最终消逝了，也就是说与伊斯兰教以暴力而灭绝的佛教同时消逝了。无论是蒙古（蒙兀儿）准噶尔汗国的缔造者——藏传佛教徒噶尔丹（Galdan）于 1681 年之后对该地区的征服（DH 608），还是满族和信奉佛教的大清王朝（自 1644 年于全中国掌权）对成为中央帝国之"新疆"的整个东突厥斯坦的平定（这次平定新疆完成于 1720—1759 年，DH 614 和 621—622），都似乎未使这种历法再次兴盛起来。

152. 此外，在距吐鲁番东南千余公里的甘肃甘州地区，在汉族社会环境中，古高昌回鹘旧部的后裔似乎已由为逃避迫害而自高昌和吐鲁番迁来的佛教徒维吾尔人①所加强，将汉族—佛教的历书之科学传统至少一直维持到 17 世纪末，正如于 1687 年和 1688 年在甘州译成的《金光明经》（Suvarṇaprabhāsa-Sūtra）的晚期维吾尔文"经典"之题跋所证实的那样。我将以比较的方式而根据埃布拉尔书（ML 81）来引证这些题跋，埃布拉尔已考证清楚了其时代：

"tay-čiŋ kuo kaŋ-si, yegirmi altïnč, otčuk-takï ōt kutlug tavïšgan yïl…onunč ay yegirmi tört-i kutlug kün üzä"。

其意为："大清朝康熙二十六年，兔年，其五行为灶中火（请参阅第 117 节）……在十月二十四日的吉祥日子里"（相当于 1687 年 11 月 28 日）：

---

① 唐前期的回纥人、唐后期至宋代的回鹘人、元代和明代的畏兀儿人（畏吾儿人），到了清代又叫做维吾尔人，并沿用至今。——译者

"tay-čiŋ kuo kaŋ-si, yetti ottuzunč, ïgač kut-lug uu lū yïl onunč tolun ay ottuz-ï, mančuširi bodisatv yagïz-ga inär ir toŋuz kün üz-ä."

其意为："大清康熙二十七年；戊辰年，其五行为木，大月，十月三十日，乙亥日，文殊师利菩萨降临大地"（相当于1688年11月22日，但在日子的干支分类词中有误，请参阅下文）。

"kaŋ-si, yegirmi altïnč yïl, altïnč ay-nïŋ säkkiz yaŋï-sï, či tegmä tutmak kün, šim sïčgan kün üz-ä bašlayu bitip, säkkiz-inč ay-nïŋ ay tolun-ï beš yegirmisintä bitiyü tolu kïldïm."

其意为：（本经文）"开始写于""康熙二十六年，六月的新月八日，执日，壬子日，我在八月的满月15日全部完成了对它的写作。"（相当于公元1687年7月14日，然后是1687年9月21日，但在第一个时间的月份中却出现了错误。请参阅下文。）

153. 在维吾尔文历书传统的这最后一种很晚的状态下，人们所面对的始终是一种知识界的"学术"历法。其中除了提到中国的朝代和皇帝年号（康熙）的年代、用突厥文对音转写的汉文天干分类符号、12年周期中的生肖之外，偶尔还记载有预兆（执，第3篇题跋中的第6号预兆，有关对该词的译名，请参阅第72节）。但撰写这些题跋的突厥语佛教僧侣们并不会完全避免粗心大意和计算的错误。

正如埃布拉尔正确地指出的那样（ML 81注释），在第2篇跋文中，于日子的干支分类中有一处错误，1688年的中国年十月三十日（BD 318）是一个60甲子中的第6日，而"乙亥"（猪）日则相当于第12日。但却是在前一年——1687年，十月三十日才相当于60甲子中的第6年。编写者在参照其日子的甲子对照表中搞错了一年。我要指出，正如在第3篇题跋中一样，tolun ay可能是指"大月"，于此也可以被用于翻译汉文中的"满月"（CS 408c，第4027条）。它除了指"满月"之外，也可以意为"大月"（＝30天），于此应保留这一意义。本处的十月拥有30天（在高昌回鹘文中，"大月"作ulug）。

在第3篇题跋中，säkkiz yaŋïsï意为"新月八日"，这其中的第一个时间是一种错误：壬子日（60甲子中的第49天），预兆中的第 6 位 "执"（与"鼠"同级,1,或者是 12 + 1 = 13 和 13 − 6 = 7,这是对于一个晚于格里历 7 月 7 日第 7 个节气的时间之正常日差）系 1687 年 7 月 14 日, 它事实上是六月六日（BD 318）。抄写者在希望根据日子的干支分类词而恢复一个月的某日时, 搞错了两日。他本应该写作 altï（6）而并不是 säkkiz（8）。我们应该指出, 在第 2 个时间的问题上, tolun ay 的意义与前引第 2 篇题跋中的情况恰恰相反, 确实意为 "满月", 其最常见的突厥文之词义则基本是指阴历月的十五日, 而且它也落到了秋分点上, 这是一个吉祥的星相时刻, 是被非常精心地选择出来的（请参阅第 9 节末, 第 17 和 40 节：两分点和两至点之特有值）。

154. 上文指出的误差（还可以参阅第 112 节, 有关 1368 年的一卷文书）都是科学历法体系与其大量分类符号（天干、地支、五行、预兆、星座、诸曜、诸宫等）之间错综复杂关系的结果, 人们很容易在它们之间产生混淆。

本处根本谈不到大众（甚至是于其人数很少的知识界中）于其日常生活中会使用一种如此复杂历书的问题, 这种历法知识（有时也是不完善的）几乎肯定是由少数僧侣——星相术士们所专有的。

事实上, 在高昌和吐鲁番, 当仅仅是涉及为一部世俗著作（尤其是一件私人文书）断代时, 回鹘人仅仅注意历书中的主要内容, 这就是：12 生肖周期中的年代、月份、日子。在这一方面, 他们完全如同古代突厥碑铭文献的撰写者们一样行事。作为例证, 我仅引用出现在回鹘文法律文献中私契的几个时间：这些文献已经先由伯恩斯坦（Bernštam, MN）所刊布, 又由马洛夫（Malov, HE 200—218）重复研究过：

küskü yïl, bir yegirminč ay, al(tï yaŋï)ka：鼠年, 阴历十一月, 新月六日（HE 204, 第 1 行）。

küskü yïl, altïnč ay, on yaŋïka：鼠年, 阴历六月, 新月十日（HE 208, 第 1 行）。

takïku yïl, aram ay, altï yaŋï-ka：鸡年, 欢乐月（元月）, 新月六日（HE 209, 第 1 行）。

bičin yïl, čakšapud ay, ekki yaŋï-ka：猴年，法定月（十二月），新月二日（HE 211，第1—2行）。

yunt yïl, ekkinti ay, säkkiz ottuz-ka：马年，二月二十八日（HE 214，第1—2行）。

bičin yïl, törtünč ay, beš yaŋï-ka：猴年，四月，新月五日（HE 215，第1—2行）。

takïku yïl, ekkinti ay, säkkiz yegirmi-kä：鸡年，二月十八日（HE 216，第1行）。

历书的数据于此都被压缩到了最低程度，根据起源于中国中原的一种已得到明确证实的习惯用法（请参阅第四章第15节，从760年起），唯一多余的词组是 yaŋï（新月）一词，它附于阴历月前10天的日子中。

这种断代的简化形式之对立面，便是在生肖年代问题上仅有的一种具体解释。除了一种更为复杂的背景之外，根本不可能考证清楚其时间（12、24、36 等12的倍数之年）除外。天干或五行分类顺序的唯一增补是具有 5 倍的年代准确性，在一个 60 甲子中确定这一年。但回鹘人的常见用法甚至放弃了这种增补，可能是太具有"学术"性了，已经超出了普通人的理解能力。

因此，在实际行动中，回鹘人为了日常使用，而仅满足于将其年代断代于一个生肖的12 年之周期中。由操突厥语的大众完全掌握的唯一历书内容（当然，月与日例外）是地支（12 生肖）周期，它被用于了年代（而不是如同在科学历书中那样系指日与月）。

155. 我认为，在这一章的长篇论述结束时，对于在至今所研究过的文献中出现的12 生肖的突厥文名称（暂将意义不大的语音异读弃之不顾）作一番总结，绝不会无益。它们是汉地12 支纪年（请参阅第三章，第 8 节）之民间的和"不规范的"代用词。我在下表中将标出它们的顺序号：

1.　子　鼠　küskü, sïčgan
2.　丑　牛　ud
3.　寅　虎　bars

4.	卯	兔	tavïšgan
5.	辰	龙	lū
6.	巳	蛇	yïlan
7.	午	马	yunt
8.	未	羊	koń, koyn
9.	申	猴	bičin
10.	酉	鸡	takïgu
11.	戌	狗	it
12.	亥	猪	lagzïn, toŋuz

有关汉文"支"的情况，请参阅 BC 第Ⅶ页和 ML 98。

有关回鹘文名词的那些用婆罗谜字母拼写的不同写法，请参阅 MM74，注释 b，应从中删除第 12 号 balïk（鱼），这是一个错误假定的词，它从未取代过"猪"（toŋuz，请参阅第 96 和 97 节）。

对于显得较为古老的"鼠"，它从 13 世纪起似乎受到了 sïčgan〔由于其粗俗的 chiard（大便）之辞源，某些作者都避免使用它〕的竞争。

对于"猪"（lagzïn，家养猪，这不是一个突厥词）的用法则过分古老了，它于 8 世纪末或 9 世纪已由 toŋuz（野猪）和"猪"所取代。

lū（龙）一词不是突厥文，它似乎确定是借鉴自汉文"龙"（CS 705 c，第 7318 条）。

对于"鸡"，回鹘文曾写作 takïgu。它在古代既意为公鸡，又指母鸡，或者是指"母鸡"之意义上的对应词的专门化用法，则要晚于指"公鸡"的外来词，诸如波斯文 xorūs 那样的使用。

156. 除了它们为年代分类的民间常见用法之外，12 支（生肖，属，动物）还在高昌市民习惯或者是不同程度汉化的阶层中，用于指汉文定义的 12"更"（双时），它们完全划分了一昼夜，其一更是子时，分在子夜前后。

高昌的一篇用婆罗谜字母拼写的回鹘文献（可能是 13 世纪的）提到了辰时（龙时，102）；另外一篇高昌回鹘文文书未被断代，但很可能是元代的（13 或 14 世纪。见 ML 35—46，第 25 号文书，第23—35行），它是有关星相学的，可能是译自汉文。其中提到了午时（yunt ödintä）和子时（sïčgan ödintä）。有关汉地的时辰划分，请参阅 BC 第 XX—XXIV 页；生肖于此仍如同在汉族的民间用法中一样，为 12 支（星相学的）的代名词。

因此，以 12 种动物（属、生肖、支）表达的汉族时间划分法，似乎确实至少于 13 和 14 世纪时在高昌使用过。

无论如何，从 6 世纪起，突厥人自汉族民间星相学继承下来的 12 支周期的精确用法，是一种以 12 来划分年代周期的用法。这是一种非常古老和非常通俗的用法，最终在具有各种信仰和各种宗教的突厥人（正如大家所看到的那样，包括穆斯林和基督教徒突厥人）中，被视为一种典型的"民族"用法。

第六章　突厥文历书的最早
伊斯兰教修订本

1. 直到现在，我才仅仅研究了在尚未伊斯兰化的突厥社会中行用的历法和历书，这种突厥社会甚至未与伊斯兰世界有过任何密切接触，无论是伊朗还是阿拉伯的伊斯兰世界都一样。

然而，自 8 世纪中叶以来，继大食人（阿拉伯人）在怛逻斯（Talas）于 751 年大捷之后（DH 171），河中府（Transoxiane）以及康国（Samarkand，撒马尔汗）和安国（Boukhara，布哈拉）都变成了伊斯兰教的地盘，先被置于大食哈里发们的统治之下，从 874—875 年起又被置于了伊朗萨曼穆斯林王朝的统治之下（DH 195）。从此之后，西域西部边陲的突厥族居民们就这样与穆斯林建立了持久的联系，穆斯林的布教热忱越来越深刻地感化了他们。

伊斯兰教在突厥人中的传播，于开始时仅限于使其奴婢和雇佣军改宗。但从 10 世纪中叶起，这种归化却变成了飞速发展的强大热潮。当出自萨曼朝的一名旧雇佣兵的伽色尼人（Ghaznévides，哥疾宁王朝）的穆斯林突厥王朝，于该世纪末控制了今之阿富汗和呼罗珊（Khorassan）地区，楚河（Tchou）、伊犁河（Ili）地区和喀什地区的突厥部族，并在他们的"黑汗"或"喀喇汗"（Kara Xan）的领导下，大规模地改宗信仰了伊斯兰教。他们于信仰佛教和摩尼教的回鹘人之西部边陲创建了第一个基本上是突厥人的伊斯兰国家，也就是喀喇汗人（Kara Khanides，DH 198—200）的国家，它于999年成功地征服了布哈拉与河中府（DH 200）。

经过三分之一个世纪之后，一个乌古斯（Oghouz）突厥游牧部族——刚不久才被伊斯兰化的塞尔柱（塞勒术，Seldjoukides）部族从其旧主伽色尼人手中夺取了呼罗珊。该部族随后在1042和1055年间将其征服扩大到了几乎整个伊朗和伊拉克，它在那里成了缚达（巴格达，Baghdad）哈里发们的监护人，而这些哈里发本来是全世界伊斯兰教的名义首领。1071年，塞尔柱人在马拉只吉德（Malazgerd）战胜希腊人和亚美尼亚人之后，便为突厥乌古斯人的入侵打开了通向拜占庭和基督教的安纳托利亚之大门，紧接着便是迅速的伊斯兰化（DH 203—208）。

2. 在这种历史背景下，突厥人及其特有的文明、特有的语言、风俗和习惯，甚至附带地连同其历法，都似乎越来越多地吸引了穆斯林文人的注意力。因此，我们可以期待能在10世纪和特别是11世纪的阿拉伯、波斯伊斯兰文献中，找到与我们本处有关内容的具体资料，这也就是说有关当时突厥人历法和历书的资料。

我必须承认，在这一点上，至少是在我的知识现状下，对此所作的总结是令人沮丧的。初看起来，这种资料的匮缺可以通过有关该内容的文献损失来解释。但是，在阿拉伯文和波斯文的伊斯兰教稿本著作传统（其中有关天文学和历法的著作并不缺乏，参照其前人的地方也甚为丰富）中，据我所知，从未提到比鲁尼（Bīrunī）之前的突厥人历书的任何作者，而比鲁尼在11世纪前三分之一年代中曾非常简单地写过有关这一问题的著作。无论如何，他向我们指出的史料都非常零散和贫乏。

比鲁尼本人却经常往来于突厥血统的伽色尼（哥疾宁）王朝的宫廷，他学识渊博而又长篇大论地论述过伊朗历法。但在1030年左右，他仅为我们提供了有关其时代突厥人历法那非常孤立而又未能被透彻理解的资料。

最大的中世纪突厥学家马哈穆德·喀什噶里（Maḥmūd al-Kāšgarī）本人也是喀喇汗朝的突厥人。他于 1072 和 1083 年间在缚达（巴格达）写作，留下了有关突厥人语言和传说的一部广泛论著，其中的资料极其丰富和令人钦佩的翔实可靠。他在这种历法问题上比比鲁尼稍微雄辩一些，因为他自己是在讲述本人所直接了解的东西。但他于此依然停留在细枝末节和粗略论述的水平上，在明显只会很少激起其兴趣的一点上，匆匆忙忙地结束了论述。

3. 在 13 世纪中叶（在回鹘历书的一丝不苟的继承人蒙古皇帝时代）之前，似乎没有任何穆斯林作家对于突厥历法作过认真严肃的研究和系统的阐述。至于笔者本人却认为，这种基本是鄙视的行为，完全是由于在穆斯林文人中，对于这种历法的天文学基础一无所知，把它视为突厥"异教"的民俗遗迹，又沾染了 12 生肖周期、"原始"迷信和甚至是动物崇拜的色彩，同时也是由于已被伊斯兰化的突厥人（因为他们采纳了阿拉伯历法，以供教俗事务使用）那主宰具体确定汉族—突厥族历法工作的理论知识迅速地退化了。在这个时代，真正掌握这些知识者仅有的突厥人，也就是高昌（吐鲁番）汗国的非穆斯林回鹘人，他们大部分都是佛教徒，非常坚定地敌视伊斯兰教并且不与伊斯兰文人进行任何接触。

在突厥人被伊斯兰化的最初几个世纪中，他们另外还基本倾向于尽可能地与阿拉伯—波斯伊斯兰世界同化，将他们的民族传统中那些（诸如 12 生肖纪年）与伊斯兰文明相矛盾的内容搁置起来，或者甚至是抛弃。正如大家在成书于 1070 年的喀喇汗文学的大训教著作《福乐智慧》（Kutadgu Bilig，NE）中看到的那样，其中唯有对于天文学、宇宙论和历书问题的深入阐述（主要是第五章，NE 29—31）是由对黄道 12 宫带、七曜和四气的一种阐述所组成，它们在各方面都符合由伊斯兰教传统所采纳的希腊科学中的数据。当喀什噶里本人在提到其突厥同胞们的某些信仰或某些习惯时，也未能避免犹豫不决。

4. 直到 13 世纪的前三分之一年代（含这段时间在内），有关突厥历法的已知伊斯兰史料基本上付阙如。我们于此就不再重复对这些史料的研究了，奥斯曼·土兰（Osman Turan）已经完成了这项工作（BM 10—15），除了我将于下文讨论的比鲁尼和喀什噶里的几段简短文字之外，土兰实际上不能为我的研究提供任何内容。

大约到了 13 世纪中叶，形势发生了彻底变化。成吉思汗的后裔由于大批突厥人（途鲁吉人）、伊朗人、伊拉克人和大部分塞尔柱安纳托利亚人的归附而得以加强，突然间把一种多少带有一些崇拜色彩的对西域突厥—蒙古传统的兴趣，强加给了具有阿拉伯—波斯文化的整个伊斯兰东部世界。

至于那些新的征服者们，其帝国从太平洋一直延伸到地中海。他们始终对这些传统感到自豪和充满优越感，甚至当他们为了伊斯兰教的利益而放弃其古老宗教（萨满教、佛教或景教）时也如此。他们最为执著的特有文化的一种内容，恰恰就是 12 生肖历，系自蒙古地区的突厥人和回鹘人中继承而来。

这就是为什么从元代起和仅仅在这一时代，这种汉族—突厥族历法，此后又由成吉思汗后裔帝国的蒙古和突厥族居民非常熟练也沿用了，它变成了一种值得东方伊斯兰教学者们研究的内容。他们之中最大的学者便是波斯天文学家纳昔尔 – J·图西（Naṣir-ad-Dīn Ṭūsī），他自 1256 年起（BM 15，注②）变成了伊朗的蒙古族和佛教徒新君主旭烈兀（Hülägü）的谋臣（DH 426以下）。他用波斯文撰写了有关这种历法的第一部系统著作：《突厥人年代准则》（Aḥkām-i Sāl-i Turkān）。非常遗憾，此书已成佚作。但直到兀鲁伯（Ulug Beg，15 世纪中叶）的巨著问世，它始终为有关此内容的伊斯兰文献的持久和几乎是唯一的启发性著作（BM 15—19）。

5. 我在致力于研究畏兀儿—蒙古历法及其发展的下一章（第七章）中，将论述有关这一问题的伊斯兰史料中提供的情况。虽然在准确方面，它们远不如我直接取自在前一章（第四章）中作了长篇研究的高昌畏兀儿文历书制订者们的资料。我于此仅限于指出，从 13 世纪中叶起，只要蒙古在西域和伊斯兰世界东部的统治仍在继续，12 生肖历就是已为我们清楚所知的汉族—畏兀儿族历书的忠实继续。

但是，把有关 13、14 或 15 世纪的伊斯兰资料移植到 11 或 12 世纪，则是一种令人憎恶的办法，更何况将同一时代或稍后一些时代的汉族—佛教畏兀儿文历书归于 11 世纪时已经伊斯兰化的突厥人了。

因此，我于此只此满足以（尽管其资料非常贫乏）仅有的两位穆斯林作家向我们提供的有关突厥人在蒙古大规模入侵之前（他们已与伊斯兰教有所接触）的历法资料。这两位作者均为 11 世纪人，他们使我多少获知了有关这一内容的资料，这就是比鲁尼和喀什噶里。

6. 比鲁尼（Abu Rayḥān Bīrunī）是花剌子模（今基辅附近）的穆斯林，依附于伽色尼（哥疾宁）宫廷，当然是该时代的一名伟大的天文学家和数学家。他为我们留传下了一批有关他由于其血统而直接获知的伊朗历法的具体和无可替代的资料。但他基本上与突厥文化格格不入，无法对此作出评价，仅仅是非常肤浅地和不连贯地关心当时作为突厥文化组成部分的突厥历法。此外，人们至今尚未掌握其著作的任何真正科学的版本，其中论述突厥月份的最重要段落（NJ 71）仅以一种糟透了的状态留传给我们了，带有许多篡改和夺衍文，从而完全地歪曲了其意义。但令人遗憾的是，它们已被欧洲的东方学传统毫无考证地接受了，从金泽尔（Ginzel）的巨部编年史著作（BB 499）到普里察克（Pritsak）的一篇最新论文，经过了到奥波尔德·德·索恕尔（Léopold de Saussure）有关中国天文学起源的那些充满新思想而又过分轻率的著作（AM 182 以下），其中对于"突厥月份"所讲的一切（它们提供了公元前第二个千年纪的阴历历法之证据）都完全是以被归于比鲁尼的文献所遭受的明显混乱为基础的，而且其鲁莽的诠释者们被迫在一点上作出修正（"在 2 和 7 的数字之间产生了移位"，AM 183）。

我几乎难以置信，某些对于月份顺序如此明显的错误会非常顽固地延存于突厥学传统中（其所谓的顺序为："一月、七月或二月、六月、五月、八月、九月、十月、四月、三月、二月或七月"）。它以一篇很简单和明显曾遭过篡改的 1030 年左右的文书为基础，而我们却掌握着有关自 8 世纪以来的"突厥历法"以及 10—14 世纪完整的回鹘历书，或者是重要和连贯的片断。

我在本书第三章（第 19—21 节）中，已经指出了阅读比鲁尼书以及由此而产生的理论是无益的。

7. 事实上，依靠我从其他地方获得的有关 8—11 世纪古突厥历法的详细而又由丰富文献支持的知识，对于已遭篡改文献的内部考证（第三章，第 19 节），导致我（第三章，第 29 节末）对 1030 年左右由比鲁尼指出的"突厥月份"作出如下复原：

"ulug āy, kičig āy, birinč āy, ikinč āy, üčünč āy, törtünč āy, bēšinč āy（altïnč āy, yetinč āy）, säksinč āy, toksunč ay, ōnunč ay."

其意为："大月、小月、一月、二月、三月、四月、五月（六月、七月）、八月、九月、十月"。

但除了前两个名称之外，11 世纪前三分之一年代的突厥阴历月的这些名称未为我们提供任何重要的惊奇之处。事实上，最后 10 个名词完全相当于汉族—回鹘族历书和进一步推而广之是于汉族—突厥族历书中的前 10 个阴历月。对于阳历月名称使用数词似乎完全可以揭示出这是汉地的习惯，至少是自 8 世纪以来受到了中原影响的突厥民族所采纳。

8. 在语言学方面，已出现的序数词提供了有关 1030 年这一时间的一些引人注目的特征。

据我所知，最为引人注目的特征是首次出现了 birinč（第一）一词，其读法是不容争辩的。稍后不久，它在各种突厥方言中都司空见惯了（尤其是以其晚期的异体字 birinči 之形式而出现），但它不见诸于碑铭"古突厥文"和中世纪回鹘文中。其有关"第一"的意义，碑铭突厥文中做 ilki（处于前面者，见HL 52，GB 208b）和 aη-ilki（处于最前面者）。它特别是出现在（aη-il）ki āy（元月）中，这是根据蓝司铁（Ramstedt）对于743 年的西耐—乌苏碑那无懈可击的复原而得出的解释（见第四章，第 15 节）。回鹘文中也有 aη-il-ki 一词（ML 23，第 14 号文书），此外还有 baštïnkï（出现在最前面）一词（ML 20）；第 9号文书，989 年；ML 28，第 18 号文书，1348 年。

继比鲁尼之后，第 1 位重视 birinč 一词的作者是喀什噶里（1072 和 1083 年之间）。喀什噶里具体解释说，该词在具有正规的组成之同时，却不大被人使用（NC 373）。在他们的著作中，正常的词汇是 ilk（NA 43），出自 ilki。事实上，birinč 确实作为新词而在这个时代出现，它可能是一种方言，系根据自"第 3"（üčünč）等开始的序数数词系列而改变的（FA 104）。

同样，我可以很容易地通过复原比鲁尼文中的启始声母 alif而恢复的 ikinč（第 2）首次出现在那里。碑铭突厥文（HL 52）和中世纪回鹘文（FA 310b）中均作 ekkinti、ekinti 和 ikinti。其正常的喀喇汗文形式是 ikindi（GB 206b），喀什噶里共使用该词12 次，而他对于 ikinč 却仅仅使用了 3 次（GC 228—229）。这里又是指一种类似的革新。

比鲁尼所采纳的字形为：säksinč（第 8）和 toksunč（第 9），与此相对的则是古突厥文和中世纪回鹘文中的 säkkizinč 和tokkuzunč，这是酷似喀喇汗文中的 säks-ōn（80）和 toks-ōn（90）的语音发展结果，后者又分别出自 säkkiz-ōn 和 tokkuz-ōn（喀什噶里：NA 437）。这里仍然是与"古典"写法的突厥文（回鹘文即为其模式）相比较的方言革新。

9. 为了突厥历法史，比鲁尼的札记也提供了许多过去未曾刊布过的资料。

除了其新词义的特征之外，birinč āy（元月）一词还具有这样一种颇有意义的特征，我通过为指（汉族—突厥族）一年中阴历元月而使用一个序数词的用法而从中发现，这种古老的用法自从 8 世纪出现在西耐—乌苏碑中之后一直持续沿用：（aŋ-il）ki āy，请参阅上文以 birinč 来作为 aŋ-ilki 的词义之确切对应词。

稍后不久，在高昌的回鹘文书中，每年的元月都被称为 aram āy（不用序数词），系指"欢乐月"（见第五章，第 81 节）。这是一个伊朗文的借鉴词，它如同指阴历十二月（čakšapat）的古典回鹘文名称一样，意为"法定月"（同上），通过粟特文而出自梵文，似乎具有佛教影响的特征。这两个短语中的任何一个都未出现在比鲁尼的札记中。奥斯曼·土兰由此而得出结论认为（BM 11），为这位作家提供资料的人绝非是回鹘人。无论大家可以对此形成什么样的观点，由于其他原因，这种论据在这后一点上并不是颇具说服力的。事实上，现在已知的和已被断代的、出现过"欢乐月"和"法定月"的第一种文献是 1202 年的一本高昌历书（请参阅第五章，第 56 节以下），因而较比鲁尼的资料要晚 170 年左右。

我们仅仅肯定地知道，"欢乐月"和"法定月"等词从 13 世纪初叶起就已被用于佛教徒回鹘人或受佛教影响的文化界了。但 11 世纪时的摩尼教徒或景教徒回鹘人可能并不遵循同样的习惯用法。无论如何，我们没有掌握 aram āy 的用法，而是用（aŋ-il）ki āy 来指"元月"。大家还可以参阅上文有关 8 世纪中叶在蒙古地区回鹘人中的情况。在 11 世纪时，我们既没有掌握 aram āy，又未见过 čakšapat āy 出现的任何证据，它们当时既未出现在回鹘文书中，也未出现在比鲁尼和喀什噶里的著作中。

10. 更为有意义的是，虽然存在着 birinč āy（元月），但这毕竟是不大令人惊讶并仅仅表现出了一种方言特征。在比鲁尼的著作中，这个词的存在是由于该月份名称仅出现在第 3 位中，其前面还有另外两个从未出现过的月份名称：ulug āy（大月）和 kičig āy（小月）。

众所周知，ulug 和 kičig 等词经常被用作 ay（阴历月）的表语，至少是从 10 世纪末起（第五章，第 57 和 83 节），在高昌回

鹘文历书中分别指汉族—突厥族历书中的"大月"（30 天）和
"小月"（29 天）。这样一来，我们首先便可以联想到，比鲁尼
在为他提供资料的人之所说的意义问题上感到的困窘。这些人可
能首先告诉他说，在突厥语中存在着"大月"和"小月"，即
ulug āy 和 kičig āy。但是，除了责备一名学者的轻率（他在其他
地方是非常严肃的）之外，我认为应该放弃这种非常简单的解
释。普里察克从中揭示出了另一种解释，我觉得它是非常翔实可
靠的（我认为还可以对这种解释提供新的支持）。我将于下文重
复论述其论据的要点（DS 189，9），但却以我自己的方式来解
释它。

在阿尔泰（Altaï）和叶尼塞河上游（Haut-Iénisséï）地区的
突厥语（它很少受西部的影响并始终表现得很保守，伊斯兰教
未能进入这些地区中），冬季相继的两个农历月被分别称为"大
冻月"和"小冻月"，或者是"大寒月"和"小寒月"，ulug
（大的）和 kičig（小的）这两个词，或者是它们在方言发音中的
对应词，都出现在这些名称的开头处（请参阅 GA I 和 7，DS
189）：

（叶尼塞河上游地区，哈卡斯语）萨盖语作：

（Haut-Iénisséï《xakas》：）sagay：ulug kïrlas ay，kičig kïrlas
ay；beltir：kičig kïrlas，ulug kïrlas；sarïg-šor，kara-šor：kičü kïrlaš
ay，ulu kïrlaš ay"。带有"kïrlaš、kïrlas"（冻了）。

（叶尼塞河上流—丘雷姆河地区）：

"küärik：kižig suak，ulug suak；（Altaï：）teleut：ulug souk
ay，küčüg souk ay；带有"suak、souk"（冷）。

但是，对于我来说，最有意义的证据，则是由拉德洛夫
（Radloff）于 1860 年左右指出的那一种（GA I，7a），它涉及了
叶尼塞河上游的绍尔（šor）方言（真正的绍尔方言），其中一
年最后两个月的名称都省去了 kïrläs 一词（与萨里克—绍尔语和
黑—绍尔语相比较，请参阅上文）。它们分别如下：

十一月：大月（ulug ay）；十二月，小月（kičig ay）。这完

全如同比鲁尼天文历表中的"突厥月"的前两个名称一样！

11. 这最后一些事实值得我们于此花费更多的笔墨，而普里察克却未曾这样做。事实上一方面是绍尔语，尤其在它于 19 世纪中叶的状态下，它是突厥语中最保守的一种方言（绍尔人在当时仍为萨满教徒）；另一方面，拉德洛夫为了大致确定这些阴历月的时间，提供了一种珍贵的迹象：他继绍尔年的元月之后，又提到了"风月"（čal ay），时值"1 月中旬"。这在由他沿用的俄罗斯历法（儒略历，当时与我们的格里历相比晚 12 天）中，以今天的时间计算，则大致相当于 1 月 27 日，因而也正是该月之末。

因此，叶尼塞河上游的传统年之元月，于 19 世纪中叶开始于我们的格里历年 1 月间相当晚的时候了，这是根据了拉德洛夫提供的资料（他于其自俄文译做德文的译著中具体解释说："开始于 1 月中旬"）。所以，它应该是平均（因为这个阴历元月只能被定在约 30 多天后的阳历年中）基本相当于我们的格里历的 2 月。这一点就完全符合古代汉族—突厥族传统。据认为，民用年的元月正是太阳进入双鱼宫（在一个相当于我们的 2 月 20 日左右的时间）的月份。请参阅第三章，第 4 和 5 节；BC 第XII-XIII页和第 XVIII 页。作为比较，我还应该指出，在 19 世纪时，一个中国民用年初最后的格里历时间（RD 332—344）是 1 月 21 日（1814 年）和 2 月 20 日（1833 年和 1852 年）。

12. 非常遗憾，我不知道叶尼塞河上游的绍尔人为在一个阳历年中划分他们的阴历月份时所使用的技术手段。但是，我可以从拉德洛夫所搜集的资料中推论出，至少是大致地和在主要方面（尤其是在对于新年的时间问题上），他们当时仍在继续沿用由古突厥人和回鹘人从中国中原王朝继承而来的古老历法传统。此外，这并非是一种确实令人震惊的事实，因为居住在今哈卡斯人自治领土最南端地区的绍尔人（GM，地图插页）与图瓦（Touva）的突厥语民族索荣人（Soyon）具有直接的联系。直到 1911 年，他们始终处于中华帝国的正式统治之下；直到这一时间，他们仍遵循以 12 支周期的民间和突厥化形式而出现的中国中原历法（请参阅 GN 530—531）。大家于其中甚至还发现，他们对于龙年（ulu čïl）仍使用了回鹘文的古老术语 lu yïl，带有一个借鉴自汉文并在古突厥文中出现的"龙"（lū）字，请参阅第三章，第 13 节。

由比鲁尼提到的以序数词记载的"突厥月"的名称明显都参照了汉族—突厥族历法。19 世纪的绍尔历仍然属于这后一种历法的传统。我完全有权利将比鲁尼表中的前两个名称 ulug āy（大月）和：kičig āy〔小月，它们均写于"元月"（birinč āy）之前，应该是分别相当于汉族和古代突厥族历法中的阴历十一和十二月〕与由拉德洛夫于绍尔人中指出的两个相同名称 ulug ay（大月）和 kicig ay（小月，指十一和十二月的名称，基本相当于我们一年中的 12 月和 1 月）进行一番比较。

正如普里察克非常正确地看到的那样，我们一举便可以获得对这些初看起来没有意义的词汇所作的解释。将绍尔文与毗邻地区的口语资料进行一番比较便说明，这里是指省略短语，其中的 ulug（大的）系指"大寒"，kičig（小的）系指"小寒"。对于相当的和从年代上相吻合的月份名称，很可能也应该如此，这就是比鲁尼所说的 ulug āy 和 kičig āy。

13. 我们甚至认为能以更大的技术准确性而解释突厥文名词的起源：在汉族—突厥族历法中，ulug āy 意指"十一月"，kičig āy 则系指"十二月"。

首先，由于语言学的原因，致使突厥人于此放弃了使用序数词。在古突厥语的古老的记数法中（请参阅第一章，第 47 节），十一月和十二月是用相对比较复杂的短语表达的：bir yegirminč（ML 104）和 ekki yegirminč（ML 107 b，eki = ekki），它们非常困难地进入了一个月份的常用名称中（请参阅第一章，第 48 节，另外一种更为复杂的词组带有 artuk）。虽然我掌握有科学性的回鹘文历书（ML 100c）中的 bir yegirminč āy（十一月），但大家都非常清楚地理解通常的用法出自这样一种短语，正如至少从

1202 年起，在用 čakša pat āy 来取代 yegirmin č āy 时所做的那样（第五章，第 81 节）。

　　至于用来取代的名词术语 ulug āy 和 kičig āy，它们从 1030 年起便出现在比鲁尼的著作中，用于取代对汉文"十一月"和"十二月"那很蹩脚的译文。我认为它们本身均源出于一种已得到明确证实的汉文历法传统。事实上，对于阳历年中的阴历月份的地位与序号的确定，则要受 24 气〔回鹘文作 sirk（节气）和 kunči（中气），请参阅第五章，第 73 和 74 节〕的支配。正常的 12 个阴历月（闰月不计在内）各自包括 1 个"中气"（kunči），太阳于当时进入黄道 12 宫带的各自一宫之中，偶尔的闰月恰恰是由于它不包括"中气"的事实来确定的。应该包括这样的"中气"的阴历月，是新月最接近（稍早或稍晚）这个中气之前的节气者（太阳经过前一个黄道宫带 15°处）。由此而产生了在详细的回鹘文历书中，被仔细地指出的节气时间所具有的基本意义，而这些"气"都以阴—阳历中的太阳为参照点（请参阅第五章，第 81 节以下、第 94 节以下、第 101 节、第 107 节以下和第 129 节）。在这一体系中，理想的新月就是与太阳的运行完全和谐的新月，也就是出现在"节气"那天的新月。这就是为什么在此问题上，肯定是遵循中国中原传统的回鹘历书编修者们，作为民用年之阴历月的真正参照，而使用了一种由"气"开始的 30 天或 31 天的阳历大小月理论模式，带有与阳历月应该是最相当的真正民用阴历月相同的名称（请参阅第五章，第 83 和 84 节，第 129 节）。因此，汉族—回鹘族民用年的 12 个阴历月中的每个月都以一个节气为其理想的始点。

　　14. 对于阴历十一月来说，这个节气（它之前应有一个冬至的中气，当时太阳即将进入摩羯星座）相当于太阳经由人马星座 15°处，大约相当于我们的格里历 12 月 6 日。由黄伯录神父于 19 世纪指出的中国传统应该是很古老的了，它称每年的这一时期为"大雪"（BC 第 XVIII 页，CS n°ˢ5001，m 864）。

　　对于阴历十二月来说，所参照的节气相当于太阳经由摩羯星座 15°处，约为 1 月 5 日。黄神父介绍说（同上），每年的这一时刻在汉族传统中叫做"小寒"（CS，n°s 8346 + 9070）。

因此，大家可以假设认为，在主宰历书制定工作的汉文的限定范围内，某些突厥人也称阴历十一月和十二月为"大雪月"和"小寒月"，也就是突厥文中的 ulug kār āy 和 kičig soguk āy，而不是使用带有序数词的复杂结构（bir yegirminč āy，ekki yegirminč āy；或者甚至有可能是 ōn artukï birinč āy，ōn artukï ekkinč āy），而这些词组本身就多少有些过分复杂（可能是不大适应该地区真实的气候），它们在日常用法中都被简化做 ul-ug āy 和 kičig āy，完全如同在 19 世纪的绍尔语中一样。

此外，我提出的解释具有能阐述清楚保存在"阿尔泰—叶尼塞"地区的多种突厥语中的月份名称之长处：ulug kïrlas ay 为萨盖人十一月的名称（GA，I，7）。"大冻月"可能大致相当于古代的"大雪月"，以"冻"取代"雪"是出于当地气候条件的原因。此外，对于下一个阴历月"小寒月"（küčüg souk ay），特勒乌特人（Teleut，DS 189）仍忠实地继续沿用汉文"小寒"的古老译文，尽管西伯利亚阿尔泰的气候实况有异。那里 12—1 月间的寒冷绝非"小"，尤其是那里当时的气候完全相反，绝不低于同一批特勒乌特人中的"大寒月"11—12 月的气温。

15. 萨盖人中的"大冻"和"小冻"（或者是特勒乌特人中的"大寒"和"小寒"）之前后关系，进一步推而广之，本处用"冻"，另一处又用"寒"，以便引入一种表面的连贯性。我认为，它仅由于一年中的寒冷程度事实上是递增的时期，才可以通过"大""小"等顺序的机械连续特征来解释。这完全符合从中国中原历法的专门术语之字面翻译的古老传统。

这些名词术语最早都是参照了古代中国（北方）的气候，它们在由黄伯禄神父于 19 世纪（BC 第 XVIII 页）介绍的中国传统中，遵循一种会使思想感到满足的顺序，也就是说如果大家从整体上来研究"气"，而不是把"节气"（sirki）和"中气"（kunči）孤立起来的话：

11 月 22 日（格里历）：小雪　　中气

12 月 6 日（格里历）：大雪　　　节气

12 月 21 日（格里历）：冬至　　中气

1 月 5 日（格里历）：小寒　　　节气

1 月 20 日（格里历）：大寒　　中气

但是，由于人们为确定民用年阴历月的最佳开始时间，所考虑的仅仅是节气。为了称呼历书中的阴历十一和十二月，人们仅注意到了"大雪"和"小寒"等名词。在东突厥人的习惯用法中，首先是机械地变换位置，未曾顾及当地气候的实际情况。

似乎是很早以来，这些突厥文中的 ulug kār āy（大雪月）和 kičig soguk āy（小寒月）等原则性术语（它们对于突厥语地区各种气候的不适应性，可能会使人感到是一大障碍）已被"修正"，最简单的方法就在于删除有关"雪"与"寒"的记载。由此而产生了 1030 年为比鲁尼提供资料的那些人所说的 ulug āy 和 kičig āy，或者是 19 世纪在叶尼塞河上游绍尔人中的 ulug ay 和 kičig ay（均指"大月"与"小月"）。

其他"修正"的目的在于将"雪"与"寒"推广为"冻"和"寒"。这种做法导致了萨盖语中的"大冻"和"小冻"、特勒乌特语中的"大寒"和"小寒"的奇怪连续系列。但其他的突厥语居民集团又从中加入了一种新的修正，它完全符合当地的气候条件，打乱了"大"与"小"的顺序，以便导致在贝尔蒂尔语、萨里克—绍尔语和黑绍尔语中的"小冻"和"大冻"之连续系列，或者是在夸里克语中的"小寒"和"大寒"的序列（请参阅上文第 10 节）。

16. 无论情况如何，在比鲁尼的"突厥月份"表之首（NJ 71），紧接着汉族—突厥族民用历法的元月（birinč āy）之前立即出现了 ulug āy 和 kičig āy。这就导致，对于这种历法中的阴历月，要沿用一种"十一月、十二月、一月……十月"等的顺序。它属于一种以汉地天文年为基础的阐述顺序，开始于冬至（太阳进入摩羯星座处），这个天文时（格里历型的 12 月 21 日的中气)必然要包括在民用阴—阳历年的十一月期间（BC 第 X—XIV 页），正如它自公元 1030 年在中国内地所确定的那样，唯有某些简短的例外情况（BD 第 IV 页和第 14 页 b），从而致使由民用十一月（大月）而开始——列举。

我在比鲁尼书的一段近似文字（NJ 70）中，找到了对这种观点的确认。在我刚研究过的名表之前不远处的一幅统计表（有关各民族月份名称的表）中，有一栏叫做《突厥人的统计表》（Ĵadval-al-Turk），其中以下述形式和顺序（既无译文又无注释）包括 12 生肖（12 支）那些人们非常熟悉的突厥文名称（BM 10—11，DS 234）：

1. sïčkam　（鼠，子）

2. ud　　（牛，丑）

3. bars　　（虎，寅）

4. tavïšxan　（兔，卯）

5. lū　（龙，辰）

6. yïlan　（蛇，巳）

7. yunt　（马，午）

8. koy　（羊，未）

9. bičin　（猴，申）

10. takuk　　（鸡，酉）

11. it　　（狗，戌）

12. toŋuz　（猪，亥）

17. 在比鲁尼的著作中，这一幅"突厥月份"统计表实际上位于另一幅其内容完全不同的表之前。我于上文已经研究了其意义（第 7 节以下），它直到现在尚未被人很透彻地理解。奥斯曼·土兰（BM 10—11）表达了一种基本观点，据这种观点认为，我们的作家被 12 个名称的存在欺骗了，将实际上是 12 年的周期作为 1 年的 12 个月了。他稍后又对其误解有所醒悟，在另外一部著作《马苏第的天文历表》（Al-Kānūn al-Masʿūdī，伊斯坦布尔的拉萨达纳图书馆藏稿本著作第 88 号，第 21a 页；BM 11）中指出，突厥人以12年的时期来划分年代，以生肖名称的顺序来划分时辰（他未再提供名表，明显是参照了其另一部论著）。

事实上，知识渊博的历法专家比鲁尼却未犯如此赤裸裸的错误。其统计表中记载有12个月，并且与伊朗历法中的阳历月同时存在，它们并不是我们已经研究过的名表中的阴历月（这就解释了指"月"的 āy 一词于此付阙如的原因），而是汉族—突厥族天文年中的12个阳历月。

在汉族历法中（BC 第 XII 页），这12个月是分别为30或31天的阳历月，它们以太阳进入各自的黄道宫带而开始。黄神父称之为"天文月"，它们均按正常顺序以"12支"时辰相称（BC 第 VII 页）。

然而，在以鼠（子，12支中的第1号）而开始的顺序中，12星相动物之一各自相当于一"支"。突厥人作为天干的分类词（BC，第 VI 页），通常都以 šip-kan（10干）之名（见上文第五章第32节），而使用相对应的汉文分类符号之突厥文对音（见第五章第149节），至少自9世纪末起就是如此了（见第五章第31和40节，1019年）。但他们相反却从来不会忘记在有关12支问题上的这种习惯，他们系统地以"相对应的12支"来系统地取代之（第三章，第11节以下）。

因此，突厥人不是如同在中国中原汉族历法中那样，用"子、丑、寅"等12支的名称，来指他们直接从汉地历法中借鉴而来的天文年之阳历月，而是以相对应的12种动物（生肖）的名字来称呼它们：鼠（sïčkan）、牛（ud）、虎（bars）等（见上文第五章，第155节）。他们也如同汉人一样，使用12个阳历月组成的天文年开始于冬至节的"子"月，他们根据比鲁尼的注音而称之为 sïčkan（鼠）月。

这里并不是指通行的民间用法，而是指编制汉族—突厥族历法的专门技术人员的用法。因此，天文学家比鲁尼是从具有某种天文学和历法技术的突厥人中获得了资料，他又忠实地转引了突厥人的说法，未造成任何出自他本人的错误，仅仅是他的行文似乎不太明确。

继突厥阳历月（比鲁尼是唯一从 1030 年这个时间起就提供有关这方面资料的人，从而使他的记述变得很珍贵）之后，比鲁尼又讲到了常用阴—阳历中的月份。根据汉族和汉族—突厥族习惯，他从冬至开始列举其阳历月份表。这当然会最终导致他以包括该冬至的阴历月（民用历法中的十一月）来开始其阴历月份表，由此而产生了初看起来令人棘手的顺序：ulug āy（大月）、kičig āy（小月）、birinč āy（元月）……ōnunč āy（十月）。所有这一切归根结底是协调一致的。

此外，比鲁尼不会不知道，突厥人基本上是使用 12 生肖周期而计算他们的年代的。正如大家已经看到的那样（BM 11），他在另外一部著作中未重复这些动物的名单，而且这也都是伽色尼（哥疾宁）王朝的人很熟悉的动物。

18. 大家可以想一下，比鲁尼是从谁那里搜集到这些资料的。这里应该是指相对熟悉汉族—突厥族历法原理的突厥人。他们当时也正如我们的作家一样，正生活在伽色尼君主麻哈穆德（Maḥmūd）及其继承人马苏德（Mas'ūd）的宫廷中。

我已经发现，月份表具有某些特殊的语言特征，与高昌的"古典"回鹘语特征不相吻合，它更应该是接近于喀喇汗朝的回鹘语，而又不是真正的相同。

至于动物名表，它仅包括少量意义的特征。sïčgan（鼠）中的浊辅音清化为 sïčkan，这是一种非常平庸的组合现象。它也可以是一种个别现象，正如在tavïšxan（兔）中经清辅音浊化和摩擦音化之后，由 šg 导致 šx 一样，其中使阿拉伯文发音中的 f（DS 234）代替了唇—齿音 v，与阿拉伯文中 wāw 的半元音 w 有别，喀什噶里（同上）将之译作带 3 个圆点的阿拉伯文字母 f。唯一一种引人注目的形式是 takük（"公鸡"或"母鸡"），与回鹘文中的 takïgu 和喀什噶里辞典中的喀喇汗突厥文中 takagu（同上）同时存在。

这种形式已由喀什噶里指出过 3 次（NA 497，NB 286，NC

114）并由他确定其特征：一次是将它作为土库曼语（türkmän），另一次却说它是乌古斯语。这归根到底是一码事，因为土库曼人就是乌古斯人。如果大家认为乌古斯人当时是雇佣军中的一大部分，那么大家还可以认为由比鲁尼在伽色尼宫中听到的发音形式则是以乌古斯方言读音的，或者是乌古斯方言形式是比鲁尼最耳熟的形式，因为他诞生于咸海—里海地区与乌古斯人相毗邻的花剌子模（Khwārezm）。

如果（这是可能的）比鲁尼的史料来源是乌古斯文的，那么这就标志着在乌古斯人（他们从此之后远离了中国中原）很好地保留了汉族—突厥族历法的主要传统。这一切可能也解释了为什么比鲁尼在突厥人的历法问题上所知道的情况并不比他所介绍的情况多（NJ 71；请参阅 BM 11）。乌古斯人可能是在拥有他们使用的阴—阳历技术的某些基本概念的同时，在此问题上却并没有仍与汉族文化保持接触的回鹘人的那些具体的科学知识。

19. 至于 11 世纪喀喇汗朝的历法知识，如果根据他们之中最大的学者——当时正在成长中的伟大突厥学家马哈穆德·喀什噶里的判断来看，那么这些历法知识也并未得到高度发展（他们近期信从的阿拉伯穆斯林历法除外）。这个喀喇汗王公家族的成员具有一种良好的阿拉伯文化修养，同时也非常熟悉突厥人的传统和语言。他为我们留传下来一部非常重要的和价值极大的语言学著作。但在历法领域中，他似乎并未拥有一种类似于他在其他领域中表现出的那种学术水平。

作为虔诚的穆斯林，喀什噶里主要使用阿拉伯历法，并以这种历法而对其著作断代。他仅在偶尔情况下才使用突厥 12 生肖历法，完全是为了记载一个作为例证而没有具体确定月和日的年代。据他认为，突厥历法（他似乎是根本不知道这种历法的中国中原之起源）仅是一种没有多大意义的民俗新奇之物。

他从不注重向我们解释这种历法的技术原理，他对于这一切可能不太了解。但在向我们传播有关生肖周期起源的一种明显是晚期的传说时，特别注意其中那细枝末节的方面。但对于我来说，这依然是一种珍贵的资料，提到了某些与此有联系的民间星相学的信仰。

喀什噶里是于 1072—1083 年之间著书立说的，无论其书的条目多么简短和不明确，但它与其条目更加短小和简单的比鲁尼著作一样，仍不失为能使我了解在 11 世纪穆斯林突厥社会背景中，自汉族—突厥族古历法中保存下来的传统到底是什么的绝无仅有的著作。

20. 下面就是马哈穆德—喀什噶里在有关"虎"或"豹"（bars）的突厥文名称问题上，向我们传递的他就此内容之所知的段落中的情况（NA 344—348），它主要应该是出自作家的故乡疏勒（喀什噶尔）那已经伊斯兰化的突厥民俗中。

bars 是突厥人的 12 年之一。其具体情况如下：突厥人取 12 生肖的名称来为 12 年命名。他们始终是以这些年的周期来计算其孩子们的年龄、战斗的时间等。这种事物的起源如下：

突厥的君主之一希望了解在他之前数年爆发的一场战斗的情况，众人在发生战斗的年代问题上搞错了。至此，君主就这一事件而求教其民，他在大会上宣布：

完全同我们在这个时间问题上搞错了一样，那些继我们之后的人也会犯错误。因此，我们应该根据黄道 12 宫带和 12 个月的数字，赋予每年一个名称。我们应该根据这些年代的运行而设计我们的运算，希望能在我们之中对此留下一种令人无法忘怀的记忆。

民众赞成君主的这种首倡。君主于是便外出狩猎去了，并且下令在伊犁河附近围猎野兽。伊犁河是一条大河。民众们追逐这些野兽，把它们驱向了河谷方向，然后围猎它们。有相当数量的动物跳入水中。共有 12 只动物渡过了河流。大家于是便以渡过伊犁河的这 12 种动物各自的名字而命名为一年的名称。

这些动物中的第一只是鼠（sïčgan）。由于它第一个渡过了河，于是开头的一年便以其名相称。大家称这一年为"鼠年"（sïčgan yïlï）。其后，大家便按照动物的渡河顺序，分别以它们的名字对各年命名（继鼠年之后）：

ud yïlï	牛年
bars yïlï,	虎年
tavïšgan yïlï,	兔年
näk yïlï	鳄鱼年（龙年？）
yïlan yïlï	蛇年
yund yïlï	马年
koy yïlï	羊年
bičin yïlï	猴牛
takagu yïlï,	鸡年
ït yïlï	狗年
toŋuz yïlï	猪年

当计算到"猪"（toŋuz）时，于是便返回后面再从"鼠"重新开始。当我在撰写本著时，正是 466 年的穆哈兰日（muḥarrem），目前正是"蛇年"（yïlan yïlï）。

当这一年过去并达到 470 年时，"马年"（yund yïlï）便会到来。这种计算的运行也如同我已经指出的那样。

突厥人相信，这些年中的每一年都具有一种独特的功能并会据此而作出占卜预言。这样一来，当牛年到来时，战斗便会变得更加频繁，这是由于牛科动物彼此之间好斗并互相抵角。在鸡年，将会有丰富的食物，但于人类中却产生了动乱。这是由于鸡科动物有可食的粮食粒，它们为了觅食而刨乱了草堆和柴薪。当鳄鱼年到来时，将会雨量丰富，从而造成丰年，这是由于鳄鱼生活在水中。当猪年到来时，将会有大量的雪和严寒的气候，还会将有动乱产生。这样一来，突厥人都相信每年都将会出现某种事态。

在突厥人中，并没有指一星期 7 天的名称，因为大家所说的"星期"，仅仅是在伊斯兰教之后才为人所知。

至于月份的名称，人们在城市中使用其阿拉伯文名称。游牧的和非穆斯林的突厥人则将一年划成了四季并赋予了它们各自某些名称。每个季度都有一个名称。年代的发展过程正是这样才为人所知的。

经过新年（Nawrūz，瑙鲁兹）之后，他们便称春季的开始为"小山羊月"（oglak āy）；继此之后，他们又讲到一个"大山羊月"（ulug oglak āy），因为在这第二个时期中，山羊羔都变大了。此后，他们便讲"大月"（ulug āy），因为这个时期是盛夏，当时大地上的娱乐活动日益增多，牲畜在成长，奶汁很丰富。依此类推。我不再讲其他名称了，因为它们都不大被使用。

21. 在研究这段文字使我们获知的突厥历法知识之前，我还应该具体阐明几点：

首先，我要指出，伊犁河被喀什噶里称为 Ilä 河，这仍是它于今天的土著名称（在哈萨克语中作 Ile）。伊朗人的"瑙鲁兹"（新年）被以其阿拉伯文名称 nirūz 而提及。

此外，当作者在讲完他于伊斯兰历 466 年（公元 1072 年 9 月 6 日—1073 年 8 月 5 日）的马哈兰月著书时，我于其行文中只能发现一处笔误，其中提到了蛇年（它落到了 1065 年或者是 1077 年），对于下一年又提到了伊斯兰历 470 年的时间（1077 年 7 月 25 日—1078 年 7 月 13 日），马年（1078 年）正于此时出现。

晚期又有修正：伊斯兰历 467 年（而不是原文中的 470 年），由一名读者写于唯一的一份稿本著作的边缘（ND 174），它没有任何年代学价值并且纯粹是无意识的，继刚才提到的 466 年之后，这位读者又"恢复"了 467 年作为下一个年份的写作时间。但 467 年（公元 1074 年 8 月 26 日—1075 年 8 月 15 日）则完全处于一个马年（1078 年）之外，而文中的伊斯兰历 470 年的下半年则相当于 1078 年的马年。

文中的"蛇年"（1077 年）和"马年"（1078 年）的顺序本身是完全正确的，正如"470 年——马年"之对应关系一样。错误并不出在行文的这一部分。这仅仅存在于 466 年的穆哈兰月之年代错误的记载之中。正如我在过去的一篇文章（见参考书目，MP 之后）中已经指出的那样，这是作者喀什噶里的一种疏忽，他曾对其著作连易 4 稿，正如他在题跋中（NC 451—452）所指出的那样。此外，其中还存在另一种明显的抄写错误：sitīna 应做 sab'īna，从而将其应为 476 年的时间讹为 466 年。实际上，于 464 年的主玛德·乌拉月（Jumādā-al-awwal，5 月）之初开始其工作的喀什噶里，根本不可能在 466 年的这个所谓时间中连易 4 稿，他声称当时已经最终完成了（NC 452 = NP 638年），尤其是在这部著作于 "466 年" 完成和另一种得到明确证实的事实（NC 156 = ND 513，它与 469 年仍在写作中）之间存在着矛盾：

"我正是在此书的 69（469）年这一年，是一个鳄鱼年（nāk yīlï）"。这就意味着伊斯兰历（4）69 年（公元 1076 年 8 月 5 日—1077 年 7 月 24 日）正是作者连续撰写其 4 稿之一的期间，它正相当于一个鳄鱼年（= 龙年，请参阅下文），恰逢 1076 年。这是一种非常正确的对应关系。

22. 事实上，连续修改的 4 稿如下：

① 464（1072）年（NC 451）；

② 466 年（尤其是 466 年的穆哈兰月，即公元 1072 年 9 月 6 日—1073 年 10 月 5 日），请参阅 NA 346 = NC 174；

③ 469（1076/1077 年），横跨 1076 年的龙年（NC 156）和 1077 年的蛇年（由此而产生了 NA 346 = NC 174 中对于这一年和继此之后的 1078 年马年的记载）。

④ 476（而不是 466！）年，这部著作完成于主玛德·阿赫末月（Jumādā al-aḥir）12 日，即公元 1083 年 10 月 27 日。

这后一个时间已由下述事实所证实：这部著作的最后定稿是为了献给哈里发穆克戴提（Al-Muqtadī，NA 4—5 = NC 3），它于 467 年舍尔邦月（ša'bān，公元 1075 年 4 月）即位，卒殁于 487 年穆哈兰月（公元 1094 年 2 月）。

其中的抄写错误（466 年应为 476 年）可能应该归咎于现知的唯一一份稿本著作的抄写者，大马士革的阿布·法塔赫

（Abu-l-Faḥ）的儿子阿布·巴克尔（Abu-Bakr）的儿子穆罕默德（Muḥammad），他于回历 664 年闪瓦勒月（šawwal）27 日，即公元 1264 年 8 月 1 日完成其工作。

至于继 466 年穆哈兰月之后所记载的蛇年以及继蛇年之后的马年之不连贯性，这后一年明显是由于要与伊斯兰历 470 年协调的结果。这是正确的，它使我觉得是由于作者本人的一种漫不经心而造成的错误。在 466 年的第二稿中，他可能作为例证而提供了一个相当于这一时间的 12 生肖历中的时间；在 469 年的第三稿中，他可能是希望使其例证更具有现实感，使这个时间处于了当时正在流逝的和即将到达的蛇年（469/1077 年）和龙年（470/1078 年）之间，但却忘记了删去载于其先前"文本"中的 466 年穆哈兰月并用 469 年的一个时间取而代之。

归根结蒂，在喀什噶里的著作中，于伊斯兰历的时间与 12 生肖历的时间之间的对应关系（作者仅仅是作为例证而提供这一切）如下：

伊斯兰历 469 年（公元 1076 年 8 月 5 日—1077 年 7 月 24 日）开始于 1076 年的龙年，结束于 1077 年的蛇年。

伊斯兰历 470 年（公元 1077 年 7 月 25 日—1078 年 7 月 13 日），于此期间包括 1078 年这个马年之初。

在我们这位作家的著作中，除了这些对照表之外，再没有任何其他互相对应的地方了，也再没有其他细节了。这些对照表是正确的，但它们并没有向我们提供为这些 12 生肖年的开始而确定的具体时间，它们在"正统的"汉族—突厥族历法中可能符合中国中原人的定义（BD 241—242）：

龙年始：1076 年 2 月 8 日；

蛇年始：1077 年 1 月 27 日；

马年始：1078 年 1 月 17 日。

在喀什噶里的著作中，没有任何违背这些时间的因素，但也没有任何因素能对它们作具体说明。作者也可能不再知道更多的东西和无法再讲更多的内容了。因为很明显，他所熟悉的唯一历法便是他提供了其中所有准确时间者，这就是伊斯兰—阿拉伯历法。

23. 作出这些澄清之后，我再来重复一下我们文献中的数据（请参阅上文第 20 节）。

它首先确认，符合大家此后在突厥各民族中所有的观察内容；在他那个时代，12 生肖历便是他所知道的突厥人（已经部分伊斯兰化）在年代问题上最经常使用的历法。他们尤其是使用这种历法以计算其孩子们的年龄并确定战斗的时间。

至于月和日，情况则更为含糊不清一些。城市中已经伊斯兰化的突厥人在这一点上沿用阿拉伯人的月历，但非穆斯林游牧民则有他们自己将一年划分为四季和月份的做法，我将回头来论述这些问题。突厥人并不使用星期。

这后一种细节意义非常重大，因为它标志着与大家所观察到的情况之间的一种重要差异：一方面是从 8 世纪起，在中国中原人称之为"西域"的地方，当时就相当于索格狄亚纳（Sogdiane，粟特人地区。请参阅第三章第 8 节）的定居文明；另一方面是从 9 世纪起，在定居的高昌回鹘人中（请参阅第五章，第 25—27、69 节等处），或者至少是在摩尼教徒和佛教徒的历书制订者们之中，观察到的实际情况。

因此，我们必须承认，而且这也是完全可以理解的，在不同程度上始终坚持为"萨满教徒"的突厥人既非摩尼教徒，又非基督徒和佛教徒，更不是穆斯林，他们在 11 世纪时尚无使用星期的习惯。唯有在喀什噶里所熟悉的相对偏"西"的地域，主要是在喀喇汗王朝的地域内，那些已经伊斯兰化的市民们才使用它（同时也使用阿拉伯月份）。由于喀什噶里讲到的游牧突厥人主要是乌古斯人，他们在民族大迁移后大部分都来自直到 8 世纪尚仍处于"突厥人"统治下的领土，他们向突厥人借鉴了其族名 Türk（突厥人）。所以我们可以由此而得出结论认为，"星期"的习惯不为"突厥人"所熟悉，他们仅使用汉族—突厥族历书的一种古老形式，仅限于以 12 生肖周期来表达年代，以"汉族

447

的形式"来表示其阴历月份顺序以及这些月份的日期。

在突厥人中就如同在其他民族中一样，采用星期与采纳宗教的做法相联系，这些宗教或于其仪轨中（犹太教、基督教、摩尼教、伊斯兰教），或于其星相学中（佛教），都注意到了星期问题。在这后一种情况下，作者最熟悉的知识可能是星相学家们的特权领域。于回鹘社会背景中形成的高昌文书仅仅是为了历书的技术性编制才强调这一点，但没有任何因素证明这种著作在回鹘汗国的佛教徒中具有广泛用途。

这样一来，喀什噶里在断言"大家称之为星期的习惯仅在伊斯兰教之后才为人所知"而提出一种历史假说时，是完全真实可信的，在有关突厥人的问题上绝不会搞错。这些突厥人（摩尼教徒和景教徒例外）在归化伊斯兰教之前，基本上不会经常使用星期的做法。

24. 至于11世纪时的市民和已经伊斯兰化的突厥人，除了阿拉伯历法中的月份之外，他们不再沿用其他月份这一事实（即使他们还在民俗中使用12生肖年代也罢），我们不应该将此视为一种普遍真理。因为比鲁尼提供的资料虽然大约为同一时代，但却是在一个更靠东部的地区（也就是伽色尼汗国地区），它更应该是向相反的方向发展的（请参阅第7节以下）。然而，喀什噶里个人的例证便清楚地说明，喀什（疏勒）的一个突厥族穆斯林（甚至是如同他那样非常有学问），实际上对于与阿拉伯月份有别的"突厥"月份体系也一无所知。无论如何，他对于与汉族文明保持着直接或间接接触的突厥语世界的那部分地区，自8世纪的突厥人直到其11世纪的回鹘人（喀什噶里的同代人），对于传统上都沿用的汉族—突厥族月份未形成任何具体想法。

喀什噶里与年长他数十岁并为其部分同代人的比鲁尼不同。比鲁尼以其科学修养，基本上是很关心有关（科学的）历法的天文学定义。他正是由于这种原因才为我们留下了自中国中原继承而来的科学的或半科学的汉族—突厥族月份（阴历和阳历）

的一份双重名表，却又未能辨认出其来源。喀什噶里在科学的天文学领域中明显既没有任何兴趣，又没有任何能力。所以，他几乎是完全避免在这方面作出明确而具体的论述，但这对于确定一种历法的特征则是必不可缺的。他最多也只是提到了瑙鲁兹（新年）作为他引证的 3 个"突厥"月份名称的出发点，瑙鲁兹是伊朗天文年之始，也是具有伊朗语言和文化的民族民用历法之始，这就是春分。对于其他情况，尤其是在有关 12 生肖之出发点的问题上，他没有向我们提供任何内容。

然而，他在作为一种出发点而讲到"新年"时，是在紧接着论述各自为 3 个月的 1 年之"四部"（四季）之后讲到的，这"四部"是游牧的和非伊斯兰化的突厥民间历法的基础，大家立即便会从中辨认出突厥语世界中那具有悠久传统的"四季"。这一切都非常清楚地提醒说，这四季开始于春分，至少大致上是在他所熟悉的突厥人居住区是这样的，这就是喀喇汗国连同疏勒地区和西突厥斯坦，直到里海为止（包括乌古斯人的居住地）。

25. 这四季是：春（yāz）、夏（yāy）、秋（kūz）和冬（kĭš）。我们已经看到（请参阅第一章，第 17—25 节），它们均属于"公共突厥语"的语言库，形成了一种肯定要上溯到一个非常古老时代的语言体系。这四季在一般情况下都是各自由 3 个阳历月（或阴历月）组成，以在真正的突厥传统年（而不是汉族—突厥族年）的范畴中占据一席之地。这种真正的突厥年未受汉族历法的影响，以春季的"草青"为记（见第一章，第 32—36、44—45 节）。四季应该是以这样的形式划分的，以至于在这种系列中的第一个季节（始终以同一顺序列举）春季的第一个阴历月是出现草返青的月份。这样一来，在大部分突厥语民族（尤其是喀什噶里很熟悉的那些突厥民族）居住的中纬度地区，便使突厥四季中的第一个季节春季开始的这个月处于春分前后。

因此，在喀什噶里提到的 11 世纪的游牧突厥人中，春季的第一个阴历月应该开始于春分前后。依此类推，四季均开始于二分点和二至点前后，完全如同我们的观念。

此外，如果同一批游牧突厥人，在使用 12 生肖周期时，对于同一周期中的年代之始，都继续沿用汉族—突厥族（突厥人和回鹘人）的定义。这种定义认为，历法年是随着太阳进入双鱼星座（这种进入出现在冬至前的一个阴历月）之前的新月而开始的，他们的季节性历法开始于其 12 生肖历法之后的一个（有时是两个）阴历月。

我们已经有机会（第三章，第 5 节）提到的这种时间差，在 8 世纪的突厥人（第三章，第 71 和 72 节）和 756 年蒙古的回纥人（第四章，第 19 节和末尾）中也从历史角度得到了证实。我无法肯定地知道，相对靠西方和远离汉族影响的游牧突厥人（喀什噶里所讲到的正是这些人）于 11 世纪时，在使他们的 12 生肖年与他们的四季同时开始（也就是春分前后）时，是否消除了这种差距。但稍早一些时候的比鲁尼的资料（约为公元 1030 年，也就是要早 40—50 年）说明，在为他提供资料的突厥人中，这种差距却根本未被消除。

所以，直到获得相反证据为止，我仍然始终认为，即使是在 11 世纪的那些相对偏西和地处汉族影响之外的突厥人中，12 生肖年至少是大致地继续沿用 8 世纪时就已经于"突厥"人中得以牢固确立的汉族—突厥族传统，开始于与游牧民族同时使用的冬至相关的季节年之前一个和有时甚至是两个月。

26. 在讲到属于突厥文化古老宝库的这种季节年时，他是以某种含糊的口吻和某种不知所措的心情讲述这一切的。这可能是由于这种年在伊斯兰阿拉伯历法中没有任何对应者，其 12 个阴历月（没有第 13 个闰月）要将整个季节的发展过程增加到 33 年：

"游牧的和非伊斯兰教徒的突厥人将一年分成 4 部分，并且赋予它们各自一些名字。每 3 个月都有一个名称。一年的发展过程就是这样为人所知的"（NA 347）：

这就是大家出于类似的原因（突厥四季与汉族四季不相符，

见第三章第 5 节），唐代（618—906 年）的中国编年史学家中也感到同样棘手。他们针对叶尼塞河上游的黠戛斯人而写道（请参阅上文第二章，第 32 节）："谓岁首为茂师哀（baš āy），以三哀为一时，以十二物纪年"。

我们可以将这两种文献与大约为 13 世纪末的库蛮人（库曼人）的历法资料（请参阅第九章）进行一番比较，库曼历法史料已由今突厥语地域两端的民间历法资料所证实，这就是叶尼塞河上游的土瓦人（GN 49，ay 条目）和土耳其（GH' 218b 和 796b，Teşrin 和 Eylûl 条目）。这比较清楚地说明，在突厥民族中存在着一种可能是非常古老的历法传统，其中的阴历月都是根据四季而命名的，如每季的"孟月"、"仲月"和"季月"。

库蛮语：il(k) yāz āy，意为"孟春"，被解释为"3 月"（OC 119）；orta kūz āy 意为"仲秋"（OC 179）；soŋ kūz āy 意为"季秋"（OC 222）等。

图瓦语：čaynïŋ baški ayï 意为"孟夏"，即"6 月"；čaynïŋ ortā āyï 意为"仲夏"，即"7 月"；čaynïŋ adak āyï 意为"季夏"，即"8 月"。

土耳其的突厥语：ilk güz（ayï）意为"9 月"，orta güz 意为"10 月"，son güz 意为"11 月"。

图瓦语中的例证是很有意义的，因为四季年的这些月份名称并存在这个在很长时期内就已经归附了中国势力范围的地区（直到 1911 年），使用了一些典型的汉文数字名称："一月"、"二月"等，bir ay 意为"1 月"，iyi ay 意为"2 月"等。这就证明，正如我已经指出的那样（第 25 节），它完全是可能同时沿用了汉族—突厥族的历法和突厥四季之古老年代。

当喀什噶里在讲"一年的运行就是这样为人所知"的时候，他所指的肯定正是带有每季"孟月"、"仲月"、"季月"的这种四季之年。

27. 喀什噶里于此之后紧接着便提到了自新年以来的春季 3 个月："羔月"（oglak āy，西历 3—4 月，这是羔羊出生的月份）、

"大羔月"（ulug oglak āy，西历4—5月，这是羔羊成长的月份）、"大月"（ulug āy，5—6月，游牧生活中最富裕的月份）。它们均属于一种非常不同的体系，也就是游牧民的一种民间历法体系。这些游牧民在熟练地掌握和可能同时使用一种更为普遍的历法（本处是指四季年的历法，它本身又与12生肖年结合在一起了）的同时，也形成了以通过以引人注目的事件指一年中各月的习惯，与在那里通常产生的"职业"和生活方式有关。

在我们当代，人们还掌握着各种突厥语民族中的这类历书或历书的片断，它们有时被简化压缩成了为数很少的几个月，甚至与西历月份不相符合，而仅仅相当于1年间较短的某些时期。我可以举游牧民的资料为例。

土耳其的突厥语：döl ayï 意为"小羔（羔羊、绵羊羔）月"，相当于西历3—4月（GH 464a），这几乎就完全相当于 oglak āy（羔月）！

19世纪时的西部哈萨克语（拉德洛夫称之为"西部吉尔吉斯语"，见 GA, I, 8）：koy kozdaydï，意为"绵羊的产羔期"，指4月初；biä baylaydï 意为"拴母马的时间"（为母马配种的时间），指4月末；kozu küzöm 意为"为羔羊剪羊毛"，指7月中旬；sogum，意为"宰杀"（宰牲畜以备做过冬食物使用），指12个月。

同样还存在着一些参照农业或狩猎的月份名称。我将在论述有关民间历书法的第七章中来讲述它。

最翔实可靠的经验说明，这些"专业性"历书的内容始终都是地区性的，往往从一个地区到另一个地区之间的差异很大。11世纪时的情况也应该如此，突厥语居民在这个时代已经分散在非常辽阔的地域中。所以，我倾向于认为，牧羊人的这3个月（喀什噶里明显不知道其后的月份）均由喀什噶里取材自他本人对自己所熟悉的某一个非伊斯兰化的游牧突厥民族的记忆，很可能是在疏勒（喀什噶尔）地区，也就是喀喇汗国的地域；这些月份在11世纪时远不是在游牧民中普遍使用的"突厥月"。

比鲁尼引证的"大月"于其定义和地域上（请参阅第 10 节以下），都与喀什噶里所说的"大月"（ulug āy，富裕之月）完全不同，这一事实便足以证明后一个月的流传很有限。

无论如何，牧羊人的这 3 个月提供了不可忽略的意义，因为这是我所掌握有证据第一种此类月。

28. 突厥民俗的内容同样也不失具有吸引力。我们的这位作者向我们介绍的，同样也是这一领域在时间上最早的内容。

民俗学对于 12 生肖纪年的解释，在它以一个突厥汗国为其范畴方面则具有很大的意义，更具体地说就是在伊犁地区，它是喀喇汗国的摇篮（DH 199）。这样一来，12 生肖纪年于 11 世纪时已经由远离中国中原地区的突厥人"民族化"了。这些突厥人如同喀什噶里一样，已不再具有任何有关这种纪年的中国中原起源的意识了。

这些突厥人非常天真地把这种纪年视为他们自己的创造。他们至少是在 3 个世纪以前于喀什噶里和比鲁尼时代就已掌握了这种纪年，并且不无理由地将此视为一种先祖遗产。通过他们而了解情况的伊斯兰学者们也赞同这种观点。从此以后，12 生肖纪年的中国中原起源论便在突厥世界的西部被人遗忘了，其中也包括在今天的土耳其。奥斯曼·土兰（Osman Turan）在那里发挥了这种纪年的突厥"图腾"起源论（BM），它取代了伊犁汗的传说，但却与之基本出于同一种思想。

然而，喀什噶里提出的 12 年之名表始终是忠于汉族和汉族—突厥族的民间天文学传统（唯一有一点例外，其中有"鳄鱼"而不是龙，至少在阿拉伯文译本中如此，timsāḥ），以鼠居名表之首；除了其语言差别之外，也具有与回鹘语中相同的动物名称，如其中作 yund 而不是回鹘文中的 yunt（马），takagu 而不是 takïgu（鸡），ït 而不是 it（狗）。

这种纪年仅有一处非常明显的特征："龙的古突厥文和回鹘文名称 lū 起源于汉文，但于此却被一个印欧语的文字 nāk（粟特文作 nˀk，龟兹文作 nāk）所取代，该词与波斯文 nāhäg 具有同源关系和同样的词义"鳄鱼"（timsāḥ）。但我必须指出，喀什噶里本人于 nāk 的这后一种意义之外，同样还提到了其"龙"的意义，以颇为接近阿拉伯文的形式 ta·bān（巨蟒）的突厥文 nāk yïlan（蛇—鳄鱼）而出现，他于此之后又重新讲到了 nāk yïlï（NC 155—156），我们完全应该将此理解作"龙年"。

相反，比鲁尼却于其名表中确实指出了 lū（第 16 节，第 5 号动物）。

继喀什噶里的这次记载之后，突厥语中再没有这个 lū 词的踪迹了。这明显是一个喀喇汗朝的突厥文，其流传地区有限。在当地的民间习惯中，由于突厥人读起始声母 L-C 声母 n-虽不大符合习惯，却很容易发音，请参阅泛指疑问词及其派生词 nä 的困难，它可能取代了 lū（龙）。

29. 伊犁突厥汗和 12 生肖那原因论的解释，说明 11 世纪的某些突厥民族已经将生肖纪年结合到民族神话中了。喀什噶里对于这种纪年的社会史的主要贡献，就在于他对于与 12 生肖有联系的"民间天文信仰"那简单、不完整却是颇具意义的阐述，这些信仰与 12 生肖的具体特征有着密切的关系。

中国民间星相学传统中的这些信仰，在 12 生肖年所取得的巨大成功中扮演了重要角色。我们在高昌回鹘文书（尤其是 ML 第 17、25、32、33、35、38、39 号文书）中找到对它最完整的和半科学性的表达方式，这些文书很可能译自汉文。由于喀什噶里，我在时代上首次获知了最简单的突厥民间形式，它们涉及根据代表各个年的动物而对每个年作出的基本预测。卡塔诺夫（Katanov）于 1892 年在新疆哈密搜集到的一篇内容非常相似的突厥民族文献（EB 84—88），它提出了某些这类预言，并且从中还加入了为诞生于该周期中某年的人作出的占卜预言：

"鼠年：当鼠年降临时，年初将吉祥和安全。年中，将会有暴动和斗殴，有大量的鼠和由盗贼造成的大险。该年之初诞生的男孩将会思想敏锐和聪慧。如果他诞生于年末，那么他将是一个骗子和轻浮之徒……"

在 12 生肖的这种民间星相学中，具有恰恰是与象征性动物的特征相联系的某种持续性。在由卡塔诺夫检出的和可以直接上溯到一名叫做邯匝（Hämzä）的毛拉写于 1860 年的著作行文中，我们还可以发现某些与 8 个世纪之前由喀什噶里所介绍的内容相当吻合的预兆：

"牛年（uy yili）：民众将受压迫和不公正待遇之苦，将会有暴乱、起义以及列强之间的战争。

鸡年（murǧi yili，原文为'母鸡年'，即相当于'公鸡年'）：丰收和利市之年，将会有很多果实。

鱼年（beliq yili，相当于龙年，在喀什噶里的书里作'鳄鱼年'）：将降大量的雨量。

猪年（xūk yili 和 toɳuz yili）：多雨水，在大人物中有疾病、君主和当权人士之间不和。"

（我于此仅仅从卡塔诺夫前引文献中检出可与喀什噶尔资料相比较的内容。）

我非常惊奇地发现，我们的这位喀喇汗朝作家是突厥人中的文化贵族，他显然没有关于 12 生肖历法的任何准确的科学或技术知识，但却对于与此有关的星相预测依然记忆犹新。无论是在突厥族统治者中还是在城市或游牧的广大民众中，在 11 世纪就如同在此后几个世纪中一样，这就是此种历法最重要的一个方面，也就是将会确保该历法传播和持久性的最重要一面。

30. 1030 年左右的比鲁尼和 40—50 年之后的喀什噶里所提供的资料均有限、各不相同而又互不矛盾，它们可以使人对于在 11 世纪期间，与伊斯兰世界保持接触或不久前被纳入伊斯兰世界的突厥民族中，所使用的科学或民间历法体系的相对复杂性形成一种具体看法。

此外，在中世纪的高昌回鹘汗国中曾显赫一时的学术传统，于汉族—突厥族的天文学定义的范畴内，以一种可能是比在佛教环境中更为简单和未被那样严重印度化的形式，继续存在于比鲁尼的那些半专家般的提供资料者们（他们可能是东部的乌古斯人）的手中，这些人同时熟悉与 12 地支周期（以 12 生肖来表示）有关的模式化的阳历月，又熟悉由汉族确定的阴阳历民用年中的阴历月之传统模式，即使是这两种体系的汉地起源已遭遗忘也罢。

由喀什噶里介绍的民间传统似乎将 12 生肖纪年的运用仅局限在年代中，虽然这种纪年已完全被一种突厥民族神话所吸收和解释。尽管这一切是以与 12 生肖年之初的差距（一个或两个农历月）为前提的，这种传统仍同时保留了一种很古老的突厥"民族"历法，也就是四季年的历法，开始于春分左右，拥有它自己那在游牧和非伊斯兰化的突厥人中颇受尊崇的农历月（每季 3 个月）的体系。由于这种"牧民的历法"（其传播无疑非常有限）及其特有的月份名称（至少是对于其中的一部分如此），同样开始于冬至，因而与前一种历法很相似，可以毫无困难地与之相合，所以它无疑被喀喇汗朝的突厥游牧民所采用。

最后，如同喀什噶里本人那样已经伊斯兰化的城市突厥人，即使他们既不采用四季之年，当然也不采纳牧民们的历法，而是保持了 12 生肖纪年的传统及其征兆和占星术的星相背景；对于其余的一切（阴历的月份、星期的日子以及年份），他们都沿用阿拉伯人的伊斯兰历法及其阿拉伯文词汇。在已经伊朗化的地区，也具有某些波斯文词汇的成分，如每星期的日子（?）。

因此，在 11 世纪时，于突厥人中使用的历法体系（尤其是当人们从中加入回鹘文的专门历书时更为如此，就如同摩尼教的宗教历法那样）之间，具有某种混杂现象，12 生肖纪年无论如何也始终为其共有因素。至少是自 8 世纪以来由"突厥人"中继承来的汉族—突厥族历法，仍面临被已经伊斯兰化的突厥人的历法所排斥的危险。但是，正如大家即将看到的那样，13 世纪时的蒙古人的大规模入侵却非常有力地使它恢复了。

第七章　畏兀儿—蒙古历法及其传播

1. 伊斯兰教于 11 世纪和 12 世纪初叶对于中亚突厥语地区西部地带的统治，从喀喇汗朝时代起，似乎最终在那里被确立下来了。但大约从 1130 年起，由于"黑契丹人"（喀喇契丹人，Kara-Kïtay）的入侵，这种统治突然间又被重新提出了质疑。

这些信仰佛教和已经汉化的蒙古人直接来自中国北方，他们的民族集团是契丹人（Kïtay），曾于 10 世纪中叶到 1122 年间统治过以北京为首府的中国北方（辽王朝）。他们后来被金王朝的缔造者——女真族通古斯人的入侵从那里被驱逐出来了。但他们于 1130—1142 年间，又成功地征服了喀喇汗朝人的领地，包括疏勒（Kāšǧar）、布哈拉（Boukhara）和萨马尔罕（Samarkand）；然后又成功地同时将其统治权一直扩张到花剌子模（Khwārezm）的伊斯兰诸汗国和主要是佛教文化的高昌回鹘汗国领土上（DH 180—194，219 以下）。

新的征服者们似乎既未曾寻求根除基督教，又未曾强行传播佛教。然而，在政治方面，他们明显是伊斯兰教的敌对者。我们对于他们于其汗国之内的活动所知道得很少一点情况，则属于中国—佛教传统的直线发展范畴。至于他们的第一位君主，则以一名汉族的优秀文人而为人所熟悉（DH 222），于其国中有一个高昌回鹘汗国的存在，便在那里加强了汉族文化的分量，至少是以其由突厥—蒙古社会同化的形式出现的汉族文化。

我们实际上可以完全相信，在这样一个帝国中，官方历书是由中国中原的天文学标准所确定的，而天文学标准在这个时代已被非常准确地确定下来了。在 12 世纪和 13 世纪初叶，准确的天文观察确保了契丹人的"半壁江山"辽王朝、女真（Jürčät）人的金王朝和南方正统的南宋王朝之间，在历法上的完全统一（BD 227 以下，433 以下，457 以下）。

此外，我已经发现（第五章，第 56—88 节），在 1202 年，由当时处于喀喇—契丹（西辽）统治之下的高昌回鹘汗国所沿用的突厥形式的历书，甚至直至其最复杂的星相学具体细节，也都具有一种中国—佛教的理想正统性。

2. 在该喀喇—契丹（西辽）帝国东部，于在民族学上来看是蒙古人的方向，另一种政权于 13 世纪的最初几年发展起来了，并且还是势不可挡地得到了加强，这就是由成吉思汗领导下的真正蒙古人的政权。1209—1218 年间，该政权相继吞并了喀喇—契丹人的所有领土。从 1209 年起，高昌回鹘人的国王当时享有"亦都护"（Iduk-Kut，神圣的福乐）的尊号，他脱离了契丹人以与成吉思汗结盟；1211 年，伊犁河下游的哈剌鲁（葛罗禄人，Karluk）突厥人之首领也采取了同样的做法；1218 年，先是喀喇—契丹人的都城巴拉沙衮（Balasaġun），其后是疏勒（Kāšġar）及其附近地区，都被成吉思汗的部将蒙古人哲别（Jäbä）所征服（DH 293—296）。

数年之后，由人数众多的突厥部队扩大的蒙古军队的涌现，横扫了花剌子模王国的剩余地盘及其穆斯林突厥首领们，然后又完全吞没了波斯、高加索和俄罗斯的南部。至于成吉思汗一方，在一场攻击女真金王朝的非常艰巨的战争之后，他又征服了中国北方并于 1215 年进入了北京（DH 286—293）。

继成吉思汗 1227 年 8 月在一场进攻甘肃西夏唐古特人（Tangut）的战斗中晏驾之后，其子嗣和将军们继续扩展其帝国。

该帝国于13世纪中叶一直从太平洋扩大到地中海，于此期间特别是吞并了欧亚大陆几乎所有的突厥语民族，包括穆斯林教徒，塞尔柱人的安纳托利亚本身也归降蒙古人。

在13世纪下半叶和14世纪初叶，无论是否已被伊斯兰化的整个突厥世界，都这样被纳入到幅员辽阔的蒙古帝国中了，被置于这样一个文明范围：它覆盖了伊斯兰教的东部地带，在允许其宗教和社会意识逐渐渗透进去的同时，又于其统治集团中保持和进一步发扬了浸透着汉族和汉族—佛教文化的突厥—蒙古西域传统。在中国创建了大元（1215—1368年）这个成吉思汗蒙古人的王朝，它在1280年之后以最终灭亡宋王朝而统治了整个中央帝国，在蒙古人和汉族人、中央亚细亚和前部亚洲之间的那些有时很松散而又始终存在的关系，这一切使从中国到欧洲之间在人员、技术、思想和商品交流方面变得可能了。

马可·波罗及其叔父的著名游记（DU）正是在北京的大汗忽必烈（元世祖，1260—1295年）统治时期，他们的游记清楚地说明了这种奇特的形势，这在欧亚大陆上是从未有过任何先例的。

3. 历法首先是国家大事。蒙古人迫使其整个帝国接受了这种历法，但这种历法实际上完全是12生肖的汉族—突厥族古老历书，偶尔可能被译成蒙古文，但最常用的则是其畏兀儿突厥文本。当然，宗教历书和首先是阿拉伯伊斯兰教历书的使用，始终存在于伊斯兰教信徒的教团中，未受到过任何禁废。但12生肖的历法在蒙古和突厥—蒙古统治阶层中到处都作为民用历法而被沿用，其星相学用途在整个蒙古帝国的疆域内，于游牧民中就如同于定居民中一样，确保了它在民间获得一种前所未有的成功，它几乎在整个突厥和蒙古社会（奥斯曼人除外）中，从未中止地一直使用到20世纪初叶。

这种历法的圆满计算是由中国中原的天文学准则确保的，同时又由于西方和伊斯兰世界提供的科学内容，由那些不仅仅是汉人，而且肯定还有畏兀儿突厥人（他们在蒙古帝国的宫廷中扮演了一种非常重要的角色，并且将自己的文字也传到了蒙古宫廷中）的专家们作了进一步具体阐述（请参阅第五章，第110节）。这种历法以最忠实的方式继承突厥人以及后来的回鹘人的古老传统，该传统至少是从 8 世纪起就开始流传于东突厥人中。

因此，对该历法的研究应属于我本论著不可分割的组成部分，因为它同样也被 1256 年之后的蒙古汗旭烈兀（Hülägü）的官方天文学家秃失（Ṭūsī）视为"突厥"历法。秃失确实曾以《突厥人的年代准则》为标题，在一部令人遗憾地已佚失的著作中对该历法作了一段描述（第六章，第 4 节），但他可能完全是简单地重复了回鹘历法，或者更确切地说是汉族—回鹘族历法的那些准则，我们通过其他地方已对它们非常熟悉了（第五章）。

这种历书（无论它是怎样地"突厥化"）主要是在 13 世纪由蒙古政权传播的。它对于我寻求探讨（至少是粗略地）它渗透进真正的蒙古人—成吉思汗的蒙古人中的状况，绝非风马牛不相及。

4. 在蒙古文著作中，从时代上来看，第一部是《蒙古秘史》（《元朝秘史》，OA，GS），其现存文本结束于 1240 年的事件。它在这方面是颇能说明问题的。

在成吉思汗的东部世系（主要是定居于中国北方者）的那些家族档案文献中，前 80 节（现在共保存下 282 节）追述了铁木真（Tāmūjin），也就是后来的成吉思汗以及该英雄（诞生于 1168 年左右）在 1185 年之前（这是一种含糊的约估）青年时代的历史，这种历史最早是传说性的，其后是真实的。其中对于这一时期，不包括以一种固定历法为基础的任何纪年种类。在它们包括大量有关世系和具体事件情节的同时，却仅提供了下述"纪年"性资料，我将作为《蒙古秘史》中的全部资料而引证，并且于其前面附上伯希和版本的《元朝秘史》中编写的段落（节）序号（OA）：

（19.）"kabur nikän üdür…"："春季的一天……"

（27.）"kabur bolba. nogot iräküi čak-tur…"："在春秋，雁

（鸭）来时……"

（70:）"tärä kabur…"："今春……"

这就是一种比较含糊的数据，其意义主要在于叙事而不是年代，我从中应补充下述唯一的一处以数字所作的具体说明：

（61:）"…Tämüjin-i yäsün nasutu büküi-tür…"："当铁木真 9 岁时……"（其父想为他订一门婚事），可能为 1176 年左右。

这后一种证据提供的意义在于向我们证明，在缺乏一种固定历法的参照系数时，12 世纪的蒙古人也如同古老的突厥语民族一样（第二章第 19 节以下和第三章第 66 节以下），也使用以年龄所表示的个人年谱，我们也应该将此理解作"第几年"，几乎所有的西方诠释者和翻译者们都根本不知道这一事实。

5. 对于一个准确时间的首次记载（但仅仅是由于它是指 1 年中的一个重要节日，也就是支配夏季转场放牧的时间）出现于第 81 节，它是为了确定（未对年代作任何具体说明）铁木真利用其监视者们去避暑的时间而摆脱了囚禁他的泰亦赤兀惕（Tayïčï'ut）部的蒙古人。

（81:）"jun-u täri'ün sara-yïn harban jïrğa'an-a, hula'an tärgäl üdür…"：其意为："值孟夏十六既望之日也！"

在稍后不远处，于第 118 节中，大家确实又发现了同样的表达方式，以为铁木真、其年轻的蒙古首领、其盟弟（anda）和未来的竞争对手札木哈（Jamuka）共同出发进山放牧断代（始终均未具体指出其年代）。

这些事件都应该介于 1186—1188 年之间，这只是某些印证可以使人假设认为的（???）。

我们于此在 12 世纪末左右才首次看到了蒙古人中一个阴历月时间的证据。对它的称呼方式是 jun-u täri'ün sara，意为"孟夏"。这在晚期的蒙古文献中非常著名，在近代蒙古人中仍继续使用，尤其是在鄂尔多斯（Ordos）人中更为如此（GT 660b）。它完全相当于对月份的称呼法，而且这也不是偶然的，在突厥—蒙古的历法传统中都是密切相关的，诸如在突厥世界中广泛出现的四季中各个月份被分别称为"孟月"、"仲月"和"季月"（第六章，第25—26节）。

尽管存在着中国中原数百年的影响，但突厥文中的季节定义，在总体上却始终都符合一种与伊朗人和欧洲人传统相类似的土著传统，实际上是在大部分地区都归结于使季节从二分点（春分和秋分）和二至点（夏至和冬至）开始（第六章，第24—26节），自成吉思汗帝国以来的历史上的蒙古人及其居住在同一地区的后裔们（喀尔喀人、鄂尔多斯人等）都以汉人的方式确定四季，二分点和二至点处于各季之中期，"仲春"（kaburin kugus）相当于春分，"仲秋"（namurin kugus）相当于秋分，请参阅 GT 364b。

因此，我几乎可以肯定，上文提到的《元朝秘史》（于1240年左右在中国北方的蒙古社会环境中写成）中的"既望之日"的时间参照了汉人对季节和每季中阴历月的确定，"孟夏"相当于汉地历法中的阴历四月，在一般情况下开始于格里历的5月6日。请参阅 BC 第XVIII页中的"孟夏"（夏季第1个月）的条目。

此外，我还有一种理由认为，本处所涉及的年代时间参阅了汉族人有关阴历月的定义，而不是参阅某种经验性的蒙古族民间历法。事实上，"既望之日"（hula'an tärgäl）明显是（5月）的满月日〔请参阅我们西历中的"红色月"，即4—5月；喀尔喀文作 tärgäl sar(a)，意为"满月"，见 GT 442b〕。然而，这一满月被计算为阴历月的"十六日"，其中也包含有一种新月的天文学定义（日—月之合），如同在汉族传统中一样，也就是月—日之冲前的15天，这就是在太阳垂落时可以观察到的满月之定义。非科学的民间传统之经验性的（或者是出自于经验的，如同在伊斯兰的阿拉伯历法中一样）阴历月之历法却相反，使新的月份自第一次可见新月计算起，也就是说在天文新月的一两天之后，其中的满月当时一般均计算作每个阴历月的"十四日"（请参阅土耳其的突厥语 ayïn on dördü，以伊斯兰教历书为根据），很少是"十五日"，从来都不会是"十六日"。

这样一来，我们便会在《元朝秘史》中找到一种间接却又是非常珍贵的资料。据此认为，大约在12世纪末，蒙古诸部（相对靠近于中国中原）都沿用一种汉地式的历法。对于在蒙古北方标志着夏天进山避暑放牧之始的既望日来说，当时很可能是按照汉地历书而被标准化了。曾相当于汉历中的四月（孟夏）十六日，其平均时间为格里历的5月21日，当时的太阳进入了双子宫。在这些气候严酷的地区，当时在高原中的青草已经得到了充分生长，以使畜群能在离开冬牧场的低洼地区（因为那里的植物已开始干枯），而在高山中找到其夏季牧草。

6. 从对1201年的事件之记述起，当铁木真取得的巨大胜利使他成为国王并变成成吉思汗（Čingis-xan）时，12生肖历法突然间在《元朝秘史》中出现了。

（141）："tä'ün-ü koyïna takïya ǰil…"其意为："后来，在鸡年（＝1201年）……"

这一切显得就如同汉族历书的突厥（后来又是突厥—蒙古）文本，仅仅从该部首领已经成为一位重要国王之时，才进入成吉思汗家族的日常习惯中。其用法可能与一个已经很辽阔的游牧王国的具体组织之迫切性有关。它也可能是由一种具有重大意义的政治事件决定的，这就是在1198年左右，为了反击东北蒙古的鞑靼人（塔塔儿人），成吉思汗部和克烈易惕（Käräyit）部与定都北京的中国北部之金帝国结盟，并且取得了一次胜利，从而甚至使蒙古人的新汗获得了一个汉文的职官尊号（DH 259）。

蒙古的突厥人和回鹘人在8世纪时的先例在这方面是很清楚的（第三章，俯拾即得；第四章，第13节以下）。它们说明，在采用以12生肖历的通俗形式出现的汉文历书与和中国天朝宫廷建立政治关系之间，曾有过一种联系。与金王朝的结盟（即使是短暂的也罢）所产生的结果，在12世纪最后的时期，似乎便是由成吉思汗及其周围的蒙古人采纳了12生肖的历法。

无论如何，更确切地说是自1201年以来，直到那时都缺乏以年谱编年的《元朝秘史》，都参照12生肖年，除了前引证据之外，还有如下一些：

（153）"tärä übül übülǰäjü, nokaï ǰïl namur ïnu…"。其意为："住过其冬（1201—1202 年）"，"戌年秋……"（1202 年，在 OA 第 175 页中作"春"，这是一种疏忽大意）。

（157）"mün nokaï ǰïl…"其意为："即此戌年"（1202 年）。

（166）"gakaï ǰïl kabur…"其意为："亥年春"……（1203 年）。

（193）"kulugana ǰïl, ǰun-u täri'ün sara-yïn harban ǰïrga'an-a, hula'an tärgäl-ä…"其意为："子年夏初月之十六日，既望之时……"本处是整部《元朝秘史》中唯一的一个具体时间，带有年、月和日（该书甚至对于成吉思汗晏驾的时间，也未提供如此准确的时间，而仅仅以年代记载。请参阅下文）。此外，即使是指没有任何重要意义的事件（如一次袭击鞑靼人的战斗），这种记载也只能仅仅通过我始终记忆犹新的与"既望之时"（我所说的 5 月"红月"，见上文）的吻合性来解释。正如我完全有理由相信的那样，如果这一时间确实相当于一个中国年（子年，1204 年）的四月十六日（孟夏），那么它就是指 1204 年 5 月 17 日，它是一个满月日。

（197：）"mün kulugana ǰïl namur…"其意为："即此子年秋"（1204 年）。

（198：）"hükär ǰïl kabur…"其意为："即此丑年春……"（1205 年）。

（199：）"mün hükär ǰïl…"其意为："丑年……"（1205 年）。

（202：）"bars ǰïl…"其意为："寅年"（1206 年）。

（239：）"ta'ulaï ǰïl…"其意为："卯年"（1207 年）。

（247：）"konïn ǰïl…"其意为："未年"（1211 年）。

（250：）同上。其意指 1211 年。

（251：）"nokaï ǰïl…"其意为："戌年"（1214 年）。

（257：）"ta'ulaï ǰïl…"其意为："卯年"（1219 年）。

（264：）"takïya jïl namur…"其意为："酉岁之秋"（1225年）。

（265：）"nokaï jïl namur…"其意为："戌年秋"（1226年）。

（268：）"gakaï jïl, Čiŋgis-kahan täŋgäri-tür garba。其意为："亥年，成吉思汗升天矣"（1227年）。

大家于此可以估量，它们对于作为本书之缘起的成吉思汗系蒙古人的准确断代，缺乏任何意义，诸如帝国和王朝的伟大缔造者晏驾那样重要的时间，都被汉族和穆斯林的修史官们仔细地保存下来并传给后人（1227年8月18日，见DH 309）。但它却未被《元朝秘史》的修纂者们保持在记忆中！这一时间相当于亥年秋孟月（汉地阴历七月）五日。如果他们至少是希望的话，那就根本不难记住：

（269：）"kulugana jïl…"其意为："子年"（1228年）。

（272：）"ta'ulaï jïl…"其意为："卯年"（1231年）。

（282：）"kulugana jïl guran sara-da…"其意为："子年之七月"（1240年）。

7. 现在保存下来的《元朝秘史》文献中的这后一个时间，也就大致相当于停止撰写的时间（窝阔台统治末年）。它首次在蒙古文文献中为我们提供了一个土著月份名称 guran sara，意为"麆子月"。

海涅什（Haenisch）非常正确地进行了解释，或者更应该说是注释了该名词："七月"（GS 72，ḫuran sara）。在古蒙古文中，它确实是汉族和汉族—蒙古族历法中的"七月"（孟秋）。因此，这里应该是指1240年7月21日—8月18日之间的时间。请参阅BD 476。

但是，该词组的真正意义是"麆子月"。蒙古文 guran（以汉文转写中作 ḫuran，它忽略了蒙古文后元音级中的 g/k 之间的音位对立，其中的语音表达应为 g 和 q）系指"麆子"（雄性），请参阅喀尔喀文中的 gur（同上，GT 126b），其相对应的突厥文词汇也具有同样的意义，kuran（柯尔克孜语和阿尔泰语）。

与在《元朝秘史》中出现的阴历月中的仅有的另一个名称（孟夏）相反，该名词并没有参照天文学的地方，无论是直接的或间接的都没有。它属于四季年之外的另一种体系，也就是月份名称的"自然崇拜"系列，以自然现象和特别是动物学现象相称，这些现象在一般情况下均出现在一年的某个阴历月中。本处的原因基本上就相当于我们格里历类别中的 8 月，这正是麂子的发情期。

这种自然崇拜类的历法，似乎主要是在森林和狩猎（而不是在草原的牧民）的突厥—蒙古族人之中受宠，阿尔泰和叶尼塞河上游的突厥语居民以及柯尔克孜人部分地保留了其传统（请参阅本书第十二章）。它也为北部的古突厥人所熟悉，正如在贝加尔湖中的小岛奥尔浑（Ol'xon）的古突厥碑铭中出现的 arkar ay（大角野羊月）所证明的那样（请参阅本书第十一章第 1 节以下），该碑应为 8 世纪左右的。所以，在成吉思汗大举扩张之前，这也是古蒙古人中的主要民间历法。至今为止，它尚未成为任何系统研究的对象，甚至是对于碑铭中的 arkar ay（大角野羊月）也未被作过准确研究（HJ 159）。我将有机会再回头来论述这个问题（第十一和十二章）。

8. 科特维茨（BN，BN'）于 1925—1926 年刊布了一批丰富的文献，均系根据文字资料整理而成，特别是为这种"自然崇拜"的古老蒙古历法搜集了某些民族学资料。这种历法经过诸多变种（尤其是在月份古老名称表中的四季年之起点的变化）之后，但仍然在蒙古传统中延存到近代，其词汇（由于缺乏最早的年代断定）一直保存在南西伯利亚的布里雅特人中。

我于此无法重新讨论由科特维茨搜集到的所有资料，那样做会把我拖得离题太远。对于我本书的内容来说，我仅满足于根据这些资料及其最早的年代，而复原最早出现的那种蒙古阴历月古名的名表，现在也可以被很容易恢复它在 13 世纪左右古蒙古文中出现的形式。

这种复原的原则非常简单。我暂且将那些提出了某些无法解决的问题的少数无法核实的记音符号置之不顾（因为它们几乎可以肯定是错误的），完全如同对待那些没有任何纪年价值的古代资料一样（如同那些将蒙古季节中的月份与那些在 33 年间使阳历年轮回一次的伊斯兰历月份一样），如《文学绪论》（Muqaddimat-al-Adab，请参阅 BN' 110）。为了按照顺序而提出蒙古人"自然崇拜"的月份之古老名称系列，我首先要以它们在布里雅特人的各分支之间几乎是完美无缺地保留下来（唯有语音部分除外）的事实为基础。在那里，这些名称自 17 世纪末叶以来均被抄录下来了（魏岑，1692 年；请参阅 BN 226—227），并且在 19 世纪时由一些俄罗斯学者在伊尔库茨克（Irkoutsk）地区非常注意地记载下来了（请参阅 BN' 115—116，我的主要史料）。

在这些布里雅特文佐证之间具有完美的吻合性，而且它们本身彼此之间又非常连贯，古代的或经典的蒙古文文献资料确实相当罕见。我确实（BN 225）最终实现了编制一份相继月份的名表，这是没有困难的，它们除了语音之外（我的复原是语位学方面的和 13 世纪的），也都与由科特维茨非常正确地确定的名表相吻合（BN 331）。

我的贡献一方面在于对每年的这些阴历月名称的本意进行解释（由此也解释了由科特茨维提到的民间辞源）；另一方面，实际上对于纪年问题最重要的则是确定作为这种体系之起源的季节起点，否则这些蒙古文土著月份名称的本意就是无法理解的了。

这种起点本身是很容易确定的。事实上，我们为此而首先掌握有某些古老的文字证据，它们使该名表中的第一个词 kubï sara 与中国中原民用年中的第一个月（孟春）相吻合，使第二个术语 kuĵür sara 与中原的第二个月相吻合（BN 225）；其次，由于同时代的鄂尔多斯民间历法（GT 931a，阴历月；BN' 112，在语言上不太确切）将中国的阴历二月称为 5 月。依此类推，直到其 10 月相当于中国的七月，明显有 3 个月的差距（请参阅我们的"九月"，也就是现在的 9 月等）。按照顺序，其下述阴历月的当代代表形式分别为：yäkä kögälär（相当于中原的阴历八月）、baga bägälär（相当于中原的阴历九月）、kubi sara（中原十月）、kara kuǰïr（中原十一月）和öʼälǰïn sara（中原的十二月）。在词汇方面，这种顺序与布里雅特人的顺序相同。如果大家改正了已经指出的 3 个数的差距，那么将鄂尔多斯月份的现有时间提前 3 个月。其古代的对应关系为：yäkä kögälär 相当于中原的阴历十一月，baga kögälär 相当于十二月，kubï sara 相当于元月，kara-kuǰïr 相当于二月。这一切充分证明，古代的起点，与汉族和汉族—蒙古族的元月相对应（其平均开始时间为格里历阳历年的 2 月 4 日）者，确确实实为 kubï sara（西历 4 月）。

9. 在鄂尔多斯蒙古人中，与最早的日历计算法相比较，"滞后" 3 个月的差距问题，可以通过根据另一种星相学和民间天文学的观念，将旧新年（正月—日）移至汉族—蒙古族定义的 "孟冬月" 之新月（中国中原民用年的十月）来解释。其平均时间为格里历阳历年的 11 月 7 日，即相当于昴星团的日没而出之时（土耳其突厥语作 Kasïm），当时的太阳和昴星团正处于冲之中。当太阳垂落时，昴星团便升了起来。在这个月中，满月与昴星团处于合之中时才出现，很容易观察到，这是民间天文学的一种准确的历书测定手段。

在阿拉尔（Alar）布里雅特人中（伊尔库茨克地区），与我们似乎在鄂尔多斯人中观察到的情况不同，那里对于以月亮和太阳与昴星团相比较的方位观察的方法来确定阳历年月份的记忆，依然很好地保持下来了〔BN' 116：toxōn 或 toxʼōlgon，意为与昴星团（mäšin）的吻合性〕。人们所采用的则是一种相反的办法，民间历法的年初一月（gani = xubi，古代作 kubï sara，它同样也是作为一种不同形式而被指出来的，见 BN' 117）的新月被 "提前" 了 4 个月（汉族和汉族—蒙古族历法中的仲夏五月初），也就是推迟到一个平均相当于昴星团偕日落的时间（格里历的 6 月 6 日左右），它开始出现于在新的阴历之新月前后的落日之时。

在这样或那样的情况下，这里都是指通过相反的渠道而回归一种早在 8 世纪左右就出现在奥尔浑岛的古突厥文碑铭中（HJ 159，第 2 行，应读作 ädgü ülgär，意为"吉祥的昴星团"），与"自然崇拜"历法（arkar ay，见上文第 7 节末）相吻合，它在阿尔泰地区留下了大量遗迹，如在柯尔克孜人中和甚至是在土耳其。我将于本书第 11 章中再来详细地论述它。

10. 由这种民间回归昴星团的历法而导致年初的变迁，在近代则使蒙古月份的"自然崇拜"的老名称之意义变得不可理解了。如果我针对 13 世纪左右而将它们重新置于其最早的纪年（请参阅上文第 8 节）中，那么它们相反却具有一种非常明确的意义。我于是便会得到下述系列，其中出现在开头处的时间正是格里历月份开始的平均时间：

一月—2 月 4 日：kubï sara "幸运月"。

另一种不同形式？：garï sara "孤立月"（？在布里雅特人中）。

二月—3 月 6 日：kuǰïr sara "硝月"

三月—4 月 5 日：ö'älǰin sara "鸡冠鸟月"

四月—5 月 6 日：kökügä sara "杜鹃月"

五月—6 月 5 日：ularu sara "松鸡月"

六月—7 月 7 日：a'üri sara "鸟巢月"

七月—8 月 8 日：guran sara "鹰月"

八月—9 月 8 日：bugu sara "鹿月"

九月—10 月 8 日：kuča sara "牡羊月"

十月—11 月 7 日：hula'an ǰudun sara "红色动物流行病月"

十一月—12 月 6 日：yäkä borugan "大雪"

另一种不同形式：yäkä kögälär "大配种月"（鄂尔多斯）

十二月—1 月 5 日：baga borugan "小雪"

另一种不同形式：baga kögälär "小配种月"

13 世纪信仰佛教的蒙古人也将汉族—蒙古族年的元月称为"白色月"（čagan sara），因为新年是以由马可·波罗描述过的"白色节日"为标志的（DU 125）。

11. 在不同的时代和不同的蒙古部族中，还存在着其他的月份名称，其传播却非常有限。但其基本的共同体系则是由上列表中的名词组成。唯有 gani 例外，它似乎仅仅出现在布里雅特口语中（ganï），也可能不太古老。其意义（请参阅喀尔喀语 gan'）为"孤独的"、"遭遗弃的"和"被遗忘的"（见 GT' 112a）。在一种民间历法中更适合"闰月"，布里雅特人对昴星团的观察法则在需要的情况下偶尔也将闰月置于古代"幸运月"之前，而不是置于其正确的位置上。由提供资料的布里雅特人赋予 gani "疯狂的"、"发狂的"意义（BN 331，BN 123）也似乎不太古老。其布里雅特语的派生词 gansa（孤独的、被抛弃的，在俄语中作 odinókij）则是喀尔喀语 gan' 的同义词，而且还保留了可能为其本来的词义。

由于蒙古月份在各种历书中经受的年代差距，最终导致了近乎荒诞的年代错误。这样一来，在鄂尔多斯人中，"鸡冠鸟（戴胜鸟）月"便落到了西历 1 月间，此时根本看不到这种鸟；在阿拉尔布里雅特人中，"杜鹃（布谷鸟）月"落到了西历 8 月，该鸟于这个时代并不鸣叫，依此类推。所以，古代蒙古月份的名称在这样的背景下都成了民间辞源的内容，有时还附有旨在排除这些年代错误的特定语音讹变。例如，12 月和 1 月这两个"降雪月"（buruqan），在阿拉尔布里雅特人中便被移至 3—4 月，并且在该民族中还变成了"佛月"（Burgan，是出自回鹘语的古蒙古文 bur-xan，即不峏罕，指佛爷）。无论它多么有意义，如果这里是指恢复最早的历制，那么这些辞源则均应被排除。

这一切从辞源角度则可以很好地自圆其说了："幸运月"被如此以赎罪的方式命名是由于它标志着一年的开始；"硝月"（3月）相当于解冻之后又重新出现了矿物质的盐霜层；"鸡冠鸟月"标志着这种燕雀于 4 月间的回归；"杜鹃月"则说明杜鹃于 5 月啼叫；"松鸡月"则说明 6 月间可以观察到松鸡群的飞翔（有关指"松鸡"的 ularu 一词，请参阅布里雅特语中的 ulara，阿尔泰多罗斯突厥语中的 ulurū，均指"野鸡"。请参阅 GA I，1683）；"鸟巢月"系指 7 月间在鸟巢中呈现出的繁忙景象，当时的幼雏都在叽叽喳喳地乱叫和飞来飞去；"鹰子月"、"麇鹿月"和"牡羊月"分别在 8 月、9 月和 10 月，这都是动物发情的月份，当时的雄性动物都在森林中大肆喧闹和争斗；在 11 月间，则流行"动物的红色疫病"（蒙古文作 Jud，系蒙古文 Jud-un 的属格词，在突厥文中做 yut，系指"动物疫情"）则是在恶劣季节复发，即在最后的树叶都变成红色时爆发的疫情；"降大雪"（蒙古文作 buruagan，相当于柯尔克孜语中的 borōn，意指"雪暴"；在俄文中作 buran，具有同一意义，出自突厥文；其古典蒙古文中的词义"雨"仅为其次要意义，指"雨"的古蒙古词应为 kura）的现象在这种古历法的发源地东北蒙古地区出现在 12 月，相当于汉地历法中的"大雪"（BC 第 XVIII 页，系格里历 12 月 6 日的"节气"）；1 月间的"小降雪"是前一个节气之继续，应与汉地历法传统中的 1 月 5 日前后的"小寒"有关。

12. 对于这后两个月来说，不能排除一种汉族的影响。当然，现在保留下来的命名颇为适合当地的气候条件。但是，对于格里历 12 月 6 日这同一时间，在汉文"大雪"与古蒙古文 yäkä horugan（稍后的蒙古人也不理解它了）之间准确的吻合性也不会是偶然的。这些事实明显应该更接近于在 11 世纪时由比鲁尼所传播的在突厥历法中以及在同时代于东突厥民间历法中发现的那些事实（请参阅第六章，第 11—15 节）。蒙古文中由"大"（yäkä）到"小"（baga）之序列与突厥文中由"大"（ulug）到"小"（kičig）的系列相吻合。这里可能是指类似的事实，涉及同样的阴历月份，也就是汉族、汉族—蒙古族和汉族—突厥族民用阴—阳历法中的 11 月和 12 月。

虽然这同一种序列从一种气候题材（冬季的雪）转移到了饲养业的一种技术主题（绵羊的交配），它以其对于 12 月和 1 月的不同形式而受到尊重，yäkä kögälär 和 baga kögälär 被保存在鄂尔多斯词汇中了，但第二次却将它们移置到 9 月和 10 月间了。

科特维茨（Kotwicz）曾经指出，kögälär 在 17 世纪时是汉族—蒙古族历法中阴历十二月的一个古名（BN 225），但他对于其词义却茫然不知所措（BN′ 315），他企图做的任何对照（BN′ 120）都使他觉得不太满意，况且这也是蛮有道理的。

正如后缀-lar（突厥文的复数形式）所提示大家注意的那样，必须从突厥语言学一方来寻找对该词的解释。我们认为，这是一个相对古老的借词（12 世纪？），由过去主要是生活在森林中的蒙古人向草原上的游牧民突厥人借鉴而来，蒙古人又逐渐地在鄂尔多斯和中蒙古的领土上取代了突厥人。

在 11 世纪时，喀什噶里（NC 132）指出，kög（其复数形式为 köglär）如同家畜在冬季来临时交配之名称，特别是指母羊的交配（koy kögi），贝希姆·阿塔赖（同上引书）将它译作土耳其的突厥语 koč katïmï。koč katïmï（公羊的交配）这个词组被用于安纳托利亚的突厥民间历书中了，以称呼一年中这种活动出现的时期。

佩尔捷夫·鲍拉塔夫（Pertev Boratav）于其在高等实验学院第 4 系的报告（见该院《年鉴》第 70—71 页，第 383 页以下）中，研究了与这种交配有关的传说。公羊交配期间会导致举行某些仪式，它在土耳其发生的时间则根据地区而变化于每年间的 10 月 1 日和 11 月 20 日之间（同上引书，第 384 页）。鲍拉塔夫利用这一机会而重新提到了喀什噶里所说的 kög 一词，并且恰如其分地将它与安纳托利亚突厥语中的某些词进行了比较：göyermek 和 kükülemek（鲍兹吉尔），指牲畜"正处于发情期"（出自 kög-är-mäk 和 kög-lä-mäk，在第 2 个动词中则具有一种重复表达语气）。大家还可以参阅安纳托利亚的 gög 一词，意为"母牛的发情期"；göge gelmek（同上，见 GH 652b）即相当于 kög-sä-、kög-gä käl-、kökremek、kükremek，指骆驼的"发情"（GF 1598a），这一切都已经出现在喀什噶里的书中了（GC 357：kökrä = kög-rä-）。

在古蒙古文中，kög-lär（kög 的复数形式）是从 11 或 12 世纪的突厥文借鉴来的。这个借鉴词在一般情况会产生 kögälär 的字形，它已出现在 14 世纪的蒙古语的书面语言中了。该词带有

ä的一个插音，其目的是为了保持 g 的浊辅音特征，否则它于古蒙古文中会于音节之末清化为-k（由此而产生了 kök-），从而导致了特别是与 kök 词族（其古代形式为 kög，意为"音乐"）的混淆。

公羊与母羊交配的时间是由牧民们（他们于此之前要将公母羊分隔开）选择的，从而使约 150 天之后的产羔期出现在一个青草于冬枯期后而得到充分返青的时期，母羊会有相当丰富的饲料。在北蒙古（历史上的蒙古族摇篮，该地区冬季的草原上既很寒冷又很干燥）的严酷气候中，青草的适宜生长仅从 5 月开始方有保证。因此，公母羊的交配仅仅能预计为从 12 月起的 5 个月，对于羊群来说，这就是"大交配月"〔yäkä kögälär (sara)〕。对于那些条件不好的地区来说，在不多见的情况下也把配羔期定为稍晚的 1 月左右（以使产羔期出现在 6 月间），也就是阴历的下一个月，为此而被称为"小配羔月"〔baga kögälär (sara)〕。

野公羊当然会在两个阴历月之前进入发情期，也就是在汉族—蒙古族阴历月中的九月（西历 10 月），被称为"公羊月"（kuča sara）。如若家养公羊未被人为地与母羊分群，那么它们本来也会这样做。安纳托利亚的突厥传统恰恰是至少在交配期（koč katïmï）之前两个月时完成这样的分群。请参阅上引博拉塔夫著作，第 384 页。

13. 我们已经看到（上文第 5 节），蒙古人在沿用这种"自然崇拜"历书的同时，也使用一种四季历法。虽然这种类型的历法在其他地方也于突厥人的社会中出现过，但蒙古人却有他们自己根据汉族观念而为四季下的定义。

此外，蒙古人还使用一种天文历法，而且一直行用到当代（如在鄂尔多斯人中，见 GT 931，有关月份的内容）。它确实也出现在蒙古古典文献中（BN 331），很可能是被布里雅特人用做参照点（BN' 113，据札姆卡拉诺考证）。其中的阴历月的名称为 12 生肖周期的名字，从该周期中的第一号"鼠"开始，用于指包括冬至在内的阴历月名称（汉族、汉族—突厥族和汉族—蒙古族历法中的阴历十一月），恰恰与在 11 世纪时为比鲁尼提供资料者所说的情况相同（第 6 章，第 16 和 17 节）。

kulugana sara 意为"鼠（子）月"（十一月），hükär sara 意为"牛（丑）月"（十二月），bars sara 意为"虎（寅）月"（一月）等。

完全如同高昌回鹘人一样（见第五章，第 156 页），"古典"时代就如同在近代一样（请参阅在鄂尔多斯人中的情况，GT 的参阅资料如同上文一样），蒙古人都以 12 生肖（支）来指"汉族式的时辰"，以处于夜半的"子（鼠）时"而开始。有关汉地定义中的 12 "更"的问题，请参阅 BC 第 XX—XXIV 页以及本书第五章第 60 节。这样一来，我们便会得出这样的顺序：kulugana čak 为"一更"（大约为 23—1 时），häkär čak 为"二更"（大约相当于清晨 1—3 时）等等，依此类推。

14. 对于 12 世纪，我没有掌握蒙古历法的文献。但对于 13 世纪来说，我却掌握有很有价值的残卷，它们是在吐鲁番（高昌，Khočo）发现并由傅欧伯（Herbert Franke）刊布的文献（BO）。其中大部分都是由未来某一日从事的活动是吉的还是凶的的详细名表组成，使用汉地官方历书（在本情况下则是元朝的皇历）中的资料，而用蒙古文译文或者更应该说是与畏兀儿突厥文相似的那种编译本来确定。

这些预言性的内容与多种高昌畏兀儿文文献的内容完全相似，后者同样也是 13 世纪的（或者说其中某些是 14 世纪的），已经在拉克玛蒂那卷帙浩繁的文集中发表（ML）。

在历法中系统地引入星相占卜术的所有这些计算（而且是以官方的或者基本上是官方的方式进行的），可以上溯到蒙古时代，正如由黄伯录神父重新提及（BC 第 11 页）中国历史传统时所正确地指出的那样：

"自元代（1280 年）以来，在中国官方历书中加入的迷信注录。"

474

然而，我还必须对这条资料提供两条补充。一方面，实际上是从 1215 年（而不是 1280 年）起，成吉思汗的蒙古人（元朝）开始统治中国北方，定都北京。1280 年是南方汉族的南宋王朝灭亡的时间，蒙古人从此之后才成为整个中国之主。另一方面，我于前文已经研究过的（第五章第 56 节以下）1202 年汉族—回鹘族历书，就已经包括一整套在历法数据基础上确定的星相学预测和规则了。因此，这些"迷信"要早于蒙古人的统治。至于我自己，我认为它们应该具有更要古老得多的起源，应上溯到 12 生肖之象征物本身的时代。

　　黄伯录神父的意见，确实仅对于在"中国官方历书本身中加进去"的这些"迷信注录"方面，才为正确，而并非是由于它们出现于私编历书中。我首次在 1277 年的一部高昌—汉文历书中发现了这种"加进去"的做法（第五章，第 89 节以下，尤其是第 99 节）。对于畏兀儿人来说，它完全相当于在忽必烈（Khoubilaï）执政期间的蒙古人统治时代。由黄神父根据汉地传统而接受的 1280 年这个时间，对于中国南方来说可能是正确的（黄神父著书于上海），而对于中国北方以及对于元朝的突厥和蒙古人地区，则应该接受一个更早的时间。

　　无论如何，由元帝国时代的星相占卜术在官方场合下所占有的重要地位，则清楚地说明了以下事实：在中国边陲附近的"胡族人"中，对于中国中原历书的兴趣既在于其星相学的蕴涵，又在于其衡量时间的实际有效性。

　　15. 在由傅欧伯刊布的（BO）高昌（吐鲁番）6 种蒙古文历书残卷中，唯有第 3 种才保留了对一个具体时间的记载：

　　"korïn ǰirgu'an-a, gi taulaï ödür. morïn-dur. baï lu čaga'an ši' üdärin naiman sara."其意为："26 日，马年己卯日，白露八月。"（BO 12）

　　在汉族和汉族—畏兀儿族或汉族—蒙古族的 60 甲子周期中，己（天干中的第 6 位）＋卯（地支中的第 4 位）之结合，则相当于古典汉文中的己卯，相当于一个 60 甲子中的第 16 位。因此，这里是指汉族（以及汉族—蒙古族）历书中的八月，该月的二十六日是一个甲子中的第 16 日。傅欧伯非常正确地指出（BO 33—34），对于蒙古人存在于高昌—吐鲁番的时代，这种情况是很可能的，但它们只能出现在 1324 年。所以，他非常正确地对该残卷提出了这种断代。在这样的背景下，我们甚至还可以具体解释说，本处所指的日子是 1324 年 9 月 14 日（请参阅 BD 272）。

傅欧伯未解释下述记载："morïn-dur"，其意为"在马年"。初看起来，这有些神秘莫测。我认为，本处的 12 支中的第 7 位"马"年仅仅是一种我们首次在蒙古习惯中遇到的情况，其预兆相当于预兆表中的第 7 位"破"（pa，请参阅第五章第 74 节）。

如果这里是指一个卯日（地支第 4 位），那么在地支序列与预兆表系列之间的差距就是（12 + 4）－ 7 = 9。这就相当于一个晚于自冬至以来的第 9 个（但早于第 10 个）节气的日子（请参阅第五章，第 74 节）。实际上，1324 年（儒略历）的这个 9 月 14 日相当于格里历的 9 月 22 日，晚于处于格里历 9 月 8 日左右的第 9 个节气（太阳处于室女星座 15°处），早于位于格里历 10 月 8 日左右的第 10 个节气。由黄伯录神父介绍的中国中原传统中的第 9 个节气"白露"（BC 第 XVIII 页），于该文献中，恰恰是既以畏兀儿—蒙古文对音 baïlu，又以其较近似的蒙古文译文 čaga'an ši'üdär 来记载的。

在 14 世纪的汉族—畏兀儿族历书中，该第 9 个节气（太阳处于室女星座 15°处）被定于儒略历的 8 月 30 日（请参阅第五章，第 109 节）。这个时间标志着民用年八月的那个理想的开始时间，它应该开始于最接近于 8 月 30 日的新月（本处是指 1324 年 8 月 20 日的新月）。

此外，大家还将注意到，在相当于由傅欧伯刊布的"吐鲁番"（高昌）蒙古文历书的第 3 种残卷中，所提到的日子是 9 月 14 日（1324 年）；对于 14 世纪来说，则是秋分"中气"的时间（请参阅 1367 年 9 月 14 日，见第五章第 111 节）。

476

16. 该刊本中的其他蒙古文残卷很可能都属于临近时代。它们都具有有关汉族和汉族—蒙古族民间星相学的丰富资料，但却只提供了有关真正历书的极少资料。我应该指出，第 6 号残卷（BO 15）提到了某些阴历月：dolo'an sara（七月）、dörbän sara（四月）、naïman sara（八月）、gurban sara（三月）。

由蒙古基数词（而不是如同在突厥文中那样的序数词）形成的这些阴历月名称，都是直接译自汉文的，肯定相当于同样序列的汉族民间历法的阴历月。在这个早期时代（14 世纪），根本不可能涉及后来很久才在蒙古—鄂尔多斯月份编号中发现的差距（请参阅上文第 8 和第 9 节）。在这些具有不同程度的"科学"特征的汉族传统的蒙古文星相学文献中，我们将会发现缺少蒙古文专用的月份名称（见上文第 10 节），它们基本上属于民间传统。

由傅欧伯刊布的蒙古文历书残卷是汉族—蒙古族历书最古老的直接证据，它们是 1324 年和先后几年的，具有一种完全符合同一主题、同一地点（高昌）和同一时代的畏兀儿文献的内容。需要指出唯一的一种差异，这就是 14 世纪汉文历书的蒙古文编译本替代了以相应序列的动物（地支）而作出的预兆。

17. 因此，元代（13—14 世纪）的汉文—蒙古文历书，除了某些微不足道的细节之外，则显得完全与另一种阿尔泰语中指畏兀儿人的汉族—突厥族历法的名称相同。它也如同后一种历法一样，形成了汉族官方历法的一种通俗形式，其中的 12 生肖取代了抽象的 12 种分类，它们的古蒙古文名称如下：

1	kulugana：鼠	7	morïn：马
2	hükär：牛	8	konïn：羊
3	bars：虎	9	bičin：猴
4	taulaï：兔	10	takïya：鸡
5	lū：龙	11	nokaï：狗
6	mogaï：蛇	12	gakaï：猪

这些名称中有 3 种与畏兀儿文生肖周期中的名称相同：bars

（虎）肯定是借鉴自突厥文（以-rs 结尾的词组，在音位学方面则不是蒙古文的）；lū（龙）出自汉文，但很可能是经过了突厥文的媒介作用；bičin（猴）系借鉴自突厥文（在正常的蒙古文语音中，尾鼻音可能会导致从声母 b—向声母 m—的过渡，请参阅古典蒙古文 mečin，也译为"猴"）。

历法年的蒙古名称叫做 jïl（古典蒙古文做 jïl），它仅仅是作为 12 生肖年的名称而出现过，如同在畏兀尔文中一样，以简单的同位语形式而出现（bars jïl 相当于畏兀尔文中的 bars yil 等），但它本身却是借鉴自突厥文的。至于蒙古文，它却有另外两个土著名词用于指"年"：nasun 指"年龄"，它在语意学上相当于突厥文的 yāš，而在语音学上则相当于突厥文 yāz（春天）；hon 在古典蒙古文中作 on，其古代的复数形式为 hot（见《元朝秘史》第 264 节），意为"持续年代"，hot 的突厥文 ot（草，其古代形式作 pon，复数为 pot）语音对应词。据 1221 年的一名汉族作家记载（BN' 315），完全如同古代突厥人一样，古代蒙古人也以草返青而记年（请参阅第一章，第 35 节）。

18. 从成吉思汗于 1215 年征服中国北方起，就从未排除过将成吉思汗新王朝元朝的中国官方历书直接译成蒙古文的做法。根据前文的语言学考察来看，我可以认为，从 1201 年起（《蒙古秘史》），汉地定义的历书向蒙古人中的传播是通过畏兀儿人的媒介作用而实现的，沿用了汉族—畏兀儿族历法的模式，尤其是对于使用 12 生肖的模式，以取代中国中原古典的 12 支抽象历法。

13 世纪的畏兀儿历书提供了将汉文资料数据移置于"阿尔泰语"中的一种可以直接使用的例证。这与其说是一种向中国中原的直接借鉴，还不如说汉族—蒙古族历书最早显得更如同是汉族—畏兀儿族历法的一种蒙古本改编本，这正是我从高昌所了解到的情况。成吉思汗的一名大臣为畏兀儿人，这已是众所周知的事实（DH 314—315），畏兀儿人向蒙古人传授了他们的文字及其一大部分社会和文化词汇。因此，畏兀儿人于蒙古帝国初期，在编制汉地历书的蒙古文改编本中起过一种主要作用。

13 和 14 世纪时，在蒙古帝国中存在一种汉文—畏兀尔文—蒙古文单一的官方历书，它同时以汉文、突厥文和蒙古文版本而存在，这后两种文本彼此非常接近。从该帝国的一端到另一端，从太平洋到前部亚洲，这种历法非常准确地继承了自数世纪以来已由东突厥人完全吸收了中国中原的古老科学传统，遵循同样的天文学定义，很容易接受可以确保一种巨大成功的相同天文学思辨，向欧亚大陆的大部分地区（在一种史无前例的范围内）提供了有关断代和年谱的同样准确的规则、同样的内容和预测。

19. 从 13 世纪中叶起，整个突厥语地图实际上均已处于蒙古人的统治之下。至于蒙古征服者，他们从一开始起就深受突厥文化（尤其是畏兀儿文化）的强大影响，随着他们向西推进，越来越与突厥语族的成员相混杂。蒙古语最终仅在成吉思汗帝国的东部被人接受了，也就是说在直接属于北京大汗（元朝）的一片领土上，它形成了今天蒙古人民共和国。中国的蒙古部分（人称之为内蒙古）和苏联的布里雅特蒙古族自治区。但在这一地区的西部，直到我们今天仍为蒙古语族地区。那些蒙古族的统治者，在保持其部族传统和他们对成吉思汗世系崇拜的同时，却在数代人中都从语言学上被突厥化了。其居民中的蒙古族成员实际上已被在数量上占绝对优势的突厥族群体所吞没。

12 生肖的汉族—蒙古族历法，已在蒙古帝国以及出自该帝国的诸汗国的整个领土上被采纳了。由于它在星相学上简单而又具有启发性的运用而吸引了大批人，所以它在作为一种官历的同时，很快也变成了一种民间历法。突厥语人口中的大部分人，都由于要上溯到 6 世纪时的突厥和回纥族的悠久传统，而早就为使用它而做好了准备。它是以其畏兀儿形式而在突厥社会阶层中传播的，由于高昌文书而使我对这种形式非常熟悉了。

此外，甚至是在蒙古人的社会环境中，这种历法也非常正确地被认为主要是一种突厥—畏吾尔遗产，以至于使波斯天文学家和波斯蒙古汗旭烈兀（Hülägü）的谋臣纳昔尔·丁·秃失

（Naṣīr-ad Dīn Tuṣī）于 1260 年左右，于其《突厥年的准则》
（Aḥkām-i Sāl-i Turkān）的著作（它未被流传给我们。但我完全
可以猜测到其内容，因为这里实际上是指汉族—畏兀儿族历
书）。仍然如同《突厥年的准则》一样，它也在波斯传统中为人
所熟知，并于其中从蒙古时代一直延存到今天，带有略加修改的
出自畏兀儿文的词汇，它出现在所有古典语言的辞典中：

1	sičqan yil　鼠年	7	yunt yil　马年
2	ud yil　牛年	8	qoy yil　羊年
3	bars（pars）yil　虎年	9	biči（piči）yil　猴年
4	tavišqan yil　兔年	10	taḥaqu yil　鸡年
5	lūy yil　龙年	11	it yil　狗年
6	yilan yil　蛇年	12	tonguz yil　猪年

在畏兀儿文的 lū（龙）后面增加一个尾音-y 是一种波斯文
现象（请参阅 rū 或 rūy，在波斯文中意为"面目"）。该表中唯
一的蒙古语语言踪迹是畏兀儿文中 bičin（猴）之尾音-n 的脱落
（请参阅 morin 或 mori，在蒙古文中意为"马"），在 toḥaqu（出
自畏兀儿文 takïku 中第 20 个元音）被第 1 个元音所同化，并将
后部辅音 k 经摩擦音化之后变成 ḥ；在 pars 和 piči 中，起始声母
中的非强制性浊音清化是西突厥（乌古斯）语影响的结果。但
在这一词汇表中，几乎全是畏兀儿文，无论如何也是没有真正蒙
古文。

因此，大家可以看到，在伊朗的蒙古伊犁汗国的统治范围
内，"蒙古"历法本身也以其突厥（更确切地说是畏兀儿）形式
而进入日常使用之中。

20. 更重要的原因是，在蒙古帝国的所有突厥语地区，于成
吉思汗世系的人或者是仰仗其名称的诸如瘸子帖木儿
（Tamerlan）那样的人之时代，12 生肖历法的突厥（主要是出自
畏兀儿）形式被采纳或者是被维持下来了。

如果研究这种历法在突厥语各民族（它于其中一直沿存到
我们当代）中的历史证据及其地方性传播，那将是冗长的研究，

必然会超越本论著（原则上仅限于到中世纪末期）的目的和年代范畴。

我于此仅满足于指出，这种历书确实仍然存在的地区都处于包括在古蒙古帝国的整个疆域范围内，其民族主要如下：甘肃的黄头回鹘人、叶尼塞河上游（哈卡斯人和图瓦人）以及阿尔泰的突厥语民族、新疆的"近代维吾尔人"（突厥族人）、乌兹别克人、柯尔克孜人、哈萨克人、喀山（哥疾宁）鞑靼人、巴什基尔人、克里米亚鞑靼人、高加索突厥语民族、土库曼人、苏联和伊朗的阿塞拜疆人。不使用12生肖历的突厥语民族很罕见：孤立地生活在西伯利亚极北的雅库特人（Yakut），他们有自己那适应于气候的北极历法，以5月而开始一年；楚瓦什人（Čuvaš），他们在语言上同样也形成了一个与突厥语其他部分不同的语言集团；喀喇伊姆人（Karaïm），他们以一种混合宗教而采纳了希伯来历法。

至于其国家是在蒙古帝国之外并与伊朗的蒙古政权敌对的奥斯曼人，他们未使用12生肖的畏兀儿—蒙古族历法，但土耳其的突厥人却懂得这种历法。曾经提到这种历法的奥斯曼作家们主要是对突厥世界的其余部分（突厥斯坦、克里米亚、高加索）有所了解的史学家。奥斯曼人的官方历法则是阿拉伯人的伊斯兰历。唯有对于他们的财政年例外，他们于财政年中使用希腊—罗马历法。这后一种历法（尤其是其叙利亚历法的不同形式）也是土耳其突厥农民们的主要阳历并且始终如此。在土耳其，唯有与阿塞拜疆和什叶派的伊朗有联系的某些宗教集团（尤其是阿拉维派），作为很不显眼的民俗传统，以阿塞拜疆文本（其中用"鱼"取代了龙）的形式而保持了12生肖历法的知识。

奥梅尔杨·普里察克（Omeljan Pritsak）曾列出过（DS 235—236）历法中的12生肖在各种现代突厥语中的名称之比较表。我从中发现，这种体系在总体上具有一种很大的稳定性，只带有词汇中的某些方言性编译名。在纪年周期名词方面的重要革新只出现在叶尼塞河上游的哈卡斯人中，如其中采用"狐狸"

(tülgü) 而不是"虎",采用蜥蜴 (kiläski) 而不是"龙",采用 "人" (kiži) 而不是"猴",采用"鹤" (turna) 而不是"狗", 采用"山羊" (öski) 而不是"猪"。苏联东南部的阿尔泰地区 的楚雅 (Čuya) 草原上的特勒乌特人 (Teleut) 都保留了最早的 12 生肖的名称,但却由于在"鼠"和"奶牛" (它用以代替过 去的"牛") 年之间加入"母鸡",同时又使这种纪年不是从 "鼠"而是从"兔"开始,其顺序被完全打乱了 (DS 235,最后 一行)。

21. 奥斯曼·土兰曾指出,从蒙古时代起和在不同穆斯林作 家中,出现了非常有意义的 12 生肖历法的证据,而且是与伊斯 兰历同时使用的 (BM 57—61)。我于此仅限于讨论这些证据, 因为它们已经足够典型了,而且我又不能从事对所有这类证据进 行研究,这项巨大的任务会把我们拖得离主题太远。

由伊本·比比 (Ibn Bibī, BM 58,第 3 条) 介绍的窝阔台 统治时代的伊朗蒙古人,曾致安纳托利亚的塞尔柱君主阿拉· 丁·凯霍巴德 (A 'lā-ed-Dīn Keyqobād) 一封书信,其时间不会 造成任何困难:sāl-i pičin sene 633,即"猴年",伊斯兰历的 633 年。在汉族—蒙古族的历法中,该猴年是从 1236 年 2 月 9 日 到 1237 年 1 月 27 日 (BD 476);伊斯兰历 633 年则从 1235 年 9 月 16 日—1236 年 9 月 3 日。因此,这封信的时间可能应包括在 1236 年 2 月 9 日—9 月 3 日之间的时间。

由萨拉夫·丁 (Šaraf-ad-Dīn, BM 59) 提供的瘸子帖木儿 (Tamerlan) 诞生的时间,是 736 年舍尔邦月 (ša'bān, 8 月) 25 日,该年为一个鼠年 (sïčgan yïlï),相当于 1336 年 4 月 8 日,这 样就完全正确地落到了 1336 年这个鼠年。

由金帐汗国的可汗托黑塔迷失 (Toktamïš) 致立陶宛 (BM 60) 国王的突厥文王诰 (yarlïk) 被断代为 795 年赖哲布月 (raǰ ab, 7 月),这是一个"鸡年" (tagaku yïl)。其伊斯兰历的时间 相当于 1393 年 5 月 20 日,它确实处于 1393 年的这个鸡年。

托黑塔迷失的对手帖木儿·屈出律 (Timür Kutlug) 将他的

一封同样也是用突厥文写的王诰（BM 60），断代为 800 年舍尔邦月的 6 日，这是一个虎年（bars yïl），系指 1398 年 4 月 24 日，它确实落到了一个虎年。

对于哥疾宁（Kazan）汗国的缔造者兀鲁克·穆罕默德（Ulug Mehmed，BM 60）的一封信的断代特别有意义：831 年主玛德 I 月（ǰumādā I，5 月）17 日，猴年。其伊斯兰历的时间相当于 1428 年 3 月 4 日。这一天确实包括在从 1428 年 2 月 17 日—1429 年 2 月 3 日（BD 285）的汉族—蒙古族定义中的猴年。但它比春分的伊朗新年（被定为杰拉利历中的 1428 年 3 月 11 日，BT 39），我们于下文不远处将会看到，春分时的伊朗新年被用做与伊朗相毗邻的突厥民族中使用的 12 生肖年的始点（见下文第 23 节）。

我于此掌握有一种证据，说明哥疾宁（喀山）的鞑靼人（已经突厥化的蒙古人）于 1428 年依然忠实地沿用 12 生肖历的汉地准则，甚至在中国的蒙古王朝（元朝）崩溃并被中国汉族的明王朝于 1368 年驱逐后依然如此。帖木儿世系的兀鲁伯（Ulug Beg，NM，NN）于 14 世纪中叶，在他对于这种历法那非常精辟和非常详细的描述中（见下文第 24 节），所阐述的始终是这些同样的原则及其用阿拉伯文转写的大部分词汇。

《幸运之书》（Baxtiyār-nāme，BM 59）的一种晚期畏兀儿文（伊斯兰文）抄本的时间为 838 年，一个兔年（tavišgan yïl），这不会提出任何问题。事实上，伊斯兰历的 838 年是从 1434 年 8 月 7 日到 1435 年 7 月 26 日，汉族—畏兀儿族的兔年则是从 1435 年 2 月 29 日—1436 年 1 月 17 日。因此，其题跋应该是写于 1435 年 1 月 29 日和 7 月 26 日之间。

但是，在由奥斯曼·土兰提到的（BM 59）《圣人传》（Taḏkirat-al-Awliyā，同样也是用晚期畏兀儿文写成的）的一卷赫拉特收藏的历书手稿中，有一种明显的粗心大意：840 年，马年（at yïl）。伊斯兰历的 840 年相当于从公元 1436 年 7 月 16 日到 1437 年 7 月 4 日。无论如何，马（at）年仅于 1438 年才开始。

根据汉族—畏兀儿族历法，它应该是从 1438 年 1 月 26 日到 1439 年 1 月 14 日。正确的伊斯兰历时间应为伊斯兰历 841 年（公元 1437 年 7 月 5 日—1438 年 6 月 23 日），其题跋可能是写于 1438 年 1 月 26 日—6 月 23 日之间。

帖木儿朝的阿布—赛义德（Abu Saʿid）致阿克—孔卢人（Ak-Koyunlu）人的君主乌琼—哈桑（Uzun Ḥasan）的信被断代为（BM 59）：sïčgan yïl rabiʿ-I（鼠年赖比尔 I 月，即 3 月）。根据汉族—突厥族的定义，这个鼠年已由乌鲁克伯于 1450 年左右所证明，从 1468 年 1 月 25 日—1469 年 1 月 12 日（BD 290）。在这样短暂的时间内，只有一个赖比尔 I 月（伊斯兰历 873 年），它从 1468 年 9 月 19 日到 10 月 18 日。因此，该王诰应该是写于这两个时间之间的。

22. 在前引的 8 个例证中，于伊斯兰历和汉族—蒙古族或汉族—畏兀儿族的 12 生肖历时间的对应关系中，我仅检出一处错误（赫拉特的一名穆斯林畏兀儿人，1438 年）。在非常精通两种历法的人士断代的宫中真实文献（最经常的是用畏兀儿文或察合台文写成的）中，这些对应关系在原则上是非常严格的。

但当伊斯兰作家们由果溯因地复原这些对应关系时，它们在这些人的笔下却变得令人质疑了。除了漫不经心的平庸错误之外，其错误的原因可能在于忘记了以下事实：没有闰月的 12 个月份的伊斯兰阴历年平均要比 12 生肖的阴—阳历年短 $\frac{1}{33}$ 月左右，或者是由于伊斯兰历的一年始终横跨生肖周期的两年（因为它可以开始于阳历年的任何时代，而且是开始于"已观察到的新月"，因而就是继在原则上是开始于真正新月的汉族式阴历月之后的一两天）。

这样一来，在有关伊朗的蒙古汗哥疾宁传记的伊斯兰传说中，大家便可以发现两种明显的错误，就如同由与该可汗同时代的人拉施德（Rašid-ad Din）在《史集》J̌amiʿ-al-Tawāriḥ 中所记载的那样（请参阅 BM 35—36）。

据这种传说认为，可汗可能是诞生于伊斯兰历 670 年赖比尔

Ⅰ月（3月）29日，星期五夜，也就是一个羊年（koyn yïl），汉族—畏兀儿族历法中的十一月（bir yegirminči）一日，处于天蝎宫（'aqrab）的星座之下。然而，这些资料中的许多种都是无法调和的。

这个伊斯兰历的时间相当于儒略历1271年11月4日，太阳当时确实处于天蝎宫（以格里历方式计算则为10月23日—11月22日。因在13世纪时，格里历与儒略历有7日之差，所以在儒略历中为10月16日—11月15日）。但11月4日是一个星期二，而不是如同文书中断言的那样为一个星期五。

这个突厥—蒙古时间为羊年十一月一日，根据元代（哥疾宁本人也属于这个蒙古统治家族）历法的汉地定义，它应相当于1271年12月4日（BD 480）。这一天确为星期五，但却并非处于天蝎星座之下（太阳于11月15日自那里出来以进入人马星座）。

这个伊斯兰历的时间相当于初一，但不是十一月初一，而是十月初一。这个突厥—蒙古历的时间并非是伊斯兰历的670年赖比尔Ⅰ月（3月）29日，而是赖比尔Ⅱ月（4月）20日。在这两个时间之间，确实存在着一个月（30天）的差距。

当哥疾宁（Gazan）于1271年在其曾祖叔——北京大汗忽必烈统治时代诞生时，成吉思汗世系的君主们（甚至是在伊斯兰地区也如此）尚不为穆斯林。其父阿鲁浑（Argun）后来自1284年起统治了伊朗，他是伊斯兰教的一名反对者（DH 446—448）。该可汗是佛教徒，其夫人之一为景教徒。格鲁塞（René Grousset）称之为"老蒙古佛教徒和景教徒派别"（DH 446），正是以阿鲁浑为中心而形成的。其目的是为了推翻其叔父帖古迭儿（Tägüdär），此人似乎是成吉思汗家族中于1282年第一位归叛伊斯兰教的人。哥疾宁的祖父阿巴哈（Abaka）是旭烈兀的儿子和成吉思汗的曾孙，他也是佛教徒（DH 442）。当哥疾宁诞生时，阿巴哈正作为其叔北京大汗忽必烈的将军而统治伊朗，并且在数条战线上为反对穆斯林们而斗争。

没有任何理由使哥疾宁家族会使用一个伊斯兰历的日子来记载其诞生时间。相反，集王朝和家族的所有原因于一身，以使这一诞生的时间能按照元代的汉—蒙官方历法而被记载下来。因此，我认为哥疾宁诞生的唯一真实时间是羊年十一月初一，相当于公元1271年12月4日。正如传说所介绍的那样，这一天确为一个星期五（众所周知，突厥和蒙古族的佛教徒们在使用12生肖周期的同时，也使用星期）。我们将会发现，由拉施特于其用波斯文撰写的历史中所介绍的那种的措辞（BM 35 注②），已被用突厥文（畏兀儿文）保存下来了："I-bir yegirminči āy-koyn yïl"，意为"羊年十一月一日"。

很明显，伊斯兰历的时间是事后由果溯源地在穆斯林的社会环境中复原的，正如黄道宫带（伊斯兰历670年赖比尔Ⅰ月，天蝎宫）与一个早30天的日子相对应（其正确的时间应为伊斯兰历赖比尔Ⅱ月，人马星座）。我认为这种错误出自所参阅的天文表的不完善性，它在元代的汉—蒙历法中，对于前一年（1270年，马年，BD 480），却遗漏了一个闰十一月，除非这里是指一个纯属计算方面的错误，这在类似的内容上却是司空见惯的事。

另外一个虽然较小却同样仍不失为明显的错误，也渗透进由拉施特所介绍的传说（由奥斯曼·土兰引证，见 BM 36 注①）中了。它涉及哥疾宁汗即位的时间：这是一个星期日，伊斯兰历694年朱勒·哈哲月（du'l-ḥiǰǰa，十二月）23日，它在用突厥文记载的畏兀儿—蒙古历法中相当于"羊年九月二十三日"。

然而，伊斯兰历694年的朱勒·哈哲月23日（1295年11月3日）是一个星期四而不是星期日。此外，由"观察到的新月"开始的伊斯兰月23日与畏兀儿—蒙古月23日之间无法吻合。根据中国汉地的定义，这种月份应该开始于真正的普通天文新月时，也就是可能会早1—2日（1295年11月3日为元代官历中的九月二十五日，见 BD 269）。

我认为，最可靠的看法，则是哥疾宁即位于一个星期日，也就是一星期中的第一天。这一天是晴天，这是在当时的佛教、基督教和甚至是伊斯兰教（哥疾宁刚不久才皈依了伊斯兰教）的星相学信仰的范畴内，特别指出了一位可汗即位仪式的情况。这种记忆一直未遭改变地保持下来了。

但本处所讲到的星期日不可能是 1295 年 11 月 3 日（星期四），而是 6 日（星期日）。它实际上是伊斯兰历 694 年朱勒·哈哲月 26 日（而不是 23 日），也就是元代和成吉思汗家族使用的畏兀儿—蒙古历法中的 1295 年这个羊年（koyn yïl）的阴历九月（tokslmč āy）的二十八日（而不是二十三日），或者是拉施特和信奉伊斯兰教的日历推算者们又一次在他们的计算中搞错了；或者是（这种看法于此可能更加合乎情理）《史集》稿本中的口传资料已遭篡改（在伊斯兰历的时间中应为 sivom 而不是 šāšom，然后在畏兀儿—蒙古时间上又重复了这一错误的 sivom）。

在伊斯兰时间和 12 生肖历法之间的对应关系中，这些错误都是司空见惯的现象。我认为，在突厥—蒙古的社会背景中，往往是 12 生肖的时间很可能为最佳，尤其是当涉及家庭事务时更为如此，如同人们知道突厥—蒙古传统是为了根据每年的生肖而保留在记忆中的生日那样，因为人们特别注意生肖是星相的象征物。

这样一来，由奥斯曼·土兰（BM 60 注①）在一个为乞瓦（Khiva）汗阿布尔—哈齐（Abu-l-Ġāzī）的诞生而提供的时间中（"1014 年，兔年"）揭示出的错误，并非是涉及一个兔年（据中国中原的定义，应为 1603 年 2 月 11 日—1604 年 1 月 30 日，见 BD 37），而是涉及了伊斯兰历的千年，对于这个汉族—突厥族的阴—阳历年来说，则相当于公元 1101 和 1102 年。我通过其他地方还知道了该汗诞生的确切时间（第 8 条）：伊斯兰历 1012 年赖比尔 I 月 = 公元 1603 年 8 月 12 日，完全处于兔年之中。

这种错误的根源于此是很容易揭示出来的。我确实知道（第 19 条），阿布尔·哈齐逝世于伊斯兰历 1074 年，这是一个兔年（1664 年 3 月），时年 61 岁。那些做事马虎的日历推算者们，清楚地知道在该汗诞生的兔年与他去世的时间（同样也为一个兔年）之间，共有60年（5个12生肖周期），但他们为了重新恢复该汗诞生时间中的伊斯兰年的千年数，从其逝世时间（1074年）的千位数中减去了60年，从而使他们得到了一个差两年的时间，即1014年。他们明显忘记了伊斯兰阴历年要比12生肖的阴—阳历年短一些。

我还可以找到类似错误的其他许多例证。我在这一问题上一直在提醒史学家们注意：在遇到疑虑的情况下，往往最好以按12生肖周期所提供的突厥—蒙古社会环境中的时间为基础，而不是依靠由不大精通历算的学者们事后复原的伊斯兰时间。

23. 为了考证所提供的该周期中的时间，可能会出现一种犹豫不决的原因，这也在于可能会在12生肖纪年的新年定义中产生的变化，虽然我认为这些变化已经相当晚了。

由兀鲁伯在15世纪中叶解释清楚的突厥—蒙古的学术传统，始终都忠于12生肖阴—阳历年的汉文定义，甚至是在元朝于1368年崩溃之后也是这样。由兀鲁伯提供的数据（见下文第24节）都与明代汉文历书中的资料（属于同一时代）相吻合。在科学传统中，如同中国中原年那样的12支纪年开始于阴历月的那种新月，太阳于此期间进入了双星宫，因而正是1月或2月（格里历的平均时间为2月4日。格里历的最远时间为1月21日和2月21日）。

但伊朗附近的和失去了科学资料来源的某些突厥民族（诸如包括在兀鲁伯著作中的那些资料在内），他们最终采用了自己非常熟悉的春分时的伊朗新年（其格里历的平均时间为3月21日）作为12生肖年原理之始。这就是在土库曼人和阿塞拜疆人（Azeri）中的情况，至少在一个近期时代是这样的。

由土库曼苏维埃社会主义共和国科学院于1962年在阿什哈巴德（Aškabad）出版的《土库曼语辞典》，用土库曼文提供了有关12生肖的土库曼民间历法的颇有价值的资料（GI 863—866）。由此可以看到，那里的年初被定于冬至（新年），人们使用阳历月，根据12宫而分别命名，以阿拉伯文的 Xamal（白羊星座，3 月 21 日）而开始。

　　至于阿塞拜疆人，他们与伊朗具有更为密切的联系，尤其是通过他们的什叶派信仰而与伊朗的联系。他们最终沿用了波斯习惯，而这种习惯至少是从 18 世纪起，就在于把从蒙古时代起已经渗透于其波斯风俗习惯中的 12 生肖年与开始于春分的杰拉里（ǰelālī）历中的伊朗年结合起来。奥斯曼·土兰（BM 58）提供了这种突厥—伊朗新历法的一种典型例证，它在伊朗被用于指财政年。从被比定为伊斯兰历 1152 年（公元 1739 年 4 月 10 日—1740 年 3 月 28 日，格里历的时间）的猴年，过渡到了并非是被比定为伊斯兰历的 1153 年（1740 年 3 月 29 日—1741 年 3 月 18 日），而是 1154 年（1741 年 3 月 19 日—1742 年 3 月 7 日）的"鸡—公鸡"年。这种表现的不正常性可以通过以下事实来解释：一方面是 12 生肖年被与波斯杰拉里历年结合起来了（猴年相当于杰拉里历的 662 年，开始于公元 1740 年的 3 月 20 日；鸡年相当于这种历法的 663 年，开始于公元 1741 年 3 月 20 日）；另一方面，它们都被与伊斯兰历的年联系起来了，并于这种历法中拥有自己的新年。伊斯兰历 1152 年的新年为格里历 1740 年 3 月 20 日；伊斯兰历 1154 年的新年为格里历 1741 年 3 月 20 日。伊斯兰历的 1153 年被跳了过去，因为它不包括开始于一个新年之后并结束于下一个新年之前的冬至。

　　但是，我未能检出 18 世纪之前的类似事实之证据。据我所知，仅仅到了该世纪中叶，才出现了对于 12 生肖年开始于春分的首次记载。正如奥斯曼·土兰所指出的那样，应该重视的唯一一位历法理论家是奥斯曼文人埃尔祖鲁姆的易卜拉欣·哈吉（Ibrāhīm Ḥaqqī d'Erzerum），此人卒于伊斯兰历 1186 年（公元 1772—1773 年）。他于其《智慧之书》（Maʿrfet-nāme，BM 22）中指出，这些突厥历法中的年代是当太阳进入白羊宫带时开始的（BM 29）。这位作者应该是参照了当时的突厥—伊朗历法（见《突厥历史》，Sāl-i Turkān）。

　　由奥斯曼·土兰提到的所有其他作家（BM 15—23 和 28—

29）都相当具体地解释说："突厥年"开始于冬至之前约一个半月的时间，这就完全与传统的汉族—畏兀儿族定义相吻合了。

24. 无论如何，这确实是由兀鲁伯于 15 世纪中叶描述的畏兀儿历法及其汉地历法的科学基础（BM 29—35）。为了阐述这位大天文学家的天文学著作（NM，NN），必须要整整一大部书。他是撒马儿罕的帖木儿朝王子，曾与中国科学有过直接接触。我的第一步工作应该是对其著作作出一种考证版本。

我仅满足于指出，由奥斯曼·土兰所介绍的兀鲁伯的主要说教（同上引书），直到在最微小的细节问题上，都照搬照抄了中国中原（元王朝以及其后的明王朝）历法的理论数据。其专业词汇也都一样，最经常的都纯粹是汉文术语的移录，如"24 气"（BM 30）；其余则是照抄了我们在其他地方已经知道的那些蒙古时代畏兀儿历法的词汇，尤其是对 12 支及每年月份的名称，更为如此。

对于我本书中论述的内容，兀鲁伯实际上未告诉我们任何我通过直接研究畏兀儿历法（请参阅本书第五章），或者是黄神父对中国历法的阐述（BC）而未能获知的内容。

15 世纪中期的帖木儿朝人兀鲁伯在一个更高的科学水平上，继承了自汉族传统直接派生而来的突厥、畏兀儿和畏兀儿—蒙古历法的悠久传统，作者对于一切都有非常清楚的意识。正是由于他，这种传统才以其最准确的形式为伊斯兰世界所掌握。

第八章　景教徒突厥人的双重历法

1. 1885 年，继楚河（Ču，位于巴尔喀什湖的西南）地区被俄罗斯帝国吞并之后的 20 多年，某些俄罗斯移民于那里在互相之间距离 55 公里左右的地方，发掘了中世纪的两个景教徒墓葬区。第一个墓葬区的规模较小，位于托克玛克（Tokmak，碎叶）南—东南方向 16 公里处的布拉纳（Burana）村附近；第二个墓葬区则便偏西部，位于比什凯克（Pišpek，今伏龙芝，苏联吉尔吉斯共和国的首都）之南 11 公里处，其规模要大得多，覆盖了近 2.5 公顷的地面并共包括约 3000 座的墓葬。

早在 1890 年，俄国的古叙利亚文专家奇沃尔松（D. Chwolson），由拉德洛夫（W·Radloff）协助整理其突厥文部分，刊布了对于出自这两座大公墓的 200 多方墓碑的解读文和译文（LC）。此后不久，于 1897 年又继续在圣彼得堡出版了一本分册（LD），共包括 300 多方墓碑。这样一来，共发表了约 550 方古叙利亚文和突厥文碑文。其中有 80% 都被断代，最早者为公元 1201 年，最晚者则为 1345 年。这些时间均是经换算而获得的，其中从未提到过"基督纪年"（公元）。

在这些碑文中，使用的唯一一种字母是古叙利亚文字，甚至对于那些突厥文的文献或段落也一样。至于其语言内容，当然是景教教团的宗教语言，古叙利亚文占突出地位（97%强）。只有 4 方碑文完全是用突厥文写成的，其时间则跨越了 1278—1337 年。尽管古叙利亚的"基督教徒名称"占优势，但突厥文的人名也具有很广泛的代表性，古叙利亚和突厥文的名称共同存在于同一个家庭中，甚至是存在于同一个人身上。

根据任何可能性来看，该地区于 13 和 14 世纪占支配地位的语言应该是突厥语，但这并不排除伊朗语（甚至是蒙古语）成分的存在。无论如何，教会语言古叙利亚语肯定不是民众的口语。

在相当于从墓碑中录下碑文的时间之时代，该地区先于 1130—1211 年左右处于喀喇契丹（Kara-Khitay，黑契丹人，已经汉化的蒙古王朝）的统治之下。经过一个不稳定的时代之后，它于 1218 年又由成吉思汗世系的蒙古人所征服。1227 年之后，它又属于察合台兀鲁思（ulus，领地）的组成部分。这种历史局面在那里产生的后果是造成了伊斯兰教的衰落（喀喇汗朝人于那里一直维持到 11 世纪），于此相应的则是景教取得了重大发展，甚至在 14 世纪时还有罗马天主教的插足（DH 384 以下，414—415）。察合台汗国的最早蒙古人普遍为佛教徒（具有诸教混合论的强大倾向），他们在长时期内保护基督徒，以抗御穆斯林们那经常是非常激烈的攻击。仅仅是在 14 世纪下半叶，蒙古王公们的改宗才导致了伊斯兰教的强行回归，以及基督教团在西域地区的逐渐消亡（DH 415—420），而这些基督教团本来却主要是由操突厥语的定居民组成的。

2. 我于此仅限于研究楚河流域的景教墓碑。它们在有关其年代体系方面颇有价值，但却过分地被突厥语居民们忽略了。

景教派的古叙利亚历法在月份（阳历）和闰年方面均属儒略历一类，每 4 年都毫无例外地增加闰年的一天〔2 月（Šebat）29 日〕，但其年号则是塞琉西人的亚历山大帝国的年号，该年号的元年开始于公元 312 年 10 月 1 日。它与基督纪年的儒略历之对应很简单：

其月份（带有古叙利亚文名称，几乎完全起源于巴比伦）及其日子，彼此之间完全吻合。为了获得公元纪年的年份，只要从塞琉西年号的数字中删去 31 个数，就可以获得包括在 1 月 1 日到 9 月 30 日（含这一天在内）之间的时间了；若从中减去 32 个数，那就会获得包括在 10 月 1 日到 12 月 31 日（含这一天在内）之间的时间（请参阅 BT 48 以下）。

月份的名称（BT 85）则如下：

Tešrin qedim：10 月	Nīsān：4 月
Tešrin ḥrāi：11 月	Iyyār：5 月
Kānūn qedim：12 月	Ḥezirān：6 月
Kānūn ḥrāi：1 月	Tāmmūz：7 月
Šebāt：2 月	Āb：8 月
Ādār：3 月	Īlul：9 月

这样一来，1611 年 Ädār 月 22 日，便是欧洲儒略历的 1300 年 3 月 22 日；1611 年的 Kānūn qedim 则为这种历法的 1299 年 12 月 25 日。

楚河流域的景教徒墓碑已被断代的比例为 4/5。其中保留的唯一时间则是逝世的时间。在已经考证清楚的 430 多个时间中，有 394 个（也就是 91% 强）提到了塞琉西纪年的年份，或者是使用古叙利亚文数字，或者是使用古叙利亚语，或者是（要罕见得多）使用突厥语（只有 12 种情况，也就是近 3%）。

塞琉西纪年时间的这种很高的比例，可以通过对于景教教团之古叙利亚历法的参照，而非常容易地自圆其说。

但是，这种历法仅供宗教专用，而当地居民（无论他们是否为基督徒）在 13—14 世纪时的民用历法，则很明显是 12 生肖历法。

事实上，在已经断代的 430 方墓碑中，仅有 37 方（也就是略不足 10%）只带有塞琉西纪年的时间，而 90% 以上者均参照了每年的生肖（属），甚至有 35 通墓碑（8%）专一地参照了这种生肖。最广泛的用法（全部已断代墓碑的 82% 以上）系由同时使用塞琉西纪年和 12 生肖历法的墓碑所组成，也就是说它们具有双重参照，一方面是参照宗教年，另一方面是参照常见民用年。

3. 12 属（生肖）的名称是以两种语言出现在这些墓碑中的，这就是古叙利亚文和突厥文（从未使用过蒙古文，尽管该地区自 1218 年以来就处于了成吉思汗世系的统治之下）。

奇沃尔松编制了名表的 12 属之古叙利亚文名称（LC 7）共出现 375 次，而其突厥文名称却只出现了 149 次。在参照了生肖纪年的 393 方墓碑中，有 244 方只带有动物的古叙利亚文名称，131 种同时提到了其古叙利亚文和突厥文名称，18 种单独地使用其突厥文名称。

始终都相同的古叙利亚文名词术语纯属突厥文名词的译名。这些名词以古叙利亚文字母记音，带有某些拼写上的异体字（LC 7），直接继承了畏兀儿文的传统，同时又具有某些方言特征。它们的形式如下（我将于括号中指出其对应的畏兀儿文）：

1. sïčgan	（sïčgan）	（Rat）鼠
2. ud	（ud）	（Roeuf）牛
3. bars	（bars）	（Tigre）虎
4. tavïšgan	（tavïšgan）	（Lièvre）兔
5. lū	（lū）	（Dragon）龙
6. yïlan ou ïlan	（yïlan）	（Serpent）蛇
7. yunt	（yunt）	（Cheval）马
8. koy	（koyn）	（Mouton）羊
9. bičin	（bičin）	（Singe）猴
10. takagu	（takïgu）	（Coq）鸡
11. it	（it）	（Chien）狗
12. toŋuz	（toŋuz）	（Porc）猪

与畏兀儿文相比较，其差异则很小。koy（而不是 koyn）和 takagu（而不是 takïgu）均为喀喇汗文的形式，从 11 世纪起就经常出现在该地区（GC 351 和 562），yïlan 中的 y- 之偶发性的脱落

（也出现在同一批墓碑中的 il 或 yïl 之中），稍后也于这同一些地区出现在察合台突厥文中（GA I, 1472 和 1475）。因此，这其中没有任何令人惊讶的地方。

大家将会观察到，叙利亚文用阳性（公鸡）来译 takagu 一词，这就是奇沃尔松所提出的情况（LC 11）。我于此发现了自己决定将 12 生肖历书中的突厥文 takïgu 或 tagaku 译做"公鸡"而不是"母鸡"之主意的正确性，这在突厥学家的传统中是习以为常的现象。该突厥文正如汉文词"鸡"（BC Ⅶ, gallus）一样，具有一种同类属的意义，既可以适应于雌性，又可以适应于雄性。在 11 世纪的喀喇汗语中，ärkäk takagu 指"公鸡"，而tiši takagu 则指"母鸡"（GC 562）。但在与 12 生肖有关的中国星相观念中，确实是指"公鸡"（AM，俯拾即得），而且这也是黄伯录神父（gallus, BC Ⅶ）和埃布拉尔（hahn, ML 98）的译文所反映出的情况。在突厥人向波斯文借鉴了 Xoroz 一词以专指雄性动物时，以"母鸡"所作的解释就被引入了。从此之后，takïgu 及其异文（奥斯曼语中的 tavuk 等）便仅仅指"母鸡"了。

4. 亚洲景教徒突厥人那宗教和世俗的双重历法，提出了从儒略历 10 月 1 日到次年 9 月 30 日之间的一个塞琉西阳历年与 12 生肖年之间的对应关系问题。在这些地区和这些时代（喀喇契丹人时代，其后是蒙古人时代），12 生肖或 12 属纪年只能沿用阴—阳历的中国中原之定义，以太阳进入双鱼宫带之前的新月为新年（1200—1350 年间的中原新年间相距最远时间为 1 月 14 日和 2 月 14 日。请参阅 BD 257—276）。

因此，塞琉西年代的任何一年就相当于连续的两个 12 生肖年（就如同相当于基督纪年中的连续两年一样）。反之，12 生肖年中的任何一年（就如同基督纪年中的任何一年一样）都相当于塞琉西纪年中连续的两年，年份的改变发生在儒略历 10 月 1 日。

我既无法研究由操突厥语的景教徒们于 37 方墓志铭中使用的时间对应体系（这些墓志铭只注意塞琉西纪年），又无法研究

495

在 35 方墓志铭中使用的对应体系（它们只记载 12 生肖纪年）。但为了从事这种研究，我掌握有同时参照两种历法的 357 方墓碑（341 方是古叙利亚文写的，12 方为突厥文和 4 方为双语合璧写成的）。

我只使用自己得以掌握的文献，也就是说由奇沃尔松刊布的那些（LC，LD），他工作得很认真。我仅检出在将塞琉西纪年换算成基督纪年时所犯的在算术上的某些疏忽。这些纰漏很明显，无需进行讨论，我只满足于在需要的情况下纠正它们。

奇沃尔松本人也纠正了（LC 158—163）几处解读错误。他对于突厥字的转写往往是有欠缺的，因为其转写部分地是以回鹘文和中世纪突厥文的音韵体系为基础的。我也不解释自己的复原，熟悉这一时代的所有突厥学家都会很容易地理解这一切。

此外，在我的研究中，当墓碑的保存状况使人无法作任何可靠的解释时，我也将避而不谈已由奇沃尔松本人明确指出是不确实的那些解读（LC 17—18，第 47 条；LD 5—6，第 1 条）。此外，这也是一些比较少见的情况。

5. 如果我们排除了前文提到的两方"令人失望"的碑文（LC 第 74 号和 LD 第 1 号），那么我尚保留 355 方墓碑，可以用于研究塞琉西古叙利亚文历法与 12 生肖历法之间的对应关系。

塞琉西年是从儒略历的 10 月 1 日到次年 9 月 30 日。在这个时期和这一地区，12 生肖年肯定是沿用了汉地（汉族—突厥族和汉族—蒙古族）民用年的标准。它在 13 世纪和直到 14 世纪中叶，均开始于一个徘徊于从 1 月 14 日（儒略历）至 2 月 14 日之间的日子，结束于 1 月 13 日—2 月 13 日之间的日子（其平均日子为 1 月 29—30 日或 1 月 28—29 日之间）。这样一来，塞琉西年一般均开始于 12 生肖纪年周期的某个 X 年，这个塞琉西年的前 $\frac{1}{3}$ 的时间（4 个月，从 4 月到元月），就处于这个 X 年中，其余 $\frac{2}{3}$ 的时间（8 个月，从元月至 9 月）则处于该周期中的 X + 1 年中。

我掌握的 355 个例证可以使人进行合情合理的统计观察。如果用 S 来指塞琉西纪年的话，那么，大家可以期待从中找到近三分之一的 S = X 的对应关系，三分之二属于 S = X + 1 的类型。第 1 类可能会出现在介于 10 月 1 日和汉地新年除夕之间的时间中，第 2 类则出现于从新年这一天（介于 1 月 14 日—2 月 14 日之间）到次年 9 月 30 日之间。

　　然而，事实绝非如此，因为在 355 种情况之中，我发现了如下情况：

　　328 种情况具有 S = X + 1 的对应关系。

　　14 种情况具有 S = X 的对应关系。

　　13 种情况则具有其他的对应关系（可能为错误的历法推算）。

　　如果我们排除 13 种明显错误的情况，那么大家还可以看到 S = X + 1 和 S = X 的例证之比例。这种比例不是 2∶1，而是要高出 20 多倍。

　　这里很难是指一种偶然的事实。唯一的解释已由奇沃尔松模糊地预感到了（LC 66—67），但我却在有关该地区的"操古叙利亚语的基督徒"的特别历法推算问题上摒弃了这种假设。这是因为，在流传最广泛的习惯中，曾有过"塞琉西年与包括其中大部分时间的 12 生肖之完全同化问题"（本人模式中的 X + 1 年）。

　　6. 这种同化能够以两种方式完成：或者是人们将出现新年的塞琉西纪年的年份归于 12 生肖年（从而使塞琉西年的起点推迟至中国年的起点上，也就是说要晚近 4 个月）；或者是保持塞琉西阳历年的传统性定义（开始于 10 月 1 日），从一开始起（或者提前 4 个月左右）就将塞琉西年与相应中国年（塞琉西年的新年就出现在这一年并包括了其大部分时间）的生肖联系起来。

　　在这两种方法中，第 2 种方法从一开始起就显得最有可能。事实上，在这些双重断代中，其年份始终出现在生肖名称之前的塞琉西年，仅仅是基督纪年儒略历阳历年的一种东方变种，它是景教徒们的礼拜仪式年。由于年代和宗教的原因，它不可能与阴—阳历年结合起来，与 12 生肖历法中的阳历年之开始不同（以中国人的定义来看）。本处所研究的墓碑具有一种基本上是宗教的特征，而出现于其中的塞琉西年完全应该是这同一个礼拜年，开始于儒略历的 10 月 1 日。

此外，我们掌握有一篇支持本处所研究的第 2 种方法的文献。这就是奇沃尔松著作第 2 分册中的第 15 号墓碑的文献（LD 9），它完全是用古叙利亚文写成。其中的逝世时间是以下述引译文的形式记载的："1587 年，鼠年，第 1 个 Tešrin 月（10 月），星期五"。

1587 年的第 1 个 Tešrin 月相当于儒略历 1275 年的 10 月。然而，鼠年仅仅开始于 1276 年 1 月 18 日。根据一种对于汉族—突厥族历法的严格参照，1275 年的 10 月处于某个周期的前一年中，系一猪年，本碑碑文未提过这一年。我可以据此而推论出来，根据本处所沿用的习惯，塞琉西年 1587 年的第 1 部分（1275 年 10 月 1 日—1276 年 1 月 17 日）被提前归于了汉族—突厥族的鼠年（1276 年 1 月 18 日—1277 年 2 月 4 日），这后一年才包括了塞琉西纪年 1587 年中的大部分时间（1276 年 1 月 18 日—9 月 30 日）。这种习惯的原因是塞琉西年与 12 生肖年之间的简单对应关系。这样一来，鼠年就相当于以下塞琉西年：

1575 年（LC 18—21，第 75 号，75·1 号、75·2 号；LD 7—8，第 6 号、8—10 号）。

1587 年（LC 26；第 87 号；LD 9，第 15 号）。

1599 年（LC 31—34，第 99—99·4 号；LD Ⅱ，第 26 和 27 号）。

1611 年（LC 41—44，第 11—11·4 号）。

1623 年（LC 55，第 23 号；LD 19，第 68 和 69 号）。

1635 年（LD 24，第 96—99 号）。

1647 年（LC 77—78，第 47—47·3 号；LD 30—31，第

129—134 号）。

本处所指的各鼠年分别相当于基督纪元的 1264、1276、1288、1300、1312、1324 和 1336 年。

7. 如果我将 12 生肖年代编成 1—12 号（请参阅上文第 3 节）并以 A 来指它们各自的编号，以 S 来表示塞琉西纪年的年代序号，那么适用于在 355 种中被以两种历法断代的 328 种墓碑的简单对应公式即如下：$A = \dfrac{S + 10}{12}$ 的余数（以 12 来取代余数 0）。

对于基督纪元中年代的 A 与 C 的序号之间的基本的对应关系，其公式如下：$A = \dfrac{C + 9}{12}$ 的余数（同样也以 12 取代余数 0）。

始终是在这种基本对应关系的体系中，于其有关所涉及到的大部分年代的问题上（塞琉西年的 10—12 月除外），下述公式导致了从 S 开始而得出 S：$C = S - 311$。

8. 这样一来，在 355 例中的 328 例中，我们在 12 生肖纪年、塞琉西纪年和基督纪年之间，观察到了某些简单的对应关系，它们不会提出任何问题。但由景教徒历法推算家们根据其占支配地位的习惯而要求作出的这种简单化，并不能完全反映年代上的现实，因为它把塞琉西年介于 10 月 1 日和 1—2 月汉地新年除夕之间的部分（从严格的年代体系上，它应处于 A – 1 年）与 12 生肖年中的 A 年联系起来了。

作为例证，我将举出以下突厥文碑铭（LD 19，第 69 号）为例："aleksandros xan sakïš miŋ altï yüz yegirmi üč ärdi. türkčä yïl sïčgan ärdi. bu kuvra mäŋü-taš tay kopuzčï-nïŋ turur. yad bolzun."

其意为："亚历山大皇帝的年数是 1623 年。按突厥式的计算，这一年为鼠年。本墓碑是演奏马头琴者的墓碑。愿大家永远记住他！"

死者的人名是突厥文的，其职业是马头琴演奏者（kopuzčï，一种带弦与弓的小乐器），这属于传统的突厥民俗，马头琴（kopuz）是为突厥民间诗人和歌唱家伴奏的著名乐器。

塞琉西年 1623 年在儒略历中是从 1311 年 10 月 1 日到 1312 年 9 月 30 日。本处所指的鼠年于其汉族—突厥族的定义中则是 1312 年 2 月 8 日—1313 年 1 月 26 日。从严格的年代学来看，本处涉及的时代在理论上是两年所共有的，应该为包括在 1312 年 2 月 8 日—9 月 30 日之间的时间。但如果大家将塞琉西年的统一推算原则（当然是通过提前的办法）运用于 12 生肖纪年，那么本处所提到的时间就似乎与整个塞琉西年有关系，因而也包括在 1311 年 10 月 1 日—1312 年 2 月 7 日之间的时期。

这后一种可能性绝不能被排除。事实上，绝不能由于一篇用突厥文写成的墓碑，大家就认为其年代体系符合畏兀儿传统的汉族—突厥族民间历法，尽管这种历法在西域的整片蒙古帝国领土中都占据统治地位。相反，对于以两种历法断代的 13 方突厥文墓碑的研究则说明，毫无例外地在所有墓碑中，其推算均符合由上文（第 7 节）确定的公式：$A = \dfrac{S+10}{12}$ 的余数。这是把 12 生肖年与塞琉西年统一起来（可能是由景教教团完成的）的公式。在这种双重宗教历法中，一切都以 12 生肖年的一个被提前的起点（10 月 1 日，而不是 1—2 月）为前提，它不会是民间和世俗的习惯用法。

9. 与大家期待的那样相反，唯有在用古叙利亚文撰写的墓碑（最经常的是生肖动物的突厥文名称例外）中，我们才有可能会遇到与景教的"双重宗教历法"不同的另一种习惯法之例证。这就是说，对于以"突厥的方式"和以 12 生肖年来计算畏兀儿类型的汉族—突厥族（以及汉族—蒙古族）历法，在年代要严格遵守。

这种"非宗教的"和遵循当时的汉族—突厥族—蒙古族民用历法的习惯用法，对于 10 月 1 日与包括在一个 12 生肖纪年的民用年初之间的时期（1 月 14 日—2 月 14 日），则相当于如下公式：$A = \dfrac{S+9}{12}$ 的余数（以 12 取代余数 0），因为 12 生肖纪年中真正的年当时是一个由下述公式提供的全面推断的年（见上文第 7

节）之前一年：$A = \dfrac{S + 10}{12}$ 的余数。

我一共检出 355 例中的 13 种情况，它们确实形成了特殊情况。我将通过年代顺序而迅速地对它们作一番浏览。

① "1564 年，鼠年"（LD 6，第 3 号），塞琉西年 1564 年是公元 1253 年 10 月 1 日—1253 年 9 月 30 日之间，汉族—突厥族的鼠年从 1252 年 2 月 12 日—1253 年 1 月 30 日。因此，本处是指包括在 1252 年 10 月 1 日—1253 年 1 月 30 日之间的时期。

② "1565 年，突厥式的牛年（ud）"，包括在 1253 年 10 月 1日—1254 年 1 月 20 日之间的时期（LC 13—14，第 65 号碑）。

③ "1608 年，猴年"（bičin），包括在 1296 年 1 月 1 日—1254 年 1 月 20 日之间的时间（LC 38—40，第 8 号碑）。

④ "1612 年，鼠年"，包括在 1300 年 10 月 1 日—1301 年 2月 9 日之间的时期（LC 46，第 12·4 号碑）。

⑤ "1617 年，蛇年"，包括在 1305 年 10 月 1 日—1306 年 1月 14 日之间的时期（LC 168，第 53 号碑）。

⑥ "1623 年，猪年"，包括在 1311 年 10 月 1 日—1312 年 2月 7 日之间的时期（LD 18，第 66 号碑）。

⑦ 如同前一条（LD 18，第 67 号碑）。

⑧ "1638 年，……突厥纪年方式中的虎年"，包括 1326 年10 月 1 日—1327 年 1 月 23 日之间的时期（LC 67，第 38·1 号碑）。有关该墓志铭断代的完整研究，请参阅下文第⑩条。

⑨ "1638 年……虎年"，与前条相同的时期（LC 66—77，第 38 号碑）。bars（虎）是在石碑上所作的一种修正。有关其详细研究，请参阅下文第⑩条。

⑩ "1638 年，虎年"，与前一条同样的时期（LD 25—26，第 105 号碑）。

⑪ "1650 年，虎年，以突厥纪年的方式作 bars"，包括 1338年 10 月 1 日—1339 年 2 月 8 日之间的时期（LC 85，第 50 号碑文）。

⑫ "1651 年，兔年，taviˇsgan"，包括 1339 年 10 月 1 日—

1340 年 1 月 28 日之间的时期（LD 38，第 201 号碑）。

⑬ "1658 年，蛇年"，包括 1341 年 10 月 1 日—1342 年 2 月 5 日之间的时期（LC 92—93，第 53 号碑）。

10. 我刚才于第⑧和第⑨条中提到的墓碑，值得作一番特殊研究，这是由于它们所包含的复杂资料以及它们对于景教突厥历法推算所提供的澄清。

第 38·1 号墓碑（LC 67）载有 3 种时间征象：用古叙利亚文记载的 1638 年，然后是一个用古叙利亚文记载的"兔年"，紧接此后的便是"以突厥方式"记载的"虎年"。我于此掌握了被同时沿用的两种习惯用法的一种明确证据："宗教"的习惯用法，它以提前其前 $\frac{1}{3}$ 时间的方式而使塞琉西年 1638 年（公元 1326 年 10 月 1 日—1327 年 9 月 30 日）与"兔年"（公元 1327 年 1 月 24 日—1328 年 2 月 11 日）相吻合；汉族—突厥族—蒙古族的世俗习惯用法，它使虎年一直持续到 1326 年 1 月 23 日，处于兔年之前。

对于同一个时期，一种同样不失意义的资料是由第 38 号墓碑提供的（LC 66—67）。它载有 4 种时间资料，第 4 种则为一种颇为恰当的修正，系由他亲手补充进去的，即古叙利亚文中的 1638 年；接着是一个古叙利亚文的兔年（至此，完全如同前文一样）；接着是以突厥方式记载的猴年（bičin），这是一种明显的错误。最接近于这个塞琉西纪年之猴年的时间 1638 年（儒略历 1326—1327 年），是从 1320 年 2 月 10 日到 1321 年 1 月 28 日之间和从 1332 年 1 月 28 日到 1333 年 1 月 16 日之间的年代。出自另一个人之手，于这种错误资料之上又添加了一个突厥字 bars（虎），它确实是指真正的汉族—突厥族年，从而导致我作出了与在第 38·1 号碑（请参阅上文）相同的断代，相当于儒略历从 1328 年 10 月 1 日到 1327 年 1 月 23 日之间的时期。

在猴年（bičin）与虎年（bars）之间的混淆，与其说是一种真正的日历推算错误，还不如说使我更觉得是抄写者的一种疏忽大意。这两个字在古叙利亚文中均以同样的字母开始，并具有一种几乎是相似的基本外形（请参阅 LC 66，第 4 行末和第 5 行）。

这两种文献都是有关景教日历推算法之双重习惯用法的珍贵资料，以推论出塞琉西纪年和 12 生肖年时间之间的对应关系。

11. 这种双重性可能会变成混乱之源。事实上，根据一种或另一种系统而编制的对照表，在有关 12 生肖的同一年中，于塞琉西年代顺序的问题上有一个单位的差距。例如，在根据宗教习惯而编制的古叙利亚文名表中，塞琉西年 1638 年可以被比定为兔年。但根据突厥民用习惯，它却开始于一个虎年（1326 年 10 月 1 日），一种"突厥"文统计表便可以将这后一种资料作为最重要者而保存下来。这样一来，我们便可以同时掌握两种对照表了：

宗教历法对照表（古叙利亚文）

1635 年　鼠年（LD 24，第 96—98 号碑）。

1636 年　牛年（LD 25，第 101—104 号碑）。

1637 年　虎年。

1638 年　兔年（LD 27，第 107—108 号碑）。

1639 年　龙年（LD 27，第 109 号碑）。

1640 年　蛇年（LD 27，第 110—112 号碑）。

......

民用习惯历法对照表（突厥文）

鼠年　1636 年　　sïčgan

牛年　1637 年　　ud

虎年　1638 年　　bars

兔年　1639 年　　tavïšgan

龙年　1640 年　　lū

蛇年　1641 年　　(y)ïlan

......

"突厥年表"中记载的年代要比"塞琉西年表"中高一个位数。这一事实肯定为历法推算者们所熟悉，他们深知必须从"突厥年表"的年代中减去一个个位数，才能得出景教"宗教"

历法计算中的年代。但是，如果一种"古叙利亚文年表"能被译作突厥文而又不改变其年代（同时仍继续沿用宗教的习惯），而且它又被误认为是一种据民用习惯而编制的"突厥年表"，那么当时希望使之适应于宗教习惯法的日历推算家们，就应该为此而于每种年代中减去一个个位数，从而获得一种"错误的年表"（少一个个位数），如以下类型：

1634 年：鼠年（LC 63—64，第 34·3 号碑）。

1635 年：牛年。

……

12. 这恰恰正是在计算七曜时产生的结论，其中的塞琉西年代是错误的，少一个个位数：

（1）"1624 年，虎年（bars）"（LD 20，第 73 号碑）。虎年开始于塞琉西纪年的 1625 年（儒略历 1314 年），因而正确的"教会"断代应为"1625 年，虎年"。

（2）"1628 年，马年"（yunt，LC 59，第 28 号碑，完全用突厥文写成的墓碑，现引其他所有碑文均以古叙利亚文写成），马年开始于塞琉西纪年 1629 年（儒略历 1318 年）。

（3）"1634 年，鼠年"（sïčgan，LC 63—64，第 34·3 号碑），鼠年开始于塞琉西纪年 1635 年（儒略历 1324 年）。

（4）"1640 年，马年"（yunt，LD 27—28，第 113 号碑）：马年开始于塞琉西纪年 1641 年（儒略历 1330 年）。

（5）"1642 年，猴年"（bičin，LC 10—11，第 42·4 号碑）：猴年开始于塞琉西纪年 1643 年（儒略历 1332 年）。

（6）"1614 年，鼠年"（LD 30，第 128 号碑），与在下一通碑中同样的错误。

（7）"1646 年，鼠年"（sïčgan，LD 30，第 129 号碑），鼠年开始于塞琉西纪年 1647 年（儒略历 1336 年）。

13. 日历推算法的衰败过程可能并不到此为止。如果错误的年代表又被译作突厥文并按照突厥的世俗习惯而接受另一种年代表，那么宗教公历推算者们便可能会错误地根据宗教习惯而从中减去一个个位数，这样便会导致从塞琉西年代中产生不足两个数的错误。这就是在第 4 号墓碑中出现的情况：

（1）"1588 年，兔年"（LD 9，第 16 号碑），兔年开始于塞琉西纪年的 1590 年（儒略历 1279 年）。

（2）"1645 年，鼠年"（sïčgan，LC 75，第 4 号碑），鼠年开始于塞琉西纪年 1647 年（儒略历 1336 年）。

（3）"1650 年，蛇年"（LD 36，第 191 号碑），与前一通碑中同样的错误。

（4）"1650 年，蛇年"（ïlan，LD 36，第 192 号碑），蛇年开始于塞琉西纪年 1652 年（儒略历 1341 年）。

甚至还会出现误解年代表中的"世俗"民用年或"宗教年"的文字，而出现重重缩减，最终得出了不足 3 年的错误。这种极端的情况仅发现过一次。

"1645 年，牛年（ud）"（LC 76，第 45·1 号碑），牛年仅开始于塞琉西纪年的 1648 年（儒略历 1337 年）。

14. 在塞琉西纪年的年代问题上，如果根据突厥世俗习惯而编制的天文表被错误地根据宗教习惯作了解释，那么也可能会出现一种逆向的错误（多出）。世俗历法推算中的"1636 年，鼠年"类型的对应关系于是便可能被错误地移用到宗教历法推算中，对于一个包括在 10 月 1 日和汉族—突厥族的 1—2 月的新年之间的时期，编写者意欲按照世俗日历推算法进行断代，这是由于他清楚地知道"突厥式"的世俗对应表会产生一些较宗教年表中的年代高出一个个位数的塞琉西年代，所以他错误地增加了一个数，从而获得了一种按照世俗习惯编制的错误年表，产生了诸如"鼠年，1637 年"这样的对应关系。这种错误于当时很可能是较 10 月—1—2 月的世俗习惯多出了一年，按宗教历法推算则多出 2 年。这种现象仅出现过 1 次。

"1650 年，牛年，以突厥方式作 ud"（LD 37，第 193 号碑），牛年相当于塞琉西纪年 1648 年，介于公元 1337 年 2 月 1 日—9 月 30 日之间，或者是公元 1337 年 10 月 1 日—1338 年 1 月

20 日之间的塞琉西纪年 1649 年。对于这后一个时代，按照突厥
民用年的正确计算应为 1649 年，而按照"宗教年"计算法则应
为 1648 年。

这些形形色色的错误都相当令人惊讶。但我应该指出，它们
相对的比较罕见。因为在已经研究过的 355 通碑文中，其错误的
总数为 13 通（不足 4%）。现已观察到的 96% 以上的历法推算是
正确的。在亚洲腹地的这些孤立的基督教教团中，这无论如何也
不算一种坏的结果。对于他们来说，塞琉西年肯定并非常用的
（唯有在宗教人士中才通用）。大家将会发现，在这些延续于公
元 1201—1345 年间的墓碑中，在 1201—1313 年之间的 113 年中
发现一次错误（1279 年）；其余多达 12 处则集中于一个 24 年的
时代（1314—1337 年），这可能曾是一个混乱的时代（请参阅
1338 年的鼠疫流行病，LC 81，第 49 号碑）。

从理论上讲，大家可以思考，主要是在有关塞琉西年代问题
上发现的错误，是否也涉及了对 12 生肖纪年的推算。但我觉得
这种假设不大可能。所有的历史资料均证明，12 生肖历法在当
时就已经通行于西域了，其简单易行的特征使它比其年代数字很
高的塞琉西纪年所面临的混乱少。我认为，周边环境几乎可以立
即揭示有关生肖纪年的一种错误，这种现象恰恰发生于 1326—
1327 年间（请参阅上文第 10 节，LC 66—67，第 38 号碑）。

15. 除了指出"逝世之年"的资料（根据塞琉西纪年或生肖
纪年，或者是同时根据这两种纪年）之外，楚河地区的那些中
世纪古叙利亚文和突厥文的景教徒墓碑，一般均不包括对时间的
其他任何具体说明。在这一方面，其中写有时间的部分已被保存
下来并尚堪卒读的 429 方墓碑中，唯有 8 方（即勉强占 2%）例
外，仅有 5 方提供了逝世的具体日子（其中有 4 方为古叙利亚文
墓碑，一方为由突厥文占主体的双语碑），3 方（均用古叙利亚
文写成）提供了逝世的古叙利亚文的阳历月（一方又增加了星
期的日子，但却无该月的日子）。

我们从这种考察中不应该得出一种对于纪年的无知或者是一

506

种蔑视的态度。因为如同在我们西方的社会中一样，最精确的年代扮演着一种重要作用，墓碑中记载的逝世时间一般仅限于年代序列。

在准确地提到逝世日子的5方墓碑中，仅有3方（两方用古叙利亚文写成，一方用由突厥文占优势的双语写成）以指出古叙利亚文阳历月及其日子的办法而提及其时间：

① "鸡年，1560年6月（Ḥezīrān）3日"，相当于公元1249年6月3日，古叙利亚文墓碑（LC 10—12，第60号碑）。

② "1576年，牛年，3月（Ādār）23日"，相当于公元1265年3月23日，古叙利亚文墓碑（LD 8，第11号碑文）。

③ "1611年，鼠年……"出现在一方双语碑文中，于其术语中以古叙利亚文开始并以突厥文继续（LC 42—44和139，第11·3号碑）："sïčgan yïl ärdi adarnïη 22 kün ärdi, öldi"。其意为："他逝世于鼠年，Ädär月22日"（相当于公元1300年3月22日）。

16. 另外两方墓碑（一名教士和一个唱诗班的领唱人，因此这是两名属于景教教会的人）以参照礼仪年（专用于某种主日祭礼的圣歌）的逝世之具体日子，其中之一指出了古叙利亚文的阳历月名称：

① "1566年，8月（Āb）……星期日"（接着是一首古叙利亚赞歌的前两个词），唱诗班的一名领唱人（Chorepiscopus）的古叙利亚文墓志铭（LC 14—15，第66号碑）。奇沃尔松证明（LC 158），这些雅歌是于夏季的第6个主日（星期日，8月间）演唱的，他错误地译做"7月"（Juli，LC 15）。在古叙利亚文的历法中，Ab始终为儒略历的8月（BT 85）。正如很可能会出现的那样，如果景教教团中对于季节的定义符合尼塞的基督教全体教团统一的会议（举行于325年，因而要比431年以弗所公会议对于聂斯托里教理的责贬早得多）的决议，那么这些决议在复活节的计算问题上，将宗教历法中的春分永久不变地确定在儒略历的3月21日，而并未考虑天文的实际情况（BA 88）。这夏季

的第 6 个星期日也是"宗教"的夏至之后第 6 个星期日，因而它被确定在 6 月 21 日，它在塞琉西纪年的 1566 年（儒略历 1255 年）是一个星期一，应该相当于儒略历 1255 年 8 月 1 日，也就是塞琉西纪年的 1566 年 8 月 1 日。在 13 世纪时，可以通过天文观察核实的真正春分则在 7 日之前。真正夏至的情况也如此。它们的真正天文时间当时就被蒙古帝国的汉族和畏兀儿族的历法编制者们非常准确地熟悉了（请参阅第五章，第 83 和 111 节）。这个真正的和大家所熟悉的夏至之后的第 6 个星期日并非是 8 月（Āb）1 日，而应该是 7 月（Tāmmūz）25 日。这一点可能导致奇沃尔松（他未对此作出解释）于此将 Āb 译做 "7 月"（Juli），但这与大家所知道的有关古叙利亚历法的一切内容都相矛盾。本处并非是指真正的天文"夏季"，而是景教教团历法中的"夏季"（因为与汉地的定义相反，但却符合欧洲和前部亚洲的定义，按照由希腊、罗马和伊朗文明所采纳的一种起源于美索不达米亚的历制体系，"夏季"开始于夏至之时）。正如先前在摩尼教历法计算问题上那样（见第五章，第 55 节），在景教的历法计算法中，也如同今天在罗马天主教教团和希腊东正教教团的历法中一样，我们所面对的是一种故意摆脱了实验天文学的天文学纪年那"符合规则"的简化概念。这种概念于其有关复活节时间的问题上，至今在我们自己的社会中依然很活跃，它已由不可知论天文学家用一节精彩的文字而以引人注目的和非常客观的方式阐述清楚了，这就是保尔·库德尔克（Paul Couderc）根据"宗教历法"（罗马教廷的历法）而阐述的（BA 84—100）。

②"1596 年……的星期一"（其后仍附有一首古叙利亚文的圣歌的前两个词），这是一名景教祭司的古叙利亚文墓碑（LD 10—11，第 21 号碑铭）。本处是指两个星期一，它紧接着这首圣歌为一次主日礼仪仪式之组成部分的星期日。奇沃尔松（同上引书）并未指出已考证清楚其时间了。我承认未能在景教礼仪中找到这首圣歌的位置，该问题远没有涉及我本书的内容。这种资料肯定足以使景教教士们考证出该祭司去世的时间。我仅仅简

单地指出，本处不是指处于塞琉西纪年 1596 年（儒略历的 1284 年 10 月 1 日—1285 年 9 月 30 日）之内的某个星期一。

17. 至于其他 3 方均以古叙利亚文写成的墓碑，其中逝世的古叙利亚文阳历月是在未指出日子的情况下提供的（在一方墓碑中，记载有关每星期日子的资料），它们包括下述资料：

① "1587 年，鼠年，第 1 个（tešrīn）月（10 月）的一个星期五"（LD 9，第 15 号碑铭），我们于上文已经研究过它了（第 6 节）。该文献特别有意义，因为它包括了一种有关通过提前的手段，将塞琉西纪年 1587 年的开始阶段（公元 1275—1276 年）比定为 1275 年 10 月间的鼠年（开始于儒略历 1276 年），这是一种可供核实的例证。这里是指儒略历 1275 年 10 月的一个星期五（10 月 4、11、18 或 25 日）。

② "1592 年，Īlul（9 月，LC 26—27），它在儒略历中相当于 1281 年 9 月。"奇沃尔松的译名"August"（8 月）是一种明显的错误（LC 27），很可能是由于前一个古叙利亚文月份 Āb（8 月，于此被误译作"7 月"，见 LC 15）的译名相混淆的结果，我上文不远处已经指出了这一点：Īlul 无疑是儒略历的 9 月（BT 85）。

③ "1593 年，马年，Šebāt 月（LD 10，第 10 号碑铭）。"这里是指儒略历中的 1282 年 2 月，汉族—突厥族历法中的马年开始于 1282 年 2 月 10 日。因此，我无法知道于此是否面对塞琉西纪年（1593—儒略历的 1281—1282 年）基本上相当于马年（1282—1283 年）。

18. 楚河流域的景教墓碑（大部分均为突厥文墓碑，至少是操突厥语人的墓碑）均彻底背离了真正的突厥文墓碑传统，其中最重要一点，就是该墓碑中从未提及"死者的年龄"（唯有一处例外，请参阅下文），而叶尼塞河上游的古突厥文墓碑中却有近 40% 都提供了这样的时间（请参阅上文第二章，第 23 节）；蒙古地区的突厥人墓碑的半数都或强调死者的年龄（第三章，第 55 节），甚至死者于其传记中各种情况下的年龄（第三章，

第 66 节以下）。

唯有一方楚河琉域的突厥文碑铭提供了已故者于其死亡时的年龄（yāš，即第几岁，请参阅上文第一章，第 26 节以下）：

sakïš miŋ altï yüz ottuz tört ärdi，türkčä yïl toŋuz ärdi，kut tegin bäg oglï šādï bäg yetmiš säkkiz yašïnta kïrïltï. yad bolsun.（LC 63&140，第 34·2 号碑铭）

其意是：“计算为 1634 年，以突厥方式计算为猪年，阙特勤匐的儿子阙特勤匐（Kut-tegin Bäg）78 岁时死去了。愿人们永远纪念他。”

死者拥有一个波斯文名字莎迪（Šādī），其意为“欢乐、愉快”，它至今在突厥世界中仍然频繁地使用，带有一个突厥文尊号“匐”（Bäg，Bey）。其父的名字“阙”（Kut，意为“吉祥、幸运”，tegin 意为“王子”）及其奠号“匐”都完全是突厥式的。此人应为一名突厥人。

塞琉西纪年的 1634 年，在纪年时则是公元 1322 年 10 月 1 日—1323 年 9 月 30 日之间，猪年开始于 1323 年 2 月 6 日。莎迪匐应该是诞生于塞琉西纪年的 1557 年，系一马年（儒略历 1246 年）。由于年龄在突厥传统中是根据 12 生肖历法计算（请参阅第六章，第 20 节）的，而且该碑文又符合记载逝世年龄的突厥习惯等事实，所以我倾向于相信，猪年于此是以其汉族—突厥族定义而被理解的（而不是以已被全面同化的景教教会的定义而理解的）。因此，逝世的时间包括在 1634 年（塞琉西纪年）和猪年（严格意义上的猪年）之共有部分的时间，也就是介于 1323 年 2 月 6 日和 9 月 30 日之间。

19. 需要指出的是，在这些文献中，从未提及过汉族—突厥族的阴历月。它在当时和在该地区肯定是世俗和民用的月份。文献提到的所有月份均为古叙利亚文的，系使用阳历月的景教宗教历法中的月份（完全与儒略年的月份相吻合）；同样，每星期的日子也仅仅以古叙利亚文记载。这样的日子从未在突厥文的墓碑中出现过。

我需要指出于楚河流域的古叙利亚文和突厥文文献之间，在其参照塞琉西纪年方式上，有一种颇有意义的差异：古叙利亚文文献直接指出年代，未使用引言式的程序用语；突厥文文献则于该数字之前加入了下面一种说明：

"aleksandros xan sakïš"，意为"亚历山大大帝的历时"（7次，见 LC 139—141 和 LD 19—21）。指出其未带主有尾后缀-ï 的结构，尽管存在着名词的一种补语。这是一种约定俗成表达方式的典型特征。

这种表达方式有两次被简化为 sakïš（历时，日历推算法，见 LC 138—140）。

这种习惯用法似乎清楚地说明，塞琉西纪年绝不为非宗教的突厥语民族所熟悉，因为在针对他们的问题上应该具体说明是指什么。大家还会发现将这种纪年归于亚历山大大帝（晏驾于公元前 323 年）的做法，而它实际是由他的继承者之一塞琉古·尼卡托尔（Séleucos Nicator）所创立，此人比亚历山大大帝晚 11 年于公元前 312 年逝世。

20. 从本处这种是我自己的观点来看，楚河地区景教徒墓碑的意义，仅限于古代和中世纪突厥语民族社会中的历法计算与历书的历史。当然，这种意义就是向我提供了信奉景教的突厥人于 13 世纪和 14 世纪上半叶使用其宗教历法的方式，他们将这种历法与 12 生肖历法结合起来。但其意义也在于向我证明，汉族—突厥族生肖周期在什么程度上已经深深地被中亚突厥语民族所同化，无论他们的宗教如何。因为在已被断代的 414 方墓碑中的 375 方（90% 以上）中，当时的人们已经感到需要用古叙利亚文译文来表示 12 生肖的名称。

这是由于塞琉西纪年及复杂的年代丝毫没有深深扎根于民间的特征，尽管亚历山大大帝赋予了它威望，而 12 生肖却形成了一种简单的、具体的、可以引起联想的、既为基督徒突厥人又为摩尼教徒、佛教徒甚至是伊斯兰教徒地区的突厥人所熟悉的历法体系，它使他们觉得如同为自己"民族"先祖文化遗产不可分割的组成部分。在这方面，我们应该强调一种事实，即 12 生肖年在楚河地区的文献中被称为"以突厥式"（在突厥文碑铭中作türkčä）的年，就如同它们被认为是在伊朗蒙古汗们的"突厥年"（Sāl-i Turkān）一样。

尽管 12 生肖纪年起源于中国汉地，而且也被大众彻底遗忘，但它们在 13 和 14 世纪的亚洲仍显得如同是一种突厥历制，甚至在向畏兀儿突厥人借鉴了这种历法的蒙古统治者眼中看来也如此。

第九章　库蛮人的历法

1. 从 11 世纪中叶起直至蒙古大帝国的前两个世纪，库蛮人（Comans，今译库曼人）与安纳托利亚的突厥人一并，成为与基督教欧洲（斯拉夫人、拜占庭人甚至是拉丁人）维持着最直接关系的突厥语民族之一。

库蛮人来自西西伯利亚（鄂毕河与额尔齐斯河上游地区），他们原来在那里曾是叶尼塞河上游的黠戛斯人在西部的近邻。他们从 1054 年起便定居在位于黑海以北的辽阔草原，从那里驱逐了其他突厥部族，包括乌古斯人（Oghouz）和佩契涅格人（Petchénègues）。他们很快就统治了（一直持续到蒙古人于 1222 年的大规模入侵为止）几乎相当于今乌克兰的整个地区（DH 241—242，DU 356—417）。

在伊斯兰和突厥文史料中，他们的部落联盟叫做"钦察"（Kïfčak，Kïpčak，GC 844）。大量证据都指出，他们普遍具有一种"北方人"的人类学类型，皮肤分别为白色、金栗色或红棕色，完全如同其近邻——古代黠戛斯人一样。这就是他们的俄文名称"波罗夫茨"（Polovcy，Polovtse，请参阅 Polovyj，意为"淡黄褐色"）和德文名称"瓦尔文"（Valwen，请参阅 falb，其词义同上）所证实的那样。他们长期置身于文明大潮之外，似

513

乎仍保留了许多古代传统。

大约到 13 世纪末，他们在克里米亚与威尼斯和热那亚移民与商人建立了联系；他们同时又与德国的方济各会士们建立了联系，这些会士们极力试图向他们传播福音。他们在北方与信奉基督教的俄罗斯人保持接触，导致他们的某些首领从 13 世纪初叶起便受基督教东正教派的归化（DH 307 注④）。此外，在 13 世纪末和 14 世纪，有某些信奉罗马天主教的库蛮人集团，方济各会士们为了他们而将拉丁文的祈祷经文和圣诗译作库蛮文（库曼文）。

2. 我们有幸掌握了威尼斯圣—马尔（Saint-Marc）图书馆的 1 卷写本（这是绝无仅有的 1 册），它以《库蛮语文典》之名而著称于世。其中既包括以罗马拼音文字书写的一部重要拉丁语—波斯语—库蛮语辞典，又包括一些库蛮语文学著作，而且大部分都是宗教著作（CA 46 以下，CB 243 以下）。

今天，这卷写本的历史已经得到翔实可靠的考证。其辞典是于 1294—1295 年间由克里米亚的意大利移民们编纂的，很可能是在索拉特（Solhat）城写成的，即今日之克里木（Staryj-Krym）。它后来又于 1303 年在伏尔加河下游萨拉伊（Saray）附近的一个圣·若望隐修院（罗马天主教修道院）被重新抄写了一次。我只掌握一种第二手抄本，缮抄于 1330—1340 年间，它形成了威尼斯的《库蛮语文典》的开头部分。至于该文典的其余部分及其库蛮语文献，均是于 1340 年左右由传教士——俄罗斯南方一个隐修院的德国方济各会士们编写的（CB 243—244）。

与本处有关的部分，也就是涉及库蛮人历法的部分，则包括在词典中，故而应断代为 1294—1295 年。我们将会看到，这一切都非常确切地证明了对于其中所含纪年资料的比较研究。

对于我的研究来说，《库蛮语文典》的特殊意义，是为我提供了有关 13 世纪末的一个突厥语民族历法体系的第一手资料。该民族在许多方面始终都非常接近先祖传统，并且还很少受到"学术性"的影响。从而使该民族有别于同一时代的诸如畏兀儿人那样的民族，反而使之更接近于其东部近邻——叶尼塞河上游的黠戛斯人（请参阅本书第二章），并且实质上还与该民族共享其古老的日历推算方式。

3. 在该《库蛮语文典》那至今仍以完好形式保存下来的拉丁语—库蛮语辞典中，我们还可以再次发现我于本书第一章中已经研究过的对持续时间之基本划分的所有古突厥语词汇。

kün = 太阳、日子（OC 158—159）。

tün = 夜（OC 259）。

āy（长元音记音为 aai!）= 月，阴历月（OC 30—31）。

yāz = 春（OC 119）。

yāy = 夏（OC 110）。

kūz = 秋（OC 160）。

kïš = 冬（OC 208）。

yāš = 年龄（第几岁，OC 117）。

yïl = 年（其异体字为 ïl，OC 132）。

大家将会发现，此处既保持了"四季"体系，又无我们在奥斯曼语和察合台语中观察到的 yāz（春季）和 yāy（夏季）的这种混淆，其中的 yāz 覆盖了整个"美好季节"（= 春季 + 夏季，见第一章第18—20节）。

我还应该指出，在编制于蒙古统治鼎盛时期的这部辞典中，汉族—畏兀儿族的 12 生肖历法于突厥—蒙古环境中如此广泛地流行，既对于生肖周期，又对于畏兀儿类的阴历月名称均未作任何记载。

然而，我可以于其中遇到几个动物名词，它们在突厥人和畏兀儿人中，均属于同一个 12 生肖纪年周期：sïčkan = 鼠（OC 227），yïlan 和 ïlan = 蛇（OC 132），koy = 羊（OC 198），tavuk = 鸡（OC 238），it = 狗（OC 108），toŋuz = 猪。在库蛮语中，"12 生肖"的名称与在畏兀儿语中的意义并不相同，它们也都出现在该辞典中：sïgïr = 牛；palaŋ（来自波斯文）= 豹，经常用它来取代以-ce 结尾的"虎"，"虎"未出现在库蛮词汇中；koyan =

兔；sazagan = 蛇，实际上是指"大蛇"龙；at = 马；maymūn（来自阿拉伯文）= 猴（OC 227、187、198、216、44、162）。但在这部内容丰富而又相当具体的辞典中，这些动物中的任何一种都从未被比做某一个纪年术语，甚至未被比做 yï 和 ïl（年）等。

同样，在突厥—回鹘传统中，用于指每个甲子年代的阴历月的基数词都确实出现在词汇中了：ekinči（二月）、üčünči（三月）、törtünči（四月）、sekizinči（八月，OC 86、269、251、216）。但它们从未被比定为阳历月（ay）。

4. 我认为，大家可以从这些评注中得出结论，认为该辞典的意大利编纂者们于 1294—1295 年间在克里米亚与库蛮人保持接触，库蛮人既不使用汉族—畏兀儿族的历法，也不使用 12 生肖历法。他们可能知道这种历法的存在，特别是通过蒙古人，或者是通过其他突厥语民族，但他们不可能会在自己故有的传统中使用这种历法。对于该时代和该地区来说，这是一种特殊事件，值得于此特别指出，并赋予在其他诸多方面都非常珍贵的这种极其准确的资料《库蛮语文典》（其条件是改正很容易纠正的一处非常明显的错误）的全部价值，它可以复原 13 世纪欧洲库蛮人的（我们将看到，尤其是突厥的年代体系，与任何汉族影响均无关）的全部价值。

此外，大家还可以记得（请参阅本书第 2 章），库蛮—钦察人的古代近邻——叶尼塞河上游的黠戛斯人和其他突厥语民族，在他们留给我们的墓碑中，也从未使用过起源于中国中原的 12 生肖历法。因此，我觉得，出于尚有待于澄清的原因，但却可能主要是由于与汉地相对遥远的距离，一部分突厥语居民（从地域来讲是西伯利亚的"北方人"）在长时期内抵御了汉族—突厥族—畏兀儿族历法的扩张（虽然这是一种胜利的扩张），保持了一种同时更为古老和更为"民族化"（如果大家将此理解作为突厥文化特征的话）的历法推算类型。

5.《库蛮语文典》中有关库蛮人纪年体系的主要段落是由

几行文字组成的（第72页第10—21行，OC 30—31），紧接着解释"阳历月"（luna, mensis）之后的 āy（阳历月）的栏目之下，āy bašǐ（kalendas，每月的第1天或阴历月初）等名词术语之后，便出现了阴历月的12个名称以及用拉丁文对它们所作的解释。在为我们保留下来的第二手抄本（我发现它已经残损）的现状如下（为了今后讨论时的清楚，我增加了1—12的顺序号）：

1) safar āy	'januarius'	=《janvier》.	1月
2) sövünč āy	'februarius'	=《février》.	2月
3) il-yāz āy	'marcius'	=《mars》.	3月
4) tōb-āy	'aprilis'	=《avril》.	4月
5) soηu yāz āy	'madius'	=《mai》.	5月
6) kūz āy	'junius'	=《juin》.	6月
7) orta kūz āy	'julius'	=《juillet).	7月
8) soη kūz āy	'augustus'	=《août》.	8月
9) kǐš āy	'setember'	=《septembre》.	9月
10) orta kǐš āy	'octuber'	=《octobre》.	10月
11) kurbān bayrām āy	'november'	=《novembre》.	11月
12) ? asuk āy?	'decenber'	=《décembre》.	12月

我复原了罗马拼音未能记音的长元音，唯有一次作 āy。

由第3手抄写者按照正常规律编制的这12行文字，对于非内行的读者来说，明显是令人满意的。因为它们按照顺序而提供了儒略历年12个月的12个库蛮语名称。但是，从一开始起，我们就会提出反对意见，认为儒略历阴历月和阳历月月份之间的这类对应关系只能是大致约估的。尤其是当将连同库蛮语术语与儒略历月份名称之间的意义进行比较时，人们则很难相信名表中的第6—10号：kūz āy 本意为"孟秋月"，以指6月；orta kūz āy 本意为"仲秋月"，以指7月：soη kūz āy 本意为"季秋月"，以指8月；kǐš āy 本意为"孟冬月"，以指9月；orta kǐš āy 意为"仲冬月"，以指10月。同样的考证与大家所知道的突厥季节的一切以及3—5月的数据均背道而驰。这3—5月的数据是极其正常的：il-yāz āy（带有 il-yāz 以指 ilk yaz）意为"孟春月"，以指 3 月；soŋu yāz āy（带有 soŋu，出自 soŋ-kï）本意为"季春月"，以指 5 月。

6. 在《库蛮语文典》以稿本形式流传期间，肯定产生过一种具体而又明显的错误。这种错误绝不难揭示出来。我确实发现，该名表直至从 3 月和"季春月"（5 月）过渡到"孟秋月"（6 月），跳过了夏季的 3 个月。在该辞典的正确文本中，这 3 个月应该占据 6、7 和 8 的序列，正如科瓦尔斯基（Kowalski）于 1930 年和格伦贝克（Grønbech）于 1942 年就已经非常正确地看到的那样（DC 30）。

至于我自己，我认为这种错误可以通过传统性的"原地跳动"来轻而易举地自圆其说。事实上，"夏"在库蛮语中叫做 yāy（OC 110）。如果我们参照被比定为 5 月的"季春"（春季末月，soŋu yāz āy），那就可以将被比定为 8 月的"季夏"（夏季末月）复原为 soŋu yāy āy。这两个词组极其相似，在字体的写法上仅有一个字母之差（后一个词组写做 y 而不是 z，见 OC 110 和 119），从而造成了抄写者将它们混淆的结果，出于忽而直接从夏季第 1 个词组（5 月）跳到了第 2 个词组（8 月），在第 6、7 和 8 的位置上写下了秋季（küz）的 3 个月，而它们于其转抄的文献中实际上应占据第 9、10 和 11 位。但是，在对应的拉丁文栏目中，依然继续使用儒略历月份的正常顺序，从而导致从第 6 个月份开始，于所提出的库蛮月份和拉丁月份之间的对应关系中，出现了 3 个月的差距。

为了复现库蛮月份名称的真正名表，所必须修改的第 1 处，便是在留传给我们的有缺陷的名表中，增入介于 5 月和 6 月之间的夏 3 月的名称。格伦贝奇非常正确地这样做了（OC 30）。

7. 对于夏季 3 个阴历月的库蛮语名称的复原则很容易。一方面，我辨认出了"夏"的库蛮语名称 yāy。另一方面，秋季 3 个月那已经得到明确证实的完整系列之后紧接着是冬季前两个月的名称（küz āy, orta küz āy; soŋ küz āy, kiš āy, orta kïš āy, 分别意为"秋月"、"仲秋月";"冬月"、"仲冬月"),它清楚地证明了以季节来称呼月份名称的一种正常系统。每季第1个月被无形容词地称为"每季的月",其意为"该季节开始期间的月份";在特殊情况下又带有形容词 il(k),意为"孟月"(始月,第1个月),它在特殊情况下也出现在 il-yïz āy 之中,以指春季的第1个月(孟春)。但我认为,这是由于每季节的突厥年在传统上都由春季而开始(请参阅第一章第58和59节,第四章第24和25节),而该月同时也是一年的第1个月(ilk,孟),每季的第2个月被称为"仲"(orta),第3个月被称为"季"(soη 或 soηu,在 soηu yāz āy 中,出自 soη-kï)。因此,我应该说是掌握了下述已知的月份名称:

yāy	āy:孟夏	
orta	yāy āy:仲夏	
soη(u)	yāy āy:季夏	

它们应该被纳入到季春之后的名表中,该月被解释为"中月"(=5月),分别相当于儒略历的如下对应月份:6月、7月和8月。大家这样便可以改正自 kāz āy(6月)起开始出现的3个月的偶然性差距,并正确地将秋季的3个月分别归为9月、10月和11月;其次是冬季的前两个月,它们在名表中分别处于紧接着12月和1月。

8. 但当时出现了一个问题:除了这些非常清楚的季节名称之外,11—1月之间的月份于《库蛮语文典》中还具有其他名称。这就是:

safar āy:1月,赛法儿月,处于《库蛮语文典》的名表之首。

kurbān bayrām āy:11月,宰牲节月。

(?)asuk āy(?)12月,处于表末。

如果我们认为库蛮语的月份(或季节)名称的正常系统应该包括那些虽未出现却很有可能的名称:soη kïš āy(季冬)与 sövünč āy(2月)、ortayāz āy(仲春)与 tāb-āy(4月)并列存

在，那么这种双重用法的例证（季节名称和其他名称）就并非
是绝无仅有的情况了。

由《库蛮语文典》保留下来的阴历月的 5 种"非季节性名
称"明显属于另一种体系，所有的诠释者们都明确地把它们考
证出来了：伊斯兰历法体系，正如"库蛮语"短语 safar āy（赛
法尔月，伊斯兰历的 2 月）和 kurbān bayrām āy（牺牲节或宰牲
节月），也就是朱勒·哈哲月（Du'l-ḥiǰǰa，穆斯林年的 12 月），
于该月的 10 日庆祝穆斯林们的宰牲大节（在阿拉伯文中叫做
qurbān，即古尔邦节），它是为了纪念易卜拉欣（Abraham）之
大献祭节的，在阿拉伯—波斯文中叫做 Qurbān Bayrām（在奥斯
曼语中也相同），即"大牺牲节"。

9. 这两种有关伊斯兰年代的无可争议的参考资料，再加上
对文献所做的"儒略历"解释，对于可靠地为《库蛮语文典》
断代尤为重要，正如近期的诠释者们所做的那样（OC 30，CB
243）。

事实上，一方面，所有的历史和语言资料均一致将《库蛮
语文典》的初稿断代于 13 世纪最后三分之一年代；另一方面，
共记载了约 33 年的季节周期的伊斯兰历年那"含糊的"特征，
在儒略历和伊斯兰历时间之间，只能导致大约 30 年对应关系的
间隔。以至于在本情况下，我们只能限定数量很小的年代，在赛
法尔月（伊斯兰历 2 月）于此期间大致相当于儒略历元月期间，
而且古尔邦大牺牲节是于 11 月间庆祝的。

在 13 世纪的最后 $\frac{1}{3}$ 年代中，唯有下述时间才在不同程度上
符合这些条件并可以被考虑在内：

ⓐ赛法儿月：1292 年（儒略历）1 月 28 日—2 月 20 日，

           1293 年 1 月 11 日—2 月 8 日，

           1294 年 1 月 1 日—1 月 29 日，

           1294 年 12 月 21 日—1295 年 1 月 18 日，

           1295 年 12 月 10 日—1296 年 1 月 7 日。

ⓑ古尔邦大牺牲节：1292 年 11 月 22 日，

1293 年 11 月 11 日，

1294 年 11 月 1 日，

（1295 年 10 月 21 日）。

这后一个时间应该排除，祭献节从未于 11 月间出现过，包括该祭献节的伊斯兰月份（公元 1295 年 10 月 12 日—11 月 9 日），甚至在 11 月间尚未占据其 $\frac{1}{3}$，这就使与该月的比定变得根本不可行了。对于古尔邦祭献节的日子唯有 1292 年、1293 年和 1294 年应被接受。

至于赛法尔月的儒略历时间，它们仅仅于 1293 年、1294 年和 1295 年才基本相当于元月，于 1294 年才完全相吻合。我应该排除 1292 年，这一年的赛法尔月在 1 月份仅有 9 天（不足 1 个月 $\frac{1}{3}$ 的时间）并且基本相当于 2 月；1296 年的情况也如此，该年的赛法尔月于 1 月份仅有 7 天（不足 1 个月 $\frac{1}{4}$ 的时间）并且基本相当于 12 月。

大家还可以核实需要在两个可能年代之间的选择，即根据下述事实：在《库蛮语文典》中，赛法尔月在两个月之后又由"孟春"（春季第 1 个月，il-yāz āy）所继续，它在正常情况下应该包括春分日，这个日子在当时已经于不同程度上被整个伊斯兰化突厥语世界以伊朗"新年"（瑙鲁兹，Nawrūz）而著称。它出现在赛法尔月的两个月之后，在伊斯兰历法中相当于第 2 个赖比尔月（Rabiᵉ，4 月）。在我所研究的时代，其具体时间如下：

1292 年 3 月 22 日—4 月 19 日，

1293 年 3 月 11 日—4 月 8 日，

1294 年 3 月 1 日—3 月 29 日，

1295 年 2 月 18 日—3 月 18 日，

1296 年 2 月 7 日—3 月 6 日。

在这个时代，春分应为儒略历的 3 月 13 日。其中第 2 个赖比尔月（4 月）不包括这个时期的 1292 年和 1296 年都应该排除。

因此，《库蛮语文典》名表开头部分指 1—3 月的月份完全可能是指 1293—1295 年，而 11 月这个古尔邦大祭献月也只能是指 1292—1294 年。因而，已经记载下了库蛮语月份名称的那个时代，可能是从 1292 年 11 月—1295 年 11 月之前的一个时间。

10. 为了进一步推动对于《库蛮语文典》中的历法资料的解释，我现在就应该考证清楚其他并非指季节性的库蛮月份名词的意义及其与伊斯兰历的对应关系：

sövünč āy：　　　　　2 月；

tōb-āy：　　　　　　4 月；

（?）asuk āy（?）：　12 月。

对于前两者，其任务比较轻松。因为《库蛮语文典》另外还解释了 sövünč 一词，意为"欢乐"（gaudium）；tōba 意为"忏悔"（mea culpa·见 OC 223—246）。

在名表中，"欢乐月"（sövünč āy）紧接着赛法尔月之后，故而应相当于下 1 个伊斯兰月份，也就是第 1 个赖比尔月（3 月）。然而，第 1 个赖比尔月的 12 日是一个"毛鲁德"（Mawlūd，在奥斯曼语中 Mevlûd）中，即先知穆罕默德之寿诞日。对于穆斯林们来说，这是一个极其吉祥的事件。我认为，这正是该月被称为"欢乐月"的原因。我要具体说明，sövünč 是古突厥文 sävinč（奥斯曼语相同）的钦察语对音，意为"欢乐"。

tōb-āy 的名词代表着 tōba āy 的缩合词，意为"忏悔月"（出自阿拉伯文 tawbat，经波斯文的媒介作用而借鉴）。这个月那继"欢乐月"即第 1 个赖比尔月（3 月）之后的第 2 位，则相当于伊斯兰历月份中的第 1 个主玛德月（Ǧumādā I，5 月）。这个"忏悔月"在奥斯曼伊斯兰教中则以 tövbe āyï 之名而著称。更具体地说，伊斯兰历中的两个主玛德月至今在土耳其的突厥语中仍被称之为"忏悔大月"（Büyük Tövbe ayï）和"忏悔小月"（Küč-ük Tövbe ayï）。这些词组的意义可以再清楚不过地被人洞察到了，但我曾就这一内容而请教过的著名的突厥民间传统专家佩尔捷夫·鲍拉塔夫（Pertev Boratav）认为，大家可以用下述方式来解释它：赖哲布月（Rāǰab，7 月）、舍尔邦月（Šaʿbān，8 月）和莱麦丹月（Ramaḍān，9 月）这 3 个连续的月（在奥斯曼语和土耳其的突厥语中，分别作 Reǰep、Šaʿbān 和 Ramazān），于穆斯林传统中则被认为是全年中最神圣的月份。在土耳其，人称之为"3 个最佳月"（Üč Aylar）。这样一来，一个虔诚的穆斯林就应该以在思想上举行的净礼而准备迎接这个神圣的时期，其中最重要的一点就是忏悔（奥斯曼语作 tövbe，土库蛮语和库蛮语作 tōba，相当于阿拉伯语 tawbat，讨白），也就是对过去错误表示遗憾并决心不再重犯这种错误。这种准备工作应该在此前的两个阴历月中完成，也就是在两个主玛德月（J̌umādā，第 1 个和第 2 个主玛德月，即 5 月和 6 月，在奥斯曼语和土耳其的突厥语中分别作（Cemāzi-el-ev-vel 和 Cemāzi-el-āhïr）。这两个月由于这种原因而在民间习惯中被称为"忏悔月"（tövbe āy）。这两个词之前的形容词 büyük（大的）和 küčük（小的）主要是用于区别本处所指的两个阴历月，我觉得它们的连续系列在另一种背景下继承了一种 11 世纪时就已经得到了明确证实的古老突厥传统，它于我们今天仍用于称连续的两个月为"大月（ulug 或 büyük）和"小月"（kičig 或 küčük）。但这些形容词的选择于此却受两个伊斯兰历月份各自持续时间的主宰，"大月"有 30 天，"小月"仅有 29 天。

　　安纳托利亚的民间传统也以同样的方式，称先知的诞辰月为第 1 个赖比尔月（Rabčʿ-Ⅰ，30 天），即"诞辰大月"（Büyük Mevlûd ayï）；以此类推，它称第 2 个赖比尔月（Rabiʿ-Ⅱ，29 天）为"诞辰小月"（Küčük Mevlûd ayï）。

　　11. 至于"? suk ay?"这个短语，它提出了一个相当复杂的问题。《库蛮语文典》中的罗马拼音字写法是 asuc。与同一部辞典中的其他写法（其中的 c 相当于 k，两个元音间的 s 作 z，如指罪孽者的 yazuk 被记音为 iasuc，见 OC 119）相类比，大家有时会认为应该读作 azuk。

该词也见诸于古代和中世纪的突厥文中，其意义为"食物"（GC 57）。但恰恰是在《库蛮语文典》中，有 u 非唇音化的另一种形式，并且两次以这种意义出现：azïk 和 azïx，意为"食物"（edulium，OC 46）。在这样的条件下，我们看不出为什么月份的名称会保持"食物"一名的唇音化形式 azuk。因此，我觉得一个"食物月"的假设应予以排除。

我在一段时间内曾想到将 azuk 视为突厥文动词 az-（迷路、失常的）的一个以-uk 结尾的派生词，该派生词确实曾出现在 11世纪的噶什喀里大辞典中（GC 57，azuk，意为"离题"或"迷路"）。这样一来，这个"失常的月"便是一个闰月，它于四季年中并未处于其"正常"位置上。但无论是在 1292、1293、1294 和 1295 年（这些年代在这个月份名称的统计表中都是可能的），根本不具备从中加入一个 12 月闰月的条件。仅仅是在 1292 年的 7—8 月间和 1295 年 5—6 月间，在元代的中国历书中才会有一个闰月（BD 268—269），12 月 14 日或 15 日的冬至的位置与相当于与"孟冬"的新月相比较，于该时期是正常的。冬至理所当然地较新月晚至少 1 个月。因此，我被迫放弃"不正常月"的这种假设。

12. 事实上，几乎可以肯定，asuc 这种写法是抄写者对于 asur 的一种误写，正如科瓦尔斯基正确地看到的那样（OC 46）。我应该读作 Āšūrāy，意为"阿术拉（Āšūrā）月"。被称为"阿术拉（在奥斯曼语中作 âšûre）节"的节日，这是卡尔巴拉（Kerbelā）之战的纪念日，被定于穆哈兰月（1 月）10 日。然而，我们本处的"库蛮"月则被解释成了"12 月"，阿术拉节在与此有关的时期却落到了以下时间：1292 年 12 月 11 日、1294 年 11 月 30 日。

因此，这里确实是指一个"阿术拉月"。它或在 1292 年 12 月，或在 1293 年 12 月，1294 年的时间则必须从这个伊斯兰阴历月（相当于穆哈兰月或 1 月）的统计中予以排除。

我在当代突厥口语中还发现这个"阿术拉月"的踪迹，它恰恰是如同在库蛮语中一样，系指伊斯兰年中的第 1 个月穆哈兰月。它在土库曼语中作 ašïr āyï（GI 866b），在东部（中国新疆）突厥语中作 ašur ay（OC 46），在哈密作 ušur ay（EB 88 以下）。

在这些口语中，完全如同在库蛮语中一样，伊斯兰历的 2 月保持了其阿拉伯文名称 safar（赛法尔月），在土库曼语中作 sapar（CI 866b），在哈密突厥语中作 säpär（EB 88 以下），12 月被称为"古尔邦"月（Qurbān）或"宰牲节月"（Bayrām）。但这后一个词却被省略了：在土库曼语中作 gurbān āyï（同上），在哈密突厥语中作 qurbān ay（古尔邦月，宰牲节月，同上）。

因此，至少从 13 世纪起，便产生了用突厥文改写尚部分存在的伊斯兰历名称的某种传统，《库蛮语文典》正是这种现象的回响。

13. 它也带有使突厥阴历月与穆斯林历月份互相同化的一种非常明显的遗迹。事实上，对于与拉丁文释文 marcius 并列存在的"孟春"〔il(k)yāz āy〕来说，它还附带着一种罗马拼音的阿拉伯—波斯文释文：rabiolgher（DS 208）= 阿拉伯文 Rabī'-al-aḥir（赖比尔·阿赫莱月，即 4 月）也就是第 2 个赖比尔月。我上文已经证明（第 9 节），在公元 1293 年、1294 年和 1295 年（伊斯兰历 692 年、693 年和 694 年），它确实包括冬至。

这种等同在非汉化的民间习惯中是特别容易的。从各种迹象来看，新的阴历月份应该是由第 1 次出现可见新月而凭经验确定的，也就是在天文新月（它并不能被直接观察到）之后的一两天。然而，这恰恰是由伊斯兰历所沿用的习惯。

因此，我认为，为了对库蛮历法资料进行思考，应该理所应当地使该历法中的阴历月与伊斯兰历月份相对应。但我同时又必须再次提醒大家注意，这种对应仅限于某些时间（每 33 年有连续的两三年）。在突厥阴—阳历中加入闰月的后果是在一个特定时间内，于某个"突厥月"和某个"伊斯兰月"之间的对应关系中突然出现一月之差：阿拉伯—伊斯兰历实际上是严格的阴历月，每个伊斯兰历"年"（这种"年"比真正的阳历年要短一些）只能包括 12 个阴历月。因此，它如同我们的历法一样，或者是如同古突厥人或汉人的历法一样，较阳历历法要晚一些。

14. 如果我对于直到目前为止从 13 世纪最后年代中的库蛮、伊斯兰和儒略历法的数据进行比较而得出的结论作一番总结，那就会得出如下看法：

①《库蛮语文典》名表中最初的几个阴历月，也就是从赛法尔月（2 月）到"季春"月（soŋu yāz āy，含该月在内，即在夏季 3 个月出现的偶发性空缺之前），可能正相当于 1293 年、1294 年或 1295 年等儒略历由 1 月开始的第 1 阶段（见上文第 9 节）。

②对于该名表中的倒数第 2 个阴历月 11 月（kurbān bayram āy），如果宰牲节确实是发生在 11 月的话，那么它就不可能相当于 1292 年、1293 年或 1294 年等儒略历年的这个月（见上文第 9 节）。

③对于其中提到的最后一个阴历月 12 月（ašūr āy，阿术拉月），如果阿术拉节确实出现在 12 月，那么它就只能相当于儒略历年 1292 年或 1293 年的这个月，这始终限制了库蛮、伊斯兰或季节月份的这种修订本所涉及的时代的可能持续时间（请参阅上文第 12 节）。

这种完全正确并符合纪年现实的序列是：11 月（宰牲节月，kurbān bayrām āy）和 12 月（阿术拉月，ašūr āy）。该统计表之末确实暗示它们是指同一个伊斯兰历年中连续的两个月。这样一来，对于本处所涉及的古尔邦宰牲节月（11 月），应该排除 1294 年的时间。

这样一来，在《库蛮语文典》中的伊斯兰库蛮月修订本中那可能性很大的时期，便被局限于 1292 年 11 月和 1294 年早于 11 月的一个时间之间。在这样的背景下，便唯有本处涉及的库蛮历法的季节性月份才会处于 1294 年 11 月和 1295 年初期之间。

15. 事实正如季节体系的逻辑所迫使人们接受的那样，也正如所有诠释者们都曾正确地看到的那样，如果我们应该在"季春"（soŋu yāz āy）之后和秋季（küz）3个月之前，而恢复由抄写者漏掉的夏季（yāy）3个月，并由此而改正由于在对应关系中与儒略历月份的拉丁文释文之间的错误而出现的3个月的亏缺（请参阅上文第7节），那就会导致再无其他困难地复原从"季春"（5月，soŋu yāz āy）到下一年的"仲冬"（1月，orta kïš āy）之间的库蛮季节月份的连续名表。

此外，如果大家发现于"孟春"（zl-yāz āy，3月）和"季春"（5月）之间出现4月（tōb-āy，忏悔月），其正常季节性月份应相当于"仲春"（orta yāz āy，4月），它应该出现在一种完整的统计表中，不能与属于另一种体系的伊斯兰月有任何混杂，名表中的最后一个季节术语 orta yāz āy（仲冬，1月）在一种完整的统计表中，应该附于其后，紧接着便是 soŋ kïs āy（季冬，2月），那么大家便会很容易地在从"孟春"（3月）到"季冬"（2月）之间，复原完全连续的12个季节性阴历月的一个库蛮年，也就是开始于冬至（波斯文作瑙鲁兹，新年）前后的一个完整的年，11世纪时的噶什喀里从新年开始，介绍了其时代尚未伊斯兰化的突厥民间历法中的月份序列（请参阅第六章第20和24节）。

对于上文已提到的与儒略历月份的对应关系之研究，必定会使我在所涉及的两个时代之间作出选择。

16. 年代资料在这方面很明确。如果仅仅考虑第1个阴历月，那么3月就应该相当于第2个赖比尔月（4月，见上文第13节），从而就会得出如下对应关系：

伊斯兰历692年的第2个赖比尔月（4月）：公元1293年3月11日—4月8日，

伊斯兰历693年的第2个赖比尔月（4月）：公元1294年3月1日—3月29日。

1293年那并不太圆满的对应关系（其中一个阴历月的8天却处于4月中），对于1294年是很理想的，其中阴历月的全部时间都处于3月间，特别是由于相当罕见的一种吻合，使该月的第

1 天也落到了西历 3 月 1 日。这就充分证明了一种不带任何强制条件地与 3 月的等同关系。

同样，它对于赛法尔月（1294 年的 1 月，伊斯兰历的 693 年的赛法尔月相当于公元 1294 年 1 月 1—29 日）则很合适，在 1 年之前却不太合适（伊斯兰历 692 年的赛法尔月相当于公元 1293 年的 1 月 11 日—2 月 8 日）。

本处仅简单地提到一个儒略历月份（特别是 1 月和 3 月），而不是一个阴历月，可能会横跨的两个阳历月。至少对于一年的开始时间（儒略历年的 1 月和库蛮历年的 3 月）似乎确实说明，《库蛮语文典》的编纂者已经发现了在库蛮（以及伊斯兰）月和儒略月之间特别明显的吻合性，从而使他得以编制一份简单的统计表，只附有 1 个而不是两个月，如同与 1 个库蛮阴历月相同一样。然而，一种真正非常准确的对应只能产生于 1294 年而不是 1293 年，其原因是由于 1 月和 3 月这些月份成了儒略年和民用突厥年各自的开端。

这就是为什么语言学家们在这一方面统一起来了。他们直到现在都一致将形成《库蛮语文典》第 1 部分的辞典（这一部分包括库蛮历书，OC 30，CB 243）的编修时代断代于 1294—1295 年。我坚决地主张，这种历法对于季节性的库蛮年，则很可能解释了 1294 年 3 月—1295 年 2 月的 12 个阴历月；更具体地说，它是根据在伊斯兰月和库蛮月为一方，儒略月为另一方之间，从 1294 年 1—3 月起那简单而又无懈可击的对应关系，而得到了证实。

17. 在这样的背景下，对于"古尔邦大宰牲节月"（11 月）和"阿术拉节月"（12 月）等伊斯兰库蛮月，我们于上文已经看到（第 14 节），它们在理论上或者是指 1292 年，或者是 1293 年，非常可能是指最接近于 1294 年 1—3 月的时代，也就是 1293 年 11—12 月。在此情况下，与 11 月和 12 月的对应关系也是很恰当的，它是我在本处所涉及的年代中，可以知道的最佳对应关系。

528

古尔邦大宰牲节月（Qurbān Bayrām）：1293 年 11 月 2 日—12 月 1 日。

阿术拉节月（Āšūra）：1293 年 12 月 2 日—12 月 31 日。

除了 1 天的差距之外，这是一种最理想的对应关系，也是伊斯兰月和儒略月之间的均差所允许的最准确的对应关系。

如果正像我所提议的那样，大家承认这种极有可能成立的假设，那么大家便会由此而得出结论认为，11 月和 12 月的伊斯兰历月份在纪年的现实情况中，略早于1294 年的 1 月（赛法尔月）和 2 月（sövünč āy = Rabīˁ I）的月份。它被抛于月份表之末（可能是只占次要的地位），以便获得一种与 1—12 月份的儒略历相对应的序列，也就是说根据一种年代定义（开始于 1 月 1 日）而以 1 月到 12 月的序列行事。这种年代定义在中世纪并不通用，但它无论如何也是由儒略恺撒（César）的历法改革而开创并经意大利的辞书编修人所沿用（有关基督教纪元开始的历史，请参阅 BA53 以下）。

此外，如果大家将大宰牲节月和阿术拉节月重新置于它们在纪年体系上本应该在的位置上，也就是说置于名表之首，那么大家就会发现伊斯兰历定义的所有月份都被集中（从宰牲节月到包括忏悔月在内的月份，也就是从 11 月到次年的 4 月）在库蛮月修订本的第 1 部分中，其中唯一的一个季节性定义的阴历月是"孟春季"月（il-yāz āy，3 月）。据我认为，这种例外情况可以通过新年（瑙鲁兹）既在已经伊斯兰教化的突厥社会环境，又在"异教"背景中的重要地位来解释。这样一来，修订本的第 2 部分，在从"季春"月（soŋu yāz āy）到"仲冬"月（5 月到次年 1 月）中，仅包括季节性定义的月份，没有属于"异教徒"库蛮族民间历法的任何伊斯兰教内涵，这些库蛮人甚至就是基督教的布教热忱对他们最卓有成效的施加影响者。

18. 我觉得库蛮月份表的这种很清楚的划分，足可以揭示其修订本中的历史背景。在第 1 阶段，辞典的编纂者（或者是编纂者们）辑录了已经伊斯兰化的库蛮人的阴历月名称，从 1293 年

11 月—1294 年 4 月。在第 2 阶段，辑录则涉及到了"异教徒"或者是已经"基督教化"的库蛮人那真正的突厥（季节性的）历法的月份名称，从 1294 年 5 月—1295 年 1 月；如果在"仲冬"月之后再补充上"季冬"月，那么也可能会延续到 1295 年 2 月。

在两类统计的范围内，于两种体系（伊斯兰教的阴历月，阴—阳历和季节性的突厥历）之间，就会产生一种重叠。突厥季节性月份中的第 1 个月和冬至（瑙鲁兹）的月份之间，也会产生一种重叠。大家必须接受它作为突厥年之始点的重要意义，由于在伊斯兰历月份中加入了一个"欢乐月"（sövün č āy，第 2 个赖比尔月，4 月）和忏悔月（第 1 个主玛德月，5 月）。这就完全可以证明修订于此基本上是涉及到了伊斯兰教的库蛮人历法，也就是说这个"孟春"月被除了以拉丁文 marciu（3 月）来训诂以外，还用阿拉伯—波斯文 rabiolgher（第 2 个赖比尔月，4 月）来诠释。

这种重叠的一种后果，便是在"孟春"月之后存在着一个伊斯兰历的月份 tōb-āy，即"忏悔月"（4 月），从而导致了突厥季节性的 2 月之名称付阙如，而这个 2 月明显应该是"仲春"月（orta yāz āy），处于"季春"月之前。

19. 这些微不足道的纰漏可能已经在辞典的库蛮月份名称的固有名表中就已经是既成事实了，其出现顺序可能如下：

(1) 古尔邦大宰牲节月〔(1) kurbān bayrām āy november〕11 月

(2) 阿术拉月〔(2) āšūr āy decenber〕 12 月

(3) 赛法尔月〔(3) safar āy januarius〕 1 月

(4) 欢乐月〔(4) sövünč āy februarius〕 2 月

(5) 孟春月〔(5) il-yāz āy marcius, rabiolgher〕 3 月

(6) 忏悔月〔(6) tōb-āy aprilis〕 4 月

(7) 季春月〔(7) soŋu yāz āy madius〕 5 月

(8) 孟夏月〔(8) * yāy āy junius〕 6 月

(9) 仲夏月〔(9) * orta yāy āy julius〕 7 月

（10）季夏月〔（10）＊soŋu yāy āy augustus〕　　　　　8 月

（11）孟秋月〔（11）kŭz āy setember〕　　　　　　　　9 月

（12）仲秋月〔（12）orta kŭz āy octuber〕　　　　　　10 月

（13）季秋月〔（13）soŋ kŭz āy november〕　　　　　11 月

（14）孟冬月〔（14）kïš āy decenber〕　　　　　　　12 月

（15）仲冬月〔（15）orta kïš āy januarius〕　　　　　 1 月

（16）季冬月〔（16）＊soŋ kïš āy februarius〕　　　　 2 月

　　我觉得很可能是从这种体裁的一种文献开始，出现了第 1 次严重的讹误，即由一名粗心大意的抄写者遗漏了夏季 3 个月（在本处是 8—10 月，请参阅上文第 7 节）。其后果是从 11 月（küz āy）开始，在第 2 行的拉丁文释文与原始文献的最后 3 条拉丁文诠释的倒移之间，出现了 3 行的差距，从而使最后 3 条拉丁文释文与任何内容都不再相吻合了。该文可能是以这样的一句话结束的："soŋ kïš āy, 11 月"，它也只包括 13 个月份的名称了。

　　只要统计表中包括 16 个阴历月的名称，读者们便会理解本处是指 1 年多的持续时间。但是，在这样将月份名称压缩到 13 个时，它可能使晚期的一名对此内容根本一无所知的抄写者觉得包括一种多余的说明：第 16 号变成了第 13 号"季秋月"（soŋ kïš āy），其释文变成了"11 月"，明显与名表中第 1 号的诠释双重使用。因此，这后一位抄写者可能把它删去了；其次是为了按照儒略历的顺序而介绍月份，他可能更喜欢从"1 月"开始其统计表，因而将相当于 11 月和 12 月的第 1—2 号后移到表末。这样就非常准确地提供了传到我们手中的文献之现状。

　　20. 根据前文（第 16—19 节）的考察来看，我认为大家可以将《库蛮语文典》中辑录的库蛮月份的历史时间考证如下（以第 1 次可见新月的阴历月为始点，以伊斯兰历的数据为依据。请参阅第 13 节）：

　　（1）古尔邦大宰祭节月（kurbān bayrām āy, novembre）11 月，相当于伊斯兰历 692 年朱勒·哈哲（Du'l-ḥaǰǰa）月，即公元 1293 年 11 月 2 日—12 月 21 日。

　　（2）阿术拉月（āšūr āy, décembre），12 月，相当于伊斯兰历

693 年的穆哈兰月（= Muḥarram，1 月），即公元 1293 年 12 月 2
日—12 月 31 日。

（3）赛法尔月（safar āy, janvier），1 月，相当于伊斯兰历
693 年的赛法尔月（safar，2 月），即公元 1294 年 1 月 1 日—1 月
29 日。

（4）欢乐月（sövünč āy février），2 月，相当于伊斯兰历 693
年的赖比尔第 1 月（= Rabʿiʿ I，3 月），即公元 1294 年 1 月 30 日
—2 月 28 日。

（5）孟春月（il-yāz-āyʾmars），2 月，相当于伊斯兰历 693 年
的赖比尔第 2 月（= Rabī，4 月），即公元 1294 年 3 月 1 日—3 月
29 日。

（6）忏悔月（tōb-āy, avril），4 月，相当于伊斯兰历 693 年的
主玛德第 1 月（J̌umādā I，5 月），即公元 1294 年 3 月 30 日—4 月
28 日。

（7）季春月（soŋu yāz āy, mai）5 月，相当于伊斯兰历 693
年的主玛德第 2 月（= J̌umādā II，6 月），即公元 1294 年 4 月 29
日—5 月 27 日。

（8）孟夏月（* yāy āy, juin），6 月，相当于伊斯兰历 693 年
的赖哲布月（Raǰab，7 月），即公元 1294 年 5 月 28 日—6 月 26 日。

（9）仲夏月（* orta yāy āy, juillet），7 月，相当于伊斯兰历
693 年的舍尔邦月（Šaʿbān，8 月），即公元 1294 年 6 月 27 日—7
月 25 日。

（10）季夏月（* soŋu yāy āy, août），8 月，相当于伊斯兰历
693 年的莱麦丹月（Ramaḍān，9 月），即公元 1294 年 7 月 26 日—
8 月 24 日。

（11）孟秋月（kŭz āy, septembre），9 月，相当于伊斯兰历
693 年的闪瓦勒月（Šawwāl，10 月），即公元 1294 年 8 月 25 日—9
月 22 日。

（12）仲秋月（orta kŭz āy, octobre），10 月，相当于伊斯兰
历 693 年的助勒·盖尔德月（Dūʾl-qaʿda，11 月），即公元 1294 年
9 月 23 日—10 月 22 日。

（13）季秋月（soŋ küz āy, novembre），11 月，相当于伊斯兰历693 年的朱勒·哈哲月（Dū'l-ḥiǰǰa, 12 月），即公元 1294 年 10 月 23 日—11 月 20 日。

（14）孟冬月（kïš āy, décembre），12 月，相当于伊斯兰历694 年的穆哈兰月（= Muḥarram, 1 月），即公元 1294 年 11 月 21 日—12 月 20 日。

（15）仲冬月（orta kïš āy, janvier），1 月，相当于伊斯兰历694 年的赛法尔月（Safar, 2 月），即公元 1294 年 12 月 21 日—1295 年 1 月 18 日。

（16）季冬月（* soŋ kïš āy, février），2 月，相当于伊斯兰历694 年的赖比尔第 1 月（Rabī‾ I, 3 月），即公元 1295 年 1 月 19 日—2 月 17 日。

大家将会发现，其中所参照的儒略月份之对应关系，于名表之始（直到第 5 号）基本上是无懈可击的，直到第 11 号仍是很好的（只有一个星期之差），其后便由于情况的突变而直到统计表末逐步讹变（其差距扩大到 8—11 日），尽管他们基本上是相当正确的。

21. 很明显，《库蛮语文典》中的这份库蛮月份名称的统计表是"两类不同历法之间的一种偶然性混合"之结果。第 1—4 号和第 6 号系指严格阴历月（12 个阴历月，无闰月）的传统伊斯兰历法，其季节于 33 年左右循环一圈，由此而不能如同提供了错误印象的《库蛮语文典》那样，被真正纳入到一种季节性月份体系。第 5 号和第 7—16 号相反却涉及了一种季节性的突厥历法（阴—阳历，因而必然会包括不时加入第 13 个月——闰月），我可以复原其全貌：以类比法而将第 6 号复原为 ortā yāz āy（仲春月），在一般情况下应相当于我们西历 4 月。

伊斯兰历月份名称具有双重意义。一方面，它们的出现向我们说明，在 13 世纪末，部分库蛮人已经伊斯兰化；另一方面，其中辑录的名词术语，则是阿拉伯阴历月名称的一种突厥文通俗译法的证据，而且据我所知，这还是第 1 次出现的证据。

这样的译法在今天仍然是证据确凿的。完全如同《库蛮语文典》中的译文一样，它们都是部分性的，仅仅涉及了穆斯林历法中一定数量的月份，其余则保持了它们的阿拉伯文名称（以适应突厥语音的方式而编译）。

这样一来，土库蛮（土库曼）的伊斯兰民间历法（GI 866b）便具有以下阴历月的名称：

Ⅰ——āšïr（āyï），指"阿术拉节"月，相当于穆哈兰月（1月）。

Ⅱ——sapar = Safar（赛法尔月，2月）。

Ⅲ——Ⅵ，dört tirkešik，相当于"连续的4个太阴月"，即赖比尔第1和第2月（3—4月）、主玛德第1和第2月（5—6月）。

Ⅶ——reǰep = Raǰab（赖哲布月，7月）。

Ⅷ——meret 或 barāt，意为启示月（Berā'et，由真主向穆罕默德于舍尔邦月 15 日泄露其先知的使命），指舍尔邦月（Šaᶜbāŋ = Šaᶜbān，8 月）。

Ⅸ——arāza（斋月），相当于莱麦丹月 Ramaḍān，9 月。

Ⅹ——bayrām（节日月），指"开斋月"，也就是奥斯曼人的开斋节（Šeker Bayrāmï），即闪瓦勒月（Šawwāl 的 1—3 月。相当于闪瓦勒月 10 月）。

Ⅺ——boš āy，意为"空月"（既无宗教节日又无特殊神圣日子的月份），相当于朱勒·盖尔德月（Dū'l——qaᶜda，11 月）。

Ⅻ——gurbān 指"古尔邦大宰牲节"月（Qurbān Bayrām），相当于朱勒·哈哲月（Dū'l—ḥiǰǰa，12 月）。

土耳其的伊斯兰民间历法则正如彼尔捷夫·波拉塔夫（Pertev Boratav）向我们指出的那样，是以下列顺序出现的：

Ⅰ——muharrem = Muḥarram（穆哈兰月，1 月）。

Ⅱ——sefer = Safar（赛法尔月，2 月）。

Ⅲ——büyük mevlût ayï，指大圣纪月，即先知圣诞月，相当于赖比尔第 1 月（3 月）。

Ⅳ——küčük mevlût ayï，指小圣纪月，相当于赖比尔第 2 月（4 月）。

Ⅴ——büyük tövbe ayï，指"大忏悔月"，相当于主玛德第 1

月（5月）。

VI——küčük tövbe ayï，指"小忏悔月"，相当于主玛德第2月。

VII—IX——üč aylar，指"三月"（著名的最神圣的 3 个月）：赖哲布月（7月）、舍尔邦月（8月）和莱麦丹月（9月），在突厥文中分别称之为 reǰep、ša' bān、ramazān。

X——ševvāl = Šawwāl 月，闪瓦勒月，1 月。

XI——zilka'de = Dū'l-qaᵉda 月，朱勒·盖尔德月，11 月。

XII——zilhiǰǰe = Dū'l-ḥiǰǰa 朱勒·哈哲月，12 月。

卡塔诺夫在中国新疆录下了（1892 年在哈密，根据有人为他作了解释的 1860 年的稿本）一份伊斯兰历月份名表（EB 88—94），其中有 6 个月纯属阿拉伯名称的简单音位改写（II—säpär；III—rebiy-ül-äggäl；IV—rebiy-ül-āxir；V—ǰämād-ül-äggäl；VI-ǰämād-ül-āxir；IX—ramazān），其余的 6 个名称是突厥文的音译。

I—ušur ay 意为"阿术拉节月"（Āšūra），相当于穆哈兰月（Muḥarram，1 月）。

VII—duā ay（祈祷月，在阿拉伯文中作 duᵉā），相当于赖哲布月（Raǰab，7 月）。

VIII—barāt ay（启示月），请参阅上文土库蛮语中的 barāt 或 meret，相当于舍尔邦月（šaᵉbān，8 月）。

X—häyt ay（节日月，阿拉伯文作ᵉid。请参阅土库蛮语 bayrām āy），与闪瓦勒（Šawwāl）的意义相同。

XI—ara ay（中月），指介于开斋和宰牲这两个大节之间的"中间月"，其意义颇为接近土库蛮语 boš āy（空月，请参阅上文），相当于助勒·盖尔德月（Dū'l-qaᵉda，11 月）。

XII—qurbān ay（古尔邦大宰牲节月，Qurbān Bayrām），相当于朱勒·哈哲月（Dū'l-ḥiǰǰa，12 月）。

在突厥伊斯兰教的其他领域中，大家当然还可以补充伊斯兰历阴历月民间名称的这份统计表。这里是指一种流传极其广泛的习惯，因为我在从新疆到欧洲土耳其部分都可以发现它。

22. 无论《库蛮语文典》中的统计表在这一点上的意义如何，

它于此也不会向我提供在关于对古代和中世纪突厥历法史的宝贵资料，就如同它有关库曼人季节性历法部分那样珍贵。

这种阴—阳历历法将阴历月定为 4 个阳历季节各自的"孟"、"仲"和"季"月，其名称属于突厥语词汇中最古老核心的组成部分（请参阅第一章第 17—25 节），我认为掌握了这种历法，便是掌握了有关突厥语民族的历法传统第 1 种特别清楚的历史资料，而这种传统非常古老，它似乎完全是土著的。

使用突厥四季（酷似欧洲人的四季）的名称，以为事件断代的做法，从现在已知的最古老突厥文献（8 世纪）起就已经出现（见上文第三章第 73 节）。

在一篇其资料应上溯到 7 世纪的突厥传中，唐代的汉文编年史记载着，在古代叶尼塞河上游的黠戛斯人中，"以三哀为一时"（见上文第二章第 32 节）。这就是清楚地暗示一种季节性历法，集 3 个阴历月（āy）为四季之一，完全如同在 13 世纪的库蛮人中一样。

我通过其他地方还知道了库蛮人的许多古老特征（尤其是他们的墓葬）。库蛮人在这一点上当然继续了突厥语民族的一种古老传统。

我觉得这种古老性似乎已通过与同时代的突厥民间历书的比较而得以证实，现在于突厥领域的两极（叶尼塞河上游和土耳其），都出现了这种季节性历法那保存完好的遗迹。

叶尼塞河源头的都播（Tuva，拉德洛夫所说的索荣人）的突厥语居民，于 19 世纪时，仍根据这种历法而称呼其夏秋的月份，现在仍然部分地这样称呼（GA，Ⅰ，7 和 GN 49b）。

čaynïŋ baškï ayï："孟夏月"（6 月）；

čaynïŋ ortā ayï："仲夏月"（7 月）；

čaynïŋ、adak ayï："季夏月"（8 月）。

帕兰巴（Pal'mbax）的统计为：

küstüŋ paškï ayï："孟秋月"。

küstüŋ orta ayï："仲秋月"。

德拉洛夫为夏季月提出了 4 个名字，其中的两个似乎作双重用法：paškï ay（孟月）、orta ay（仲月）、adak ay（季月）和 soŋk' ay（末月，这后两个词同样都意为"季月"，但第 2 个词可能是指一个闰月，请参阅第一章，第 57 节）。

在土耳其，于伊斯兰历 942 年（公元 1545 年）写于屈塔希亚（Kütahya）的一部阿赫特里（Aḥterī）的著作，对于历典中工和Ⅱ这两个叙利亚文阳历月的名称作了如下解释，认为它们分别相当于儒略历的 12 月和 1 月（GH' 51 和 428a）：

ilk kïš ayï："孟冬月"；

orta kïš ayï："仲冬月"。

同样是在土耳其，我还知道下述 3 个地区性的月份名称，基本分别相当于 9 月、10 月和 11 月（GH' 218b 和 796b）：

ilk guz（ayi）："孟秋月"；

orta güz："仲秋月"；

son güz："季秋月"。

我坚信，一种更系统和更广泛的调查，必将会在其他的地方也揭示另外的此类事实。

23. 帕兰巴（GN 496）对于诸如 6 月、7 月和 8 月之类名称而提出的对应月份，并不比《库蛮语文典》中根据儒略历月份而作的诠释，或者是阿赫特里将突厥季节性月份与儒略历月份（以其叙利亚文名称而出现）之比定，会更容易地将我们引向歧途。其特征是月份不是阳历的，而是阴—阳历的，基本上是这些古突厥季节性历法的特征。

由《库蛮语文典》在一种连续的序列中，将伊斯兰历的阴历月与突厥月份的混合使用，清楚地说明后者也是阴历月。

但是，正是由于其季节性的定义，这些阴历月才得以在阳历四季的范畴内被长期地维持下来了。据大家对于季节那最普遍的突厥观念所知道的情况来看（但居住在很靠北部的西伯利亚民族那反常的情况除外，如雅库特人），它们在原则上应该随着两至点和两分点而开始。这是为保持其持续期的均等（3 个阴历月）所必需的条件，从 7 世纪起（见上文第 22 节）就已经出现在唐代的编年史（《唐书》）中了，并且已由其他的所有证据（包括《库蛮语文典》中的资料）所确认。

因此，必须在大约 3 年间的一年中加入第 13 个阴历月（据默冬周认为是 19 年中闰 7 个月，请参阅 BA 69—71），也就是要加入到每季 3 个月的四季年中去。

为达到这种效果而应该使用什么样的程序呢？我们掌握的所有古代资料以及《库蛮语文典》均不例外，它们都在这一极其重要的技术性问题上保持沉默，它是维持这种体系的重要条件。

对于古老时期，我只好被迫进行猜测。大家可能会想象出，对于气象和太阳的某些生物（植物和动物）周期的观察，便会无太大困难地揭示与阳历年相比较的 12 个阴历年的不规则性，并且促使闰一个第 13 个阴历月。大家还可以联想到民用天文学那简单而又相当准确的手段，正如我还掌握有其古代踪迹并能上溯到一个相当古老时代的那种资料一样，其目的在于观察有关太阳、月亮和昴星团的相对位置（请参阅本书第十一章）。

此外，我认为，从时间和地点来看，解决问题的不同方式的存在是相当可能的。

24. 无论如何，我们特别应该在《库蛮语文典》的资料中，注意由 13 世纪的库蛮人引人注目地保留下来的一种突厥历法，它是一种古老类型的，可能还是土著的、阴历的和季节性的历法。

这种维持并不排除在周边社会环境的影响下，采纳异族历法（特别是伊斯兰历法，也就是阿拉伯—波斯历法）的某些因素。

我们已经注意到，在《库蛮语文典》中，存在着 5 个伊斯兰历定义的月份名称。从各种可能性来看，它们都曾由穆斯林库蛮人采用过。

我从中还看到出现了每星期的日子名称。前 6 个名称均借鉴自波斯文：

（1）yäšanbä，叶斯闪白，星期日（波斯文作 yäk-šanbä，第 1 天）。

（2）tūšanbä，都闪白，星期一（波斯文作 dū-šanbä，第 2 天）。

（3）säšanbä，卸闪白，星期二（波斯文作 sä-šanbä，第 3

天）。

（4）čahāršanbä，彻哈勒闪白，星期三（波斯文做 čahār-šanbä，第 4 天）。

（5）panšanbä，攀枝闪白，星期四（波斯文作 pänǰ-šanbä，第 5 天）。

（6）ayna 或 äynä，主麻，星期五。来自波斯文 āḏīnä，意为"星期五"，带有将摩擦音 d 处理成 y 的做法，它表示着一种相当古老的（11 世纪?）的突厥借鉴文。请参阅非摩擦音形式 adinä 在新维文中产生了 adinä 一词。

最后一天出自犹太—基督教传统：

（7）šabat，闪白，星期六，系一个安息日（Sabbat，被解释为 sabbato，安息日）。

请参阅 OC 123、257、218、72、187、31 和 230。

这里明显是指库蛮人（先为穆斯林，后为基督徒）语词中新获得的内容，而不是一种土著的突厥习惯。

25. 在由《库蛮语文典》所统计到的 13 世纪的库蛮语历法内容中，最为引人瞩目的是完全缺乏中国中原影响的任何踪迹。其中没有提到十该时代在整个突厥社会中和甚至是在更靠西部的地方都很通行的 12 生肖历法，它至少从 8 世纪起就已经传入了东突厥人中。这是一种值得指出的例外。特别是在这个 13 世纪末，当时从中国到欧洲尚很统一的蒙古帝国广泛地传播了某些中国中原的技术，首先是历法技术。

库蛮—钦察人与叶尼塞河上游的古突厥语民族一并（第二章），显得如同是长时间对于起源于中国中原的生肖纪年用法无动于衷的中世纪罕见的突厥语民族之一。14 世纪时仍然如此，在叙利亚的钦察人中，12 生肖纪年似乎未被使用，因为在被称为《智慧书选萃》（Kitāb-al-tuḥfa-al-zakīya）的重要阿拉伯—钦察文集中，未以任何方式提到它（NI）。

至于 12 生肖历法于钦察人环境中的发展，它无论如何也是 13 世纪之后的事了，可能是蒙古人统治的结果。

这一事实使《库蛮语文典》中的季节性库蛮月份修订本具有

了其全部价值。据我认为，它们为晚期游牧社会引人瞩目地保留了一种相当古老的完美突厥历法，而且也保持了其简单特征以及对天文和气候的实际情况之适应性。

我于此也掌握着不利于一种12生肖突厥土著起源理论的非常明确的证据，它在缺乏严肃证据的情况下便于很久之前就被接受了。我认为从历史观点来看，它是站不住脚的（它仅仅是汉地12支纪年周期的一种星相学之简单的通俗化形式）。

第十章 不里阿耳人的纪年遗迹

1. 尽管我们至今仍在思考其特别复杂的历史上的诸多问题，但现在不应再对以下事实产生怀疑了：在欧洲主要是以其作为巴尔干人的保加利亚之创始者（后来变成了一个斯拉夫民族），而为人所知的不里阿耳人（Bulgar），最早是一个操突厥语的民族。但他们又属于一个很特殊的方言集团，明显别于现知的几乎所有突厥语所属的方言集团，其直至今天的唯一残存是楚瓦什人的语言（tchouvache）。从语言学角度来看，他们就是中世纪伏尔加河流域不里阿耳人的直接后裔。

本处根本谈不到讨论由不里阿耳人提出的全部历史和语言问题。大家会在丘拉·莫拉夫希克（Gyula Moravcsik）的著作（DO 112—131，DP 98—106）中，发现直到 1958 年问世的有关这一内容的大量参考书目和参考资料。对语言学资料所作的精辟总结已于 1959 年由约翰内斯·本津（Johannes Benzing）发表（CA 685—751）。

作为对下文有关不里阿耳人土著纪年遗迹研究的引言，我将仅限于根据莫拉夫希克的著作（DO 108—112），重新提一下某些主要是历史的并已得到翔实证明的事实。

2. Bulgar（不里阿耳人）一名几乎可以肯定是突厥文动词

541

bulga-（奥斯曼语作 bula-，意为"混合"或"由混合而扰乱"）的以-r 结尾的不定过去式。他们是一个"混合"民族，其民族集团主要是于阿提拉（Attila）于 453 年死后，由东迁的匈人（Huns）之残余和以"乌古尔"（Ogur）之名而为人所知的不同突厥语部族组成的一个混合体（DO 65—67），其居住地位于黑海北岸。

现在已知的对不里阿耳人的首次记载出现于 480 年，即当拜占庭皇帝宰侬（Zénon）获得他们的军事帮助以反击东哥特人（Goths Orientaux）时。时隔不久，不里阿耳人变得很强大了，同时定居于亚速海（Azov）以北并向伏尔加河（Volga）一带扩张，侵犯多瑙河下游（Bas-Danube）和巴尔干北部（梅西亚、色雷斯、伊利里亚）。他们在那里非常严重地威胁着拜占庭帝国。在 7 世纪初叶，他们的头人——曾接受过拜占庭和基督教教育的科夫拉（Kovrat）组织起了一个大不里阿耳帝国，地处黑海以北，从库班海一直到达多瑙河。其子阿斯帕鲁（Asparux）在可萨人（他们也是突厥语民族）的压力下，开始西迁并最终于 680 年左右在形成了现今巴尔干保加利亚的领土上建立了政权。不里阿耳人后来在那里越来越与斯拉夫居民相杂居，直接地受到了拜占庭基督教的影响。直到 864 年时，不里阿耳人的皇帝（tsar，沙皇）博利斯（Boris，请参阅突厥文 böri，意为"苍狼"）正式携其民受东正教的归化，并且获教名米歇尔（Michel）。巴尔干人和多瑙河地区的不里阿耳已经形成了一个深受斯拉夫化的王国。

此外，可萨人于 7 世纪末左右的推进，迫使直到当时仍滞留在亚速海附近的一支不里阿耳人，逆伏尔加河而上，一直到达伏尔加河与卡马河（Kama）的汇合处（今天在那里居住着楚瓦什人）。伏尔加河流域的这些不里阿耳人始终为突厥语民族，他们创建了一个长治久安的国家，其都城不里阿耳（Bulgar，今之保加尔）成了一个重要的商业中心，后于 1237 年被蒙古人的入侵所毁。该国被逐渐地伊斯兰教化了。

其他的不里阿耳人则定居在高加索以北的库班地区，一直维持到蒙古人的入侵。这些不里阿耳人越来越多地由钦察族成员所渗透，他们后来将其名称留给了现今的巴尔卡尔人（Balkar），但其语言却于后来消逝了。

同样是钦察人，在哥疾宁鞑靼人（Tatars de Kazan，喀山鞑靼人）的现今领土上，从语言学上吸收了伏尔加河流域的大部分不里阿耳语，其语言仅残存于西部楚瓦什人的孤岛中。

3. 为了研究不里阿耳人的纪年，我仅仅拥有两种文献：

（1）大名鼎鼎的《不里阿耳列王表》，是一份共 14 行的文献，被列入到一部古斯拉夫语的俄国编年史中了。该史虽相对较晚，但也应上溯到 8 世纪后三分之一年代的一种希腊文文献（文献与参考书目，见 DP 352—354；德译文见 CA 688—689）。文中首先是用希腊文转写的不里阿耳名词术语，其次是用古斯拉夫文重新转写，先不讲稿本传统中的错误，它们明显严重歪曲篡改了原始史料。

（2）恰塔拉尔（Čatalar）碑（LA），叙述了不里阿耳君主乌穆尔塔（Omurtag）宫，于 822 年在今普列斯拉夫（Prěslav）城（保加利亚）的营造落成。碑铭中记载有一个不里阿耳文和希腊文的双重时间。这是一种非常翔实可靠的文献，其不里阿耳文纪年仅限于两个词。

人们曾经在康斯坦丁司铎的一部著作的古斯拉夫文稿本的附注中，发现了博里斯沙皇接受拜占庭基督教之归化的一个不里阿耳时间（864 年），此人与西蒙沙皇（tsar Siméon）是同时代的人（10 世纪初叶），奥梅尔杨·普里察克（Omeljan Pritsak）曾自信从中发现了对古突厥月份名称之间具有"差距"的理论的实证（DS 186—190），我认为这是站不住脚的，而且已被所有翔实资料否认（请参阅第三章第 19 节以下）。他完全如同我一样，甚至也根本不知道这些作家中的第一位曾心怀善意地指出过这一事实，瓦扬（A·Vaillant）和拉斯卡里（M·Lascaris）早在 1933 年就已经于《斯拉夫学报》（DS'）中明确指出，所谓的不里阿耳时间（人们将此解释为 866 年）仅仅是由抄写者对于代表着"创世"之后 6372 年的一个格拉高利特文时间的误写，也就是公元 864 年。这一时间已由其他史料所证实，尤其是由教皇尼古拉一世（Nicolas Iᵉʳ）864 年致新近接受归化的沙皇博里斯的一封信所确认（DS' 13—14）。

至于我自己，我仅依靠前引两种文献，只在一切可能的范围下研究其年代内容。我于此无法详细地从事语言学和特别是语音学方面的讨论，我所使用的不里阿耳词的转写对音都仅仅是那些我暂时认为在音位学方面是可能成立者。我坚持强调指出，它们没有任何最终的定型。与普里察克指出的那些对音不同，它们并不试图表示语音创造的细微差异。这都是一些简单的语音模式，只是勉强地和作为权宜之计，而从希腊文和斯拉夫文与伏尔加河流域的不里阿耳伊斯兰碑铭的字体资料之比较而推断出来的（LB），它们只能上溯到 13 世纪，当然是方言性的，而且还带有楚瓦什语的音位学资料。

4. 我将通过对文献的考证而开始自己对于不里阿耳人土著纪年的研究。即使这些文献是最晚期的，它们于其极其简练方面也是最不容置疑和最清晰的。这就是恰塔拉尔碑中以其不规则的希腊文而按如下方式解释乌穆尔塔克宫建筑的时间问题的（LA）："BOY ΛΓΑΡΙСΤΙСΙΓΟΡΕΛΕΜ ΤΡΙΚΙСΤΙ ΙΗΔΙΚΤΙΩΗΟС ΙΕ"。

其意为："以不里阿耳文的形式作'牛年之后的一年'，第 11 个牛年，以希腊文的方式作罗马十五年纪期中的最后一年"。

我通过其他地方而获知了乌穆尔塔克执政的时间为 814—831 年（DP 217—218）。在当时的拜占庭历法中，罗马十五年纪期中的最后一年（BA 99—100）相当于"创世以来"的 6330 年，即从儒略历的 821 年 9 月 1 日起到 822 年 8 月 31 日（BT 62）。基督教十五年纪期的始点确实处于格里哥利八世教皇在位期，即公元 313 年 1 月 1 日（BA 99），也就是"创世的"拜占庭纪年 5821 年（BT 53），但拜占庭年开始于 9 月 1 日。我们可以核实，在 6330 年和 5821 年之间有 509 年的差距。$\dfrac{19}{509}$ 的余数便是 14，再加上十五年纪期第 1 年的数字 1，这样便确实产生了指 6330 年的 15 这个数字。

诠释家们都一致同意（我也同意他们的看法），应将 sigor 一词（我在《不里阿耳列王表》中还发现了它）视为突厥文 sïgïr（牛）的一种不里阿耳文形式。然而，牛是 12 生肖纪年中的第 2位，恰恰有一个牛年包括了十五年纪期中的一个拜占庭年的部分时间，这就是在中国中原的法定历法中（BD 210）的 821 年 2 月6 日—822 年 1 月 26 日间的 1 年。

5. 此外，正如我们将要看到的那样，由于《不里阿耳列王表》中包括一些大家可以根据 12 生肖纪年而解释的纪年标记。所以在公元 9 世纪时，这种周期确实就已经在突厥民族（突厥人和回鹘人）中根据中国汉地的定义而出现。我们完全有理由相信，如果不里阿耳人确实采用了这种纪年，那么他们应该基本上就遵循中国中原历法的基本原则。

这就是为什么正如包括普里察克在内的诠释者们所做的那样，将中国年作为解释不里阿耳纪年的比较基础似乎是很合适的，同时也必须考虑到与中国没有直接交往的不里阿耳人不可能准确地沿用中国官历。在中国中原人与不里阿耳人之间，当估量新月时，可能会有一两天的差异，尤其是在运用第 13 个阴历月的闰月准则时，这种差异便会更明显（这实际上是不可避免的），它们可能会导致在两种历法之间产生一个阴历月的差距。

一旦指出这种保留意见之后，我便可以如同前人一样，在自己以后的研究中，就要参照中国中原历法中的数据。在此情况下，它们便是我为诠释本处涉及的时代中的 12 生肖历法所拥有的唯一资料。

这样一来，我们便会发现，根据中国汉地的定义，十五年纪期和牛年的共同部分是 821 年 9 月 1 日—822 年 1 月 26 日。至少是大致地针对儒略历的最后一个时间来说，由恰塔拉克尔碑纪功的乌穆尔塔克宫的建筑，就应该断代于这一时期。

6. 不里阿耳时间中的第 2 个词 elem 尚有待于诠释。普里察克曾为此而作出过巨大努力（DS 207—208）。考虑到《不里阿耳列王表》中的不里阿耳文纪年术语的结尾成分带有-m 后缀，它以作为伏尔加河流域的不里阿耳文和楚瓦什文中的序数词后缀而为人所熟悉（LB 71—72，CA 695 和 731）。这些序数词非常准确地与不里阿耳伊斯兰碑铭中的序数词相吻合。我由此便可以推断出来，这里是指以序数词来称呼阴历月的名称，正如在 12 生肖历的汉族—突厥族传统中那样。

普里察克于是便将 elem 的形式比做 alem（均指"第 11"）这种形式，后者的形式在同样的背景下（šegor-alem = sigor-elem，牛—第 11）和在《不里阿耳列王表》中都已经出现，-em 是伏尔加河流域的碑铭中以-im 之拼写法而出现的序数词后缀，他复原了一个基数词 äl 的雏形 älim。他接着又将这个基数词考证成已经在古突厥语和现代口语中以 äl、el 和 il 等不同形式而为人所知的基数词，其基本意义是"向前进"。在古突厥文中，el-t-或 il-t-都意为"向前驶去"；il-gärü 意为"向前"和"前进"，il-ki 意为"在前面、列名首，第一"；土库曼语 alt-意为"带来，引来"，iläri 意为"向前"，ilki 则意为"首位，第一"等。

最后，普里察克还建议将楚瓦什语中的 ülĕm（未来，此后）视为不里阿耳语 ülim 的一种当代的代表字形。虽然他认为 älim—älĕm 之同义符合语音学规律，但这其中也有一种困难：事实上，古音 ä 在楚瓦什语中的正常对应词就不再是 ü，而是 a（CA 706）。

然而，由于既考虑到在"向前"（en avant）与"此后"（dorénavant，古法文作 d'ores en avant，意为"从此以后"或"从现在起"）之间在语义方面的极佳吻合性，同时又考虑到 ülĕm 在古突厥文中没有对应词（ülim 或 ölim 可能为其古代正常的同义词，因为楚瓦什语中的 ü 在一般情况下代表着古代的 ö 或 ü，请参阅 CA 706—707），所以我可以提一下由普里察克提议的 älim/ulĕm 之间的同义关系。

事实上，我还知道另一种很清楚的例证。其中楚瓦什语的 ü

便代表着古代短音ä，这是"肌肉"或"肉"的名称。楚瓦什语中的üt就相当于古代和现代突厥语中的ät（肉）。此外，大家还将会发现，älim和aläm-m在那在一般情况下于语音上都是预料中的同义词。它也存在于楚瓦什语中，但却具有另外一种完全不同的意义："在一个筛子中存放的（面粉或粮食粒）的数量"。这个alăm代表着派生自我们非常熟悉的突厥文动词älä-（筛选）的älä-m。请参阅äläk（筛子）一词。在ülĕm中，将ä作为ü的例外特殊处理的语言功能是区别两个意义不同的词。同样，在üt（古突厥文作ät）而不是人们所期待的at中出现的特殊处理功能，便是使人得以在表示"肉"的这个词和表示"靴子"的词（at，请参阅古突厥文ätük，指靴子，其词根为ät）之间作出区别。

因此，直到现在为止，我仍可以沿用普里察克的假设，我于下文将在有关《不里阿耳列王表》的问题上再来全面讨论这个问题。

7. 但我无法接受普里察克推论的内容，也就是他在依靠ilki（由意为"向前"的同一词根组成）的"第一"意义的同时，希望将elem或alem视为一个作为"一"的序数词的不里阿耳文，因而便将sigor-elem视为"牛年一月"，至少于其本意上应该如此。

普里察克自己也发现，这种字面意义与事实无法协调。因为从年代上得以充分核实的事实是，十五年纪期与牛年的开始不相吻合，而仅仅与其结尾才相吻合（请参阅上文第4—5节），也就是自821年的9月1日起（十五年纪期之初）。无论大家在12生肖年的不里阿耳定义和汉族—突厥族定义之间可以接受的浮动有多大（在原则是最多1个月，请参阅第5节），牛年的阴历一月（在中国汉地历法的定义中为821年2月6日—3月7日）不能被纳入到十五年纪期之中。唯有这个牛年的阴历九—十二月（含该月在内，即公元821年8月30日—822年1月26日）才包括在这个十五年纪期中并与之有关联。

这就是为什么在为支持自己而利用"突厥月份"的序数词间的"差距"理论（我已经高度证明了其无益的理论，见上文第三章第19节以下）时，他将 elem（第1）视为牛年十一月（在中国汉地历法中为821年11月29日—12月27日），它确实包括在十五年纪期中。他甚至于此还找到了一种支持这一奇怪理论的证据。此理论恰恰正需要这些证据，因为它是以比鲁尼的一段明显遭篡改的文字以及对民间历法（特别是黠戛斯历法，见上文第三章第21节和第十一章）的一种完全荒谬的解释为基础的。

8. 然而，有些非常严肃的语言学原因反对将 ālim 视为"第一"的字面解释。于伏尔加河流域的不里阿耳碑铭中出现的具有这种意义的唯一一个序数词，则是一个自突厥文 bir（一）派生而来的 birinč（第一，LB 71）。特别是在楚瓦什语中，指"第一"的唯一一个序数词也是自 bir（在楚瓦什语中作 pěr）派生而来的，做 pěrreměš（第一，GR 273b），系应上溯到 bir-im 的一个古词 pěrrěm 的广义词（它无疑是最古老的不里阿耳语形式）。最后，ālim 的楚瓦什语的对应词 ülěm 绝不会意为"第一"，而是具有几近相反的意义，指"此后，其后，稍后"，其形容词"后来的"的意义却出现于其派生词 ülěměš（其复合序数词就如同 pěrreměš 一样），ulěměš kun 意为"次日"（GQ Ⅳ,13;GR 466b）。

这样一来，我们便会在不里阿耳—楚瓦什语族中发现，ālim（从辞源上讲应为"向前进"）的意义向"未来"的方向发展了，意为"前部，到未来"，正如在法文 dorénavant（从此之后）一样，由此而派生出了"以后"。此外，突厥文 il-ki（前部、头部，第一）没有任何已知的不里阿耳楚瓦什语对应词。意为"第一"的任何楚瓦什语都不会上溯到一个基数词 al。

因此，我认为，必须最终放弃将 ālim 解释成在辞源上意为"第一"的词，完全如同必须摒弃那种造成将这个"第一个月"作为一个"十一月"的"差距"理论一样。此外，这也如同必须寻求对 sigor-elem 的解释一样。

9. 非常奇怪，这种研究将会通过一条与普里察克完全不同的途径，导致我得出一种在年代上令人满意的结论。据此认为，本处是指牛年的十一月（821年）。

我确实首先同意那位德国学者的观点，在将恰塔拉尔碑与《不里阿耳列王表》进行比较时，认为其中所包括的不里阿耳名词术语确实为时间（正如与十五年纪期的准确对应关系所证实的那样），它们那以-m结尾（完全统一的结尾）的第2批名词术语确为序数词，根据这些年中称呼月份的汉文—突厥文基本原则，它们均相当于12生肖纪年中的阴历月份顺序。

然而，我已经指出（第一章，第46—53节），突厥文记数体系在1—10之间很连贯，从11开始的差异幅度就很大了。一般来看，序数词具有变化很大的形式。我还发现并且解释过（第六章，第13节），突厥人在指11—12月时，对于使用相对应的复杂序数词术语颇为反感。

因此，现在允许我提出假设，如果说古代不里阿耳人为指阴历——十一月时曾用过以-m结尾的简单序数词，通过不里阿耳语和楚瓦什语形式的比较（从指"第1"的 bir-im 到指"第10"的 vanïm = ōn-ïm，见 LB 71 和 CA 731）便可得以复原这些简单的序数词，那么他们在指11月和12月时，则更为喜欢那些比较简单的术语而不是指11和12的相对应复合序数词：用 älim（此后，以后，继指"10月"的 vanïm 之后）指11月，也可能用指"最后一个"的某种术语来指12月。

因此，这一切都导致我对 sigor-elem 作如同对待 sïgïr-älim（牛年，后一个月，即十一月）那样的解释；其次是导致我赞同普里察克的观点而认为，包括在罗马十五年纪期第15年中的这个时间也就是乌穆尔塔克的不里阿耳君主营造其宫殿的时间，相当于821年12月的月份（中国中原历法中的821年11月29—12月27日）。

10. 恰塔拉尔碑中的希腊文和不里阿耳文的双重时间于其碑铭的准确性方面，当然是我所掌握的有关不里阿耳人特有历法的最清晰和最可靠的文献。碑文起草得很精辟。对它的诠释确实遇到了某些困难，但没有任何一种困难会使我觉得无法逾越。由于提供了乌穆尔塔克在位时间的拜占庭史料和十五年纪周期的明确记载，所以我们便拥有了占有一种准确的年代范畴的优势。

因此，我认为可以确信，821年的巴尔干不里阿耳人如同同一时代的突厥人和回鹘人一样，也使用12生肖历法，这是为供突厥语民族使用而由汉地历法改编而来的。

如果大家认为，东突厥可汗沙钵略（Ïsbara）于584年向隋朝皇帝的上书中，就已经包括突厥人使用12支历的征兆（第三章第6节），那么无论如何，自571年在粟特文中出现的这种纪年周期，在6世纪时就已于康居（Sogdiane，索格狄亚纳，见上文第三章第8节）和鄂尔浑突厥人（第三章，俯拾即得）中被广泛采用。我们可以很容易地接受，这种历法经过西域而传到了不里阿耳人中，他们于7世纪时仍生存于亚速海以东。这就是说，该历法也被作为不里阿耳人9世纪时的巴尔干后裔们所熟悉了。

因此，我有充分理由赞同恰塔拉尔碑中的观点。

11. 非常遗憾，当涉及《不里阿耳列王表》时，我却不能拥有同样的可靠印象。因为该表是晚期的文献，其部分内容是传说性的，从一种根据其历史内部而可以断代为8世纪末左右的希腊文献原文而开始的传播，肯定遭到了严重讹传，即使是用古斯拉夫文来重新拼写不里阿耳文词汇也罢，况且希腊字母本身在开始时也只能很不完善地为这种语言注音。

但在有关不里阿耳历法的问题上，我尚处于一种如此的资料贫乏中，以至于必须不顾一切地试利用这种遭到了篡改并且令人质疑的文献。

为了讨论的方便，我主要是依靠J·本津那谨慎的译文（德译文，CA 688—689），但也依靠斯拉夫文献中的文字（DP 353），提供有关该列王表的一种译文，同时又根据由突厥语言中常用的语言体系而转写不里阿耳语词汇，但仅简单地再现斯拉夫转写文那明显是约估的语音值。

"阿维托霍尔（Avitoxol）活了 300 岁。其世系为杜洛（Dulo）家族。其年代为蛇年九月（dilom tvirem）。

伊尔尼克（Irnik）活了 150 岁。其世系为杜洛家族。其年代为蛇年九月。

格斯顿（Gostun）做总督 62 年。其世系为埃尔米（Ermi）家族，其年代为猪年九月（dox-s tvirem）。

库尔（Kur-t）执政 60 年。其世系为杜洛家族，其年代为牛年三月（šegor večem）。

维兹梅（Vezmer）执政 3 年，其世系为杜洛家族，其年代为牛年三月。

这 5 位王子（kn'az'）拥有多瑙河彼岸的主权 515 年，剃光头了。其次，伊斯佩里克斯（Isperix）王子从多瑙河此岸前来，就如同现在一样。

伊斯佩里克斯（Esperix）：做王子 61 年。其世系为杜洛家族。其年代为龙年十一月（vereni-alem）。

特尔维勒（Tervel'），共 21 年。其世系为杜洛家族。其年代为羊年七月（teku-čitem'）。

特维兰（Tvirem），28 年。其世系为杜洛家族。其年代为马年八月（dvan-šextem）。

斯瓦尔（Sevar），15 年。其世系为杜洛家族。其年代为鸡年六月（tox-altom）。

科尔米索斯（Kormisoš），17 年。其世系为沃基尔（Vokil）家族。其年代为牛年九月（šegor tvirim）。该王子改换了杜洛世系，也就是成了维克斯顿（Vixtun）家族。

维内克斯（Vinex），7 年。其世系为乌基尔（Ukil'）家族，其年代名称为牛年十一月（šegor-alem）。

特雷克（Telec'），3 年。其世系为乌甘（Ugain）家族。其年代为鼠年六月。此人还属于另一世系。

乌莫尔（Umor），40 天。其世系为乌基尔（Ukil'）家族。

其年代为蛇年四月 （dilom tutom）"。

12. 一种希腊文原文文献的证据很明确：斯拉夫文的拼写法中用 o + u 来代替 u 的做法，在文献的专用名词中很常见，这是对希腊文的音译。它仅仅在"羊年七月"（teku-čitem'）中才付阙如。其中的斯拉夫文 u 应该相当于希腊文 upsilon，它可能应根据不里阿耳文的元音体系而如同 n 一样来解释，即 tekü（羊）。将迁至黑海沿岸之后的不里阿耳人的居住地称为"多瑙河彼岸"的做法，便排除了一种俄罗斯起源并且从拜占庭地理学的观点上来理解。

因此，对音转写文需要以拜占庭希腊语音学来解释。v 如同 bêta = v̩ 一样，有时也相当于 b；d 如同 delta = 摩擦辅音 d 一样，有时也相当于塞辅音 d。

据我所知，普里察克从中得出的第一种评价，则是一种合乎情理的看法。这就是文中所提到的"年代"始终是用两个字组成，其中的第 2 个词大都以-em 结尾（仅有 1 次以-im 和两次以-om结尾，它们仅是一些语音上的异体形式），而这些以-m 结尾的词都可以通过不里阿耳语的序数词来解释。当然有些是以直接的方式解释的，余者则略微有些棘手。这些序数词正如我们在伏尔加河流域的碑铭中看到出现的那样，也正如人们可以根据楚瓦什语资料而得以复原的那样。我并不认为这其中可能会有某种偶然性的事实。

从可以于历史角度核实的情况来看，恰塔拉尔碑中的 šigor-elem（它于《列王表》中是以 segor-alem 的异体形式出现的）的先例，明显有助于将这些"年代"诠释成这样的时间：它们首先是由 12 生肖纪年之一和其次是由一个解释阴历月的序数词组成。

对于该列王表的第 1 部分，我有办法核实其中在第 1 个术语中是指 12 生肖纪年的事实。这就是其第 1 个术语曾两次以完全相同的形式出现，当在两个"时间"（当然，其部分是传说性的，但却是根据一种严格的算术推理而得出了已经宣布的 515 年的总数，515 年 = 300 + 150 + 2 + 60 + 3）之间显示出的间隔是一个可以被 12 整除的年数，如在两个"蛇年"（dilom）之间的 300 年、两个"牛年"（šegor）之间的 60 年等，而这第 1 个名词则经过不能被 12 整除的间隔时间之后就要变化，如 150 年和 2 年等。

同样的推论也不能适用于自埃斯佩里克斯开始的列王表第 2 部分，其中年代的总数为 162 年，要高于在历史上已知的介于埃斯佩里克斯（又叫做阿斯帕鲁，644—702 年间的国王，请参阅 DP 75）和于 767 年短期在位的乌莫尔（又叫做乌马罗，请参阅 DP 230 和 CA 689），这就证明在所谓的"在位期"之间有交叉。

13. 我将首先研究形成《列王表》中时间的第 2 个术语那以 -m 结尾序数词，因为它们形成了在词法上连贯而又可以考证的一个整体。

它们的后缀在伏尔加河流域碑铭中拼写做以 -m 或 -im 结尾（LB 71—72，如 bïälim 为"第 5"，vanïm 为"第 10"等），相当于一个古后缀 - (i) m/- (ï) m，其元音字母在不里阿耳语中就已经是一个简化元音了，如同在楚瓦什语中的同一个后缀 -ěm/ -ăm（ě 相当于前部简化元音，ă = 后部简化元音，请参阅 CA 702—703 和 731）。这样就解释了希腊文写法（后又由斯拉夫人所重复）在很普遍的 -em 与 -im 或 -om（各自仅出现过 1 次）之间的犹豫不决。我将按照惯例指出不里阿耳语中以 -ěm/-äm 这些形式出现的后缀，而对于其可以在伏尔加河与巴尔干之间变化的准确语言成果却不带成见。

我于《列王表》中立即辨认出，alem（恰塔拉尔碑中作 elem）作为序数词 älěm（古不里阿耳文作 äl-im，楚瓦什文作 ülěm，意为"此后，以后"），曾两次被用于指"十一"月的意义。请参阅上文第 9 节。

在 altom（仅出现过 1 次）的记音（其异体字为 altem 也仅出现过 1 次）中，我一举便可以考证出 altăm（其古体字作 altï- m）系指"第 6"。请参阅伏尔加河流域的不里阿耳文 altï（意为

553

六，LB 71）和楚瓦什语（CA 731）。

tutom（toutam）的写法非常准确地相当于 tūtim（第4，在伏尔加河流域碑铭中的异体字作 tüätim）和楚瓦什语中的 tăvatăm（第4，CA 731）。这些形式都要归结到 tört-im，带有一种二合元音，即伏尔加河流域的不里阿耳语中的 van 与楚瓦什语中的 vun 中出现了公共突厥词 ōn（10）的 ŏ（长元音）以及与之相近的 õ（长元音，CA 730，LB 71）这种二合元音。楚瓦什语中的这个词被传入后元音级。由斯拉夫语继续使用的希腊语记音-om 对于 -äm 则相当合适，面对上文提到的 altom = altăm 也相当一致。列王表中的记音 toutom 便相当于 tuatăm（第4），这是楚瓦什语 tăvatăm 的直接"古形"，带有一个二合元音 ua，其中 a 的成分应该在不同程度上为圆唇音（接近于 uo），用于表达希腊文 ou 并不算太坏，肯定是近似音。

另外一种考证则比较容易，这就是对 večem 的考证，它几乎与伏尔加河流域的不里阿耳文形式中的阿拉伯文字母 wǰm（指 včm）相同，其义为"第3"（LB 71），相当于楚瓦什语中的 visēm（第3，CA 71），即为 üč-im，出自公共突厥语 üč（3），这是一个带有 ü 的二合元音。希腊—斯拉夫文和阿拉伯文的记音似乎可以使人复原不里阿耳语中的一种 vačem 的读法。

在考证 čitem'（其辅音腭化的符号明确指出它属于前元音级）的问题上也没有任何困难。序数词的后缀-ĕm 也由于其他地方而为人所熟知，即 čit……它几乎完全相当于伏尔加河流域不里阿耳文中的数字"7"的阿拉伯文记音ǰyt（LB 71）。这里是指一个古词 yeti-m（第7）。请参阅古突厥文 yeti（7），带有从声母 u-向 j-（由于缺乏更佳者，只好用古斯拉夫文中的 č-来表达，可能是根据一个更为准确的希腊文 tz-，但斯拉夫字母中却没有这样的写法）在不里阿耳语中的正常过渡，以及在伏尔加河流域的不里阿耳语形式ǰiät（7）中将 e 经二合元音化而变成 ïa（LB 71，CA 730）。通过对希腊—斯拉夫文和阿拉伯文记音符号的比较，便可以使人于此读做ǰiätĕm。

确实很难相信，在我们的列王表中时间的第 2 批术语与不里阿耳—楚瓦什语的序数词之间，这些很容易看出的等同关系，却成了一种偶然的结果，因为它们以一种少见的连贯性而继续发展。

14. 因此，我同样应该到不里阿耳—楚瓦什语的序数词一方，去寻找这些"时间"中仅有的两种尾音成分的同义词，对它们的考证有些困难。tvirem（出现过 3 次）是 tvirim（出现过 1 次）的一种不同写法。此外还有 šextem（出现过 1 次）。

正如对于前文（第 13 节）已考证清楚的序数词一样，我有时也会通过略有差异的途径而在这些问题上得出与普里察克相同的结论。

唯一的一个不里阿耳—楚瓦什语中的序数词勉强地与 tvirem/tvirim 相比较，它是一个古词 tokuz-ïm（突厥文作 toktlz，指"9"）。它在伏尔加河流域的碑铭中作 toxur（ïm），出自 toxur 或 to-hur（9）；在楚瓦什语中作 tăhărm（ăš），请参阅 tăhăr（9），这就会使人联想到一个古楚瓦什语 tăhărăm（第 9，LB 71，CA 730—731）。该词属于后元音级，希腊文除了用 iota（有时又作 hêta 之外），则无法记后元音 i（=ï），所以希腊—斯拉夫语的写法 tvirem 或 tvïrïm 都应该首先解释为 tvïrïm（第 9）。此外，既然不里阿耳语以及公共突厥语都无法接受一组起始辅音音组，那么大家还可以承认它是一种有缺陷的记音，在不里阿耳语于 t 和 v 之间存在着一个明显是闭口音（或者是简化的，就如同在楚瓦什语指"9"的 tăhăr 中一样）的元音。因此，诸如 tïvïrïm 或 tïvïrăm（分别代表 tvirim 和 tvirim）那样的读法，则具有很大的可能性。在这样的背景下，为了解释一种类似的不里阿耳文形式，只要假设认为（可能是方言性的）togkuz 的古代形式（9，请参阅黠戛斯语中的 toguz）的清辅音浊化成 toguz 就足够了。事实上，大家都知道，在伏尔加河流域的不里阿耳语中，古词组 ogu 在 ïvïl（儿子，相当于突厥文中的 ogul）中变成了 ïvï（CA 693 和 694）。因此，公共突厥语中的 z 就相当于不里阿耳语中的

r，一个古词。toguz 在一般情况下会于不里阿耳语中产生一个 tïvïr-，其以 -m 结尾的序数词于是便变成了 tïvïrïm 或 tïvïrăm，它们恰恰正是需要我们解释的形式。因此，对于 tvirem/tvirim，我提出了一个同义词 tïvïrăm（第9），同时又说明这里可能是指一种不里阿耳语的方言方式。

至于 šextem，不里阿耳—楚瓦什语序数词中唯一可以与此相比较者，便是 säkir-im（CA 731），它是 säkir = 突厥文 säkiz（8）的序数词，其伏尔加河流域的不里阿耳文形式为 säkr 或 säkär（LB 71）。这两种不同的写法可能应该连同第2个简化元音而解释为 säkěr。请参阅楚瓦什语中的 sakăr（8）和 sakkărm（ăš，第8）。希腊—斯拉夫语的记音 šextem 似乎代表着一种诸如 säkěr-t-ěm 之类的方言形式，带有一种后缀化的形式 -t-ěm，除了非常著名的序数词后缀 -ěm 之外，还有一个多余的 -t-。这是在数字系列中的此前两个序数词结尾的类似后缀，即 altăm（第6）和 jiätěm（第7）。中间的简化元音可能已脱落，由此而产生了 säkrtěm。其次是在突厥语音学中，3个辅音的音很正常地因中间音的脱落而简化，由此而产生了 säktěm 一词。音组 kt 可能是由于第1种成分的摩擦音化而向 xt 的方向发展。所有这些现象都是方言性的，完全如同由声母 s-向 š-的演变一样，而且我在楚瓦什语中已经找到了它的诸多非常清楚的例证（CA 710，下部）。这后一种演变也出现在 šegor（出自 sïgïr，牛）中，可能应读做 šïgar，带有第2个简化元音（考虑到在希腊文中缺乏 š 以及它的惯用音标为 s，所以恰塔拉尔碑中的 sigor 也可以被读做 šïgar）。

15. 与伏尔加河流域的不里阿耳文相比较，这些特征可以通过北不里阿耳语（伏尔加河流域的不里阿耳语以及楚瓦什语）和南不里阿耳语（巴尔干语，本处正是与此有关）之间的一种方言差异而令人非常满意地解释。J·本津已经明确地承认了这样一种差异，他在"多瑙河—不里阿耳语"（Donau-bolgarisch）和"伏尔加河—不里阿耳语"（Wolga-bolgarisch）之间作了区别（CA 687—691 和 691—695）；他在其与楚瓦什语的比较中（CA

695 以下），以在地理和历史方面符合逻辑的手段，主要是使用了伏尔加河流域的不里阿耳语。

恰塔拉尔碑以其地处巴尔干的位置，明显与南不里阿耳语有关。《列王表》的情况也应该如此，它称巴尔干不里阿耳为"多瑙河此岸"，称不里阿耳人在黑海和亚速海之北的故地为"多瑙河彼岸。"

如果大家接受我为南不里阿耳文的序数词而提出的诠释，那就可以列出有关不里阿耳—楚瓦什语言中在有关序数词方面的方言差异的下表（这里是指复原的形式，其中包括楚瓦什语，我已经从中删去了晚期加入的后缀-ĕš/-ăš）：

月份	原形	伏尔加河 不里阿耳语	巴尔干 不里阿耳语	楚瓦什语
三月	* üč-im	väčim	väčĕm	viśĕm
四月	* tȫrt-im	tüätim	tuatăm	tăvatăm
六月	* altï-m	altïm	altăm	ultăm
七月	* yeti-m	ǰiätim	ǰiätĕm	śičĕm
八月	* säkiz-im	säkir-im	šäxtčĕm	sakărăm
九月	* tokuz-ïm	toxurïm	tïvïrăm	tăhătăm
后一个月	* äl-im	?	älĕm	ülĕm

这些比较的结果便使我觉得非常连贯，以至于使本处所涉及的复原具有很大的可能性。此外，它们还提示了如下颇有意义的看法：如果从历史角度来讲，楚瓦什语确实是派生自北不里阿耳语，也就是伏尔加河流域碑铭中的不里阿耳语，那么巴尔干不里阿耳语的情况也差不了多少，虽然它由于我已经研究过的文献而更早地为人所知，曾经经历过一种更快的发展，普遍是向与由楚瓦什语证明的演变同一方向发展的（将后缀元音的 i/ï 简化成 ĕ/ă；这是由指"第4"的 tüätim 向后元音级的过渡）。

　　我最后还应该强调指出，为巴尔干不里阿耳语提出的复原与希腊—斯拉夫语记音非常吻合，它仅仅要求在一点上作出假设，也就是并不依靠在序数词"第8"中出现的一种形式，在后缀-im之前加入一个多余的-t-：säkir-tim，与前引两个序数词"第6"（altïm）和"第7"（yetim）的最后一个音节相类比，我认为这种假设并不会冒多大风险。

　　16. 为了考证汉族—突厥族12生肖纪年中的动物名称，我仍有许多困难。根据一种由恰塔拉尔碑中的 sigor-elem（šïgăr-älěm）强有力的支持下（该碑在年代上是完全可以核实的，即牛年，请参阅第4—9节）的一种假设，这些生肖名称形成了《不里阿耳列王表》中"时间"的第一批成分。

　　大家将会看到，对于这些词汇，我在总体上（唯有对于vereni-例外）接受普里察克的考证。但是，我将通过推论和具有相当差异之特征的历史解释而实现这一目的，同时又试采纳一种对于《列王表》中的"年代体系"资料更加持批评性的方法，我仅仅承认那些已经由其他史料（几乎都是拜占庭史料）所证实的情节，方为翔实可靠。

　　既然由于恰塔拉尔碑，我有幸掌握了另一种已经得到核实的"牛年"（šïgăr，相当于突厥文 sïgär）的证据，所以我可以将此作为出发点而试核实（至少是对于《列王表》中的4个牛年），这些已被断代的历史资料是否完全可以使人辨认出对牛年的记载。

　　17. 我将从《列王表》中的第2个牛年开始，也就是涉及了一个其名字被以斯拉夫字母记音做维兹梅（Vezmer）的王子。字母 V-（在斯拉夫语中作 B-）相当于希腊文中的 bêta（β），因而最早时可能或记做 B-或记做 V-。至于我自己，我则倾向于在此处读做 Bezmer，并且将此人视为一名不里阿耳人巴兹玛尔（Bäzmär = bäz-mä-r），意为"不知疲倦的人"，这是突厥文动词 bäz-（疲倦，厌恶。它在奥斯曼、土库蛮、黠戛斯等语言中均作 baz-，其意义相同）的一种以-r结尾的不定过去时的否定词。事实上，我应该承认，正如 J·本津所指出的那样（CA 697），根据喀什噶里那非常明确的资料，z 的发音一直部分地（未转向 r）延存于 11 世纪的不里阿耳语中。

在拜占庭史料中，并未以此名来称呼巴兹玛尔（Bäzmär）。他在《列王表》中是作为非常著名的不里阿耳君主科夫拉（Kovrat，在列王表中作 Kur-t；在希腊文中作 Kobratos，相当于突厥文 kobrat，意为"召集"）的继任者（留在"多瑙河彼岸"者，在黑海以北）。科夫拉是其民的"召集者"和一直延伸到高加索的大不里阿耳王国的缔造者。科夫拉在黑海和亚速海两岸的继承人被 7 世纪中叶的拜占庭史料称之为伯颜（Bayan，富翁）或巴—伯颜（Bat-Bayan，很富的富翁。见 DP 83—84；DH 232）。史学家们普遍承认，巴兹玛尔是科夫拉的儿子——这个伯颜的另一个名字（DP 84，DS 198）。这并非是绝对可靠的，因为继科夫拉薨逝之后，其 5 个儿子立即瓜分了该王国（DS 192）。巴兹玛尔很可能是这 5 子之一，而且还是伯颜和巴尔干不里阿耳国缔造者的阿斯帕鲁（Äspärüx = Isperix 或 Esperix）之外的另一个儿子。

无论如何，科拉夫的直接继承人是巴兹玛尔，他只能是于其父在位期结束后才即位。我们通过其他地方而获知，科拉于薨逝于 642 年，也就是拜占庭皇帝康斯坦丁二世（Constantin Ⅱ er）执政初年（DP 161—162，CA 689），或者也可能是 641 年。以年号和十五年纪期而表示的拜占庭纪年并非是令人满意地准确。

不过，在 641—642 年之间，确有一牛年。在中国中原的历法中，该年居 641 年 2 月 16 日至 642 年 2 月 4 日之间。这与"牛年"（它应该相当于巴兹玛尔执政的时间）的记载相吻合一事，就很难说是偶然情况了。šegor-večem（sïgïr + uč-im 意为"第3"），在原则上令人联想到了牛年三月，它在中国汉地历法中相当于 641 年 4 月 16—5 月 14 日。尚为合乎情理的是将巴兹玛尔（部分的）年号的开始定于这些时间的前后。在此情况下，可能应该对于根据拜占庭史料而接受的年代略加缩短，将科拉夫的薨逝定于 641 年。但是，此人薨逝之后不久，便与已故君主的 5 个儿子之间瓜分了大不里阿耳，而且明显是经他们互相同意后才这样做的。这样便启发我们认为，当科夫拉本人于 641 年已处于其生命极限末期时，可能从事过这种瓜分（由此而产生了所谓巴兹玛尔执掌君主权的时间为 641 年 4—5 月间的说法），他仅于稍后不久在 642 年才逝世。我倾向于同意这后一种假设，这样的安排在突厥—蒙古的王朝传统中绝非罕见，成吉思汗本人就于生前将其帝国划分为分别委托给其儿子们统治的兀鲁思（ulus，领地，DH 316 以下）。

18. 所谓的科尔米索斯（他被认为共执政 17 年）的"在位时间"被记做 šegor-tvirim（šĭgăr tĭvĭrăm = sĭgïr + toguz-ïm，第 9），从而将其时间断代为一个牛年的九月。

这位"科尔米索斯"（Kormisoš）便是拜占庭史料中的科尔梅肖斯（Kormisoš，DP 164），其斯拉夫文形式于此出自于 Kormïš-os，因字母换位而讹传，也就是使不里阿耳—突厥语 Kormïš = 突厥语 korï-mïš（被保护者），借助于一个希腊文后缀 -os 而希腊文化的结果。科尔米斯（Kormïš）的名字。确实为拜占庭编年史学家们所熟悉，大家都普遍承认（CA 689，DP 164）其在位期大约介于 739 年和 756 年之间，这便与我们本处《列王表》中提到的"17 年"相吻合了。但两种拜占庭史料（DS 204）可以具体确定，科尔米斯是继 754 年被拜占庭皇帝康斯坦丁五世击败后于 755 年被不里阿耳的掌权贵族们杀死的。如果正如其表象似乎说明的那样，他于 754 年失败后立即（于次年被杀死之前）遭到了罢黜，那么他就确实在位 17 年。其执政的开始时间为 754 - 17 = 737 年，这一年恰恰为一牛年，该年中国汉地历法中的阴历九月系公元 737 年 9 月 29 日—10 月 27 日。因此，在由我们的《列王表》反映的土著传统中，科尔米斯执政的 17 年便是 737—754 年。

科尔米斯仅在 739 年左右才出现在拜占庭编年史中，这一事实可能只是意味着，他在一个相当动乱和受王朝内讧之苦的时代中，用了一段时间以巩固其政权（DS 203—204）。

19. 将 754 年这一时间作为科尔米斯执政的末年，则与《列王表》的下文相当吻合，其中提到了一位曾执政 7 年的维内克斯。其即位的时间为"牛年（šegor-alem = šiğǎr älěm）"的十一月。

斯拉夫对音转写字 Vinex 也可以被解释为 Binex（因为于其希腊文原形中，有一个起始声母 bêta = B 或 V），这就会使人联想到一种不里阿耳文形式 Bināx，我还可以通过 bin-gäk（骑士，突厥文作 bin-，意为"骑马"）来解释。这位毕纳克斯（Bināx）未在拜占庭史料中提及，但我通过其他地方而获知，科尔米斯在遭罢黜之后的继承人是一位出身于非王家的不里阿耳首领（请参阅《列王表》中的乌基尔新世系，该世系由此人开始并取代了杜洛家族，也就是朱拉世系。请参阅 DP 115 和 DS 218，我在此问题上同意内梅特的看法）。他于 760 年连同其全家一并遭掌权贵族们弑杀，完全如同其前任一样，而且也是出于同样的原因，即他于 759 年被康斯坦丁五世击败（DS 204）。

我们本处所说的毕纳克斯就应该是这位"篡权者"（将他考证为萨比诺斯，据一种很详细的拜占庭编年史记载应为 7 年之后，DP 262 的观点应予以摒弃）。如果我们从其死亡的时间 760 年中减去其执政的 7 年，那就会得到 753 年这个时间，该年并非一牛年，当时科尔米斯仍在执掌政权。因此，我们的希腊—斯拉夫文献都不可能被按字面意义进行解释，它应该反映一种复杂的现实，我们可以将此复原如下：篡权者毕纳克斯于科尔米斯的势力衰败时起来反叛他，可能仅仅在 753 年才真正掌权。但他可能早于 749 年这个牛年的十一月间就自称为独立君主，而该月在中国中原历法中则是 749 年 12 月 14 日至 750 年 1 月 12 日，也就是在最终清除"合法"君主科尔米斯之前的 4 年。不里阿耳的土著传说，于此则为当时的拜占庭编年史提供了一种颇有意义的补充资料，使我们多少更好地了解一些有关不里阿耳王朝冲突的曲折情节。

这种解释与我们所知的不里阿耳国内不停的动乱与以及由拜占庭人精心维持的混乱与内讧之情况相当吻合，巴尔干的不里阿耳人确于 8 世纪下半叶陷入了这些动乱和内讧之中（DS 203—204）。

20. 这样一来，我们便在比较容易的程度上，在将此与牛年相联系起来时，解释我们《列王表》中的 4 个牛年（šegor, šïgar）中的 3 个了。在两种情况下，拜占庭史料中的年代数据可以使人几乎是直接地解决问题；在第 3 种情况下，则要求我们必须使用一种历史假设。据我所知，任何文献都不能令人欣然接受，也没有任何文献能否认之，它在人们从正面了解到的事件背景似乎是有可能成立的。

第 4 种情况出现在某些差异很大的背景中。我认为，这些背景使我联想到了另一种解释方式。本处是指"牛年三月"（šegor-večem, šïgăr-väčem）的"时间"。如果我以已经解释过的"在位时间"相类比而阐述，那么我们的文献就在不明确指出的情况下而被归于科夫拉（Kovrăt, Kur-t）执政初期了。

位于黑海和亚速海北部和东部的草原大不里阿耳国的缔造者是科夫拉，他是不里阿耳的旧主，我通过拜占庭史料而掌握了有关他最多的资料。他曾在多种希腊文（Kobratos）和拉丁文（Crobatus）文献中被提到过（DP 161—162）。正如普里察克所提醒的那样（DS 191—192）。我非常准确地掌握了以下情况：

——在他还年轻时，就于 619 年左右在君士坦丁堡接受洗礼，并在那里接受了部分教育；

——他是拜占庭皇帝赫拉克流士一世（Héraclius I er）的朋友，该皇帝执政于 610—641 年间。

——他介入了拜占庭宫廷的阴谋事件。在马提娜（Martina）皇后在位的短暂期间，这些阴谋事件于赫拉克流士 641 年薨逝之后不久便发生了。他于康斯坦丁二世执政（641—668 年）初期，仍以不里阿耳人君主的身份出现在拜占庭史料中。

我通过其他拜占庭史料（这些史料均被普里察克忽略了，

我认为他错误地更喜欢执著于《不里阿耳列王表》的字面意义了）也获知，他薨逝于 642 年（644 年似乎也有很小的可能性，请参阅上文第 17 节），无论如何也是 665 年，正如普里察克通过对《列王表》的机械解释而接受的那样。在这个时间，根本不再涉及他了，当时的不里阿耳人首领是其诸子，尤其是伯颜（DP 84）和阿斯帕鲁（Äspärüx，在希腊文中作 Asparux，见 DP 75—76）。

最后，大家都知道一件非常有意义的历史事实，他于 635 年变得独立于阿哇尔人的宗主权了（DS 192）。

21.《列王表》于其第 1 部分声称科夫拉"在位 60 年"。大家于此实难不加批判地接受这一切，因为他还指出阿维托霍尔（Avitoxol）"活了 300 岁"，伊尔尼克（Irnik）"活了 150 岁"。这样便将其"在位"的开始时间定于 582 年，即使他当时尚为一非常年幼的稚童，他于 619 年左右受洗礼时至少就应有 37 岁，这样便与拜占庭史料中认为于这一时间仍为一青年人的断言无法相容。

这些史料可以使人将 584 年左右和 642 年（CA 689）的时间定为其传记中的极限时间。但对于 584 年左右来说，只能是指其诞生的时间，而不是他开始执政的时间。《列王表》的编纂者可能是相信了某些不太准确的口碑资料，将原来应作为其年龄的 60 岁作为其在位的 60 年了。即使他诞生的时间略早于 584 年 2 月 17 日，也就是说早于一个猴年之初，那么按照汉族—突厥族的方式计算，其年龄（见第一章第 27 节以下，第三章第 68 节以下）在 584 年 2 月末就应该是"两岁"（yaš，在不里阿耳语中作 jal，见第一章第 26 节），因为其诞生时间是从前面紧接着提到的兔年（583—584 年）而开始计算的。58 年之后，从 642—643 年这个虎年（在中国中原历法中，这个虎年开始于 642 年 2 月 5 日）之初，如此计算就将是 60 岁（相当于历书中的第 60 年）。这种计算特别容易核实，因为下一个 12 生肖年（643 年）可能正是其诞生之年，也是一个兔年。这就使人得以知道他共经过 5

个地支周期，也就是历书中的 60 年，这是一个很容易记住的数字。

拜占庭史料和很难被《不里阿耳列王表》的编纂者们消化的资料，便如此以令人非常满意的方式相吻合了，从而可以使人将科夫拉的诞辰断代于 624—643 年这个虎年（从 642 年 2 月 5 日起）。这样一来，便与将科夫拉的时代断代为 584—624 年的那些史学家们的分析很吻合了（CA 689，其中引证了 Ch·吉拉尔）。

22. 这样一来，对于《列王表》中下面一段文字，我应该赋予它什么样的意义呢？"其年代，牛年三月（sěgor-večem）"。

牛年（在此情况下是 581—582 年）似乎不可能是科夫拉的诞辰，按照汉族—突厥族方式而计算的其年龄，到他于 642—643 年这个虎年的逝世为止，就共享年 62 岁（12 生肖纪年中的 62 虚岁，即第 62 岁），而不是《列王表》中所提示的那样为"60 岁"。在一个牛年与一个兔年之间，正好有两岁之差。

此外，直到目前为止，这是由《列王表》提供的"时间"为诞生时间的唯一例证，从而足以使人对如此种假设疑窦丛生了。其他的"时间"均为取得政权或宣布独立的时间，土著传统认为名表中反映的则是其执政初年。

至于科夫拉作为独立君主并摒弃阿哇尔人（Avar）的宗主权而开始执政的时间，它已从历史角度为人所知并被断代于 635 年（DS 192）。但这一年非但不是牛年，而且还处于该 12 生肖中距牛年（629 年或 641 年）最远的时间（相差 6 年之久）。

因此，"牛年三月"的记载似乎既不与科夫拉的生年相吻合，也不相当于他开始独立掌权的时间。那么，到底应该如何解释它的存在呢？

通过对《列王表》第 1 部分的研究，向我们揭示了有关这一问题的答案：前 3 个时间均结束于 1 个 tvirem（九月），而后两个时间却结束于 večem（三月）。从各种可能性来看，我所面对的是这样一种辑录本，大家至少可以说它对于阿维托霍尔和伊尔尼克（这都是一些半神话的人物，具有一种完全是神奇的长寿）之"时间"的机械复原，未表现出任何批判精神。正是从格斯顿（Gostun）的这种可能具有历史真实性（由此而出现了tvirem 的 3 次重复）以及科夫拉（Kovrǎt，Kur-t）的复原出发，自巴兹玛尔（Bäzmär）起，我才得以证明其年代中那令人满意的可能性。

这样一种纯属机械性的复原之补充例证，则是由《列王表》中的这第 1 部分的单调性所提出的，其中对于 5 位君主只有 3 个"不里阿耳"时间（以及 1 个阴历月中的两个日子）。"蛇年九月"（dilom tvirem）出现过两次，纯粹是由于在阿维托霍尔与伊尔尼克之间有"300 年"的间隔，这后一个人的时间已经从格斯顿的"猪年九月"（dox-stvirem）而机械地复原为"蛇年九月"，正如我将要证明的那样。它代表着一个地支周期的完整数目（25 个周期）。如果这里是指一种准确计算（月份除外），那么这样就会导致我得出一个 300 年的相同时间（阳历月份除外），"牛年三月"就会由于同样的原因而连续出现两次，传统上为科夫拉保留的"60 年"的时间代表着 5 个完整的周期。

因此，在针对科夫拉的问题上，对于"牛年三月"的记载没有任何史料价值。这仅是一种简单的自"60"这个数字（但作了错误解释）和巴兹玛尔的"牛年三月"（我认为是真实的）的初步推论。

已被希腊文化化和基督教化的科夫拉本人，对于此人获得君主权的不里阿耳"异教"时间（根据 12 生肖纪年的汉族—突厥族星相观念而推算），不可能给予多大重视。这个时间并未被真实地传入到同样地为"异教"的传说中，而这种传说正是本《列王表》的缘起，当然该《列王表》只到不里阿耳人掌权贵族鲍利斯—米歇尔（Boris-Michel）最终受归化（864 年）之前许久的时间就停止了。

在有关科夫拉的问题上，《列王表》中唯一翔实可靠的资料是"60 年"这个数字。正如我们已经看到的那样，它证明了此人的生卒时间为 584 年和 642 年，这都是从拜占庭史料中推断出来的。他当时在"突厥式"的历法中年长 60 年；而据欧洲的计算方式，他正值第 59 岁（已满 58 岁）。

23. 我们现在应该解释另外两种推论了，它们从科斯顿的"时间"开始，先复原伊尔尼克的时间，其后是复原阿维托霍尔的时间。

由于包括这些内容的《列王表》的第 1 部分（在由埃斯佩里克斯渡过多瑙河之前），与第 2 部分（明显不太连贯，但其内容却更为真实），它具有一种非常严密的逻辑，这恰恰是由于它的大部分内容均是根据机械推论的办法而杜撰出来的。我可以合情合理地从赋予在所谓科夫拉的"牛年三月"之前的科斯顿"2年"时开始，设法研究作为科斯顿"时间"的"dox-s tvirem"的第 1 部分成分应该相当于 12 生肖中的哪一年。

在生肖纪年周期中，"牛年"的前两年便相当于"猪年"，普里察克非常正确地看到（DS 200—201），dox-s 可以被毫不犹豫地比定为突厥语中的 toηuz（猪，这特别是回鹘文纪年中该生肖的名称）。这个不里阿耳文词组可以上溯到经起始声母之方言性浊音化（如同在奥斯曼语中指"猪"的 domuz 中一样）之后的 toηuz，这是将尾音-z 经浊辅音清化而成为-s（这种现象在突厥语中非常多见）；它同时还将元音间的-η-非鼻音化，这种处置在突厥语领域中同样也习以为常（CA 783b），并且已经出现在古代突厥碑铭中了。复数第二人称的后缀-ïgïz 与-ïηïz 并列存在（FA 97）。

因此，dox-s 的写法可能出自一种过渡形式 dogus。我认为，第 2 个元音在巴尔干的不里阿耳语中应为一个经过大幅度简化的元音（dogăs），几乎让后辅音 g（它在几乎所有的突厥语中就已经具有了一种摩擦音的倾向）与 s 连在一起了，由此而产生了 g 向清摩擦音 x 的过渡而成为 doxs，其中经元音简化后便是 doxăs。

这样一来，格斯顿夺取权力（作为"总督"）的"时间"为 doxăs tïvïrăm，应该被理解作"猪年九月"。

24. 通过符合编纂者"方法"的一种机械推论，考虑到归于伊尔尼克的"150 年"，我便可以解释其"时间"的第一部分组成因素的意义，dilom tvirem（第 2 个词 tvirem = tïvïrăm，意为"第9"。它只不过是自动重复了格斯顿时间中的 tvirem，我的推论应该以此为出发点）。

在 12 生肖历法中，"猪年"（格斯顿的时间）之前的 150 年，恰巧正是 12 年×12 支＋6 年＝150 年。因此，这一时间的"属"（动物，地支）应为在"猪"之前出现的第 6 位，也就是蛇。

然而，正如普里察克非常正确地看到的那样（DS 199—200），dilom 可能恰恰正相当于突厥文 yilan（蛇）。突厥文中的 y-在伏尔加河流域的不里阿耳语中，一般均由 ǰ（阿拉伯文 ǰim）代表。这个 j 可能是由 d'（腭化辅音 d）造成的一个大致的结果，如匈牙利语中的 gy（它在楚瓦什语中变成了 š，系一种腭化辅音 s）。因此，在不得已而求其次的情况下，它先在希腊文和后来在斯拉夫文中通过字母的区别而曾被记音为 d-。由于我们的文献将不里阿耳朝中官员的职官名称记做"杜洛"（Dulo），它相当于匈牙利文中的职官尊号 gyula（＝d'ula），可能也相当于突厥文 yula（火炬，FA 356b），所以这种假设的真实性更大。正如在 Dulo = d'ula（大家有时也记做 ǰula）中一样，相当于 yïlam 的 dilom 中的 o 是为不里阿耳语中的 a 记音的，它也应该是一个"圆唇音 a"＝å。众所周知，古文 a 变成了楚瓦什语中的 o（后来又做 u，见 CA 705）。dilom = ǰïlam 中的尾音-m 应为尾音-n 的一种不里阿耳方言（巴尔干语）的不同形式。楚瓦什语 šelen（蛇）相当于 yïlan（过渡到了前部元音级），它保留了尾音-n。大家都知道，甚至就在楚瓦什语中，便有以-m 代替突厥文-n 的大量例证（CA 713）：sum（数字）相当于突厥文 san，pětěn（全部）相当于突厥文 bütün 等（在方言间的原形问题上仍然变化不定，如 sohăm 或 solhăn 指"新鲜的"，出自鞑靼语 solkïn）。因此，我可以提出 dilom = ǰïlam（蛇）。

伊尔尼克开始执政的所谓"时间"dilom tvirem，几乎可以肯定应该读做ǰalm tüvïräm（其意为"蛇年九月"）。

25. 如果我们接受这种很可能成立的语言学解释，那么大家就会不可避免地对于一种相会感到惊讶，而这种相会又可能不是一种偶然的巧合。这就是伊尔尼克（并非别人）正是拜占庭人中的埃尔纳克（Ernax），或者是约旦人中的赫尔纳克（Hernac，DP 132—133）。从所有诠释家的观点来看，他是阿提拉（Attila）的儿子，仅于其父薨逝后才开始执掌政权，其父亡故于453年（DP 79—80），而453年恰恰是一个蛇年。

这是否就是说，这位伊尔尼克（Irnik，其异体字分别为Irnäk和Irnäx等）的执政时间是依12生肖历法而记录下来的453年呢？我认为事实并非如此。伊尔尼克是匈人，阿提拉的子嗣，"杜洛"或"儒拉"（ǰula）的不里阿耳王朝企图依附之。其中有一种令人震惊的时代错误。因为据我所知，这种中国中原定义的历法仅在6世纪时才于突厥语民族世界中流传。论述匈人和阿提拉的大量希腊文与拉丁文史料中的任何一种，都从未记载过这样一种历法。其新奇之处，甚至是其别致之处，都可能会吸引作家们。我坚持认为，我们本处的"蛇年九月"只不过是以"150岁"这个数字为基础的一种简单的机械复原。dilom（蛇年）是通过计算而推断出来的，也就是猪年（dox-s）之前的150年；tvirem是根据推论的出发点——科斯顿的"猪年九月"而自动重新采用的。

但是，即使"150年"这个数字导致不里阿耳编年史学家们将伊尔尼克的即位定于一个蛇年，而这个蛇年又确实出现在中国中原历法的453年，那也只能由纯属偶然的原因来解释。这样一种偶然的巧合，每12年才有机会重现一次。

这样就产生了一种奇怪的可靠性，但并非是由于"蛇年"才会如此，而是由于"150年"这个数字，因为它使伊尔尼克的即位相当于453年的准确时间。

至于我自己，我认为不里阿耳传说于其自匈人起源以来的王朝史（在开始时可能为口碑）中，在伊尔尼克的即位和由格斯顿开始行使职权之间，正确地保留下了"150年"的精确计算（这一数字很容易记住）。

能够使我们计算格斯顿开始执政年代的因素是：453 + 150 = 603年。因此，格斯顿的"猪年九月"应该相当于603年这个猪年的太阴历九月，它在中国历法中是公元603年10月11日—11月8日之间。

26. 我认为，这个时间是我们文献开始几行文字中有关不里阿耳人特有历法的唯一完全翔实可靠的内容。在有关伊尔尼克的一段文字中，我们只需要记住在此人与格斯顿之间的150年的正确计算（453 - 603年）就足够了，有关蛇年的记载不会如实地上溯到伊尔尼克时代。对于格斯顿时代的"九月"这个记载，也不会机械地得出任何年代的意义。

现在，我可以思忖，同一传说在伊尔尼克与杜洛（朱拉）的远祖阿维托霍尔之间，所保持的"300年"的计算，到底会有什么样的价值呢？从其时间来看，此人应该是亚洲的一名匈奴人。该数字将我导向了453 - 300年 = 公元153年这个时间了。

普里察克（DS 193—194）认为，这样一来，本处便是指匈奴（亚洲的Hun人）单于即位的时间。当匈奴人被鲜卑人从蒙古驱逐出去之后（请参阅DH 93），单于便率领大部分匈奴人西迁。经过两个世纪稍多一些时间之后（大约从374年开始，DH 117），这次民族大迁移最终导致了匈奴人入侵欧洲。此种假设颇具吸引力。它以匈奴—不里阿耳传说中的一种相当奇特的年代回忆为前提。在伊尔尼克和格斯顿之间明确提到的150年的先例有利于这样一种回忆，但所实现的结果于此可能具有一种更为出乎寻常的特征。至于我自己，我不敢于此表态。

无论如何，阿维托霍尔的"蛇年九月"仅是对伊尔尼克时间（这本身也是推论出来的）的一种简单推论（300年 = 25个生肖或地支周期），它在匈人的历法方面则不能证明任何内容。

27. 在我研究的这一点上，我认为能够按照下述方式来诠释

《不里阿耳列王表》第一部分（从阿维托霍尔到包括巴兹玛尔在内的时间）中的资料。

这是根据相当简单的计算，以黑海和亚速海北岸大不里阿耳的不里阿耳人王朝与年代的某些传说为出发点，所作出的一种复原。这就是：

（1）朱拉（杜洛）世系的不里阿耳人王朝要上溯到伊尔尼克，其远祖阿维托霍尔生活在他之前300年时。口碑传说，一种更为完整传说的残余则由于较容易记忆的300年这个数字而被保留下来了。伊尔尼克的父亲——非常著名的阿提拉则缺乏任何记载，这就清楚地说明，其中只有一种传说的残余。

（2）在伊尔尼克即位与格斯顿掌权之间，已经流逝了150年的时光（口碑资料）。

（3）格斯顿作为总督而执掌政权的不里阿耳时间是"猪年九月"（doxǎs-tïvïrǎm, dox-s tvirem），即"猪年九月"。格斯顿属于埃尔米（Ermi）氏族（这可能是一种口头传说，但它后来被以文字记载下来了）。这是现知的第一个不里阿耳历史时间，它相当于公元603年。格斯顿当时并非一位君主，而是一名总督。他不属于朱拉的王家世系，在7世纪初叶的拜占庭史料中，他是科夫拉的舅父，叫做奥尔格纳（Organas = Organ），请参阅DP 220。

（4）继格斯顿任总督职务后，掌权的便是科夫拉，他共活了以不里阿耳历法计算的60岁。这可能也为一种口头传说，其年龄被作为执政年数了。对于这位已经希腊文化化的王子来说，没有真实的不里阿耳"异教徒"时间，《列王表》中的唯一一名基督徒是现知的第1位独立的不里阿耳君主，他于635年摒弃了阿哇尔人的宗主权（DS 192）。

（5）继任者科夫拉的是巴兹玛尔，他即位的不里阿耳时间为"牛年三月"（šïgǎr-vǎčěm, šegor večem）。这也可能是一种口碑传说，也可能后来被记录下来的。它是现知的第2个不里阿耳时间，也是黑海北岸不里阿耳人的最后一个时间，相当于公元

641 年。

28. 我们的文献所反映出的所有复原，均以这 5 种因素为出发点。

从格斯顿的"猪年九月"这一时间以及使他与伊尔尼克相隔的 150 年的时间中，大家便可以为伊尔尼克推断出一个不大可靠的"不里阿耳"时间，也就是"蛇年九月"。150 年正巧是一种正确的计算，格斯顿的时间同样也正确；在一个蛇年与伊尔尼克即位的时间之间的对应关系也正确，即公元 453 年。但这一切丝毫不能说明欧洲匈人在伊尔尼克及其父阿提拉时代已经使用了"不里阿耳"历法（12 生肖历）。

从如此推论出来的伊尔尼克的虚拟时间"蛇年九月"（ǰïlam-tïvïrăm, dilom tvirem），以及使此人与在不同程度上也是传说性的阿维托霍尔相隔开的 300 年中，我们又可以推算出这后一个人那不可靠的不里阿耳时间（与上述时间相同），它在原则上应属于公元 153 年。

本处所涉及的间隔，于其逼真的口碑传说中，被认为是年龄的时间了。这两个相隔遥远的人物恰恰都享有令人难以置信的长寿。

从被作为科夫拉执政年限的 60 岁的寿命中，我们可以以其继承人巴兹玛尔即位的不里阿耳时间"牛年三月"（šïgăr-văčĕm, šegor večem）为出发点，为科夫拉的即位推算出一个拟定的时间，它虽与上述时间相同，但却是一个错误的时间。这个拟定的"异教"时间极大地打乱了根据《列王表》而作出的所有年代阐述，它相当于 605 年。因此，普里察克认为科夫拉薨逝于 665 年（DS 218），而我确切地知道他逝世于 642 年（CA 689，DP 161，DH 232）。普里察克的全部年谱都因此而变成错误的了。

《列王表》的编制者们从"牛年"605 年这个错误的时间和有关科斯顿的 603 年这个猪年的真实时间中，同样又错误地推断出科斯顿出任总督一职只有两年的持续时间。然而，这个在拜占庭史料中（DP 203）又叫做奥尔干（Organ，希腊文做 Organas）

的人物之显赫地位，则排除了其执政期的一种极其短暂性。事实上，朱拉王统世系的合法继承人科夫拉生于 584 年，在君士坦丁堡接受教育并于 619 年在那里接受洗礼，605 年时（20—21 岁）尚未亲政。此外。他仅于 635 年（DS 192），继于 630 年开始爆发的不里阿耳人的一次反对其宗主阿哇尔人的暴动结束之后（DH 230），他才成为一名独立君主，也就是第一个不里阿耳国的缔造者。

科夫拉的舅父是科斯顿，他可能在该王子年轻时，于相当长的时间内行使一种摄政权，作为处于阿哇尔宗主权统治之下的不里阿耳人的总督（《列王表》中作 namestnik），由于他的另外一个名字奥尔干（在希腊文中作 Organas），带有分词的突厥语后缀-gan 而不是-mïš，再加上不里阿耳文中 r 字母的滥用，所以我认为他是 741—744 年东突厥人的可汗乌苏米施（Ozmïš），意为"解脱者"（动词 oz-意为"自我解脱"和"自我逃亡"，见 FA 322a）。

归于此人执政时间的"多年"这个数字，于此仅是为了确保与为科夫拉提供的虚拟不里阿耳时间之间的统一。

我还可以思考被归于巴兹玛尔的"3 年"的记载到底相当于多久，它于此仅是为了确保在巴兹玛尔与被认为是其继承者阿斯帕鲁（埃斯佩里）执政时间的年数之间的统一。然而，据拜占庭史料记载，如果巴兹玛尔确在 650 年左右仍为亚速海地区不里阿耳汗的伯颜（DP 84），那么他可能于其薨逝于 642 年的父亲科夫拉之后又执政 3 年多。此外，我们知道大不里阿耳王国被科夫拉的 5 个儿子瓜分了。因而从原则上讲，其儿子中没有任何一个人是另一个的继承人。

29. 我认为，《列王表》中第 1 部分的整个年代，都是根据阿托霍尔的"300 年"、伊尔尼克的"150 年"、科夫拉的"60 年"以及格斯顿和巴兹玛尔的两个真实的不里阿耳时间（于此之中，还应该加入文献第 2 部分开头处的阿斯帕鲁的时间），事后推理性地制造出来的。因此，无论是阿维托霍尔、伊尔尼克与科夫拉的时间，还是为格斯顿和巴兹玛尔指定的掌权时间或在位期，以及为科夫拉确定的时间（这事实上是其寿命期），都没有任何史料价值。

被归于阿维托霍尔和伊尔尼克那令人难以置信的长寿，清楚地说明了编纂者们的幼稚和缺乏批判思想。他们为"多瑙河彼岸"的朱拉氏政权的持续期而提出的 515 年的数字，只不过是传统的 300 年、150 年和 60 年的数字之机械性的总和，并且带有错误推论出来的两三年之差异。这一数字也没有史料价值，如果大家在作为阿维托霍尔的寿命 153 岁（伊尔尼克之前 300 年，因而也就是在阿提拉于 453 年薨逝之前 300 年）的理论时间中再加上阿维托霍尔的 515 年，那么我们就会得到阿斯帕鲁"渡过多瑙河"的时间 668 年（DH 232，DS 198），该君主对巴尔干不里阿耳（今保加利亚）地区的占领发生在 680 年（DO 108）。

包括普里察克在内的各位作家几乎完全相信该《列王表》中所包括资料的真实性，这一名表是在缺乏任何考证精神的情况下炮制出来的，其价值远远低于拜占庭编年史中的资料，从而导致这些作家为不里阿耳诸王确定了一种错误的年代体系（请参阅 DS218）。我们现在就会看到，《列王表》的第 2 部分，在提供了某些准确资料的同时，却无法被人不加批判地接受，它也是一种杂乱无章的辑录。但其所长正是它仍保持着原始状态，未经在年代方面的"规格化"或"标准化"处理。这样一来，便在有待核实的情况下增加了其文献价值。

30. 有关巴尔干不里阿耳王的这第 2 部分，非常恰当地从阿斯帕鲁（Äspärüx，Isperix 或 Esperix，也就是拜占庭史料中的 Asparoux，请参阅 DP 75—76）开始，他是巴尔干不里阿耳国（保加利亚）的缔造者。其在位时间为 644—702 年，而且这些时间已由于非常熟悉该内容的拜占庭编年史而为人所掌握（DP 75）。

其中首先指出，此人生活在"多瑙河北岸"，这种事情确实发生在 679 年。但他在这个时期已经是西不里阿耳人的君主了。

在斯拉夫文献中，他执政的不里阿耳时间为"龙年十一月"

（vereni-alem）。大家已经知道，älěm 意为"此后的"，用于指十一月（第6—9、13、19节）。我尚需要解释 vereni，它应该是代表着12生肖周期中一种动物的名称。

普里察克希望将此视为（这在《列王表》中是绝无仅有的例证）一个诞生时间，他认为这里应该是指630年这个虎年。据他的考证，vereni 是不里阿耳文中对于 börin' 的记音，相当于突厥文 böri（苍狼）。但作为阿斯帕鲁诞生时间的 630 年，却未被其他任何时间所证实（我仅仅知道他于644年就已经是名副其实的君主了），尤其是这里是指狼而不是虎。在突厥的任何12生肖历法中，"虎"均未被"狼"取代过。但它有时却被"狮"取代，这是可以理解的。但它也非常奇特地被"狐"取代过，当然是在一个很晚的时间了，系在哈卡斯语中（DS 208）。但是，"虎"从未被"狼"取代过，从很古老的时间起，至少直到 13 世纪，始终都保持"虎"。

此外，我认为应该在不里阿耳语中寻找"狼"的名称（古突厥文作 böris），大家可以在沙皇博利斯（Boris）的名称（带有经希腊文化化的结尾-s）中找到它。

对于普里察克有关这个问题的长篇论述（DS 207—211），我仅保留一种自认为是很有价值的语言假设，这就是 vereni 中的-i 仅仅是前尾音-n 的腭化辅音（位于 älěm 之前，它本身属于前腭音类）的记音。这种腭化辅音于此可能是正在斯拉夫化过程中的不里阿耳词汇的一种斯拉夫音化的现象，它已经出现在口碑文学中了。

对于我来说，在我有关音位的标记中，未多考虑语音方面的这种腭化辅音。我此后将仅把它作为一个其形式为 värän 的不里阿耳文而简单地读做 vereni。此外，对于阿斯帕鲁即位的时间，我将考虑已知的 644 年的时间，它并非相当于一个虎年，而应该是一个龙年。

考虑到《列王表》第 1 部分的数字和年代上的统一性之成见，由于巴兹玛尔在一个牛年开始执政并指出（无意识地）他于阿斯帕鲁之前就执政 3 年。这样一来，根据文献的内在逻辑，大家便有权想到，阿斯帕鲁是继牛年 3 年之后的一年才开始执政的，也就是在一个龙年。

31. 因此，我们应该到 värän 中去寻找一个龙年。然而，我还知道一个颇为相似并广泛出现在安纳托利亚的指"龙"的突厥文名词 avrän（GH 560—561）。它从 13 世纪末起便出现在前奥斯曼语中了（GD I, 285），即具有被认为是一种大蛇的"龙"之意义。

"Zaman ilä yïlanlar ävrän olur"，其意为"蛇随着时间的增加而变成龙，14 世纪的谚语"，具有"宇宙龙"的意义。"Bu dünya bir ävrän dür, ädämlärï yutuʝu"，其意为："本世界是一条吃人的龙"，出现在玉努斯的一首诗中（13—14 世纪）。

"宇宙龙"的这种意义，已出现在 11 世纪的喀喇汗朝突厥文著作《福乐智慧》（Kutadgu-Bilig, 15, 28）中了（GB 190b）。

"yarattï, kör, ävrän, tučï ävrilür"，其意为："看啊！他创造了宇宙龙（天体），不停地转动"。

这后一种文献还通过突厥文"ävür-"（其被动式为 ävril-，意为"旋转"）而提出一种可能是正确的辞源，龙在旋转，天上的宇宙龙能围绕地球转动。

动词 avür-以两个派生词而被保存在楚瓦什语中了，其一是以-ke-结尾，其二则以-le-结尾，věrke-和 věrle-均意为"转动"（其词根为 věr-）。věr 在楚瓦什语中与突厥文 ävür-或 ävr-相对应，对于不里阿耳文来说，均以出自 ävr-的代表 vär-为前提，因而 värän 出自 ävrän〔有关从 v 过渡到二合元音的开头处，请参阅楚瓦什语 věren-（学习），出自一个古词 övrän＝突厥文 ögän-〕。

这一整套事实都会使我觉得已经足够连贯了，完全可以使我将 vereni 视为指"龙"的一个不里阿耳词，värän 相当于突厥文 ävrän（同样指"龙"）。古突厥文中指"龙"的 lū 出自汉文，作为一个文言词，但 ävrän 应该是指"蛇—龙"的一个古突厥文土著名词。

因此，阿斯帕鲁即位的时间 värän-älěm（vereni-alem）系指"龙年十一月"。从中国历法来看，这就相当于 644 年 12 月 5 日至 645 年 1 月 3 日之间的 1 个阴历月。

32. 在阿斯帕鲁的问题上，现在尚需要解释文献中的论点。据这种论点认为，其中是讲"王子 61 岁"。用于指"王子"的斯拉夫词是 kn' az'，它并不是一个诸如"沙皇"（car'，即 tsar，出自用于指恺撒的 César 一词）那样指最高统治者的尊号。其差异特别大。如果我们从阿斯帕鲁的薨逝时间（这一点已为拜占庭编年史所熟知，即 702 年，见 DP 75）中减去本处所涉及的 61 年，那么这一切就很容易理解了。我们这样就会得到 641 年的这个时间，它比与希腊史料相吻合的时间 644 年（DP 75）要早 3 年，在《列王表》中所提供的时间是"龙年"。这就是阿斯帕鲁即位（如同真正的沙皇一般）的时间。

我认为，大家可以由此而得出结论认为，他于 641—644 年间是部分不里阿耳人比较自主的国王，但尚未取得最高统治者的尊号。

此外，其父科夫拉（卒于 642 年，DP 161）于 641 年尚活在人世间，并且保留了其最高职官尊号。但我们通过《列王表》还知道，其兄巴兹玛尔将 641 年这个牛年作为其开始执政的不里阿耳年（见上文第 17 节）。

我使阿斯帕鲁王子的"61 岁"在时间上同样也上溯到 641 年，它证明了我提出的假设（第 17 节末）：科夫拉于其生命的最后一年 641 年，将大不里阿耳瓜分给其儿子们。在保留其最高君主尊号的同时，他可能把国王的职务授予了巴兹玛尔，阿斯帕鲁似乎仅是以王子的名义而获得了一块封地。

因此，对《列王表》的这种解释，以非常引人注目的方式阐明了由科夫拉于其薨逝之前不久而钦定的国事安排。

仅仅是在阿斯帕鲁获得王子尊号 3 年之后和其父薨逝两年之后，他才可能宣布独立并于 644 年取得王号。

33.《列王表》的下文，从特尔维勒（Tervel'）到乌莫尔

（Umor，表中最后提到的一位）之间，却非常简单，仅满足于在人名之后附带一个年代数目，而又不具体说明他们在这一短暂期间的职务。但是，这里应该是明确指他享有王子尊号的年代，它可能包括以此尊号而统治的年代，但又不一定与这后一年代相融合在一起。

在王子尊号与正式执政（其开始是用不里阿耳时间记载的）的持续时期之间的同一性，仅仅当新王子立即被拥立为主并从此就亲政时，才会产生。

正如在篡权者比纳克斯的情况下那样，也会出现一个人物自立为主并在使人真正接受其王权之前而选定一个时间为其元年（请参阅上文第 19 节）。这样一来，在《列王表》中计算到的作为王子的实际年代就可能会低于从这个不里阿耳时间推论出的在名义上实施统治的年代。

但正如我刚才在有关阿斯帕鲁的问题上所看到的那样，也会出现作为王子实际尊号的持续时间大于其实际统治时间。这可能也是后来特尔维勒的情况。

因此，我必须研究每位王子的情况，不仅要根据《列王表》中的数据，而且特别要根据大家通过其他地方而所了解的各家王子的情况。对于文献的第 2 部分就如同对于第 1 部分一样，机械地使用大家从中发现的混乱资料，则会严重地引起虚幻的错觉。非常遗憾，直到目前为止，它导致《列王表》的大部分诠释者们都作出了某些谬之千里的年代假设，它们明显均与拜占庭史著相矛盾，而拜占庭史著要比流传给我们的晚期希腊—斯拉夫著作更值得信赖得多。

34. 继阿斯帕鲁（Äspärüx，其名可能是伊朗—突厥文的，我们似乎应将此比定为奥斯曼文 äspäri，意为"燕隼"）之后，他那个在《列王表》中被称为特尔维勒的儿子执掌了对巴尔干不里阿耳人的统治权。其名字在拜占庭编年史（DP 306）中曾多次出现（写做 Terbelis），同时也出现在拉丁文（Terebellus）和阿拉伯文（ṭ. r. f. lä）的史料中。斯拉夫文中的腭音软化符号仅仅指前腭音-L，该词属于前部音类。此人名字的拉丁文和阿拉伯文形式具有介于 r 和 v 之间的一个元音的痕迹（可能是被希腊文忽略了，写做无重读音节和甚至是简化音节）。一种希腊文记音 Terboulis 中最后一个元音的音色表达了一种音质的不可靠性，可以被简化。因此，我倾向于将该名词读做 Ter(ä)věl。

在一个不里阿耳词或楚瓦什词的内部，-v-一般均为一个古词元音间符号-g-的代表（CA 712）。这就是为什么我觉得该词的辞源似乎为 terä-gïl，它是动词 terä-那以-gil 结尾的命令式（FA 110），意为"依靠、抵抗"，相当于楚瓦什语 těre-（词义相同），古突厥语 tïrä-（FA 341b）。请参阅土库蛮语 dïrä-n-，奥斯曼语 dirän-意为"抵抗"。

于此就如同在科夫拉的例证（很相似！）中一样，我们所遇到的是一个突厥语中著名类型的以命令式而出现的人名：Ter-(ä)věl，意为"留下"。请参阅奥斯曼语 Dursun（让他留下），哈卡斯语作 Sat（卖掉，见 GM 183b 和 351a）等。

35. 我通过拜占庭编年史而获知，特尔维勒于其父阿斯帕鲁 702 年逝世时继位，他自己薨逝于 718—719 年间（处于一个 718 年 9 月 1 日至 719 年 8 月 31 日之间的拜占庭年。见 DP 306）。

因此，《列王表》中赋予他作为王子的"21 年"便会将其亲政的时间上溯到 698 年，即于阿斯帕鲁尚活在人世的时代。这样就似乎意味着，后者如同其父王科夫拉一样，于其在位末年将部分权力托付给了其直系后裔。

我通过其他地方（DS 206）还获知，拜占庭皇帝查士丁尼二世（Justinien Ⅱ，705—711 年）于 705 年刚登基就封特尔维勒为"恺撒"（Kaisar），也就是说在拜占庭的官吏等级中，紧接着"皇帝"（basileus）本人之后的总督。

这些资料可以使我解释登录在《列王表》中的特尔维勒的执政时间了，即 teku-čitem'。我们于上文已经看到（第 13 节），čitem' 代表着 Jiätěm（七月）。至于 teku = täkü（用了一个 upsilon，即希腊文中的第 20 个字母，而不是 o + u 来代表 ü），这应该是

12 生肖周期中的一种动物的名称。我认为，普里察克非常正确地考证出了它（DS 211—212），认为它是"羊"的不里阿耳名称，用于指"羊年"。

事实上，楚瓦什语 taka（突厥语作 täkä，最经常地被用以指"绵羊"）也确实既意为"公羊"，又意指"绵羊"。此外，täkü 的尾音-ü 也可以通过后缀-gü（täkä-gü）来很好地解释。对于这同一个词来说，该后缀的存在已由东突厥文 täkäv（带有-äv = -ögü，这样的处置很正常）所证实，它是由岑柯尔在中国新疆发现的（DS 211）。此外，除了这个指"羊"（绵羊）的名词之外，我再也找不到属于前部元音级的其他任何 12 生肖名称了，可以扎扎实实地与希腊—斯拉夫文 teku 相比较。

这里可能是指哪一个羊年呢？在由《列王表》归于特尔维勒的介于 698—719 年之间的 21 年的执政期间，仅有 707 年的这一个羊年。

为特夫维勒正式亲政之始而确定的不里阿耳时间 täkü ǰiätěm（teku-čitem'）系指"羊年七月"，因而在不里阿耳历中应该相当于汉族—突厥族历法的 707—708 年间的七月，在中国中原历法中应为 707 年 8 月 2—31 日。

因此，特夫维勒在接受"恺撒"尊号加冕（这使他对拜占庭皇帝仍保持一种半独立状态）的两年之后，他可能至少是为供国内使用而自称他是不里阿耳人的君主。这似乎显得是出自《不里阿耳列王表》行文中的内容。

36. 为了能够保持相对的脚踏实地，我将在我们的文献中继特尔维勒之后的两位王子的问题上暂时避免作任何猜测。这两个人就是神秘的特维列姆（Tvirem'，明显是 Tivirăm，意为"第9"）和不为人所熟悉的赛瓦尔（Sevar，可能应为 Sävär，意为"情人"。请参阅突厥文 säv-，意为"情爱"），拜占庭史料未曾记载过他们，至少是未曾以这些名字记载过他们。我将转入论述《列王表》的下文，它可以使人很好地作出解释。

我们已经解释了有关科尔米斯（科尔米索斯）和毕纳克斯

（维纳克斯）的段落（第 18—19 节）：

科尔米斯可能是于 737 年这个 "牛年九月"（šigăr tïvĭrăm, šegor-tvirim，约为西历 10 月）称王，他共在位 17 年，可能一直持续到 754 年。这是他被拜占庭人击败并且可能是遭罢黜的时间（于 755 年遭弑杀之前），其政权可能仅从 739 年起才在拜占庭获得了承认。

其继承人毕纳克斯是一名 "篡权者"，不属于不里阿耳王家世系，科尔米斯本人也不属于该世系（他们均属于沃基尔或乌基尔世系，而不是朱拉或杜洛世系），于 749—750 年间的这个牛年阴历十一月（12—1 月）间自立为独立君主。但他仅于 754 年（这是科尔米斯被康斯坦丁五世击败的时间）才消灭了科尔米斯并行使全部权力。他实际行使权力的 "7 年"（事实上是 6 年稍多一些，可能是以不里阿耳历法而大致计算的）应介于 754—760 年间，他于这后一个时间遭弑。

37. 760 年这一时间应为其仍属于另一个家族（乌甘）的继承人即位的时间，此人即为特莱斯（Telec'），也就是拜占庭史料中的特莱泽（Teletzês），又称为特莱西奥斯（Telessios, DP 304）。我认为，Telec' 相当于楚瓦什语中的 tĕlĕš（"实质"、"主要的"，可能与突利斯的部族名称 Töliš 为同一个词，HL 169）。希腊文在 -tz- 和 -ssi 之间的变化不定，实际上倾向于 š。斯拉夫文的写法又完全照搬了，Teletzês 的词根，带有尾音的腭音软化形式，以记下该词的前腭音。我们也可以读做 Teleč，正如人们普遍所做的那样，但那是忽略了 Telessios 的写法。

拜占庭编年史可以使人将这位特莱斯（Tĕlĕš）断代于 760—763 年左右（CA 689）。《列王表》中归于他的 "3 年" 执政期也支持这种时间。此外，普里察克（DS 204）指出了将他被掌权贵族们杀害的时间断代为 763 年的两种文献，这一时间显得特别有可能，因为不里阿耳人于 762 年 6 月 30 日惨遭康斯坦丁五世大败（DH 232）。

对于他的 3 年执政期，我将坚持 760—763 年的这些时间。

因此，他的即位应发生在其前任科尔米斯于 760 年遭失败之后，而 760 年则是一个鼠年。这样一来，其执政时间的第 1 个词（somor-altem = somǎr altǎm）就应该是指"鼠"，或者是一种类似的啮齿动物。

普里察克（DS 225—226）将整整一系列相当连贯的各种啮齿动物的突厥语、蒙古语、通古斯语以及乌拉尔诸语种中的名称，都比定为这种"鼠"（somor）。至于我自己，我认为最接近于 somor 的形式是"黑貂"的突厥语名称，在奥斯曼语中作 samur，在土库蛮语中作 samïr。奥斯曼辞书学家们那学究气的传统有时希望将此归并于波斯文，有时又将之与阿拉伯文相联系。但这种啮齿类动物（在伊朗和阿拉伯世界中根本不存在）的栖身之地，则更会使人认为它起源于西伯利亚和突厥地区。在突厥口语中，"黑貂"有多种名称。这种动物也可能是指普通的"貂"、"石貂"或"榉貂"（换言之，sansar 与 sam-sa-r 系同一词族）。所以，它似乎确为以 -ur 结尾的突厥文不定过去时，带有词根 sam/som-（啮，啃），人们会在安纳托利亚的突厥文中发现 samur-（GH 1242a-b，意为啃啮或吮吸，如同吃甘蔗那样），于土耳其的突厥语中传入了前元音级中作 sömür，意为"吮吸"或"轻轻连吮"。其 11 世纪时的喀喇汗语对应词也出现在噶什喀里辞典中了（sömür 意为"吮吸"，GC 534）。元音体系的变化是由于该词那明显的特点造成的。

因此，指"鼠年"的不里阿耳词就是 somǎr（啮齿动物），它在古不里阿耳语中可能是"鼠"的专用名词。根本不存在指"鼠"的普通突厥文词汇，古突厥语 küskü（鼠）在回鹘语和近代语言中均与一个描述性术语 sïč-gan（奥斯曼语作 sïčan）同时存在，其意指土拨鼠，这种动物本身也应上溯到一个很古老的时代，其巨大身形的特征也趋向于用某些外来词（如在阿拉伯文中作 fāra），或者是用某些委婉的措词（如在不里阿耳语中可能会用"啮齿动物"）来取代之。

特莱斯即位的时间是"鼠年六月"（somǎr altǎm），我觉得这时间应处于 760 年这个鼠年中，其中的"六月"在中国历法中应该是 760 年 7 月 17 日至 8 月 15 日之间。

38.《列王表》中记载下的最后一位不里阿耳王子乌摩尔，仅在位"40 天"。他属于乌基尔世族，其前任掌权者是毕纳克斯。其名字经希腊化文化之后的形式为 Oumaros（DP 230），这就可以使人读做乌玛尔（Umǎr）。拜占庭史著将之断代于 766 年左右（CA 689），但普里察克更喜欢将他被掌权贵族们弑杀的时间解释为 765 年。

我首先要坚持的这种解释的长处是与年号的不里阿耳时间完全相吻合：dilom tutom = ǰïlam tuatǎm（请参阅第 13 和 24 节），指"蛇年四月"。这里很可能是指 765 年这个蛇年的四月，它在中国历法中则为 765 年 4 月 25 日至 5 月 24 日。

如果"40 天"代表着一种真实的计算，那么他就可能是于 765 年 6 月前后遭弑的。

如果由某些作家们针对此人所提出的时间 767 年（DP 230）值得接受，那就必须假设认为他是在两年之前被匡扶为王的，但仅于 676 年亲政而实际行使权力。

我觉得于此应该信任很可能会成立的不里阿耳年号的时间，并将其短暂在位的时间定为 765 年，那也是比较合适的。

因此，由此人而戛然中止的《不里阿耳列王表》，是在 765 年之后不久辑录的。

乌马尔（Umǎr）的名字很可能是代表着突厥文 um-ar（抱有希望者），这是 um-（希望）的不定过去时，该动词可能是借鉴自伊朗文（请参阅波斯文 omīd，即 umīd 的古词，意为"希望"），它在一个很古老的时间就已经广为流传（11 世纪，GB 611a）并出现在多种口语中，以至于大家可以认为它在 8 世纪时就很可能存在于不里阿耳语中了。楚瓦什语 ěmět（希望，请参阅安纳托利亚突厥语 u-mut）是一种晚期和间接地（可能是通过鞑靼文？）自波斯文借鉴而来的。

直到目前为止，《列王表》中的不里阿耳王子，基本都带有突厥辞源的名字（可能唯有 Gostun 例外，它在语言方面的辞源尚不太清楚）。

39. 从任何表象来看，突厥文也是《列王表》中两个人物名称的辞源，这尚有待于我来论证：tvirem = tïvïrăm，在不里阿耳语中意为"第9"；sevar = sävär，在突厥语中相同，也意为"情人"。但大家很熟悉的这两个词令人联想到了一些神秘的王子，他们均在拜占庭编年史中未被提到过，也是朱拉（杜洛）家族在被其他家族的成员排斥之前（其第 1 位代表人物是科尔米斯）和沃基尔（Vokil'，可能是 Ukil' 的一种简单形式）家族的最后代表人物。

科尔米斯于737年被拥立为君主（请参阅第18节）；萨瓦尔（Sävär）被认为一共行使政权"15年"，他的即位应断代于722年左右。其执政时间为 tox altom = tox altăm（鸡年六月），也就是一个其生肖为鸡（tox）的不里阿耳文名称年代的"六月"（altăm，见第13节）。

正如普里察克所观察到的那样（DS 216—217），在 12 生肖周期中的后元音级的动物名称中，最接近 tox 者为"公鸡"或"母鸡"的名称，古突厥文作 takïgu，也就是 taguk 的另一种突厥文形式，在察合台文中作 taguk，在奥斯曼语中作 tavuk 或 tauk、在土库蛮语中以 tovuk、在黠戛斯语中以 tok 所代表。

那种元音间的-g-转变成-v-的不里阿耳语（CA 712），可能经过了一个 tavux 的阶段，最后是由-avu-结合成-ö-，如同在黠戛斯语中一样。此外，这样一种结合也出现在指母鸡的楚瓦什语中：čăx 或 čăxă 第 2 种异体字中的-ă 是不太重要的；č 代表着出现于楚瓦什语中的 t-的一种特殊处理，如在 čul（石头）就相当于在突厥文 tăš 中那样（CA 701 和 712）；音组-ăx 相当于我们本处 tox 中的-ox，应该是代表着经结合之后的-aguk。复合元音在楚瓦什语中被简化，甚至是被压缩了（由此而出现的长音节均被排除），但它在开始时应为长音节 tox（母鸡，或者是公鸡，古突厥文 tagïku 具有双重意义）。

因此，在有关萨瓦尔执政的时间问题上，tōx altăm 意为"鸡年六月"。大家已经看到，从其历史背景来看，这个时间应该接近于 722 年。所以我们可能是面对着 721 年这个鸡年，按照汉族—突厥族历法，其六月则是公元 721 年 6 月 30 日 7 月 28 日。

因此，共执政 15 年的萨法尔应该是于 721—736 年间掌权。这样一来，在他与科尔米斯之间，就应该有一个为期一年的中间政权，它推翻了朱拉王朝。在巴尔干不里阿耳人当时正经历的大动乱时代，这样一种事实没有任何令人惊讶的地方。

最为令人震惊的地方，就是拜占庭的史著，或者至少是已经保存下来的史著，并未提到这位可能在位 15 年的不里阿耳君主的名字。他可能未被拜占庭皇帝所承认，也可能以另外一个名字登录在希腊文史料中，而且是作为诸多不里阿耳人首领中的一个。这一切都使他的考证变得困难起来了。无论如何，这个问题值得向拜占庭史学家们提出来。

40. 直到目前为止，由《不里阿耳列王表》提出的问题，我都找到了某些可能会成立的解决办法，它们都以非常连贯的方式纳入到历史和语言背景中了。我现在遇到了文献中的主要困难，该文献于下面这一段文字中遭到了歪曲：tvirem（九月），其执政的 28 年，其时间 dvan šextem（马年八月）到底代表什么呢？

Tvirem：我已经知道它作为序数词的存在了，tïvïrăm（第 9）可能为一个男人的名字，如指某一个家庭的第 9 个孩子（请参阅拉丁文序数词做人名使用的情况，如 Quintus 意为"老五"，排行第 5）。但这也可能是一种多余的附加，出自《不里阿耳列王表》中的"九月"之一（请参阅第 14 节）。

我已经接受（第 14 节）普里察克的观点，认为 šextem 可能是指"八月"，但要以一种并不一定能使人接受的假设（推理性的 -t-）为代价。

至于 dvan，它可能是代表 12 生肖中的哪一种动物呢？尤其是由于这些问题都是互相联系在一起的，这个"28 岁"的王子尊号意味着什么呢？因为此间是由一个不为拜占庭史学家们所熟悉的人物（至少是不以这个"第9"的名称出现的人物）而行使政权的。但在《列王表》中出现的那个人物就如同其前任特尔维勒一样，仅于718—719年才薨逝并且似乎是一直统治到这一时间，其后所提到的王子萨瓦尔应该是自721年这个鸡年起才开始行使职权。

普里察克（DS 212—214）通过 d（a）v（1）an = tobïšgan（兔）以及带有由抄写者将一个梵文中的古老字母 1 抄为斯拉夫文中的 kendema（该符号置于 dvan 之上）的变化来解释，这是由于通过与斯拉夫文 dva（2）的字体比较而得出的解释，dva 一般均写做带有一个古斯拉夫文中的补充符号。这种解释肯定是很巧妙的，但却是很复杂的。尤其是718—719年在逻辑上应为神秘的提维拉姆（Tïvïrăm）即位的时间，要比"兔"年（715—716年）晚3年。

41. 至于我自己，我更喜欢从拜占庭年718—719年（718年9月1日—719年8月31日）分布于718年这个马年与719年这个羊年之间的事实出发，以探讨 dvan 是否可能相当于这些生肖动物的名称之一。

我可以排除那种认为 dvan 指"羊"的假设，这不仅是由于指"羊"的任何突厥文或楚瓦什文都与这种记音不相吻合，而特别是由于我已经考证出了本文献中指"羊年"的不里阿耳文名词，这就是 takü，本意为"牡羊"（见上第35节）。

现在尚需要看一下，dvan 在不里阿耳文中是否相当于"马"的一种名字。在12生肖的古突厥和回鹘人的历法中，"马"作 yunt。在不里阿耳文中也有一个名词 yunt，其中的 y-代表着一种如同"腭音辅化的 d"而形成的声母ǰ-。如果其对音是推论性的，那么希腊文就应该如同在 Dulo = J̌ula 和 di'om = ǰïlam（请参阅下文第24节）中一样，由 d 来记音。这样就已经解释了 dvan 中的 d-，用 d-（= d'）来指ǰ-。在不里阿耳—楚瓦什语中，就如同在突厥语中一样，从音位学角度来讲，辅音音组ǰv-不可能作为起始声母使用。在此情况下，大家就应该假设认为，v 不具有辅音的地位，而 va 却代表着 ua（由希腊文对音转写者听成了 wa）的二合元音。这样一来，我就应该将 dvan 解释为 ǰuan（被听做 dʼwan）。

然而，大家都非常确切地知道，突厥文中圆唇元音 ö、ü、o、u 于不里阿耳语的多种已得到明确证实的词中，均被二合元音化了（二合元音 üä 或 ua，它们就这样保持在辅音后面，但却变成了 vä-或 va-，带有独立使用的起始声母）：tüätim（伏尔加河流域）和 tuatǎm（《列王表》）均意为"第4"，相当于 tört-im；väčim（伏尔加河流域）和 väčěm（《列王表》）则均意为"第3"，相当于 üč-im（请参阅上文第13节）；van（伏尔加河流域）＝ōn，意为"第10"（LB 71，CA 694 和 730）；küän（伏尔加河流域）＝kün，意为"日"或"天"（CA 694）等。

在楚瓦什语中，这些二合元音一般均由起始声母之后的-ǎva-来代表，kǎvak（蓝色的）＝突厥文 kök（CA 704），tǎvatǎm（或 tuatǎn，带有保留下来的古二合元音）＝tört-im，意为"第4"（CA 731）；tǎvar（盐）＝突厥文 tūz（CA 706）；šǎvan（洗澡）＝突厥文 yū-n-（GR 351a，FA 357a）。

最后一个例证特别引起了我的注意。从已经得到遵守的语音规则来看，楚瓦什语 šavan-＝yūn-（古文作 yun-，但不里阿耳—楚瓦什语族似乎并未真正地保留了长元音，CA 704）应该相当于一个不里阿耳语（未曾出现过）ǰuan（由诸如 dʼuan，那样的词来表达，它可以被听作 dʼwan）。从其语音内涵而不是其意义来看，这种形式可能非常准确地相当于一种希腊—拉丁文记音 dvan，如同我们《列王表》中的记音一样。

换言之，dvan 这种记音，可能会代表一个相当于古突厥文词 yuan 或 yun 的不里阿耳文 ǰuan 的听觉解释 dʼwan。这一切便使人们颇有意义地通过古突厥文 yunt（马）来解释这个初看起来颇为神秘的 dvan。

这种解释特别受欢迎，718—719 年的拜占庭年即为特尔维勒薨逝的年代（DP 306）。从逻辑上来说，《列王表》认为这是继承了特尔维勒的提维拉姆（Tĭvĭrăm）即位的时间，其开始时间包括在718—719年这个马年间。如若沿用汉族—突厥族历法，则应该相当于718年9月1日—719年1月25日。

为了使之臻于完善，现在尚有待于我来解释，出现在古突厥文 yunt（马）中的尾音-t-，在不里阿耳文ǰuan = yun 中，已经完全消失了（或者根本不存在）。

在不里阿耳文中，有一个古后缀词组-nt-，它很可能被简化成了-n。楚瓦什语在相对近期的借鉴之外，似乎不具有尾音词组-nt-，如鞑靼语中的 ant（誓词，古代的 a 在今楚瓦什语中可能为u）。古突厥语本身则只有很少的词以-nt 结尾，如 ant（誓词。känt 则为一个向粟特语借鉴的词，见 FA 313b），从而便会在这一点上使之与不里阿耳—楚瓦什语的比较变得很困难，甚至可能是根本不可能了。

我们还可以想象，突厥文 yunt 是 yun 的一种以-t 结尾的古代复数形式，其不里阿耳词可能没有这样的后缀；但以-n 结尾的词那以-t 结尾的古代形式，在突厥文中却是以-t 而不是以-n-t 结尾的，如同 sūt（奶）的例证所证明的那样（请参阅蒙古文 sün，其词义相同），其古老形式 sün-t 在最古老的文献中就已经简化为 sūt 了。

我更希望假设认为，不里阿耳文 dvan = ǰuan（马）出自将尾音-nt 简化为-n 的 yunt。事实上，我在不里阿耳文的遗迹中未能发现任何带有-nt 的后缀，它仅出现在一些晚期的借鉴词中。

无论如何，我认为《不里阿耳列王表》中为提维拉姆（继特尔维勒之后执政，薨逝于718—719年）的即位所提供的时间 dvan-sextem 应该读做ǰuan šäxtěm（马年八月），在汉族—突厥族历法中，则相当于718年这个马年八月，即718年8月31日—9月28日。在由特尔勒维（他开始执政于9月1日）的薨逝提供的718—719年这个拜占庭年中，所包括的唯一例外是其第1天。

这样一来，我便可以将特尔维勒薨逝和这位提维拉姆即位的时间都定于718年9月。无论如何，这个时代可能带有"九月"

的名称。它在拜占庭编年史的不里阿耳君主名表中付阙如，可能仅出自他未被拜占庭承认具有这样的身份。此外，也可能应该把他考证成以另一个其名字为人所知的不里阿耳首领。改变名字的事是突厥社会中司空见惯的现象（请参阅在 7 世纪黑海地区不里阿耳人中的科斯顿，又叫做奥尔干）。

42. 我认为，我现在已经阐明了汉族—突厥族 12 生肖中动物的名称，它们都出现在恰塔拉尔和《不里阿耳列王表》的不里阿耳土著时间中了。据我所知，仅有这两种文献才真正包括这样的时间。

我可以列出它们的下述统计表来：

动物	不里阿耳文名称	古不里阿耳文名称	突厥文的对应词	12 生肖的古突厥文名称
1. 鼠	somǎr	* somur	samur（黑貂）	sïčgan 或 küskü
2. 牛	šïgǎr	* sïgïr	sïgïr	ud
3. 虎	?	?	?	bars
4. 兔	?	?	?	tavïšgan
5. 龙	värän	* ävrän	ävrän	lu（来自汉文）
6. 蛇	Jïlǎm	* yïlan	yïlan	yïlan
7. 马	ǰuan	* yun(t)	yunt	yunt
8. 羊	täkü	* täkägü	täkä(v)（公羊、母羊）	koyn
9. 猴	?	?	?	bičin
10. 鸡	tōx	* taguk	takigu 和 taguk	takïgu
11. 狗	?	?	?	it
12. 猪	doxǎs	* togus	toŋuz	toŋuz

我仅仅知道 12 个不里阿耳术语中的 8 个。它们都有突厥文

对应词，但其中仅有4个相当于行用于12生肖中的古突厥名词。另外4个（一半）为：šïğăr（牛）、somăr（鼠）、värän（龙）和 täkü（羊），它们完全是不里阿耳语词汇（可以参阅在土库蛮语中用以指牛年的 sïğïr 一词，DS 235）。这后一批词汇之一在突厥文中则具有另一种意义（samur，指"貂"而不是"鼠"），还有一个在突厥文中具有一种更为有限的词义（täkä 指"牡羊"。在更多的情况下则是指"公山羊"，而不是常见的"绵羊"）。

43. 经过如此完整的调查之后，对于我在对《不里阿耳列王表》第2部分的历史和年代的诠释（有关第1部分的诠释，请参阅前文第27—29节）问题所提出的结论（当然是仍有待于修订）作为一番总结，可能不无裨益。这些结论简单地在整体上重复了上文（第30—41节）所获得的片断性结果。

阿斯帕鲁（Äspärüx）从641年起就为王子，于其父生前便于644年12月左右成为君主，这是一个"龙年十一月"（värän älěm）。他于679年渡过多瑙河，创建巴尔干的不里阿耳并且一直执政到他于702年逝世为止。

特尔维勒（Tervěl）于其父阿斯帕鲁尚在世时，便于698年成为王子，于其父702年逝世时行使职权，于705年成为拜占庭总督（恺撒）。他于707年8月左右，也就是一个羊年阴历七月（tökü ǰiätěm）变成了一位独立君主，一直执政到他于718年9月左右去世为止。

提维拉姆（Tïvïrăm）也是与朱拉（杜洛）世系不里阿耳王族前任者们一样的成员，于718年9月左右继位特尔维勒并自立为国主，这是一个"马年阴历八月"（ǰuan šäxtěm）。《列王表》赋予了他28年的执政期（或者是做王子的时期），在拜占庭编年史中缺乏把他作为不里阿耳人君主的任何记载的情况下，大家为解释这一数字则只能进行猜测。或者是该数字错了（但《列王表》中的其他数字似乎都具有某些真实性）；或者如果这一数字是正确的，那就是更多地参照了他作为王子的持续期（再加上他的执政期）；28年的真正亲政期不可能不为拜占庭史著所知。由于该《列王表》中的下一位王子萨瓦尔（请参阅下文）于721年开始执政，所以提维拉姆可能是于693年左右，在与他具有亲缘关系的阿斯帕鲁统治时代，获得了其王子的尊号，并且具有某种地方权力，在阿斯帕鲁的儿子特尔维勒执政时期仍保持着这一尊号。

最后一位执掌政权的朱拉家族成员是萨瓦尔（Sävär），他可能于721年7月左右，也就在一个鸡年六月（tōx altăm）被拥立为君主（可能是在提维拉姆薨逝时），并且将一种至少是地方性的主权一直维持到736年左右。但他也未被拜占庭承认，拜占庭编年史并未将他作为君主而记载下来。无论如何，这个时代是朱拉家族衰败的时代。

科尔米斯（Kormïš）属于"沃基尔"（Vokil'）家族，该家族推翻了朱拉王朝。他于737年10月左右，也就是在一个"牛年九月"（šïgăr tïvïrăm）自立为国主，但仅在740年左右才真正确立其权力，后来继他754年的军事失败后遭罢黜，可能于755年被掌权贵族们弑杀。

毕纳克斯（Binäx）属于乌基尔（Oukil'，可能就是Vokil'）家族。他可能是在科尔米斯执政的末期，于749年12月或750年1月左右，也就是在一个"牛年十一月"（šïgăr älĕm）自立为国主。但他仅仅在科尔米斯于754年遭罢黜之后，才真正对不里阿耳人行使权力，一直将其权力维持到760年，科尔米斯在这一年被掌权贵族们弑杀。

特莱斯（Tĕlĕš）属于"乌甘"家族，继毕纳克斯于760年7—8月左右，也就是在一个"鼠年六月"（somăr altăm）遭弑杀后被拥立为王，762年6月30日被康斯坦丁五世击败，763年被掌权贵族们弑杀。

乌玛尔（Umăr）属于"乌基尔"家族。他可能是在其家族的权力中断两年（相当于一次王朝危机）之后，于765年5月左右，也就是在一个"蛇年四月"（jïlam tuatăm），重新夺取了政权。他仅执政40天，可能本人也被掌权贵族们弑杀了（765年6

月左右）。

《不里阿耳列王表》突然间于乌玛尔处未作其他解释地戛然中止了。因此，它可能略晚于765年，至少其古本中的记载如此。

44. 除了上文提到的8个不里阿耳文时间（分别相当于644、707、718、721、737、749—750、760和765年）之外，我已经看到（第27—29节）《列王表》仅保留下了其中两个真实时间，也就是出现最早的时间。

科斯顿作为总督而被授权的时间是603年10—11月，即"猪年九月"。

由科夫拉将其君权授予其子巴兹玛尔的时间，是641年4—5月左右，即一个"牛年三月"（doxǎs tǐvǐrǎm）。

现已出现的第11个和最后一个时间，也就是说既是最晚的一个时间，同时又是其考证最为可靠的一个时间（4—10月）。因为它出现在一通碑铭行文中了，这就是恰塔拉尔碑。它还附有一个相对应的拜占庭时间。文中涉及了以下事件：

位于普列斯拉夫（Prěslav）附近的乌穆尔塔克宫建于821年12月左右（十五年纪期中的第15年），处于一个"牛年十一月"（sigor-elem = šǐgǎr-älěm）。

除了这11个真实的不里阿耳时间之外，我通过《列王表》而只掌握有3个经推论而得出的虚拟时间：赋予匈人古君主的不里阿耳时间，如阿提拉的儿子伊尔尼克（453年）和可能是神话中的阿维托霍尔（在原则上应为153年左右），这二者均为"蛇年九月"，即jǐlam tǐvǐrǎm。这些时间均是由编纂者事后推论复原的，在匈奴人中，于这样古远的时代，使用12生肖纪年的做法上绝对不能证明任何问题。至于为科夫拉提供的"在位时间"（šǐgǎr väčěm，牛年三月），这仅是通过错误的诠释而简单地重复了巴兹玛尔的时间（第22节）。它完全错了，甚至与其诞生时间也不相吻合，而仅相当于"巴兹玛尔的时间之前60年"，这是没有任何史料价值的。

除了晚期编纂者们的这 3 种错误之外，我还应该指出，765 年左右的巴尔干不里阿耳人的土著传统，可以上溯到 603 年左右的黑海东北部不里阿耳人的传统，在一种经简化的 12 生肖历（仅有年和月）中特意地保持了对他们的古代首领、王子或君主受册封或即位的时间。

此外，在格斯顿受册封的 603 年与阿提拉的儿子伊尔尼克（Irnik, Irnäk）于 453 年即位之间，准确地计算为 150 年，这表明了可以上溯到匈奴人（杜洛或朱拉家族的不里阿耳人的"民族"王朝明确希望与之联系起来）的严肃口传纪年传统，在不里阿耳人中具有稳定性与持久性。这种抱负也应该是有部分基础的，正是这些"混合民族"的组成部分之一不里阿耳人，是由阿提拉的匈人之残余组成的。

45. 这些意见能够启发我们对于《列王表》中的数据产生某种信任。当然，为了揭示编纂者或抄写者可能造成的错误，这种信任仍应保持批判态度，它不应该是如同由多位作家表现出的那种全面的信任。相反，其他某些人的怀疑、面对对于其先人的过分信任而表现出的科学性的合理质疑，以及他们的多种复原具有冒险特征，这一切归根结蒂都不会使我觉得最终得到了证实。

这些怀疑者中的最有资格和最客观者是约翰内斯·本津（Johannes Benzing），此人是不里阿耳—楚瓦什语言的杰出专家。他于其对不里阿耳语言资料所作的一种精辟总结中（CA 683—695），明确地确定了其立场。在承认《列王表》中非斯拉夫语的名词很可能是用多瑙河流域的不里阿耳（巴尔干的不里阿耳）文写成的同时，并不相信它们代表着 12 生肖的名称和数字，甚至不相信这是一些真正的时间，而完全是如同托玛塞克（Tomaschek）早于 1877 年就已经感到过的那样，也正如马夸特（Marquart）于 1910 年就已经陈述过的那样，这都是不里阿耳君主的年号（CA 688）。这种观点主要是以对在匈奴人和不里阿耳人纪年问题上的勇敢猜想（根据 12 生肖纪年）之批判为基础的。这些民族在此方面具有丰富的大部文献，它值得于此进行讨论。

此外，直到目前为止，这种观点尚未得出一整套系统的解释，正如本津自己曾经指出的那样（CA 688）："仅仅根据已出版的著作而作出的解释"。

46. 如果说在恰塔拉尔碑中的 sigor elem 并不是指一个时间，那是很难接受的。因为在同一段文字和同一种文笔结构（第 4 节）中，这一短语完全是与十五年纪期并列提出的。它的确为一个已被考证清楚的拜占庭时间，而且它从年代体系上非常准确地相当于 821 年这个牛年。这就充分地证明了下述等式：sigor 意为"牛"。请参阅突厥文 sïgïr，其词义相同。

如果 šegor alem 于《列王表》中确实是指用斯拉夫文转写的毕纳克斯执政的年代，也就是说是恰拉塔尔碑中的 sigor elem 之外的其他时间，因而也是一个时间之外的另一种内容。这同样是不可能的。这种"吻合"并未逃脱约·本津的注意力，他曾写道（CA 689，注②）："……可能是与乌穆尔塔克宫之主同时执政。"

如果《列王表》的其他类似表达方式（而且它们都是以同一模式组成，那么其中的比较可以使人区别出两个词，其一属于普通的结构，另一个则始终以一个后缀-m 结束）却不具有时间，那却是不大可能的。

如果这些以-m 结尾的词（我们都清楚地知道，-m 是不里阿耳语中的序数词后缀），都可以非常恰当地作为序数词来解释（第 13—15 节）。其中有些很明显，如 altem/altom 就相当于伏尔加河流域的不里阿耳文 altïm（第 6），那么它们事实上都不是序数词。直到我们获得相反证据之前（目前尚未提供这种证据），这一切都是非常令人质疑的。

在这样的背景下，由于不里阿耳人不仅是突厥语民族，而且还是自 6 世纪以来就使用 12 生肖纪年的突厥人（上文第三章，第 3—8 节）。而且最古老的不里阿耳真实时间则仅于 603 年才随着科斯顿而出现，所以大家应该到《列王表》的不里阿耳文术语的第 1 部分成分中寻找 12 生肖的名称。这本身就是非常合理的，尤其是在恰塔拉尔碑那完全相似的表达方法中，第 1 部分的成分几乎可以肯定是"牛"的名字，而且也是相当于拜占庭时间的生肖周期名称。

这种研究可以根据拜占庭纪年，而得出一种考证 12 生肖周期中动物名称的所有第 1 部分不里阿耳文内容（见上文第 42 节）的非常连贯的体系。如果这仅仅为一种偶然，那也是非常特殊的。

47. 相反，作为对不里阿耳人中年号的解释，人们还可以提出什么样的正面内容，以从中找到一种反对"时间"理论的翔实论据呢？

在有关《列王表》和恰塔拉尔碑的问题上，根本没有任何这样的论据。仅在另一种文献（斯拉夫文）中，才有一个在原则上应与沙皇博理斯（Boris）的受洗年代有关的术语 etx' bexti，由本津引证的马夸特书（CA 689）把它诠释得如同一个不里阿耳—突厥文 ädgü bäxt，意为"好运气"（古突厥文作 ädgü，意为"好的"，再加上自波斯文借鉴而来的指"运气"的 baxt）。事实上，如果这种事情得以证实的话，那么这将是一种支持"年号"理论的强有力的论据（可能正是这种论据本身才促使本津接受了此种理论）。

我首先要指出，一种斯拉夫文献中的 etx' bexti（请参阅下文）是与此有关的唯一一个不具有-m 尾音的词组。这一点就已经能以恰当的方法来证实其特殊性了。

但还有更严重的情况，这就是出现在一种有关沙皇博里斯—米歇尔及其受洗的基督教斯拉夫文献中的这个所谓的不里阿耳文 etx' bexti，它没有任何真实性，马夸特以及普里察克（DS 190）有关这一内容的诠释都由于这一事实而失败了。

这种观点至关重要，我将为此作一次专门讨论，虽然它事实上是涉及了一种与我们本处内容没有任何关系的文献，因为它完全是斯拉夫文的。

48. 这里是指由修道士图道尔·道克索夫（Tudor Doksov）之手笔的一篇题跋，于 908 年由祭司康斯坦丁（Constantin）补入了由圣·阿塔纳斯（Saint Athanase）的《反对雅利安人的讲义》的译文稿本中了。请参阅 DP 358。

对于出现在这篇题跋那已经是晚期的抄本中的、为博利斯（尚未执政）之洗礼断代的文字 etx'bex'ti，已由瓦杨（A·Vaillant）和拉斯卡里（M·L. ascaris）在一篇文章中作了扎实的解释，此文于 1933 年发表于《斯拉夫研究杂志》中（DS'，5—15）。

瓦杨通过某些结构非常严密的古文字论据而证明，"ETX'BEX' TI 的形式只不过是掩饰着一个遭抄写者抄讹的格拉高利特文字（glagolite）的时间"，它代表着自创世以来的拜占庭纪年中的 6372（正确的写法应为 ETIB），也就是公元 864 年，这是博里斯受洗的时间。

此外，瓦杨还指出，对于这个时间的"突厥"式解释"忽略了一种使之根本不能成立的重要事实：821 年的乌穆尔塔克（Omortag）碑铭明显译自一种希腊文原文，是到 765 年左右的乌莫尔（Umor）王子为止的不里阿耳列王世系谱，它们均属于一个异教时代；令人非常惊奇的是一名修道士在 908 年还使用异教历法（可能是已被遗忘了），以指一个诸如不里阿耳人受归化的时间那样重要的基督教日子"。

同一位学者还证明（CS' 6），本处所提到的题跋载有另外两个时间，最初用格里高利特文记载，但它们此后由于一种西里尔字母的滥加转写而传讹（6415 年相当于公元 907 年，6416 年相当于公元 908 年）。

至于拉斯卡里，现在也得到了确切证实，就如同对待已被断代为 6374 年（866 年）的巴勒斯（Balši）希腊文碑铭一样，它并不像人们曾相信的那样（如 DS 190），这一事件并未涉及博里斯的洗礼（其中关键性的词 ebaptisthê 是泽拉塔斯基的一种无中生有的复原），但这是在他受归化并为纪念某一事件而采纳基督教名字米歇尔之后才写成的：

M·拉斯卡里指出（DS' 13—14）："我应该特别强调以下事实：如果拜占庭史料要晚得多并且在不里阿耳人的归化记述中具有很明显的差异，那么至少其中的两种史料，即西迈翁·洛格泰特（Syméon Logothète）和热内昔攸斯（Génésius）的说法都一致，均把不里阿耳人的归化说成是与佩特罗纳斯在梅利泰纳的奥玛尔埃米尔的那次著名胜利密切联系的事件。据阿拉伯史料记载，这次战斗发生在 863 年 9 月 3 日。因此，这一切都有助于将博利斯王子的归化与拜占庭的此次胜利作以比较，仅仅是还存在着一种下限期，系由教皇尼古拉一世一次答复所提供，人们将这一答复断代为 864 年 5 月"。

所有这一切都非常清楚，"年号"（鲍里斯当时尚未执政）"吉祥"于此仅为一种错觉，完全如同普里察克（DS 190）希望在图道尔·道克索夫的跋中看到"狗年"（866—867 年）一样。

我们必须放弃 elx'bex'ti，人们无法以正当的理由将"年号"的理论与自 7 世纪以来实施的汉族—突厥族 12 生肖纪年中的简化时间（生肖之年 + 日子 = 月份）的理论对立起来，这后一种理论的可能性极大并由非常严密的语言和历史论据支持。

49. 可是，我认为能从这种"年号"的理论中得到一种想法（这次并未使之与时间观点相对应），这就是其数目共达 11 个的不里阿耳时间有一种历史的真实性（在 603 和 821 年之间，有一个"异数"的不里阿耳时代，唯有明显未产生直接后果的科夫拉于 619 年受归化例外，DS 191），它们于其模式性的短暂期限都有一种联想格式的特征（动物 + 数字），而不是在客观上很准确的年代定义。这些数字都一无例外地令人联想到了一种开端（一个政权或一座建筑），它可以被认为是"星相学的标志"。例如，它们从来都既不会提到逝世的时间，也不提及准时的事件，无论这些时间多么重要都一样。

我们不应该忘记，作为中国中原 12 支周期历法之民间星相形式的 12 生肖周期，在突厥和突厥—蒙古社会中获得成功的主要原因之一，恰恰是由于其象征性特征，它可以使人为推测未来而直接进行主要是朴实的而不是科学的思考（请参阅民间星相中的 12 宫带）。

在近代和当代，于采纳了这种历法的各民族中，人们非常清楚地知道出自 12 生肖的预言（例如，可以参阅第六章，第 29 节）。这是一种民间星相传统，它在中国中原扎根，那里的 12 生肖自汉代以来就仅为 12 支分类法中的 12 宫带的"通俗"代替形式。

据我刚才介绍的瓦杨的看法，由《列王表》和恰塔拉尔碑流传下来的"突厥式"不里阿耳时间均一无例外地属于"异教时代"，其观点于此完全有理。这些时间仅在亚洲信仰（中国的，其后是"汉族—胡族"的）中才具有深刻的意义，而这些亚洲信仰又都与 12 生肖的简明星相学有关，这种占星术至今仍活跃于近代日本（它在那里基本上与报刊上的占星术之民间黄道星相学的作用相同）。

《列王表》中的唯一一名基督教君主科夫拉未带有 12 支星相中的真实年号象征，这不是出于偶然。这也并非是星相学本身（特别是在这个时代）与基督教的某种传统不相容，而是本处系指迦勒底—希腊星相学，其使用方法和表达方式都大相径庭。

我坚信，如果这几个具有辞源意义的"开端"时间，自 7 世纪初叶一直保持到 9 世纪上半叶，而且在不里阿耳的"异数"传统中以同样的简单形式（动物＋序数词）出现，那是由于它们除了其纪年意义（其准确度并不比阴历月大多少）及其便于记忆的特征之外，还具有一种"预兆"和"星相象征"的实质性意义，与"年号"的预兆及赎罪意义相差并无几，而年号本身往往都有一种星相内涵（如在中国皇帝中那样）。

50. 如果我如同自己应该做的那样，承认 12 生肖历法从 7 世纪初叶就传入不里阿耳人中，那么我尚需要研究，一个独立于突厥汗国的突厥语民族是在什么样的历史背景中，才得以借鉴一种起源于中国中原的历法推算术，该突厥民族使用这种历法的做法出现于 584—586 年间（第一章，第 3—7 节），而他们在地理上则远离中国中原，因为他们当时已经迁移至亚速海两岸。

12 生肖的不里阿耳文名称词汇（正如我能够为其中似乎已得到证实的 8 个名称而复原的那样，见第 42 节），与突厥文（后来传入到了回鹘文中）名称具有极大的差异（50%），以至于使人们可以假设认为，不里阿耳人在这一领域中曾向突厥借鉴过不少内容。

我于本论著的开头处（第一章，第 37—45 节，尤其是第 43 节）就已经指出，在以不里阿耳人的词汇为一方和突厥人以及其他突厥语民族的词汇为另一方之间，于有关"年"的名称问题上，具有很大的差异。古代突厥人、稍后的回鹘人以及在历史上都曾受到过突厥汗国直接影响的其他突厥语民族，从公元 6 世纪下半叶起，在"历法年"（yïl）和"年龄年"（第几年，yäš）之间作出了区别，唯有这后一个词才具有一种可以觉察到的突厥文词源（与春季草返青有联系，请参阅 yäš-ïl，意为"绿色的"）。这种区别却不见诸于不里阿耳—楚瓦什语族中，其中为指这两种词义仅存在一个相当于 yäš（而不是相当于 yïl）的词，在不里阿耳语中作 jäl，在楚瓦什语中作 śul。我曾以为能够从对这件引人注目事实的观察以及对 yïl 词的词源研究中得出结论，认为在突厥人和其他突厥语民族中（首先是不里阿耳人，其次是楚瓦什人例外），这个 yïl 一词是向一种前蒙古文的借鉴。此种前蒙古文可能是蠕蠕人（柔然人）的语言，该民族直到 6 世纪中叶始终为突厥人之宗主。至于不里阿耳人，他们可能未曾作出过这种借鉴。因为在他们形成独立部落联盟之始（5 世纪左右，请参阅 DO 108），正处于突厥语世界西端，也独立于蠕蠕人，正如他们自己后来也独立于突厥人一样。

突厥人向蠕蠕人借鉴的指"历法年"（yïl）的词（及其概念）说明，当蠕蠕人于 5 世纪或 6 世纪上半叶称霸于蒙古地区时（DH 104 以下，124—126），就已经拥有一种其定义明确的稳定历法。要远远优于"唯以草青为记"的古突厥经验性历法（第一章，第33—34节）。在这些地点、这个民族和这个时代，一种如此的历法完全有可能就是12支历法，它是中国中原历法的一种经简化后的"胡族"形式。

因此，如果最晚是6世纪中叶左右的蠕蠕人使用了12生肖历法，那么大家就可以认为，阿哇尔人（Avar，"真正的阿哇尔人"完全是蠕蠕人，"所谓的"阿尔哇人是乌阿洪尼特人）被认为是蠕蠕人（DH 226—227；DQ，俯拾即得）。阿哇尔人以各种方式与蠕蠕传统相联系，并与蠕蠕人一道，于其对南欧草原的入侵时，在560年左右把这种历法知识从高加索传到了多瑙河流域（DH 226—232），这已是在突厥人于552年摧毁蠕蠕汗国之后的事了（DH 124—126）。

然而，自从阿哇尔人于558年到达亚速海海宾和黑海北部海宾以来（DO 70），他们便在那里遇到了不里阿耳人，相当密切地将不里阿耳人结合进他们的游牧帝国中了，并在自己对巴尔干的多次远征中携他们同行（DO 71—72）。直到635年之前，大不里阿耳的缔造者科夫拉仍为阿哇尔人的附庸（DS 192，DH 230），他仅于这一时间才独立于阿哇尔人。当在603年时，据《不里阿耳列王表》记载，科夫拉的舅父科斯顿才变成为黑海和亚速海地区不里阿耳人的总督，这就成了我们现知的不里阿耳式的首次真实断代，他本人很可能曾亲自向阿哇尔人的可汗表示效忠。

在这些背景下，我们可以认为，人们过去从未在欧洲的突厥语民族（包括匈人在内）中发现过的12生肖历法，却很可能是至少他们那从7世纪初叶开始的王朝传统中，由不里阿耳人使用。这是由与中国中原毗邻的突厥—蒙古世界的东方由入侵欧洲领土上的阿哇尔人向他们提供的。阿哇尔人于588年出现在他们的领土上，他们从此之后便与阿哇尔人保持着最密切的关系。阿哇尔人自己也坚持使用蠕蠕人的这种历法，他们无论如何也是与蠕蠕人有联系的（直接的或间接的）。蠕蠕人又可能是于5世纪左右向中国中原借鉴了这种历法，因为他们在蒙古是中国中原的直接毗邻。

蠕蠕人似乎是蒙古语民族（无论如何也不是突厥语民族），这一事实解释了不里阿耳人是通过蠕蠕人或阿哇尔人语言的译文而形成了他们自己的 12 生肖名称（方言性的），与突厥人完全独立无关，这些名称确实在许多方面都与突厥文相差甚殊。

这就是在现有知识的情况下，我于不里阿耳人"土著"历法的残存遗迹问题上，至少可以提供的假设。

第十一章　昴星团历法的残余

1. 在古代突厥碑铭文献中，有两通碑文无论从其形式还是从其内容上讲都是最早的，这就在奥尔浑岛（Ol' xon）上发现的纺锤底座上的题记，发现于该岛的西南部，属于今天的蒙古—布里雅特民族，地处贝加尔湖（在突厥文中作 Bay Köl，意为"富湖"）之中心。从鄂尔浑碑铭与汉文编年史互相吻合的资料来看，该民族的栖身地位于包括 8 世纪时骨力干（Kurïkan）人居住的地区。骨力干人是一个过去曾与回鹘人属于同一个部落联盟的突厥语民族（DN 1）。

这篇题记刻在两块石灰岩上，它们被加工成直径 6 厘米左右的圆盘状，中间挖一个洞以便能使之得以放在一个纺羊毛的纺锤上。题记非常简短（一块石灰岩上只刻两个字，另一块有弯成螺旋状的一行文字），其字体酷似叶尼塞河上游和蒙古更为古老的碑铭中的文字。因此，它们可能应该上溯到 8 世纪（CB 201），或者是稍晚一些。最近一次是于 1928 年由奥尔昆（H·N·Orktun）介绍的，他追述了对它们的研究历史并发表了图版（HJ 158—159）。

对第 1 方题记的释读没有任何困难："kadïrïk agïrčak"意为"转动的纺锤底盘"。请参阅古突厥文 kadïr-，（意为"转动"和

"旋转"，GC 246 和 248）和土耳其的突厥文 agïršak（意为"纺锤底座"，相当于 agïr-čak，系 agïr 的小品派生词，意为"沉重"，也就是用于压锭子并延长其转动的重物。请参阅 HJ 158）。

2. 第 2 方题记（HJ 159）直到目前仍然是只有部分地被解读出来。然而，图片中发表的其全文可以使人从中无多大困难地阅读到一系列非常熟悉的字（唯有几笔残缺不全，明显是由于一种相当粗糙的雕刻误差造成的），我们可以从其外沿开始，绕过其螺旋形图案，从右至左并一直读到中心洞。大家可以按惯例而作如下解释，用大写字母表示后元音级所专用的符号，用小写字母作为其前元音级记音的专用符号，同时还用斜体字指出那些对于两个音级都合适的符号：

"QTYärlg：RQRY：bičn QI s dgülgar"。

此外，大部分文字都被我们的前辈正确地考证出来了。他们仅在开始音组（QTYä）和中心音组（bičn QIs）的读法问题上犹豫不决，因为这些人未能成功地为它找到一种意义。他们确实被文献的性质本身搞糊涂了。该文献在古突厥碑铭中成为一种独一无二的例证，是有关民间天文学的非常简单的考察，与历法有关（这是奥尔昆在选择 arkar ay 时所产生的揣测，请参阅 HJ 159）。

至于我自己，我读做：

"kat āy ärlig. arkar āy, bičin, kïš, ädgü ülgär. "

我译做："月复一月"，Är(k)lig 相当于"清晨的金星'（阴）argali 月。中断，冬季、吉祥的昴星团。"

3. kat āy 这个未被人理解的词组相当于 kat（重叠层次、层次）的一种定语结构，至今仍以其重复形式而继续存在于土耳其的突厥语中："kat kat tel örgü"，意为"以重叠纱纺织"。它的本意为"重复的月"，相当于"月复一月"，也就是说"在连续的数月间"。至于 ärlïg，在突厥文的传统类型中，这是将 3 个辅音音组-rkl-通过脱落中间音节而简化成-rl-的写法，系 ärklig（强者）的一种方言形式。它在古突厥文中指金星（大明星，FA

299a)。更确切地说，清晨的金星被比定为一名强大的勇士了，夜晚的金星最早被称为"闪耀之星"，即 čolpan（GA 2025）。请参阅拉丁文 Lucifer（晨星）不等于 Vesper（晚星）的例证。

第 1 种分句 kat ay ärlig 于其简化形式中仅意为，可以在连续数月间观察到晨星（早上的金星）。非常正确的天文观察可能会有宗教或星相学的蕴涵，但对于历法本身却没有特殊意义，晨（或晚）金星出现的时间，在任何方面都既不曾与阳历年又当然不会与阴历月的固定时辰有联系。

对于我本处所研究的内容来说，第二个分句的意义更要大得多。它始终是以同一种准确的风格，将"吉祥昂星团"（ädgü ülgïr，在拼写中未重复 ü。带有一种方言形式的 ülgär，则相当于喀喇汗突厥文、奥斯曼文等文字中的 ulkär，意为"昂星团"）。这是在"（阴）argali 月"，arkar äy（请参阅黠戛斯语 arkar，同义。除了后缀之外，这是蒙古文 argali 的突厥文对应词。动物学家们保留了该词以作为这种动物的名称，即盘羊的一种中央亚细亚的变种）；它也指一种标志着"恶劣季节"（广义上的"冬季"，kïš）之初的"割裂"（bičin，派生自突厥文 biš-，意为"分隔开"）。

大家将会看到，这种解释是以在突厥世界不同地区出现的一整套互相吻合的事实为基础的，它们至今在蒙古（特别是布里雅特）传统中仍很活跃。

4. 据我所知，"（阴）argali（arkar，母羊）阴历月"不再为突厥民间历法所熟悉了。但其阳性形式 argali（牡羊）在黠戛斯语中作 kulǰa（GP' 442b），这种月份仍存在于苏联吉尔吉斯人的传说中，以"羊月"（kulǰa ay）的形式出现（GP' 28a）。据儒达欣（Judaxin，同上引书）认为，它在今天基本上相当于 6 月。他在这一点上纠正了拉德洛夫的一大错误（GA 8）。拉德洛夫实际上颠倒了 kulǰa ay（牡羊月）和 täkä ay（公羊月）的顺序。对于其余问题，拉德洛夫（同上）和儒达欣（同上引书）的记音互相一致，唯一的例外是儒达欣被 birdiu ayï（一的月）的一种黠戛斯民间辞源导向了歧途，错误地理解作（见下文第 20 节）阳历"一月"，让黠戛斯的民间历法从这个阴历月开始。其资料要早近 1 个世纪（约 1860 年左右）的拉德洛夫，却搜集了一种更加真实和更加古老的黠戛斯传说，它将"九的月"（togustun ayï）置于了首位并被他比定为阳历"10 月"。

这种将阴历月与阳历月等同起来的做法明显是约估的。此外，应该追溯到拉德洛夫的参考历书原本，即 19 世纪的俄罗斯东正教的历法（儒略历），比格里历的阳历晚 12 天。从而使本处提到的"10 月"应为我们格里历年的 10 月 13 日—11 月 12日。这样一来，它就几乎是一半对一半地处于我们阳历月的 10月和 11 月之间。

因此，考虑到前述意见，在拉德洛夫初步作成（GA 8）并在一点上由儒达欣作过修订的记音基础上，我可以根据它与格里历的大致对音而以下方式确定于 19 世纪时行用的黠戛斯（Kirghiz，拉德洛夫写做喀喇—黠戛斯，即黑黠戛斯，Kara-Kirghiz）的民间历法：

I —togustun ayï	9 的月	10—11 月	
II —ǰätinin ayï	7 的月	11—12 月	
III —bäštin ayï	5 的月	12—1 月	
IV —üčtün ayï	3 的月	1—2 月	
V —birdin ayï	1 的月	2—3 月	
VI —ǰalgan kuran	假狍子月	3—4 月	
VII —čïn kuran	真狍子月	4—5 月	
VIII —bugu ay	鹿月	5—6 月	
IX —kulǰa ay	公大角山羊月	6—7 月	
X —täkä ay	公山羊月	7—8 月	
XI —baš ōna	公羚羊孟月	8—9 月	
XII —ayak ōna	公羚羊季月	9—10 月	

5. 从拉德洛夫进行校订开始，ōna 一词在黠戛斯语中就是一个从未在历法之外使用过的古词。儒达欣（GP' 574a）仅以参照

蒙古文和图瓦文而对它作了解释。据我所知，这后一种语言是该词于其中出现的唯一一种突厥语，指西域的雄性斑羚羊，雌性羚羊叫做 čērän（GP' 574 和 GN 308a，536b），ōna 和 čerän 均为借鉴自蒙古文的词。在蒙古语中，羚羊或母羚确实被称为jä'ärän；公羚羊叫做 ōna，古典蒙古语做 ogona = o'ona（羚羊或母羚）。鄂尔多斯语 ōno（GT 513a）意为"雄羚羊"，喀尔喀语中的 ōno 意为"雄斑羚"（GT 303a）。

在黠戛斯语 ōna 中，几乎可以肯定是指一个出自蒙古文的词，它于蒙古语中笼统地指羚羊类的雄性，具体是指高地亚洲的斑羚。

因此，19 和 20 世纪的柯尔克孜民间历法中的阴历月名称系列，显得如同是由很不统一的两部分组成的：

（1）对于以两两相降的数字系列（9、7、5、3、1）为基础的 5 个阳历月份名称，我将于稍后不久再来研究对它们的解释，其基础明显是数学性的。

（2）由各种长角和反刍的雄性动物名字相称的共有 7 个月份。这些动物有：狍子（假狍，其后是真狍子）、鹿、大角公野羊、牡羊、雄性羚羊（孟月和季月）。对以它们相称的 7 个月份的名称的解释，则更应该从动物学的角度去研究，它们也形成了一个很严密的系列。

6. 在蒙古历法中（见第七章，第 10 节），这第 2 类有部分的对应名称（7 个月份名称中的 3 个）。对于其余者，则从历史角度来看更有意义，因为它带有 3 个连续的阴历月，它们在蒙古历法以及黠戛斯的传统历法中，恰恰都于"土著"年的 12 个阴历月的序列中占据相同的位置：

月份	蒙古历法	黠戛斯历法	名　称
七月	guran sara	čĭn kuran	真狍子月
八月	bugu sara	bugu ay	鹿月
九月	kuča sara	kulǰa ay	雄性大角野羊月

对于阴历八月（鹿月，蒙古文和黠戛斯文作 bugu），其名称

相同。

对于七月，拥有一个被称为"假狍子月"六月的黠戛斯历法具体解释说，这里是指"真"（čïn）狍月。我不是将此视为两个相近的动物种类，一假一真，而是将这些名词解释为最早有一个"假狍子月"与稍后的一个"真狍子月"相对立。前者可为一个旧闰月，后来才被纳入到通行历法中；后者则完全相当于蒙古的狍子月（蒙古文作 guran，相当于黠戛斯文 kuran）。

至于九月，如果黠戛斯语中的 kulǰa 确指"雄性大角山羊"（一种野绵羊），那么蒙古文 kuča 则更可能是专指"雄羊"，也就是家养的"牡羊"。我必须指出，一方面是蒙古语中"大角野羊"系指雌性（GT' 42a，argal'），蒙古文中没有指其雄性的专用名词，只能称之为"牡羊"（通称），即 kuča；另一方面，从辞源上讲，蒙古文 kuča 和黠戛斯文 kulǰa 都应追溯到唯一的一个原形 kulča。最后，我已经指出（第七章第 12 节末），在 13 世纪的古蒙古历法中，"雄羊月"（kuča sara）的新月平均时间为格里历的 10 月 8 日，这个月份也就是"野公羊发情"的月份，由此而出现了它于在此方面的一种结构连贯的系列中的称呼。在这些野公羊中，于高地亚洲最引人注目者是"大角野羊"之公羊，在黠戛斯语中作 kulǰa。

7. 因此，我认为"雄性大角公野羊月"，也就是黠戛斯历中的九月。它最早则如同"牡羊月"（kuča ay）一样是古代蒙古的九月，也就是"野牡羊发情的阴历月"，平均开始于格里历阳历年 10 月 8 日左右，特别是指雄性大角野羊的发情期。此外，这个阴历月相当于贝加尔湖奥尔浑岛上的古突厥碑铭（8 世纪左右）中的"雌性大角野羊月"（arkar āy）。在那里已不再是指公畜的发情了，而是指母畜处于发情骚动状态的时间，这在时间顺序上是一样的，也就是高地亚洲野羊类的交尾期。

我们已经看到（第 8 和第 9 节），在 13 世纪的古代蒙古历法与近代蒙古民间历法（尤其是鄂尔多斯地区）之间，出现了一种"滞后" 3 个阴历月的差距，原来定于"春季"（汉地方式）

第 1 个新月的年初（其平均时间为格里历 2 月 4 日），稍后却被推迟到"冬季"（同样是汉地方式的）第 1 个新月，平均时间处于格里历 11 月 7 日，这是昴星团偕日升的时间。

在古黠戛斯人（元代的吉利吉思人）归附蒙古帝国的那个时代，同样的差距也出现在吉利吉思历法中了。这样一来，原来定于平均时间为 10 月 8 日左右的"雄性大角山羊月"（kulǰa ay）的开始时间（如同蒙古历法中"牡羊月"一样，见第七章第 10 节），也应被平均推迟到 7 月 7 日左右。这就令人非常满意地使它与格里历 6—7 月之间的大致吻合相适应了，后者是从对拉德洛夫和儒达欣（见上文第 4 节）的俄文资料之考证性解释中推论出来的。

8. 因此，通过与蒙古和黠戛斯历法资料的比较，我认为已经得出了对奥尔浑岛碑铭的真正历法部分的一种具体解释："arkar āy：bičin、kїš"，其意义为："雄性大角山羊月，划分，冬季。"

这个阴历月平均开始于格里历 10 月 8 日左右，尤其是在贝加尔湖一个小岛的气候下，这确实是在美好季节和恶劣季节之间的一种"划分"，"冬季"之初是广义上的"寒冷季节"，它确实曾在不同的突厥语民族中出现过，以指"冬季"（kїš 及其近代形式）。

但在突厥民用天文学和历法的关系问题上，应该赋予 ädgü ülgär（吉祥的昴星团）一词一种非常特殊的重要意义，它在碑铭中紧接着 bičin（划分）与 kїš（冬季）之后。

这种于其简化形式中对昴星团的明确参照，系对一整套突厥和蒙古民间历法的天文技术中一种基本观点的参照。这就是在美好和恶劣季节之间的一种"划分"。在此"雄性大角山羊月"中，于昴星团偕日升时产生，也就是当昴星团继太阳落山之后立即升出地平线的时候。

这种偕日升的具体天文时刻，则相当于在黄道宫带中的昴星团和太阳的截然相反处，现在正处于格里历 11 月 21 日。由于二分点（春分与秋分）的岁差（在76年间为1°，见上文第6节），所以它处于17天之前（黄道宫带的17°处）。在8世纪中叶前后，这就是格里历的11月4日，这是奥尔浑岛碑铭的大致时期。

但是，对于直接观察者来说，其亮度并不很强烈的昴星团只能于黄昏之末方可看见，也就是在太阳落山近1个小时之后。在持续时间约为23时56分的恒星日，一颗特定的星辰每天都提前4分钟升起。换言之，与一个特定的日子相比较，它与前一天相比较要晚升起4分钟。因此，在它们的真正偕日升（与黄道宫带上的昴星团—太阳直接相对）之前的15日，大家才可以于黄昏之末观察到其升起（可以认为持续1个小时），这就应该是由前科学时代民间天文学所接受的经验。因此，在8世纪中叶左右，这样一种观察在格里历10月20日左右（11月4日之前的15天）是可能的。

这一时间完全处于"雄性大角野羊月"（arkar āy）中。大家已经看到，该月的平均开始期应为格里历10月8日左右。

9. 因此，奥尔浑岛碑铭从已出现的突厥文献的最早时间起，便提供了一种有关古突厥民间历法（它似乎确实独立于中国中原历法）的极其珍贵的资料，其中对于昴星团（ülgär，公共突厥语作 ülkär）的观察为简单而有效地解决与季节性的阳历年相一致的阴历月划分的关键问题，扮演过一种重要角色。

在这个纺锤底座上，简单地记载了如下内容：

于夜幕之末观察昴星团的升起，从而决定了将阳历年和寒季（kïš，冬季）之初"划分"成两个季节。这种观察应该发生于"雄性大角山羊月"。这唯一的一件事实必然会将这个阴历月的时期与它应该包括的一个固定的阳历时间联系起来（在8世纪时，应为格里历的10月20日左右）。

这样一来，就避免了阴历月在阳历年中的变化无常。事实上，如果这种观察不可能在大家认为是"雄性大角野羊月"的月份中进行，那是因为这里是指一个"假大角山羊月"（请参阅黠戛斯人中的"假狍子月"，即 jalgan kuran，在另一个时间却为

"真狍子月")。我应该称以下阴历月为"大角山羊月",当时所期待的天文现象便出现了。对于一种前科学的文明来说,这是解决在理论上很艰难的"闰月"问题的一种巧妙手段。

在一种对动物观察的背景中(野绵羊的交尾),其年代在阳历年的范围内必然会深受某种不确切计算之苦(气候或生态学的条件可能会导致阳历时的变化不定),又增加了一种核实性的初级天文观察,它相对是准确的。我于此获知了从游牧民的一种"自然"历法向一种由经验性民间星相学所确定的前科学历法的过渡,这后一种历法已经具有了一种精确得足以供实际运用的客观程式。

10. 我已经翻译成"划分"(断裂)的名词 bičin 应该引起大家的注意。我们不应该将它与其巧合的同音异义词—意为"猕猴"的古突厥文和回鹘文(出自于伊朗文)相混淆,这就是 bičin 或 bičïn(FA 303a),在霍伊土—塔米尔(Khoytu-Tamïr)第10碑和怛逻斯(Talas)第2碑(HJ 115 和 135,请参阅本书第三章第82—84节和第四章第9节),特别是被用于指12生肖历法中的"猴年"(bičin)。对于这样一种汉族—突厥族年(开始于1—2月间)的记载,于此在一个处于阳历10月左右的阴历月与对"冬季"(kïš)的记载之间没有任何意义,以 bič-(划分)而开始的辞源(以-n 结尾的非动词的名词,请参阅 tüt-ün,意为"烟雾"出自 tüt-,意为"冒烟、发烟")则赋予了一个非常熟悉的奥斯曼语同义词一种专门词义,而且令人非常满意并且可以通过参考资料而得以核实。

事实上,在安纳托利亚和奥斯曼传统中,接近寒季的年之"划分"被称为 qāsïm(近代突厥语为 kasïm),出自阿拉伯文词根 qsm(删节、断裂、分割、划分)的主动分词,在儒略历阳历年中被定于10月26日(GF 1415a),现在为格里历11月8日(这是20世纪时儒略历的10月26日在格里历中的对应日子)。这个儒略历日子与希腊东正教历法中的圣·得墨忒耳(Saint Démétrius)日相吻合,它在13—16世纪(这是奥斯曼传统可以上溯的时代，其出现的具体时间尚未得到证实）。早于月亮与昴星团在黄道宫带上直接相对时的9—10天，因而正相当于人们可以在黄昏之末（太阳垂落之后的36—40分钟）观察到昴星团升起的时刻。完全如同在8世纪的奥尔浑岛碑铭中的突厥语民族中一样。因此，安纳托利亚的突厥人以及奥斯曼人将"划分"阳历年 qāsim，意为"划分者"（"分割"的同义词）的角色归于了这颗星辰（在奥斯曼语中作 ülkär，相当于碑铭中的 ülgär）的偕日升（可以观察到的），它标志着被称为"冬季"（kïš）的广义上的寒冷季节之初，在土耳其的突厥语就如同在奥尔浑碑铭中一样。

11. 另一分界点则是美好季节开始的时间，在我们的碑文中根本谈不到它，它在奥斯曼人和土耳其的突厥人中的限定很明显，在阳历年中介于寒冷季节与圣·得墨忒耳日相反之处，也就是儒略历4月23日的时间（今天的格里历5月6日），它在希腊的东正教历法中是圣·乔治（Saint Georges）日的时间。它突厥文中带有"美好季节"（Hïdrellez, GF 833b）的名称，在古代作 Hïdïr—Ilyās（GF 851b—852a）。

伊斯兰教的先知黑哲尔（Hiḍr）是一名神一般的人物和慈善奇迹的制造者，其名字出自阿拉伯文词根 hḍr，它表达了"绿色"的思想，而且还是这个短语的第一个字。阿拉伯—前基督教的传说将这个神圣的人物比定为圣·乔治（Saint Georges），他似乎继承了植物在美好季节复苏的一种前伊斯兰时期的阿拉伯神。至于第二个字 Ilyàs，这是先知以利亚（Elie）的阿拉伯文名字，他本人又与突厥文的 Hiḍr（在突厥民间传说中作 Hïzïr）相混淆了。至于我，我却认为，该先知于此出现，而《古兰经》中又始终从未指出他为美好季节的预兆者，这是由于该词与突厥文 il(k)-yāz（在库蛮语中作 ilyās，记音为 yāz，意为泛指的"美好季节"或"夏季"。其本义为"春季"。请参阅第一章第17和18节）。

这里是指在阿拉伯—伊斯兰的伪装掩饰下的一种突厥民间传

统，而且与一种已经基督教化的希腊传统密切地混杂在一起了，圣·乔治日于其中扮演了与"美好季节"相同的作用（圣·得墨忒耳日扮演了一种平衡的角色）。罗马教廷于当时刚宣布说，这个希腊文化圣人为传说性人物，被他击败的龙可能是冬季之龙。至于其名字派生自肥沃土地之女神得墨忒耳（Déméter）的圣·得墨忒耳日，则未出现于此，难道是因为这是秋播种子下地的时期吗？

12. 在这种突厥—基督教的传说性诸说混合论中，无论如何也出现了一种以其精确而令人刮目相看的天文学数据。这就是说，从儒略历的 10 月 26 日到 4 月 22 日的"恶劣季节"之间，于常年只包括 179 天，而从 4 月 23 日到 10 月 25 日的"美好季节"则共包括 186 天。作为基督教和突厥传说之基础的历法术，则又是以季节的不均等性那非常明确的知识为基础。它确实已为希腊文化的天文学家们所熟悉，公元前 21 世纪的喜帕恰斯（Hipparque）提出了有关它的一种著名的几何理论（AC 355—356）。

据丹戎（A·Tanjon）认为，这种不等式的近代数据如下（AA 130）：

春季的持续时间：92.8 天

夏季的持续时间：93.6 天

秋季的持续时间：89.8 天

冬季的持续时间：89.0 天

因此，从春分到秋分之间的"美好季节"（春季＋夏季）共持续 186.4 天。从秋分到春分之间的"恶劣季节"（秋季＋冬季）共持续 178.8 天。因而在与我本处有关的传统中出现的整数分别为 186 天和 179 天，它们从天文学观点上来看则是再好不过了。每年从儒略历 4 月 23 日和 10 月 26 日开始的两次"划分"，仅从二分点之后 1 月略多些的时间开始，这一事实便无法使之相谬更大多少。

我已经有机会指出（第五章第 110 和 111 节），对于季节之不等性的衡量仅仅在 14 世纪的元帝国统治下才出现于汉族——畏兀儿族的历法中；与前几个世纪中的汉族（和汉族——畏兀儿族）历法（当时太阳的明显运行实际上被认为是等速的）相比较，这种改进出自西部世界（可能是伊斯兰社会）的一种科学贡献，又由成吉思汗后裔们那从欧洲到中国的政权所形成的这种互相统一的要素所促进。至于奥斯曼人一方，他们则直接从希腊——阿拉伯科学之源中吸取营养。

13. 奥尔浑岛碑铭仅仅提及了秋季的"划分"（bičin），这也是奥斯曼人通过此种"划分"而讲述"划分年"（先用 qāsïm，后来又用 kasïm）的唯一一通碑。但对于一个诸如被划分成美好与恶劣季节两部分的阳历年那样的周期时代而言，尚需要另一种对称的春季"划分"，诸如土耳其的"美好季节"。我不知道其古突厥文名称，它可能不具有特殊的名称。但我们可以确定其天文时辰：正如大家已经看到的那样（第 8—10 节），秋季的"划分"是由观察昴星团的偕日升而确定的；春季的"划分"则应该由它们的偕日落来确定，也就是接近于太阳——昴星团之合时，当大家于薄暮黄昏看到昴星团继太阳之后不久而落时。

由于在与我本处有关的时代，可以观察到的偕日升处于 10 月末左右，而可以观察到的偕日落则处于 4 月末左右（请参阅奥斯曼时间，儒略历 10 月 26 日和 4 月 23 日）。于此而出现了第二次"划分"，这就是热季之初，也就是在游牧民窝冬期的结束时。

我们已经看到（第七章，第 5 节），蒙古人在 13 世纪便将他们的夏季转场放牧之初定于 5 月的满月时（红轮节）。因而这是在稍后不久和并未参照昴星团时发生的情况。然而，两个时间之间的差距微不足道，二者均与高地亚洲的蒙古与贝加尔湖地区的气候条件完全相宜，它们在那里大致相当于热季之初。

在 13 世纪时的蒙古人中，于确定夏季避暑之初时，由于缺乏昴星团的参照点而促使人联想到，蒙古人当时并未如同突厥人（广义上的突厥人）那样，赋予对昴星团的观察及其"划分"年代的相同作用。我们的碑铭已证明，这种作用却存在于8世纪贝加尔湖地区的突厥人以及明显是稍晚的奥斯曼人中。

14. 我们很快即将会发现，某些民间天文学的准则，至今在蒙古人的传统中要比在突厥传统中保持得更好，这些准则是有关通过观察昴星团而调节阴阳历年的。它们可能是出自附近的突厥语居民，尤其是贝加尔湖地区。那里的奥尔浑岛碑铭证明，这样一种规则从8世纪左右起便已存在了。

事实上，蒙古文中的"昴星团"名称本身恰恰就是借鉴自一个突厥文 bičin（意指通过对昴星团日落而出的观察来"划分"年），这样的一种绝无仅有和珍贵的证据便是该碑中的记载。完全如同突厥文 bičin（猕猴）一样，其同音异义词也传入了蒙古文中（古典蒙古文作 bičin、bečin、mečin，鄂尔多斯语作 meči，请参阅 GT 463b），以指12生肖纪年中的"猴年"（bičin，相当于突厥畏兀儿文 bičin yïl）。甚至突厥文 bičin 也意为以昴星团"划分"年。它往往是以-n 结尾的复数名词之蒙古文化的形式，而产生指昴星团中星辰本身的唯一一个已知蒙古文名词。这原来是根据它在民间历法技术（古典蒙文作 mečit，这是出自突厥文 bičin 的 mečin 之复数形式。在鄂尔多斯语中的写法也相同，见 GT 463b；在喀尔喀语中作 mičid，出自 bičit，见 GT' 240b—）中的主要作用才如此称呼的。其单数形式要直接上溯到 bičin，它一直被保持在布里雅特蒙古语中，作 mešin（或 müšen），意为"昴星团"（BN' 116）。我们将会看到，现今于奥尔浑岛中居住的布里雅特人，是所有蒙古人中最完美无缺和最煞费心机地保持"昴星团历法"的突厥—蒙古民间传统（我认为最早是蒙古式的）的民族。

这些蒙古事实证明了我对碑铭中的 bičin（以昴星团而"划分"年代）的读法。正如大家一开始就可能会想象的那样，这其中根本没有指"猴"的一个名词。然而，蒙古人自己也在同样都是由他们借鉴的两个突厥词之间相混淆了，仅将 bičin 视为"猴"。这就解释了以下事实：在大部分情况下，星辰均由于其复合组成而都很符合逻辑地取名为复数，所以他们称之为诸"猴"（其古典形式为 mečit＝bičit），即 bičin 和 mečin（猴）的正常复数形式。

15. 大家承认昴星团所具有的一年"分期"之显示器作用，肯定要上溯到一种非常古老和广为流传的民间天文学的亚洲技术，因为"昴星团"的梵文名称 Kṛttikā 传入回鹘文中后，则如同一个星宿（ũakṣatra）的名称（第五章第 66 节以下，ML 108c 和 109c），这是在吠陀传统中有关"28 宿"的第 1 个名称，派生自词根 kṛt（划分）。

我认为，在突厥语本身中，"昴星团"的名称 ülkär（在碑铭中作 ülgär）是一个派生词，带有强化词的-k-（-g-）的音节（请参阅奥斯曼语 sil-，意为"擦"；sil-k-，意为"擦去灰尘"；古突厥语 kǎl-意为"站起来"，kal-k-的意义相同等等）以及不定过去时分词-är 派生自动词词根 ül-（划分、瓜分）。但它未被作为普通动词使用过，而完全是由古突厥文 ül-ä-（划分，瓜分）所证实（奥斯曼语 ülä-š-意为"被瓜分，被分开"，ül-gü 意为"度量"，ül—üg 意为"份额"和"命运"。请参阅奥斯曼语 qïsmät，意为"命运"。它出自阿拉伯文 qismät；其词根为 qsm，意为"瓜分、划分"，出 qāsim），ül—üš 意为"部分"（FA 348—349）。ülkär（昴星团）之类的字属泛突厥语，这种形式应该很古老了，早于任何语言证据，我觉得这就似乎证明在突厥语（后来是蒙古语）社会中，就如同在古代印度社会中一样，这就向我们证明了被归于昴星团的一年之划分"因子"的传统角色的古老程度。ülkär、bičin、qāšim，甚至是 Kṛttikā（昴星团）词源的语义转换在这方面也颇有意义。它不可能是由于偶然而造成的结果。

16. 系统地使用对昴星团的观察成果及其与日月二星相对的方位，以支配阴—阳历年的发展运行，并切实解决"闰月"的问题，这种做法要上溯到由文献证实的最初时期，它在古代美索不达米亚的历法文献中最清楚地解释了这一切。

杰出的亚述学家勒内·拉巴（René Labat）于 1958 年 12 月盛情地向我通报了有关这一内容的详细札记。它们成了此后所从事天文观察的开端。

巴比伦历法的基本规则之一就是，美索不达米亚的新月尼桑（Nisan，大致相当于格里历的 4 月）的朔日（可以观察到，最早的新月）应该和可见月亮的最初新月与昴星团之合相吻合。绍贝格（Schaumberger，AE 341，55）针对这一问题而论证，这种日月之合应于昴星团"消逝"（偕日落）后的 1—9 日间出现，在公元前 300 年左右，其出现的平均时间为 4 月 5 日，这样一来便将美索不达米亚新年（尼桑月 1 日）的最理想时间定于 4 月 5 日。但正如这名作家（同上引书，出处相同）所证明的那样，当这种合接近尼桑月的 3 日时，昴星团于 21 日或稍后不久仍可以看到，这就是过早出现的年初之标志。直到这个时候，为了矫正此种偏差，人们又使这个"尼桑"阴历月之后紧接着 1 个闰月（尼桑第 2 月），它恢复了历法中阴—阳历之间的谐和。这种登录在尼尼微（Ninive）的一支简上的"尼桑月 3 日的规则"要上溯到一个古老的时代，最早也是新亚述时代。索贝格（同上）证明它是阿苏尔巴尼帕尔（Assurbanipal，约为公元前 668—628 年）时代。

此外，由夏尔·维罗洛（Charles Virolleaud，补遗第 2 部分，79：6—14）研究过的一篇文献提到过 7 个阴历月，由阿达尔月（Adar，或阿亚尔月，紧接着尼桑月之后的一个月，因而大致相当于格里历的 5 月）开始，同时又指出了月亮与昴星团之合一般应在以其古埃拉米特文（élamite）名字相称的阴农月的什么日子中出现。这些时间（初一是第 1 次可见新月之日，较真正的天文学新月日晚 1—2 天，此时的日月之合是观察不到的）从阿达里（A-da-ri，Adar）月的 25 日到赛布提月（Še-bu-ti，Ara H samna，基本相当于格里历的 10 月）13 日，每月递减两天，这就相当于在恒星月（月亮返回同一恒星处）和朔望月（日月之合的回归）之间的差距：对于前者是 27.322 日，对于第二个月则为 29.531 天（有关其近代数据，请参阅 AA 210 和 212）。我在有关"昴星团"的突厥和蒙古历法的问题上，还将会回头来论述这一基本文献中的资料它是能向我澄清这一问题的最古老文献。为了使其中所指出的时间能与实际相吻合，则必须使昴星团的偕日升产生于阿达尔月（3 月）中旬之前，这就使我们后移到一个古老的时代（将约为公元前 1000 年的阿瓦尔月 6 日之偕日升，后推到公元前 500 年左右的阿达尔月 12 日）。

17. 所有这些古代美索不达米亚资料都无懈可击地互相一致。我认为，它们非常恰当地解释了应归于昴星团的主要作用，昴星团被作为阴历历法的协调点（但也作为年的划分因数）。虽然昴星团具有非常典型的外形，但它们并不是紧傍黄道宫带附近的最惹人注目的星座。最大的星辰要更加明显易见得多，如毕宿五（Aldébaran，金牛座 z）、轩辕十四（Régulus，狮子座 z）或室女座中的角宿—（Epi de La Vierge），它们同样都接近于（或者是更接近于）"日月之轮"（轩辕十四几乎正位于黄道宫带上）。正如前引巴比伦和伽勒底文献几乎是明确地提醒大家注意的那样，为研究历法技术而对昴星团所作的选择，当然与古代美索不达米亚年初确定实相联系，而这种年初则被定位于春分（这是尼桑月初一或美索不达米亚新年的理想时间）。

然而，考虑到二分点的岁差（AA 114 以下），对于处于合之中的可见新月（初次新月）首次能够进行的考察与大约正在春分时（约为格里历的 3 月 21 日）昴星团之吻合，只能产生于一个非常古老的时代，大约为公元前 1000 年左右。因此，"昴星团历法"已具有千年以上的历史了。其古老性再加上其方便性，则可以使人解释它从一个古远时代起就既在印度，又在突厥或前突厥时代的高地亚洲广泛流传的原因了。它似乎确实也于公元最初几个世纪中在东方基督教和希腊化文化的民间传统中流传，正如为圣·乔治日（4 月 23 日）和圣·得墨武耳日（10 月 26 日）选择的时间所证明的那样，它们使我觉得（见上文第 10 与 11 节）如同是分别与昴星团那能够观察到的偕日落和日落而出有关，它们又由奥斯曼人所继承，以确定每年中的两个阶段（美好季节和寒冷季节），而这两个阶段又是由两种天象所划分的。

18. 在这样的背景下，本处可能是指一种非常古老的（无论如何也是以各种不同方式广泛传播的）民间天文学的方法，将安纳托利亚和奥斯曼有关"美好季节"（Hidrellez）和"寒冷季节"（Kasïm，该词在现今的突厥—欧洲历法中，又是 11 月的名称）传统，视为完全是出于以昴星团（bičin = qāšïm）的日没而出作为每年秋季"划分"的古突厥传统，那却是有些过分了。这后一种传统于 8 世纪左右出现在贝加尔湖地区。

一方面是在美好季节和圣·乔治日之间，另一方面是在"寒冷季节"日与圣·得忒墨耳日之间，或者奥斯曼帝国（后来是土耳其）的基督徒和穆斯林们利用圣·乔治日——美好季节的机会而举行民间联欢活动时，于奥斯曼帝国中已得到明确证实的吻合性本身，便足以说明，其文明倾向于同步性的奥斯曼人，于此仅是以其独特方式重新采用了一种早期的地区性文明（基督教，可能还包括前基督教的文明），而且他们又将这种文明部分地伊斯兰教化了（在圣·乔治日由先知黑哲尔和以利亚的干预）。

但奥斯曼人这样做得很轻松，因为他们自己的先祖传统本身，就包括通过对昴星团之观察而将一年分为两个时期的一种非常相似技术。非常具有典型特征的是，他们为了指秋季的"划分"而选择了一个阿拉伯词，其词义颇为接近于奥尔浑岛碑铭中以此意义而出现的古突厥文。

19. 有关"昴星团历法"的突厥传统，正如我即将论证的那样，它要比仅将 1 年分成两部分的分类法传统更加具体和完整得多。

19 世纪和 20 世纪初叶，柯尔克孜（黠戛斯，拉德洛夫作"喀喇柯尔克孜"）民用历法阴历月名称的系列顺序（请参阅上文第 4 节），表现出了一种两两递减的算术系列。它再未被柯尔克孜人所理解（也未被突厥学家们所理解，拉德洛夫或儒达欣，他们都介绍了这一切）。但它立即使人联想到了已由维洛罗（见上文第 16 节末）研究过的迦勒底文献中的序列，我们于其中可以发现同类顺序：25、23、21、19、17、15、13。

我应重提一下柯尔克孜月份的这些名称：

I togustun ayï："九的月"（10—11 月）

II ǰatinin ayï："七的月"（11—12 月）

III bäštin ayï："五的月"（12—1 月）

IV üčtün ayï："三的月"（1—2 月）

V birdin ayï："一的月"（2—3 月）

这些阴历月与现今格里历月份的对应关系不应该被原封不动地予以考虑。因为正如我已经指出的那样（第八章，第 8 和第 9 节，本章上文第 7 节），继蒙古历法之后的柯尔克孜历法与一种原始历法（13 世纪的蒙古资料准确地维持了对此的记忆）相比较，经受了"滞后 3 个阴历月"的差距。

因此，由于最早的柯尔克孜阴历月可能与下述格里月份相重叠，所以其最早的对应关系应该如下：

"九的月"：大致相当于 1 月；

"七的月"：大致相当于 2 月；

"五的月"：大致相当于 3 月；

"三的月"：大致相当于 4 月；

"一的月"：大致相当于 5 月；

这种假设已由保存在 19 世纪的巴拉巴（Baraba，西伯利亚）鞑靼人历法中的唯一一个此类阴历月的名称在阳历年中的位置，而得以验证。拉德洛夫指出（GA 7，下部）birdin ayï（柯尔克孜语为 birdin ayï，意为"一的月"）是某个土著年的最后一个月。据他认为，该年于 5 月间开始。因此，这里是指"4 月"。但由于拉德洛夫参照的是俄罗斯的儒略历法，所以巴拉巴鞑靼人的这个"一的月"，事实上大致相当于我们 19 世纪格里历中的"4—5 月"。据我的猜测来看，这一点与古代将黠戛斯历中的"一月"定位于 5 月左右是相当吻合的。

20. 然而，在距柯尔克孜和巴拉巴的西伯利亚草原（这是我得以发现此类月份名称的仅有的东方地区）很远的地方，奥斯曼和突厥的安纳托利亚，至少是自 16 世纪以来（但这种传统应该要早得多），向我们提供了突厥民间历法的一组阴历月名称的某些结构严密的证据，而这一组月份恰恰包括带有两两递减和从 9 到 1 的数字系列。更有甚者，对这些阴历月的传统定位（定位于阳历的儒略历中），必然是大致性的，完全覆盖了我于上文为东柯尔克孜历法而原复的定位，以及由拉德洛夫为巴拉巴鞑靼人的"一的月"而指出的定位。

于 1551—1552 年编写于安卡拉的突厥语—阿拉伯语辞典《翻译大集》（Tärǰämān）提供了阿拉伯阳历月名称（叙利亚文）的突厥文对应词，kānūn-al-awwal（相当于儒略历的 12 月）在突厥文中作 dokuza（指"9"的突厥文 dokuz 的与格词）；在 16 世纪时，儒略历较格里历一类的阳历年晚 10 天。这个对应词实际上更与我们格里历相吻合（出于对固定阳历年内部协调一致的关注，我于此将要把所有的比较都引向该问题）的"12—1月"间。

除了这种相对古老的证据（GD 11，312）之外，我还于至今仍富有生命力的民间传统中，发现了下述阴历月的名称，它们是由奥麦尔·阿希姆·阿克苏（Ömer Asim Aksoy）于加济—安特普（Gazi-Antep）地区连同其阳历月的对应名词而记录下来的（EC 128，34，125，37）：

七月（yediye，其意为"七"的 yedi 的予格词），包括西历 2 月的 2—3 个星期。

五月（beše，其意为"五"的 beš 的予格词），西历 2—3 月。

三月（üče，其意为"三"的 üč 的予格词），指"玫瑰花盛开的季节"（西历 3—4 月）。

一月（bire，其意为"一"的 bir 的予格词），指上述时间之后的时期（西历 4—5 月）。

这些记音都是约估性的，甚至没有明确指出本处是指阴历月。我觉得这是一种正遭遗忘的传统。

可是，佩尔捷夫·鲍拉塔夫（Pertev Boratav）在他 1930 年于穆杜尔努（Mudurnu）从事的一项口头调查中，为他提供资料的人是一名老火者（hodja，学校的古兰经教师）。除了 bir 之外，他还录下了本处所涉及的全部阴历月名称，使人感到确实如此，其对应词是以下述方式提供的：

dokuza　大寒季（1 月）。

yediye　2 月

beše　3 月

üče　4 月

这些对应词要比前者稍晚一些，特别是在这个古老的笃信伊斯兰教的民族中，可能是指儒略历。它们同样都与我为早期黠戛斯民间历法而作的复原中的对应词相吻合（请参阅上文第 19 节末）。

佩尔捷夫·鲍拉塔夫友好地送给我的这次口头调查的结果（未刊文献）特别珍贵，尤其是由于他与之打交道的那位令人尊敬的提供资料的人，后来又为他寄去了一篇对这 4 个名词术语的解释，初看起来晦涩难懂，但归根结蒂却是颇能说明问题的。他的解释是 dokuza 意为"在九"（月），yediye 意为"在七"（月），beše 意为"在五"（月），üče 意为"在三"（月）。他当时认为这些词已不再是指阴历月而是指日子了（因而就是指时间。由此而解释了在古代突厥和回鹘文献中保持着古时间与格，以指每月的日子。请参阅 FA 107 等处）："Bu günlerde yïldïzla ay yan yana bulunur，bir gün sonra yïldïz ayïn arka-sïnda kalïr"。其意为："在这些日子里，星座与月亮并行；一天之后，星座落在了月亮后面"。

在这 4 个时辰（"这些天"，bu günler）中，产生了完全可以称为月亮（ay）和"星辰"（yïldïz）之合的现象，此后便是月亮超越星辰（星辰落在了后面。是月亮在 24 小时之内确实越过了黄道宫带13°处）。为波拉塔夫提供资料的人称这4个时辰为 konušuk。他以一种民间辞源进行解释：yïdïz konušuyor 意为"星辰（与月亮）讲话"。

但是，如果动词 konuš 今天于土耳其的突厥语中确实意为"对话"，那么它的辞源意义（ko-n-的以-š-形成的复合词，其意为"停落、居留、暂停"）则确实应意为"停落在一起"，或者是"共同滞留一站"，这就完全符合对于行星之合的描述了。为他提供资料者肯定是一名极其细心的人，他于此无疑是提供了天文之"合"的一个突厥文名称，也可能是古突厥文，于其他地方未出现过。

至于此人提到的"星辰"（yïldïz，它在突厥民间语言中，既意为"星辰"，又指"行星"，也指"星座"），我已经根据前文所提到的全部内容，认为本处是指昴星团。由于一种与在布里雅特蒙古人传统中完善地保留下来的毫不含糊的比较，我很快就得到了有关这一问题的明确证据。

无论如何，我们从现在起就要记住，与本处提及的"星辰"之合相继出现在被称为 dokuza 的阴历月（12—1月）的"九的月"，被称为 yediye（1—2月）的"七的月"，被称为 beše（2—3月）的"五的月"，被称为 üče（3—4月）的"三的月"，可能还应该通过推断而补充被称为 bir（4—5月）的"一的月"（农历月的初一）。但为佩尔捷夫·巴拉塔夫提供资料的人却未讲到这一切，他明显是不再掌握此种传统了（但这种传统在加济安泰普很活跃）。

我们不应再为"七的月、五的月、三的月和一的月"的柯尔克孜文名称（它们在最早的黠戛斯历法中，要早于"滞后"的3个阴历月的差距），也不要为巴拉巴鞑靼人的"一的月"寻找其他解释了。无论如何，我们再也不应该如同儒达欣于其民间历法月份表中似乎要做的那样（GP' 28a），将柯尔克孜人中的"一的月"（birdin ayï，bir 的属格词，非序数词。由拉德洛夫于19世纪记录下的传统名表中的第5个），或者是巴拉巴鞑靼人中的 birniη ayï（"一的月"，由这名作家录下的名表中的第 12 位），作为"一月"的意义了。

21. 科特维茨（W. Kotwicz）于其 1925 年（BN）和 1926（BN）年刊行的有关蒙古人纪年的全面的、资料丰富的，但在诠释方面却又是陈旧的论著中，根据 19 世纪末叶和 20 世纪初叶的调查，列出了阿拉尔（阿拉尔斯克，伊尔库茨克地区）布里雅特人阴历月名称的一幅颇有价值的一览格，这些名称的后面都附有两两相减的递减数字。科特维茨在解释该表（BN' 116）时又指出，这些蒙古人于其"阴历（事实上是阴—阳历）历法"中，特别注意昴星团。mešin（猴！这既可能为"猴"的民间辞源，也可能是科特维茨的错误），他们根据月亮和昴星团的相对方位而决定阳历年时代。其方位最接近的时刻（合）被他们称为 tox'ōn 或 tox'ōlgon（吻合、叠合、重合），分别相当于古典蒙古文中的 tokiyan 或 dokiyan 和 tokiyalgan 或 dokiyalgan，请参阅 tokiyalda-（叠合，重合，GT 150a）。科特维茨补充说（这一点对于我极为重要），表格中罗列的数字系指月亮与昴星团之合于一年不同月份中产生的时间（我应理解作阴历月的日子）。

我于此得到了对自己假设的一种明确确认（请参阅上文第 20 节），也就是在奥斯曼语系列中的 dokuza……柯尔克孜系列中的 togustun ayï……以及巴拉巴鞑靼人的 birniη ayï 在每月之合时间的意义。我也可以验证，在所研究的全部情况下（柯尔克孜人、巴拉巴的鞑靼人和奥斯曼人中的情况），确实是指月亮—昴星团之合，或者是过去在黠戛斯历法中，也如同在阿拉尔的布里雅特蒙古人中一样，均是指此的。因为在阴历月的这些时间（表中的数字又由科特维茨重复）与阳历年时期之间的吻合，它们于这一时间在布里雅特人、奥斯曼人、巴拉巴的鞑靼人以及柯尔克孜人的传统（小部分）中，也完全如同大家最初所复原的那样。

22. 我将于下文转载阿拉尔的布里雅特人月份表中的资料，并且于科特维茨录文中再补充以它们与格里历阳历月份的大致对应时间。这种对应时间是从它们的土著定义中推论出来的，如"春月"、"夏月"、"秋月"和"冬月"。这一切也如同在其他东蒙古人中一样，均参照了中国中原（汉族—蒙古族）的季节观念，"孟春月"（其开始的平均时间为 2 月 4 日）相当于 1—2 月……（请参阅：BCXVⅢ）。我将使用正规化的转写对音词，继月份名称之后写于括号内的阿拉伯数字指日月之合的时间：

春季：Ⅰ—xusa　　　　　　　　　　　　（9）1—2 月

　　　Ⅱ—ulān zudan　　　　　　　　　（7）2—3 月

　　　Ⅲ—yexe burgan　　　　　　　　（5）3—4 月

夏季：Ⅳ—baga burgan　　　　　　　　（3）4—5 月

　　　Ⅴ—gani　　　　　　　　　　　　（1）5—6 月

　　　Ⅵ—xoži　　　　　　　　　　　　　6—7 月

秋季：Ⅶ—u'ölžin　　　　　　　　　　　7—8 月

　　　Ⅻ—xü'ük　　　　　　　　　　　　8—9 月

　　　Ⅸ—ulara　　　　　　　　　　　（17）9—10 月

冬季：Ⅹ—ūri　　　　　　　　　　　　（15）10—11 月

　　　Ⅺ—gura(n)　　　　　　　　　　（13）11—12 月

　　　Ⅻ—buga　　　　　　　　　　　（11）12—1 月

这幅统计表中的方言性布里雅特月名称，除了其语言的变化之外，始终与由我为 13 世纪的古蒙古历法而确定的那些名称完全相同（上文第七章第 10 节），我此后将参照这些名称。

在布里雅特语的使用习惯中，这些名词后面还附有 1 个词hara（阴历月和阳历月），该词相当于古蒙古文和古典蒙古文 sara（其词义相同）。这样一来，在阴历月和阳历年的对应时期问题上，遂有 4 个阴历月的差距，我还掌握着完整的一组对应词汇（括号中的罗马数字为月份）：

gani hara（Ⅴ）= ganï sara（Ⅰ）；xoži hara（Ⅵ）= ku ǰïr sara（Ⅱ）；

ü' ölžin hara（Ⅶ）；ö'äl ǰin sara（Ⅲ）；xü'ük hara（Ⅷ）= kökügä sara（Ⅳ）；

ulara hara（Ⅸ）= ularu sara（Ⅴ）；ŭri hara（Ⅹ）= ä'üri sara（Ⅵ）；

gura hara（Ⅺ）= guran sara（Ⅶ）；buga hara（Ⅻ）= bugu sara（Ⅷ）；

xusa hara（Ⅰ）= kuča sara（Ⅸ）；ulān zudan hara（Ⅱ）= hula'an ǰudun sara（Ⅹ）；

yexe burgan hara（Ⅲ）= yäkä borugan sara（Ⅺ）；baga burgan hara（Ⅳ）= baga borugan sara（Ⅻ）.

23. 这 4 个阴历月的差距使对蒙古历法的最早"自然崇拜"的参照变得过时了（请参阅我对本处所指阳历月名称的译名，第七章第 10 节），例如将原指 5 月的"报春花月"或"斑鸠月"（xü'ük，hara）移到 8—9 月。我认为，这一切只能通过在这些布里雅特人中将一月之初（ganï sara，kubï sara 的不同写法）或将"新年"延迟到昴星团的偕日落（gani，5—6 月）来解释，这样在天文学上便完全与昴星团和布里雅特月份 5—6 月之初的新年（其时间为初一）完全相吻合了。

我已经解释过（第七章第 9 节），鄂尔多斯蒙古人的历法，由于将原新年（正月初一）后移到了昴星团的日落而出之时（奥斯曼人的寒冷季节），而产生了 3 个朔望月（太阴月）的差距。

在这样或那样的情况下，这些选择均证明，从一个尚有待于确定的时间起，"昴星团"的突厥—蒙古历法始终较传统的汉族—回鹘族—蒙古族历法占优势，而民间天文学相反却较科学天文学占优势。

我们已经看到（上文第 6—7 节），柯尔克孜人的民间历法，与鄂尔多斯蒙古人的历法所遭到的差距一样大（"落后"3 个朔望月），而且也是出于同一原因：将新年后移到了汉地式的第 1 个"冬季新月"，平均落在格里历的 11 月 7 日，也就是昴星团的日没而出时。请参阅安纳托利亚突厥人中的"寒冷季节"（Kasim，11 月），现今是格里历 11 月 8 日（见上文第 10 节），而在古代则稍早一些（在 19 世纪时为格里历 11 月 5 日）。

因此，我们在突厥—蒙古社会中，发现了民间历法中的一种倾向，即首先是根据对月亮与昴星团之合的观察，来调整阴—阳历年的运行，甚至是将年初或定于与此相反的时间（日落而出）时，或者是昴星团与太阳之合（偕日落）时。这些大致的时间于突厥—蒙古传统中要决定一年的两大时期之初。这两大时期即"寒冷季节"（广义上的"冬季"）和"美好季节"（同一广义上的"夏季"），也就是奥斯曼人中的 Kasïm（寒冷季节）和 Hidrellez（美好季节）。对于前者，也就是奥尔浑岛碑铭中的 bičin（划分），有关证据可以使人将叶尼塞河上游出现的一种"昴星团历法"的最早使用时间，上溯到 8 世纪左右贝加尔湖地区的突厥语民族。

24. 至于在蒙古一方，这种"昴星团历法"可能起源于西亚或美索不达米亚（请参阅上文第 16 节）。从突厥语民族（请参阅奥尔浑岛的碑铭，它比其他任何证据都要早得多）是在历史上的蒙古帝国之初期传到蒙古人中的（相对较晚，处于 13 世纪）的内容，与汉地历法或者是同一种汉族—回鹘族历法那性质完全不同（纯属阴—阳历）的定义密切地结合在一起了。

这种结合在我上文介绍的阿拉尔布里雅特蒙古人传统中是非常明显的。正如大家已经看到的那样，它在将布里雅特蒙古民间历法建立在了对昴星团观察的基础上，同样也参照汉地式"四季"（中国中原的"四季"观念与突厥人和我们西方完全不同。请参阅第一章第 17—25 节，第三章第 4—5 和 74 节，第六章第 25 节以下，第九章第 18 节以下），而且这些传统于 13 世纪以来在全部已知的蒙古文献中都被如同在中国中原一样下了定义，也就是说以二分点和二至点为中点，而二分点和二至点相反却标志着突厥人和欧洲人四季之始。这样便使汉族—蒙古族的四季比突厥族的四季（或者是我们西方的四季）早开始一个半月左右。

这样一来，布里雅特历法便使春季开始于 1—2 月间，也就是由出现月亮—昴星团之合的那个月份开始，原则上相当于新月的第 9 日（这样便与天文的实际情况大致相符了）。

我认为，正是出于同样的原因，由拉德洛夫于 19 世纪记录下来的柯尔克孜民间历法开始于"九的月"（togustun ayï），尽管这种历法中出现了滞后之岁差。这个月在 19 世纪时相当于 10—11 月（见上文第 4 节），考虑到我在"雄性大角野羊月"（kulǰa ay，上文第 7 节）问题上已经指出其标志的这种时差，这个阴历月最早应该处于 3 个阳历月之后，因而就是在 1—2 月间，如同 13 世纪的蒙古人（请参阅上文第七章第 10 节）和阿拉尔布里雅特人（请参阅上文第 22 节）的阴历第 1 个月（kubï sara）一样，这也正是汉族—突厥族和回鹘族历法中的阴历一月（birinč ay）一样。

很可能正是出于这一原因，由数字限定的阴历月名称的安纳托利亚和奥斯曼传统，才以 dokuza（在九……见上文第 20 节）而开始。

25. 我应针对这些安纳托利亚月份而指出，它们在阳历年（主要是参照儒略历，其次才是格里历中的月份）中的定位，与将黠戛斯历（时差之前）和布里雅特历中相对应的月份定位相比较，则要稍早一些。古黠戛斯人（时差之前）和布里雅特人中的"九的月"被定位于 1—2 月间，而安纳托利亚突厥人中的同一定义的月份 dokuza（九的月），16 世纪的一种文献指出它应相当于"12 月"（儒略历，请参阅上文第 20 节），1930 年为佩尔捷夫提供资料的人却指出它相当于"1 月"（同上），但它于原则上并不是介于 1—2 月之间的一个时期。

对于"昴星团月份"所作的这种安纳托利亚突厥式的定位相对太早了一些（确实早 1 个月）。我认为，这完全可以通过在新月定义中的一种差异来解释。当它在东方突厥—蒙古世界（蒙古人、古黠戛斯人等）中，系指真正的天文新月—合（观察不到的合），但其时间确实可以很容易地根据汉族、汉族—畏兀儿族和汉族—蒙古族的学术传统计算出来，很容易在民间天文学中通过两个满月之间一半的间隔而推论出来，而这两个满月本身又都既可以通过行星的圆形表象又可以通过它在日落时的升起而观察到；西部的突厥和伊斯兰化社会则沿用阿拉伯—伊斯兰传统。该传统将新的太阳月置于第 1 次可见新月的出现时，因而正是处于真正的朔望日之后的一天或两天。

在新月份（阴历月的初一）的定义中，这种时差造成的结果则是，诸如安纳托利亚"阴历月的 9 月"，在东部突厥—蒙古世界中则相当于"10 或 11 日"。由于在恒星月和会合月之间大约有两日之差（请参阅上文第 16 节），本应在真正的新月第 11 日出现的月亮与昴星团之合却比于第 9 日能观察到的合提前了一个太阳月。所以，安纳托利亚人和奥斯曼人的"在 9 月"（dokuza）于参照真正新月时便自然会称为"在 11 月了"，它并不相当于过去所说的"九的月"（西历 1—2 月），而是前 1 个月，也就是 12—1 月间。这可能恰恰正是土耳其"在九月"的情况（在 16 世纪的录文中作"12 月"，在 20 世纪的一种资料中又做"1 月"）。

如果人们寻找这种诸如在新月的黠戛斯定义（古代和传统的）与土耳其突厥人定义之间至少有一天（有时是两天）之差距的标记，那么我们立即就会在那些常用短语中发现它们。这些常用短语将满月之"月龄"分别在柯尔克孜语中确定为 15 天，而在土耳其却被定为 14 天，奥斯曼语中的 ayïn on dördü 意为"太阴月的十四日"，相当于满月（GF 283a）。柯尔克孜语 on bäš 在由儒达欣录下的谚语性句子（GP' 28a）中意为 15：ay on bäšindä kayda barar däysïη（？）。其字面意义为："你认为月亮于第 15 天时运行到哪里？"意指继任何圆满、美好、成功或强盛之后，都不可避免地会出现一种衰落。

26. 因此，突厥—蒙古人在天文学方面对昴星团历法的参照，在受中国中原文化影响（直接或间接的）的东方地带，要比在受阿拉伯—伊斯兰影响的西部世界更准确和更容易得到核实，西部的新月（可以观察到的）并未被以彻底的科学准确性所确定。

例如，阿拉尔布里雅特人的五月（gani，西历5—6月，见上文第22节）带有数字"一"，这就意味着月亮—昴星团之合于真正的新月（这种新月是无法观察到的，而是从四月三日之前一次合中推论出来的），其平均开始时间应该是发生这次合的当天（在新月的情况下，本处也是太阳—昴星团的一次合），在录文时代（19世纪末和20世纪初叶）也就是格里历5月20日。

从另一方面来看，由在经典性的汉族—蒙古族定义影响下的布里雅特传统，将gani月比定为"仲夏"月（汉族—蒙古族历法中的夏季第2个月，因而是格里历6月6日，请参阅古蒙古历法中的第5个月。见第七章第10节）也只能是大致的。如果"仲夏"月确为汉地定义中的那个月，它在19—20世纪时开始于5月22日—6月21日之间，那么这种比定在所有情况下都不能成立；如果布里雅特人的五月（gani）是根据月亮—昴星团于新月初之合而确定的，那么它就应该开始于5月20日前后，也就是5月6日到6月5日之间，在这两种历法的参照点之间有16天的浮动。

这样一来，大家便可以思考，阿拉尔布里雅特人面对使用它们自己的昴星团历法与实施汉族—蒙古族历法数据之间的矛盾情况，到底应作何种选择。根据各位调查者认为，他们在任何情况下均未曾参照过这后一种历法。这种事实促使我倾向于认为，在这个已不再存在于中国汉地直接影响的蒙古部族中，首先是由昴星团历法（他们非常清楚地强调了这一点）支配着历法计算。

27. 无论如何，我在高地亚洲发现了一种仅通过观察月亮—昴星团之合而确定阴—阳历年开始的不容置疑的证据。正是在阿尔泰的突厥语民族中，拉德洛夫于1859—1860年间向他们进行过调查（GA，序言部分，Ⅰ）。

这些阿尔泰人的第1个阴历月被称为"察罕月"或"白色月"（čagan ay，GA，Ⅰ，6）。这是一个借鉴自蒙文čagān（白色的）的词，它是古代汉族—蒙古族年中的元月名称"白色月"（čagān sara）。在13世纪时，其开始的平均时间为格里历的2月

4 日（请参阅上文第七章，第 10 节），至少在佛教徒蒙古人中是这样的。这其中具有蒙古佛教在元帝国初期影响的一种痕迹，因为蒙古帝国覆盖了阿尔泰地区。然而，在 19 世纪的阿尔泰突厥语居民的民间历法中，对于这个标志着一年之初的阴历元月的定位方法有异。因为拉德洛夫便是以"12 月"来解释该月份名称的，他自己是参照儒略历 12 月（在 1850—1860 年间为格里历 12 月 13 日—1 月 21 日之间）。

但该月的名称"察罕"于阿尔泰人中也是一个节日的名称（节名出自于月名），于该月的 12 日庆祝，即在月亮与昴星团相合之时：我现在就来引证拉德洛夫（GA Ⅳ，1843—4）针对"白色月"之下所写下的一段文字：

"庆祝活动于 12 月的一个日子举行，阿尔泰人于恒星昴星团（mäcin?）出现时举行，也就是在 12 月月亮渐圆或接近半月形时。"

如果我希望根据新月的时间来核实诸如 1859—1860 年间（BD 339）的历法问题，那么这种可贵资料到底相当于什么（其中的问号处于"昴星团"之后，mǎčin 相当于蒙古文 mečin，指"昴星团"，请参阅上文第 14 节。该问号当然是多余的）。由于我发现新月包括在儒略历 12 月间，因而它在我们所研究的时代，也就在格里历的 12 月 13 日—1 月 12 日之间，即 1859 年 12 月（格里历）24 日的那次新月。所以，这个被称为"白色月"的第 12 日，在原则上就应该相当于 1860 年 1 月 4 日。

如果我们将这一时间与大约同一时代于阿拉尔布里雅特人中出现的昴星团历法进行比较（请参阅第 22 节），那么这一时间就完全应该包括在布里雅特历的十二月（buga）之中，当时的月亮—昴星团之合由传统定于该太阴月的十一日，相当于 12—1 月间。

28. 在阿尔泰和布里雅特人的数据之间，存在着一日之差（十二和十一日）。这种差距使上述对应关系变得无法成立了（唯有两天的差距才可以将该时间推迟到另一个太阴月）。它颇受阿尔泰人的崇拜，他们在这一点上与布里雅特人（该部族的人仅满足于机械地两两相隔地推论）相比则为更加精确的观察家。事实上，在恒星月与朔望月之间的真正平均差距（请参阅AA 210和212）并非是整整两天，而是在29.531日—27.322日之间。

我所研究的太阴月应该相当于发生在每个阴历月—日（五月—日，于阿拉尔布里雅特人中带有数字"1"，请参阅第22节）的月亮—昴星团之合前5个月，因而便是2.209日×5 = 11.045日，也就是说基本是完整的11天。因此，月亮—昴星团于"白色月"中之合应该比五月（gani月—日）之合早11天，也就是1+11=该月的第12天。

因此，阿尔泰人的民间天文学传统甚为精妙，并且在这一点上优于布里雅特人的传统。

如果我现在就针对阿尔泰人的六月（因而也就是由1859年12月24日开始的"白色月"之后5个太阴月）而探讨新月是什么时间，因为在昴星团历法中，这种合应该出现在每个阴历月的一日，那么我们就可以找到1860年5月21日这个时间（BD 339）。

然而，在19世纪下半叶，太阳—昴星团之合（它也应该是新月时的月亮与昴星团之合，也就是月亮—太阳之合）就产生于5月20日（格里历的时间，始终如此）。

因此，以对昴星团的观察为基础的阿尔泰人之民间历法极其准确（它于此则近乎于绝对准确了）。但这是一种偶然，因为所使用的办法不可能产生一种多于半个阴历月的准确性，也就是说不会超过15天。

应该指出，完全如同在阿拉尔布里雅特人中一样，阿尔泰人于其民间历法中丝毫未参照汉地历法，而仅是以对昴星团的观察为基础。

29. 因此，我坚信，在于其民间传统中正在使用昴星团历法的突厥—蒙古诸民族（土耳其的突厥人、阿尔泰人、巴拉巴的鞑靼人、布里雅特人）或者是曾经使用过这种历法的民族（黠戛斯人）中，对其他历法（儒略历或汉地类型的历法）的参照是次要的，对月亮与昴星团之合产生的阴历月时间的观察，确为阴—阳历推算之基本原则。

这种极其精巧的手段于其简便方面甚为有效，它仅以一种略为持之以恒和潜心的观察为代价，便可以出色地解决"闰月"问题。其理论上的解决办法已超出了突厥或蒙古之高地亚洲的古代和中世纪民众的能力范围。一旦发现在产生月亮—昴星团之合的阴历月的时间中出现了两天的滞后，只要加入一个闰月就够了。

这种手段的唯一不便之处是它本为经验性的，因而与准确性不能相容。但它却以几乎是无懈可击的方式确保在阴—阳历年之间不会相差太远，至少在一个人的一生期限内不至于如此。从"时间守卫者"的观点来看，它唯一的不足之处出自分点之岁差，它使这种体系在每 71 年左右只能有 1 日之时差（在时间的持续意义方面）。

岁差（AA 114 以下）的作用是使与黄道宫带的一颗星辰（如昴星团）之合，在真正的阳历年中，每过 71.6 年中便会滞后 1 天。这就是说，每个世纪滞后近 1.4 天，每 1000 年滞后 14 天。由于昴星团历法基本上与太阳—昴星团之合相联系，所以它也遇到了一种很缓慢的滞后，如于 8 世纪中叶和我们当代之间，共滞后 17 天。

在奥尔浑岛碑铭时代，太阳—昴星团之合发生于格里历 5 月 4 日左右，但它于现代则发生于该月的 21 日。因此，"昴星团年"和所有的"昴星团月"在这个时代的平均开始时间要比现在早 17 天。这种差距并不太大，不会严重影响将一年分成"美好季节"和"寒冷季节"的基本划分。

在 13 世纪蒙古帝国之初与 20 世纪所完成的突厥—蒙古民间历法的录文之间，这种时差只有 8 天或 9 天。在 16 世纪于安纳托利亚出现的"九的月"与由佩里尔捷夫·巴罗塔夫 1930 年在穆杜尔努录下的该月之间，只有 6 日之差。

30. 此外，人们所使用的经验性做法，连同其在太阴历每月日子中两两递进计算的等级或标记点，本身就包括一种不确切的误差。但这种误差无论如何也少于 1 个阴历月的持续期，与阳历年（格里历）的一个特定时间相比较，平均为 15 日。在 1859—1860 年间于阿尔泰人中出现的察罕月与察罕节时间之间那极好的适应性，不应该使人产生错觉，它出自一种使 1860 年 5 月的新月几乎是准时地落到了太阳—昴星团之合时间的偶然性。但在两年之前的 1857—1858 年间，形势却远不尽如人意：1858 年 5 月的新月落到了 13 日，因而就是早于太阳—昴星团之合的 7 天，察罕月（5 个阴历月之前）的新月落到了 1857 年 12 月 16 日（BD 339）。所以，相合的太阳与月亮就这样处于了 5 月 13 日，因而是早于昴星团处于黄道宫带之"前" 7°处，月亮在 24 小时内"穿行"了约 13°。因此，月亮—昴星团之合只能是发生在新月之后一昼夜的 $\frac{7}{13}$ 时。如果这种新月稍后不久处于一昼夜之中，那么月亮—昴星团之合便会产生于阴历月的 2 日，而不是有规律地发生于初一。在察罕月，这种合应该是只能于阴历月的十三日而不是十二日才能观察到。

但是，无论如何，这种浮动（它始终以月亮—昴星团之合较传统月份日子的滞后而表现出来）只能是历书上的一日。因为一旦当它达到两日，就可以加入 1 个闰月，从而便同时恢复了合与阴历月的日子、月份在四季阳历年中的正确位置之间那符合法规的吻合性。

因此，不准确之处甚为有限。最多是预测为"九日"之合却于九日或"十日"发生，预测为"七日"之合却发生于七日或八日；预测为"五日"之合发生于五日或六日，预测为"三日"之合（最后 2 次始终是可以观察到的）发生于三日或四日，预测为"初一"之合则或于初一（无法观察到的）或于初二日（仅在于天文学和气象学方面特别有利的形势下才能观察到）发生。

31. 因此，归根结蒂，在突厥语和蒙古语民族的"昴星团历法"中，至少是从 8 世纪以来（如果联想到指昴星团的 ulkär 的辞源，那还要早得多，请参阅上文第 15 节）所使用的方法，那么这就是民间天文学的一种极佳做法。

我们已经看到（请参阅上文第 16 节），这几乎可以肯定是出于古代美索不达米亚的做法，可能曾在高地亚洲传播。这种做法于 8 世纪左右被运用于贝加尔湖地区，以促进与前部亚洲的商业关系，而商业关系主要是在古中世纪由粟特骆驼队商人们建立的。

这种方法在柯尔克孜人、阿尔泰人和巴拉巴鞑靼人中的古今运用，实质上是继承了高地亚洲的中世纪突厥传统。

这种方法在蒙古人中的传播是通过附近突厥语民族的媒介作用而实施的，正如昴星团名称的突厥文辞源（bičin，请参阅上文第 14 节）所证明的那样。在贝加尔湖地区的布里雅特蒙古人中，它被保存得最为完好并且具有一种很明确的限定。

这种方法至少从 16 世纪起（肯定还要早于此）就由安纳托利亚的突厥人使用，其地区性的用法一直持续到我们当代。它也可以上溯到高地亚洲的中世纪突厥传统（奥斯曼人的先祖乌古斯人于 8 世纪时生活在贝加尔湖以南）。在亚欧大陆交界处的整个土耳其，持续最久的方法是由太阳和昴星团之合（美好季节）与冲（寒冷季节）将一年划分为两部分。但这后一种传统却就地与一种完全是同类的已经基督教化的希腊文化传统（可能甚至是起源于古代美索不达米亚）结合在一起了，将由太阳—昴星团之合与冲而将一年"划分"成两部分的时间，分别确定在圣·乔治日和圣·得墨忒耳日。

这种"昴星团历法"与中国汉地或其他科学历法无关，始终为一种民间历法，主要是口传，似乎并未成为土著科学记音的对象。这就是它实际上可能未引起史学家和语言学家们注意的原因，尽管它在时空方面曾广泛传播。

第十二章　民间历法要义

1. "昴星团历法"那具有特殊地位的例证向我们证明，为了复原突厥历法的古代和中世纪历史，有时则必须使用在近代发现的民间历法传统。

我在前几章中已经相当充分地使用了这类资料，于此便不再重复了。

但我觉得，在这最后一章中，使用在它们之间进行比较的方法，于现知的突厥民间历法中，寻求属于我至此研究过的不同历法类型的古代历法传统的遗迹，则是颇为适宜的。

无论大家将有关突厥语民族的历史资料上溯得多么久远（公元 6 世纪之前的资料很少，此后的资料则很丰富）。这些史料似乎都分布于一片辽阔的地理范畴内（南西伯利亚、蒙古、阿尔泰、伊犁地区等），均都被高山峻岭分隔开，或者是被沙漠与森林所隔离。他们分成了某些彼此之间从事连绵不断战争的部族集团，他们的居住、生活和组织方式都相差甚殊。在草原上的大游牧部族、高山谷地中部分从事农业的半游牧部族和森林中的狩猎游牧部族之间，其差异极其显著。这一切只能通过文化与技术的多样性表现出来。

这种多样性必然会在历法技术中表现出来。因为历法技术不仅与生活方式和文化程度有关，而且也与本身就千差万别的气候条件密切相关。

2. 除了诸如 12 生肖那样的重要历法之外，我们已经在突厥语民族中遇到了两类古老的民间历法，它们在原则上都互相独立无关：四季历法（请参阅上文第九章）和昴星团历法（请参阅上文第十一章）。

我们应该思忖，是否还存在着其他历法。

这是一个涉猎范围广泛的问题。如果我要对今天尚存的数量极多的突厥语民族（从雅库特人到巴尔干突厥人，从甘肃的黄头回鹘人到波兰和立陶宛的卡拉伊姆人）中使用的民间历法，进行一番高屋建瓴和比较性的研究（而且这也是唯一完全科学的方法），那么这一问题本身就需要写整整一大部书。

我于此只能触及这个问题，开创对某些相当广泛地和差异很大地出现的一定数量历法种类的研究前景，以便使大家可以理由充分地为它们设定其古老的传统性原形。

这类历法种类从来和在任何地方，都不能以纯洁的状态出现，可能永远也不会与完整和统一的历法相对应。其稳定的规范标准是各不同类型的一种混合物，我掌握有它在黠戛斯民间历法中的一种令人瞩目的例证（见上文第十一章，第 4 节），其前 5 个太阴月属于昴星团历法；另外 7 个月则属于另一种统一的类型，以野生反刍大动物（狍子、鹿、大角野羊、羱羊、羚羊）交尾的时间为基础。

3. 这种特有的混合更应该是一种结合而不是偶然的并列（两个持续的系列），它肯定属于古老的传统。因为它已经在奥尔浑岛碑铭中出现（请参阅第十一章，第 2 节），现已有千年之久的历史。这是由于其中同时记载到了"大角野羊月"（arkar ay），以太阳—昴星团之冲而"划分"（bičin）年代的做法以及"吉祥昴星团"（ädgü ülgär）历法。

这种"昴星团—野生反刍动物"的结合，从技术角度来讲是完全可以理解的。因为一方面是这些动物的交尾只能开始于

8—9 月左右；另一方面是为了使阴—阳历具有规律性而对昴星团进行的观察，只需要连续从事数月时间就足矣（5—6 个月就已绰绰有余），如在 1—5 月间。这样一来，它与那些将星辰与反刍动物互相联系起来的，或者是追述通过星辰而使反刍动物受孕的宇宙神话互相结合在一起了。

所以，在黠戛斯人中，天秤星座被称为"3 只大角野羊"（üč arkar），小熊星座被称为"6 只大角野羊"（altï arkar），大熊星座被称为"7 只大角野羊"（jäti arkar）。请参阅 GP' 68b。

在突厥世界另一极的安纳托利亚，有一种非常奇怪的民间传说，说它可以上溯到高地亚洲的一大套古老神话，它将羚羊、昴星团和云中龙（古代的龙—云）都纳入到同一个神话故事中了，并附有于非常近期带来的某些因素（天使）。它已被吉尔焦鲁·M·法赫雷丁（Kirzioğlu M. Fahrettin）于 1956 年 1 月在科尼亚（土耳其）的杂志《新希望报》（Yeni Meram）中作了报道，他于 1951 年在迪亚巴克尔（Diyarbekir）地区发现了这种现象，其具体地点被定于"狍子山"（Karaca dağ，狍子是一种反刍动物），此山在迪亚巴克尔西南和锡韦雷克（Siverek）之东，最高点达 1919 米。下面就是其主要内容：

"羚羊于秋季看到昴星团时，便会受孕。它于春季产羔，其羔仔中有千分之一为一种封闭的羊皮囊。当母羚羊看到此物时，便产生恐惧并向此怪物发动出其不意的攻击。此怪物于是突然间变成一条龙。天使自天而降并将此新生龙携往云端，它登上了狍子山。天龙于秋季重新自天而降，以在该地区的洞窟或深井中越冬。为了喂养它们，每天都有一条绵羊肥尾自天而降。当春季日来临时，它们又通过天使向它们伸出的绳索而再次升天。"

4. 在羚羊怀孕与看到昴星团之间确立的关系，于一个在传统上习惯于特别重视昴星团于秋季的随日没而升的民族中，是很容易被人理解的，此时在土耳其正相当于羚羊的交尾期。

各种野生反刍动物的交尾时间当然主要是根据其种类而各不相同，但它们也根据气候和生态条件而变化。因此，在突厥语民

族的民间历法中，它们不可能与每年的相同时期吻合。大家已经
看到（第十一章第7节），黠戛斯人的历法在历史上出现了滞后
3个太阴月的差距。鉴于这一事实，对于由拉德洛夫于19世纪
在带有反刍动物名称的柯尔克孜月份与阳历年的时代之间记录下
来的对应关系（请参阅上文第十一章，第4节末），如果大家希
望获得作为这种历法的起源而在动物发情期和每年的时期之间确
立的对应关系，那就应该减少3个月。如此看来，这些对应关系
就应该是：

kuran	狍子月	7—8 月
bugu	鹿月	8—9 月
kulǰa	雄性大角野羊月	9—10 月
täkä	羱羊月	10—11 月
ōna	雄性羚羊月	11—12 月

13 世纪的蒙古历法（请参阅上文第六章，第10节）只有此
类的3个太阴历月，但其时间和承袭序列均与这些数据相吻合：

guran	狍子月	8 月
bugu	鹿月	9 月
kuča	雄性（大角野山羊）月	10 月

5. 此外，在由拉德洛夫于 1859—1860 年提到的阿尔泰人的
历法（GA，Ⅰ，6—7）中，我们会发现如下对应关系：

（9）kuran sïbïrïžïp	狍子发情月	8 月
（10）sïgïn sïbïrïžïp	驯鹿发情月	9 月
……		
（2）kočkor ay	雄性大角野羊月	1 月
（3）pulan ay	驼鹿月	2 月

此处的狍子和驯鹿的交尾（sïbïrïžïp，对该词已经作了明确
解释）时间，与古蒙古历法中的狍子和鹿的交尾时间非常吻合。
但对于大角野羊来说，却有3个月的时差。此时可能不使用"交
尾"一词，因为阿尔泰人清楚地知道，这个时间对于指该动物
的发情期则太晚了。我认为，这其中有对原始历法的一种歪曲。

它对于连续的两个月"雄性大角野羊月"（kočkor ay）和"驼鹿月"（pulan ay）之间，加上两个闰月（十一月，即大风月，ulu ürgön，10月间；十二月，小风月，küčuk ay；十二月，11月）此后再加上察罕月（12日，白色月，阿尔泰历法中的元月），便有3个月的岁差了（请参阅第十一章，第27节）。

"雄性大角野羊月"和"驼鹿月"于古代可能是继狍子和鹿的发情月之后的时间了，其交尾时间如下：

kočkor　雄性大角野羊　10月（请参阅古代蒙古历法，同1个月）

pulan　驼鹿　　　　　11月

这一组动物发情和交尾月份的完整系列（涉及了所有野生反刍动物），在古代似乎属于高地亚洲的突厥—蒙古的历法传统：

狍子	8月
普通鹿或驯鹿	9月
大角野山羊	10月
羚羊或驼鹿	11月
羚羊	12月

6. 这种"动物交尾历法"可能与猎人们的传统有关，最早在地理上被定位于那些部分是森林的地区，包括阿尔泰、叶尼塞河上游、北蒙古和南西伯利亚（以及贝加尔湖地区）。

这种历法不可能单独形成一种年历，因为它仅延续于8—12月间。

对于古蒙古历法的研究，在这方面则颇有意义（请参阅第七章，第10节）。它证明，在4—7月间和始终是在上文提到的大部分为森林地区的民族之传统中，其前面紧接着是另一种动物历法—"飞鸟历法"。

戴胜鸟	（4月，它飞来的时间）
斑　鸠	（5月，它唱歌的时间）
松　鸡	（6月，它飞翔的时间）

雏　鸟　　　　（7月，它们大量活动的时间）

我们可以从操突厥语的阿尔泰人中发现这种历法的某些踪迹（GA，Ⅰ，6），但非常有限和仅限于对于斑鸠的记载（斑鸠的歌声肯定会引起人们的注意）：

（5）kuk ay（斑鸠月），4—5月，正如在哈萨克人（拉德洛夫作"柯尔克孜人"，GA，Ⅰ，8）人中那样。

（10）斑鸠月(kökö[k] ay)，同上。

拉德洛夫未能理解这后一个月份名称，也未把它翻译出来。但就他记录下的 kökö 的情况而言，该词是指哈萨克文 kökök 或 kökäk（斑鸠）。此外，拉德洛夫统计到的第 10 个紧接着被称为瑙鲁兹（nauruz，新年）的月份（第 9 个），它明显是开始于伊朗新年（Nawrūz，3 月 21 日）的月份，因而基本上相当于 3—4 月。这样一来，"斑鸠月"在哈萨克人中就如同在阿尔泰人中一样，介于 4—5 月之间。

对于 4 月份来说，在南西伯利亚的两个突厥语民族——巴拉巴的鞑靼人和夸里克人（Küärik）人中，戴胜鸟被乌鸦所取代。

（11）乌鸦月（karga ay，GA，Ⅰ，7），在巴拉巴的鞑靼人中，它恰恰位于"一的月"（birniŋ ayï，请参阅第十一章第 19 节），相当于 4—5 月。因此，乌鸦月于此处于 3—4 月间。

夸里克人（Küärik，本意为"松鼠"）也有两个相继的"飞鸟月"（GA，Ⅰ，7）：

（4）乌鸦月　　kargïy ay：4 月
（5）斑鸠月　　kök ay：5 月

我们似乎是面对更大的一批飞鸟古月份的遗迹，13 世纪的蒙古历法相当忠实地保持了对它的记忆。

这种"飞鸟历"的地点明显与"动物交尾历"的地点相同，唯有在有关哈萨克人的"斑鸠月"的问题上例外。自黠戛斯人中分裂出来的哈萨克人，具有要上溯到叶尼塞河上游的古黠戛斯人的某种传统。

在叶尼塞河上游（今哈萨克的领土）地区，两个突厥语小部族也具有类似的和定位相同的月份名称。它们同样都属于动物类型，会使人联想到野生动物首次走出森林的问题，如熊和松鼠。这就是绍尔人（Šor）和萨盖人（Sagay）：

绍尔人：2）ažïk ay：熊月，3 月

3）körük ay：松鼠月，4 月

萨盖人：2）ayïg ay azïg ay（＝ažïk ay）：熊月，3 月

3）körük ay：松鼠月，同上（GA，Ⅰ，7）。

7. 对动物事项的参照属于一个更为广泛整体的组成部分，我在有关古代蒙古历法的问题上曾称之为"自然崇拜"历法（请参阅上文第七章，第 7 节以下），我由此而理解作参照全部自然崇拜现象，唯有那些明显是天文学的和属于历法的另一种更加科学（或准科学）的观念之现象例外。

在这些"自然崇拜历法"中，季节性的气象扮演了一种重要角色。但对它们的记述却与有关它们对植物的影响（有时附有一种由此而产生的人为活动的参照，如收割牧草）的记述紧密地结合在一起了。这些资料必然都是地方性的，因为它们与气候有关。这样一来，在巴拉巴鞑靼人的西伯利亚历法中，便出现了如下情况（CA，Ⅰ，7）：

1）tarmak ay　　　耙子月（收牧草）　　　5—6 月

2）kižü ïzï ay　　　小暑月　　　　　　　6—7 月

3）ulū ïzï ay　　　大暑月　　　　　　　7—8 月

4）orgak ay　　　镰刀月（收割）　　　8—9 月

5）sargak ay　　　植物变黄月（树叶枯黄）　9—10 月

6）yalaŋ agač ay　落叶树月　　　　　　10—11 月

7）kižü sūk ay　　小寒月　　　　　　　11—12 月

8）ulū sūk ay　　大寒月　　　　　　　12—1 月

9）yil ay　　　　风月　　　　　　　　1—2 月

10）küžügön ay　　鹰月　　　　　　　　2—3 月

11）karga ay　　　乌鸦月　　　　　　　3—4 月

12）birniŋ ayï　　"一的月"　　　（请参阅上文第十一章，

第 10 和 11 月属于"飞鸟历"（提到了鹰，它于 2—3 月间出现；我可以在自己的"飞鸟"类中再加上鹰。请参阅上文第 6 节。但这种证据直到目前为止仍由于过分孤立，从而使人无法可靠地谈论一种具有某种古老性的突厥传统）。最后一个月参照了昴星团历法。在前 9 个月中，7 个是气象性的（第 2、3、7、8、9），或者是与气象有着直接关系的（寒冷对于落叶的影响，第 5、6 月）。仅有两个月（第 1 和 4 月）与农业活动有关，它们当然要受气象形势的支配。

8. 在叶尼塞河最上游的索荣人（Soyon，即图瓦人，见 GA，I.7）中，人民生活受河流状态的支配。他们拥有一种很特殊的历法，至少对于"冬季 6 个月"的情况如此。这种历法同时考虑到了气象及其水文影响。这是一类区域性历法，正如在古代也可能出现过的那样：

(1) kïrgas ay：	寒月	12 月
(2) yaš (karlïg) ay：	新降雪月	1 月
(3) öl karlïg (ay)：	潮湿的雪月	2 月
(4) käm söktür：	江河开始淌冰凌	3 月
(5) kabïktï kalbas：	江河只覆盖一层薄冰	4 月
(6) kazar pöyür：	江河冲击和扩大	5 月

前 3 个阴历月纯粹是根据气象条件限定的，此后的 3 个月则完全是参照了叶尼塞河（著名的谦河或剑河）的历制。这都是拉德洛夫于 1860 年左右所作的记载，大家于现在的图瓦语词典（GN）中再也找不到它们了。

9. 在基本务农民族的许多民间历法中，非常重要的"农历月"则属于另一种完全不同的类型。但这些农历月在古代突厥历法中似乎未曾起过重大作用。然而却有一种例外，"镰刀月"（orgak ay，收获的太阴历月）却既出现在叶尼塞河上游的绍尔人和萨盖人中，又出现在巴拉巴的鞑靼人中（在这 3 种情况下是 8—9 月，由于西伯利亚的气候而使秋收较晚）。这就已经表明了它在西伯利亚的某种地域范围内的发展，尤其是"镰刀"（orak，orgak 的对应词）被经常使用于土耳其的突厥语中，诸如在 orak vakti（收获的时间，GF 242b—243a）或 orak ayï（收获月）那样的词组中。

因此，很可能是从一个古老的时间起，某些部分地从事农业（这里指山谷中的情况）的突厥语部族，于其地区性的历法中，便拥有一个"镰刀月"了。

但是，于此越过假定的阶段，则是不谨慎的做法。此外，对现今各突厥民族的农业历法之比较，也证明不了古突厥人的什么大问题，因为这些历法的很大部分都继承了前突厥时期的土著传统。

10. 然而，突厥人自古以来（至少是从大家听到谈论他们的时代起），都曾从事过大量活动的一个领域，便是饲养业领域（主要是饲养绵羊、马匹和牛类）。

因此，如果认为，从一个古老的时代起，突厥人的特殊历法便包括有参照牧业活动的地方，那也不为过分轻率冒失。

无论如何，此类参照在现今的民间历法（"民族的"或"地区的"）中都是司空见惯的现象。拉德洛夫在哈萨克人（拉德洛夫的词汇中却作"柯尔克孜人"）中，于西部部族一年的名称中，指出了一年中的"重要日子"（GA，Ⅰ，8）：

koy kozdaydï：母羊下羔，4 月初（格里历 4 月中旬）。

biä baylaydï：拴母马（母马站桩，为马驹断奶），儒略历 4 月末（格里历 5 月中旬）。

此外，哈萨克人的阴—阳历历法的第 1 个月如下（同上引书）：

otamalï：5 月（儒略历）＝格里历 5—6 月，"放牧的月份"，青草长高的月份。

在土耳其，称牧民们为母羊配羔的时期（根据地区不同而徘徊于 9—11 月间，当时的牧民们都为母羊配种）为"公羊交尾期"（koč katïmï）。这就相当于古蒙古历法中的绵羊"交尾月"（kogälär sara，请参阅第七章，第 12 节）。我们于此又发现（但却用于指饲养业）对牲畜"交尾历"的常见参照之一（见上文第 3—5 节），但却是指公羊交尾。对于野公羊，特别是对于雄性大角野山羊来说，交尾期在突厥—蒙古的古传统中却处于 10 月左右。

我应该指出，"母羊育羔"、"母马站桩"或本处所讲的"交尾"都不是阴历月，而是季节性阳历年中其持续时间长短不等的时期。

这种看法提出了在农业或牧业的突厥传统中，阳历类型历法的问题或历法的内容。

11. 出于其性质，农业劳动均受季节性阳历年节奏的支配，不可能很方便地随一个阴—阳历年之浮动而变化，因为即使是在最佳的准确条件下，这种浮动也可以达到 29 天或 30 天。对于农业或林业的某种具体活动来说，这种差距已显得太大了。

这就是为什么定居农业民族（即使当他们的世俗或宗教历法是阴历或阴—阳历时也一样），为了农田劳动，一般都有一种相同的阳历。中国中原汉人除了拥有其世俗的阴—阳历之外，还有一种 24 节气的阳历历制，每个"气"都相当于太阳经过黄道 12 宫带各自的开始和中期，与我们西方的节气颇为相符（请参阅 BC，第五章第 73 节以下）。正如大家已经看到的那样（请参阅第五章第 73 节以下），回鹘突厥人自己也采纳了这种历法体系，并且还有他们根据汉文术语而称之为"中气"（kunči）和"节气"（sirki）的做法（同上）。如果说安纳托利亚的农业突厥民族确实采用了宗教（在奥斯曼时代）和世俗历法，那就是一种纯太阴历历法，也就是阿拉伯—伊斯兰历法。他们为了农业，当然不可能使用这种历法，因为它在大约 33 年间才会完成完整的一轮季节循环。他们为了自己的劳动而使用了阿拉伯—叙利亚式的儒略阳历。

在一个古老的时代，信奉摩尼教的突厥人确实熟悉并且可能使用了一种阳历，也就是粟特人的历法。在一般情况下，伊朗地区的定居突厥民普遍都为供自己使用而采纳各种伊朗历法。它们彼此之间互相接近并且均为阳历，其每年之开始在原则上应为春分或瑙鲁兹（新年）。

从突厥人被伊斯兰化的初期开始，他们就通过阿拉伯人或穆斯林伊朗人，而熟悉了代表着将阳历年分为 12 部分的古典黄道宫带。成书于伊斯兰历 462 年（公元 1069—1070 年）的喀喇汗朝（疏勒）之布教性诗集《福乐智慧》（Kutadgu Bilig, NE, XVⅢ）就已经赋予了黄道 12 宫带某些突厥文名称（NE 30—31）：

kozï	羊羔 = 白羊星座
ud	牛 = 金牛星座
äräntir	双子 = 双子星座（星辰的突厥文名称）
kučïk	巨蟹 = 巨蟹星座
arslan	狮子 = 狮子星座
bugday baši	麦穗 = 室女星座角宿一
ülgü	秤 = 天秤星座
čadan	蝎子 = 天蝎星座
ya	彩虹 = 人马星座
oglak	山羊羔 = 山羊星座
könäk	水桶 = 宝瓶星座
balïk	鱼 = 双鱼星座

这其中并非是一种阿拉伯文术语的译文，而只是用突厥文词汇所作的一种本意编译。它以与迦勒底—希腊—阿拉伯黄道 12 宫带的某种早期密切关系为前提，似乎确实表明了某种程度的同化和通俗化。其中所使用的术语缺乏学术特征，而全部属于通俗语言。

在这方面，与 12 黄道宫带的回鹘文名称的反差很大，其词汇（印度—佛教的词汇）是直接借鉴自梵文的，完全是学术性的（ML 12—14）。

今天，定居突厥民的农历实际上都是阳历。如在安纳托利亚，便存在着某些土著历法或地方性历法的残余，其参照系数完全是阳历的，始终都是根据儒略历年（或者是说现在已采用了格里历年）而进行解释。

12. 大家可以思忖，那些在不同程度上发展了农业的突厥语民族，在这方面的最古老做法如何。任何文献都无法使我可靠地回答这个问题。但我却认为，基本上是阳历的古老"四季历法"（请参阅上文第一章，第17节以下；第十章第22节，俯拾即得）可以满足他们的需要。但绝不能排除如下情况：在古突厥语世界的诸多地区，那些将某类初级的或多少有点发达的农活确定在阳历年的特定时期（与月份无关）的传统，大大发展起来了。

无论如何，作为本书第十一章（请参照该条）之内容的昴星团历法，除了其阴—阳历的用法之外，还包括有一种本质上是阳历的民用天文学之基础。因为昴星团与太阳—昴星团在黄道宫带上的相对方位之间具有密切的关系，昴星团为"恒"星（对历法影响很缓慢的岁差除外）。事实上，这种历法的所有"秘诀"就是参照新月（月亮与太阳之合），因而也是间接地参照了太阳的方位。

特别是由昴星团的日没而出和偕日落而将一年"划分"成的两大部分（请参阅第十一章，第8—13节），它们决定了"美好季节"与"寒冷季节"的界限，它们具有某些纯属阳历的参照点（始终是将岁差排除在外）。然而，奥尔浑岛的碑铭（第十一章，第2节以下）可以使人将有关秋季（bičin，奥斯曼人所说的"寒季"，即 Qāsim，也就是昴星团日没而出之时）有关的古突厥传统，至少推迟到公元8世纪左右。此外，这种做法的悠久历史已由昴星团的突厥文名称 ülkär（作为"划分因数"的星辰）的辞源所证明的那样（第十一章，第15节）。

因此，具有高度可能性的情况则是，一切因素都促使人们认为，为了农业耕作实践，阴—阳历的古突厥民间历法则被另外两类历法所替代。它们似乎与本为阳历定义的"四季历法"和"昴星团历法"同样古老和具有传统特征。

13. 遵循这两种古老阳历原则（很简单），也应该在放牧活动的节奏中扮演过一种重要角色。

此外，以草返青而对年代所作的最古老定义（请参阅第一章，第26节以下），对于牧业经济具有重要意义。它由于一种特定的气候和某种规律性而间接地与太阳周期相联系。这就是高地亚洲和西域的普遍情况，因为这些地区几乎完全摆脱了海洋无常变化的干扰。

驯养类牲畜的交尾、生仔和断奶的时间，至今在许多突厥民族中，都是地区性历法中的重要时间，同样也属于一个由太阳决定的年度周期。

因此，完全如同耕农一样，古代突厥语民族世界的牧民们，于其部分活动中，可能是直接或间接地参照了与太阳周期有关的观察，月亮周期在类似的情况下只有一种次要意义。

但对于牧民历法就如同对于农业历法一样，我们可以在突厥世界的民间传统中搜集到的数据，绝不会被用于复原纯突厥的古历制。因为它们明显都深受定居民们的准突厥地区性传统的影响，而这些定居民于该领域中却颇有经验并在技术方面都具有悠久历史。

14. 总而言之，对于现代突厥世界之民间历法的研究，只能提供有关古代传统之性质的相当笼统的情况。

第1种看法于此却是必须提出来的。这是由于在突厥语民族中，种类繁多的民族历法之共同点，便包括有阴—阳历之定义，其"月"（ay）在原则上始终与月亮的运行有关，而其"年"则与太阳的运行有关。这是我们可以在众多古今民族中发现的情况，它出自天文现象本身。

但我还应该指出，在突厥语民族（一种系统的调查可能会使人将这种现象视为泛突厥现象）中，与阴—阳历类型的历法同时，还可以发现对阳历年的直接或间接参照。根据地区和生活方式不同，这些参照点的性质又具有很大的差异。

这些参照点大部分均与当地的气候或生态条件有联系。它们不可能被人数众多和地域辽阔的人类集团所采纳。因此，它们必然会始终都被幽禁于具有不同程度的独立性之地区传统内。大家对于这一切均不见诸于流传给我们的历史记述，就不会感到惊奇了，这些文献只在很偶然的情况下才包括方志性记述（据我所知，任何一种方志均未论述过历法）。

同样，大家在古代和中世纪的土著作品（碑铭或稿本）中，也发现了有关流传很广的世俗和宗教历法的大量资料，但它们却在地区性的历法传统问题上保持沉默，因为这种历法的民间（非科学）的特征招致了文人们的鄙视。

因此，在缺乏有关这一问题的古文献的情况下，在我于第二一十一章中以具体的历史资料为基础，已经论述过的古代和中世纪突厥历法之外的其他历法问题上，我应该避免再造成任何专断的结论了。大家最多也只能希望，未来在有关突厥民间历法的问题上，将一大批能够核实的资料汇集起来，以比较的方法，得以复原比我于前一章中勾勒出其粗线条者更完全和意义更明确的古老历法类型。我除了提出某些研究前景之外，再无其他奢望了。

结　论

对研究成果的提示

1. 这部从语言学的史前史到民族学的近代资料、从中国到欧洲的冗长研究论著，使我得以以其相对的持续性，并且连同其形形色色的发展及其有时很奇怪的复杂关系，而再现突厥语民族于他们采纳伊斯兰历法或欧洲历法之前的历法推算与历法史。作为这部研究论著的结束，我认为，试对已取得的成果作一番总结，绝非无益。

有一种主要事实长期主宰着古代和中世纪突厥历法的结构布局，也支配着现在所观察到的细节的几乎所有变化。这是因为所有这些历法的原则是阴—阳历法。

事实上，如果排除了宗教人士对于某些外来的纯阳历的科学性参照点，如同摩尼教徒回鹘人中的伊朗—粟特历法，或者是如同儒略历的不同变种（在景教基督徒突厥人中是叙利亚历法，在《库蛮语文典》中是拉丁历法，在巴尔干的不里阿耳人中则是拜占庭历法及其十五年纪期）中，我们于突厥语民族所特有的习惯中随处可以发现（自古代很早时期起便如此了）每年的阳历定义与每月的阴历定义共存，其年开始于一个特定的季节性时间，而其月则是从一个新月到下一个新月。

如此看来，向使用历法者提出的实际问题是始终如一的，即使是当其解决办法不同时也罢。由于 12 个太阴月的全部持续期低于季节性的阳历年的时间（约少 $\frac{1}{33}$ 左右），所以本处是指由增加单独计算的闰月（由此而产生了一个 13 个阴历月的特殊年），以不时地补偿由于 12 个月的年而造成的滞后。若无这样的干预作用，此种滞后便如同在阿拉伯—伊斯兰历法中一样，将会导致历法年与四季年之间的持续性差距。

2. 阳历季节在所有突厥语民族的传统日历推算法中的重要性，从在已出现的所有突厥语方言间的语言比较可以上溯的最古老时代起，就已经由四季于古代的一种稳定体系的存在所提及。这四季即为春、夏、秋、冬，其基本定义（气候的或天文的）与欧洲的定义相吻合，而与从年代上讲更要早一些的中国汉地的定义不相吻合，中国汉人把二分点和二至点视为每季的中间。

虽然大家可以在晚期的某些东方突厥语民族中，于可能在这一点上受到 16 世纪之后蒙古影响的孤立民间历法中，发现将一年之初推迟到秋季甚至是冬季。按照古代事实和根据现在尚流行的大部分突厥传统之互相吻合的资料，大家可以认为，至少是直到 14 世纪的古突厥语民族中，四季之阳历年开始于春节是真实可靠的。

与春季草返青相联系的年（年龄年或历法年）的古突厥文名称（请参阅第一章第 26 节以下）之辞源，便充分证明了这一事实，6 世纪的汉文史书（第一章，第 33 节）为此提供了一种珍贵的共鸣。

这种对于以植物返青而开始的年初之最早定义，于牧业经济占统治地位的突厥民族中，完全能起作用。草返青这种季节性现象在高地亚洲却相当有规律（虽然其时间则根据地区性气候而变化不定），它间接地成了一种阳历定义。

在古突厥语民族居住的地区，这种定义基本上与春分或稍晚

649

些的时间相吻合：3 月末或 4 月初（在高海拔或最靠北部的地区例外，那里的草仅于 4 月末或 5 月初才返青）。在大部分情况下，被作为年初标志的草返青的第一个阴历月应该是包括春分的那个月。对于植物现象那很简单的观察，便会如此毫无障碍地取代一种要困难得多的太阳天文观察。

3. 从春季的这个正月起，四季历制便轻而易举并充分有效地确保了太阴历在阳历年中的划分。正如在库蛮人的历法中一样（请参阅本书第九章），为每个季节只计算出 3 个月（孟、仲、季月）。

每年的草返青被作为标志，在需要的情况下再加闰一个第 13 个月，它在原则上是一种立即奏效的解决办法。如果这种草返青并未发生在紧接着季冬月之后的一个月份中，那是由于这个月份不应被算为新一年的孟春月，而是如同即将结束的一年之第 13 个月（闰月）。这样一来，真正的孟春月却是下一个月。

这就可能是增加闰月的古老手段。但我应该指出，这种做法未曾被任何历史文献所证实，大家可以想象以对季节现象如此简单的观察为基础的其他做法，这就是落叶树树叶变黄时（对于秋季之初），或者是出现首次长时间的冰冻时（冬季之初）。在这两种假设中，还要在夏末或于秋末再增加一个闰月。

无论如何，以对每年的植物或气候的观察为基础的闰月历制，受每年变化的支配，它既不能确保天文观察（即使是初步也罢）可以使人获得的那种准确性，又不能保证其可预测性，即使是最简单的也罢。

对于在多种突厥民间历法（请参阅第十二章）以及古代蒙古历法（请参阅第七章第 7 节以下）中出现的各种季节性自然现象（野生反刍类的交尾，或者是候鸟的返归）的参照，我也可以讲同样的话，除非是人们在任何地方都找不到它们被用于增加一个闰月的标志，而我认为很难会有这样的可能性。

4. 一旦当突厥语社会达到了某种准科学发展的程度时，它为了协调其阴—阳历，曾使用过一种既简便又巧妙的从事天文观察的方法，这种方法似乎发明于古代美索不达米亚，于数世纪期间流传于西域和高地亚洲。无论如何，这种方法于 8 世纪左右就已经出现在奥尔浑岛（贝加尔湖）的古突厥语碑铭中了。这种方法的目的首先就在于揭示太阳与昴星团之间的冲与合，其次是为了确认昴星团与月亮之合出现的阴历月时间（请参阅第十一章）。

于 8 世纪时在 10 月间可以观察到的太阳—昴星团之冲（昴星团的日没而出），在一个阳历年中的具体时间，标志着一年两大气候期的"划分"（在 8 世纪时作 bičin，稍后于奥斯曼人中又作 Qasïm）："美好季节"，即避暑之季节，一般被比定为夏季；"寒冷季节"，即窝冬的季节，一般被比定为冬季。与此相对称的是太阳—昴星团之合（昴星团的偕日落）在 8 世纪时可以于 4 月间观察到，它标志着寒冷季节的结束和美好季节（奥斯曼人作 Hïdrellez）的开始。

民间天文学的这种惹人注目的做法完全可以与古突厥历法中的四季年之定义相吻合。介于合与冲之间的"美好季节"，大致相当于整个春季与夏季，介于冲与合之间的"寒冷季节"，则相当于整个秋季与冬季。然而，在 6—8 世纪时，于这两种体系之间出现了平均为一个太阴月的时差。即使这种做法是由经验性地、直接地观察昴星团的日没而出，和偕日落形成的情况也一样，这种观察要比真正天文学上的冲与合早 15 天左右。如此确定的时间要比二分点晚一个月左右，而二分点基本上相当于古代突厥的秋季与春季之始。

5. 在这样的条件下，昴星团历法每年的两大时期之始，便基本上应该是处于四季历的仲秋和仲春月（秋季与春季的第 2 个月）。

我应该指出，季节性突厥历制的这些"仲月"在原则上就相当于汉地世俗历法中的孟冬月和孟夏月，汉制将四季之始定于二分点和二至点之间等距离的时间。在 8 世纪和稍后期间，汉文化的同化作用在东突厥人中非常强大，这可能会有利于在东突厥人将昴星团的日没而出比定为"冬初",将偕日落而比定为"夏初"。这样一来,"冬"与"夏"便具有了"寒冷季节"和"美好季节"之延伸意义。除了其严格意义之外,这种引申意义也确实出现在突厥语民族历史上所知的几乎所有传统中了。

即使汉族的影响不应该受到质疑,对一种昴星团历法之运用必然会趋向于打乱秋季的突厥最早定义。这两个季节全部或者是几乎全部被太阳—昴星团之合与冲所中断,这很可能就是大家可以在突厥语民族世界的许多地方,得以发现四季之突厥文词汇旧体系遭到讹传的原因。尤其是在奥斯曼人中更为如此,他们摒弃了在"春"(yaz)和"夏"(yay)之间的区别(这后一个词仅仅保存在指"避暑地"的派生词 yayla 中),赋予了 yaz 一词一种"美好季节"的广义,或者是指"夏季"的狭义。此外,这一切还标志着突厥人对于指"秋"的名词 yüz 明显缺乏好感,他们更为喜欢称该季节之初为"最后的春天"(bahar,也就是最后的好天气,大约直到 10 月末);称该季节之末为"寒冷季节"(qasïm,11—12 月),出自由太阳—昴星团之冲而确定的"划分"(请参阅在现今突厥历法中指 11 月的 kasïm 一词)。

6. 可能正是在由昴星团历法在四季历之旧制中造成的这种混乱,才导致使用这种历法的突厥语(以及蒙古语)民族,更加钟情于参照对于普遍出现在这些月份中的各种自然现象(而非天象)之观察的"自然崇拜"性混杂名称,而不是根据四季而对月份的旧称(它在库蛮人中被完整地保存下来,我在库蛮人中从未发现过受昴星团支配的历法的任何证据,请参阅第九章),这些自然现象包括反刍动物的交尾、候鸟的表现、气象等(请参阅第七和第十二章)。

这些自然现象的出现时间,根据地区和气候之炎凉而具有不同程度的变化,它们本身无法被作为准确的参照点而确定年历,阴—阳历之真正调节者的角色不是由对自然现象的观察,而是由对昴星团方位的观察来扮演的,阴历月那"自然崇拜"的名称只有一种描述意义,总而言之也是一种次要的意义。

大家还将会发现，于现在已知的这些"自然崇拜"的名称之最古老证据中，"大角野羊月"（arkar āy，奥尔浑岛上的碑铭）；对昴星团的天文参照紧接其后：bičin、kiš、ädgü ülgär 等词分别意为"划分、冬季、吉祥昴星团"。正是这种参照点形成了历法体制中的主要内容。

7. 在为根据对昴星团的观察以确定加入一个闰月的时间，在古代使用的准确技术问题上，我缺乏资料。然而，奥尔浑岛碑铭，由于其简短的特征，仅强调指出了相当于昴星团日没而出的秋季之"划分"（bičin）。这一事实似乎说明，阴—阳历年之调节更应该是在一年的这一时候完成的。昴星团的日没而出在能观察到的月份之后的 12 个月时，如果大家发现它尚于接近于再出现（昴星团只能于太阳垂落之后很长时间才升起），或者是情况更为简单或更为明确，人们于第 13 个月最后一天的薄暮黄昏之末尚未观察到它的升起，并将昴星团的这种日没而升能被观察到的月份算作元月，那么第 13 个月就应该被视为闰月。

这样一来，增加的"第 13 个月"（闰月）就应该处于秋分前后，也就是发生在游牧民们避暑和窝冬的时期之间，从而便可以尽可能少地打乱牧民历法的结构。

一种更为灵巧的增加闰月的办法，则可以从对于产生月亮—昴星团之合月份的连续时间（月亮的"年龄"）之持久的、逐月的观察中推论出来。我掌握有 16 世纪在奥斯曼人以及 19—20 世纪在蒙古人中的例证，它于黠戛斯人的民间历法中留下了踪迹（请参阅第十一章，第 19 节以下）。

这种方法的优点是在天文方面极大准确，在实际使用方面却有双重的不便：一方面，它要求在数月期间从事连续的和持久的观察；另一方面，如果它被严格地执行的话，那就会导致在一年不同的时间实施加闰，从而更多地打乱了于同一时代（如大约在秋分前后）规律性地出现一种闰月的习惯。

8. 这就是为什么，在并不抱最终解决一个由于缺乏文献而仍留作悬案的问题之奢望时，我倾向于认为高地亚洲的古代突厥社会，不会把实行昴星团历法的做法推广，将作为秋季之"划分"（bičin）确定在昴星团之日落而升的时代追溯得更古远。这是奥尔浑岛碑铭中提到的绝无仅有的一次"划分"，它将"美好季节"与"寒冷季节"分隔开了。这种做法非常简单，足可以在最小限度的范围干扰每年发展过程的条件下，来解决增加闰月的问题。

直到发现相反的迹象之前，我仍认为逐月地对于正与昴星团相合的月亮之"年龄"进行观察，以精巧地调节阴—阳历，这在突厥（乃至蒙古）世界是一种相对晚期的技术，晚于蒙古人于13世纪的大扩张时代，并且与在由蒙古帝国统治的从中国到安纳托利亚亚洲大陆的整个地区，对于星相学关注的大发展有联系。在19世纪和20世纪，虽然星相学被认为属于民间天文学的范畴，但我觉得它似乎具有一种科学或半科学的起源，而且主要是在学者中传播的。正是一名穆斯林文人，在一部阿拉伯—突厥文辞典中，于16世纪中叶在安卡拉对此作出了反响（请参阅第九章，第20节）；这也正是一名穆斯林火者（hodja，贵族，学者），于1930年在土耳其的穆杜尔努向佩尔捷夫·博拉塔夫通报的情况（同上引书）；这同时也是布里雅特喇嘛们于19世纪和20世纪初叶就此而向俄国人类学家们所作的描述（BN，BN'）。这并非是拥有完全是口碑文化的牧民和游牧民们的一种技术。

9. 我认为，唯一的一种完全是民间和具有古老传统的突厥历法，便是四季的阴—阳历历法，这种历法受春季草返青的调节，这种方法引起了6世纪的中国中原史书编修者们的注意。通过观察昴星团于黄昏时升起（这种观察于8世纪左右已由奥尔浑岛的碑铭所证实）而调节阴—阳历年，应为一种晚于6世纪中叶第一突厥汗国的创立时间而获得的技术，它应该是来自前部亚洲，也可能是通过粟特骆驼队商人的媒介作用，为促进商业交往的发展而传播的。至于昴星团历法，在它那全部复杂的优点之中，这将是晚于13世纪蒙古帝国之创建的一种后期成果。

四季历法一直被库蛮人完整无缺地保持到13世纪末，它在长时间内却停留在定居大文明之外，在古代应为唯一的一种泛突厥历法。

这种历法于突厥语民族中的全面发展，绝不排除地区性民间历法的存在，尤其是"自然崇拜"类历法，诸如由近代民族学家们指出的那些历法（请参阅第十二章）。但在有关这些肯定是错综复杂和具有不同稳定程度的地方性历法的问题上，我们未掌握有古老时代的任何资料。

10. 据我们所知，在突厥历法传统的最古老状态中，没有任何可以使人在当年之外进行客观断代的因素，没有任何与一个时代或一个正常年代周期相吻合的内容。

在突厥日历推算法的这个古老阶段，唯一一种使用稳定的年代推算法就是年龄的计算法。这里当然是指人类的年龄，但它在牧民中也指牲畜的岁口，它具有一种极其重要的实际意义。

我们已经看到（上文第二章），叶尼塞河上游的古代突厥语民族，尤其是黠戛斯人，于其带有传记内容的墓碑中，除了人类年龄的第几年之外，再不考虑其他任何年代了。在他们为我们留传下来的8—10世纪的文献中，没有任何可以被认为是带有客观参照点的"时间"。

甚至是在鄂尔浑碑铭中，以非常有限的数目以及仅在死亡与殡葬的问题上，才出现某些真正的"时间"（根据12生肖的汉族—突厥族历法，我很快将回头来论述这个问题），其中以井然的年代顺序而记述的大量历史事件以及与毗伽（Bilgä）可汗或其弟阙特勤（Köl-tegin）的年龄相联系，最多是附有几处具体的季节（第三节，第67节以下）。

这种用法确实曾被长期沿用，它可以使人以推论进行断代。但是，它相当于持续期的一种具有个性的观念，而这种持续期又明显是"时间"的客观观念。

这后一种时间只有随着采用12生肖历法而出现在突厥世界中。

11. 我已经指出（第三章，第1—16节），这种历法只不过是供突厥人使用中国中原世俗历法而编订的改编本，汉地抽象的12 支周期已由其正确的和民用的星相学之对应者所取代，这就是12 生肖纪年。

这种纪年从公元 6 世纪起就在突厥语世界中享受着巨大宠爱，从而迷惑了早期的诠释者们。他们将此视为突厥人（甚至是匈奴人，见上文第三章第 14 节）的一种发明，后来才传入中国中原。可是，那些仅有的正面历史资料都证明，它从公元初的汉代起就于中国中原被广泛使用。这种纪年周期的突厥或 "西胡" 证据不会上溯得比 6 世纪更早，也就是稍晚于公元 500 年。

汉学家们认为，12 生肖纪年周期（从未被汉人用于断代）并非纯粹是起源于中国中原，而是出自一种 "胡族" 民间星相学。这是一个我无意于此研究的问题，而且我也缺乏这方面的能力。但我无论如何也应该确认，不应该到突厥一方去寻求生肖纪年周期的起源，它经过 5 个世纪或更多时间地在中国中原民间星相学中作为一种习惯用法之后，仅仅是与他们中国中原的世俗历法同时传入东突厥人中，中国天朝是东突厥人的一个强大近邻。

12.12 生肖（鼠、牛、虎、兔、龙、蛇、马、羊、猴、鸡、狗、猪）始终是以同样的顺序被引证的，由鼠开始。它们于其顺序中完全相当于汉地历法分类因数地支中的 1—12，它们是汉地历法的民间和 "胡族" 之对应者。它们在古突厥人中的简单用法则相当于汉地历法分类制的一种经简化的通俗形式，删去了天干周期中的分类因数。在汉地传统中，对天干和地支分类因数的同时使用决定了一个 60 的甲子周期（BC），最早由东突厥人采用的简化历制将其纪年周期简化到 12，首先将其用途仅局限在对年的分类中（放弃了对阴历月份、日子和时辰的分类，最早的中国中原周期则同样也适用于这一切）。

这样，大家便会看到，公元 6 世纪时于突厥传统中出现了一种 12 年的周期。虽然它是相当雏形的，但在稳定基础上所引入的一种集合断代，却代表着一种具有决定意义的进步。这种经简化的周期符合日常需要。在人的一生中，它很容易与始终都在使用的以年龄标注所形成的个人年代标记结合起来。例如，对于个人来说，其虎年的第25岁则代表着一个具体时间；或者是对于一个集团来说，马年的第43岁则代表其首领的一个具体时间。

使用12年周期（参照中国中原的情况）的第一种间接却又清楚的突厥证据，则要上溯到584年，出现在东突厥可汗沙钵略（Isbara）呈奏天朝皇帝的上书中，其中汉文的地支符号为"辰"，用于指一个年，它事实上相当于一个龙年（请参阅上文第三章，第7节）。但在粟特文中，确于一名突厥王子的墓碑布谷特（Bugut）碑中提到了571年这个兔年（请参阅第三章，第3节）。

两年之后，隋朝的汉文断代史记载了天朝宫廷向东突厥人的正式颁历，其时间相当于儒略历的586年2月12日（第三章，第3节）。

出现过12生肖历的最古老突厥文献是蒙古的翁金（Ongin）碑，其中载有一个羊年，它应该相当于719年（请参阅第三章，第47节）。

始终是在蒙古，伊赫—阿斯赫特（Ikhe-Askhet）突厥文碑铭记载了一个猪年，它应该相当于公元723年（见第三章，第59节）。从731年这个羊年起，一直到735年这个猪年，鄂尔浑第1和第2碑共记载了5个具体时间，除了日子之外，均属于12生肖历法（见第三章，第77节）。

但在怛逻斯（Talas）地区的西突厥人中，有一方碑文（怛逻斯第2碑）记载了一个猴年的具体时间。如果我正确诠释了其历史背景的话，那么它就应该相当于公元732年（请参阅第三章，第82节以下）。

作为突厥人在该地区霸主的继承者—蒙古的回鹘人，在政治上归附唐天朝。他们从743年起，极其准确地和特别具有连续性地使用以12生肖历来记载时间。因为他们的政权于当时已得到了巩固（请参阅上文第四章）。

在唐代（618—906年）的一个不明确的时代，汉文断代史

657

记载说，叶尼塞河上游的黠戛斯人，作为对于汉地 12 支纪年的取代，为计算年代而使用了 12 生肖纪年（请参阅上文第二章，第 32 节）。他们的墓碑铭文却并未强调这一点。

12 生肖历法的发展和精确化的趋向是很容易解释的，这就是要通过突厥语居民由于与中国天朝的关系而使其汉化程度的发展原因来解释。

13. 恰恰却是先在黑海地区和后在巴尔干，在远离中国并与中国没有任何接触的地方，出现了一个一直迁移到欧洲的突厥语民族—不里阿耳人（保加利亚人）。其方言特征与真正突厥人相差甚殊，似乎是使 12 生肖历法适应了自己的使用习惯，使用了一种肯定不是出自突厥人的独创术语。这种 12 生肖历法同样也符合中国的星相传统，而且是从 7 世纪初年出现的。

这种历法的复原提出了某些微妙问题（请参阅第十章），其残余留了某些时间记载，带有生肖和太阴月的序数词，从 603 年到 821 年。

动物名称于其中并未全部出现，但这些动物于其中是按传统的顺序出现的，并且也如同在突厥人和黠戛斯人的传统中的生肖一样，都符合中国民用历法的地支分类。正如在蒙古的突厥人和回鹘人的古碑铭中一样，这些生肖只用来指年，而且还带有相同的年代对应关系。这些动物的名表如下（那些未曾出现的动物被置于括号内）：鼠、牛、（虎）、（兔）、龙、蛇、马、羊、（猴）、鸡、（狗）、猪。因此，其名表与在突厥人中相同，虽然使用了另外一种词汇（针对鼠、牛、龙、羊和猪）。

不里阿耳人在地理上距离中国太远了，从而使他们无法直接向中国借鉴这种生肖的星相周期，这种历法于仅于 603 年才在他们之中出现，也就是说出现在一个他们处于阿哇尔人宗主权统治之下的时代。这就导致我猜想他们可能是向这些新近来自高地亚洲的阿哇尔人借鉴到这一切的，而阿哇尔人于其迁移之前曾与蠕蠕人有密切关系，蠕蠕人很可能也像阿哇尔人一样是蒙古语民族并且是突厥人的先驱，他们直到 6 世纪中叶始终生活于蒙古人的霸权之下并与中国中原社会保持着直接接触。

14. 因此，蠕蠕人于 5 世纪或 6 世纪初叶，在突厥语民族之前，他们于蒙古也采纳了汉地历法的这种通俗化形式，也就是 12 生肖历法。此外，可能正是他们向其旧属突厥人传播了"历法年"（yïl）这个名词。从此之后，该词在突厥语（不里阿耳语及其近代后裔楚瓦什语例外。请参阅第一章，第 37 节以下）将与突厥语名词 yaš（年龄之年）相对立。

因此，蠕蠕人在公元 500 年左右于突厥语民族中传播受中国中原人启发的 12 生肖历法中的作用，在所有方面都是决定性的：在有关突厥人的问题上是直接的；在通过阿哇尔人的媒介作用而涉及不里阿耳人时，则是间接的。

这样便可以解释如下事实：突厥人在他们 586 年正式采纳汉地历法标准之前的某些时间，似乎确曾使用过这种历法（请参阅上文第 12 节）。

15. 至于 12 生肖历法与中国汉地民用历法之间的一致性问题，则由于 7—9 世纪期间不里阿耳资料的匮缺，而无法得以准确地验证。然而，对历史事实的详细研究，却使人无法揭示不里阿耳与中国中原习惯之间的任何矛盾，很可能是不里阿耳人总体上遵守了中国中原阴—阳历的基本原则，而这种历法在一个古老的时代则是 12 生肖历法的稳定模式。然而，由于缺乏与中国中原的接触，从而使不里阿耳人失去了有关中国中原历法中要决定增加闰月的复杂天文资料，由此而在汉历和不里阿耳历法的月份计算中，经过一段时间之后就很可能会出现一个月的差距（请参阅第十章，第 5 节）。

相反，在有关蒙古的东突厥人的问题上，一种以阙特勤墓碑（鄂尔浑第 1 碑）中的汉文和突厥文碑文之比较为基础的准确核实，对于 732 年，则可以使人确信 12 生肖的突厥历法与中国官方历法之间逐日的吻合性（请参阅第一章，第 32—34 节）。

这种无懈可击的一致性后来在留传给我们的 9 世纪末—14 世纪的大量突厥回鹘文献中得到了验证（请参阅第五章），后一批文献往往都明确地参照中国汉地历法。现已发现的稀见例外绝不会出自突厥人的一种革新愿望，或为一种历史形势的瞬息间的（和非常有限的）后果，或为一种具体的错误，或为曾在一时间中断了与中国中原的关系、经常被作为 12 生肖历法之楷模的中国中原世俗历法的输入被中断的历史形势（请参阅第五章，第 41—44、112—113、126—143 节）。

因此，试图在 12 生肖历法中发现由突厥人或亚洲草原的古代游牧民（匈人、匈奴人或其他人）发明的一种最早历制，特别是企图从中揭示一种原始图腾崇拜的残余，则完全是徒劳无益的（BM）。这是对中国中原的古典的、以民间星相学的威望加以点缀的历法的一种简单改编。

16. 将这种改编作了最大发展的突厥语民族，从 8 世纪中叶起，无可非议地是回鹘人，该民族比其他任何民族都更多地接受了中国中原的文化影响。

一旦当回鹘人在蒙古的霸权显示出来的时候（请参阅第四章），他们便准确而又经常地使用 12 生肖的汉族—突厥族历法。他们于西耐—乌苏碑（请参阅第四章，第 12 节以下）中留下了大量根据这种历法而记载的历史时间，其保存下来的行文部分是 759—760 年的，以大致的日子记载，从 743 年 2 月 4 日到 749 年 9 月 30 日（儒略历），叙述了逝世于 759 年的一位可汗的在位期。在回鹘人中，对 12 生肖历法的运用已不再仅限于那些重要的编年史了，但却于文人中广泛流传，正如 753—756 年在和硕土—塔米尔（Khoytu-Tamïr）遗址上为行人赎罪的碑铭所证明的那样（第四章，第 3 节以下）。

如果蒙古的回鹘人于 763 年正式改宗信仰摩尼教，必然会导致仅供宗教使用而于宗教人士中引入摩尼教宗教历法（粟特人的历法，也如同伊朗的其他历法一样），那么却丝毫未能扼制 12 生肖的汉族—突厥族历法的发展，特别是由于摩尼教是从中国内地开始而传入回鹘人中的，故更难扼制其发展。情况已发展到如此程度，以至于摩尼教宗教史上的最重要时间，诸如 761 年在中国内地大规模传教的时间，或者是最神圣的时间—摩尼于 274 年受难的时间，这些时间都在参照 12 生肖历法的回鹘文文献中保存下来了（请参阅第五章，第 23—24 页）。

当回鹘人于 840 年被叶尼塞河上游的黠戛斯人从蒙古地区驱逐出去时，他们便向南和西南退缩，于今新疆地区组成了一个强大汗国，立都高昌（Khočo，火州，吐鲁番附近）。他们在该地区的部分定居化促进了历法（以及星相）科学于该民族中的一种非常深入的发展。当然，这始终是在中国中原的直接影响之一，而且最经常的则是回鹘人从专门汉文文献中吸取其资料（请参阅第五章）。

这些具有汉化文化的"后回鹘人"，于 9 世纪末叶到 14 世纪末叶，为我们留下了大批文献，其中有相当数量的文献非常详细，涉及到了天文学、星相学、日历推算法和历法。这些都是突厥文献，它们为我们的主题从很远的地方传来了最明确和最完整的资料。

17. 在年代上极其连贯的一批回鹘文写本，似乎均为 10 世纪的作品，发掘自中国的敦煌绿洲（古沙州），当时的回鹘商人，骆驼队商与行人频繁地往来于那里。虽然它们的文字（"鲁尼文"、摩尼文或粟特文）千差万别，写本内容表现了其作者们的不同文化（萨满教文化、摩尼教文化或佛教文化），但所有那些载有时间的写本均是根据汉地民用历法的突厥形式—12 生肖历（每年的生肖、阴历月份的序数词、阴历月的日子顺序）而草拟的（请参阅第五章，第 4—20 节）。此外，仅有的一扎出自于阗的书信，曾有一次提到过一个于阗月份的名称，并于同一段文字中在该年生肖的突厥文名称（猴，948 年）中，增加了被归于汉地星相传统中的五行词（土）的汉文名称的突厥文对音（请参阅第五章，第 11—14 节）。

这种地方性（于阗）的变种在真正的回鹘习惯用法问题上证明不了任何内容，在其他敦煌文献中，始终完全符合于 8 世纪中叶在西耐—乌苏回鹘文碑铭中观察到的习惯用法（见上文第

16 节)。

敦煌文献的意义在于证明，在 10 世纪时的私人通信以及在军需留后部门的行文中，或者是在巫术与宗教的写本题跋中，对以最简单形式出现的 12 生肖历（动物、月、日）的运用在文化阶层的突厥语居民中很稳定。

18. 从全面来看，更要复杂得多的是在高昌地区（吐鲁番）发掘到的大批回鹘文献中的历法资料，高昌是自 9 世纪最后 $\frac{1}{3}$ 年代起建立的回鹘汗国之都。

高昌城是一片人口组成相当复杂的绿洲，其中突厥人口当然变成占主导地位者了。但连同印—欧土著民的残余在内，该地区同样也包括粟特族和汉族等少数民族。征服者回鹘人的摩尼教在那里发展起来了，但当地的佛教和中国—佛教文化在那里于突厥回鹘人本身中也造成了越来越多的信徒。

因此，高昌是文化和信仰的交流窗口。这些交流似乎在那里于一种趋向于诸说混合论的宽容精神中得以自由发展。该城的宗教文人们使用或理解多种语言（突厥语、汉语、当地的印—欧语言、粟特语、佛教梵语）。那里的星相学很繁荣，对于历法的浓厚兴趣与此具有不同程度的联系。

在高昌以及吐鲁番盆地，定居回鹘人在那里从事农业和贸易。在那里的突厥文化与汉文化同步发展。然而，当时的中国天朝已形成了一种高度的综合文明，那里道教的千年传统已经特别是由印度佛教（在不同程度上被改造成汉传佛教）和甚至是来自更靠西部的内容（如摩尼教的，或者是景教的因素，随粟特商队传来）而得以丰富。

中国天朝的星相学和历法是回鹘人长期沿用的楷模，它们是这种综合文明中最为引人注目的例证。

19. 在流传给我们的最古老的高昌回鹘文历法文献中为 1008 年和 1019 年的一座佛寺奠基的两条庙柱文，与蒙古地区的 8 世纪突厥与回鹘碑铭相比较，在年代问题上出现了某些非常重要的革新：在每年生肖的名字中再加入其汉文天干和五行（木、火、土、金、水）名称的突厥文对音。年代于此是在 ōt（火）的符号下以道教星相学作了分类（请参阅第五章，第 31 节以下和第十二章的表）。其中所增加的这种或那种因素，从严格的年代学观点上来看，它们都充做双重的用法，以基数词 5 的数字体系为基础，其作用是通过与 12 生肖之一相结合，将 12 年的周期改造成 60 年的周期，这一点与汉地精巧历法及其天干地支分类法完全相吻合（BC）。

这些附加因素后来一直延续存在于所有略有发展的回鹘文历法文书中。除此之外，1008 年的佛教庙柱文将一种佛教星相学内容纳入其断代中了，大家后来还会经常发现它。这就是在所研究时间的 28 宿梵文名称（nakṣatra）的突厥文编译文（请参阅第五章，第 35 节以下）。

14 年之后，到了 1022 年，中国—佛教的星相学和历法之最复杂的改进，又在高昌出现于一卷佛经的题跋中了（请参阅第五章，第 45 节以下）。除了 1008 年庙柱文中的资料之外，，大家还可以于其中发现以下资料：

——在由 3 种纪年周期组成的一组中，按 60 甲子周期进行分类（三"元"，bašlig，请参阅第五章，第 45—50 节），这种做法当时正通用于整个中国以形成 180 年的一个大周期；

——印度—佛教星相学的九宫中相当于该年（同样也处于 180 年的这一周期中，请参阅第五章，第 47 节以下）之宫的名称，连同其顺序号以及对于支配它的行星之记载；

——在汉地的 60 甲子周期中对日子的分类，连同与年的分类相同的标记（对于汉文的天干分类符合、五行和生肖的对音）；

——每星期的星曜日连同每日之行星的梵文名称。但抄写者在这一问题上犯了相差一天的错误（"木星"，Jupiter，因而也就是星期四，jeudi，儒略历的 1022 年 4 月 18 日实际上是一个星期三。请参阅上文第五章，第 51 节）。这就证明，出自印度—希腊的这种著名革新—星曜日尚未被广泛使用。

20. 大约在同一时代（10 世纪末和 11 世纪初），信奉摩尼教的高昌回鹘人同样也参照 12 生肖的汉族—突厥族民用历法。但正如大家本来对此所期待的那样，这其中却没有 28 宿和九宫的印度—佛教星相学的干预，相反却具有完全属于摩尼教宗教历法计算所特有的伊朗—粟特的历法内涵（请参阅第五章，第 55 节）。

21. 这批写本得以保存下来的侥幸原因（可能是由于前蒙古人对于中国中原、回鹘地区的入侵，如契丹人和喀喇契丹人），造成了我们在 1022—1202 年连续 180 年间缺乏有关历法的回鹘文文献。这样一来，我们便突然间从 11 世纪的前 $\frac{1}{4}$ 年代跳跃到了 13 世纪初叶，却又未在文献的内容中出现佛教徒回鹘人传统的一种中断（此外，摩尼教文献的最终消逝又促使人认为由佛教取代的摩尼教最终衰败了）。

我们的文献在年代上的这种空缺已由整个 13 和 14 世纪的高昌回鹘文历法和星相学写本的丰富程度得以补偿。

1202 年（请参阅上文第五章，第 56 节）的一部杂乱的混合历书，向我们提供了这个时代历法科学和民间星相学的一种真正的回鹘文论著，其时间距成吉思汗的蒙古人大规模入侵之前不久。

大家可以从中发现，12 生肖周期于这个时间已经主宰了（如同在我们当代的新疆一样）每日的而不仅是每年的星相。人们为此而作某些预言，涉及了打喷嚏（见第五章，第 58 节）、剪头发（第五章，第 63—64 节），均根据这一天是处于某一生肖的宫带之下而定。如此使用的 12 生肖的数目与中国对日子的地支分类完全相吻合，它同样也为这个时代的中国民间星相学所熟悉（这种习惯在中国中原至今仍未消逝，请参阅 ML 96）。

1202 年的历书包括对九宫（也在中国被采纳）及其数字的印度—佛教星相学理论体系的描述、主宰它们的印度—佛教诸神、这些神的善恶本性、其颜色、相对应的印度九睒（即一星期的七曜：日、月、火、水、土、金、木；再加上"昏暗行星"

罗睺星和彗星，它们相当于月亮的中枢，由月亮那明显的轨道于那里将黄道宫带隔开，因而它也是发生月食的地方）。这九宫也用做对年代的分类，人们可以根据男女儿童的年龄而从中得出每年的占星（请参阅第五章，第59—60节）。

这部1202年的历书也提及了印度28宿那自梵文转写的名表，它们也可以用来为年代分类，由此而出现了与中国60甲子纪年结合而产生的420年周期。这对于年代学家们来说，则是非常方便适用的（请参阅第五章，第66—68页）。

它同样也提供了（第五章，第69节）每星期七曜日的名表（梵文名称）、用突厥文转写的汉地天干分类符号以及用译文表达的汉文五气的名称。

它于所有这些已指出的资料中，又增加了汉文12征兆表（请参阅第五章，第72—74节），并且附有其用突厥文转写和翻译的汉文名称。这在回鹘文献中是一种引人注目的革新。每日星相的这12种预兆也具有一种实质上的年代作用，它们按照固定不变的周期性顺序，被分配给连续的日子。唯一的例外是，阳历年中太阳经过12宫带15°的12天中的每一天，都会被分配给与前一天相同的一种征兆。由此而产生了在预兆与某一天的12地支符号之间的一种很容易核实的累进差距（在回鹘人中又由12生肖之一所取代），它可以使人将这几天定位于阳历年期间，这对于复原和考证残历是一种珍贵的标记。

这部历书至1202—1203年这个汉族—回鹘族狗年的详细历法而告结束。其中动用了全部的历法科学。大家可以从中发现，星期在佛教背景中系由一种日常习惯演变而来，这与人们在1022年观察到的习惯用法完全相反（请参阅上文第9节）。

22. 这部珍贵历书中的汉族—佛教星相学为纪年学家和汉族—回鹘族历法的史学家们提供了一种具有决定性意义的帮助。继此之后，我还掌握有另一种高昌回鹘文书。由于这些系统的资料，我已经得以将该文书断代为1277年，当时正值蒙古人统治中国中原、高地亚洲、中亚和前部亚洲的高峰时代。

　　这是一种经简化的重要历书残卷，是一种备忘手册，其中登录了能够对它进行完整复原和考证其时间的所有干支和星象资料（文书中未提到年，但却可以毫无困难地从文中所提到的情节推断出来）。

　　该历书系用古典回鹘语编写，但却使用了婆罗谜文字母，这是印度（更具体地说是印度—吐蕃）影响于蒙古帝国前数十年中的佛教僧侣界一次复兴的典型特征。当时在突厥—蒙古的高地亚洲形成了喇嘛教的一次发展，它包括在农业和星相方面的预测。恰恰是从成吉思汗的蒙元王朝（它从 13 世纪的第 2 个 $\frac{1}{4}$ 年代，直到 1368 年左右，始终为中国中原和畏兀儿地区之主）起，这些预测便传统性地一直沿用到今天，都出现在汉文、蒙古文和新疆的突厥文历书中（请参阅第五章，第 89 节以下）。

　　23. 对于 14 世纪来说，高昌的畏兀儿文历法和天文学文献共分成 3 个历史时期。

　　第一个时期仍属于元朝末期的蒙古帝国，蒙古人于 1368 年被由明王朝发动的汉地民族复国战争从中国中原驱逐出去了。1348 年的九宫占星图引入了一种对于畏兀儿人具有政治意义的革新创造：如此规定了其"八字"的男女公民的诞生年代是以在北京的元朝皇帝的年号来称呼的，从而强调了畏兀儿人对蒙古帝国忠诚（请参阅第五章，第 103—104 节）。这种指称年代的方式，自数世纪以来，在中国已变成传统性的了（甚至要比 6 世纪时第一突厥汗国出现的时间还要早得多）。但它却未出现在早期的回鹘文献中，其最后一次出现被断代为 1277 年。直到此时为止，这都是高昌回鹘汗国一种相对独立的征兆。

　　1367 年和 1368 年的一部畏兀儿文历书仍是元朝宫中使用的中国官历的准确摹本。其意义在于通过与早期的汉族与回鹘族传统相比较，则是阳历天文学计算的一种精炼，使季节的不均等特征起一种干预作用。这就表明了西域（可能为伊斯兰教的）天文学利用由蒙古帝国的辽阔疆域为确保亚洲大陆内部的大量交流而作出了贡献（请参阅第五章，第 105—113 节）。天文学的这种进步已由 1368—1370 年预测行星方位的一种重要畏兀儿文文书所证实（请参阅第五章，第 114—125 节），其中首次出现了为中国星相学的五气各自引入一个"阳"和"阴"的种类。这种区别一直延存到我们当代中国—越南的民间历法中（请参阅第五章，第 117—118 节）。此外，该文首次证明了在印度—佛教的九宫中重新分配中国 60 甲子年的一种简化形式。这种简化从 1084 年起便出现在吐蕃，但于 1202 年在高昌尚不为人所熟知（第五章，第 119—120 节）。最后，它首次使用了将 60 甲子的分类符号分在阳历天文年的中国 24 气（太阳经过 0°和黄道每一宫带的 15°之处）。

24. 第二个时代，也就是在元朝崩溃之后的时代，高昌畏兀儿人尚未归附大明汉族王朝。它以非常新颖的方式，以在高昌使用一种根据高昌的经度（而不是如同在元代那样根据北京的经度，也尚未如同在明朝那样根据南京的经度）所制订的汉族—突厥族地方历法而引人瞩目。他们似乎是稍后于 1381 年又恢复了元代历法的基本规则。

我认为，高昌畏兀儿人在历法方面的这种极其短暂的独立已由一种畏兀儿文历书的残卷所证实。我认为可以把它断代为 1391 年，它与任何"正规的"汉地历书都不相吻合（请参阅第五章，第 126—143 节）。

25. 中国天朝的官历——大明历是根据南京的经度而计算的。数年之后（我认为是 1398 年），又于高昌出现在一部畏兀儿文历书的残卷中（请参阅第五章，第 144—150 节）。从当时中国朝廷的标准来看，它完全是"正统的"。其中出现了对于具有分类因数功能的汉文方块字的一种新的突厥文转写体系。

这是畏兀儿人（维吾尔人）内附明朝的一种标志。由于信奉佛教的突厥人对于已亡元朝——信佛教的蒙古人之同情与好感，这种归附被长时间地拖延下来了，因为突厥人曾与蒙古人维持最密切政治和文化关系。畏兀儿人在元帝国的官僚队伍中扮演了一种非常重要的角色。

26. 时隔不久，大约到 15 世纪初叶，高昌和吐鲁番的畏兀儿人被作为成吉思汗后裔的穆斯林黑的儿·火者（Khizr Khōǰa）强行伊斯兰化。这一事件连同他们采纳伊斯兰历法，便标志着汉族—回鹘族历法的中世纪经典传统之结束（请参阅第五章，第 151 节）。

直到 17 世纪末，这种传统仅残存于中国中原甘肃的甘州佛教徒维吾尔人中。其稿本中载有清朝皇帝在位的时间。但它们通过那些明显的错误，而证明了中国—佛教历法科学的某种衰落（请参阅第五章，第 152—153 节）。

27. 这种复杂的科学密切地依附于中国朝廷的历法数据，它只能为文人那有限的范围所拥有。至于高昌回鹘汗国的居民，他们却如同蒙古的古突厥人和回鹘人一样，仅满足于 12 生肖历法的最简单形式，正如回鹘文私人文契所证实的那样，其时间仅包括每年的生肖、月份序数词以及日子的时间（以一个基数词表达。请参阅第五章，第 154 节）。

正是 12 生肖历的这种简单形式，从 13 世纪起，由于蒙古帝国的大举扩张，才得以在全部突厥语民族中传播。它于那里一直延存到我们当代的大量民间历法中（请参阅第七章）。大家会发现，它从 1201 年起，便行用于成吉思汗的蒙古人中（请参阅第七章，第 6 节）。

但在此之前，这种历法已在各突厥民族中得以普及化，我掌握有自 11 世纪以来的简短伊斯兰历修正本（请参阅第六章）。大约在公元 1030 年，比鲁尼（Bīrūnī）的一种文献提供了其内容。此文由抄写者们严重讹传，它导致多名东方学家（他们根本不了解丰富的回鹘文献）得出了有关突厥历法的某些荒诞结论，而它事实上仅为传统的汉族—回鹘族历法的一种经大量删减的简本。这种汉族—回鹘族历法早已被视为突厥人的历法了（请参阅第六章，第 6—18 节）。在 1072 年和 1083 年之间，一名定居在巴格达的喀喇汗朝穆斯林突厥人喀什噶里的证据，则具有更大的意义。他提到了 12 生肖纪年的基础星相学之应用，并且以其诠释为证据而将此视为突厥人的一种发明。他提供了许多宝贵资料，涉及了游牧突厥人的一种牧民民间历法，11世纪时在已经被伊斯兰教化的突厥人中于阿拉伯—伊斯兰历法与12生肖历法之间的竞争。

28. 四季的古老历书（请参阅上文第2—3节），其次是它与一种昴星团历法（请参阅上文第4—9节），或者是在不同程度上是土著性的"自然崇拜"历法的结合（同上），这都是受地方性的无常变化和在预测方面不可靠性的支配，它们从来未能为古代和中世纪突厥社会，提供一种如同由中国中原民用历法的通俗化形式—12生肖历所提供的那样一种既可靠又方便的年代计算术。

这就是为什么四季历法的成功（而且也受到了一种星相学权威的促进），在突厥人中变得如此之快和全面，这种历法于6世纪左右传入了突厥人中。从11世纪初叶起（也可能是从10世纪开始），这种历法变得如此普及，以至于它使那些未与中国中原社会维持关系的突厥人觉得，这是他们自己的财富和他们本"民族"的创造。由突厥人维持至我们当代的这种信仰（BM），也立即被伊斯兰教世界接受了，并且还长期地影响了欧洲的东方学家（BI）。唯一一位透彻地理解了12生肖历与中国汉地历法之间关系的伊斯兰学者，曾准确地参照过这种历法，并将此作为其科学纪年体系的基础，此人便是帖木儿朝的大天文学家兀鲁伯（Uluğ Beg），生活在15世纪中叶（NM，MN）。他的著作以其时间及其性质已超越出了我为本论著确定的界限。我非常希望能出版一种近代考证版本，它肯定会使人为我的调查提供具有更高意义的延续论著。

29. 对于本著作的另外一种很有意义的补充，是将自11世纪以来在伊斯兰文献中出现的12生肖历中的时间，作一次系统的检录。这样就可以使人在将此与阿拉伯—伊斯兰历进行比较的同时，编写12生肖历法在伊斯兰社会背景中的历史，从而可以为年代提供某些珍贵的具体澄清。

时至今日，尚有待于写一部突厥人（和蒙古人）民间历法的历史，而这些历法至今尚未被充分地检录出来。它肯定会使我获得许多东西，甚至是在有关古代的问题上也如此（请参阅第十二章）。

30. 最后，如同我本论著一类的有关突厥语民族的历法和历书的研究著作，今后应该超越首先是为了其良好的学术行为所必需的技术范畴，并且以深化对于各不同游牧或定居民族之间那始终都非常密切的历法与经济社会、政治关系的研究，以获得一种更要广阔得多的历史范畴，同时也要高度重视宗教因素以及巫术—宗教和星相信仰的发展。

在一部主要是专业性研究的著作中，一切都需要从根本上重新进行。对于这些关系，我于此仅提供了某些相当笼统的概况。从此之后，对于它们的深化研究则要写出一大套历史学、社会学和民族学的专著，系统地分析历法与社会发展之间的关系，以及历法在日常生活中的多种功能。

我衷心地呼吁开展这样的工作。由于它要求具有非常广泛的才能，所以我认为这应该是一项集体策划的工程。

现在，我的抱负仅限于通过往往是要求颇难获得的专业发展和始终都是对前人著作的一种审慎考证，来确定从 6 世纪到 14 世纪末由不同突厥语民族所使用的历法技术的具体问题。我在这方面掌握有翔实可靠的资料。

附 录

（一）路易·巴赞小传及其主要突厥学论著目录

　　路易·巴赞（Louis Bazin, 1920—）教授于 1993 年当选为法国科学院（金石和美文学科学院）院士。他不但是法国乃至整个欧洲的突厥学大师，同时也是科研组织者和政务活动家。

　　路易·巴赞先生 1920 年 12 月 29 日生于法国卡昂（Caen, 诺曼底的卡尔瓦多地区）。1932 年到巴黎继续其有关经典（法文、拉丁文和希腊文）的高等学业，1939—1942 年成为法国培养政治家的摇篮——高等师范大学古典文学和语言学系的高才生，1942 年获大学助教职称。他酷爱基础语言学，于 1942—1945 年在法国国立东方现代语言学院学习突厥语。1945 年，路易·巴赞先生被法国外交部文化交流司派往土耳其的安卡拉工作，直至 1948 年才返回法国。他归国后立即被延聘为法国国立东方现代语言学院的突厥语教授，并于 1949 年在该校继承其师让·德尼（Jean Deny）的教席。此后，路易·巴赞先生一直在该校（该校后来更名为法国国立东方语言和文明学院）任教到 1990 年退休为止。他于 1950 年还同时兼任高等研究实验学院的突厥历史和语言研究导师，后又于 1978 年兼任巴黎第三大学的教授，多次兼任由该校与法国国立科研中心合办的突厥学研究所所长。从 1967 年起，他又出任法国国家科学研究委员会东方语言和文明部的委员，并于 1971—1975 年和 1980—1990 年两次出任该部主任委员。1990 年，路易·巴赞先生退休后仍任东方语言和文明学院的荣誉教授，同时还兼任法国科学院、巴黎第三大学的教学与行政工作。

路易·巴赞先生的教学工作主要是讲授土耳其的突厥语，但其科研和出版物却涉及了整个古今突厥语言学。他的国家级博士论文正是本书（1972 年 12 月 2 日在巴黎第三大学通过时的书名为《古代与中世纪的突厥历法》），后于 1991 年由法国国立科研中心出版社与匈牙利科学院合作而公开出版时，又更名为《古代突厥历史纪年》[①]。此书主要涉及了从公元 6 世纪到伊斯兰时代的古代突厥历史纪年制。他认为这种历法是以阴—阳历和 12 生肖历的形式而出现的中国中原历法的改编形式，而过去的许多学者坚持 12 生肖纪年的"突厥起源论"。路易·巴赞先生的突厥学研究主要涉及了在蒙古和南西伯利亚发掘到的古代突厥碑铭、吐鲁番的古突厥文书、突厥语的历史和比较语言学，以及突厥—蒙古的语言和文化比较研究。

路易·巴赞先生是法国亚细亚学会（Société Asiatique，欧洲最早的亚洲研究学会，创建于 1822 年）的老会员（1943 年入会），并自 1966 年起任该学会理事，现任第一副会长。他于 1947 年成为法国语言学会会员并于 1971 年任该学会执行主席，1955 年以来为德国东方学会会员，自 1965 年起为乌拉尔—阿尔泰学会（设于汉堡）会员并自 1968 年起任该学会副会长，1996 年出任第一副会长。1957—1971 年任国际东方学家联合会司库并从 1971 年起至今任该学会秘书长（该学会现已更名为"东方和亚洲研究国际联合会"）。

路易·巴赞先生自 1961 年起被选为当时的西德文学和科学

---

① 此书的完整法文名称应为《古突厥社会的历史纪年》。

院（设于美因茨）通讯院士，1975 年获得法国金石和美学科学院的圣杜尔（Sain-tour）奖，自 1978 年起被选为土耳其语言科学院通讯院士，自 1981 年起被选为匈牙利东方学会荣誉会员，于 1967 年获法国骑士荣誉勋章，于 1981 年获金棕榈荣誉勋章，1993 年成为法国科学院院士。

路易·巴赞先生曾长期任法中友协副主席，并于 1985 年起任法中友协主席，直到 1989 年该协会停止活动为止。在此期间，中国党政领导人访问法国时，多次会见过他。他多年来为法中友好关系做了很多工作，对中国一直怀着深厚的友好感情。

路易·巴赞先生是当代法国乃至整个欧洲的一代突厥学宗师。现在活跃在法国、德国、土耳其等地的新一代突厥学家中，他的弟子比比皆是，真可谓桃李满园、弟子遍天下了。法国当代著名突厥学家、只比他小 6 个月的哈密屯（J·R·Hamilton，1921—，《五代回鹘史》《敦煌回鹘文献汇编》《敦煌突厥—粟特文献汇编》《敦煌回鹘文本善恶两王子的佛教故事》等突厥学名著的作者）、年长他 14 岁已故去近 30 年的勒内·吉罗（René Giraud，1906—1968 年，《东突厥汗国碑铭考释》《巴颜楚克图碑校勘》等突厥学著作的作者）亦为其弟子。他们的博士论文均由路易·巴赞先生主持通过。当代研究维吾尔音乐史的法国著名女突厥学家萨宾·特雷班札（Sabine Trébinjac，1963—，《新疆维吾尔多浪木卡姆音乐研究概论》《新疆木卡姆音乐》等书的作者）以及现任巴黎第三大学突厥学研究所所长雷米·多尔（Rémi Dore，1946—，《中亚及其近邻》以及《巴赞纪念文集》的主编，柯尔克孜语言和历史专家）也是其弟子和事业的继承人。1990 年，为纪念路易·巴赞先生的 70 华诞，其各国的弟子、同事与挚友通力合作，出版了一本巨著《路易·巴赞纪念文集》（由于印刷方面的原因，此书迟延到 1992 年才在巴黎拉尔玛塘出版社出版，由设在伊斯坦布尔的法国安纳托利亚研究所编辑出版），共收入西方当代突厥学名流们的 40 篇论文，多为高质量的佳作。路易·巴赞先生自己近 50 年学术生涯中辛勤笔耕的成果结晶——其论文集《突厥民族、文字与人》，于 1994 年在巴黎阿尔具芒（Arguments，论据）出版社出版，共收入作者的 48 篇有关突厥民族学、人类学、语言学和史学的论文。此书出版后评价很高。

路易·巴赞先生已经是 77 岁的老人了，老骥伏枥，壮志不已。他依然念念不忘自己心爱的突厥学的科研与教学事业。他虽为法国科学院院士，但却平易近人，勤学好问。按照巴赞先生自己的话说，他现在所做的一切均是"志愿工作"，根本没有额外报酬，全凭老人传道授业解惑的一片敬业精神。时至今时，法国的东方学刊物中仍能不断见到他的精辟论著，东方学学术讨论会上仍能见到他那熟悉的身影和听到他那精彩的讲演。由于现代科学研究的趋势是学科越分越细，每个人所从事的研究范围越来越窄。专家越来越多，通家日趋减少，故而在这种大气候下，西方突厥学界很难再造就像路易·巴赞这样学识渊博的大师级人物了。不过，他的精神与作风却深深地影响着新一代学者。

路易·巴赞先生主要突厥学论著目录

一、专著

1. 《米尔·法塔利·阿浑道夫的〈喜剧〉》，译自阿塞拜疆语（阿泽里语）一，附有导言和注释，巴黎 1967 年版。共 266 页。

2. 《突厥语言学研究概论》，巴黎 1968 年第 1 版，1978 年第 2 版。共 203 页。

3. 《古代和中世纪的突厥历法》，里尔大学 1974 年版（1972 年通过的国家级博士论文），获"鼓励奖"，共 800 页。

4. 《柯尔克孜史诗（艾尔—托西吐克）》（Er-Töshtük）译注本，巴黎 1965 年版。共 308 页。与博拉塔夫合作。

5. 《土库曼诗歌》译注本，巴黎 1975 年版。共 131 页。与博拉塔夫合作。

6. 《古代突厥历史纪年》，巴黎—布达佩斯 1991 年版。

7. 《突厥民族、文字与人》，巴黎 1994 年版（内收作者的 48 篇论文，另加跋尾和参考书目，哈密屯作序）。

二、论文

8. 《6 世纪的一篇古突厥文文献》，载《东方学报》第 1 卷第 2 期，1948 年。

9. 《拓跋语研究》，载《通报》第 39 卷第 4—5 期，1950 年。

10. 《论 4—5 世纪侵犯中国北疆的阿尔泰族入侵者的语言属性》，载《世界史丛书》，1953 年。

11. 《前伊斯兰时代突厥人中的母亲神》，载《人类学报》，1953 年第 2 期。

12. 《兀玉克—塔利克碑（叶尼塞河）》，载匈牙利《东方学报》，1955 年。

13. 《论喀什噶里大辞典的编纂时间》，载匈牙利《东方学报》，1957 年。

14. 《突厥语和蒙古语中的"山羊"的名称考》，载《阿尔泰研究》，1957 年。

15. 《论安纳托利亚语中的感叹词"abao"》，载《让·德尼纪念文集》，安卡拉 1958 年版。

16. 《对突厥学不完整的总结》，载《第欧根尼》杂志第 24 期，1958 年。

17. 《古代突厥民族中的年龄概念》，载《心理学学报》，1959 年。

18. 《突厥语中的共有结构和倾向》，载《突厥基础语言学》第 1 卷，1959 年。

19. 《土库曼语，语法描述》，载《突厥基础语言学》第 1 卷，1960 年。

20. 《昴星团星座的突厥文和蒙古文名称考》，载匈牙利《东方学报》，1960 年。

21.《突厥语中有元音的交替现象吗?》，载《乌拉尔—阿尔泰年鉴》，1961 年。

22.《论突厥语元音出现的频率》，载《内梅特纪念文集》，安卡拉 1962 年版。

23.《论在波斯使用的 12 生肖历法的突厥文名称》，载《亨利·玛赛纪念文集》，德黑兰 1963 年版。

24.《古突厥时代的天文罗盘仪》，载《德国科学院美因茨分院学报》，1964 年。

25.《古突厥碑铭文献》，载《突厥基础语言学》第 2 卷，1964 年。

26.《论突厥文 Qorqut 的辞源》，载《乌拉尔—阿尔泰年鉴》，1965 年。

27.《论突厥文动词的类别》，载《巴黎语言学会学报》第 61 卷，第 1 期，1966 年。

28.《古突厥文中的重叠辅音》，载波兰《东方学报》，1968 年。

29.《突厥文尊号 čavuš 的不为人熟知的古老性》，载《第 1 届巴尔干研究国际学术讨论会文集》，索菲亚 1968 年版。

30.《当代突厥语的句法倾向》，载波兰《东方学报》，1968 年。

31.《突厥语》，载《七星诗社百科全书》，1968 年。

32.《一个突厥—蒙古词族》，载《突厥学报》第 1 卷，1969—1970 年。

33.《牦牛的突厥和蒙古文名称》，载《阿尔泰姆纪念文集》第 2 卷，1970 年。

34.《一种鸭子的突厥—蒙古文名称 aŋïrt 考》，载《突厥学研究》，1971 年。

35.《论黄金的突厥文名称》，载《语言和技巧》(《奥德里库尔纪念文集》第 1 卷:《语言学比较》)，1971 年。

36.《论鹰的突厥文名称》，载《突厥学报》第 3 卷，

1971 年。

37. 《一卷汉文和突厥鲁尼文写本》（与哈密屯合作），载《突厥学报》第 4 卷，1972 年。

38. 《法国 50 年的东方学—突厥研究》，载《亚细亚学报》，1973 年。

39. 《突厥—蒙古语中的禁用词汇及其比较研究》，载《阿尔泰民族的语言史和文化》，柏林 1974 年版。

40. 《突厥人和粟特人，蒙古布谷特碑铭的意义》，载《邦文尼斯特纪念文集》，1975 年。

41. 《叶尼塞河上游碑铭》，载《突厥学资料》，波鸿 1976 年版。

42. 《论熊的突厥文名称》，载《佩尔捷夫·博罗塔夫纪念文集》，1978 年。

43. 《人类学札记：中世纪在基督教世界市场上出卖的鞑靼和突厥奴婢的名字》，载《突厥民俗研究》，布卢明顿 1978 年版。

44. 《古突厥文词组 kïz koduz 考》，（与哈密屯合作），载《突厥学报》第 11 卷，1979 年。

45. 《突厥文职官尊号 ataman 的古老历史不为人所知吗?》，载《哈佛乌克兰研究》，坎布里奇（玛萨诸塞州）1980 年版。

46. 《阙特勤到底应为突厥文 Kül Tegin 还是 Köl Yegin?》，笺注 14，载《乌拉尔—阿尔泰学会丛刊》，威斯巴登 1981 年版。

47. 《突厥文动词—声音、形象还是态式?》，载《动词的行为、声音和形象》，昂热大学出版社 1981 年版。

48. 《论赌牌的突厥文词汇》，载《突厥学报》第 13 卷，1981 年。

49. 《突厥称谓传统中的 Ata》，载土耳其《政治学院学报》第 36 卷，第 1—4 期，安卡拉 1981—1982 年版。

50. 《穆斯塔法·凯末尔·阿塔土尔克和法国突厥学》，载《突厥学研究文集》第 1 卷，1981—1982 年版。

51. 《土耳其的语言改革》，载《语言改革》第 1 卷，汉堡 1982 年版。

52. 《多种文化间交流中的客观性之条件，东方和亚洲研究中的情况》，载《多种文化研究概论》，巴黎 1980—1982 年版。

53. 《土耳其的伊斯兰教制度》，载《权力》杂志第 12 期，1982 年。

54. 《巴克提亚尔牧业词汇中的突厥语成分》（与让—彼埃·迪加尔以及萨威埃·德·普提诺尔合作），载《牧业生产和社会》第 11 期，巴黎 1982 年版。

55. 前一篇文章的波斯文译文，载《人类学论文集》第 2 卷，德黑兰伊斯兰历 1362 年（公元 1983 年）秋季号。

56. 《奥斯曼的报刊审查制度和辞书编修，萨米伯的〈法文辞典〉》，载《奥斯曼帝国的经济和社会》，巴黎 1983 年版。

57. 《古代突厥文地名考释》，载匈牙利《东方学报》第 36 卷，1983 年。

58. 《有关可萨人起源的新设想》，载《突厥学资料集》第 7—8 卷，波鸿 1983 年版。

59. 《一种正在骤变中的文学语言—突厥语》，载《欧洲》杂志，土耳其专刊号，1983 年 11—12 月。

60. 《对于突厥—蒙古问题的再思考》，载《突厥学报》第 15 卷，1983 年。

61. 《有关苏联突厥语的法文近作》，载《东方语言学报》，巴黎 1984 年版。

62. 《突厥文 saugur（sogur，旱獭）考》，载《亚细亚学报》第 272 卷第 3—4 期，1984 年。

63. 《突厥文 bellâk（benlâk）考》，载《突厥学报》第 15 卷，1984—1985 年。

64. 《突厥文 ÏRQ（种族）考，一种阿拉伯—鞑靼语的影响》，载《罗狄松语言研究纪念文集》，巴黎 1985 年版。

65. 《爪哇渤林邦文中的"点"（Neptu）考》（对一种伊斯

兰—爪哇巫术理论的解释），与克里斯蒂娜·克莱芒合作，载
《群岛杂志》第 29 卷，1985 年。

66.《突厥文中以-mì 结尾的疑问小品词》，载《疑问词》，
巴黎 1989 年版。

67.《论佩契内格人》，载《突厥—鞑靼人的过去，苏联的
现在》〔《贝尼森纪念文集》〕，鲁汶 1986 年版。

68.《欧亚大陆的突厥语民族，民族—语言传播的一个重要
例证》，载《希罗多德》杂志第 42 卷，巴黎 1986 年版。

69.《有关体力问题的一种阿尔泰萨满教观念》，载《突厥
学报》第 19 卷，1987 年。

70.《突厥—蒙古思想中有关人的计算单位》，载《第欧根
尼》杂志，第 140 期，巴黎 1987 年版。

71.《从中国到土耳其的驿站》，载《亚洲的道路、商人和
旅行家（15—18 世纪)》，伊斯坦布尔 1987 年版。

72.《伊朗的突厥语民族，民族—语言概况》，载《伊朗和
阿富汗的民族问题》，巴黎 1988 年版。

73.《高地亚洲的古突厥文碑铭，研究成果和前景》，金石
和美文文字科学院报告，1989 年。

74.《突厥语中每星期日子的名称》，载《纪念吉伯尔·拉
札尔的伊朗—阿里安研究》，鲁汶 1989 年版。

75.《6—8 世纪的突厥人和佛教》，载《日—法文化》第 52
卷（用法文发表），东京 1989 年版。

76. 前一篇文章的日译本，载《东方学》第 78 卷，东京—
京都 1989 年版。

77.《对苏吉碑中黠戛斯文碑铭的新释读之尝试》，载《中
亚出土的文献和档案》，京都 1990 年版。

78.《突厥—蒙古语言比较研究的情况》，载《巴黎语言学
会论丛》，新编第 1 卷，1990 年。

79.《蒙古和西伯利亚最早的突厥文碑铭（6—10 世纪)》，
载《亚洲艺术》第 45 卷，巴黎 1990 年。

80. 《吐蕃名号源流考》(与哈密屯合作),载《纪念乌瑞的西藏历史和语言学文集》,维也纳 1991 年版。

81. 《回鹘人中的摩尼教和诸说混合论》,载《突厥学报》第 21—33 卷,1991 年。

82. 《古代突厥墓碑碑文考》,载《土耳其语言学研究》,安卡拉 1993 年版。

83. 《有关佛教和摩尼教传入突厥社会中的讨论状况》,载《东方之路》《克洛德·卡昂纪念文集》,1994 年。

(译者据作者提供资料编写)

(二) 译名对照表

一、突厥文名词译名对照表

adar	3 月	bag	包,系列
aditya	太阳	balïk	鱼,双鱼星座
agïršak	纺锤底座	bars(pars)	虎,辰
Alexandre xan	亚历山大汗	bašlag	元
altun(aldun)	金	bayram	节日
vulduz	金星	bäštin ayï	五的月(黠戛斯月份)
anurat	宿		
aŋaräk	火星	beše	在"五"(月)
aram(ram)	元月,欢乐月	biči	猕猴
arkar	(雌性)大角山羊	bičin(I)	猴,申
		bičin(II)	划分
arslan	狮子(星座)	bire	在"一"月
äy	月亮、月份	birdin ayï	"一的月"(黠戛斯语)
bašï	新月、朔日		
är(k)lig	金星	birdiŋ ayï	"一的月"(巴拉巴语)
äräntir	双子星座,双子宫	braxsvadi	木星
ävrän	龙	(bräxsivädi)	

		Odon	于阗
könäk	宝瓶星座,水手星座	oglak	摩羯星座
		ōna	公羚羊,雄性羚羊
kučïk	巨蟹星座		
kulǰa	雄性大角山羊,大角公山羊	ordu	宫
		ormïzt	木星
		orta	中间
kunči	中气	ortun	中间的
kuran	狍子	ōt	火
kurban bayram	古尔邦大宰牲节	öd	时间,小时
		ōz konuk(ï)	生命之气,生气
kut	气,幸运		
küi	癸	pa	破
kü(ü)	危	pagar	行星
kün	太阳、日毋、日子	palang	虎
		pars	虎
küskü	鼠,子	pi(Ⅰ)	闭
kūz	秋季	pi(i)(Ⅱ)	丙
lagzïn(lakzïn)	猪,亥	pii(Ⅲ)	平
lū	龙	piči	猴,猕猴
luy	龙	pičin	猴,猕猴
pūrvapulguni	张宿	No3 pi(i)	丙
ram	元月,欢乐月	No4 ti	丁
sadabiš	危宿	No5 bu	戊
safar	赛法尔月,回历2月	No6 ki	己
		No7 kï	庚
sakïš	计算	No8 sin	辛
samur	黑貂,貂	No9(ä)žim	壬
san	数字,率	No10 kui	癸
saničar	土星	širgu	星辰
saŋïš	数字,计算	šiu(šiv)	收
sazagan	龙	šögün	上元

sin	辛	šün	闰
sin-čau	新潮	šükür	金星
sirki(tsirki)	节气	tabïšgan	兔,卯
sičgan	鼠,子	tagdakï toprak	土,山土
sïgïr	牛,丑	takïgu	公鸡,鸡
soma	月曜	taŋ	早晨,清早
soŋu	末,最后	tavïšgan (tabïšgan)	兔,卯
sövünč	欢乐		
suprak	矿,金	täkä	羊,未
suv	水	tämir	金
šaničar(saničar)	土星	ti(I)	丁
šim(žim)	壬	ti(II)	定
šipkan	10 干,天干	tir	水星
№1 kap	田	tiši	阴性,雌性
№2 ir	乙	to	土
tob(a)	忏悔	üčtün ayï	"三的月"
togustun ayï	"九的月"	ülgär, ülkär	昴星团
toŋuz	猪,亥	ülgü	天秤星座
toprak	土	ya	箭,人马星座,射手星座
tövbe	忏悔		
töz	(五)气,(五)行	yaŋï (ay)	新月
		yäš	第几岁,虚岁
tsirki	节气	yāy	夏
tün	夜	yāz	春
türkčä	突厥式(历书)	yediye	在"七的月"
ud	牛,丑	yïgač	树,木星
ud	金牛星座	yïl	历法年
udarabatiravat		yïlan	蛇年
(udarabatrbat)	璧宿	yog	葬礼
ulug	大的,大人	yula	名号
uu = bū	戊	yultuz (yulduz)	星辰
uy	牛	yunt(yund)	马

| üče | 在"三的月" | žim = ažim = šim | 壬 |

二、不里阿耳文名词译名对照表

Asparux(Äspärüx, Esperix, Isperix)	阿斯帕鲁	Avitoxol Balkar Bat-Bayan	阿维托霍尔 巴尔卡尔 巴—伯颜
alem (elem)	此后的,第十 一	Bayan	伯颜
		Bezmer(Vezmer)	维兹梅
altem (altom)	第六		
Binex(Vinex)	毕内克斯,维 内克斯	Sabinos	莎比诺斯
		Sevar	斯瓦尔
Bixtum(Vixtum)	维克斯顿	sigor	牛年
Boris = Michel	鲍利斯—米歇 尔	somar	啮齿动物,鼠
		šegor(sigor)	牛
Bulgar	不里阿耳人	šextem(säkiz)	第八
čitem	第七	Telec'	特雷克
dilom	蛇	teku	羊
doxs	猪	Tervel	特尔维勒
Dulo	杜洛,朱洛	tox	鸡,公鸡
dvan	马	tutom	第四
elem	此后的,第十 一	tvirem(tvirim)	第九
		Tvirem	特维兰
Ermi	埃尔米	Ugain	乌甘
Esperix	埃斯佩里克斯	Ukil(= Vokil?)	乌基尔
Gostun(Organ)	格斯顿	Umor	乌摩尔
Irnik	伊尔尼克	večem	第三
Isperix	伊斯佩里克斯	veren(i)	龙
Kovrat(Kobrat , Kurt)	科夫拉	Vezmer(Bezmer)	维兹梅
Kurt	库尔特	Vinex(Binex)	毕内克斯
Omurtag	乌穆尔塔克宫	Vokil(Ukil?)	沃基尔
Organ(os)	奥尔甘		

三、伊朗文名词译名对照表

Naurūz	瑙鲁兹,新年	rām	欢乐
tumjāra(khotanais)	孟秋月(于阗文)		

四、梵文名词译名对照表

Kṛttikā	昴星团	Rāhu et Ketu	罗睺星与彗星
Ketu	计都星,彗星	raśi	宫带
nakṣatra	星宿	śikṣāpada	时效月

五、古叙利亚文名词译名对照表

Āb	八月	Nīsān	四月
Ādār	三月	Tešrīn(I)	十月
Ḥezīrān	六月	Tešrīn(Ⅱ)	十一月
Ilūl	九月		

六、吐火罗文名词译名对照表

nāk	鳄鱼(龙)	ścirye	星辰

七、专用名词译名对照表

Abakan	阿巴坎	Bilgä kagan	毗(苾)伽可汗
Altaïens	阿尔泰人	Birūnī	比鲁尼
Altay	阿尔泰	Bouriates	布里雅特人
Attila	阿蒂拉	Bugut	布谷特
Avar	阿哇尔人	Bulgar	不里阿耳人
Balkar	巴尔卡尔人	Čatalar	恰塔拉尔
Baraba	巴拉巴人	Comans	库蛮人,库曼人
Baykal	贝加尔湖		
Ču = Tchou	楚河	Kirghiz	黠戛斯人,柯
Eleges	埃列格斯		尔克孜人
El-teriš kagan	颉跌利施可汗	Kitay	契丹
Frunzé(Pišpek)	伏龙芝(比什	Köl tegin	阙特勤
	凯克)	Kuřkan	库利干
Gengis-khan	成吉思汗	Mani	摩尼

Ghaznévides	伽色尼朝人	Mésopotamie	美索不达米亚
Huns	匈人	Minusinsk	米努辛斯克
Iénisséï	叶尼塞河	Miran	米兰
Ikhe-Askhete	伊赫—阿什赫特	Mongolie	蒙古
		Mongols	蒙古人
Ikhe Khushotu	伊赫—和硕土	Oghouz	乌克斯人
Ili	伊犁河	Ongin	翁金
Jouan-jouan	蠕蠕人	Ottomans	奥斯曼人
Kapgan kagan	卡波干可汗，默啜可汗	Pišpek	比什凯克
		Sibérie	西伯利亚
Kara-khanides	喀喇汗朝人	Šine-usu	西耐—乌苏
Kara-Kitay	喀喇契丹,黑契丹	Sogdiane	康居,索格狄亚纳
Kāšgarï	喀什噶里	Soyon	索荣人
Khakas	哈卡斯人	Sūǰi	苏吉
Khočo	高昌	Tabgač	桃花石,拓跋氏,中国
Khotan	于阗		
Khoytu-tamïr	赫伊土—塔米尔	Talas	怛逻斯
		Tchouvaches	楚瓦什人
		Tibet	吐蕃
Tonyukuk	暾欲谷	Türk	突厥人
Toyok	吐峪沟	Tuva	图瓦
Turfan	吐鲁番	Ulug Beg	兀鲁伯
Türgeš	突骑施人	Uygur	回纥、回鹘、畏兀儿维吾尔
Turcs	突厥人		

图书在版编目（CIP）数据

古突厥社会的历史纪年/（法）路易·巴赞著；耿昇译. —北京：
中国藏学出版社，2014.3

ISBN 978 - 7 - 80253 - 580 - 0

Ⅰ.①古…　Ⅱ.①巴…　②耿…　Ⅲ.①突厥 - 古历法 - 研究　Ⅳ.①P194.3

中国版本图书馆 CIP 数据核字（2014）第 031149 号

古突厥社会的历史纪年

作　者	[法]路易·巴赞	
译　者	耿昇	
出版发行	中国藏学出版社	
	（北京北四环东路 131 号）	
经　销	新华书店	
印　刷	北京隆昌伟业印刷有限公司	
印　次	2014 年 3 月第 1 版第 1 次印刷	
开　本	640×965 毫米　1/16	
印　张	43.75	
字　数	586 千字	
书　号	ISBN 978 - 7 - 80253 - 580 - 0/P·14	
定　价	90.00 元	

图书若有质量问题,请与本社联系

E-mail:dfhw64892902@126.com　　电话:010 - 64892902